BIBLIOTHÈQUE DU CONDUCTEUR DE TRAVAUX PUBLICS

ASSAINISSEMENT DES VILLES

ET

ÉGOUTS DE PARIS

PAR

Paul WÉRY ✳

CONDUCTEUR MUNICIPAL DES TRAVAUX DE PARIS, CHEF DE BUREAU DU SERVICE DES ÉGOUTS

PARIS

Vᵛᵉ Ch. DUNOD, ÉDITEUR

LIBRAIRE DES PONTS ET CHAUSSÉES, DES MINES
ET DES CHEMINS DE FER

49, Quai des Grands-Augustins, 49

—

1898

Au camarade Klein

Hommage de

son tout dévoué

ASSAINISSEMENT DES VILLES

ET

ÉGOUTS DE PARIS

TOURS. — IMPRIMERIE DESLIS FRÈRES

HATON DE LA GOUPILLIÈRE	Membre de l'Institut, Inspecteur général des Mines, Directeur de l'Ecole nationale supérieure des Mines.
HENRY (E.)	Inspecteur général des Ponts et Chaussées.
HUET	Inspecteur général des Ponts et Chaussées en retraite, ancien Directeur administratif des Travaux de la ville de Paris.
HUMBLOT	Inspecteur général des Ponts et Chaussées, Directeur du Service des Eaux de la ville de Paris.
JOUBERT	Ancien Président de la Société des Anciens Elèves des Ecoles nationales d'Arts et Métiers.
LAUSSEDAT (le Colonel)	Membre de l'Institut, Directeur du Conservatoire national des Arts et Métiers.
Mᵉ LE BERQUIER	Avocat à la Cour d'appel de Paris.
MARTIN (J.)	Inspecteur général des Ponts et Chaussées en retraite, Ancien professeur à l'École nationale des Ponts et Chaussées.
MARTINIE	Contrôleur général de l'Administration de l'Armée, Ancien président de la Société de Topographie de France.
METZGER	Inspecteur général des Ponts et Chaussées, Directeur des Chemins de fer de l'Etat.
MICHEL (J.)	Ingénieur en chef au Chemin de fer de Paris à Lyon et à la Méditerranée.
NICOLAS	Conseiller d'Etat, Directeur du Travail et de l'Industrie au Ministère du Commerce, de l'Industrie et des Postes et Télégraphes.
PHILIPPE	Inspecteur général des Ponts et Chaussées, Directeur de l'Hydraulique agricole au Ministère de l'Agriculture.
PILLET	Professeur au Conservatoire national des Arts et Métiers.
Le **Directeur Administratif** des Travaux de Paris.	
Le **Directeur du Personnel** de la Préfecture de la Seine.	
Le **Président** de la Société des Ingénieurs civils de France.	
RÉSAL	Ingénieur en chef des Ponts et Chaussées, Professeur à l'Ecole Nationale des Ponts et Chaussées.
ROUCHÉ	Professeur au Conservatoire national des Arts et Métiers.
SANGUET	Président de la Société de Topographie parcellaire de France.
TAVERNIER (de)	Ingénieur en chef des Ponts et Chaussées, Directeur du secteur électrique de la rive gauche.
TISSERAND	Conseiller maître à la Cour des Comptes.
TRICOCHE (le Général)	Président de la Société de Topographie de France.

BIBLIOTHÈQUE DU CONDUCTEUR DE TRAVAUX PUBLICS

Comité de rédaction

SIÈGE : 46, QUAI DE L'HÔTEL-DE-VILLE

Bureau

PRÉSIDENT :

JOLIBOIS Conducteur des Ponts et Chaussées, ancien Président de la Société des Conducteurs, Contrôleurs et Commis des Ponts et Chaussées et des Mines, Membre des Sociétés des Ingénieurs civils de France, des Ingénieurs coloniaux, des anciens élèves des Ecoles d'Arts et Métiers, de Topographie de France, etc., Professeur à l'Association philotechnique.

VICE-PRÉSIDENTS :

CANAL Conducteur des Ponts et Chaussées, Contrôleur Comptable des Chemins de fer (Orléans).

LAYE Ancien commis des Ponts et Chaussés, Ingénieur des Arts et Manufactures (Cie du Chemin de fer du Nord).

VERDEAUX Inspecteur de la voie (Cie du Chemin de fer d'Orléans), Membre de la Société des Ingénieurs civils de France.

VIDAL Conducteur des Ponts et Chaussées (Contrôle des Chemins de fer du Midi).

SECRÉTAIRES :

DACREMONT Conducteur des Ponts et Chaussées, Service municipal (Assainissement).

DEJUST Conducteur municipal (Service des Eaux), Ingénieur des Arts et Manufactures, Répétiteur à l'École centrale des Arts et Manufactures.

DIÉBOLD Conducteur des Ponts et Chaussées, Service Municipal (Assainissement).

HABY Ancien conducteur des Ponts et Chaussées, Rédacteur au Ministère des Travaux Publics, Professeur à l'Association philotechnique.

Membres du Comité

ALLEGRET — Conducteur des Ponts et Chaussées, Contrôleur Comptable des Chemins de fer (Ouest), Professeur de mathématiques appliquées.

BLANCARD — Conducteur des Ponts et Chaussées (Service ordinaire et vicinal de la Seine), Président de la Société des Conducteurs, Contrôleurs et Commis des Ponts et Chaussées et des Mines.

BONNET — Conducteur des Ponts et Chaussées, Service Municipal (Eclairage), Professeur à la Société de Topographie de France.

CUVILLIER — Contrôleur principal des Mines, Vice-Président de la Société des Conducteurs, Contrôleurs et Commis des Ponts et Chaussées et des Mines.

DARIÈS — Conducteur Municipal (Service des Eaux), Licencié ès Sciences, Professeur à l'Association philotechnique.

DECRESSAIN — Contrôleur principal des Mines, Professeur à l'École d'Horlogerie.

EYROLLES — Conducteur des Ponts et Chaussées, Professeur de Mathématiques appliquées, Membre de la Société des Ingénieurs civils de France, Directeur de l'École spéciale des Travaux publics.

HALLOUIN — Inspecteur principal de l'Exploitation commerciale des Chemins de fer.

LANAVE — Conducteur des Ponts et Chaussées (Cie du Métropolitain) Vice-Président de la Société des Conducteurs, Contrôleurs et Commis des Ponts et Chaussées et des Mines.

MALETTE (G.) — Conducteur des Ponts et Chaussées (Service ordinaire et vicinal de la Seine).

PRADÈS — Ancien conducteur de l'Hydraulique agricole, Rédacteur au Ministère de l'Agriculture, Professeur à l'Association philotechnique.

REBOUL — Contrôleur des Mines (Service des appareils à vapeur).

SIMONET — Conducteur des Ponts et Chaussées, Service municipal (Métropolitain).

SAINT-PAUL — Conducteur Municipal, Chef du Service de l'Eclairage de la 1re section de Paris, Secrétaire adjoint de la Société de Topographie de France, Professeur à l'Association polytechnique, Vice-Président de l'Association amicale et de prévoyance des Employés municipaux de la Direction des Travaux de Paris.

SARRAMEA — Commis des Ponts et Chaussées (Service ordinaire et vicinal de la Seine), Vice-Président de la Société des Conducteurs, Contrôleurs et Commis des Ponts et Chaussées et des Mines.

WALLOIS — Conducteur principal des Ponts et Chaussées, Service municipal (Voie publique), Professeur à l'Association polytechnique.

ASSAINISSEMENT

PREMIÈRE PARTIE

ASSAINISSEMENT DES VILLES

AVANT-PROPOS

Les questions d'assainissement des habitations et des villes, et en général celles d'hygiène et de salubrité publiques, ont pris, depuis quelques années, une importance de plus en plus considérable dans nos préoccupations.

Elles se résument toutes, d'ailleurs, dans les trois principaux éléments de la salubrité, savoir : la pureté du sol, de l'air et de l'eau.

Les mesures à prendre consistent :

Dans l'établissement de drains sous les voies publiques, destinés à recevoir les eaux résiduaires des immeubles et celles de la voie publique et à les transporter loin des centres habités, afin de débarrasser immédiatement l'appartement, la maison et la rue des produits usés, avant qu'ils n'entrent en fermentation. « Il faut véhiculer ces produits et les mettre en contact avec l'oxygène de l'air qui détruit les germes morbides (PASTEUR) » ;

Dans le drainage du sol, lorsqu'il se trouve baigné, à une faible profondeur, par une nappe souterraine, qui entretient une humidité continuelle et des brouillards malsains ;

Dans la mise en bon état de viabilité et de propreté des rues ;

Dans l'établissement de promenades ;

Dans l'ouverture de larges voies laissant pénétrer l'air et le soleil dans tous les appartements ;

Dans le transfert des usines insalubres, des dépotoirs notamment, loin des centres habités;

Elles consistent également à assurer une bonne distribution d'eau pure et largement abondante pour subvenir à tous les usages domestiques et aux nécessités des Services publics.

De nombreux ouvrages ou revues traitant ces questions sont quotidiennement publiés; des Sociétés d'hygiène se sont constituées; des Congrès internationaux, dont le but est de vulgariser, de développer les connaissances acquises et de rapprocher les savants, se réunissent périodiquement dans les grands centres de l'Europe, et la presse, en en publiant les travaux, les fait ainsi connaître à l'opinion publique, qui y prend de plus en plus un vif intérêt; des Expositions fréquentes, qui se tiennent dans les grandes villes et rassemblent les produits et les études de nombreux États du monde entier, indiquent graduellement les progrès qui se réalisent dans cette branche et démontrent que le problème de l'assainissement est une œuvre d'intérêt international.

On peut lire dans les *Documents anglais* (*Épuration et utilisation des eaux d'égout*) les considérations générales sur la salubrité des villes :

La seule description des villes, des maisons, des habitudes domestiques et de la manière de vivre de nos pères, au moyen âge, suffit pour nous permettre de deviner quelques-unes des principales causes de leurs maladies. Les demeures étaient entassées dans l'espace le plus restreint possible, pour en rendre la défense plus facile; les rues étaient étroites, les étages faisaient saillie les uns sur les autres, de manière à intercepter le jour et à diminuer la circulation de l'air; les rues étaient dépourvues d'égouts, pavées irrégulièrement de pavés inégaux; s'il y avait un ruisseau, il coulait au milieu de la rue et, à la surface, étaient répandues les ordures des maisons voisines qui pourrissaient sur place. L'intérieur des habitations n'était pas plus propre.

La terre servait de plancher au rez-de-chaussée; seulement, dans les maisons riches, on y étalait une couche de paille ou de roseaux qui recevait l'urine des animaux et des hommes, le crachat, les matières vomies, les restes de bière, de viande, de poissons, les os et d'autres saletés sans nom, qui s'accumulaient presque indéfiniment et n'étaient jamais complètement nettoyées...

C'est en vertu des lois de 1848 et 1875 que se font tous les travaux d'assainissement en Angleterre. Le grand obstacle au progrès est la crainte de payer quelques taxes de plus, et l'ignorance de ce que coûte en réalité la négligence de certaines précautions.

Comme rien n'a de valeur sans la vie humaine, il s'ensuit que la santé humaine doit être la chose la plus précieuse et, par conséquent, que toutes les taxes qui sont nécessaires pour conserver la santé et prolonger la vie doivent être acceptées sans regret. L'histoire du passé nous montre que la maladie, sous ses formes les plus horribles, a quelquefois détruit des populations entières qui vivaient dans un état de saleté que la plume se refuse à décrire. Des recherches récentes ont démontré que des maladies modernes du caractère le plus dangereux, telles que le typhus et le choléra, sont engendrées par la putréfaction de matières impures et le mépris de toutes les lois de l'hygiène. La civilisation moderne agglomère les populations et exige de nouveaux travaux sanitaires, et les travaux les meilleurs sont ceux qui produisent d'une manière permanente les résultats les plus favorables avec le moins de dépense.

Déjà de nombreuses villes ont compris que la question de l'assainissement prime toutes les autres, et récemment, en France, Paris après Marseille donnait l'exemple de la marche vers le progrès en votant des crédits considérables pour transformer radicalement son système de vidange.

On doit aussi à l'initiative de M. de Freycinet la transformation du mode de vidange dans un grand nombre d'établissements militaires, laquelle a eu pour résultat immédiat un abaissement de 75 0/0 dans la mortalité par fièvre typhoïde.

Mais nous n'avons pas encore malheureusement en France, comme en Angleterre, une loi sanitaire donnant aux pouvoirs public le droit d'intervenir dans toutes les questions d'hygiène urbaine, et aux pouvoirs municipaux celui d'intervenir dans toutes celles relatives à la salubrité de l'habitation privée ou collective.

Sans doute certaines lois, notamment celles des 14 décembre 1789, des 13 avril 1850 et 5 avril 1884, donnent aux Conseils municipaux le droit d'assurer aux habitations des conditions d'hygiène à peu près satisfaisantes; mais ces pouvoirs ne sont pas suffisamment étendus.

Sans doute aussi existe-t-il, par application de l'arrêté du Chef du Pouvoir exécutif du 18 décembre 1848, des Conseils d'hygiène publique et de salubrité ; mais le nombre de ces Conseils est encore insignifiant, grâce à l'indifférence de l'Administration et à celle des administrés.

Il faudrait, comme de nombreux rapports adressés par des savants illustres l'ont fait ressortir, avoir en France une Direction administrative d'hygiène responsable.

Il est vrai de dire que des projets de loi ont été déposés et discutés à cet effet, mais aucun n'a encore abouti.

Toutefois cette question est à l'ordre du jour, et il faut s'attendre à une prompte solution.

C'est alors que les villes qui n'auront pu comprendre encore l'importance de cette question ou qui n'auront pu, par défaut de ressources, réaliser le programme de l'hygiène urbaine, seront tenues de se soumettre aux obligations qui leur seront imposées et pour l'exécution desquelles l'État sera vraisemblablement obligé d'intervenir pécuniairement.

En Angleterre, la loi sanitaire a été votée en 1876, et, aussitôt après, un grand nombre de villes entreprirent des travaux d'assainissement dont le coût total dépasse actuellement 3 milliards de francs, et ces travaux eurent pour résultat immédiat la diminution de la mortalité.

En effet, cette diminution de la mortalité n'a pas été moindre de 6 pour 1.000 habitants par an ; c'est-à-dire que, de ce chef, la Grande-Bretagne a économisé annuellement plus de 150.000 vies humaines.

Il n'est pas sans intérêt de rappeler ici les éloquentes paroles prononcées à la Chambre des Communes, en 1876, par le premier ministre anglais (Disraëli), au moment de la discussion de la Loi sanitaire.

La santé publique est le fondement où reposent le bonheur du peuple et la puissance de l'État. Ayez le plus beau des royaumes, donnez-lui des citoyens intelligents et laborieux, des manufactures prospères, une agriculture productive ; que les arts y fleurissent, que les architectes y couvrent le sol de temples et de palais ; pour défendre tous ces biens, ayez encore la force, des armes de précision, des flottes, des torpilleurs, si la population reste stationnaire, si chaque année elle diminue en nature et en vigueur, la nation devra périr, et c'est pourquoi j'estime que le souci de la santé publique est le premier devoir d'un homme d'État.

Alfred Durand-Claye, l'éminent ingénieur et hygiéniste, s'exprimait ainsi dans une conférence qu'il fit à Paris sur l'importance qui s'attache à la mortalité dans les grandes masses humaines.

Les statistiques publient dans les différents pays d'intéressants tableaux où elles indiquent le nombre de décès annuels par 1.000 habitants. C'est ainsi qu'à Paris, depuis une quinzaine d'années, la mortalité oscille entre 25 et 30 par 1.000 ; à Vienne, elle est de 28 par 1.000 ; à Bruxelles, 24 par 1.000 ; à Londres, 21 par 1.000, etc. Or que représente une diminution d'une simple unité sur ces chiffres?

Nous pouvons bien admettre que dans une ville un homme, pris en moyenne depuis les plus hauts fonctionnaires jusqu'au simple ouvrier, reçoit un salaire de 2.000 francs? Il représente donc un capital de 40.000 francs. Si à Paris, par exemple, nous économisons dix têtes humaines par 1.000 habitants, ceci représente, à la fin de l'année, 20.000 existences gagnées, correspondant à un revenu de 40.000.000 de francs et à un capital de 800 millions, presque 1 milliard. Ce raisonnement brutal sous la forme de calcul algébrique fait saisir l'avantage que l'ensemble de la population gagne en reculant les limites de la mortalité. Mais il est clair que les questions de moralité et de bien-être doivent primer ces calculs brutaux.

Je n'ai pas besoin d'insister sur la tenue physique et morale, entre l'ouvrier qui habite une rue et une maison saines, où il se plaît et demeure volontiers, et l'ouvrier qui s'abrite dans les repaires infects des faubourgs de certaines grandes villes où il n'y a ni air, ni lumière, ni eau, et qu'il fuit pour s'enfermer dans les cabarets et les assommoirs.

Le Comité de rédaction de la *Bibliothèque du Conducteur de Travaux publics* nous a demandé de résumer dans un même ouvrage les nombreuses questions se rattachant aux égouts et à l'assainissement des villes.

Puisse notre modeste collaboration être utile à ceux qui sont appelés à discuter des questions d'hygiène et à dresser des études en vue de résoudre cet important problème : « l'Assainissement. »

Paul Wéry.

CHAPITRE I

ÉVACUATION DES EAUX

Considérations générales. — Une des mesures principales à prendre pour assurer la salubrité d'une ville consiste dans l'établissement de drains destinés à recevoir les eaux résiduaires des immeubles et celles de la voie publique et à les transporter loin des centres habités, afin de débarrasser immédiatement l'appartement, la maison et la rue des produits usés de la vie quotidienne avant qu'ils n'entrent en fermentation.

Jusqu'ici, c'est seulement dans les grandes villes que l'on a compris le rôle important que sont appelés à jouer, au point de vue de l'hygiène, ces drains ou égouts, et encore, là où ils existent, ne servent-ils généralement qu'à l'évacuation des eaux pluviales et de celles qui ont servi à l'arrosage des voies publiques.

Quant aux eaux ménagères et industrielles, elles s'écoulent encore dans les caniveaux des rues, où elles se dépouillent de leurs principes acides et ammoniacaux et infectent l'atmosphère. Il est vrai qu'avant le décret de 1852 il était interdit d'envoyer ces eaux à l'égout, tant à cause des effets corrosifs qu'elles pouvaient exercer sur les maçonneries que des mauvaises odeurs qui auraient pu en résulter. Mais, depuis ce décret, il faut reconnaître que quelques villes seulement en ont fait l'application, ce qui démontre l'insouciance des municipalités pour ce qui touche à l'hygiène.

En ce qui concerne les eaux industrielles, lorsqu'elles sont fortement acides, elles doivent faire l'objet d'un traitement spécial avant d'être envoyées à l'égout.

Pour ce qui est de la question de l'évacuation par l'égout des matières de vidange, elle est encore loin d'être résolue, même dans les principales villes, bien qu'il soit démontré aujourd'hui que les matières fécales diluées dans un grand volume d'eau perdent de leur nocuité et que l'engrais qui résulte de leur traitement n'est pas perdu, puisque les eaux qui les ont roulées peuvent être utilisées pour l'agriculture.

A Paris, les égouts jouent un rôle très important et unique au monde.

En même temps qu'ils évacuent les eaux usées (produits de la maison et de la voie publique) ainsi que les eaux vannes, et, bientôt, la totalité des matières de vidange, ils servent à contenir les conduites d'eau, les conduites d'air comprimé et raréfié, les fils télégraphiques et téléphoniques, etc.

Ce sont de véritables galeries souterraines où la circulation a lieu librement, et dans lesquelles l'inspection des conduites et câbles se fait très facilement.

On songea à utiliser ces galeries pour conduire souterrainement les ordures ménagères, pour lesquelles la manutention, telle qu'elle se pratique encore actuellement, est déplorable ; mais cette idée fut abandonnée.

Elle semble vouloir revivre aujourd'hui, et des essais vont être tentés dans les rues avoisinant les Halles Centrales.

A l'Étranger, les égouts conservent généralement leur rôle propre de canaux d'évacuation des eaux usées. Rarement ils servent à loger les conduites d'eau.

Eaux des toits. — Dans un certain nombre de villes encore privées d'eau de source et même d'eau de rivière, on recueille les eaux pluviales dans des citernes, et ce sont les seules qui servent à la consommation.

On pourrait même citer, en France, de nombreuses villes qui, tout en possédant un service d'eau de source, se servent encore de ce procédé, naturellement plus économique.

Or les eaux pluviales, lorsqu'elles ont coulé sur la couverture des toits, dans les chéneaux, entraînent avec elles une foule d'impuretés, qui les font considérer comme des eaux nuisibles, et elles doivent être, par suite, exclues pour tout usage interne.

Les quantités d'eau de pluie varient évidemment beaucoup, suivant les contrées.

A Paris, les hauteurs pluviométriques moyennes journalières varient de 0^m,005 à 0^m,01. Durant certains orages, elles atteignent jusqu'à 0^m,001 par minute, ce qui donne un débit d'environ 170 litres par seconde et par hectare, mais pendant un temps assez court, un quart d'heure au maximum.

Dans bien peu de villes de France, même dans celles possédant un réseau d'égoûts, les eaux des toits sont évacuées directement dans ce réseau. Elles sont amenées dans les caniveaux des rues par un tuyau de chute communiquant avec le point bas de la gouttière et placé le long de la façade des immeubles.

Arrivées au trottoir, elles le franchissent dans une gargouille en fonte (*fig.* 1).

A Paris, les eaux des toits sont conduites à l'égout ; la canalisation amenant les eaux pluviales est branchée sur celle évacuant les eaux usées de l'immeuble.

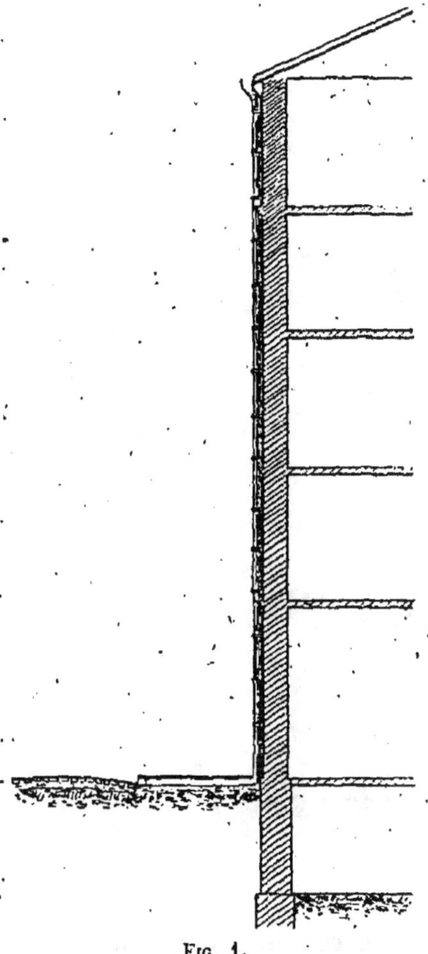

Fig. 1.
Tuyau de chute conduisant les eaux pluviales au caniveau de la rue.

Afin d'éviter que l'air vicié de l'égout ne remonte dans l'atmosphère par le tuyau de chute ou dans l'intérieur de l'immeuble par la canalisation des eaux usées, on place à l'extrémité une occlusion hydraulique, c'est-à-dire un siphon.

Suivant les cas, ce siphon est établi soit directement sur

la canalisation d'évacuation, comme le montre la figure 2,
soit sur le tuyau de chute des eaux pluviales, comme l'indiqué la figure 3

En Angleterre on remplace généralement ce siphon par

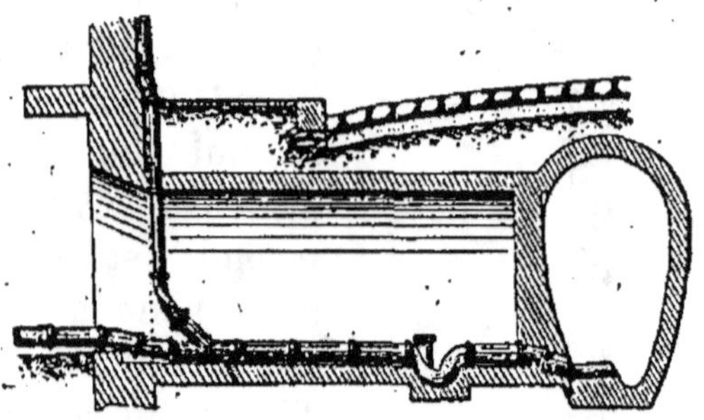

FIG. 2.

un clapet que l'on pose à l'extrémité de la canalisation.
L'écoulement des matières fait lever la plaque; celle-ci, en

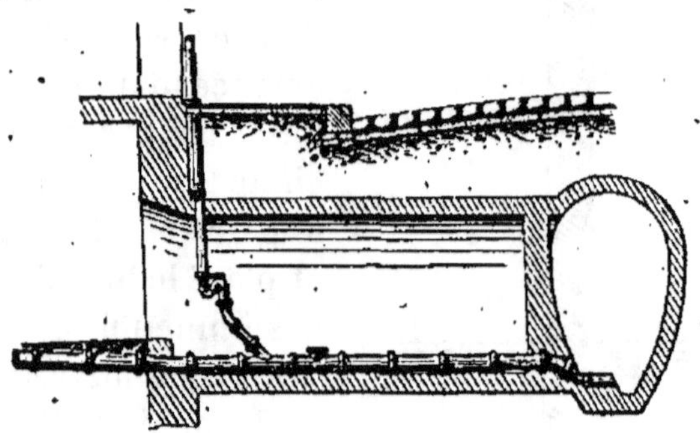

FIG. 3.

retombant à sa place sur un plan légèrement incliné, a pour
but d'empêcher les émanations de l'égout. Mais il convient
d'ajouter que la fermeture de ce clapet est rarement étanche
et qu'il ne remplit qu'imparfaitement son but.

Il suffit, en effet, d'une immondice venant s'interposer
entre le clapet et son siège pour l'empêcher de se fermer.

Eaux des cours. — Pour le drainage des eaux pluviales qui
tombent dans les cours, on se sert d'un siphon appelé
« siphon de cour » que l'on place au point bas du sol où

affluent les eaux, à l'extrémité de la canalisation chargée de conduire ces dernières à l'égout.

Ce siphon a pour but d'empêcher l'air vicié de l'égout de remonter dans l'atmosphère (*fig.* 4).

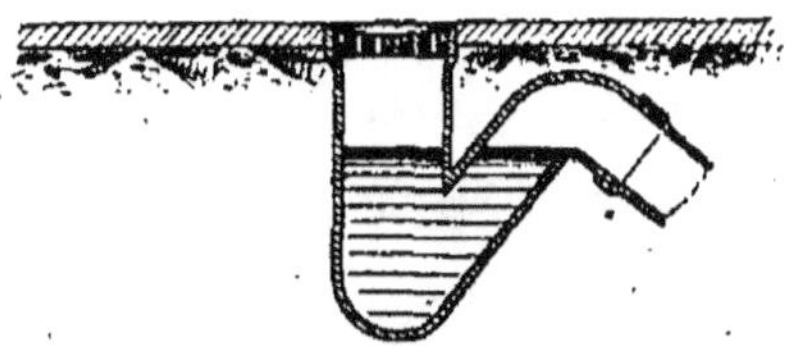

Fig. 4. — Siphon de cour.

Eaux de la rue. — Ces eaux, fournies par l'arrosage et le lavage des voies, les fontaines publiques, etc., sont en proportion d'autant plus forte que la ville considérée est importante. Néanmoins on peut admettre, qu'une grande ville industrielle consomme quotidiennement, pour le fonctionnement des divers services publics 300 à 350 litres par habitant, sans compter l'eau nécessaire aux usages personnels, qui doit être évaluée à près de 100 litres. Autrefois, lorsque les

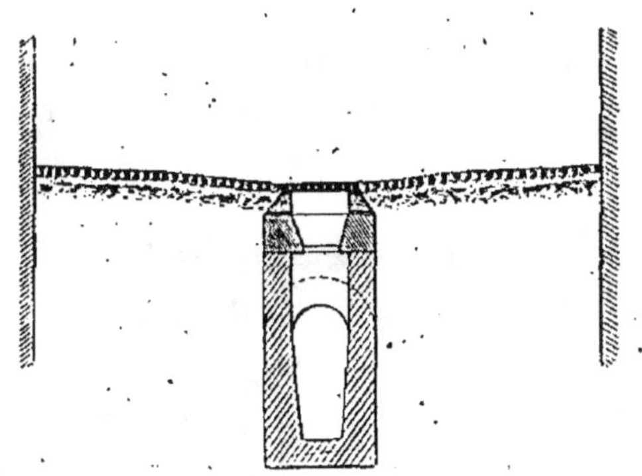

Fig. 5.
Ancienne bouche d'eau.

chaussées, au lieu d'être bombées, étaient brisées, les eaux pluviales, d'arrosage et même ménagères, étaient évacuées à l'égout par une ouverture pratiquée dans l'axe du caniveau. Cette ouverture était recouverte d'une grille qui se paillassonnait généralement. Les eaux n'avaient plus alors d'écoulement et s'étalaient sur la chaussée (*fig.* 5).

Depuis l'établissement des chaussées bombées, on a ménagé dans la bordure du trottoir une ouverture appelée bouche d'égout dans laquelle les eaux se précipitent.

Ces eaux sont conduites alors à l'égout à l'aide d'un tuyau (*fig.* 6) ou d'un branchement (*fig.* 7).

Ces ouvertures ont pour inconvénient de laisser échapper l'air de l'égout au moment de brusques variations barométriques ou thermométriques.

Pour éviter cet inconvénient, certainement grave au point
de vue de l'hygiène, il faudrait adapter aux bouches un obturateur.

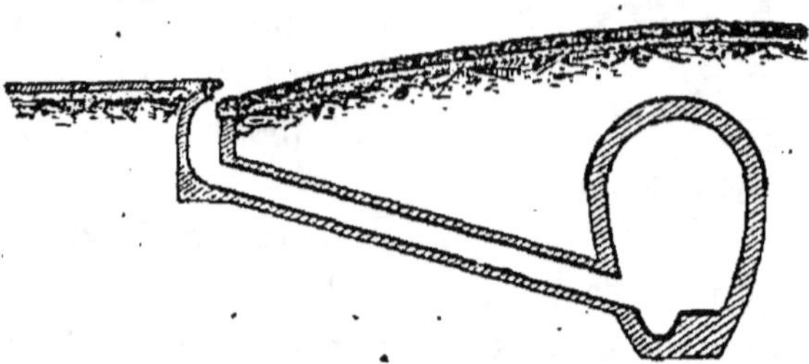

Fig. 6. — Bouche avec branchement en tuyau.

A Paris, où la circulation dans les égouts est très grande,
l'obturation des bouches ne pourrait être admise qu'à la

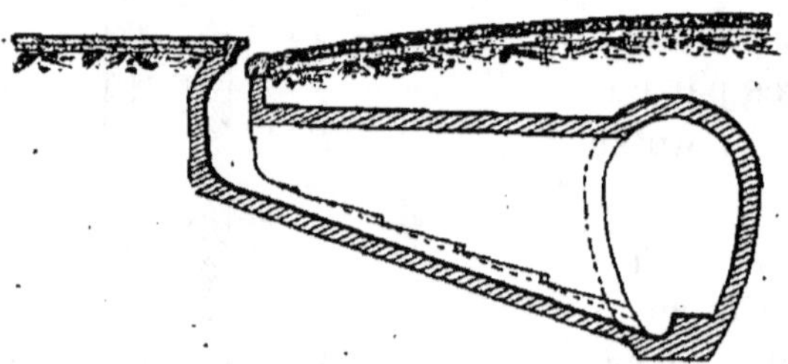

Fig. 7. — Bouche avec branchement maçonné.

condition de remplacer par une ventilation artificielle la
ventilation naturelle effectuée par les bouches elles-mêmes.

Divers essais de ce genre
de ventilation ont été faits,
et aucun n'a donné de bons
résultats.

Cette obturation des bouches
ne saurait être acceptée que
dans les villes où le réseau
d'égouts est disposé de telle
manière que la main de

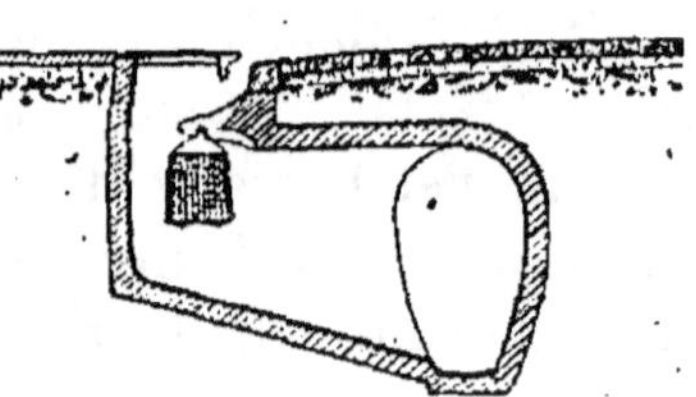

Fig. 8.
Bouche munie d'un panier-filtre.

l'homme est à peu près inutile pour en assurer le curage, et
où la circulation n'est pas aussi constante qu'à Paris.

A Londres, le produit de la voie publique est exclu des égouts ; il est ramassé et déposé dans des bornes creuses établies au bord des trottoirs.

A Paris, on peut considérer que tout le produit du balayage de la voie publique va à l'égout ; aussi, aux environs des Halles Centrales, où les projections d'immondices sont considérables, a-t-on aménagé sous les bouches des paniers-filtres (*fig.* 8) qui retiennent ces immondices, lesquelles sont enlevées chaque jour.

Cette disposition permet d'assurer un libre cours aux eaux d'égout.

Évacuation des eaux ménagères et industrielles. — Dans beaucoup de grandes villes encore, même dans celles qui sont pourvues d'un réseau d'égout, les eaux ménagères et industrielles s'écoulent dans les caniveaux de la chaussée, ce qui est une cause d'insalubrité. Par leur nature même, ces eaux se décomposent promptement sous l'action du soleil et répandent une odeur désagréable. C'est que, dans les caniveaux, l'eau propre ne coule pas constamment, et il faut attendre l'ouverture des bouches de lavage pour faire disparaître ces mauvaises odeurs.

Il faut s'attacher à conduire ces eaux nuisibles à l'égout public où, en se diluant dans une nappe d'eau plus grande, elles deviennent inoffensives.

Pour les eaux industrielles toutefois, il y a des conditions dont il est nécessaire de tenir compte. Certaines de ces eaux peuvent être fortement acidulées. Dans ce cas, elles corrodent les maçonneries et incommodent les ouvriers. Elles doivent donc être neutralisées avant d'être projetées à l'égout public.

Elles peuvent être aussi très chargées de substances fermentescibles qui pourraient donner lieu à la production de gaz méphitiques. Elles doivent alors être épurées avant leur projection à l'égout.

Enfin ces eaux industrielles peuvent être chaudes, soit qu'elles proviennent de la vidange de générateurs de machines à vapeur, soit pour toute autre cause. Dans ce cas elles doivent être refroidies. A Paris, on ne tolère les eaux chaudes en égout qu'à une température maxima de 30°.

Évacuation des eaux vannes et des matières de vidange.
— *État actuel de la vidange dans les villes.* — Jusqu'ici, la question des vidanges, si préoccupante, et qui exerce une si grande influence sur la santé publique, est encore loin d'avoir été résolue. Quelques améliorations successives ont bien été apportées dans le mode d'évacuation des matières ; mais ces améliorations, quoique marquant une étape dans la voie du progrès, sont insuffisantes et ne donnent pas satisfaction aux règles fondamentales de l'hygiène publique.

Le système des vidanges principalement employé dans presque toutes les grandes villes consiste, encore aujourd'hui, à extraire directement les matières des immeubles, où elles sont enfermées dans des fosses pour les transporter dans des voiries ou dans des usines de transformation.

L'odeur nauséabonde qui envahit l'habitation et la rue, pendant le temps où l'on procède à cette opération malsaine, odeur que le vent chasse au loin ; l'encombrement répugnant, sur la voie publique, des engins employés à l'extraction des matières ; les travailleurs nocturnes aux vêtements souillés : tout cela constitue un ensemble absolument intolérable.

A Paris, ce n'est qu'en 1533, qu'un arrêt du Parlement obligea les propriétaires à créer des fosses d'aisances pour recevoir et emmagasiner les matières fermentescibles. Ces fosses, qui existent encore aujourd'hui dans la plupart des maisons, mais qui vont toutefois disparaître radicalement dans un temps peu éloigné, sont absolument condamnées par tous les hygiénistes.

Avant 1533, les matières de vidange étaient transportées aux décharges publiques au même titre que les ordures ménagères et les matériaux de démolition, et ces décharges, bien que situées hors la ville, en formaient l'enceinte.

Les buttes des rues Meslay et Notre-Dame-de-Nazareth, du boulevard Bonne-Nouvelle, de la rue des Moulins, etc., sont le résultat de l'amoncellement des détritus de la ville.

Il nous paraît inutile d'insister sur la situation hygiénique à cette époque.

Une ordonnance de 1664, enjoignant de ventiler les fosses à l'aide d'une conduite prolongée jusqu'au-dessus des combles, vint perfectionner le système créé par l'arrêt de 1533.

Mais ces premières fosses n'étaient nullement étanches ; c'étaient de simples trous à fond perdu que l'on ne vidangeait jamais. Le décret du 10 mars 1809 ordonna la construction de fosses absolument étanches.

En 1835, une Commission administrative, nommée par le préfet de police, proposa, comme un progrès scientifique l'emploi d'appareils spéciaux destinés à séparer les solides des liquides ; ces derniers devaient être rejetés sur la voie publique.

Puis, en 1867, le préfet de la Seine, nouvellement investi des attributions antérieurement dévolues au préfet de police, en ce qui concerne les vidanges, autorisa les propriétaires à écouler les eaux vannes de leurs fosses directement à l'égout.

Il faut dire que, pendant ces périodes, diverses ordonnances administratives prescrivirent, mais sans succès, la désinfection des fosses d'aisances au moyen de procédés chimiques.

On emploie généralement aujourd'hui le chlorure de chaux et le sulfate de fer dont le prix d'achat est très minime.

A Paris cependant, on a prescrit le sulfate de zinc, d'un emploi moins économique que les désinfectants précédents, mais qui donne de meilleurs résultats.

C'est qu'en effet le problème de l'évacuation des vidanges, fréquemment posé en ce moment par les villes qui ont souci de la santé de leurs concitoyens, renferme de très grandes difficultés de résolution, et cependant il n'y a que deux solutions au problème. La première consiste dans l'emmagasinement des matières pendant un certain temps dans des réservoirs quelconques, et leur transport en dehors de la ville ; la deuxième, dans l'éloignement, au fur et à mesure de leur production, des matières de vidange, soit à l'aide de canalisations particulières, soit en se servant de l'égout comme exutoire direct.

Les deux solutions sont applicables suivant les circonstances locales, et toutes deux méritent d'être examinées avec la plus grande sollicitude.

Il existe toutefois une autre solution, que l'on pourrait désigner sous le nom de « mixte », appliquée dans diverses villes, et qui consiste à emmagasiner les matières pendant un certain temps dans des fosses et à les expulser ensuite à l'égout, en se servant de l'eau comme moteur.

Bien que ce procédé présente sur la première solution indiquée plus haut l'avantage d'éviter le transport à travers les maisons et les rues du matériel de vidange, il n'en est pas moins un procédé bâtard qui doit être repoussé, puisqu'il ne supprime pas le séjour prolongé des matières dans les immeubles.

On peut citer, dans cet ordre d'idées, les appareils Amoudruz et Lafforgue, qui seront décrits plus loin.

La quantité de matières de vidange produite journellement, par habitant, est évaluée à $1^{kg},26$, dont :

Liquides................................... $1^{kg},17$
Solides .... $0^{kg},09$

Soit une proportion de 93 0/0 de liquide pour 7 0/0 de matières solides.

Dans 1.000 kilogrammes de ces matières tout-venant, on trouve 75 0/0 environ d'eau ; ils dosent en azote $9^{kg},337$, dont $8^{kg},317$ dans les liquides et $1^{kg},056$ dans les solides ; ce qui démontre que les matières liquides, contenant plus d'éléments organiques, sont plus susceptibles d'entrer en fermentation et sont, par conséquent, les plus nocives.

CHAPITRE II

RÉSERVOIRS DE VIDANGE

1° **Fosses fixes.** — Parmi les réservoirs de vidange les plus répandus, il faut mettre au premier rang la fosse fixe, qui a été le premier système régulier qu'on ait imposé aux populations des villes.

Ce n'est qu'en 1533 que ce système a été rendu obligatoire.

Depuis, il a subi de nombreuses réglementations; mais, quoi qu'on ait fait, il a toujours été très défectueux et tous les efforts doivent tendre à le faire disparaître [1].

La fosse fixe est, sans contredit, le système le plus barbare qu'on puisse imaginer, et cela pour plusieurs raisons d'une importance capitale : d'abord, à cause du séjour constant dans les habitations de matières fermentescibles; ensuite, à cause de la contamination des eaux des puits par les liquides, qui parviennent toujours à se faire jour à travers les parois des fosses. Cela, bien souvent, grâce à l'incurie des propriétaires qui, se souciant peu de la santé de leurs locataires, ne font pas visiter leur fosse après chaque vidange (à Paris cette visite est obligatoire, mais combien peu efficace), ou consentent à y conserver des trous et fissures par lesquels les liquides peuvent s'échapper, ce qui présente pour eux une source d'économie.

Cette considération mise à part, il a été reconnu qu'à la longue les murs des fosses, même lorsqu'ils sont revêtus de ciment, laissent filtrer les liquides chargés de matières organiques, de carbonate de chaux et de sulfhydrate d'ammoniaque.

---

[1] *Logements insalubres*, par JOURDAN.

Une cause d'insalubrité des fosses d'aisances réside également ment dans ce fait que les locataires sont la plupart du temps privés d'eau dans les étages et qu'ils ne peuvent, par suite, nettoyer les cuvettes. Ceci se rencontre principalement dans les logements ouvriers, où la présence de l'eau serait cependant plus utile, en raison de la densité de la population qui y habite.

D'après les règlements en usage, chaque fosse d'aisances doit être ventilée à l'aide d'une conduite débouchant au-dessus du toit de la maison. Cette mesure, bonne en apparence, soulève cependant des critiques.

Il arrive souvent que les conduites s'obstruent pour des causes accidentelles, et alors les gaz se répandent dans l'appartement; il en est de même à toute diminution de la pression atmosphérique (la fosse fait l'office, dans ce cas, d'un véritable baromètre).

Différents essais ont été faits en vue d'activer le tirage dans le tuyau d'évent en faisant brûler, dans ce dernier ou à sa partie inférieure, un bec de gaz.

Un autre inconvénient, non moins grave, se présente lorsque le temps est bien calme et principalement dans les grands centres. Les gaz s'échappant des ventilateurs planent au-dessus des maisons et infectent l'atmosphère.

Vidange des fosses. — Si la fosse d'aisances est par elle-même un système barbare pour les nombreuses causes énumérées ci-dessus, sa vidange est non moins condamnable.

Qu'y a-t-il, en effet, de plus répugnant que cette opération, sans compter les dangers auxquels sont exposés les ouvriers qui en sont chargés?

A Paris, l'opération de la vidange des fosses fixes est rapidement exécutée, et les émanations produites, quoique désagréables, sont de courte durée. Mais dans les villes qui ne possèdent pas de pompes à vapeur et où l'on se sert de la pompe à bras, où l'on n'emploie, le plus souvent, aucun engin aspirateur, il est difficile de décrire l'infection occasionnée par la vidange des fosses.

Il faut ajouter que, dans les petites villes, l'Administration est parfois plus tolérante et que la vidange des fosses se fait d'autant plus rarement que les fosses perdent davantage; mais les terres et les puits environnant ces fosses sont saturés, et l'infection est permanente.

2° Fosses mobiles. — En dehors du vase de petite capacité dont l'usage se restreint notablement et que, dans certaines localités, on vidait nuitamment sans trop choisir l'endroit, ce deuxième genre de réservoirs à vidange comporte diverses applications.

Tonneaux ou tinettes mobiles. — Au tonneau ordinaire, primitivement employé, a succédé la tinette de forme cylindrique construite en zinc et, par conséquent, plus étanche. Bien que ce système soit très répandu, il est loin de répondre aux exigences de l'hygiène.

C'est, en somme, une fosse de plus petite dimension que la fosse fixe, mais que l'on vide plus souvent. Elle a sur cette dernière l'inconvénient de ne pouvoir être ventilée; mais elle a le grand avantage d'être étanche, ce qui empêche l'infiltration des matières dans les terres et les puits.

Elle peut rendre des services là où il n'existe pas d'égout et où il n'y a que peu d'eau, mais à la condition que l'enlèvement en soit fait d'une façon très régulière, afin d'éviter les débordements, qui se produisent assez généralement.

Mais on ne saurait songer à employer exclusivement la tinette mobile dans les grands centres, à cause du matériel considérable qu'elle nécessite et du prix des transports. D'autre part, de préférence, la tinette devant être de capacité réduite, afin d'être enlevée plus souvent, le transport de ces appareils dans des voitures nombreuses, circulant en plein jour à travers la ville, manquerait certainement d'esthétique.

Différents systèmes de tinettes mobiles ont, d'ailleurs, été expérimentés, qui n'ont pas donné les résultats qu'en attendaient les inventeurs.

Ainsi la *tinette Bonnefin* sépare les matières solides des liquides qui sont reçus dans un récipient spécial, filtrés à travers un bain de nitrate de fer et renvoyés au dehors.

La *tinette Goux*, qui a reçu de nombreuses applications il

y a quelque vingt ans, offre sur la précédente l'avantage de
diminuer les odeurs. Elle se compose d'un cylindre en tôle
ordinaire, dont la paroi intérieure est tapissée d'une couche
épaisse de substance poreuse, mêlée à une petite quantité de
sulfate de chaux ou de sulfate de fer. Selon l'inventeur,
l'odeur des matières extraites de ces tinettes rappellerait
celle du fumier de ferme. C'est une appréciation personnelle que beaucoup d'hygiénistes n'ont pas partagée.

Système diviseur. — Ce système consiste à séparer la matière
solide de la matière liquide, il rend par suite la vidange moins
coûteuse, puisqu'il la simplifie; mais il laisse libre cours aux
liquides, qui ne sont pas plus inoffensifs que les matières
solides.

Tinette filtrante.

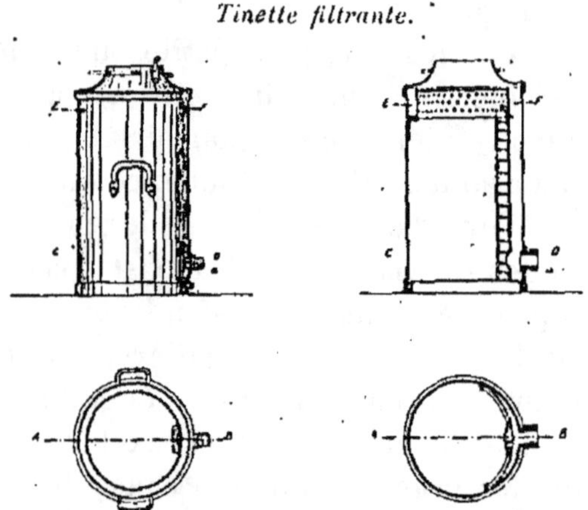

Fig. 9. — Premier type de tinette filtrante.

L'origine de la tinette filtrante remonte à l'année 1843.
A cette époque, l'écoulement des liquides aux égouts n'était pas
autorisé ; les liquides étaient recueillis dans des réservoirs
que l'on vidait à la pompe, comme les fosses d'aisances. Il
en résultait une dépense qui explique la parcimonie avec
laquelle on lavait les cabinets d'aisances, qui, à quelques
exceptions près, se trouvaient généralement à sièges béants
et sans effets d'eau. La tinette alors employée avait une
cloison filtrante ne régnant que sur 1/6 de la circonférence,
percée de trous de 0,005, et mise en communication avec un
tuyau d'échappement de 0,03 seulement (*fig.* 9).

L'arrêté du préfet de la Seine du 2 juillet 1867, en autorisant l'envoi à l'égout des eaux vannes, a permis non seulement de faire usage de sièges à effets d'eau, mais encore d'opérer dans les cabinets des lavages journaliers. L'ancienne tinette est ainsi devenue insuffisante au double point de vue du filtrage et de l'échappement des eaux.

Les différents systèmes qui ont été présentés à la suite de cet arrêté n'ont pas donné une satisfaction suffisante.

Par un nouvel arrêté du 20 novembre 1887, le préfet de la Seine a prescrit, aux propriétaires qui désiraient adopter ce mode de vidange, d'employer un modèle étudié par l'Administration municipale et adopté par la Ville de Paris, et de munir les cabinets d'aisances d'un effet d'eau de 10 litres par personne et par jour et d'un appareil formant fermeture hydraulique et permanente (*fig.* 10).

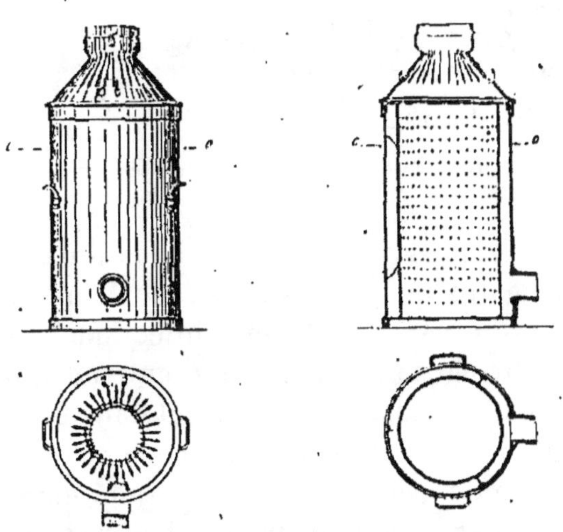

Fig. 10. — Type de tinette filtrante adopté par la Ville de Paris.

Ce système se compose d'un double cylindre en métal ; le cylindre extérieur est plein, et l'autre forme filtre. Ces deux cylindres sont fermés par un couvercle hermétique. L'appareil est posé dans un caveau en maçonnerie avec sol étanche dans lequel débouche, au-dessus de l'appareil, le tuyau de chute.

Les liquides, ainsi que la partie diluée des matières solides,

passent à travers le filtre et vont gagner l'égout voisin à l'aide
d'une canalisation spéciale (*fig.* 11).

Les corps non dilués restent dans le cylindre intérieur,
que l'on enlève lorsqu'il est plein.

Bien que la tinette filtrante ait rendu de grands services,
elle est loin d'avoir résolu le problème de l'évacuation des
vidanges, comme on le supposait à l'origine. Elle est, en effet,
sujette à des critiques importantes.

Il arrive très souvent, par suite d'une négligence du ser-

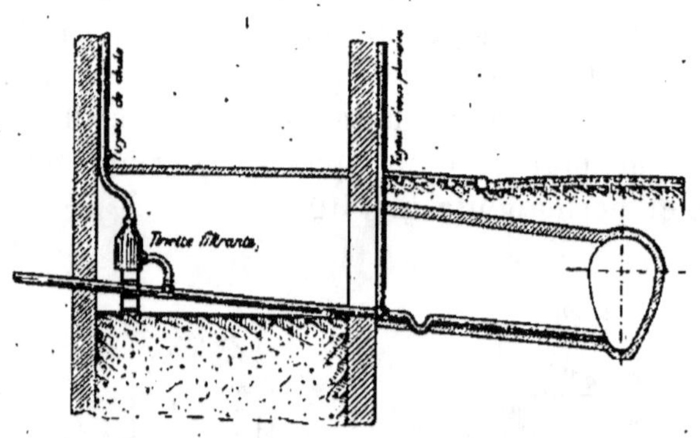

Fig. 11. — Raccordement d'une tinette filtrante avec l'égout public.

vice de la Compagnie des vidanges, que les tinettes ne sont
pas enlevées à temps et qu'elles débordent dans le caveau,
qui devient alors un véritable foyer d'infection.

Sans doute cette cause n'est pas inhérente à l'appareil lui-
même, mais elle n'en existe pas moins, et dans une question
aussi importante il faut compter avec tous les détails.

Une autre cause de critique, cette fois inhérente à l'appareil, se produit assez fréquemment par l'engorgement de la
canalisation conduisant à l'égout les parties liquéfiées ; la
tinette se remplit alors très rapidement, les matières
font sauter le couvercle et se répandent dans le caveau. Si
le couvercle résiste, les matières s'élèvent dans la canalisation et vont ressortir par les cabinets les plus rapprochés du
caveau.

Là ne sont pas les seuls inconvénients de la tinette filtrante.

En dehors de l'enlèvement en plein jour de ces infects

réservoirs et de leur circulation à travers la ville, elle présente le même inconvénient que la fosse fixe, dont elle est la réduction, et celui du « tout à l'égout » mal préparé.

Parmi les appareils du système diviseur il existe divers types d'*appareils dilueurs*, auxquels on peut appliquer les principales objections faites précédemment aux tinettes filtrantes.

Dilueur Miotat. — Dans cet ordre d'idées rentre l'appareil imaginé par M. Miotat, conducteur principal des travaux de Paris, qui n'a reçu d'ailleurs aucune application. Son auteur

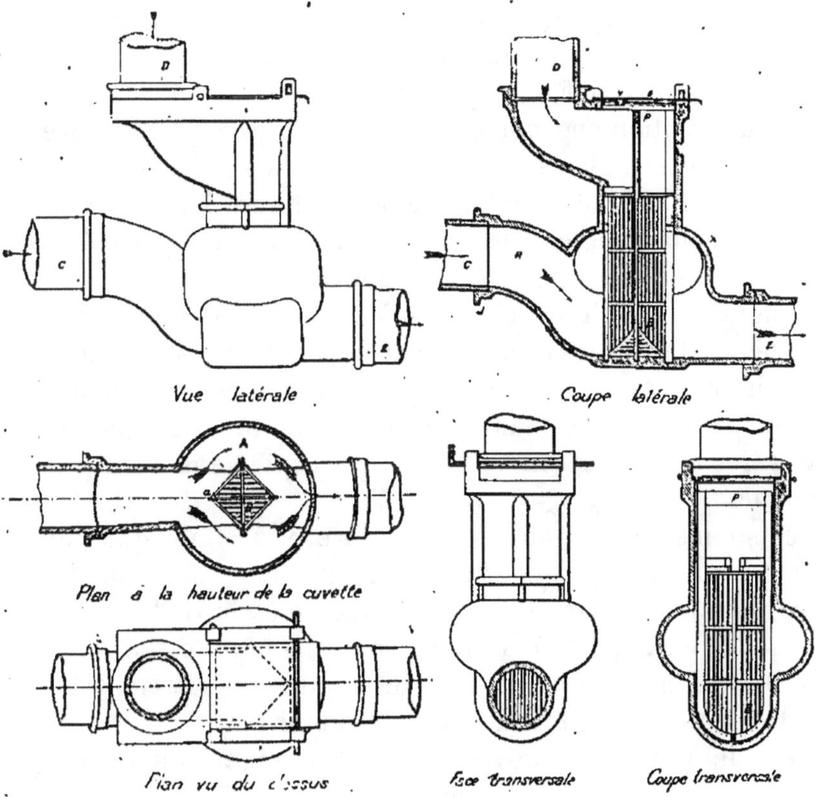

Fig. 12. — Dilueur Miotat.

s'est contenté de proposer son système pour l'assainissement de la Ville de Paris ; sa proposition n'a pas été examinée.

Sommairement son appareil se compose (*fig.* 12) d'une

cuvette A circulaire en plan et à parois convexes, greffée sur une tubulure, que l'on établit en un point déterminé du parcours de la canalisation drainant l'immeuble. Dans cette cuvette on place une boîte carrée formée d'un grillage en fil de fer (B), et c'est sous cette boîte que viennent tomber les matières provenant des cabinets et qui sont amenées par la canalisation C.

Cette boîte est disposée dans la cuvette, comme l'indique la figure 12, ce qui facilite le travail de dilution.

Les eaux de lavage et de pluie, ainsi que les eaux ménagères sont amenées par la canalisation D, et ce sont ces eaux, arrivant avec plus ou moins de force, qui opèrent la liquéfaction des matières solides renfermées dans la cage.

Les liquides chargés, ainsi obtenus, s'écoulent ensuite à l'égout par le tuyau E.

Une disposition spéciale est adoptée à la partie supérieure de la cuvette circulaire pour permettre de vérifier le fonctionnement de la boîte grillagée et de l'enlever, dans le cas où elle serait obstruée par des corps durs non délayables, ce qui pourrait se présenter fréquemment.

Quelque perfectionnés que soient les divers systèmes inventés et destinés à remplacer la fosse fixe, ils seront toujours imparfaits, puisqu'ils ne suppriment pas la manutention des vidanges dans les maisons, leur circulation à travers les villes, ni surtout leur traitement dans des dépotoirs.

L'existence des dépotoirs à air libre et des fabriques de sulfate d'ammoniaque constitue un véritable fléau pour les villes, quelles que soient la surveillance et la réglementation ; et le seul parti à prendre pour les faire disparaître, c'est de les rendre inutiles, en faisant usage d'autres procédés de vidange que les fosses fixes et mobiles.

C'est le problème universellement posé et qui a déjà donné lieu à plusieurs solutions.

3° **Systèmes mixtes.** — *Système Amoudruz.* — Le système de vidange hydraulique présenté par M. Amoudruz fonctionne depuis 1881 à Genève et dans ses environs.

Il a pour but : la suppression des grandes fosses fixes et

celle de toute manutention destinée à l'enlèvement des matières fécales dans les habitations et dans les rues ; la suppression des dépotoirs et celle des entrepôts d'engrais naturels dans les environs de la ville ; le lavage régulier et à grande eau des égouts ; une économie considérable sur les frais occasionnés par les vidanges.

Il se compose non plus d'une grande fosse, mais d'une

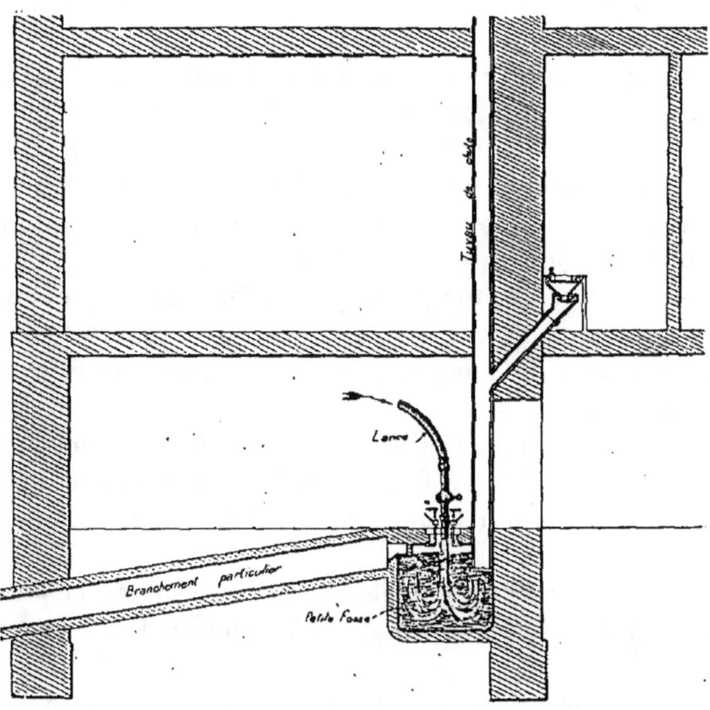

Fig. 13. — Système Amoudruz.

petite de plusieurs hectolitres dont on fait la vidange à l'aide de la pression hydraulique.

C'est, en somme, le tout à l'égout brusquement opéré à chaque vidange avec les inconvénients de la fosse fixe.

Dans la petite fosse (*fig.* 13) vient aboutir le tuyau de chute des cabinets. Ce tuyau est prolongé jusqu'au-dessous du niveau de l'eau que doit toujours contenir la fosse, afin de former fermeture hydraulique empêchant les odeurs de remonter par la canalisation.

Pour plus de sécurité contre les mauvaises odeurs qui pourraient revenir de l'égout, M. Amoudruz a mis un écran entre la fosse et le branchement conduisant le contenu de cette dernière à l'égout public, double précaution tout au moins inutile ; car on a pu constater que les mauvaises odeurs n'en remontaient pas moins dans toute la maison. Peut-il en être autrement, d'ailleurs, puisque le tuyau de chute, ventilant en même temps cette fosse, plus ou moins minuscule, en aspire les gaz existants quand la vidange est quelque temps sans avoir été pratiquée ?

La vidange s'opère de la manière suivante :

A l'origine, on remplit la fosse d'eau propre, jusqu'au niveau de déversement du trop-plein par le branchement à l'égout. A ce moment, la fosse est hermétiquement fermée. A chaque déjection une quantité d'eau, équivalente au volume des matières projetées, s'en va à l'égout.

Au bout de quelque temps, quand la fosse est jugée suffisamment remplie, on adapte, à une ouverture pratiquée à la partie supérieure, une lance que l'on branche sur la canalisation des eaux.

La pression de la conduite d'eau force le contenu de la fosse, qui se trouve de ce fait dilué, à franchir le niveau de la canalisation allant à l'égout public, et à s'écouler dans ce dernier.

Une fois l'opération exécutée, on laisse couler la lance jusqu'à ce que la fosse se remplisse à nouveau d'eau propre.

Système Lafforgue. — Un appareil plus perfectionné a été inventé par M. Lafforgue, architecte. Il répond à l'article VI du Règlement du 9 mai 1896 sur l'application du « tout à l'égout » à Paris, qui dit que : « Dans les maisons existantes, pourront être conservés les anciens appareils des cabinets d'aisances, munis d'effets d'eau suffisants, mais à la condition qu'il soit établi une chasse d'eau à la base du tuyau de chute et une occlusion hermétique permanente, avant le débouché dans l'égout. »

Pour atteindre ce but, l'appareil automatique est établi au bas de chaque chute. Il consiste en une cuve en fonte (*fig.* 14) avec un siphon à double courbure, destinée à recueillir les matières usées qui tombent des chutes, afin d'évacuer par une chasse violente tout le contenu, liquides et solides, dans la canalisation générale reliée à l'égout. Comme cet appareil est toujours placé en cave, il n'y a pas à redouter les atteintes de la gelée.

Un seul appareil peut réunir plusieurs chutes dans un même immeuble.

A sa partie supérieure il est muni d'un tuyau d'évent

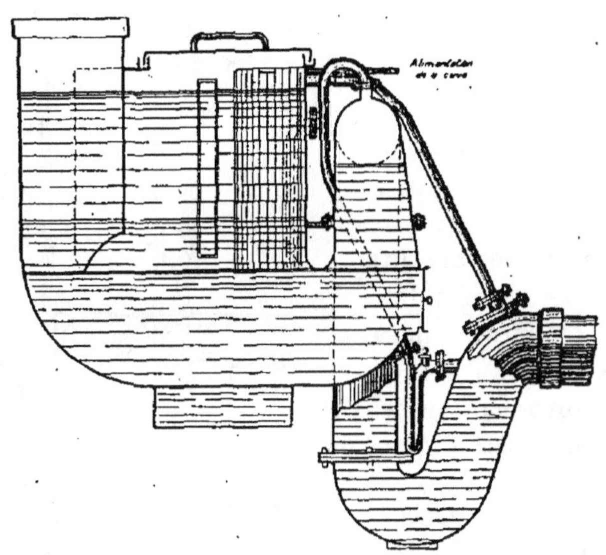

Fig. 14. — Système Lafforgue.

relié à la chute par une tubulure permettant la ventilation constante de la canalisation, de la chute et de la cuve.

Sur chaque face de l'appareil il existe une glace permettant d'en constater facilement le fonctionnement; le couvercle de l'appareil, sans boulon de serrage, se soulevant facilement à l'aide de deux poignées, permet de nettoyer commodément les parois et la glace.

Un tampon placé sur la face du siphon faciliterait le dégorgement, s'il y avait lieu.

Pour mettre l'appareil en marche, il suffit de remplir d'eau la retenue du siphon, ainsi que celle de la détente.

L'eau alimentant l'appareil arrive sur le côté de la cuve

dans un compartiment spé-
cial, et son débit doit être
naturellement propor-
tionné aux nécessités du
fonctionnement.

Chaque fois que le niveau
du liquide atteint dans la
cuve un point sensible-
ment supérieur au sommet
du siphon, l'air comprimé
dans celui-ci s'échappe par
le détendeur; le liquide
s'élève subitement dans la
petite branche du siphon,
par suite de la rupture
d'équilibre, et s'écoule à
plein tuyau en entraînant,
en quelques secondes,
toutes les matières solides
et liquides contenues dans
la cuve, provoquant ainsi
des chasses périodiques
très vigoureuses.

On a intérêt à raccorder
à la partie basse des chutes,
en les siphonnant, les descentes d'eau pluviales et
ménagères, de façon à précipiter les chasses et utiliser ces liquides pour le
lavage de la canalisation.

Cet appareil permet de
ne rien changer aux tuyaux
de chutes, ni aux garde-
robes actuellement en
usage, évitant ainsi de nouvelles installations coû-
teuses.

Comme il est placé dans

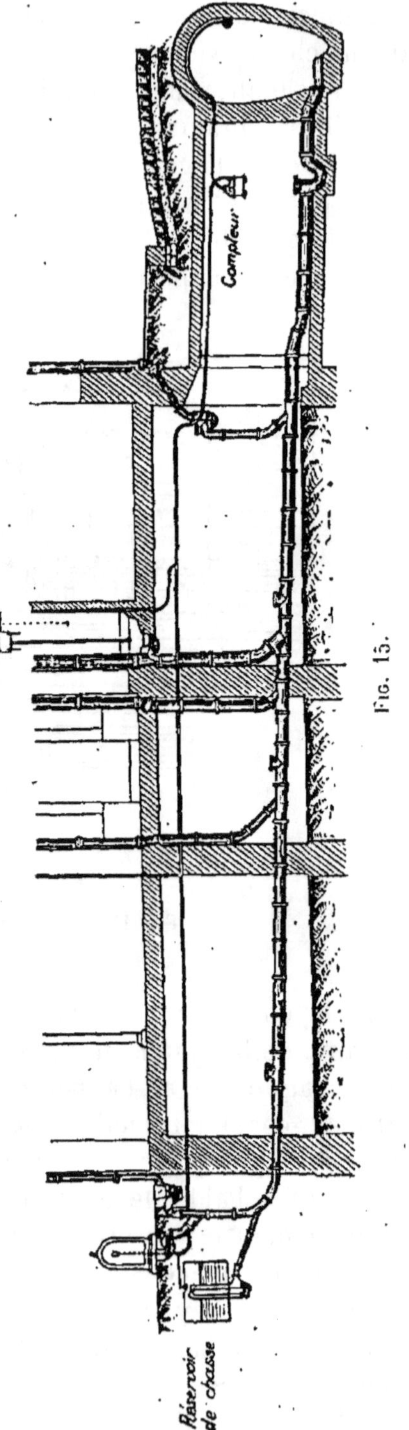

Fig. 15.

les caves, il peut être alimenté avec de l'eau de rivière et réaliser ainsi une économie.

Toutefois l'Administration municipale de Paris n'a pas admis cet appareil; elle lui a préféré l'appareil automatique ordinaire placé à l'extrémité amont de la canalisation réceptrice (*fig.* 15).

Quoi qu'il en soit, l'article plein d'humour paru en 1882 dans le *XIXe Siècle*, sous la signature de M. Francisque Sarcey, résume à lui seul le degré d'ignominie de la fosse d'aisances et des tinettes, et le peu de progrès fait jusqu'à ce jour pour s'affranchir de ces modes de vidange.

Un extrait de cet article intéressera le lecteur et rompra la monotonie du sujet.

Mais nous ne sommes pas des sauvages ; nous vivons accumulés, pressés, entassés jusqu'au cinquième étage, les uns sur la tête des autres, tous grouillants et fourmillants dans l'étroit espace où se serrent les maisons d'une cité populeuse. On ne peut décemment pas s'en remettre aux corbeaux, aux rats et aux cloportes de nettoyer une grande ville et de faire disparaître les déjections d'un million d'hommes. Ce procédé peut encore être à l'usage des peuples d'Orient, notre climat d'Occident exige d'autres précautions plus efficaces.

Eh bien ! le croirait-on ? Tandis que tout s'est renouvelé dans le train de notre existence, pour le rendre plus commode et plus agréable, tandis qu'aux routes de nos pères nous avons substitué les chemins de fer ; à leurs méchants bateaux, les navires à vapeur ; à leurs rues sans lumière et sans air, de larges voies ouvertes au soleil ; à leurs taudis fermés de croisées avares, des maisons immenses dont les fenêtres sont nombreuses et larges ; tandis qu'enfin partout le progrès accomplit son œuvre et nous emporte en son tourbillon de réformes, nous en sommes encore, pour le sujet qui nous occupe, aux procédés élémentaires de nos aïeux.

Les savants ont beaucoup cherché, les ingénieurs ont présenté toutes sortes de projets ; on n'a rien fait ou presque rien pour l'application.

Nos pères creusaient sous la maison un grand trou qu'ils appelaient une fosse d'aisances. C'est là que l'on conservait précieusement un amas d'immondices infectes et un foyer d'horrible pestilence. On attendait pour la vider qu'elle fût pleine et dégorgeât. Nous n'avons changé que peu de chose à ce système abominable.

Les trois quarts des maisons de Paris sont construites sur une fosse d'aisances. Les larges tuyaux qui s'élèvent jusqu'au faîte du bâtiment ont la prétention de conduire au dehors les gaz et les mauvaises odeurs, si bien que Paris vomit, jour et nuit, par ces millions de bouches ouvertes, une buée ignoble qui flotte sur la ville et qui l'empeste, si le vent la rabat sur nos rues.

Mais vous le savez, ô Parisiens, mes frères, tous les parfums, qui s'exhalent de ces usines à puanteurs, ne passent point par le chemin qu'on leur a préparé. Tous ne s'envolent pas à l'air libre par le tuyau qui plonge dans les profondeurs de la fosse. Il en reste ! oh oui ! il en reste !

Que de fois j'ai entendu une maîtresse de maison accabler de malédictions un malheureux propriétaire qui n'en pouvait mais !

Chez l'un, ça sent par le vent d'est ; chez l'autre, c'est la pluie ; chez l'autre, c'est le trop grand soleil. Il y en a de privilégiés chez qui ça pue avec une merveilleuse impartialité par tous les temps possibles et impossibles.

On dénonce la maison aux agents de la salubrité, ils font des rapports ; on mande des architectes, ils font des rapports. Mais ils ont beau faire des rapports ; ça pue toujours.

La raison en est simple, c'est que, si vous jetez des roses sous un lit, ça sentira la rose quand vous dormirez dessus, et voilà pourquoi justement ça ne sent pas la rose.

Et notez qu'ici je parle des cabinets bien tenus ou à peu près.

Mais allez dans ces maisons d'ouvriers où il n'y a pour tout un palier, et quelquefois même pour deux étages, qu'un trou noir, dont le vasistas s'ouvre sur l'escalier. Mon père a jadis habité une de ces maisons ; cela était horrible, et le concierge défendait qu'on jetât de l'eau pour ne pas remplir trop vite la fosse !

De l'eau, personne n'en jetait. A cette époque, elle coûtait deux sous la voie, et il fallait la ménager. Aujourd'hui, on l'a en plus grande abondance, mais il faut l'aller chercher ; car la maison n'est pas souvent pourvue de robinets à tous les étages. On l'épargne donc, moins pour obéir au concierge que pour ne pas s'imposer trop de peine ; car l'eau est encore un luxe à Paris.

Ah ! ces lieux ! je ne me les rappelle qu'avec horreur ! Et dire qu'il y en a encore comme cela des centaines, des milliers, à Paris.

Et c'était bien autre chose quand il fallait vider cette fameuse fosse. Mais reprenons haleine un instant. Il me semble que j'étouffe à vous parler de tout cela.

Combien de fois ne vous est-il pas arrivé, la nuit, quand vous dormiez du sommeil du juste, de vous sentir éveillé, vers minuit et demi, par le tic-tac monotone d'une sorte de marteau frappant à coups réguliers et sourds. Vous ouvrez des yeux effarés.

Qu'est-ce que c'est ? Qu'est-ce qu'il y a ?

Ce que c'est ? Ce qu'il y a. Respirez un instant, pour voir, mon ami. Vous êtes fixé à cette heure. L'air qui vous enveloppe est tout chargé d'émanations immondes, dont rien ne vous peut défendre, elles filtrent par les jointures des portes et les interstices des fenêtres, vous êtes baigné, comme toute la maison, dans une puanteur fade et nauséabonde.

Vous en avez jusqu'au matin. Ce sont les chevaliers de la nuit qui opèrent chez vous, à moins que ce ne soit à côté ou même au bout de la rue. Leurs tonneaux sont là sous vos croisées, rangés en bel ordre et qui attendent. Et quand ils seront pleins, de forts chevaux les emporteront à travers le quartier, laissant derrière eux un long sillage d'abominables odeurs.

Et c'est à Paris, dans la capitale du monde, que les choses se passent ainsi ! Et nous le souffrons sans mot dire ! Il y a plus ; nous n'y prenons pas garde ! c'est l'habitude, et ce mot répond à tout.

Il est vrai qu'à la fosse d'aisances telle que je l'ai dépeinte, telle qu'elle existe de temps immémorial, on en a, dans quelques immeubles, substitué une autre, que l'on a nommée la « fosse mobile », par opposition à la première, qui avait reçu le nom de « fosse fixe ». La fosse mobile se compose d'un ou plusieurs tonneaux, selon l'importance de l'immeuble, que l'on emporte aussitôt qu'ils sont à peu près pleins, à des époques régulières. Les hommes qui font ce travail n'ont qu'à fermer le tonneau, à le mettre sur une voiture qui attend à la porte et à filer.

Ah bien ! parlons un peu de la fosse mobile ! Dieu sait si je connais ce système ! c'est celui qui fonctionne chez moi.

Et d'abord, mobile ou fixe, c'est étonnant comme l'odeur est la même ! Il y a des gens qui vous disent que les cors leur élancent quand le temps change ; moi c'est ma fosse mobile qui m'élance, tout comme si elle était fixe, aux changements de temps. Remplacer le système de la fosse mobile par celui de la fosse fixe, c'est, ne vous en déplaise, troquer son cheval aveugle contre un cheval qui a perdu les deux yeux.

La fosse mobile, qui a tous les inconvénients de la fosse fixe, en a d'autres qui lui sont particuliers. Les honorables gentlemen qui sont chargés d'enlever les tonneaux ne choisissent pas mes heures ; ils arrivent quand ils peuvent, au hasard des étapes à parcourir et de la besogne à faire.

Je suis en train de déjeuner, j'ai des amis à table, une odeur étrange envahit la salle à manger.

— Eh bien ! Émile, qu'est-ce que cela ?

Émile cligne de l'œil.

— C'est... Monsieur sait bien ?

Je sais en effet, je ne dis plus rien ; les convives n'en disent pas davantage ; mais ils n'en sentent pas moins.

Le déjeuner s'interrompt, ne faut-il pas que le domestique surveille ces aimables industriels ? Il est trop évident que la Compa-

gnie qui les emploie n'a pu choisir, pour ces fonctions douteuses,
ni M. de Talleyrand, ni saint Vincent de Paul. On ne saurait les
laisser tout seuls errer dans la maison qu'ils parfument. Il faut,
lorsque le domestique est occupé, présider soi-même à cette opération délicate. Il est vrai que la maison en éprouve un soulage-
ment inexprimable, mais on est diantrement soulagé soi-même,
quand elle est terminée.

Et le plus enrageant, c'est que, si l'on redoute la venue de ces
noirs oiseaux du nettoyage, on est parfois réduit à les désirer
davantage encore. Que de fois ces mots terribles n'ont-ils pas sonné
comme un glas funèbre à mon oreille :

— Monsieur, les tuyaux s'engorgent !

Les tuyaux s'engorgent ! mon domestique dit « les tuyaux »,
comme Mme Prudhomme parle de ses salons. Elle n'a qu'un salon,
et je n'ai qu'un tuyau ; mais nous sommes souvent plusieurs,
l'hospitalité étant la plus française des vertus, qui avons à faire à
ce tuyau unique. Les tuyaux s'engorgent ! Courez vite à la Compagnie ! dites-lui qu'elle est en retard !

Et croyez-moi si vous le voulez, quand ils s'arrêtent à ma porte,
les anges du tablier de cuir, je les regarde d'un œil mouillé de
reconnaissance, j'ai des envies de leur serrer la main... Oh ! ras-
surez-vous, je la réprime !

Voulez-vous un conseil, vous qui faites bâtir ce qu'on appelle
à Paris un petit hôtel ? Biffez du projet de votre architecte la fosse
mobile. Biffez aussi la fosse fixe. Oui, mais qu'est-ce qu'il reste... ?

. . . .

. . . .

Ce que M. Francisque Sarcey écrivait en 1882, avec cette
spirituelle tournure critique qui lui est familière, sur les
fosses d'aisances et sur les tinettes mobiles, est encore
valable à notre époque, sauf cependant en ce qui concerne
l'alimentation en eau des immeubles, qui a subi depuis une
très grande transformation.

CHAPITRE III

CANALISATIONS SPÉCIALES

Généralités. — L'examen rapide qui vient d'être fait des divers procédés de vidange, pour l'emmagasinement des matières, démontre suffisamment que, si ces systèmes peuvent subsister très longtemps encore dans les campagnes et les petites villes, ils sont destinés à disparaître prochainement, grâce aux progrès rapides de l'hygiène, des centres un peu importants.

Par quoi les remplacera-t-on? Bien que les avis des ingénieurs et des hygiénistes les plus influents soient bien partagés, tout système consistant à faire disparaître la matière aussitôt qu'elle s'est produite mérite de retenir l'attention et d'être expérimenté.

Certains sont complexes; le plus simple comme principe est le « tout à l'égout », dont il sera question plus loin.

En dehors de ce système, il existe différents procédés d'évacuation des vidanges à l'aide de canalisations : les uns agissent par aspiration, les autres par refoulement. Mais c'est principalement à l'Étranger, et notamment en Angleterre, qu'on en trouve des applications.

Avec un autre procédé, également appliqué, c'est le poids seul des matières, qui les entraîne dans des canalisations sur le parcours desquelles sont établis des réservoirs de chasse qui activent leur circulation.

Sans partager entièrement l'enthousiasme de nos voisins d'outre-mer pour les merveilleux résultats publiés des divers modes de vidange nécessitant l'emploi d'une force mécanique, on est obligé de reconnaître que ces procédés, peuvent trouver, en France, de nombreuses applications dans les endroits, par exemple, où la situation topographique ne permettrait pas de donner aux drains des pentes suffisantes pour que l'écoulement des eaux soit assuré par simple gravitation, ou bien encore dans des villes bâties sur un sol rocheux, qui ne permettrait pas la construction de drains à une profondeur suffisante pour recevoir le produit des immeubles.

A un autre point de vue, celui de l'économie, l'application du système peut rendre de très grands services dans les petites villes, partout où l'amenée de nouvelles eaux entraînerait à de très grandes dépenses, car avec le procédé mécanique il faut le moins d'eau possible.

Dans ce cas, les eaux ménagères seules pourraient être projetées dans la canalisation des vidanges. Quant aux eaux pluviales, elles continueraient à déverser sur la voie publique.

SYSTÈMES FONCTIONNANT PAR ASPIRATION

Système Berlier. — On lisait dans *le Temps* du 2 avril 1883 :

Souhaiter une canalisation étanche, c'était bien ; mais on n'avait pas trouvé le moyen d'y faire voyager les immondices, M. Berlier l'a découvert ; son système, soumis à l'expérience depuis un an sur un réseau de canalisation de plus de 5 kilomètres, a fonctionné sans qu'aucun accident y soit venu révéler des défectuosités qui pourraient en rendre incertaine une application générale. Il a répondu à toutes les objections par cette preuve victorieuse : il marche, et il révolutionnera l'hygiène des villes, attardée jusqu'à présent dans les procédés tout primitifs.

Le système Berlier, exploité aujourd'hui par la Compagnie générale de salubrité, consiste en une canalisation en fonte sur laquelle sont branchés les immeubles et qui aboutit à un réservoir placé hors la ville. Une machine hydropneumatique produit dans ce réservoir et dans toute la canalisation un vide suffisant pour que les matières de vidanges existant dans les immeubles soient aspirées avec

une très grande force et immédiatement transportées dans
le réservoir situé à l'autre bout de la canalisation.

Les éléments de ce système comprennent, en dehors des
canalisations et de l'usine : deux appareils dans les maisons
(le récepteur et l'évacuateur) et des réservoirs d'équilibre.

Le récepteur et l'évacuateur sont les seuls appareils nécessaires dans la maison ou gare de départ ; ils forment deux
capacités communiquant entre elles, dont l'une, le récepteur, reçoit les déjections, et l'autre, l'évacuateur, au moyen
d'un flotteur, les fait passer dans la canalisation.

Ces appareils, dont les dimensions varient en raison du
nombre d'habitants par maison, ne demandent pas d'installation spéciale et se logent très facilement dans chaque immeuble.

L'appareil récepteur (*fig*. 16) est formé d'une chambre rectangulaire supportée par un patin près duquel se trouve la
communication avec l'évacuateur.

A la partie supérieure de la chambre est le regard de
visite ainsi que le tuyau de chute sous lequel est placé un
double fond ou treillage fait en deux parties et posé sur des
supports. C'est sur ce treillage que sont reçues les matières.

Ce double fond, qui est concentrique au fond du récepteur,
se trouve légèrement excentré par rapport à l'axe de rotation passant au milieu de la caisse et sur lequel sont clave-
tés, obliquement les uns par rapport aux autres, cinq bras
agitateurs de même forme et dimension. Ce sont des barres
munies en leur centre d'une bague dans laquelle l'arbre
passe.

Ces barres sont chantournées vers leur milieu et présentent
à leurs extrémités un aplatissement en forme de spatule
gauche, disposé de telle sorte que, quel que soit le sens du
mouvement imprimé à l'axe de rotation, l'agitateur pénètre
dans la matière sur le champ en la coupant, et se relève à
plat en la soulevant. La tige supportant les bras passe dans
deux garnitures étanches, sort de la caisse et se termine en
carré pour l'adaptation de la manivelle.

L'extrémité de chaque bras se rapproche d'autant plus du
treillage qu'il se trouve près de la position verticale, de sorte
que les matières solides se trouvent soumises à une compres-

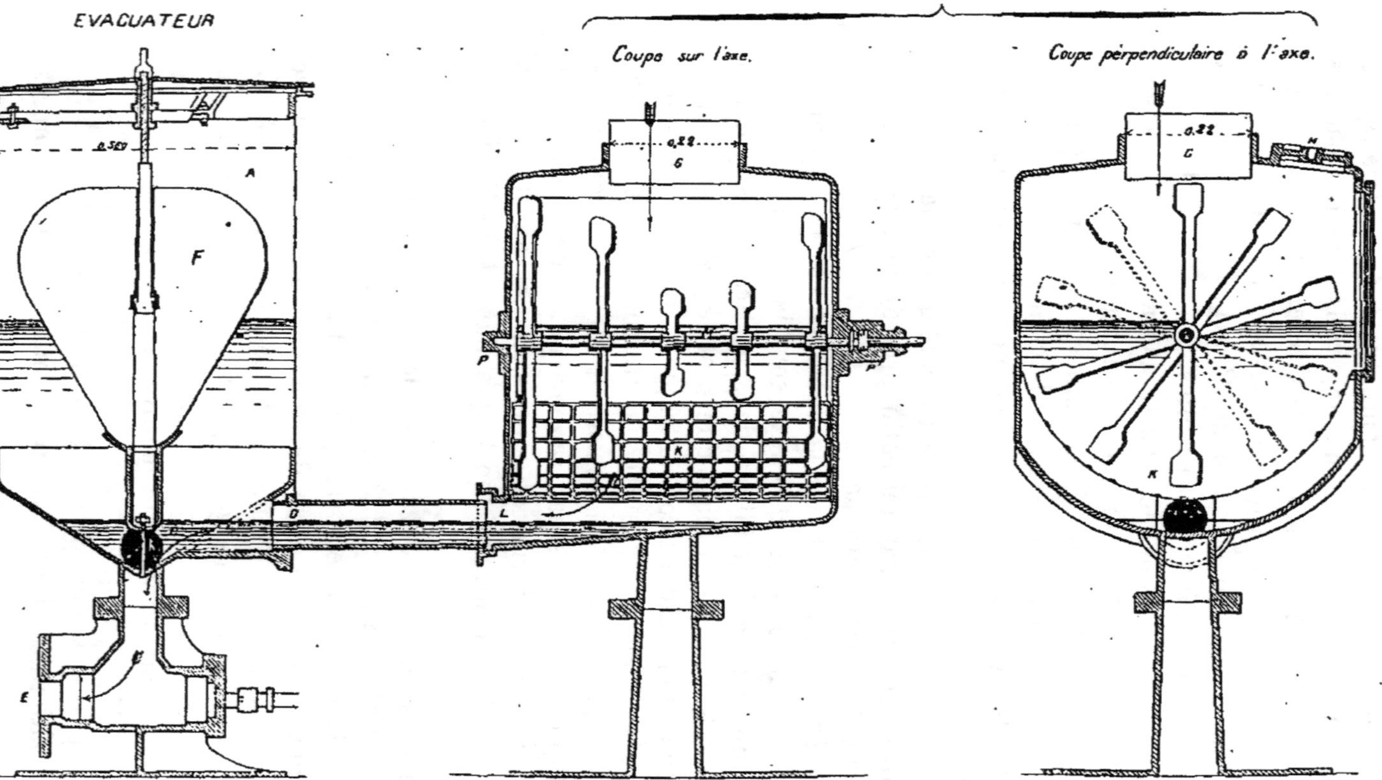

Fig. 16. — Système Berlier.

LÉGENDE

A, appareil évacuateur. — C, clapet en caoutchouc. — D, communication avec l'appareil récepteur. — E, communication avec la canalisation. F, flotteur métallique. — H, regard permettant l'inspection dans l'intérieur du récepteur. — J, malaxeur à branches chantournées. — PP', garnitures étanches. — K, grille demi-circulaire. — L, communication avec l'évacuateur. — M, axe de la manivelle. — G, chutes.

sion progressive, et se désagrègent de façon à s'échapper rapidement de l'appareil et à ne pas l'obstruer, pas plus que le tube pneumatique.

L'appareil évacuateur (*fig.* 16) est formé d'un cylindre vertical et étanche, dont la partie inférieure possède autant de tubulures qu'il y a de récepteurs dans la maison et repose sur une pièce portant un canal horizontal, dont un côté sert au raccordement avec la conduite de vide, et l'autre à l'introduction d'un tampon obturateur, si l'on a besoin de séparer les appareils de la conduite de vide.

Un flotteur muni à sa partie inférieure d'une sphère en caoutchouc reposant sur un tronc de cône renversé, forme le clapet de l'appareil, et les matières soulevant le flotteur passent dans la conduite de vide.

Une tige taraudée traversant un support fixé à la partie supérieure du cylindre sert à guider le flotteur et aussi à le soulever pour vider les deux appareils (le récepteur et l'évacuateur), s'il est nécessaire de les visiter.

Pour éviter les variations de vitesse dans l'écoulement des déjections, par suite de leur production plus ou moins grande, M. Berlier a prévu l'usage de réservoirs d'équilibre, qui sont placés en certains points de la canalisation ; ces réservoirs sont de capacités cylindriques, communiquant, d'une part, avec la canalisation affectée au transport des matières, et, d'autre part, par leur partie supérieure, avec une autre petite canalisation de 100 millimètres, chargée d'enlever les gaz et de répartir uniformément la dépression. Le jeu de ces appareils se conçoit aisément : ce sont autant de petites usines d'aspiration réparties sur tout le parcours de la canalisation. Alors si, en un point donné, en un même instant, les matières arrivent en trop grande abondance, elles sont appelées par le réservoir de vide où elles trouvent place et sont ensuite enlevées par la canalisation continuant son fonctionnement régulier. Mais cela ne se présente presque jamais, le diamètre de la canalisation devant être calculé pour l'écoulement libre des liquides et la pression atmosphérique venant comme charge pour accélérer la vitesse dans l'écoulement.

Les réservoirs d'équilibre ont pour but également de régler

les variations de vitesse de l'écoulement des matières.

Chaque réservoir d'équilibre (*fig.* 17) est muni de deux valves V, d'un tampon de visite T, d'un robinet de décharge R, et d'un autre robinet servant à laver ou à faire des chasses d'eau. A la partie supérieure se trouve le tuyau en communication avec la canalisation spéciale de vide S.

Leur emplacement, dans tous les cas, est facile à trouver :

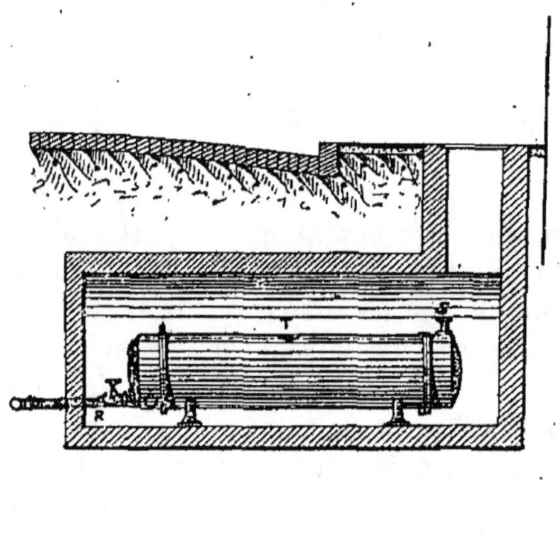
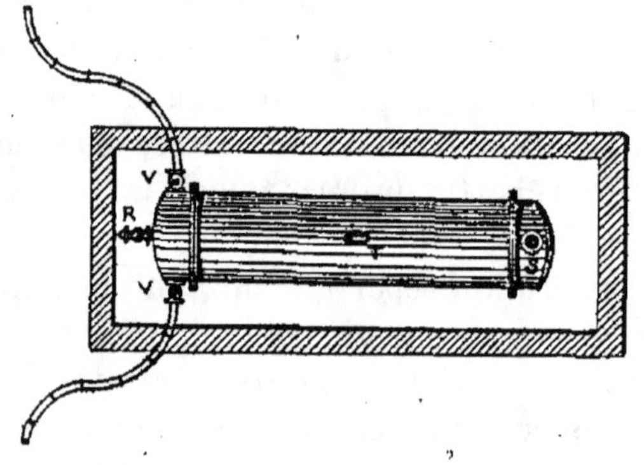

Fig. 17. — Réservoir d'équilibre.

on les place dans des chambres perpendiculaires à la canalisation, de manière qu'étant reliées à la conduite les matières y passent sans détour.

En cas d'obstruction de la canalisation, il est utile de prévoir sur le parcours de cette dernière des robinets de décharge et des valves.

. Les canalisations qui amènent les déjections à l'usine se déversent à l'une des extrémités d'un réservoir, l'autre extrémité dudit réservoir étant reliée par une canalisation aux machines opérant le vide, ainsi que le refoulement des gaz.

Les machines de refoulement des matières consistent en des réservoirs en communication avec la partie inférieure des réservoirs ci-dessus indiqués, dans lesquels le vide est alternativement fait et supprimé ; c'est-à-dire que, lorsque le vide existe, les matières les remplissent et, lorsqu'il est supprimé et remplacé par la pression atmosphérique, les déjections s'écoulent dans une canalisation qui transporte les matières en un point à déterminer, soit sur des champs d'épandage, soit dans des usines de décantation.

L'installation de l'usine est d'une grande simplicité ; toutefois on doit la placer au point le plus bas de la ville. Elle ne peut entraîner aucune cause d'insalubrité ni aucune odeur. De plus, comme elle ne donne-lieu à aucune manipulation de matière à l'air libre, il n'existe pas de dégagement de gaz méphitiques.

Une pompe pneumatique aspirante et foulante, actionnée par une machine à vapeur, fait le vide dans des réservoirs où arrive le tuyau collecteur qui amène la vidange.

Un tuyau placé à la partie inférieure des réservoirs conduit ces matières à une pompe rotative ou centrifuge mise aussi en mouvement par la machine à vapeur ; elles sont refoulées par cette pompe là où il est utile de les conduire, soit dans les champs, pour les livrer à l'agriculture, soit dans les usines de transformation.

Ainsi, il résulte de la démonstration qui précède, que l'usine où sont placées les machines n'emmagasine pas les matières qui y sont conduites : elle n'est qu'une station intermédiaire.

En effet les matières y sont aspirées au moyen de la pompe pneumatique et refoulées au loin par la pompe rotative.

Tout ce travail, qui s'exécute constamment en vase clos, ne laisse échapper aucun gaz et ne répand aucune odeur.

Dans le cas d'obstruction sur un point quelconque de la conduite, il est très facile de s'en rendre compte à l'aide d'appareils électriques placés sur différents points et reliés par des fils au bureau central. Ces appareils indiquent la dépression existant dans la canalisation ; s'il y avait un arrêt sur un point quelconque de cette dernière, le vide tomberait, et instantanément on apprendrait au poste central qu'à un point déterminé il y a arrêt dans le service.

A Paris, dans les rues à forte pente, dont les extrémités de la conduite pouvaient présenter une dénivellation assez considérable, M. Berlier avait prévu l'installation, à la partie basse de la canalisation, d'un clapet de sûreté en communication avec l'égout.

Ce clapet (*fig.* 18) est formé d'un cône alésé, sur lequel vient se poser une boule en caoutchouc O. Le vide constant à l'intérieur du tuyau collecteur E a pour but de maintenir cette boule de caoutchouc O, et si un refoulement venait à se produire, la boule serait déplacée et retenue par le croisillon K. Les matières refoulées s'écouleraient alors dans l'égout par le tuyau formant la partie supérieure du clapet.

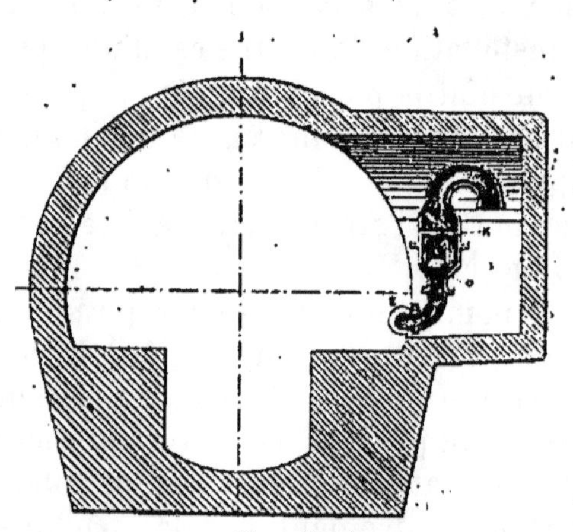

Fig. 18.

Les causes de l'accident disparues, la boule de caoutchouc vient reprendre sa place, et le vide produit à l'usine, se répandant dans tout le réseau, en assure l'étanchéité.

Toutefois il faut ajouter que cette disposition est une simple mesure de sécurité ; car, la canalisation étant étanche et ne communiquant en aucun cas avec l'atmosphère, les matières, par le seul fait de leur chute, doivent nécessairement produire à la partie supérieure de la canalisation un vide qui retardera leur projection, et alors elles se trouveront entraînées dans des conditions normales. Ceci a été démontré dans les expériences faites à Paris, rue Blanche, où il y avait une dénivellation assez rapide de $14^m,42$ entre les extrémités de la canalisation, sans interposition de clapet de sûreté à la partie inférieure.

D'ailleurs l'usage des réservoirs d'équilibre exposé plus haut rend l'emploi des clapets de sûreté inutile, et leur application n'est qu'un luxe de précaution.

Inconvénients du système. — Le système Berlier présente certains inconvénients au point de vue de l'assainissement de la maison, et c'est une des causes qui l'ont fait rejeter à Paris.

Il ne permet pas l'application, à chaque orifice, de siphons hydrauliques obturateurs, destinés à isoler la conduite recueillant dans chaque maison les eaux vannes, du lieu où se produit l'expulsion des matières impures; il ne permet pas non plus l'application d'un appareil d'occlusion à la jonction de la conduite privée avec la canalisation publique, indispensable cependant pour éviter tout retour d'air provenant de cette canalisation; l'aération des tuyaux de chute n'est pas assurée; de plus, les matières ne pouvant s'échapper du récepteur que lorsque ce dernier est plein, il y a, sauf au moment de l'évacuation, maintien constant de matières immobiles dans les récipients, fait contraire aux principes admis par tous les hygiénistes.

Il y a lieu de remarquer que ce système ne pourrait s'appliquer dans les grands centres, possédant une large distribution d'eau, uniquement qu'aux matières de vidange, et que l'évacuation des eaux de cuisine, de bains, de cabinets de toilette, etc., devrait se faire dans une autre canalisation. Dans ce cas, le propriétaire, tout en payant un droit de chute, se trouverait encore obligé à une double dépense d'installation.

De plus, au point de vue de l'assainissement de la ville, ce système refuse l'absorption des eaux pluviales et de celles de la voie publique, ce qui n'est pas sans présenter de graves inconvénients pour les villes, très nombreuses, non encore pourvues d'un réseau d'égouts.

Enfin des essais faits à Paris ont démontré que les liquides aspirés étaient trop dilués pour passer à des usines de produits chimiques, et que, malgré cette dilution, les liquides, après avoir circulé dans la canalisation absolument fermée, sans contact avec l'air extérieur, étaient d'une infection toute spéciale, et que notamment les germes de toutes sortes y pullulaient.

Diverses applications du système. — C'est à la suite de l'épidémie de fièvre typhoïde qui sévit à Lyon en 1874 que M. Berlier, alors directeur de la Compagnie des Vidanges et Engrais de Lyon, étudia son système, et c'est en 1880 que fut construite une canalisation souterraine, conduisant les matières de vidanges de la ville à 4 kilomètres. Jusque-là les matières étaient transportées par bateau sur le Rhône, ce qui était l'objet de récriminations très fondées de la part des populations riveraines.

L'expérience de Lyon ayant démontré que le système imaginé par M. Berlier était susceptible de conséquences très importantes, et qu'il pouvait apporter une révolution dans le service des vidanges, cet ingénieur, encouragé par ce premier succès, dressa un projet pour l'application de son procédé à la Ville de Paris.

Il fut pris en considération, et, en 1881, le Conseil municipal autorisait M. Berlier à faire une expérience sur le parcours de Levallois-Perret au quartier de la Madeleine.

Cette première expérience donna de bons résultats; mais, l'application n'ayant pas été jugée suffisamment étendue, la Commission de l'Assainissement de Paris autorisa, en 1883, M. Berlier à étendre son système dans le VIIIe et le IXe arrondissement, et, en 1887, le nombre des chutes était de 277, et le cube journalier des matières enlevées de 137^{m3},142.

Mais, à la suite d'un rapport de M. Durand-Claye, « l'apôtre du tout à l'égout » en France, qui jugea l'application du système Berlier inapplicable à l'assainissement de Paris tout entier, aucune extension nouvelle ne fut accordée, et l'inventeur fut réduit à continuer l'exploitation de son petit réseau, jusqu'à l'expiration des engagements qu'il avait pris avec les propriétaires des immeubles qu'il desservait.

Aujourd'hui, toute trace d'installation de ce procédé a disparu de Paris.

L'application faite à Paris, étant donnés son existence précaire et ses moyens d'action, ne saurait en effet être considérée que comme une expérience qui a donné tout ce qu'on en attendait, et nullement, ainsi qu'on l'a dit quelquefois,

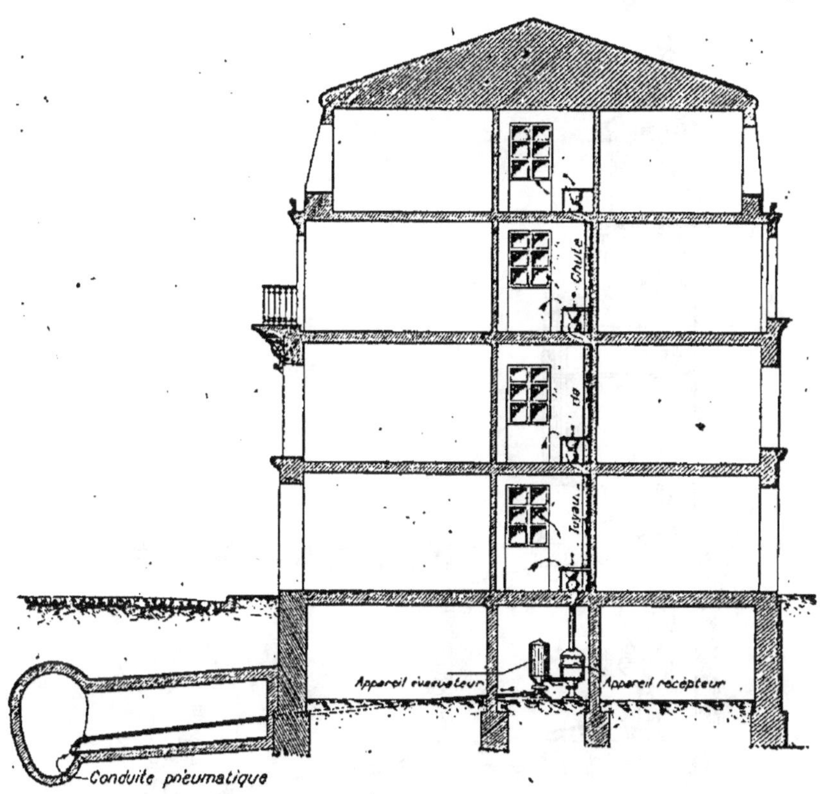

Fig. 19. — Installation du système Berlier dans une maison particulière.

comme une tentative d'exploitation qu'un entier succès n'aurait pas couronné.

Elle a démontré :

1° La possibilité d'un transport par le vide à grande distance, dans les conduites étanches et d'un diamètre réduit, d'un liquide complexe, mélangé de débris solides et se déversant dans la canalisation par un grand nombre d'ouvertures, lesquelles peuvent donner lieu à des rentrées d'air, sans compromettre le vide nécessaire au succès de l'opération ;

2° La possibilité du fonctionnement automatique d'appareils à interposer entre les tuyaux de chute des immeubles

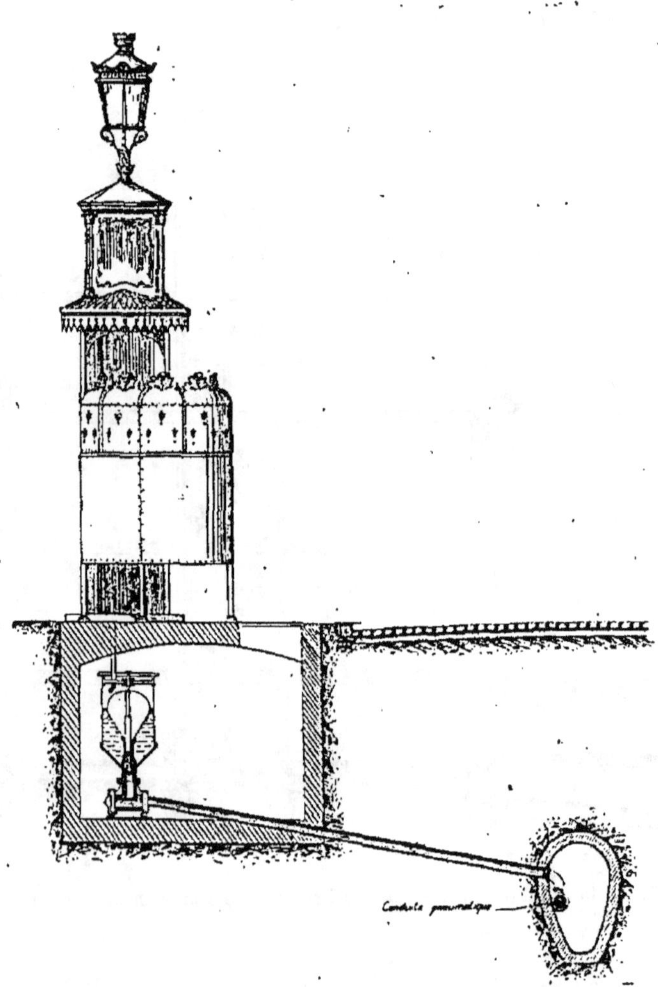

Fig. 20. — Installation du système Berlier dans un urinoir public.

et la canalisation générale, appareils ayant pour but d'arrêter les corps étrangers trop volumineux, de faciliter l'introduction des autres et d'empêcher toute rentrée d'air inutile, tout en fournissant la contre-pression nécessaire à la progression des liquides.

Les figures 19 et 20 donnent l'installation du système Berlier dans une maison et dans un urinoir public.

La figure 21 donne également l'installation des appareils, telle qu'elle était faite à la caserne de la Pépinière, au moment des expériences.

Fɪɢ. 21. — Installation du système Berlier à la caserne de la Pépinière à Paris.

Une autre application de ce système est faite à la commune de Levallois-Perret, dont la population est de 45.000 âmes.

Elle fonctionne depuis 1890 dans d'excellentes conditions. Toutefois il convient d'ajouter que dans cette installation, exploitée par la Compagnie de Salubrité, certains perfectionnements ont été apportés au système imaginé par M. Berlier.

L'appareil employé pour les installations de Levallois-Perret diffère de l'appareil primitif en ce qu'il est plus simple, moins volumineux, moins coûteux, et qu'il répond mieux aux données du problème assez complexe qu'il s'agit de résoudre.

C'est une caisse oblongue (*fig.* 22 à 25), de 0^m,80 sur 0^m,40

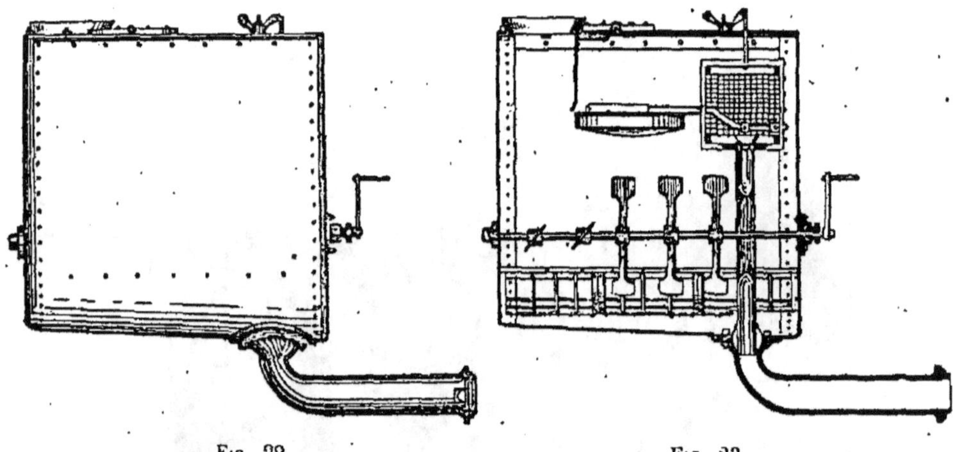

Fig. 22.   Fig. 23.

n plan et 0^m,80 de hauteur, en tôle d'acier galvanisée, dans laquelle les différentes eaux à évacuer sont amenées par les tuyaux de chute de la maison sous laquelle on dispose l'appareil en l'y raccordant.

L'évacuation est double. Elle se fait à mi-hauteur par un tube qu'obture un clapet de caoutchouc relié à un flotteur. L'ouverture est entourée d'un grillage en fil de laiton formant crépine. Mais ce tube lui-même est mobile et porte à sa partie inférieure un boulet en caoutchouc qui obture la tubulure d'évacuation fixée sous la caisse.

Une grille demi-circulaire garnit le fond de cette caisse, au-dessus se meut un malaxeur horizontal que l'on peut actionner de l'extérieur et dont les ailettes viennent racler la surface de la grille.

De temps en temps le surveillant passe dans les immeubles, et, sans ouvrir l'appareil, qui reste hermétiquement clos par un joint de caoutchouc, donne un tour ou deux au malaxeur,

puis soulève le tube et le boulet qu'il porte. Sous l'effet de la
pression atmosphérique et de la chasse qui s'opère alors,
les corps, que le séjour dans le liquide n'a pas suffisamment dilués, traversent la grille et s'engouffrent dans la conduite.

Exceptionnellement, et lorsque le malaxeur a accusé sur

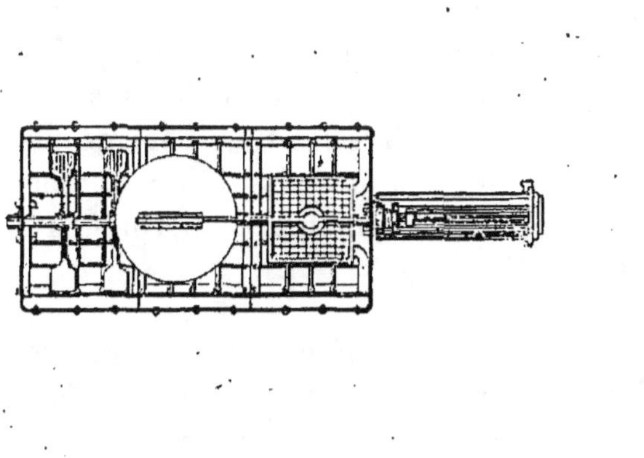

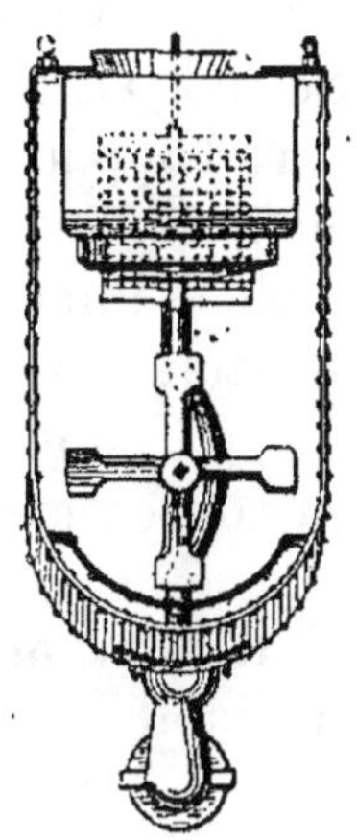

FIG. 24.

FIG. 25.

la grille la présence d'un corps volumineux et solide, il est
nécessaire d'ouvrir le couvercle pour l'extraire et l'emporter
au dehors.

Un autre perfectionnement important est à l'étude en ce
moment.

Il consiste dans les moyens de faire et d'entretenir le vide
en utilisant les effets de l'injecteur à vapeur, lequel est
relié à la canalisation et alimenté par la vapeur des chaudières.

Les essais tentés jusqu'à ce jour ont parfaitement réussi.
On pourrait, avec ce procédé, faire une économie considérable dans l'installation mécanique.

En résumé, des essais réalisés et des résultats obtenus, il
résulte : que les avantages du système pneumatique Berlier
sont précieux surtout dans trois cas particuliers, savoir :

1° Lorsque la ville à desservir est dépourvue d'égouts, car

la canalisation pneumatique la remplace à très bon compte ; ses tuyaux n'étant autre chose que des égouts métalliques dans lesquels la vitesse supplée à la section pour atteindre le débit nécessaire ;

2° Lorsque la ville est plate et que les égouts à y construire n'offriraient que des pentes trop faibles pour entraîner les sables et les matières solides par le courant naturel des eaux pluviales et des chasses artificielles ;

3° Lorsque la ville est pourvue d'une quantité d'eau insuffisante et ne saurait s'en procurer sans grande dépense pour permettre l'application d'un autre système.

Il convient d'ajouter que, dans beaucoup de villes, il serait impossible d'imposer aux propriétaires les frais énormes de remplacement des canalisations et appareils existants, ainsi que ceux, plus lourds encore, d'une augmentation permanente de l'eau consommée.

Système Liernur. — Comme le système Berlier, le système du capitaine Liernur fonctionne par aspiration. Toutefois il est d'une application moins parfaite, car, dans le système Berlier, les matières sont aspirées à leur point de départ, tandis que, dans celui de Liernur il y a un intermédiaire : le réservoir de rue. D'autre part, avec le système Berlier, on peut admettre les eaux ménagères avec les matières de vidange, tandis que dans celui du capitaine Liernur, seuls sont admis les résidus des cabinets d'aisances, ce qui entraîne pour chaque immeuble une double canalisation.

Celle des matières fécales et alvines est en fonte. Elle vient aboutir à un réservoir, commun à divers groupes d'immeubles, lequel est relié avec la canalisation dite collecteur.

Le vide est fait dans les réservoirs de rue à l'aide de pompes à vapeur qui produisent l'aspiration ; les tuyaux aboutissant aux réservoirs sont alors fermés par des robinets. Une fois le vide fait dans le réservoir, on ouvre chacun des robinets obturant la canalisation aboutissant à ce dernier, et les matières des cabinets s'y précipitent.

Le réservoir rempli, le vide est fait dans une canalisation secondaire, et à l'aide d'un autre dispositif de robinets qu'on ouvre, le contenu du réservoir est envoyé dans la canalisation principale qui le conduit en un point déterminé.

Ce système a été l'objet de critiques sévères, notamment de M. Durand-Claye, qui a été chargé par le Comité d'Hygiène et de Police sanitaire, à la suite d'une publication de M. Liernur qui n'admettait pas les observations faites sur son système, de réunir et de publier certains documents émanant des Ingénieurs des Villes, où ce procédé d'évacuation des matières de vidange était appliqué.

Voici ce qu'écrivait M. Alfred Durand-Claye dans *la Revue d'Hygiène et de Police sanitaire* du 15 février 1880 :

2° En second lieu, et je vise surtout le deuxième article, l'auteur se montre l'ennemi acharné de l'emploi de l'eau, tant dans l'intérieur des maisons que sur la voie publique. Le système Liernur ne peut fonctionner avec des matières étendues, et l'on peut voir, dans les documents ci-annexés, que l'extension projetée à Amsterdam a surtout pour objet la concentration des matières déjà trop diluées. Or je demande s'il se trouve un corps municipal, s'il se trouve un ingénieur hygiéniste qui prenne comme base d'assainissement la *guerre à l'eau ;* sans l'eau est-il possible de rien faire dans les maisons d'ouvriers, dans les casernes, dans les lieux publics ? Est-ce en plein xixe siècle qu'on vient nous offrir comme le *nec plus ultra* de la salubrité, le système de cabinets d'aisances dans lequel un siphon et un trou béant sont installés, de telle sorte que, si l'on ajoute trop d'eau à l'urine et aux matières fécales, celles-ci *débordent dans le cabinet même,* inondant l'imprudent de leurs désagréables effluves ?

Ce qui guérira même les plus insouciants de répéter ces incongruités, ajoute l'auteur ; je le crois fort bien. Mais voit-on l'application de ce système généralisé dans une grande ville ? Quand un procédé aboutit à de telles conséquences, est-il exorbitant de le qualifier comme l'ont fait les commissaires anglais ?

Je sais bien que M. Liernur a doublement besoin de chasser l'eau de son réseau, d'abord pour la manœuvre même de l'aspiration qui est, en outre, à chaque instant arrêtée par des engorgements, ensuite pour obtenir des matières qu'il espère vendre avantageusement à la culture. Mais de quelles illusions ne se berce-t-il pas, même à ce point de vue ?

Il porte à 8 ou 9 francs la valeur de 50 kilogrammes de poudrette. Mais l'analyse chimique elle-même, s'il en eût produit un seul résultat, lui aurait appris que ces 50 kilogrammes valent peut-être théoriquement 1 fr. 20 à 1 fr. 50 seulement, et, en pratique, la longue odyssée de la voirie de Bondy à Paris laisse peu

d'illusions sur ce chapitre à ceux qui, comme moi, ont eu occasion
de comparer, durant tant d'années, les promesses d'une foule
d'inventeurs à la réalité. Les documents émanés de l'ingénieur de
la ville d'Amsterdam nous apprennent, du reste, qu'en 1879 l'essai
du système Liernur a exigé une dépense de 67.200 francs et donné
une recette de 5.586 francs. Non, ce n'est pas pour arriver à de
pareils résultats qu'il faut proscrire l'eau, le vrai, le seul procédé
d'assainissement des grandes villes d'Europe.

Je ne voudrais pas cependant terminer cette trop longue introduction aux documents annoncés sans indiquer ce qui peut justifier, dans une certaine mesure, l'intérêt que les habitants des
Pays-Bas, ou du moins quelques-uns d'entre eux, ont manifesté et
manifestent encore pour le système pneumatique Liernur.

On connaît la constitution toute spéciale de ce pays: il est
comme suspendu au milieu des eaux ; ses rues sont des canaux,
ses maisons sont souvent sur pilotis ; les eaux souterraines sont
abondantes et rapprochées du sol. Ce sont des conditions exceptionnelles au point de vue de l'assainissement municipal; dans les
plus grandes villes les ordures et déjections de toutes sortes sont
souvent simplement versées ou écoulées soit dans les canaux
eux-mêmes, soit dans les nappes souterraines. Pour remédier à ce
fâcheux état de choses, l'établissement d'un réseau complet et
rationnel d'égouts peut présenter dans quelques cas de sérieuses
difficultés et exiger de fortes dépenses.

Que, dans ces cas spéciaux, M. Liernur propose et fasse essayer
son système ; qu'il prétende, ce qui serait une monstruosité ailleurs, que les eaux d'égouts privées des matières de vidanges
peuvent, sans grand inconvénient, être jetées directement, sans
épuration, dans les cours d'eau, je le veux bien, quoique l'enthousiasme ne respire guère dans les documents qui nous sont par-
venus. Mais présenter comme général et pratique un système qui,
d'après les calculs mêmes publiés dans *la Revue*, exigerait une usine
à vapeur de 7.000 chevaux, une dépense de première installation de
50.000.000 de francs et une dépense annuelle de 10.000.000 de
francs, chiffres qui, d'après les commissaires anglais, devraient
être quadruplés, c'est une exagération qui n'ajoute rien aux détails
ingénieux des procédés Liernur, et qui, en tous cas, n'est pas de
nature à faire regretter la marche rationnelle de l'assainissement
à l'eau, adopté aujourd'hui à Londres, Paris, Berlin et Bruxelles.

Le système de M. le capitaine Liernur est appliqué en Hol-
lande, dans les villes d'Amsterdam, de Leyde, de Dordrecht,
où il est loin de donner satisfaction aux municipalités.
Quelques applications ont également été tentées en Allemagne.

SYSTÈME FONCTIONNANT PAR L'AIR COMPRIMÉ

Système Schöne. — Il n'y a jusqu'à présent qu'une seule application de ce genre, le système hydro-pneumatique de l'ingénieur anglais Schöne.

Ce système, qui admet les eaux ménagères au même titre que les matières de vidange, se compose d'un récipient principal dit « Ejector » placé sous chaussée, dans lequel les eaux d'un district s'écoulent jusqu'à ce qu'il soit rempli.

A ce moment, l'air comprimé, automatiquement introduit au sommet de ce récipient, refoule le liquide qu'il contient dans une conduite principale, qui le conduit soit dans un égout, soit dans une rivière ou dans tout autre exutoire plus important.

A chaque immeuble est placé un éjector secondaire qui reçoit les eaux et matières provenant de ce dernier, et c'est la réunion d'un certain nombre de ces éjectors secondaires qui forme un district.

Comme on vient de le voir, c'est l'air comprimé qui est employé comme force motrice. Son action dans l'appareil est la suivante : les eaux et autres matières provenant du district entrent dans l'éjector principal (*fig.* 26), et s'élèvent graduellement dans ce dernier jusqu'à ce qu'elles atteignent la partie inférieure d'une cloche située en haut du récipient.

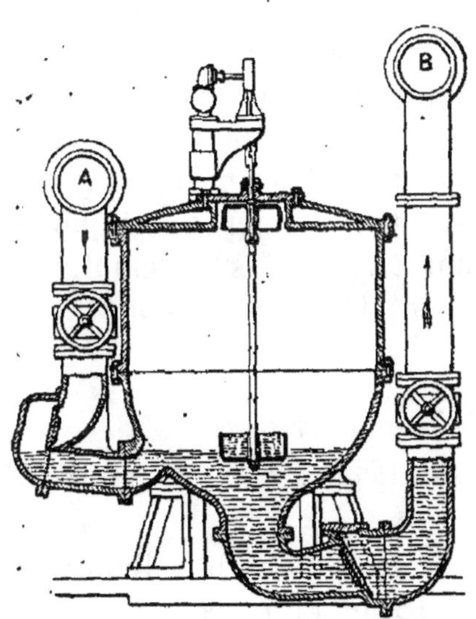

FIG. 26. — Appareil Schöne. A, conduite d'amenée. — B, conduite de refoulement.

Dans cette cloche est enfermé l'air qui est à la pression atmosphérique ; les eaux continuant à monter s'élèvent au-dessus de la cloche comprimant l'air qu'elle renferme, lequel soulève la cloche qui communique ce mouvement à un levier à contrepoids qui ouvre une valve.

L'air comprimé, ainsi admis automatiquement, dans l'appareil, exerce une pression à la surface du liquide, pousse la totalité du contenu à travers l'embouchure du fond de la cloche, dans le tuyau de sortie qui communique avec la conduite principale d'évacuation.

Il est permis de craindre, dans ce système, que le mécanisme compliqué qui le compose soit d'un fonctionnement irrégulier au bout d'un certain temps ; notamment, le mouvement des clapets peut être interrompu par un corps un peu encombrant qui, ayant pénétré dans le système, viendrait s'interposer entre le clapet et son siège et empêcherait toute fermeture.

L'encrassement de la conduite est à craindre également, principalement aux coudes.

Le système Schöne a reçu un assez grand nombre d'applications en Angleterre et quelques-unes en Amérique et en Russie, où il donne, paraît-il, d'assez bons résultats.

Quoi qu'il en soit, on est obligé de reconnaître que, si ingénieux que soit le système Schöne, de même que ceux de MM. Liernur et Berlier, l'assainissement d'une ville, réalisé avec l'un quelconque de ces systèmes, peut être à la merci du défaut de fonctionnement d'un des appareils qui le composent, et à notre avis un procédé rationnel et pratique d'assainissement municipal ne peut être basé sur l'emploi de l'air comprimé ou raréfié et sur des appareils mécaniques.

PRINCIPES RÉGISSANT L'APPLICATION
D'UN SYSTÈME MÉCANIQUE A L'ASSAINISSEMENT D'UNE VILLE

Dans la plupart des cas, le programme d'une installation pour l'assainissement d'une ville, à l'aide d'un des systèmes décrits ci-dessus, peut se résumer comme suit :

1° L'application du système séparé, c'est-à-dire séparation des eaux suivant leur nature ; les eaux de pluie, de fontaine, et en général toutes eaux propres coulant à la surface recueillies par un système d'égouts aussi réduit que possible, canalisant les artères principales et les thalwegs de la ville, puis rejetées plus ou moins directement dans le fleuve voisin.

Ces eaux, en effet, peuvent, dans le plus grand nombre de cas, avoir le sort commun à toutes les eaux tombant à la surface de la terre ; aucun système n'a pu se mettre à l'abri de la nécessité de les envoyer aux fleuves dans le cas de pluies abondantes.

2° Une canalisation métallique étanche posée dans toutes les voies et reliée à tous les immeubles pour en évacuer, d'une façon continue, toutes les déjections, ainsi que toutes les eaux souillées, matières excrémentielles, eaux ménagères, eaux industrielles.

Ces eaux sont réunies dans une usine située en un point déclive au dehors de la ville et y sont centralisées sans avoir subi aucun contact, ni avec l'atmosphère, ni avec les terrains environnants.

Les dites eaux contenant toutes les souillures et les germes morbides de la ville sous un volume minimum, mais aussi tous les éléments fertilisants avec une richesse maximum, sont alors soumises à un traitement qui les épure et en extrait l'engrais utilisable.

Ce traitement est celui qui conviendra le mieux à chaque cas particulier. Les méthodes sont nombreuses et ont fait leurs preuves :

Épandage, épuration par le sol et la culture ; traitement chimique, soit par précipitation, soit par évaporation ; et, dans quelques cas particuliers, envoi direct à la mer.

Ci-après un projet d'assainissement d'une ville avec application de la vidange pneumatique (système Berlier).

PROJET D'ASSAINISSEMENT DE LA VILLE DE M***
AVEC L'EMPLOI DE LA VIDANGE PNEUMATIQUE

Notice. — DISPOSITIONS GÉNÉRALES. — La ville de M***, considérée au point de vue topographique, est assez accidentée. Le Cher y décrit une courbe qui contourne la partie haute. La rive gauche et les parties environnantes de ce côté du fleuve présentent, suivant le cours de ce dernier, une pente uniforme qui part de la cote 207 environ pour aboutir à la cote 203 à la sortie de la ville (*fig*. 27).

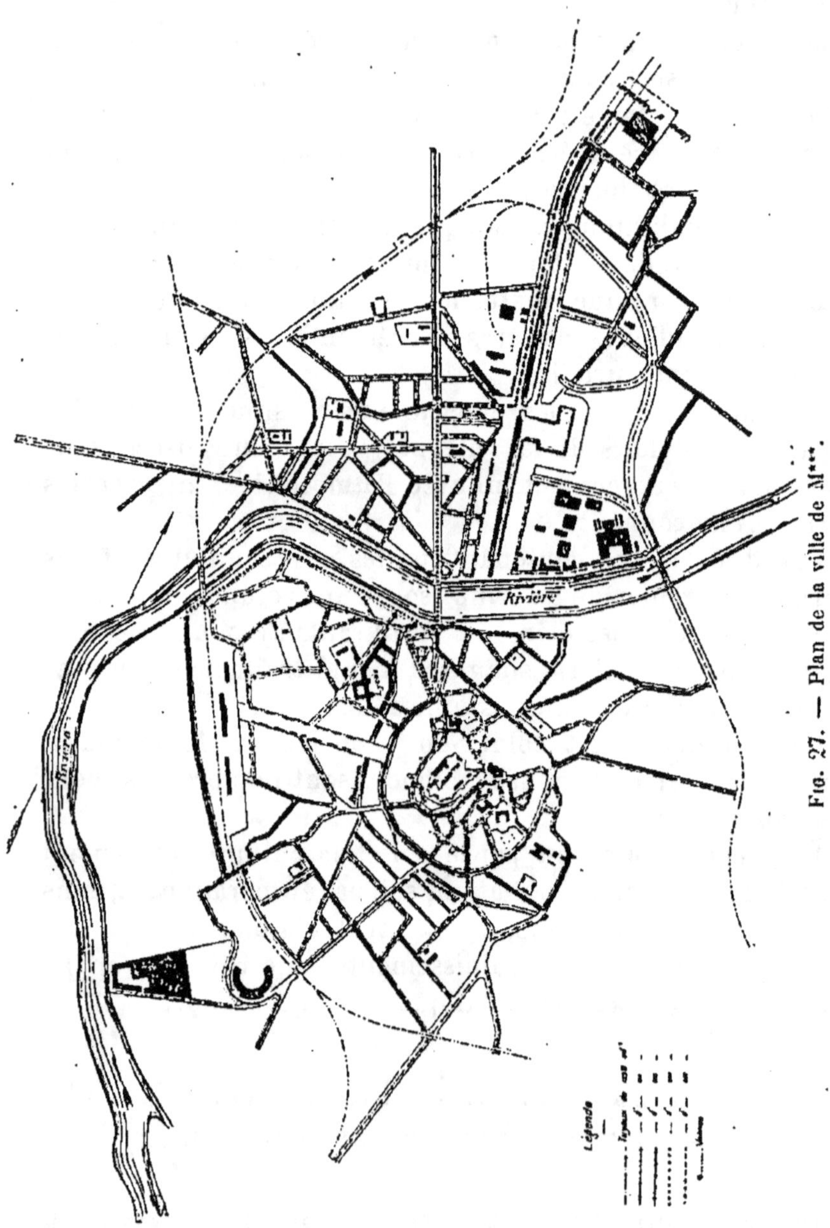

La rive droite, bien plus accidentée, présente une éminence sur laquelle est construite l'ancienne ville, qui cote jusqu'à près de 230 ;

mais les quais de cette rive se maintiennent entre 207 et 204 dans la partie à assainir. C'est sur la rive du canal du Berry, à la sortie de la ville, qu'il conviendrait de construire l'usine.

Le terrain, comprenant une parcelle de 50 mètres sur 60 mètres environ, serait à la cote 202 mètres, cote inférieure à toutes celles des voies parcourues par la canalisation, ce qui permettrait de mettre l'usine en contre-bas de cette canalisation, condition essentielle pour que la pente vienne en aide à l'aspiration par le vide au lieu de la contrarier.

Dans cette situation, l'usine est placée assez loin du centre de la ville pour ne donner prétexte à aucune réclamation pour son voisinage (lequel, d'ailleurs, est sans inconvénient).

En dessous de l'emplacement choisi s'étendent des champs et des prairies qui descendent en pente douce jusqu'au Cher ; cette circonstance est précieuse, comme on le verra plus loin, et contribue pour sa part au choix de l'emplacement proposé.

La canalisation et l'usine doivent faire l'objet de deux descriptions séparées.

CANALISATION. — Elle est entièrement en fonte, absolument

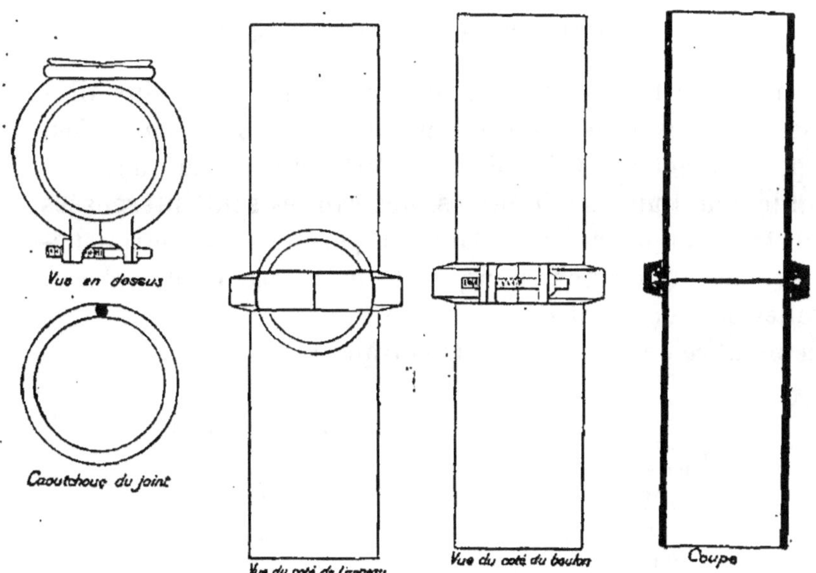

Fig. 28.

étanche et avec joints en caoutchouc (système spécial breveté par la *Compagnie de Salubrité de Levallois-Perret* (*fig.* 28), qui a été étudié pour répondre à toutes les nécessités de raccordement avec les immeubles et au cas spécial d'une pression qui s'exerce du dehors en dedans).

La canalisation va en diminuant de diamètre depuis l'usine, où elle offre un diamètre intérieur de 300 millimètres jusqu'aux dernières ramifications où elle n'a plus que 125 millimètres.

L'ensemble comporte les cinq diamètres suivants : 125, 150, 200, 250 et 300 millimètres, chaque conduite venant se jeter dans la canalisation du diamètre qui lui est immédiatement supérieur.

Le réseau projeté présente les longueurs suivantes :

DIAMÈTRES	LONGUEURS
Millimètres	Mètres
125	18.200
150	10.000
200	1.900
250	.650
300	1.480
Total pour le réseau....	33.230

Comme il est nécessaire, tant pour effectuer des installations nouvelles que pour les changements ou réparations, de pouvoir isoler à volonté telle partie du réseau qu'il convient pendant un certain temps, des vannes sont interposées de distance en distance, de façon à permettre le retranchement, soit du branchement, soit de la partie du réseau qu'elles commandent respectivement.

Le nombre de vannes sera le suivant :

DIAMÈTRES	NOMBRE DE VANNES
Millimètres	
125	10
150	25
200	5
250	5
300	5
Total des vannes........	50

Trente de ces vannes sont posées au fond de puits en maçonnerie surmontés de tampons en fonte, de telle sorte qu'on puisse les visiter et les réparer au besoin, ce qui est nécessaire, à cause de l'effet des liquides transportés, sur les organes de fermeture.

Ces organes, d'ailleurs, sont réduits à leur plus simple expression.

La Compagnie de Salubrité de Levallois-Perret se propose d'employer des vannes à coin qu'elle a fait breveter à cet effet et qui donnent toute satisfaction pour le service.

D'autres vannes, dans les parties peu profondes, peuvent être posées simplement avec bouche à clef sur la chaussée. On en prévoit vingt de cette espèce.

La canalisation est posée en tranchée, à moins qu'exceptionnellement la rue ne présente un égout profond et praticable, auquel cas on peut y disposer les tuyaux sur consoles.

La profondeur de pose sera de 2^m,50 au-dessous du sol de la chaussée ; les siphons doivent être évités avec soin, et l'ensemble oit présenter une pente générale vers l'usine.

Les canalisations à effectuer dans les immeubles seront en tuyaux du même système, mais d'un diamètre intérieur de 10 centimètres, depuis l'origine du branchement particulier jusqu'à l'appareil.

L'appareil récepteur évacuateur, dont les dessins ainsi que la description ont été donnés dans le cours de ce chapitre, sera placé soit dans les fosses existantes assainies et rendues praticables à cet effet, soit dans un coin de la cave affecté à cette destination, soit même dans une excavation maçonnée et plus ou moins profonde, s'il n'existe pas de cave dans l'immeuble à assainir.

La profondeur de 2^m,50, à laquelle s'opère l'écoulement dans la canalisation, permet de placer l'appareil à un niveau assez bas pour qu'il puisse recevoir toutes les matières des cabinets d'aisances, même placés au rez-de-chaussée, et toutes les eaux ménagères et autres qu'il y a lieu d'expulser de la maison.

Les chutes actuelles viendront seulement se raccorder sur l'appareil, sans qu'il y ait lieu de rien changer à la disposition des cabinets existants.

La seule précaution à prendre sera de siphonner, soit séparément, soit par des siphons de pied, toutes les chutes amenant les eaux ménagères dans le tuyau général des chutes, afin d'éviter que l'air, qui a léché les parois de ces tuyaux traversés par des matières fécales, et imprégné, par conséquent, d'odeurs inévitables, ne remonte dans les éviers et, par suite, dans les appartements par les conduites d'eaux ménagères.

La pose des tuyaux en tranchée est une opération pratique et rapide, qui n'entraîne ni inconvénient ni longue occupation de la chaussée.

Quant à l'installation dans les immeubles, malgré l'infinie variété des dispositions qui se présentent, elle constitue elle-même un travail assez simple pour pouvoir toujours être évalué d'avance au point de vue de la dépense et donner lieu à un forfait, lorsque les propriétaires le demandent.

Usine (*fig*. 29, 30 et 31). — Il reste à examiner dans son ensemble et ses détails la disposition adoptée pour l'usine.

L'emplacement choisi pour son établissement l'a été après une étude, faite sur place, de la région pouvant se prêter le mieux à une pareille installation.

Cet emplacement se trouve assez loin du centre de la ville, en contre-bas de toute la surface, ainsi que l'indique la cote 202 à laquelle il est placé.

Il se compose d'une parcelle de 50 mètres environ de largeur sur 80 mètres de profondeur, tenant par un côté au chemin de halage du canal et par l'autre au chemin de communication.

La proximité du canal permettra de s'approvisionner à bon compte des combustibles et réactifs nécessaires et facilitera également l'enlèvement des engrais, s'il y a lieu de les transporter à une certaine distance.

Le chemin de halage se trouve en contre-haut de la plate-forme de l'usine. Une rampe qui part de la porte d'entrée et se développe de chaque côté de la cheminée rachète la différence de niveau qui est de 1^m,50 environ.

Le bâtiment principal de l'usine consiste en une halle de 30 mètres sur 15 mètres de largeur. Cette halle est formée de 7 fermes en fer sans tirant, espacées de 5 mètres entre elles.

La clôture est composée d'un mur en briques de 0^m,22 d'épaisseur percé de portes et ouvertures nécessaires et

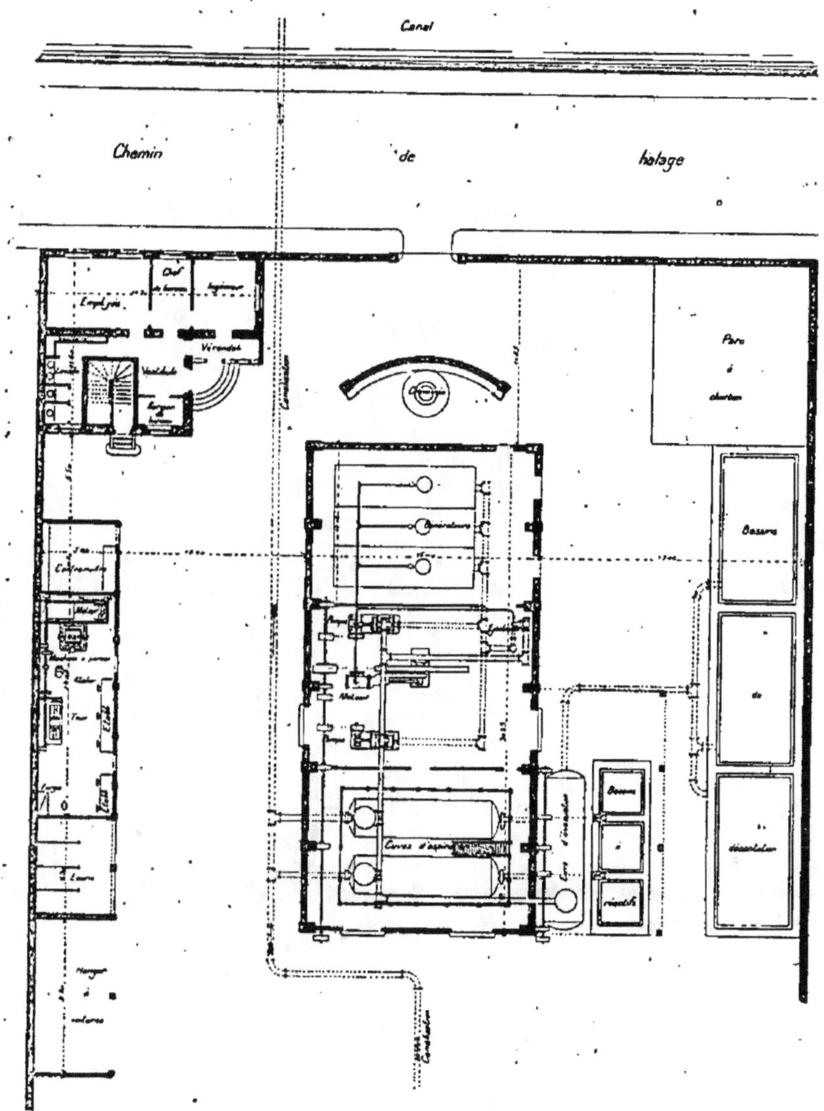

Fig. 29. — Plan de l'usine.

maintenu par un ensemble d'armatures en fer à **I**, qui solidarise et arcboute toute la construction.

La toiture est couverte en tuiles à emboîtement et dominée par trois lanterneaux vitrés qui servent à la fois à l'éclairage et à la ventilation.

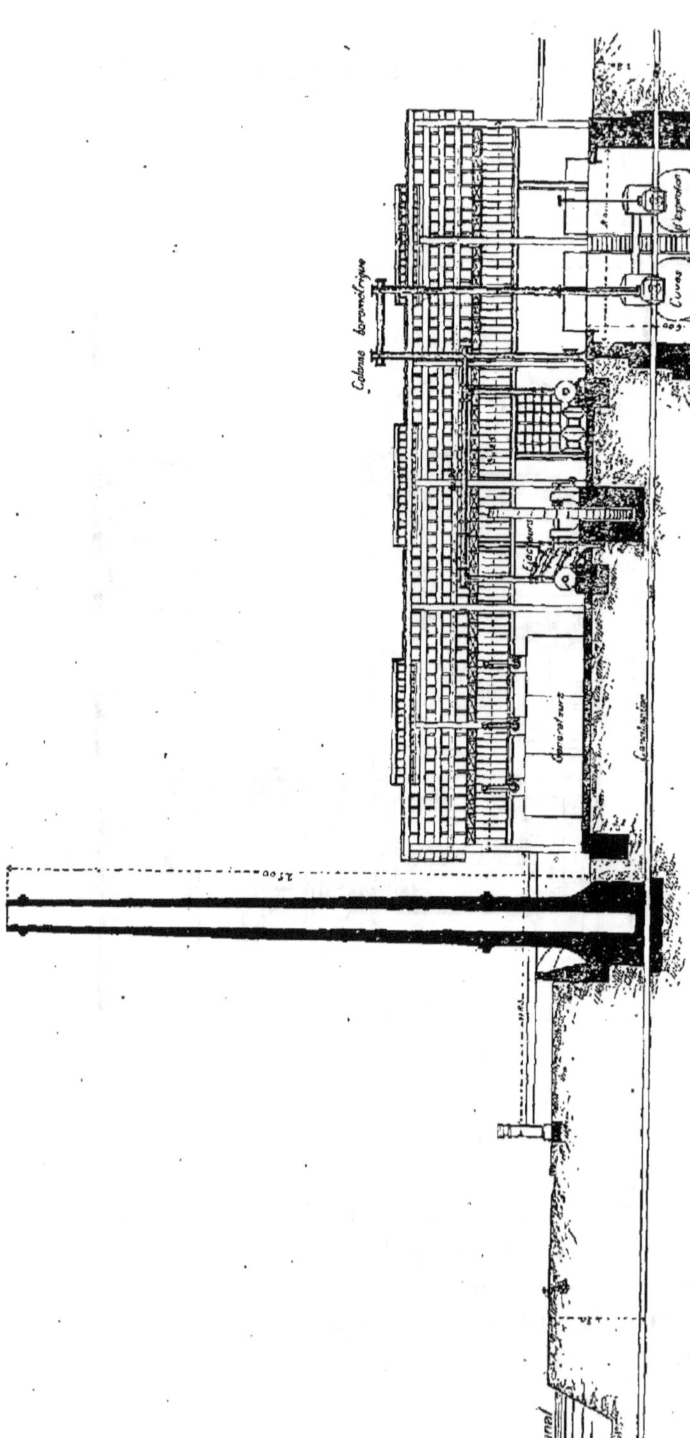

Fig. 30. — Coupe longitudinale de l'usine.

Deux cloisons transversales divisent le bâtiment en trois

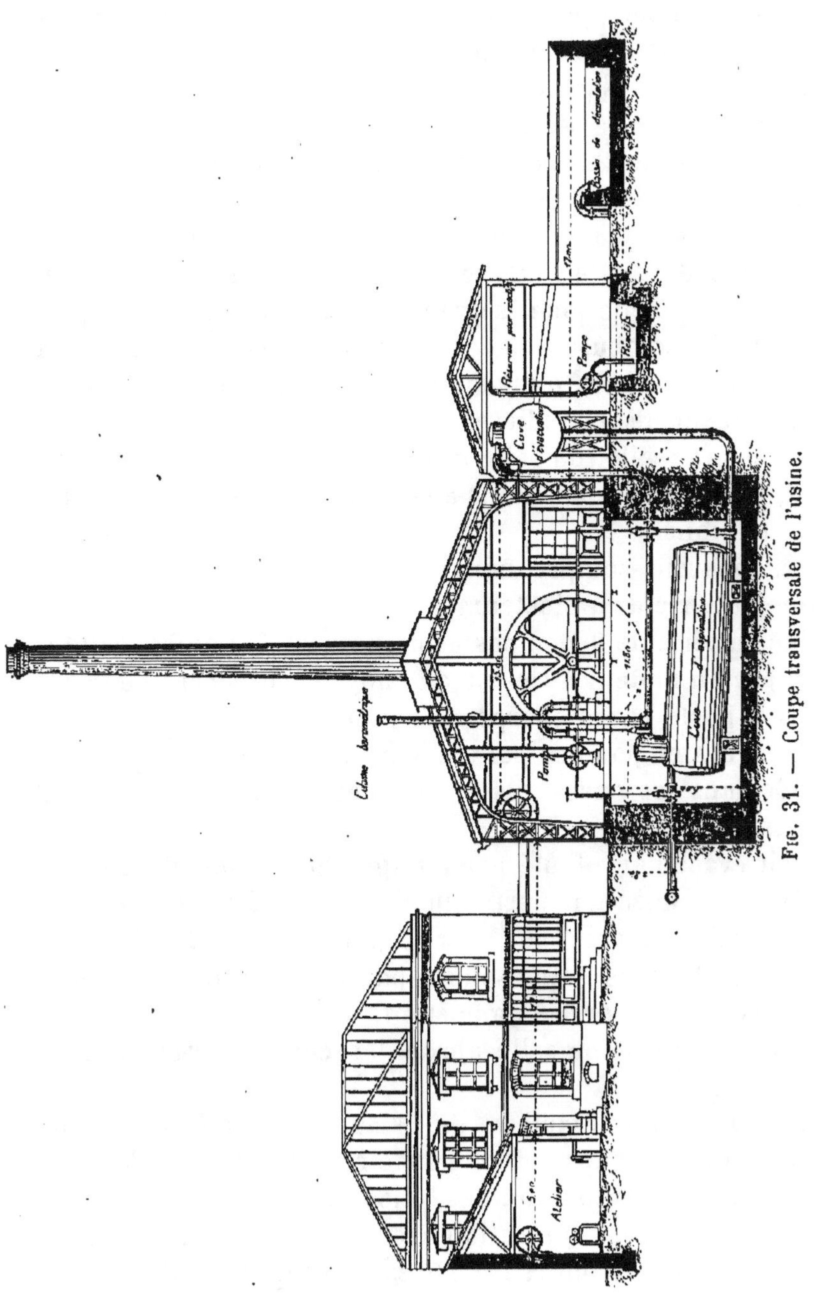

FIG. 31. — Coupe transversale de l'usine.

salles distinctes, dont la première renferme le générateur;

la seconde, les moteurs, pompes et éjecteurs, servant à faire le vide ; la troisième, enfin, les cuves d'aspiration avec leur colonne barométrique, les pompes pour le relèvement des liquides et tous les accessoires.

Il est prévu trois générateurs pouvant vaporiser 1.000 kilogrammes à l'heure avec leurs foyers, accessoires, caveaux et cheminées. Le charbon entassé dans l'angle nord-ouest se trouvera à proximité de la chaufferie.

La cheminée placée dans l'axe de l'usine aura de 20 à 25 mètres de hauteur et sera en maçonnerie, à cause du double rôle qu'elle joue, servant à la fois à évacuer les produits de la combustion et l'air aspiré dans la canalisation pneumatique, après qu'il aura été épuré par son passage dans le foyer des chaudières.

La seconde salle, ou salle intermédiaire du bâtiment principal, renferme les appareils à faire le vide, leur moteur, les transmissions.

Ces appareils comprennent :

Une batterie de 4 éjecteurs ;

Une batterie de 2 pompes aspirantes et foulantes, actionnées par un moteur à vapeur au moyen d'un arbre de transmission porté par la charpente en fer.

Éjecteurs et pompes sont destinés au même usage : faire le vide dans les cuves ; ils se suppléent ou s'ajoutent suivant les besoins du service.

L'air évacué et refoulé par les appareils à vide est conduit par une canalisation particulière sous les foyers des chaudières qu'il traverse pour être épuré et désinfecté, avant d'être rejeté dans l'atmosphère par la cheminée de l'usine avec les produits de la combustion.

Enfin la troisième salle abrite les cuves d'évacuation et leurs accessoires.

Ces cuves, d'un diamètre de $2^m,50$ et de 9 mètres de longueur, ont une capacité de 44 mètres chacune. A l'aide de vannes dont elles sont munies, elles peuvent alternativement être mises en communication avec le réseau de la canalisation qui vient y aboutir. Les cuves sont légèrement inclinées de façon à pouvoir se vider entièrement, l'inclinaison qu'elles présentent étant à peu près celle que donnent les matières solides qui se déposent dans les cuves horizontales ordinaires.

De la partie la plus basse de ces deux cuves part une autre canalisation qui, avec vannes interposées, les relie à une troisième cuve, semblable, située en dehors et parallèlement au bâtiment principal ; cette cuve sert au relèvement des liquides, qui y sont amenés soit par des pompes spéciales, soit par l'effet du vide s'exerçant à son tour sur ladite cuve.

Enfin les deux cuves d'aspiration sont surmontées chacune d'un petit dôme où aboutit, avec vannes interposées, la canalisation qui part des pompes et éjecteurs et dans laquelle ces appareils exercent leur action.

Mais entre eux et les cuves s'interpose la colonne barométrique, en forme de siphon, dont la branche plongeante a plus de 10 mètres de hauteur, et dont le but est d'éviter que le liquide aspiré ne reflue jusqu'aux pompes lorsque la cuve est pleine et que, par mégarde, on n'a pas fermé la communication avec les pompes.

Le long du bâtiment, sur la face nord, est élevé un hangar qui renferme, en outre de la cuve de relèvement dont il vient d'être parlé, les bassins et réservoirs destinés à la préparation et à l'emmagasinement des réactifs nécessaires à l'épuration chimique des eaux de vidange. Ces réactifs sont introduits dans la cuve de relèvement au fur et à mesure de l'arrivée des liquides sur lesquels ils doivent agir.

Il suffit à cet effet d'ouvrir un robinet, et l'aspiration fait affluer le réactif dosé et préparé à l'avance.

Cette cuve de relèvement une fois pleine, on la vide dans l'un des bassins de décantation établis le long du mur de clôture. C'est dans ces bassins en maçonnerie et couverts que se fait le dépôt du précipité formé par le réactif au contact des eaux vannes. Une autre série de bassins plus grands, dénommés bassins de repos, est disposée dans la partie est de l'usine, et les liquides peuvent s'y rendre directement à la sortie des bassins de décantation.

L'usine est complétée par un bâtiment en appentis, appuyé contre le mur sud, qui renferme le bureau du contremaître, un magasin pour les appareils et accessoires, un atelier renfermant une forge, un tour, une machine à percer, une raboteuse, une dynamo pour l'éclairage des usines et des cours, des établis, etc., enfin une écurie et un hangar pour les voitures nécessaires au service.

Une maison d'habitation, placée en façade sur le canal, comporte : un rez-de-chaussée surélevé, les bureaux comprenant une salle d'attente, le cabinet des ingénieurs et du contremaître, une salle pour les employés, et, au premier étage, avec escalier séparé, l'habitation du contremaître.

FONCTIONNEMENT DU SYSTÈME. — Le fonctionnement du système se déduit facilement de la description qui vient d'être donnée des différents organes qui le composent; chaque immeuble, muni d'un ou de plusieurs appareils évacuateurs, y dirige toutes les eaux souillées, qu'elles proviennent des cabinets d'aisances, des cuisines, des écuries, ou aient servi à des manipulations industrielles ou autres, ayant pour effet de les polluer.

De l'appareil ces eaux passent dans la canalisation, sorte d'égout en fonte étanche et sans communication avec le sol ni l'air extérieur, et se dirigent avec une grande rapidité vers l'usine, appelées qu'elles sont par la dépression atmosphérique que les appareils à vide produisent en avant de leur marche.

A l'usine, les matières sont reçues dans les cuves d'aspiration fonctionnant alternativement. Dès que l'une de ces cuves est pleine, l'autre entre en fonction, et le liquide qui remplit la première est remonté dans la cuve de relèvement, où il subit la réaction des produits appropriés qui précipitent les matières solides ou en dissolution, et font disparaître toute odeur.

Au sortir de cette cuve, les liquides sont dirigés vers les bassins de décantation où ils laissent déposer le précipité et d'où sort un liquide suffisamment clair avec une légère teinte, jaune généralement, et présentant encore une faible odeur.

Ce liquide, soumis à l'action d'un nouveau réactif, est dirigé vers les bassins de repos où s'opère une nouvelle décantation et d'où s'échappe cette fois une eau possédant un degré de pureté qui permet sans inconvénient de la rejeter à la rivière.

Néanmoins, comme l'aération et le contact du sol cultivé constituent les meilleurs agents d'épuration finale, il sera prudent de profiter de cette circonstance que le Cher est séparé de l'usine par 1 kilomètre environ de terres en prairies ou cultures pour y faire serpenter les eaux avant leur arrivée à la rivière, ou les mettre à la disposition des cultivateurs pour de véritables irrigations, s'ils désirent les utiliser. La faible quantité de matières organiques qui est contenue dans ces eaux et non encore brûlée par le contact de l'air, leur communique un pouvoir fertilisant dont l'utilisation serait avantageuse.

DEVIS APPROXIMATIF DES DÉPENSES

1° *Canalisation*. — Comprenant les tuyaux et raccords divers, les vannes avec leurs bouches à clefs et tampons de regard, les appareils divers de contrôle et de mesure, etc.

DIAMÈTRES	LONGUEURS	PRIX	PRODUITS
0,125	18.200	5	91.000
0,150	10.000	6	60.000
0,200	1.900	10	19.000
0,250	1.650	14	23.100
0,300	1.480	19	28.120

Pièces spéciales de canalisations, bouts, coudes, cônes, raccords, bouchons, etc.

1/10 en plus environ...................................... 23.780

TOTAL pour la canalisation en fonte..... 245.000

2° *Vannes :*

DIAMÈTRES	NOMBRE	PRIX	PRODUITS
0,125	10	90	900
0,150	25	100	2.500
0,200	5	145	725
0,250	5	225	1.125
0,300	5	290	1.450

TOTAL.. 6.700

3° *Pose de la canalisation*. — En tranchée de 2^m,50 de profondeur (le terrain étant supposé partout affouillable à cette profondeur), compris dépavage et démolition de chaussée, fouille, étais, pose de tuyaux, raccords, vannes et pièces spéciales, remblai avec pilonnage, réfection de chaussée et entretien pendant six mois, tous frais de gardiennage, d'enlèvement des terres, de passerelles et ponts provisoires, etc.

DIAMÈTRES	LONGUEURS	PRIX	PRODUITS
0,125	18.200	5	91.000
0,150	10.000	5	50.000
0,200	1.900	5	9.500
0,250	1.650	6	9.900
0,300	1.480	6	8.880
TOTAL			169.280

Plus-value pour excédent de profondeur, travaux aux rencontres d'égouts ou de canalisations, etc.

1/10 en plus environ...................................... 20.720

TOTAL pour pose de la canalisation... 190.000

4° *Bouches à clefs*, avec tabernacles, clefs à rallonges compris pose et toutes maçonneries.

20 bouches à 50 francs...................................... 1.000

5° *Tampons de regard*, avec puits et voûtes maçonnées, échelles et tous accessoires.

24 tampons à 500 francs...................................... 12.000

6° *Appareils de contrôle et de mesure :* baromètres, indicateurs de vide, téléphone privé, outillage des chaudières. — Evaluation...................................... 15.000

Récapitulation de la canalisation

1° Canalisation en fonte...................................... 245.000
2° Vannes 6.700
3° Pose de la canalisation...................................... 190.000
4° Bouches à clefs...................................... 1.000
5° Tampons de regards...................................... 12.000
6° Appareils de contrôle et de mesure...................................... 15.000

TOTAL...................................... 469.700
Somme à valoir pour imprévu...................................... 46.300

TOTAL pour l'ensemble de la canalisation...................................... 516.000

Usine. — L'usine comprend le terrain, les constructions, installations et aménagements divers, et, d'autre part, la machinerie et l'outillage industriel.

1° *Terrain :*

Surface 50 × 80 = 4.000 mètres carrés à 1 franc.....	4.000
Frais : 12 0/0 environ............................	500
Total du terrain......................	4.500

2° *Constructions :*

Terrassement pour nivellement général de l'usine, rampes de raccordement avec le chemin de halage, fouilles pour fondations de maçonneries, massifs de machines, pour fosses de cuves, pour bassins divers, compris tous régalages, transports, pilonnages, évalués à 1.500 mètres cubes à 2 francs.......................... 3.000

Maçonneries pour murs de clôture et de soutènement divers, compris toutes fondations, parois et jointoiements. 650 mètres carrés à 15 francs....................... 9.750

Pavage et empierrement des cours et chaussées de l'usine, et accès divers. 2.000 mètres à 7 fr. 20................. 14.400

Bâtiment principal élevé avec fermes en fer, murs de remplissage en briques, voûtes, portes, fenêtres et menuiseries en chêne, comble couvert en tuiles avec lanterneaux vitrés, sol en pavé d'asphalte ; surface, 450 mètres à 150 francs........................ 67.500

Ateliers, magasins, écuries en pan de bois et briques, couverture en tuiles. 170 mètres à 100 francs........................ 17.000

Hangar de réactifs, comble en bois, couvert en tuiles : 128 mètres à 70 francs........................ 8.960

Maison d'habitation pour le contremaître, bureaux, deux étages sur caves, en moellons et briques, comble et planchers en bois, parquet et voûtes ; menuiseries en chêne : 140 mètres à 150 francs........................ 21.000

Bassin de préparation de réactifs : 45 mètres à 20 francs........................ 900

Bassins de décantation : 180 mètres à 20 francs........................ 3.600

Bassins de repos et d'aération et aménagement pour irrigations évalués à........................ 8.000

Total........................	154.110
Somme à valoir pour imprévu 10 0/0........................	15.410
Total pour les constructions........................	169.520

Francs

3° Machinerie et installation. — Trois chaudières vaporisant 1.000 kilogrammes à l'heure avec leurs foyers, conduites de fumée et cheminées en briques, compris tous accessoires, épurateurs, alimentations, outillage, wagons à charbons, estimés.................   40.000

Un moteur de 100 chevaux de force nominale à condensation...   30.000

2 pompes à vide, compris toutes transmissions et accessoires, l'une 10.000 francs...............................   20.000

Une batterie de 4 éjecteurs, compris leurs vannes et tuyaux de raccordement, 4 à 2.000 francs 8.000

Deux cuves d'aspiration avec supports, vannes, tuyaux, raccords, robinets, etc.
2 à 6.000 francs...   12.000

Canalisation et tuyautage de l'usine, colonne barométrique, vannes, indicateur de vide.................   5.000

Cuve de relèvement, pompes et toutes installations pour réactifs, bacs, etc...............................   12.000

Installation de l'électricité avec moteur spécial, dynamos, tableau, conducteurs, lampes...................   5.000

Outillage de l'atelier, transmission, tours, perceuse, forge, étaux, etc..   6.000

Mobilier et outillage général de l'usine, voitures, chevaux, etc..   10.000

Mobilier et aménagement du bureau.................   3.000

TOTAL....................................   151.000

Somme à valoir pour imprévu : 10 0/0.................   15.100

TOTAL de la machinerie et des installations.........   166.100

Récapitulation de l'usine

1° Terrain..   4.500
2° Construction..   169.520
3° Machinerie et installations.....................................   166.100

TOTAL de l'usine....................................   340.120

RÉCAPITULATION GÉNÉRALE

Canalisation 516.000
Usine..   340.120

TOTAL....................................   856.120

Honoraires d'ingénieurs et frais généraux pendant la construction, 10 0/0 environ.................................   83.880

TOTAL général....................................   940.000

CHAPITRE IV

SYSTÈME FONCTIONNANT PAR SIMPLE GRAVITATION

Système de M. le colonel Waring. — Le système d'assainissement de M. Waring a été défini comme suit, par son inventeur, dans un meeting tenu en Amérique par la Société américaine d'hygiène publique :

1° Emploi, pour la construction des égouts, de conduites de faible diamètre, uniquement affectées à l'évacuation des eaux vannes et des matières fécales, à l'exclusion des eaux de pluie ;

2° Ventilation obtenue dans les conduites et dans les branchements en communication avec les maisons particulières par un certain nombre de prises d'air et de cheminées d'appel s'élevant au-dessus des toits ;

3° Communication directe de chaque branchement particulier avec la conduite, sans interposition d'aucun diaphragme ni aucune fermeture hydraulique ;

4° Lavage journalier des conduites au moyen de chasses pour lesquelles on utilise l'eau accumulée dans des réservoirs placés à leur origine d'amont.

Ce système échappe aux graves critiques exposées ci-dessus des procédés à appareils mécaniques ; mais il présente le même inconvénient que ces derniers, en ce qu'il ne peut absorber les eaux pluviales et celles provenant des lavages de la voie publique, et cependant ces dernières ne sont pas inoffensives. Il est intéressant de citer à ce propos le passage d'un rapport de M. Durand-Claye au Congrès international de Vienne, publié dans les *Annales des Ponts et Chaussées* (février 1888).

Les eaux des ruisseaux sont très impures et analogues aux eaux d'égout.

Tout d'abord, convient-il de considérer comme inoffensives et suffisamment pures les eaux de pluie ou de lavage public, qui coulent sur les toits ou dans les ruisseaux, en supposant, bien entendu, que les eaux ménagères et les vidanges sont déjà détournées par une canalisation spéciale ?

Il est clair que, dans une question de ce genre, il convient de ne pas opiner de sentiment, mais bien de recourir aux données précises de l'analyse.

C'est ce que nous avons fait, avec le très bienveillant concours de MM. Marié Davy, père et fils. Des eaux ont été prises dans les ruisseaux de diverses rues de Paris et analysées au point de vue chimique et micrographique. Les résultats sont consignés dans les deux tableaux annexés au présent rapport.

Le tableau A donne la composition des eaux prises en plein ruisseau au moment où l'on procède au balayage et au lavage de la chaussée, opération analogue à celle que produisent les pluies un peu abondantes, au moins pendant la première période de la chute d'eau.

Le tableau B donne la composition des eaux prises au voisinage de la bouche de lavage pendant le cours du déversement, lorsque la masse des immondices a déjà été entraînée en aval ; ces eaux sont analogues à celles que charrient les pluies, lorsque la chute d'eau a duré quelque temps.

Ces tableaux se résument dans les moyennes suivantes que nous avons rapprochées des eaux des collecteurs de Paris et des eaux de la Seine après la traversée de Paris, mais avant le déversement des collecteurs.

Les eaux prises en plein ruisseau se présentent comme plus chargées, ou au moins aussi chargées que les eaux des collecteurs ; ce sont donc des eaux offensives au premier chef et qui ne sauraient, sans les plus graves inconvénients, être déversées dans les cours d'eau. Et il convient de remarquer que nous parlons spécialement des eaux prises dans les ruisseaux des voies drainées ; l'infection est naturellement plus accusée dans les eaux de ruisseau des voies non drainées, c'est-à-dire des voies où les eaux ménagères se rendent directement aux ruisseaux.

Les échantillons prélevés au voisinage des bouches de lavage, quand la permanence de l'écoulement a enlevé le plus gros des impuretés, sont encore assez chargés, quoique notablement améliorés ; on voit, en les comparant aux analyses d'eau de Seine, qu'ils sont encore loin de se rapprocher de cette eau, même prélevée au-dessous de Paris, c'est-à-dire ayant reçu dans la traversée de la capitale une certaine quantité d'immondices qui échappent au captage des collecteurs.

C'est donc une grave erreur hygiénique que de considérer comme inoffensives, et admissiblés dans les rivières, les eaux des ruisseaux, même en cas de drainage spécial des vidanges et eaux ménagères des immeubles. Il suffit, en effet, de considérer la nature et la quantité des immondices de toutes espèces qui se trouvent sur les chaussées d'une ville populeuse pour comprendre que l'analyse ne pouvait que confirmer ce qu'indiquait déjà le bon sens : crottin de cheval, débris végétaux et animaux, poussières animales et organiques, tout cela est prêt à former la boue liquide qu'entraînent les pluies courantes et les lavages de la voie publique. Lorsque la pluie a duré un temps suffisant et a eu une certaine importance, la voie publique se trouve toute lavée et alors les eaux recueillies sont moins suspectes ; c'est ainsi que les grandes pluies d'orages, correspondant à des averses exceptionnelles, peuvent sans grand inconvénient, une fois le premier flot passé, être déversées au cours d'eau, mais ce n'est pas et ce ne saurait être le cas des pluies ordinaires.

ÉCHANTILLONS		AZOTE					MATIÈRES organiques		CHLORE	CHAUX	ACIDE SULFURIQUE	NOMBRE D'ORGANISME dans un centimètre cube	GÉLATINE			OBSERVATIONS
		ALBUMINOÏDE		ammoniacal	nitrique	total	dissoutes	totales					Apparition des colonies	Début de la liquéfaction	Fin de la liquéfaction	
		dissous	total													
A Eaux de lavage, courant des ruisseaux.	Voies drainées.	2,67	20,0	19,54	2,4	32,5	50,3	827,0	92	764	95	120,111	2 7	4 8	13 5	Tous les chiffres de ces tableaux, sauf ceux relatifs à la micrographie, expriment des milligrammes par litre ou des grammes par mètre cube. Ils sont les moyennes, tant pour les éléments divers que pour le total des résultats consignés aux tableaux A et B.
	Voies non drainées.	4,14	34,65	37,53	3,1	56,8	83,2	801,9	109	796	164	200,000	2 3	3 7	15 0	
	Moyenne des voies drainées et non drainées.	2,99	22,7	23,45	2,6	37,7	57,5	822,9	97	803	107	127,273	2 6	4 5	14 0	
Eaux d'égout.	Collecteur de Clichy.	3,0	3,3	22,2	2,05	27,05	33,65	82,6	66	593	344	120,000	1 8	3 7	10 3	
	Collecteur de Saint-Ouen.	1,3	2,4	28,0	2,90	33,3	60,4	145,4	83	483	207	250,000	—	—	—	
B Eaux prises au voisinage des bouches.	Voies drainées.	0,85	6,67	5,99	2,4	11,9	16,3	63,5	29	267	64	33,333	2 8	4 9	13 1	
	Voies non drainées.	1,42	17,19	9,35	2,1	18,8	20,0	182,3	42	148	365	38,000	2 6	3 9	15 9	
	Moyenne des voies drainées et non drainées.	0,97	8,58	6,72	2,3	14,4	17,1	85,1	32	254	119	32,363	2 7	4 7	14 6	
Eaux de la Seine.	Au pont de Grenelle.	0,00		0,0	1,2	1,2		3,7	14	—	—	—	4 0	4 5	12 9	
	Au pont de Clichy.	1,68		2,24	1,7	5,6		13,3	23	—	—	—	3 2	5 2	16 0	

C'est à Memphis (Amérique) qu'a été faite la première application du système Waring.

Les conduites posées ont été formées de tuyaux de poterie vernissée à l'intérieur. Les petites canalisations ont de 0^m,15 à 0^m,25 de diamètre intérieur, et les canalisations principales, ou collecteurs, de 0^m,30 à 0^m,50.

Les pentes données aux canalisations restent au-dessus de 0^m,005 par mètre pour les secondaires et descendent à 0^m,0017 par mètre pour les principales.

A chaque extrémité de canalisation secondaire est établi un réservoir de chasse de 500 litres qui fonctionne automatiquement.

Les canalisations desservant les immeubles ont un diamètre réduit de 0^m,06 à 0^m,10.

La canalisation, qui a une longueur de 68 kilomètres et qui comprend 180 bassins de chasse, fonctionne dans de bonnes conditions, d'après les relations qui ont été écrites.

Après Memphis, plusieurs autres centres d'Amérique ont adopté le système Waring, notamment Omaha (Nebrasko), Norfolk (Virginia), Kalamazoo (Michigan), Keene (New-Hampshire), Pittsfield (Massachusetts), Buffalo (New-York), Birmingham (Alabama).

C'est après ces essais heureux en Amérique que le conseil municipal de Paris, sur le rapport présenté par la Commission technique de l'Assainissement, vota, dans sa séance du 28 juillet 1883, les fonds nécessaires pour une application du système Waring à un quartier de Paris.

L'Administration proposa de desservir les écoles de la rue des Quatre-Fils, celles de la rue des Hospitalières-Saint-Gervais et les latrines publiques du marché des Blancs-Manteaux.

Pour cela, on posa dans l'égout de la rue Vieille-du-Temple une conduite en grès vernissé de 0^m,152, qui vient déboucher dans le collecteur Rivoli.

Sur cette conduite ont été branchées : sur la rue des Rosiers, la canalisation devant desservir les écoles de la rue des Hospitalières-Saint-Gervais et, sur la rue des Quatre-Fils, celle destinée aux écoles situées dans cette rue.

Ces deux canalisations ont le même diamètre que celles de la rue Vieille-du-Temple.

Les figures 32 à 39 montrent en plans, profils et détails les dispositions adoptées pour ces canalisations.

Le profil en long de la conduite devait répondre à deux conditions : vis-à-vis l'école de la rue des Quatre-Fils, où le branchement est situé en terre, il devait être établi à une profondeur telle qu'il soit à l'abri de la gelée; au débouché, dans le collecteur Rivoli, la conduite devait être posée de manière à être à l'abri des reflux des eaux de l'égout. Ces conditions respectées, la conduite a, sous la rue Vieille-du-Temple, une déclivité par mètre de 3 millimètres; elle atteint $0^m,0052$ et $0^m,0197$ par mètre dans les autres voies.

A la jonction des égouts débouchant dans la rue Vieille-

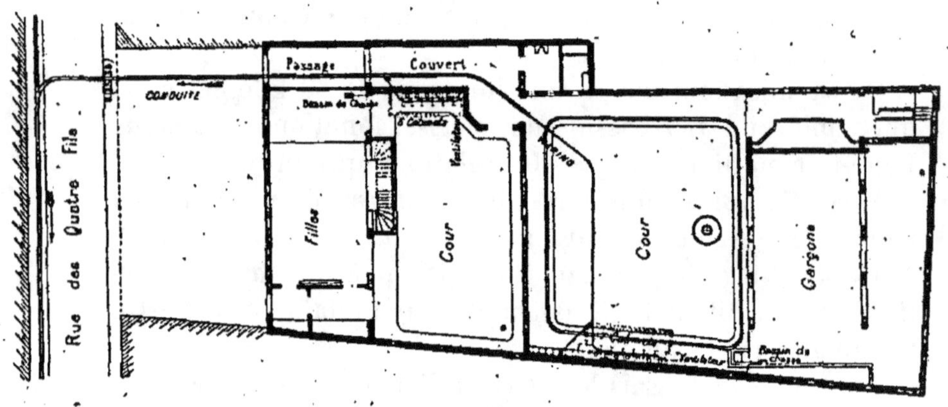

Fig. 32.

du-Temple, la conduite a été siphonnée en dessous pour ne pas entraver la circulation.

Afin qu'il n'y ait pas d'air stagnant dans la conduite, il a été ménagé des prises d'air de distance en distance, et pour que la circulation de l'air ne soit pas arrêtée par les siphons, on a raccordé l'amont et l'aval de ces derniers par un siphon renversé (fig. 40).

De plus, au débouché du collecteur Rivoli, un siphon a été établi de manière à éviter l'introduction de l'air de l'égout dans la conduite (fig. 34):

Enfin un certain nombre de bassins de chasse ont été établis à l'origine et sur le parcours de la canalisation. Ces bassins sont munis d'appareils automatiques qui les vident trois ou quatre fois en vingt-quatre heures.

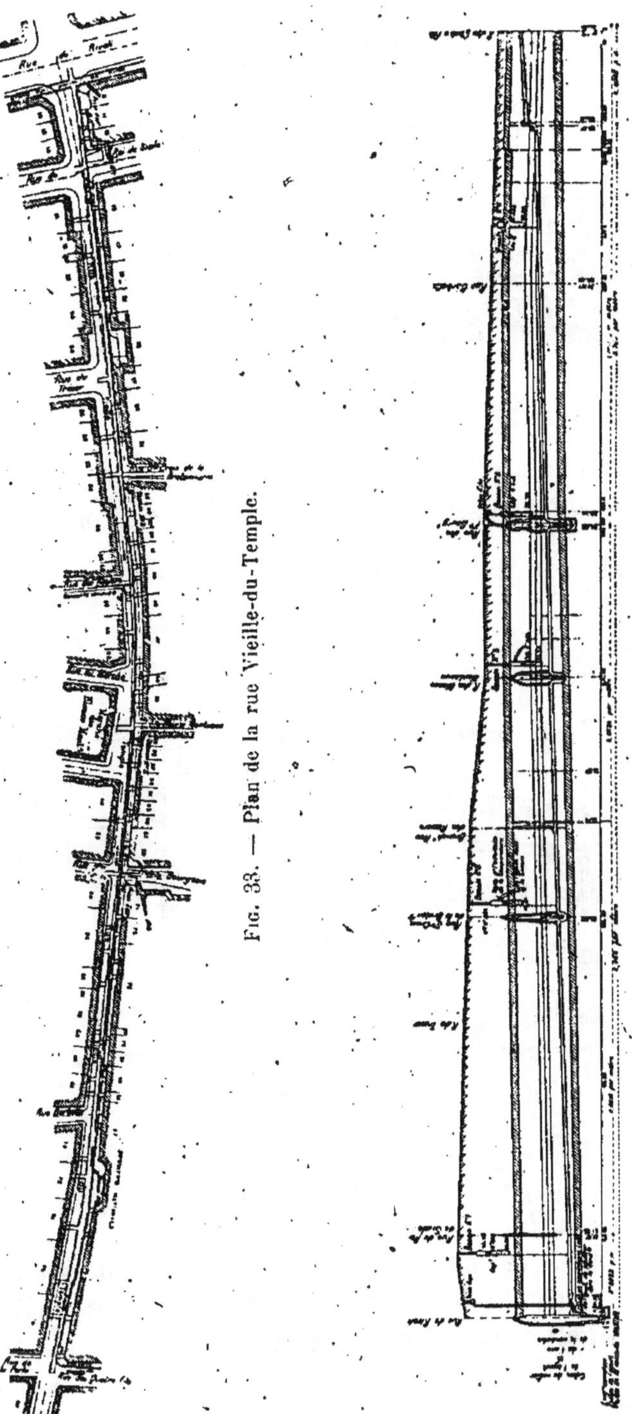

Fig. 33. — Plan de la rue Vieille-du-Temple.

Fig. 34. — Profil de la rue Vieille-du-Temple.

Cette expérience a été suivie de très près par les ingénieurs du Service municipal.

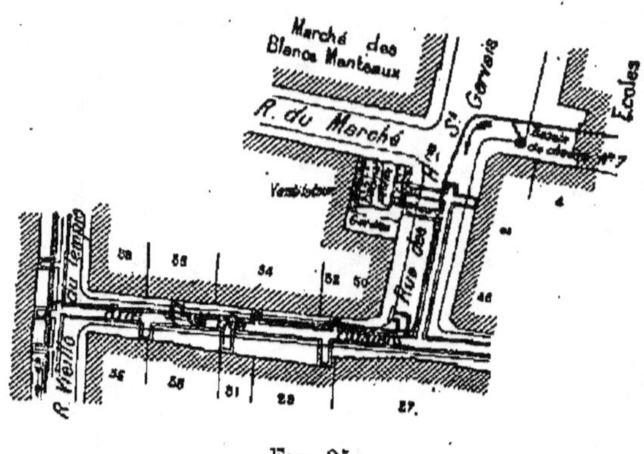

FIG. 35.

Les conclusions qui en ont été tirées sont :
En ce qui concerne les cabinets, le système a produit de

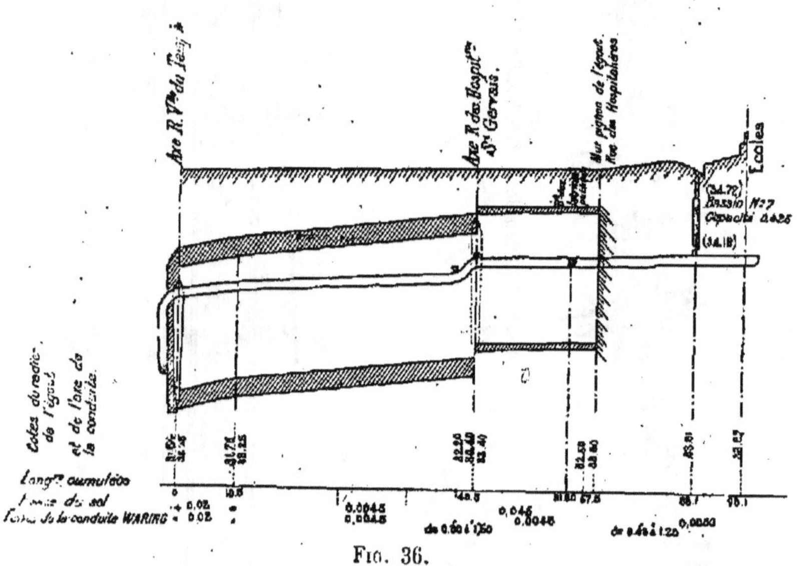

FIG. 36.

bons effets, les sièges ont toujours été trouvés propres, et les odeurs nulles ou faibles (*fig.* 41).

Toutefois, dans les latrines publiques, le résultat est mauvais ; il a été constaté des obstructions nombreuses, malgré les fréquents nettoyages opérés journellement.

En ce qui concerne la conduite d'évacuation, de nombreux engorgements ont été constatés, qui ont mis la conduite en

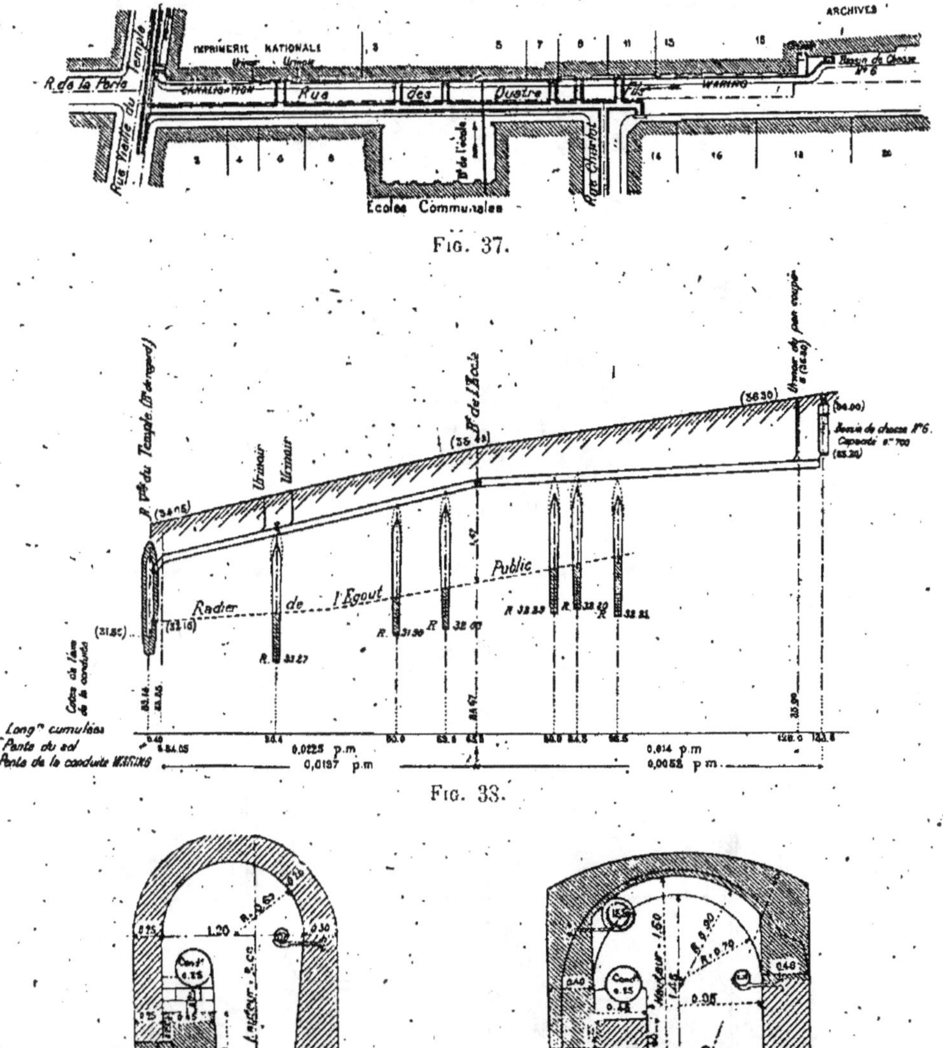

Fig. 37.

Fig. 38.

Fig. 39. — Coupes en travers de l'égout de la rue Vieille-du-Temple.

pression, ce qui a eu pour résultat soit de faire sauter les tampons de dégorgement, soit de faire refluer l'eau par les bouches siphoïdes des cabinets et des urinoirs.

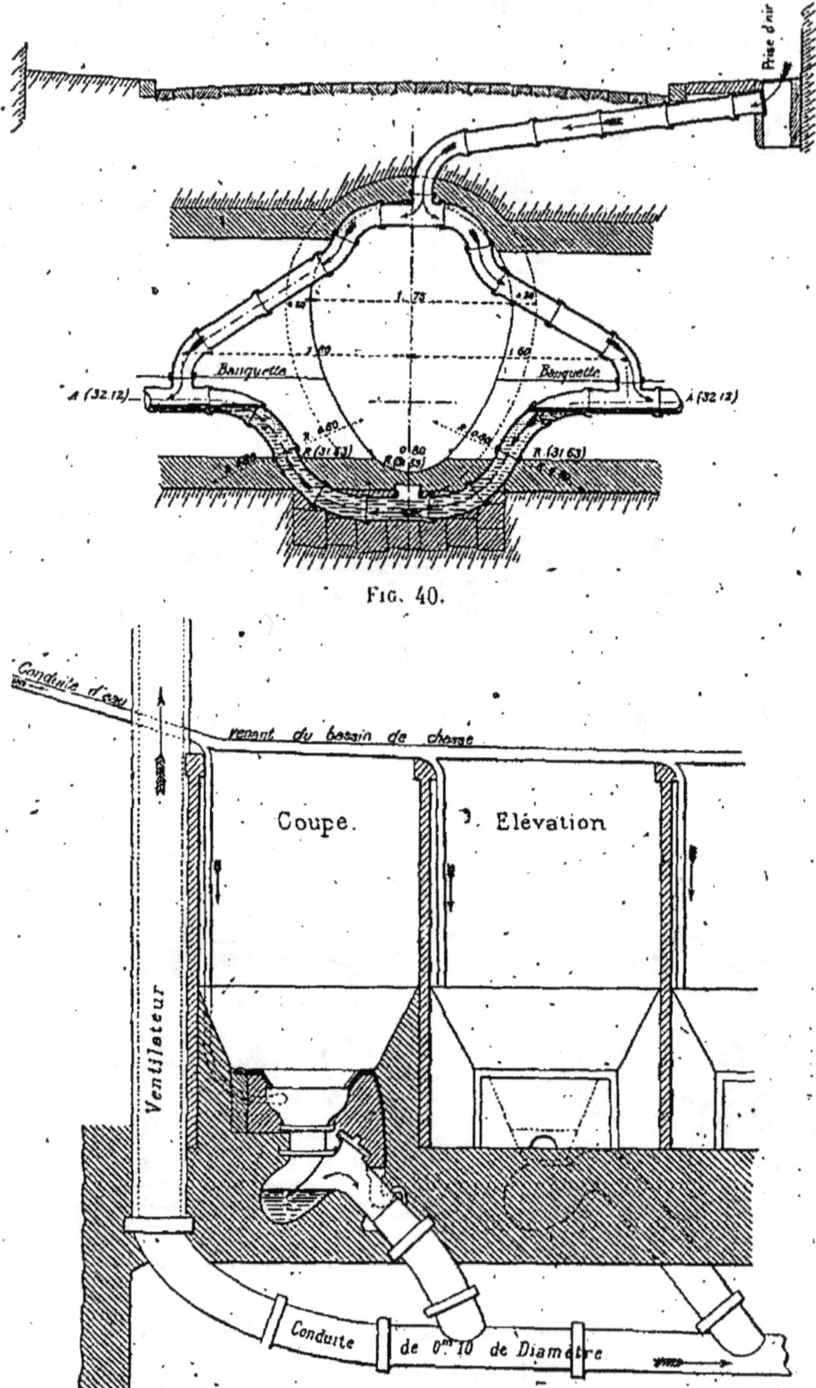

Fig. 40.

Fig. 41. — Dispositions adoptées pour les cabinets des écoles.

Enfin, relativement aux prises d'air, il a été constaté qu'elles dégagent de mauvaises odeurs, qui ont même fait l'objet de plaintes de la part des riverains.

En résumé, d'après l'expérience faite à Paris, le système Waring oblige à surveiller et entretenir avec soin les cabinets et la conduite ; avec ces précautions il peut donner de bons résultats, mais il n'a rien de supérieur aux autres systèmes de vidange qui, avec les mêmes précautions, donneraient des résultats absolument identiques.

M. P. Pignant, ingénieur des Arts et Manufactures, après avoir étudié les divers systèmes d'élimination, conclut ainsi :

Le système que nous venons de décrire, ainsi que tous les systèmes séparés en général (Waring, Schöne, etc.), repose sur une erreur hygiénique, en admettant que les eaux de pluie et de lavage dès rues, que les eaux des caniveaux, en un mot, puissent être déversées sans inconvénient dans les cours d'eau les plus voisins. Il est parfaitement établi (analyses Franckland) que ces eaux sont chargées d'environ la moitié des déchets organiques et azotés produits par la vie journalière dans une ville.

D'autre part, l'écoulement de ces eaux sur la voie publique n'est pas admissible, sous peine d'inondation des quartiers bas. Les systèmes séparés impliquent donc les coûteuses dispositions d'un double réseau.

Les systèmes séparés ne sont donc satisfaisants ni au point de vue hygiénique, ni au point de vue de la dépense.

Il n'est pas douteux que l'intérêt d'une ville, à ce sujet, consiste à n'établir qu'une seule canalisation susceptible de recueillir les eaux impures de toutes espèces, y compris les eaux de pluie, sauf celles des orages exceptionnels.

On se débarrasse de ces dernières au moyen de décharges ménagées dans les rivières voisines. Ces décharges doivent fonctionner par trop-pleins, ainsi que cela se pratique à Paris, Bruxelles, Londres, Berlin, etc. Elles évitent le surcroît de dépense qu'entraîneraient, pour les galeries souterraines, les débits des chutes météorologiques exceptionnelles et ont, en outre, l'avantage de ne pas augmenter inutilement le cube toujours considérable des eaux d'égout.

D'autre part, l'adjonction des matières de vidange aux eaux ordinaires d'égout constitue le moyen le plus simple et le plus rapide de s'en débarrasser sans, pour cela, présenter le moindre danger.

Nous avons vu, en effet, que partout où l'on a appliqué rationnellement la « vidange à l'égout » la mortalité par fièvre typhoïde a diminué dans une notable proportion et dépasse rarement 23 pour 10.000 habitants, et par an.

On a constaté également une décroissance analogue pour beaucoup d'autres maladies épidémiques et, en résumé, une diminution sensible dans la mortalité générale.

CHAPITRE V

SYSTÈME DIT « TOUT A L'ÉGOUT »

Ce système consiste à envoyer à l'égout les matières de vidange au même titre que les eaux pluviales et ménagères.

Après de nombreuses expérimentations et des observations prolongées, les hygiénistes les plus distingués de tous les pays sont d'accord pour reconnaître la supériorité du « tout à l'égout » sur les autres systèmes de vidange.

M. Murchisson s'exprime ainsi :

Si les égouts, dans leurs rapports avec la fièvre typhoïde, devaient être regardés simplement comme les véhicules de la transmission par les déjections typhoïdiques, dans toutes les épidémies, on devrait s'attendre à ce que la fièvre sévît particulièrement dans les maisons qui communiqueraient le plus librement avec les égouts publics. Cependant c'est le contraire qu'on observe souvent. Prenons, par exemple, le rapport officiel adressé au Conseil privé sur l'épidémie de la fièvre à Forest-Hill, en 1869. La prédominance de la fièvre typhoïde a été en rapport très évident, dit ce document, avec des dispositions défectueuses d'égout. Là, où les maisons étaient reliées avec les égouts publics, le nombre des cas de fièvre typhoïde n'a pas dépassé le minimum. Là, au contraire, où les maisons n'avaient que des fosses d'aisances ou étaient reliées à des égouts qui ne faisaient partie d'aucun système convenable de drainage, ou qui étaient d'une construction et d'une forme radicalement défectueuses, en un mot qui n'étaient que des fosses d'aisances en cul-de-sac, alors la fièvre typhoïde a atteint son maximum.

M. Gueneau de Mussy écrit :

La fosse d'aisances a le grand inconvénient de devoir être vidée, inconvénient d'autant plus grand que le remuement des matières accumulées depuis longtemps est particulièrement favorable à l'explosion de la fièvre typhoïde. Les égouts constituent le système le plus voisin de la perfection, mais à une condition, c'est qu'ils soient eux-mêmes parfaits dans leur construction et dans leur fonctionnement... Avec de l'eau en quantité suffisante, la vidange complète à l'égout a de grands avantages sur tous les autres.

De M. Ford, président du Bureau de Santé, à Philadelphie :

Là où les circonstances sont favorables, le transport dans l'eau, par lequel un net, prompt et rapide départ des matières est assuré, est, sans méprise, le mieux adapté aux grandes villes.

Les ingénieurs anglais Griffith, Douglas-Galton, Baldwin-Latham, Robert Rawlinson, le célèbre hygiéniste M. Fleeming Jenkin, recommandent l'envoi direct à l'égout des produits usés.

Le Dr Janssens, directeur du Bureau d'hygiène de Bruxelles, dit que l'application aux villes du « tout à l'égout » est un moyen certain d'abaisser le chiffre des mortalités. M. Van Mierlo, directeur des services d'assainissement de la même ville, est également de cet avis, ainsi que MM. Liévin, de Dantzig ; Varrentrapp, de Francfort ; Virchow, de Berlin.

Les statistiques de mortalité et de morbidité confirment ces opinions.

A Londres, l'exécution d'importants travaux d'égouts est suivie d'une décroissance marquée de la mortalité, qui diminue d'un tiers, au bout de très peu de temps.

A Bruxelles, la mortalité par fièvre typhoïde, qui était, avant l'exécution des travaux, de 55 pour 100.000, est descendue, après leur achèvement, à 30 pour 100.000 ; la mortalité générale est descendue de 27 à 22 pour 1.000.

A Berlin, la mortalité générale est descendue à 29 pour 1.000 ; le nombre des décès par fièvre typhoïde n'est que de 36 pour 100.000.

A Francfort, il a varié, depuis 1851, de 80 à 20 pour 100.000.

A Hambourg, suivant l'état d'assainissement des quartiers, la mortalité par fièvre typhoïde varie de 26 à 46 pour 100.000.

A Dantzig, la mortalité générale a varié de 38 à 25 pour 1.000.

Les épidémies cholériques deviennent également plus

anodines, au fur et à mesure que se développe l'assainissement des villes.

Il résulte des remarques ci-dessus que la méthode la plus rationnelle est incontestablement celle qui supprime les fosses fixes, mobiles ou filtrantes, les tuyaux d'évent, la vidange à domicile, le transport des matières fécales, les dépotoirs et les usines de transformation.

Le « tout à l'égout » est le système qui remplit cette condition, puisqu'il évacue immédiatement toutes les matières excrémentielles chassées de la maison, et qu'il les dirige sans aucun arrêt sur les champs d'irrigation qui les épurent et les utilisent.

Toutefois ce système exige, pour être réalisé, un ensemble de conditions qui en rendent l'application très onéreuse, et encore, malgré les dépenses, ne pourrait-il être appliqué partout indifféremment.

CONDITIONS DU TOUT A L'ÉGOUT

Imperméabilité des égouts. — La question de l'imperméabilité des égouts, qui a été maintes fois posée par les détracteurs du tout à l'égout, est très facile à résoudre.

La solution consiste dans le soin apporté à l'exécution des travaux, et dans la nature et la qualité des matériaux employés.

Il est incontestable que dans un égout enduit à l'intérieur, dans lequel les eaux coulent librement, il n'y a aucune infiltration à craindre.

Ce fait pourrait être à redouter, si les égouts fonctionnaient en conduite forcée ; mais ce cas n'arrive jamais, et encore l'expérience a démontré qu'on pouvait, malgré cette circonstance et avec une maçonnerie bien faite, éviter toute perte d'eau.

C'est ainsi que la conduite en béton de ciment, construite dans la plaine de Gennevilliers et qui reçoit les eaux des égouts de Paris avec une charge de 25 mètres, est parfaitement étanche.

La Commission de l'Assainissement de la Seine, en prenant comme exemple les fosses d'aisances, avait conclu que les égouts étaient perméables ; mais M. Émile Trélat a combattu ces conclusions en faisant remarquer que :

Les maçonneries des fosses d'aisances sont en contact permanent avec des matières fécales immobiles et concentrées qui, dans ces conditions, paraissent attaquer la chaux des mortiers ou des ciments. Elles ont des figures compliquées, anfractueuses, comportant beaucoup d'angles où la construction s'affaiblit et présente moins de résistance à la ruine. Elles sont enfoncées dans les ténèbres, inaccessibles à l'œil, à la surveillance, et mal entretenues.

Les égouts, au contraire, sont aujourd'hui construits d'après les principes de l'art moderne, et avec des matériaux de choix. Leur maçonnerie est baignée par des eaux courantes ne renfermant pas un centième de matières fécales, et trop rapidement entraînées pour laisser le temps à des réactions de s'engager. Les égouts sont simples dans leurs profils, ne présentent pas d'angles, sont constamment en surveillance, et l'entretien en est facile et sûr.

Déclivité suffisante des radiers. — Cette condition est excessivement importante et ne peut être réalisée dans les villes plates. Il est indispensable que la pente d'un égout soit suffisante, pour que l'eau qu'il écoule soit animée de la vitesse nécessaire à l'entraînement des détritus dont elle est chargée.

D'après les expériences faites à Paris, les pentes les plus satisfaisantes sont comprises entre $0^m,01$ et $0^m,03$ par mètre pour les petits égouts. Elles peuvent être beaucoup plus faibles dans les collecteurs, car il est évident que plus les canaux sont petits, plus la pente doit être grande pour que la chasse ait partout la même force.

Dans son *Traité d'Assainissement*, M. Bechmann, ingénieur en chef des Ponts et Chaussées, dit :

Dans une galerie d'égout, les sables commencent à se déposer quand la déclivité du radier est inférieure à $0^m,015$ par mètre, les vases quand elle s'abaisse jusqu'à $0^m,005$, et les dépôts se forment très rapidement quand elle tombe à $0^m,0025$. Il n'y a pas d'inconvénient à dépasser $0^m,03$ par mètre dans les petits égouts non visitables, mais dans ceux où des ouvriers doivent circuler, une

pente supérieure à 0^m,03 est un danger, car le radier ne tarde pas
à devenir glissant ; au-delà de 0^m,05, il faut renoncer à une pente
continue et disposer sinon le radier, du moins la banquette de circulation en forme de gradins.

Dans une ville où il n'existe aucune canalisation on peut
encore, malgré le peu de différence des cotes du sol, obtenir de bonnes conditions d'écoulement des eaux, en corri-
geant, par un changement dans la forme de la section de la
cunette, l'insuffisance de pente, car la vitesse de l'eau est
fonction de la section mouillée ; mais, lorsqu'il s'agit de souder des galeries nouvelles avec d'autres anciennes, construites sans plan d'ensemble déterminé, le problème est
beaucoup plus difficile et même quelquefois irréalisable.

Dans ce cas, le système du « tout à l'égout » doit être
écarté, et on doit adopter celui des canalisations étanches.

Dans certains cas, afin de pouvoir donner aux égouts des
déclivités suffisantes, on sera obligé de créer des points bas
où afflueront les eaux qui seront alors relevées soit à l'aide
de machines à vapeur, ou de machines hydrauliques, soit
à l'aide de tout autre procédé.

Pour un grand centre, l'emploi de machines à vapeur ou
hydrauliques est tout indiqué ; mais pour une petite ville, ne
disposant que de faibles ressources, on devra rechercher un
procédé plus économique.

La deuxième partie de cet ouvrage comporte la description
de diverses usines à vapeur et hydrauliques fonctionnant à
Paris pour relever les eaux d'égouts. Les mêmes dispositions
sont susceptibles d'applications diverses ; mais, dans les petites
villes, on pourra avantageusement faire emploi de l'appareil
élévateur hydro-pneumatique d'Adams qui peut être mû, soit par
l'eau de distribution, soit même par l'eau des égouts supérieurs.

. Cet appareil fonctionne de la manière suivante (*fig.* 42) :

Une chambre ou un réservoir muni d'un siphon à chasses
automatiques est établi à une hauteur à déterminer suivant
le cas et qui doit toujours excéder un peu celle de l'élévation
que l'on désire obtenir.

Cette chambre ou ce réservoir, une fois rempli, décharge
son contenu automatiquement dans le cylindre à air par une
colonne de chasse, qui les relie.

Cette colonne peut être placée soit verticalement, soit en pente, sous un angle quelconque et de n'importe quelle longueur, mais donnant un volume de liquide supérieur à celui du liquide à élever.

L'eau, exerçant une pression sur l'air contenu dans ce cylindre, le comprime et le force à s'échapper par un tube dit « tube de pression », relié au cylindre de compression.

Cet air agit à son tour sur l'eau à élever contenue dans ce

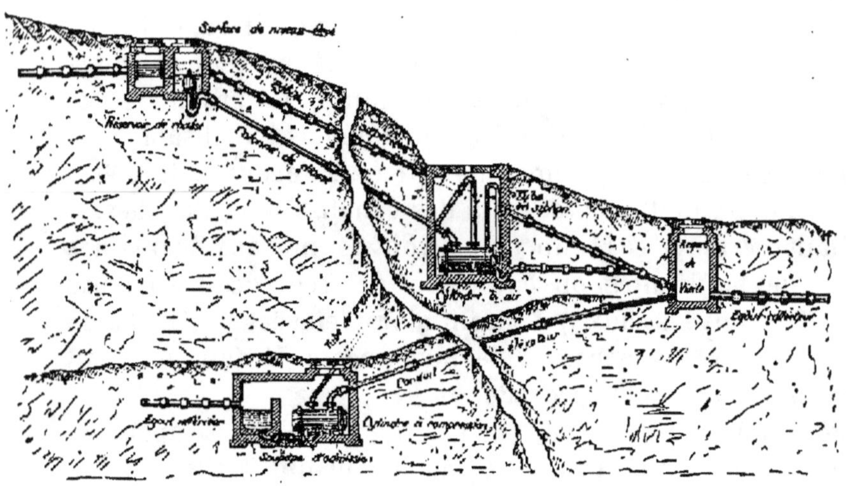

Fig. 42. — Appareil élévateur, système Adams.

cylindre et l'en chasse par un tube dit conduit élévateur, qui l'écoule à la hauteur désirée.

Le cylindre à air est alors rempli du liquide provenant du réservoir de chasse ; le contenu de ce cylindre est aspiré à son tour par un tube en siphon qui, grâce à l'excès de hauteur qu'il a sur le conduit élévateur, ne s'amorce que lorsque le contenu entier du cylindre de compression a été déchargé.

Le cylindre de compression est vidé ; mais il est sous pression jusqu'à ce que l'action du tube-siphon vidant le cylindre à air ait commencé. L'eau d'égout que l'on veut élever ne peut donc y pénétrer à nouveau ; c'est seulement lorsque la pression a disparu que la soupape d'admission s'ouvre sous la poussée de l'eau, qui entre alors dans le cylindre jusqu'à la hauteur déterminée.

Le remplissage alternatif du cylindre de compression par l'eau à élever et du réservoir de chasse automatique par l'eau élévatrice, opérations que l'on peut facilement coordonner, assurent la marche constante de l'appareil sans le concours d'aucun autre agent et sans aucune surveillance [1].

Quantité d'eau potable dont on dispose. — La quantité d'eau à distribuer joue un rôle très important dans l'assainissement des villes, et dans le système de vidange par le « tout à l'égout », l'eau est le principal facteur. Il faut que l'eau soit distribuée en abondance à tous les étages des immeubles et que le service des water-closets en soit largement pourvu. On évalue à 10 litres par tête d'habitant et par jour la quantité d'eau nécessaire au service des water-closets, et à 150, celui indispensable pour satisfaire aux exigences de l'hygiène dans les grands centres.

Ventilation des égouts. — Les égouts doivent être largement ventilés ; le séjour, sans cela, en deviendrait très dangereux. La ventilation, en effet, assure non seulement le renouvellement de l'air saturé d'émanations malsaines, mais l'oxydation de l'hydrogène sulfuré qui se dégage lorsque le courant se ralentit. On essaya, à Vienne, en 1865, d'établir un système artificiel de ventilation des égouts. Le réseau fut divisé en plusieurs sections que l'on pouvait rendre indépendantes. La ventilation était opérée par des cheminées d'appel sous lesquelles brûlaient des fourneaux. L'air des égouts, passant sur le charbon incandescent, y laissait les matières organiques et les gaz combustibles qu'il pouvait contenir, et s'échappait au dehors. A Liverpool, on établit des ventilateurs mécaniques.

Champ d'irrigation permettant l'épuration des eaux usées et leur utilisation pour l'agriculture. — Une autre condition indispensable au fonctionnement normal de l'envoi direct à l'égout des matières de vidange est d'avoir à proximité de la

---

[1] *Génie sanitaire*, du mois de novembre 1896. — Communication de M. Delafon, ingénieur sanitaire.

ville des terrains perméables d'une étendue suffisamment grande pour permettre l'épuration de la totalité des eaux d'égout de la ville avant que ces eaux ne soient rejetées au fleuve ou à la rivière.

La Commission de l'Assainissement de la Seine et le Parlement ensuite ont limité à 40.000 mètres cubes par hectare et par an la quantité d'eau à envoyer sur les terrains d'irrigation.

D'après M. de Freycinet, 10.000 mètres cubes par hectare assurent le maximum de rendement agricole, et 40.000 mètres cubes est le maximum de volume à épurer, mais avec un rendement faible.

Ce dosage est certainement variable suivant la nature des terrains et le genre de culture pratiqué et, si on considère que les terrains d'irrigation des eaux d'égout de Paris sont composés d'une très épaisse couche de sable, qu'ils sont, par suite, éminemment perméables, on peut admettre que le chiffre de 40.000 est un maximum.

En prenant ces données comme base, on peut calculer la superficie des terrains qui sera nécessaire dans les divers cas qu'on peut avoir à examiner.

Il est vrai de dire qu'en dehors de la purification des eaux d'égout par leur filtration à travers le sol il y a divers procédés physiques, mécaniques et chimiques qui peuvent être appliqués ; mais ces procédés ont été reconnus imparfaits et très coûteux.

Épuration mécanique. — Elle consiste à faire passer les eaux dans de vastes bassins où elles se décantent ; ces eaux, une fois séparées des matières lourdes qu'elles entraînent, sont filtrées à travers une couche de substances inertes, sable, coke, etc.

Ce procédé a de grands inconvénients, savoir : celui de laisser subsister dans l'eau les matières solubles, organiques et inorganiques ; celui également d'être très onéreux en raison de la manutention et du transport qu'il faut faire des dépôts, dont le placement comme engrais n'est pas recherché.

Partout où ce procédé a été appliqué, il a donné de mauvais résultats, et il a dû être abandonné.

Épuration.chimique. — M. Edmond Badois, dans un rapport à la Société des Agriculteurs de France, disait :

Les différents procédés d'épuration chimique produisent, en
général, la clarification, mais non à proprement parler l'épuration
des eaux. Ils reposent sur l'addition des substances ayant la propriété de déterminer la précipitation, non seulement des matières
en suspension, mais aussi une partie de celles en dissolution. A
ce sujet, MM. Schlœsing et Durand-Claye se sont exprimés comme
suit dans leur rapport au Congrès international d'Hygiène de Paris,
en 1878 :

Le nombre des systèmes de clarification chimique est considérable. Nous citons parmi les principaux : la chaux, le sulfate
d'alumine, le phosphate d'alumine, le système A. B. C. (mélange
complexe d'argile, de sang, de charbon, de chaux, de sel d'alumine),
les dissolutions acides de phosphate naturel (procédé Knab), les
sels de magnésie, le chlorure et le sulfate de fer, le système Holden
(sulfate de fer, chaux et charbon), modifié à Reims par l'emploi de
lignites pyriteuses naturelles et l'addition de phosphates de chaux
dissous, etc.

Le Dr Frankland, dans le rapport sur la pollution des rivières
dans les bassins de la Mersey et de la Ribble, a résumé de la
manière suivante les très nombreuses analyses auxquelles il s'est
livré :

RÉACTIFS	QUANTITÉS POUR CENT DE MATIÈRES ÉLIMINÉES PAR LES RÉACTIFS		
	Carbone organique dissous	Azote organique dissous	Matières organiques suspendues
	Pour 100	Pour 100	Pour 100
Chaux......................	23 à 36	10 à 66	60 à 97
Procédé A. B. C...............	26 à 35	50 à 59	87 à 96
Chaux et chlorure de fer......	.50	37	99
Sulfate d'alumine.............	4	48	79
Système Holden (sulfate de fer, chaux et charbon)..........	3 à 43	0	100
MOYENNES.............	28	37	90

Il conclut à l'exclusion de tout cours d'eau de liquides conservant de telles impurétés, et restant encore si riches en éléments fermentescibles, caractérisés par le carbone et l'azote organique.

Des expériences plus récentes faites à la station d'essais de Lawrence, dans l'état de Massachussets, ont confirmé ces résultats.

Elles ont montré que, même dans les meilleures conditions, la précipitation chimique par les réactifs qui ont été employés laisse encore une proportion du tiers des matières organiques azotées dans l'eau.

A la suite d'une mission d'études, le Dr J. Girod adressait à M. le Ministre de l'Intérieur un rapport dont nous extrayons le passage suivant :

Autant le fonctionnement des champs d'irrigation à Breslau, à Berlin, m'a paru satisfaisant, sans danger pour l'état sanitaire des localités, autant je suis porté à tenir en suspicion le système employé, par exemple, à Francfort-sur-le-Mein et à Wiesbaden : traitement des eaux d'égout par des substances chimiques (chemikalien). Si l'on a voulu une désinfection, c'est sans résultat : la boue (eau d'égout et chemikalien) qu'on abandonne dans les bassins de dépôt fermente au-delà de toute expression.

S'il s'agissait seulement de précipiter ou concentrer les parties utilisables, on a simplement perdu du temps et diminué le rendement, car le produit déposé fournit un engrais médiocre, qu'on donne gratuitement aux cultivateurs, et qu'ils mettent cependant un empressement modéré à faire emporter, sans préjudice de certains dérangements dans la santé du personnel : diarrhée putride, fréquence de la phtisie, qui indiquent un milieu assez malsain.

A Paris, on a fait des essais d'épuration chimique à l'aide du sulfate d'alumine, qui était d'un prix très bas et qui donnait un résidu inoffensif ; mais la Commission de l'Assainissement de la Seine, à l'unanimité de ses membres, a été d'avis, à la suite des essais entrepris, que l'épuration par les procédés chimiques ne pouvait constituer une solution générale et pratique de la question, et qu'elle ne pouvait lui donner un autre caractère que celui d'un palliatif cher et imparfait.

Pour l'épuration des eaux on peut avoir recours également ment à tous les oxydants, ainsi qu'aux antiseptiques : tels le chlore et ses composés, les permanganates, les sels de fer, la créosote, etc. A Londres, les eaux d'égout sont traitées chimiquement par l'action combinée de la chaux et du sulfate de fer, et les eaux purifiées s'écoulent à la Tamise. On évalue à 4.000.000 de francs par an la dépense d'exploitation et de transport à la mer des matières solides.

Dans d'autres villes anglaises on traite les eaux par un lait de chaux, puis par un mélange de sulfate d'alumine et de charbon.

A Berlin on a adopté le procédé mixte, c'est-à-dire chimique et mécanique.

Les eaux sont d'abord traitées chimiquement par un mélange de lait de chaux et de sulfate d'alumine, puis elles s'écoulent très lentement dans des bassins où elles se décantent.

Les eaux superficielles devenues limpides sont alors poussées et déversées dans le Main. Celles intermédiaires sont reversées dans le canal d'arrivée, et le dépôt fangeux est alors enlevé et déversé dans des réservoirs où il se dessèche par l'évaporation.

Ces diverses opérations sont très dispendieuses. On estime que l'opération ainsi faite revient à 1 fr. 25 par habitant et par an.

Quelques essais nouveaux ont été faits récemment : le procédé d'épuration Howatson comporte deux opérations successives. Dans la première on emploie une matière spéciale nommée « ferrozone » pour produire la précipitation des solides en suspension. Cette matière contient surtout des sels de fer, sulfate et oxyde magnétique, et renferme, en outre, des sulfates de chaux, de magnésie et d'alumine.

Dans la deuxième partie de l'opération on effectue l'épuration des liquides par filtration sur une matière appelée « polarite », qui a, d'après Sir Henry Rascoé, la composition suivante :

Oxyde de fer magnétique............	53,85
Silice............................	25,50
Chaux...........................	2,01
Alumine.........................	5,68
Magnésie	7,55
Humidité	5,41
	100,00

Ce procédé a été appliqué dans plusieurs villes d'Angleterre, en particulier à Huddersfield, où l'on épure journellement, par ce moyen, 22.500 mètres cubes d'eau d'égout.

Dans le procédé Hermite on produit un liquide antiseptique par l'action du courant électrique sur l'eau de mer ou, à son défaut, sur une dissolution de chlorure de magnésium et de chlorure de sodium.

Le liquide obtenu sert à stériliser l'eau d'égout dans la canalisation même de la ville.

Épuration naturelle. — L'épandage, ou filtration par le sol, est incontestablement le procédé le plus simple et le plus économique d'épuration des eaux d'égout. C'est en Angleterre que les premières expériences et applications ont été faites.

En France, le peu de progrès qui aient encore été faits dans ce sens sont dus aux travaux de M. de Freycinet et aussi et surtout à l'ardeur communicative de M. Alfred Durand-Claye dont les expériences faites dans la plaine de Gennevilliers, près de Paris, avaient obtenu un très grand succès.

M. Schlœsing, au Congrès de 1878, s'exprime de la manière suivante, au sujet du mécanisme de l'épuration par le sol.

Toute matière organique doit se résoudre par combustion en acide carbonique, eau, ammoniaque, acide nitrique et principaux minéraux. Cette combustion, ainsi que l'a montré M. Chevreul, ne s'effectue qu'au contact d'un milieu minéral alcalin, qui fixe l'acide nitrique en produisant des nitrates. Quand la combustion de la matière organique s'opère en présence d'une quantité d'oxygène insuffisante, la révolution ci-dessus indiquée est retardée par un phénomène intermédiaire nommé putréfaction ou combustion incomplète, qui a pour effet de produire des gaz encore combustibles, l'oxyde de carbone, l'hydrogène sulfuré, des carbures d'hydrogène qui infectent l'atmosphère, ainsi que des liquides également infects, et dont la combustion s'achève ultérieurement. Mais, quand cette même combustion est opérée au contact d'un excès d'oxygène, la matière organique se transforme presque directement en éléments minéraux et inoffensifs. Le ferment nitrique, être microscopique se présentant sous l'aspect de corpuscules arrondis, ressemblant aux corpuscules brillants que M. Pasteur a découverts dans les eaux, est l'agent principal de la combustion complète et directe.

Entretenir le plus possible l'aération du sol, distribuer l'eau régulièrement, c'est-à-dire en même quantité et à des intervalles de temps égaux, de manière que sa descente à travers le sol dure au moins le temps voulu pour son épuration ; prendre, quand cela est nécessaire, des dispositions pour l'évacuation de l'eau, afin de ne jamais l'accumuler dans le sol : telles sont les conditions d'une bonne épuration.

Ce pouvoir doit être toujours déterminé par une expérience directe. C'est au Dr Frankland qu'on doit la méthode usitée en pareil cas. Un tube vertical de 25 à 30 centimètres de diamètre sur 2 mètres de long et dont l'extrémité inférieure s'appuie sur du gravier contenu dans un bassin, est rempli avec la terre dont il s'agit de reconnaître le pouvoir. Chaque jour on verse sur la terre un volume connu et constant d'eau d'égout et on continue le même régime pendant plusieurs semaines ; puis on passe à une dose journalière d'eau d'égout plus élevée, et on la maintient encore pendant plusieurs semaines, et ainsi de suite, en augmentant toujours la dose, jusqu'à ce que l'analyse des liquides filtrés annonce qu'on a atteint la dose maximum à partir de laquelle l'épuration est imparfaite. La capacité du tube étant d'ailleurs connue, on calcule sans peine la dose correspondant à 1 mètre cube de terre. M. Frankland a montré ainsi que :

Un mètre de sable épure par jour 25 et même 35 litres d'eau d'égout de Londres ;

Un mètre de sable mêlé de craie épure par jour 25 et même 33 litres d'eau d'égout de Londres.

Des terres sableuses, argileuses, tourbeuses, lui ont fourni des résultats égaux ou supérieurs. Dans des essais de ce genre il importe que la terre mise en expérience représente fidèlement le sol dont il s'agit de mesurer le pouvoir épurateur. Or, le plus souvent, ce sol n'est pas homogène : il se compose de plusieurs couches de composition différente. Il faut que chacune des couches occupe sa place dans l'appareil, comme si l'on avait découpé dans toute l'épaisseur du sol un cylindre de terre vertical et qu'on l'eût transporté dans un tube.

Quand l'expérience a appris combien de litres d'eau peuvent être épurés par mètre cube de terre, on en déduit sans peine les données qu'il importe de posséder, savoir : la quantité d'eau que 1 hectare peut recevoir par jour ou par an, et le temps pendant lequel l'eau demeure suspendue dans le sol, c'est-à-dire le temps nécessaire pour l'épuration.

Par exemple, 1 mètre cube de sable épure par jour, dans les expériences de M. Frankland, 25 litres d'eau d'égout de Londres.

Donc dans un sol pareil, ayant 2 mètres d'épaisseur, chaque mètre superficiel pourra recevoir 50 litres d'eau par jour, soit pour 1 hectare, 500 mètres cubes par jour et 180.000 mètres cubes par an.

D'autre part, soit 150 litres la quantité d'eau que 1 mètre cube du sol égoutté peut retenir (ce nombre est facile à déterminer expérimentalement, en pesant le tube plein de terre sèche avant l'introduction de l'eau et la repesant de nouveau après mouillage et égouttage).

Puisque 1 mètre épure chaque jour 25 litres et qu'il en retient suspendu 150 :

L'eau y demeure $\dfrac{150}{25} = 6$ jours.

Tel est le temps strictement suffisant pour l'épuration dans le cas présent.

AUTRE EXEMPLE. — Les ingénieurs de la ville de Paris ont fait passer journellement 10 litres d'eau d'égout sur 1.280 litres de terre de Gennevilliers formant, dans une caisse, un prisme de 3 mètres de haut sur $0^m,80$ de large. L'épuration a été complète.

Ces 10 litres par jour donnés à 1.280 litres de terre représentent :

$7^{lit},81$ par jour donnés à 1 mètre cube, soit $15^{lit},6$ à chaque mètre superficiel d'un sol pareil ayant 2 mètres de profondeur, — soit 156 mètres cubes par jour à 1 hectare, — soit 57.000 mètres cubes par an à 1 hectare.

Quel est le temps employé par l'eau à parcourir les 2 mètres de hauteur du sol ?

A 1 mètre superficiel correspondent 2 mètres de terre, retenant 300 litres, et chaque mètre superficiel reçoit par jour $15^{lit},6$. Temps : 300 : 15,6, ou 19 jours.

Ainsi on peut admettre, d'après les expériences, une con-sommation annuelle de 57.000 mètres cubes par hectare.

Néanmoins, comme on l'a vu précédemment, la Commission de l'Assainissement de la Seine a réduit cette consommation à 40.000 mètres cubes ; c'est que, loin de réduire la superficie des champs d'épandage, il faut, au contraire, chercher à l'augmenter, car moins on répandra d'eau, plus l'épuration sera complète, et mieux les principes fertilisants seront utilisés.

Utilisation des eaux d'égout pour l'agriculture. — L'épuration des eaux d'égout par l'irrigation du sol, outre qu'elle est réputée comme le procédé le plus pratique, quant à présent, offre un avantage considérable au point de vue agricole.

En effet, ces eaux, en filtrant, abandonnent au sol, en partie ou en totalité, les substances minérales qu'elles tiennent en dissolution, et, à ce titre, elles jouent le rôle d'engrais. Elles agissent aussi sur les matières solides qu'elles tiennent en suspension et qu'elles déposent sur le sol lorsque leur vitesse se ralentit. Les dépôts ainsi répartis transforment en terre fertile le sol le plus aride. Dans certains cas, l'utilisation des eaux d'égout pour l'agriculture peut avoir pour grand avantage de fournir au sol l'humidité nécessaire à toute végétation.

Les éléments fertilisants contenus dans les eaux d'égout sont :

L'azote, l'acide phosphorique, la potasse, dans les proportions ci-après :

$$\text{Pour 1 litre} \begin{cases} 0,030 \text{ d'azote ;} \\ 0,015 \text{ d'acide phosphorique ;} \\ 0,030 \text{ de potasse.} \end{cases}$$

L prix du kilogramme de ces substances étant approximativement de 1 fr. 35 pour l'azote, 0 fr. 30 pour l'acide phosphorique, 0 fr. 40 pour la potasse, la valeur fournie par un 1 mètre cube d'eau d'égout ressort donc à 0 fr. 057.

Si on calcule pour Paris la valeur qui sera ainsi fournie

aux terrains irrigués, quand toutes les eaux d'égout seront épandues, on trouve pour 500.000 mètres cubes d'eau écoulés par journée de vingt-quatre heures, c'est-à-dire 182.500.000 mètres cubes par an, une somme de 10.400.000 francs, ce qui représente par hectare et par an 2.280 francs à la dose de 40.000 mètres cubés.

Cette proportion est considérable, si on la compare au fumier de ferme. En effet, 1.000 mètres cubes d'eau d'égout contiennent 30 kilogrammes d'azote, tandis que 1.000 kilogrammes de fumier ne contiennent que 4 kilogrammes d'azote.

L'azote contenu dans 1.000 mètres cubes d'eau d'égout correspond donc à 7.500 kilogrammes de fumier de ferme.

Or on estime que 30.000 kilogrammes de fumier de ferme par hectare constituent une bonne fumure pour les herbes fourragères, pour les racines, telles que betteraves, navets, etc. ; 90.000 mètres cubes permettent de doubler les bonnes récoltes.

La conclusion est que, à la dose de 40.000 mètres cubes par hectare et par an, il y a excès de fumier.

C'est cette richesse contenue dans les eaux d'égout qui a fait échouer tous les procédés mécaniques et chimiques pour le traitement des eaux d'égout ; car l'azote, étant en dissolution dans l'eau, y est presque insaisissable et s'écoule avec les liquides de décantation.

M. Durand-Claye, dans un rapport adressé, en 1881, à la Société des Agriculteurs de France, disait :

Ainsi le sol, *par lui-même* et *par lui seul*, sans l'intermédiaire d'aucune végétation, sans qu'il soit question de la moindre utilisation agricole, épure complètement l'eau d'égout et ne laisse descendre dans les profondeurs du sol que les eaux minéralisées et dépourvues de tout organisme. Mais ici peut et doit intervenir la végétation pour compléter l'œuvre du sol et rendre profitable l'épuration, déjà complète au point de vue hygiénique. Tout le monde sait aujourd'hui que les plantes irriguées par les eaux d'égout et placées sur un sol convenable, c'est-à-dire drainé naturellement ou artificiellement, donnent des produits excellents et abondants. Une promenade dans la plaine de Gennevilliers en apprend plus à ce sujet que de longs discours. M. Vilmorin a rendu compte, dans un excellent rapport, des résultats agricoles et horticoles obtenus.

Il a constaté des rendements à l'hectare de 35.000 kilogrammes pour les pommes de terre, 37.500 kilogrammes pour les choux-fleurs, 70.000 kilogrammes pour les oignons, 83.000 kilogrammes pour les artichauts, 136.000 kilogrammes pour les carottes, 140.000 kilogrammes pour les choux, etc. M. Gasparin, pour les cultures courantes, cite les chiffres suivants : pommes de terre, 25.000 kilogrammes ; oignons, 9.000 kilogrammes ; carottes, 30.000 kilogrammes, et choux, 60.000 kilogrammes. La plus-value des cultures s'est traduite par la plus-value locative des terrains. D'après des relevés faits aux contributions avec le plus grand soin par M. l'ingénieur Orsat, rapporteur d'une Commission d'Études nommée en 1877 par M. le Préfet de la Seine, la valeur locative des terrains, qui était en moyenne, dans la plaine de Gennevilliers, de 139 francs en 1850, 172 francs en 1860, 160 francs en 1872, atteignait 216 francs en 1875, et 450 francs en 1877.

L'une des objections favorites des ennemis de l'épandage

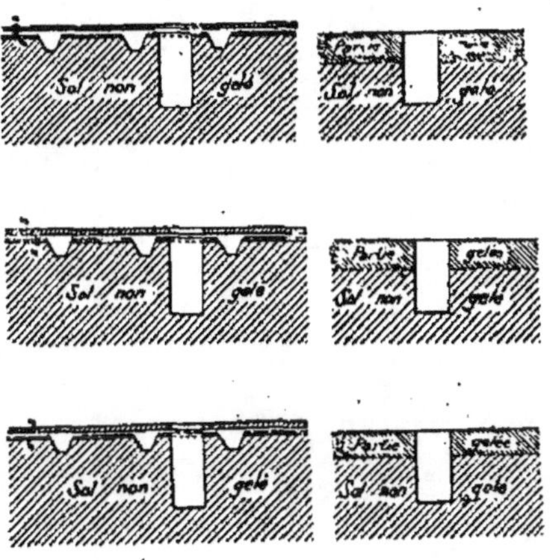

Fig. 43.

consistait à nier la possibilité d'envoyer les eaux d'irrigation, par les basses températures, sur les terrains gelés.

Or M. Launay, ingénieur en chef de l'Assainissement, a réfuté ces objections par une expérience concluante :

Le 28 février 1895, après une longue période de froid intense (la moyenne étant restée au-dessous de 0 pendant deux mois, avec des minima de — 17°), il fit faire, en trois endroits différents, des sondages jusqu'à 1 mètre de profondeur. Chaque sondage était opéré, d'une part, dans une terre ayant reçu des eaux d'égout en très grande quantité (577 mètres par hectare et par jour) ; d'autre part, dans des terres non irriguées.

Ces dernières étaient gelées sur une profondeur de $0^m,35$ à $0^m,50$. Les premières offraient une couche de glace de $0^m,05$ au-dessus d'un vide de $0^m,05$, puis une couche de dépôts de même épaisseur, et enfin le sol naturel *non gelé* (*fig.* 43).

On voit que les eaux d'épandage, non seulement pénètrent dans le sol, mais l'empêchent par leur température de geler profondément, et préservent ainsi les plantations contre le froid.

CHAPITRE VI

PROJET D'ASSAINISSEMENT D'UNE VILLE
PAR LE SYSTÈME DU « TOUT A L'ÉGOUT »

———

ÉTUDES PRÉLIMINAIRES

Introduction. — Ainsi qu'on l'a vu précédemment, le système d'évacuation des eaux usées et des matières de vidanges d'une ville dépend d'une foule de circonstances locales ou budgétaires.

On peut donc partout adopter indifféremment tel ou tel système, mais dans les centres où l'on rencontre toutes les conditions exigées pour l'application du « tout à l'égout », on doit estimer, avec les plus grands savants, que ce procédé répond le mieux à l'assainissement des villes.

Dans l'espoir que quelques avis et détails pratiques pourront servir d'aide aux jeunes professionnels et à ceux qui, pour la première fois, sont appelés à établir le plan d'un système d'égout, nous nous sommes proposé d'élaborer le projet d'assainissement d'une ville importante, de 100.000 habitants. La ville choisie est précisément une de celles où l'on rencontre le plus de variété au point de vue de l'assainissement par le système unitaire.

Le volume d'eau propre à distribuer journellement étant un des facteurs importants dans le système du « tout à l'égout », et, par suite, ces deux questions étant connexes, nous serons aussi amené, dans notre étude, à traiter sommairement de la question des eaux.

Mais, avant d'entrer dans le sujet, nous pensons qu'il n'est pas déplacé de faire une brève revue des méthodes de construction d'égout anciennement employées, afin de les comparer à celles actuelles et montrer les progrès qui ont été réalisés dans ce sens.

De même il nous a paru opportun d'exposer quelles sont les diverses solutions en présence desquelles on peut se trouver quand on a à étudier le projet d'assainissement d'une ville par le système combiné ou unitaire, et d'indiquer l'étude préalable qu'il convient de faire, afin de déterminer les conditions qui se déduisent des circonstances particulières dans lesquelles on se trouve.

Anciens égouts. — Le rôle des égouts est, depuis peu seulement, considéré comme très important au point de vue de l'hygiène des villes. Il y a seulement trente ou quarante ans, on n'apportait à leur construction qu'un intérêt secondaire, et on les regardait comme devant servir exclusivement à l'évacuation des eaux pluviales.

La forme qu'on leur donnait généralement était rectangulaire, la hauteur était plus grande que la largeur. Dans quelques villes mieux assainies ils affectaient la forme circulaire. Leur radier était fait en brique, en pavé ou en pierre brute, quelquefois en dalle. Les piédroits étaient maçonnés à sec ; de sorte que, de toutes parts, les eaux s'infiltraient dans les terres. La rugosité des parois arrêtait les immondices, et l'obstruction de ces galeries était fréquente.

La question des déclivités était négligée ; à des galeries avec pentes excessives, on soudait des galeries en palier, tandis qu'il eût été facile, avec un peu de jugement, de donner à l'ensemble une déclivité suffisante.

Le nettoyage s'opérait par des regards établis dans l'axe et souvent très éloignés les uns des autres, de sorte qu'il fallait fréquemment éventrer la chaussée pour permettre le dégorgement des égouts, la circulation étant impossible dans ces galeries à cause du peu de hauteur.

Le débouché de ces égouts se faisait dans la rivière ou le ruisseau le plus proche, ce qui est une pratique très nuisible.

Or, bien que la science de l'hygiène urbaine ait fait de grands progrès depuis quelque vingt ans, très peu de changements ont été réalisés dans la plupart des villes de France comme évacuation des eaux usées. De sorte que ce qui a été fait à différentes époques sous ce rapport se retrouve encore aujourd'hui dans le même état, à peu d'exceptions près.

La deuxième partie de cet ouvrage comporte l'historique des égouts de Paris ; les lecteurs pourront juger les immenses progrès qui ont été réalisés dans l'assainissement de la capitale.

Il y a trente ans environ, en Angleterre, la pollution des eaux des rivières a frappé un certain nombre d'hygiénistes, qui ont adressé au Gouvernement des rapports circonstanciés.

Des Commissions ont été nommées pour examiner la question et faire les propositions nécessaires en vue de porter remède à la fâcheuse situation signalée. On lit dans un des rapports l'exposé significatif ci-après :

L'infection croissante des ruisseaux et rivières de ce pays est un mal d'une importance nationale qui demande d'urgence l'application de mesures pour y remédier ; l'évacuation des eaux d'égout et des déchets malsains des fabriques est une source d'incommodités et un danger pour la santé.

A la suite de diverses enquêtes, le Gouvernement a fait adopter, en 1875, une loi d'hygiène publique, qui a réglementé les mesures à prendre pour l'évacuation des eaux d'égout.

Forme des égouts. — Avec les anciens égouts, quelquefois bien construits, mais à radiers plats et à piédroits verticaux, l'écoulement de l'eau se faisait naturellement avec une grande lenteur, lorsque la hauteur de la lame était faible. On a cherché depuis à donner à cet écoulement la vitesse la plus grande possible, quelles que soient les variations du débit, et, après de nombreux essais, on s'est arrêté, depuis un certain nombre

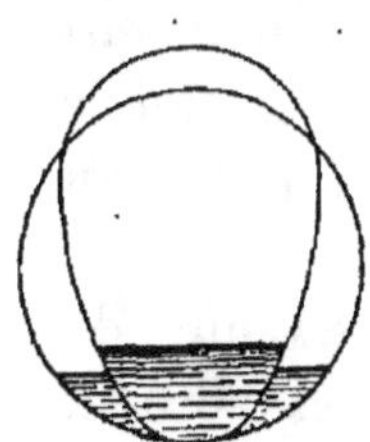

Fig. 44.

d'années déjà, aux formes circulaires et ovoïdes. La forme ovoïde a été préférée, car avec une faible quantité d'eau elle offre moins de surface au fluide que la forme circulaire (*fig.* 44) et, par conséquent, exerce une résistance moindre à son écoulement que ce dernier.

Toutefois on adopte encore la forme circulaire dans les deux cas extrêmes, c'est-à-dire toutes les fois qu'une canalisation de $0^m,40$ à $0^m,60$ peut suffire, ou quand un égout doit recueillir les eaux d'orage. Dans ce cas, en effet, la quantité d'eau à débiter pouvant être considérable, il est nécessaire d'avoir un exutoire d'une grande capacité utile, afin d'évacuer les eaux dans le temps le plus court.

D'une manière générale, on ne doit pas chercher à réduire au strict nécessaire la section à donner aux égouts, en raison des obstructions fréquentes qui sont à craindre.

Certainement cette question, *a priori*, a son importance, au point de vue économique; mais il importe de songer aux conséquences que peut avoir, dans la suite, un réseau établi dans des conditions de sections par trop réduites.

A Paris, les égouts sont tous d'une section suffisante pour permettre une libre circulation ; mais il faut dire que Paris est une exception dans l'espèce et que le rôle des égouts est plus important que partout ailleurs, car ils servent également à renfermer toutes les conduites d'eau, d'air, ainsi que les nombreux câbles téléphoniques et télégraphiques.

Néanmoins il est humain, entre autres motifs, chaque fois qu'un égout doit être accessible, de lui donner une hauteur et une largeur telles qu'un homme puisse y circuler debout sans être obligé de prendre une position fatigante.

D'une manière générale, on donne aux égouts collecteurs des dimensions beaucoup plus grandes que celles qui leur sont nécessaires pour débiter les eaux qu'ils reçoivent en temps ordinaire, afin qu'ils puissent écouler celles qui y affluent au moment des pluies.

Toutefois il serait exagéré de calculer les sections de ces galeries pour leur permettre de débiter les pluies d'orage. On arriverait à des dimensions excessives, qui pourraient encore être insuffisantes suivant que les calculs auraient été établis d'après un orage d'une durée et d'une intensité moindres qu'un nouvel orage, — cas qu'il est impossible de prévoir.

On parfait aux trop faibles sections des collecteurs en cas d'orage, en ménageant sur leur parcours des déversoirs communiquant avec le thalweg, ou la rivière. — Ces déversoirs ont leur seuil nivelé à une cote déterminée d'avance.

Pour les petites galeries, M. Durand-Claye a fait adopter, à Paris, un type de radier comportant une cunette et une banquette latérale ; la forme de cette cunette offre l'avantage de diminuer le frottement puisque la section diminue en même temps que la lame d'eau.

L'écoulement est donc sensiblement constant, quel que soit le débit.

La banquette facilite la circulation et la rend moins dangereuse dans les égouts à forte pente.

Pour les égouts de ce type écoulant des acides, on remplace l'enduit de la cunette par un caniveau en terre cuite (*fig.* 45), qui résiste parfaitement à l'action corrosive des acides. Les joints sont faits au bitume.

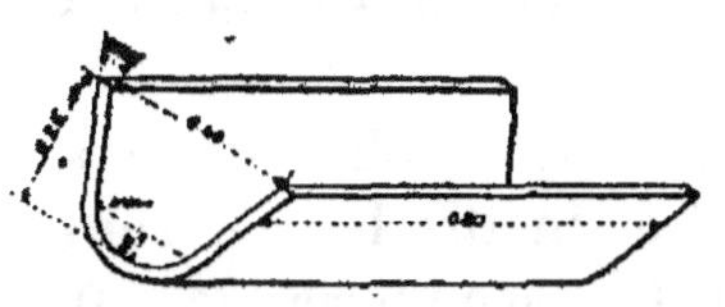

Fig. 45. — Caniveau en terre cuite.

On accède aujourd'hui dans les égouts à l'aide de regards situés sur l'axe, ou sur le côté de l'égout avec branchement de communication. Cette dernière disposition offre, entre autres avantages, celui très important d'éviter la présence des tampons sur la chaussée.

Il peut arriver que, dans un projet pour une ville déjà pourvue d'un certain réseau d'égouts, on soit tenu par mesure économique de s'en servir.

Bien que la difficulté du problème à résoudre augmente toujours avec de telles conditions, on parvient néanmoins à utiliser les galeries existantes en modifiant la forme du radier par approfondissement ou relèvement et par rétrécissement (Voir *fig.* 329, p. 561). On peut être conduit également à relever la voûte afin d'obtenir la hauteur de 1^m,70, ou minimum nécessaire pour la circulation.

Lorsque la largeur aux naissances des galeries est insuffisante, ou lorsque ces galeries doivent contenir une ou plusieurs conduites d'eau, on augmente la largeur de la voûte, comme l'indiquent les figures 327 et 328 (p. 561).

Construction des égouts. — Un égout peut être établi sous la forme d'un caniveau, d'un tuyau ou d'un aqueduc ; mais, en raison de la fonction qu'il est appelé à remplir, on doit exiger de lui les conditions ci-après :

Être très étanche pour éviter l'infection du sol, dans lequel il est généralement logé, par les infiltrations qui ne manqueraient pas de se produire à travers ses parois;

Être à parois unies pour faciliter l'écoulement des eaux et empêcher les dépôts de vases qui se forment sur les parois raboteuses. Au point de vue de la construction proprement dite, il doit avoir ses maçonneries établies de manière à pouvoir résister aux poussées latérales des terres, ainsi qu'à la poussée verticale du remblai et des charges mobiles circulant sur la chaussée, et qui occasionnent le plus souvent des trépidations.

C'est ainsi que, dans certains cas, on sera obligé de modifier la forme ovoïdale extérieure et de mettre les piédroits verticaux, avec ou sans surépaisseur de maçonnerie (*fig*. 46).

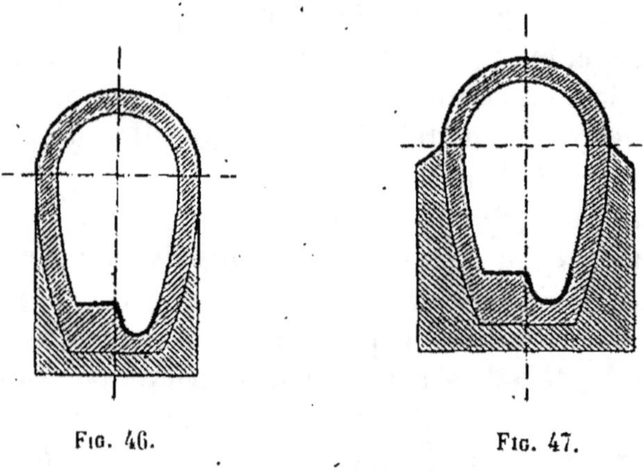

Fig. 46.   Fig. 47.

Dans d'autres cas, des contreforts espacés suffiront pour maintenir la stabilité de l'ouvrage (*fig*. 47).

Dans d'autres encore, par exemple pour un égout établi près d'un talus de remblai, il suffira de le consolider vers le vide (*fig*. 48).

Si l'égout doit être construit sous un sol excavé, ou sur un remblai récent, on est obligé de construire un sol solide artificiel composé de piliers reliés entre eux par des arcs en maçonnerie (*fig*. 49).

Pour les épaisseurs des voûtes à la clef on se servira de la formule de Dupuis :

Lorsque l'égout sera établi sous trottoir,

$$e = 0,20 \sqrt{A},$$

e, épaisseur ;
A, diamètre.

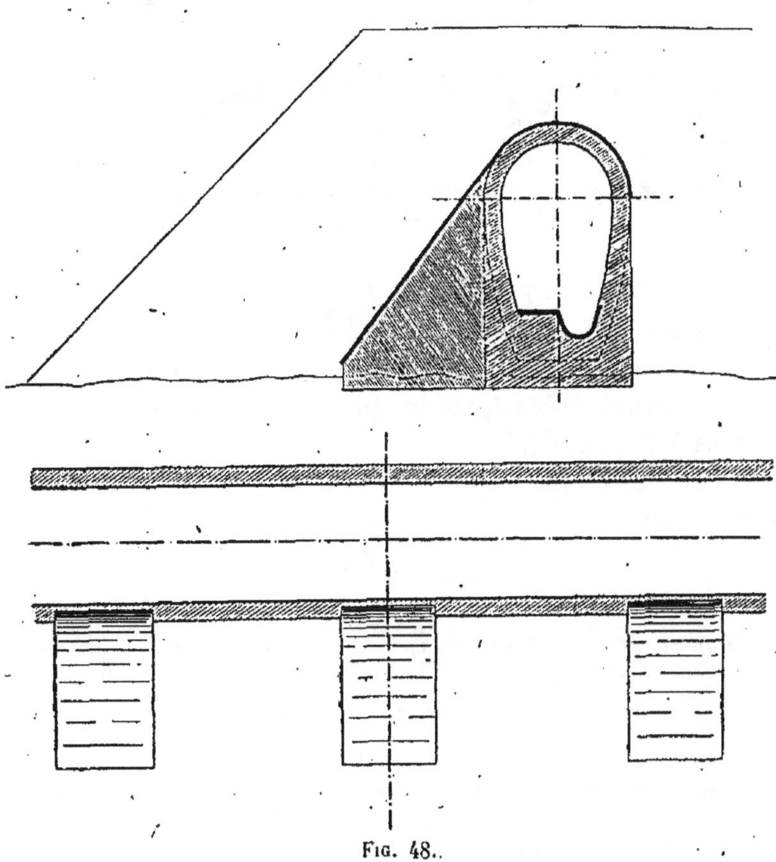

Fig. 48.

Pour un égout construit sous chaussée, la formule à employer sera la suivante :

$$e = 0,20 \sqrt{A} + (0,02 \times S),$$

S représentant la hauteur des terres au-dessus de la voûte de l'égout ; on ramène à une hauteur de remblai la charge correspondant à l'égout lui-même et à la surcharge maxima à prévoir à la surface du sol; cette dernière peut être fixée comme suit :

1º Si les voûtes ont moins de 3 mètres d'ouverture, on supposera le passage d'une voiture à deux roues d'un poids total de 11 tonnes, véhicule et chargement compris;

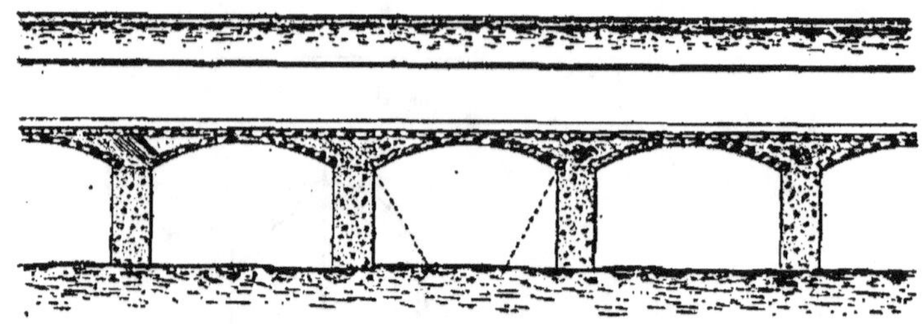

Fig. 49.

2º Si les voûtes ont 3 mètres ou plus d'ouverture, on supposera le passage d'une voiture à quatre roues d'un poids total de 16 tonnes (l'écartement des essieux est fixé pour ces voitures à 3 mètres).

Pour les voûtes en arc de cercle on se servira des formules ci-après :

$$c = 0,15\sqrt{A},$$

pour un égout sous trottoir, et de

$$c = 0,15\sqrt{A} + (0,02 \times S)$$

pour un égout construit sous chaussée.

Matériaux à employer. — Quels que soient les pays ou les contrées, on a toujours sous la main des matériaux suffisants pour construire des égouts.

On doit distinguer entre les égouts maçonnés et ceux à établir sous forme de canalisations en tuyaux.

Les égouts maçonnés doivent être faits avec mortier de ciment ou de chaux hydraulique, l'emploi de ciment de Portland ou de laitier présente plus de garantie dans les terrains humides.

Comme pierres on peut employer indifféremment :

Le caillou ;

Le moellon calcaire ou siliceux ;

La meulière ;

La brique ; pourvu toutefois que ces matériaux soient maçonnés de telle sorte qu'ils présentent à l'intérieur une paroi susceptible de recevoir un enduit.

On peut faire également des égouts en fer et ciment où une armature en fer est noyée dans un béton de cailloux avec mortier de ciment de Portland.

Pour les égouts établis en canalisation de tuyaux on emploie :

Les tuyaux en poterie de grès vernissé à l'intérieur ;

Les tuyaux en fonte ;

Les tuyaux fabriqués en béton moulé.

L'usage des tuyaux de grès est le plus répandu ; cependant il est rare qu'on les utilise lorsqu'il est nécessaire d'avoir une section de plus de 0^m,50 de diamètre, à cause de leur prix élevé. Passé ce diamètre, on emploie des tuyaux en béton moulé, qui présentent l'avantage de pouvoir se fabriquer au lieu d'emploi.

Les tuyaux de fonte ne sont guère utilisés que dans les canalisations intérieures de propriétés. Ils se corrodent à la longue et sont plus dispendieux que les autres genres de tuyaux.

Afin d'assurer l'étanchéité des égouts maçonnés, on doit les revêtir, sur toute la surface intérieure, d'un enduit lisse qui facilite également l'écoulement de l'eau.

A Paris, on emploie la meulière avec le ciment à prise rapide, qui offre l'avantage de permettre le décintrement au bout de quelques heures et la remise en état de la chaussée.

En Angleterre, ainsi que dans tous les pays où les moellons sont rares, on emploie la brique, qui fait également de très bons égouts, bien que la surface lisse des briques ne permette pas une adhérence parfaite des enduits.

Il faut toutefois que la brique soit de bonne qualité. Le radier est fait avec les briques les plus dures que l'on peut obtenir.

Quelquefois, pour le radier, on emploie des blocs (*fig.* 50) qui présentent une surface lisse indestructible et procurent un écoulement facile ainsi qu'une fondation très solide. Ces blocs résistent aux actions chimiques.

Leur forme permet de les faire servir, par leur vide intérieur, de conduit d'écoulement des eaux que l'on rencontre

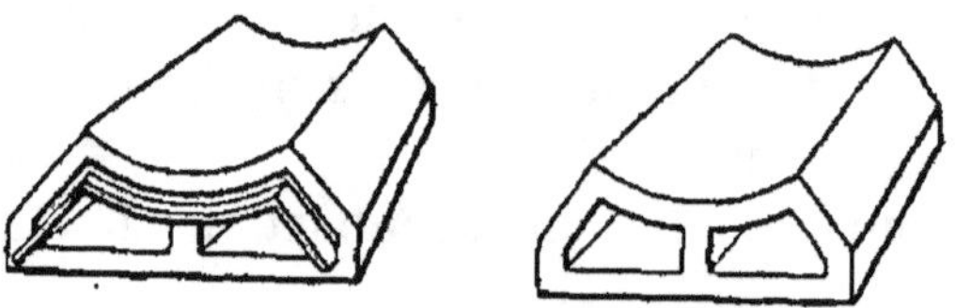

FIG. 50. — Radier en grès vernissé.

dans la construction des égouts. Perforés à leur base de trous latéraux, leur cavité peut aussi servir à drainer les terrains que l'on traverse et à protéger en même temps l'égout dont ils font partie.

Dans certaines localités où la maçonnerie est d'un prix élevé, ou lorsqu'il s'agit de traverser des terrains peu solides, marécageux, ou encore quand on se trouve en présence d'eaux chargées de matières corrosives qui attaquent les maçonneries, on peut faire emploi d'égout segmentaire du type de la figure 51.

Ces canalisations sont d'une force considérable, indestruc-

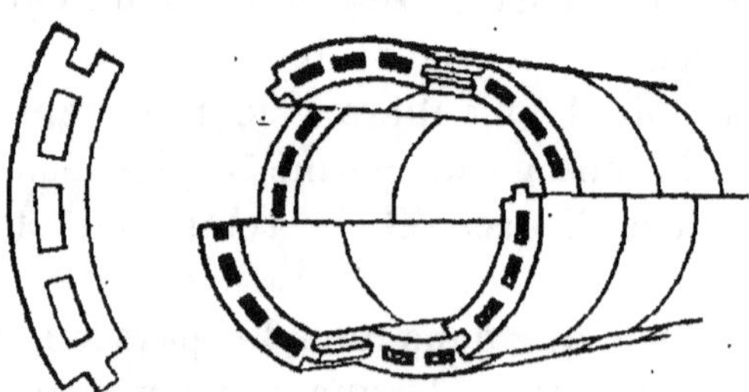

FIG. 51. — Égout segmentaire.

tibles ; les segments sont d'un affectement et d'un transport faciles. De simples cerces ou tambours en charpente légère suffisent pour le montage et facilitent la pose.

Avec l'emploi de bon ciment, les joints par emboîtement peuvent être fortement consolidés et présenter une résistance suffisante pour empêcher le conduit de s'ouvrir dans le sens du développement du cercle.

Les diamètres courants de ces tuyaux varient de $0^m,525$ à $1^m,80$ intérieurement.

Étude des conditions locales (topographiques et économiques). — La première chose à considérer, c'est le plan coté de la ville à assainir et des environs, afin de décider tout d'abord quel type de système unitaire on emploiera. Il existe, en effet, deux types différents dont l'application dépend de la topographie de la ville et de ses environs.

Ce sont : le système radial, appliqué à Berlin (*radial system*), qui consiste à faire rayonner les égouts du centre de la ville à la périphérie (*fig.* 52). Avec ce système, les eaux s'en allant

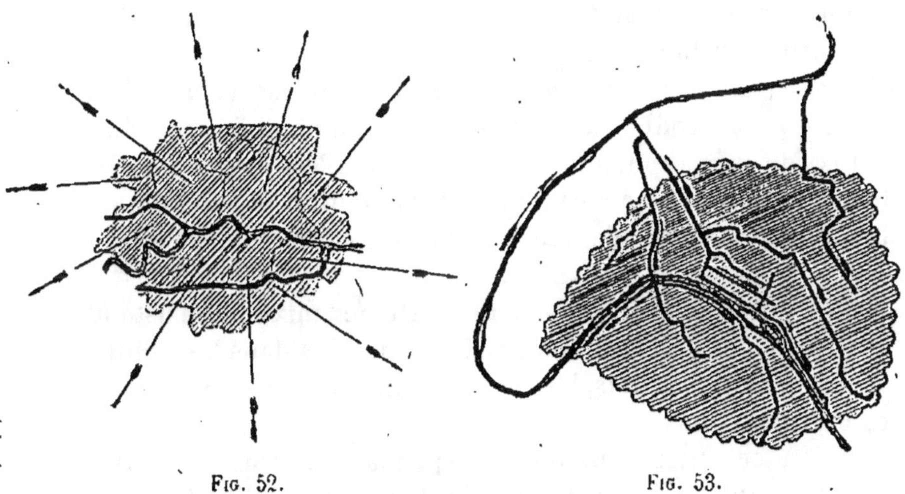

Fig. 52.   Fig. 53.

de tous côtés, il est nécessaire que la ville soit entourée de terrains d'épandage.

Le deuxième système, celui de Paris et de Londres, consiste à avoir dans l'intérieur de la ville des collecteurs qui rassemblent, en un ou deux points déterminés, toutes les eaux de la cité (*fig.* 53).

Il y a bien un autre système qui consiste à n'avoir aucun collecteur et à déverser toutes les eaux usées directement dans la rivière qui traverse la ville (*fig.* 54). C'est, en un mot, le tout à la rivière, qui est loin de répondre à la question, et qu'il faut écarter.

A un autre point de vue, il y a également trois systèmes qui peuvent être adoptés indifféremment, suivant les ressources des villes et l'usage que l'on entend faire des égouts.

A Paris, notamment, où tous les produits de la voie publique, ainsi que les eaux usées des immeubles, sont reçus dans les égouts, il a fallu construire ces derniers avec des dimensions suffisamment vastes

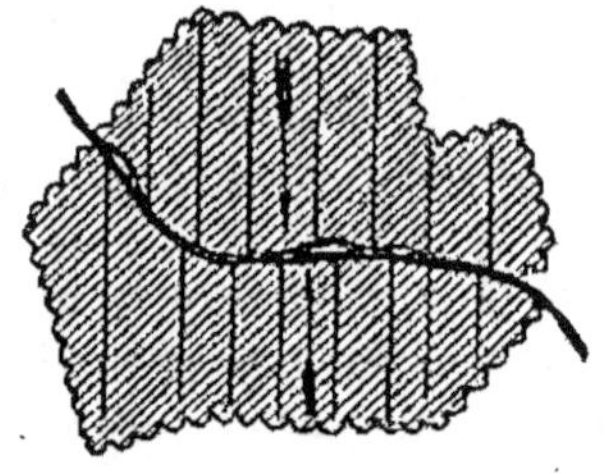

Fig. 54.

pour éviter les engorgements fréquents, et encore ces dimensions ont-elles été exagérées pour permettre d'y loger les canalisations des services publics et privés.

.La dépense qui résulte d'une telle conception est véritablement considérable.

Dans certaines villes anglaises, où l'on ne reçoit dans les égouts que le produit des maisons, on n'emploie que des tuyaux de grès de diamètres différents. C'est le système le plus économique, mais qui a l'inconvénient, à la suite d'une pluie un peu forte, de faire refluer les eaux sur les chaussées.

Enfin le troisième système ou système mixte consiste à construire des galeries maçonnées, visitables dans les points bas des principaux îlots, les ramifications étant desservies par des canalisations.

Voilà à ce sujet comment s'exprimait M. Durand-Claye dans son rapport lu au Congrès international d'Hygiène de Vienne, en 1887 :

Quant à nous, nous estimons que le drainage rationnel d'une ville de type normal, comptant de 20.000 à 500.000 habitants, ou même plus, doit reposer sur une combinaison de conduites et d'égouts.

Dans toutes les voies secondaires, des conduites en grès vernissé recevront à la fois les vidanges, les eaux ménagères, les eaux pluviales des immeubles et de la voie publique ; c'est ce qui a été pratiqué à Berlin, c'est ce que nous avons projeté pour ŭn certain nombre de villes françaises (Nice, Le Havre, Chantilly). Ces conduites n'ont pas besoin d'avoir des diamètres exagérés, à la condition de desservir des périmètres limités et de venir converger vers des égouts formant collecteurs. Il est, en effet, facile de se rendre compte que, dans les systèmes séparés, les réservoirs de chasse produisent, ainsi que nous l'avons déjà fait remarquer, exactement le même effet qu'une averse, et inversement; c'est ainsi qu'une conduite de 0^m,15 de diamètre pourra également débiter en trente secondes une chasse de 500 litres fournie par un réservoir, ou écouler une pluie de 1 millimètre tombée en une heure sur 20 hectares, en admettant, avec Belgrand, que la pluie met trois fois plus de temps à s'écouler qu'à tomber. La canalisation secondaire sera naturellement munie de réservoirs de chasse, à l'origine des diverses conduites; aux points de jonction des conduites entre elles, ou aux changements de direction et de pente, seront installés des regards facilement accessibles de la voie publique; les conduites y seront simplement demi-circulaires; on pourra à chaque instant vérifier le bon fonctionnement entre deux regards, et, au besoin, faire les dégorgements sur les parties rectilignes intermédiaires. Quand le réseau des conduites sera suffisamment développé et d'une importance qui entrainerait pour les diamètres une dimension supérieure à 0^m,40 ou 0^m,45, on adoptera de vrais égouts, de forme ovoïde, d'une hauteur suffisante pour permettre la circulation des ouvriers, soit 1^m,75 à 1^m,80 au minimum. Il convient d'éviter à tout prix les petites galeries, qui sont trop grandes pour constituer une conduite et trop basses pour constituer un bon égout.

Configuration du terrain. — La configuration du terrain étant le principal objet à envisager, il sera indispensable d'avoir un plan coté de la ville sur lequel seront figurées les courbes de niveau. — Ces courbes permettront de tracer le profil du sol avec une grande précision et feront connaître les principales irrégularités du terrain. Cette première inspection a une très grande importance, car il peut arriver que, par suite d'une erreur unique, le projet entier soit gravement compromis.

Une deuxième inspection sera celle des lieux eux-mêmes; car il arrive fréquemment que les idées les meilleures et les plus pratiques se présentent à l'esprit quand on se trouve sur le terrain ou quand on a acquis une entière connaissance de la localité.

Emplacement des ouvrages. — Les égouts doivent être établis aux points où le volume tout entier de l'eau pourra être évacué par simple gravitation. Dans le cas où il faudrait relever les eaux d'égouts, l'emplacement à choisir sera celui où l'on pourra utiliser, le cas échéant, un cours d'eau dont la chute fournirait la force nécessaire pour actionner des pompes.

Terrains d'irrigation. — Cette question est une des plus importantes dans une étude d'assainissement avec « tout à l'égout ». — Les terrains à irriguer devront être assez éloignés de la ville à assainir ; ils devront être situés à une altitude plus basse que la cote la plus basse du réseau d'égouts, afin d'éviter le relèvement des eaux. — Ils devront être composés d'une couche perméable de 1 à 2 mètres au moins, et autant que faire se pourra en pente vers une rivière ou un thalweg qui servira d'exutoire aux eaux épurées, qui y seront conduites à l'aide de drains disposés à cet effet.

Disposition des ouvrages. — Un égout ou une canalisation principale doivent autant que possible être placés dans l'axe de la chaussée. Cet emplacement offre l'avantage de donner aux branchements des immeubles une longueur égale de chaque côté de la rue et aussi d'éviter l'ouverture de la chaussée sur toute sa surface, ce qui a une grande importance dans les voies à grande circulation.

Dans les voies larges de 20 à 30 mètres, par exemple, on pourra mettre un égout ou une canalisation sous chaque trottoir ; mais cela n'est pas indispensable. L'utilité de cette mesure se rencontrerait dans le cas où la pente à donner à l'ouvrage public serait faible, et qu'elle aurait une répercussion fâcheuse sur celle des canalisations des immeubles.

Profondeur des ouvrages. — La profondeur à laquelle on devra établir les égouts ou canalisations du service public dépend de plusieurs circonstances dont la principale réside dans l'altitude des puits ou puisards, ainsi que dans celles des sols ou sous-sols des immeubles à drainer. Cette profondeur dépend également de la déclivité à donner aux ouvrages publics et de leur inclinaison par rapport au sol.

Choix des types. — Pour déterminer le type de l'égout à construire, il est nécessaire de connaitre la quantité d'eau qu'il aura à débiter, la pente qu'on pourra lui donner, sa longueur; ce sont des facteurs indispensables qui devront être déterminés avec un soin tout particulier, en dehors de toutes considérations économiques.

Programme du projet à élaborer. — Ces généralités exposées, nous donnons ci-dessous le programme du projet que nous nous proposons d'élaborer avec l'application du « tout l'égout ».

La ville a une population actuelle de 37.000 habitants ; mais, étant donné son développement constant, on estime que sa population atteindra, sous peu d'années, 100.000 habitants et qu'elle occupera alors une superficie de 975 hectares 67 ares 45, au lieu de celle de 678 actuelle.

Le plan (*fig.* 55) donne en plein la limite de la ville actuelle, et en ponctué l'extension projetée.

Le projet sera divisé en deux parties, comprenant : la première, les travaux exécutés dans les limites de la ville actuelle, et la deuxième, ceux à faire ultérieurement.

Une certaine superficie de la ville est baignée par une nappe souterraine (*fig.* 56), qui devra être abaissée jusqu'à 3 mètres au moins au-dessous du niveau des rues, afin de faciliter le dessèchement du sol et des caves.

Le plan (*fig.* 57) donne l'étendue des terrains autour des bains, où les égouts ne pourront pas être descendus à plus de 3ᵐ,50 de profondeur, à cause des eaux minérales.

Les hautes eaux, dans les rivières indiquées sur les plans, atteignent en moyenne 1 mètre au-dessus du fond.

Les rivières qui coulent dans les environs de la ville, marquées sur les plans avec les lettres a et b, contiennent les quantités d'eau suivantes :

La rivière a débite au printemps 29 hectolitres à la seconde; la quantité minimum est de 3 hectolitres à la seconde.

Dans la rivière b, il coule au printemps 10ʰˡ,40 d'eau à la seconde; la quantité minimum est de 2 hectolitres environ par seconde.

Les eaux usées provenant des égouts pourront être évacuées sur les terrains indiqués au plan (*fig.* 55) et être utilisées pour l'agriculture.

LÉGENDE
Champ d'épandage
Ville actuelle
Agrandissement projeté
Égout collecteur
Courbes de niveau

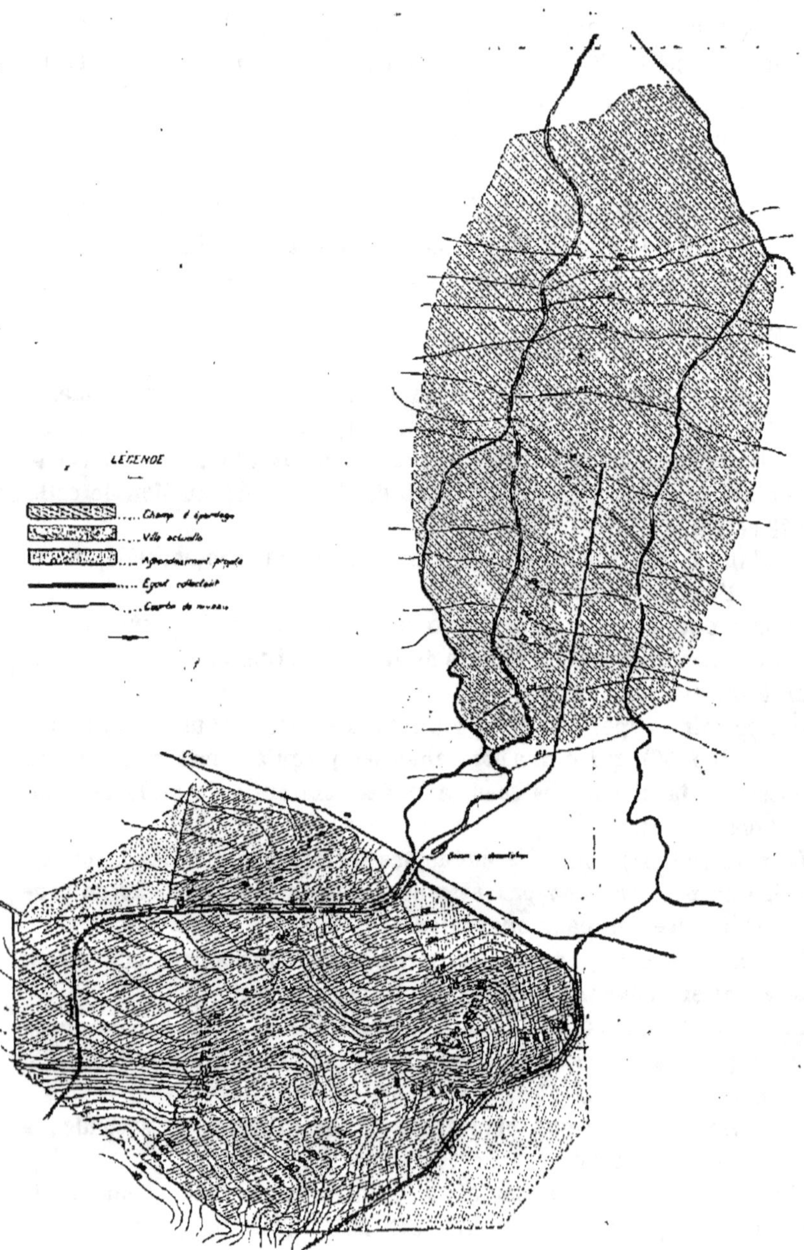

Fig. 55.

Ces terrains sont des terrains d'alluvion, consistant en une couche de 1 à 2 mètres de terre arable sur un fond de gravier, avec une pente naturelle vers la rivière.

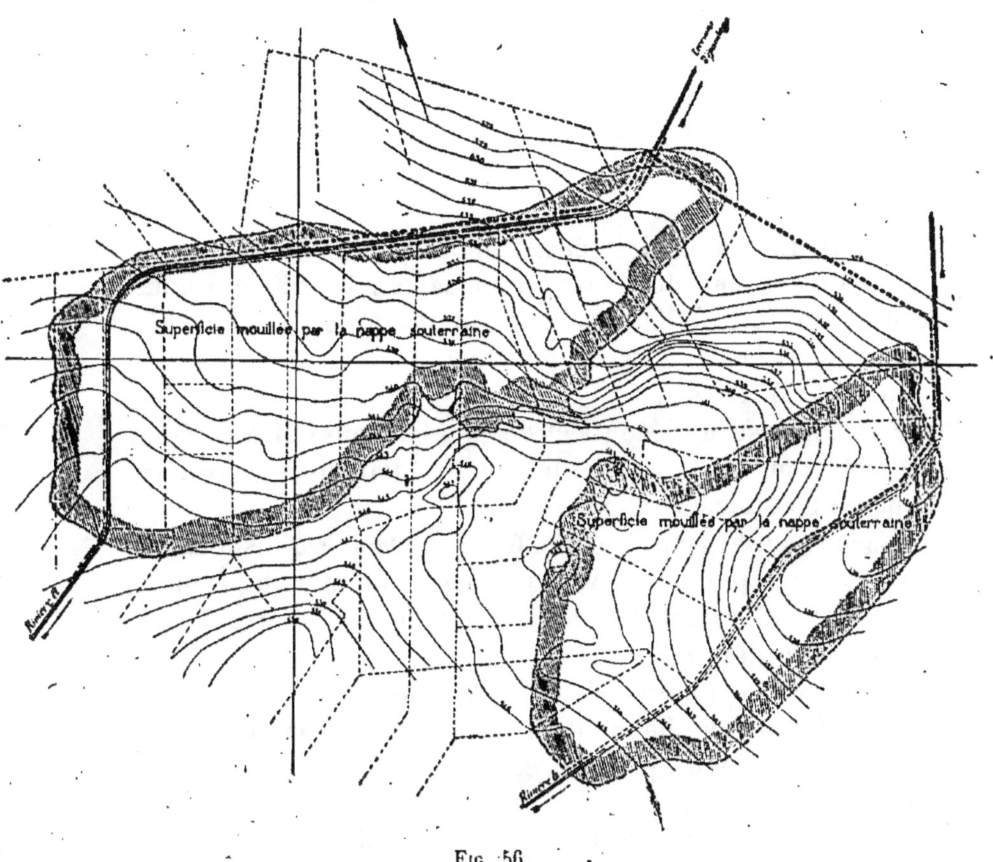

Fig. 56.

La quantité d'eau pluviale tombée, relevée sur deux années, a été de 745^{mm},1 en moyenne, et la plus grande quantité de pluie tombée dans les vingt-quatre heures a été de 48^{mm},7.

Remarques particulières. — Le sol de la ville consiste en dépôts diluviens, formés de différentes couches d'argile, de sable et de gravier.

— Les eaux des rivières a et b pourraient être utilisées pour l'alimentation de la ville.

— Il n'existe que peu d'égouts, et ils sont établis dans de si mauvaises conditions qu'on ne devra pas en tenir compte.

— La ville dispose actuellement de 4.500 mètres cubes d'eau par vingt-quatre heures.

— Le revêtement de la chaussée est composé de pavés, de pierres cassées et de sable.

— Les trottoirs sont pavés en dalles de pierre.

EXAMEN SOMMAIRE DE LA QUESTION

Si l'on rassemble les éléments dont on dispose pour l'étude du système de vidange applicable à la ville qui nous occupe, on voit qu'ils sont tous en faveur du principe de l'écoulement direct à l'égout.

En effet on trouve :

1° Que le réseau d'égouts et de canalisations qui est à faire complètement peut être établi dans les meilleures conditions de pente possible.

Le plan (*fig.* 57) montre en effet, à la première inspection, que la topographie de la ville permet de donner aux égouts, établis suivant les lignes de plus grande pente du terrain, une déclivité très grande.

2° Qu'avec la quantité d'eau dont pourra disposer quotidiennement chaque habitant, on assurera d'une manière certaine l'entraînement, jusqu'à l'égout, des matières fermentescibles ;

3° Que la ville dispose d'une superficie de 1.195 hectares de terrain propre à l'épuration des eaux d'égouts par l'irrigation du sol.

Description du projet. — *Plan coté.* — Le plan (*fig.* 55) donne graphiquement les ondulations du sol de la ville à assainir et des environs.

Les courbes de niveau y sont indiquées à chaque mètre de hauteur.

L'inspection de ce plan montre que la ville est en amphithéâtre et que le système à adopter pour la construction des égouts est celui de Paris et de Londres, c'est-à-dire l'établissement de collecteurs traversant la cité le long des thalwegs et se reliant en un certain point pour se diriger ensuite sur les terrains d'épandage.

Les rivières *a* et *b*, traversant la ville, nécessiteront l'établissement de siphons ou de galeries permettant la liaison entre les deux rives.

Mais on remarque à première vue que toutes les eaux d'égout pourront s'écouler par simple gravitation sur les terrains d'épandage, ce qui a une grande importance au point de vue de l'exploitation.

Emplacement des ouvrages. — L'inspection du plan (*fig.* 57)

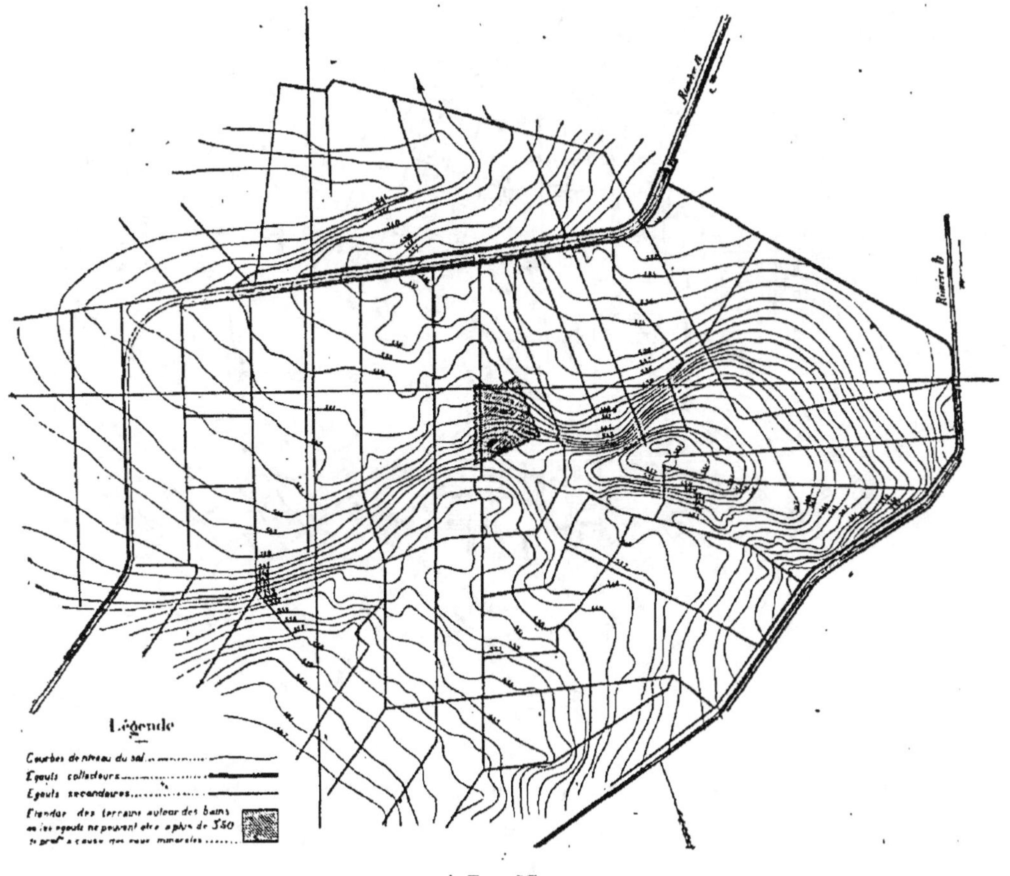

Fig. 57.

montre quelles sont les considérations qui ont guidé dans

le tracé des grandes artères qui se partagent en trois la surface de la ville, ainsi que les artères de deuxième et troisième ordre, qui forment les ruisseaux principaux de ces grandes artères.

Partout on a cherché à obtenir la plus grande déclivité

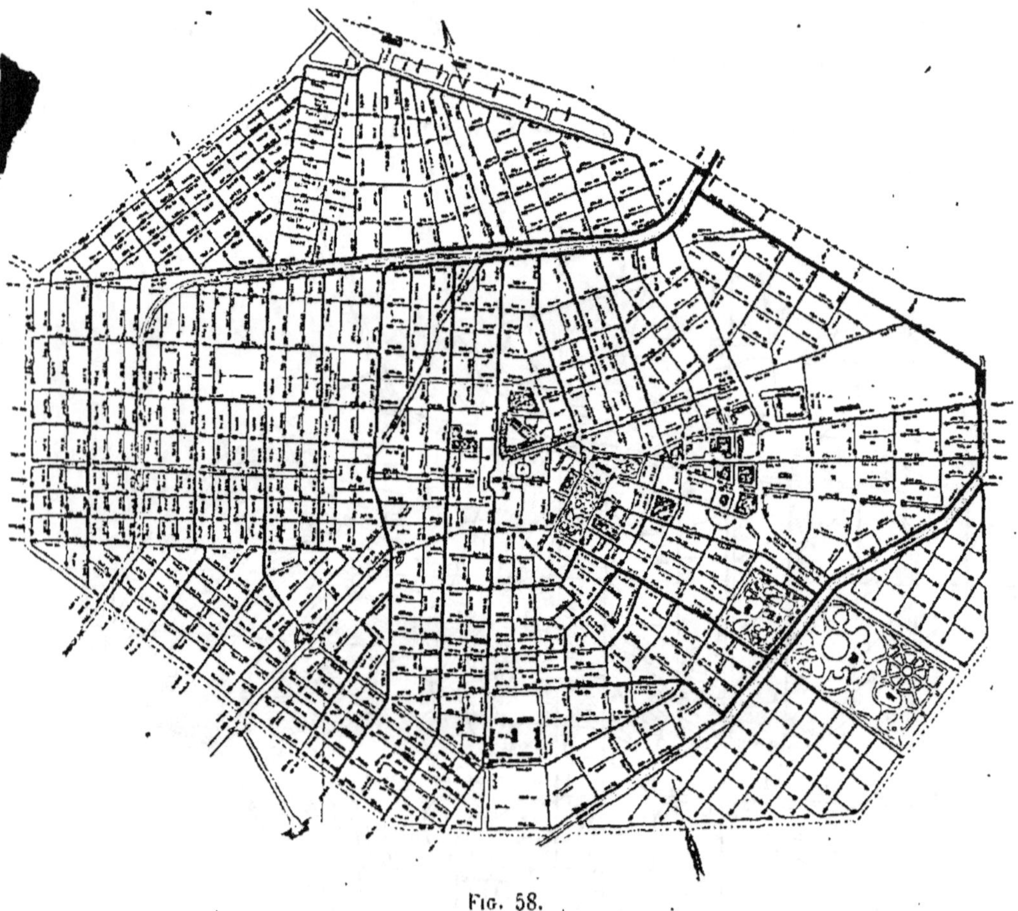

Fig. 58.

possible, et, à cet effet, les artères des trois ordres ont été tracées suivant les lignes de plus grande pente du terrain, dans les limites qu'ont permises toutefois les dispositions des rues et en tenant compte des conditions du programme.

Le plan coté (*fig.* 58) montre qu'à ces grandes artères viennent se souder une série de canalisations de diamètres différents qui forment comme les rameaux de ce dispositif.

Le plan (*fig*. 59) donne l'étendue de chaque bassin d'égout collecteur ; et celui de la figure 60, la division en bassins d'égouts secondaires.

La division en égouts et en canalisation a été établie en

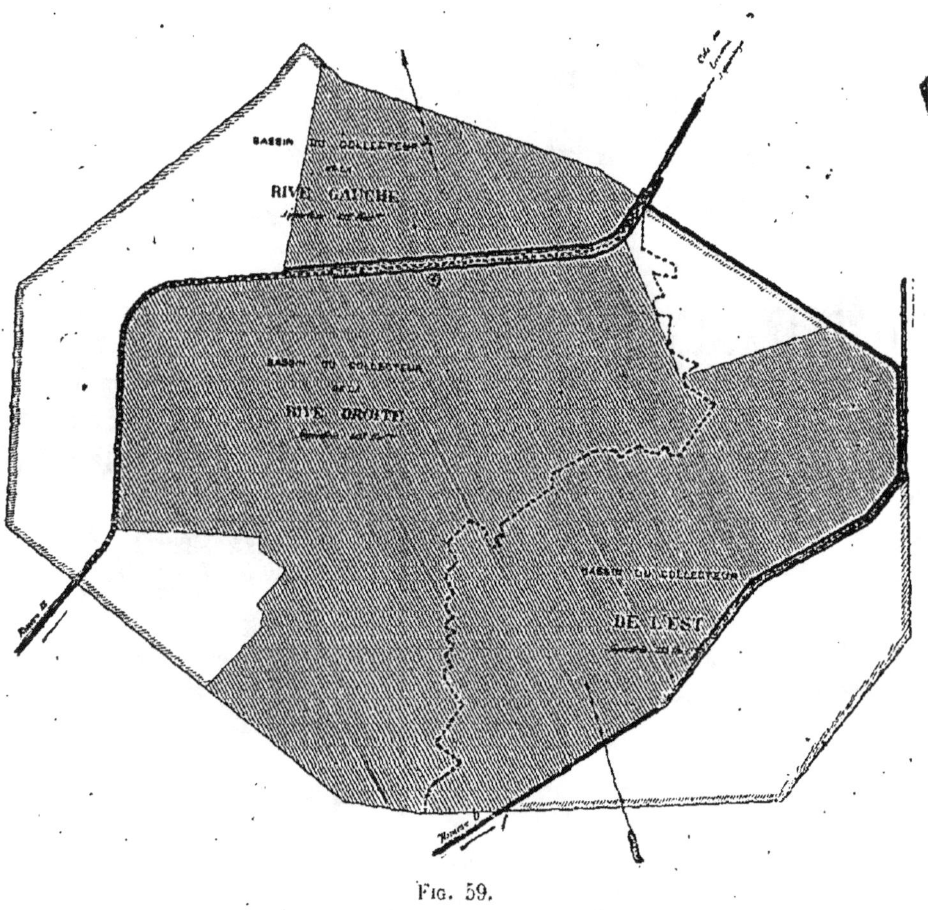

Fig. 59.

tenant compte de la quantité d'eau à recevoir en un même point, en raison de la surface à desservir.

Les trois grandes artères principales que nous appellerons pour fixer les idées :

Collecteur de la rive droite (en prenant la rivière *a* comme base) ;

Collecteur de la rive gauche ;

Collecteur de l'est, sortant de la ville au point le plus bas du sol, vers le pont du chemin de fer, pour se diriger ensuite dans la direction du nord-est sur les champs d'irrigation.

Le plan (*fig.* 59) indique le bassin desservi par chacun de ces trois collecteurs dans l'intérieur de la ville actuelle. Il

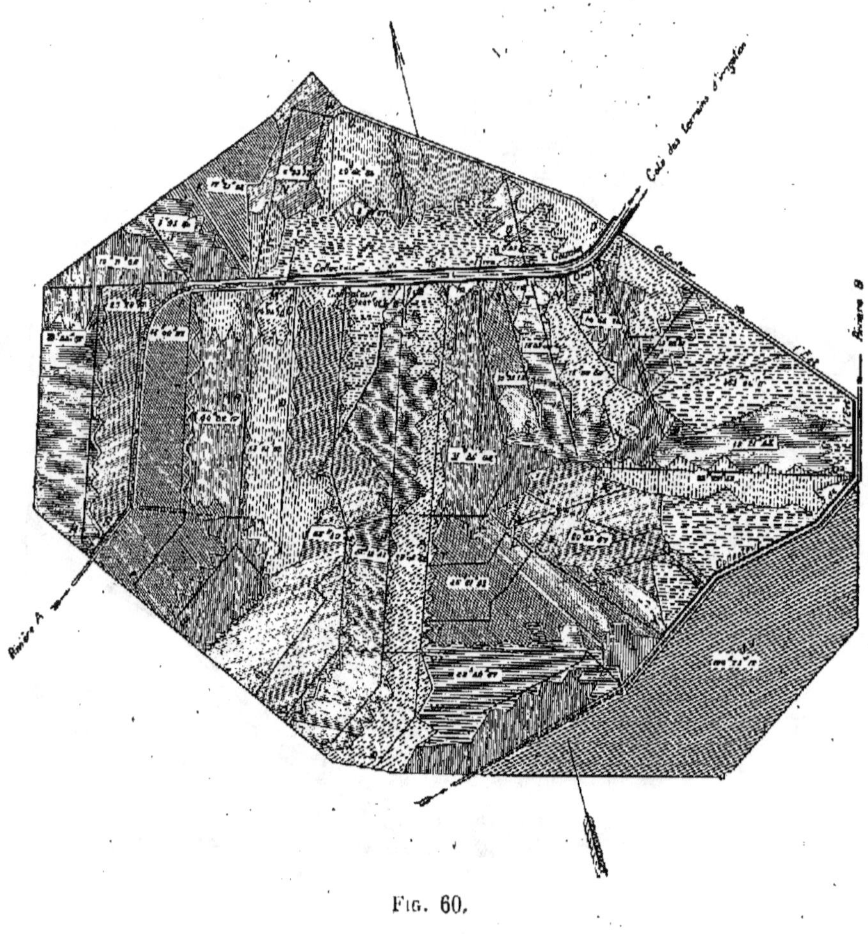

Fig. 60.

indique également les superficies de terrain qui seront ajoutées ultérieurement, et avec lesquelles il faut compter pour évaluer la quantité d'eau que chaque collecteur est appelé à évacuer.

Nature et quantité d'eau à recevoir dans les égouts. — Les eaux roulées dans les égouts proviendront :

1° De la distribution de la ville (service public et service privé);

2° Des puits;

3° Des eaux de pluie passant par les bouches d'égout et canalisations des immeubles.

1° *Distribution d'eau de la ville.* — Actuellement cette distribution n'est que de 4.500 mètres cubes par vingt-quatre heures. Mais, en captant la rivière *b* en totalité ou en partie suivant les saisons, le débit de cette rivière variant de $10^{hlt},40$ à $2^{hlt},04$ environ à la seconde, on peut augmenter la distribution de la ville de 9.500 mètres cubes et la porter à 14.000 mètres cubes, ce qui assurera une quantité d'eau de 140 litres par tête d'habitant et par jour.

Pour le service public, on estime : que le service des bornes-fontaines et celui du lavage des ruisseaux et des rues empruntera par jour environ 1.000 mètres cubes; que le service d'alimentation des réservoirs de chasse sur égouts et sur canalisations nécessitera un cube de 1.200 mètres. Il restera alors, pour le service privé, environ 12.000 mètres cubes pour 100.000 habitants et par vingt-quatre heures.

2° *Eau provenant des puits.* — La quantité d'eau qui sera extraite des puits est difficile à évaluer exactement. En adoptant une moyenne de 20 litres par tête d'habitant et par jour, on trouve de ce chef 2.000 mètres cubes par jour à ajouter au chiffre provenant de la distribution de la ville.

3° *Eau amenée par les pluies.* — Pour calculer la quantité d'eau qui s'écoulera dans les égouts au moment d'une pluie, il faut établir des déductions basées sur l'expérience, en prenant la pluie donnée dans le programme, qui a fourni une hauteur de 48 millimètres pour une durée de vingt-quatre heures.

Lorsqu'il s'agit d'une pluie continue, la quantité d'eau écoulée à l'égout est abondante et, d'après des expériences, on a déduit que, dans les villes à population dense et avec des rues pavées, les 2/3 ou les 3/4 du volume total de l'eau s'écoulent à l'égout. Le reste disparaît par l'évaporation ou l'infiltration dans le sol.

Dans les petites villes où le sol est plus perméable, cette quantité d'eau de 2/3 peut être réduite à 1/3 et même à 1/4, dans les villages.

Mais, par le fait de la continuité de la pluie, la quantité d'eau amenée dans le même temps à l'égout est beaucoup moins considérable que par une pluie d'orage exceptionnelle.

Seulement, s'il fallait établir des galeries de dimensions assez vastes pour écouler ces masses d'eau sans crainte d'inondation de la chaussée, on serait conduit à faire des dépenses considérables et en dehors de toutes proportions avec le but à atteindre.

Il suffit, pour parer à l'insuffisance des dimensions des égouts, dans ces moments très courts, de ménager sur leur parcours des décharges à la rivière ou au thalweg.

C'est cette méthode, appliquée à Paris, que nous avons choisie pour exemple.

La principale objection qu'on peut opposer à ce principe est qu'une certaine proportion des eaux d'égout sera évacuée avec les eaux d'orage dans les cours d'eau. Mais l'expérience a démontré qu'il ne résulte pas d'infection sérieuse de ce fait, attendu que ces eaux d'égout se trouvent diluées déjà sur une grande étendue dans l'égout, et encore plus au moment du déversement dans la rivière.

Calcul de la quantité d'eau, qui sera évacuée par seconde par le réseau d'égouts de la ville, après son extension complète prévue. — La division ci-dessus bien établie, on examinera quel sera le débit total par seconde qui s'écoulera sur les champs d'épandage :

1º Par un temps sec ;

2º Par un temps de pluie prolongée.

1º PAR UN TEMPS SEC. — Ce débit sera composé de :

a) L'eau provenant de la distribution de la ville.

Cette consommation étant de 14.000 mètres cubes par vingt-quatre heures, c'est cette quantité d'eau qui passera par les égouts ; mais il est évident que le débit ne se répartira pas uniformément sur les vingt-quatre heures.

Consommation publique. — Lavage des ruisseaux et arrosage des rues. — Le lavage des ruisseaux et l'ouverture des bornes-fontaines, qui se fait généralement le matin, écouleront à l'égout 1.000 mètres cubes d'eau pendant une durée de deux heures.

Or on peut admettre (des expériences l'ont démontré) qu'une ouverture d'une heure des bouches de lavage et des bornes-fontaines donne lieu à un débit maximum correspondant à la répartition uniforme du volume total sur trois heures.

Le cube ainsi fourni par seconde, déduction faite de 1/4 pour tenir compte de l'évaporation, serait de :

$$\frac{1.000^{m3} \times 3}{3 \times 2 \times 3.600 \times 4} = \ldots\ldots\ldots\ldots \quad 0^{m3},035$$

Réservoirs de chasse. — L'alimentation des réservoirs de chasse nécessitera un cube de 1.200 mètres par vingt-quatre heures. Il y a lieu de tenir compte de ce que les chasses ne seront pas simultanées et qu'au contraire elles seront très réparties dans les vingt-quatre heures. On peut donc considérer le volume d'eau affecté spécialement à ce service comme réparti uniformément sur les vingt-quatre heures, ce qui donne un débit par seconde de

$$\frac{1.200^{m3}}{86.400} = \ldots\ldots\ldots\ldots\ldots \quad 0^{m3},015$$

b) Consommation privée. — En ce qui concerne ces eaux, il est évident que, fournies pour des usages beaucoup moins simultanés, elles donnent lieu par leur ensemble à un écoulement qui, sans être uniforme, est bien plus réparti. On ne s'écarte pas beaucoup de la vérité en considérant l'écoulement maximum comme égal à celui qui résulterait de la répartition uniforme du volume total sur douze heures.

Le cube amené par seconde à l'égout, en tenant compte de 1/4 pour l'évaporation, serait de :

$$\frac{12.000 \times 3}{12^h \times 3.600 \times 4} = \ldots\ldots\ldots\ldots \quad 0^{m3},210$$

L'eau provenant des puits. — La quantité d'eau pro-

A reporter.......... $0^{m3},260$

$$\textit{Report}\dots\dots\dots\dots\quad 0^{m3},260$$

venant des puits, et consommée journellement, a été évaluée à 2.000 mètres cubes.

Pour cette eau également, on peut admettre que l'écoulement maximum sera égal à celui qui résulterait de la répartition du volume total sur douze heures, ce qui donne, par seconde, un débit, en tenant compte du 1/4 perdu par l'évaporation, de :

$$\frac{2.000 \times 3}{12 \times 3.600 \times 4} = \dots\dots\dots\dots\quad 0^{m3},034$$

Soit un débit total par seconde pour un temps sec de. $\quad 0^{m3},294$

2° Par un temps de pluie prolongée. — Calculons maintenant ce débit par un temps de pluie prolongée et, pour cela prenons la pluie indiquée dans le programme, qui a donné une hauteur d'eau de $48^{mm},7$ pour une durée de vingt-quatre heures.

Ce débit sera produit par :

a) L'eau provenant de la distribution de la ville dont le débit total a été évalué à.......................... $0^{m3},260$

b) L'eau provenant des puits :

On a précédemment évalué à $0^{m3},034$ le débit par seconde provenant de ce chef ; mais il convient de tenir compte de ce fait que, pendant la pluie, la consommation diminue, et on peut évaluer à la moitié cette diminution, ce qui réduit le débit par seconde à .... $0^{m3},017$

c) L'eau des pluies projetée en égout par les bouches et les tuyaux des immeubles.

D'après des expériences faites à Paris sur un certain nombre d'averses, il a été démontré que le temps de l'écoulement dans les égouts collecteurs était égal à environ trois fois la durée de la pluie. Mais il convient de remarquer qu'à Paris les collecteurs ont une très grande longueur pour une faible pente, que, de plus, le réseau général comporte plutôt des pentes faibles que des pentes fortes, tandis que, dans le projet actuel, le contraire a lieu.

Pour rester au-dessus de la vérité, on peut admettre que le temps de l'écoulement pour une pluie continuelle de vingt-quatre heures (celle qui nous occupe) sera au moins de 1/4 en plus de celui de la durée de la pluie.

$$\textit{A reporter}\dots\dots\dots\dots\quad 0^{m3},277$$

Report.............................. $0^{m3},277$

c'est-à-dire que ce débit sera, en tenant compte de l'évaporation et de l'infiltration dans les terres :

$$\frac{\text{Surf.} \times 48^{mm}.7 \times 2}{\left(24^{h} + \dfrac{24^{h}}{4}\right) 3.600^{s} \times 3} = \frac{975^{h},67^{a}.45 \times 48,7 \times 2}{30^{h} \times 3.600 \times 3} = 2^{m3},933$$

Soit un débit total par seconde, pour le temps de pluie d'une durée de vingt-quatre heures indiqué dans le programme. $3^{m3},210$

Il y a lieu de s'en tenir aux calculs qui viennent d'être établis et, pour parer à toute éventualité pendant les moments d'orage, il conviendra d'établir une communication entre la rivière *a* et le collecteur de la rive gauche, et une autre avec le collecteur de l'est et la rivière *b*, lesquelles serviraient de déversoirs en temps d'orage seulement, et permettraient d'envoyer dans ces rivières l'excédent des eaux reçues par le collecteur, évitant l'inondation des caves par les canalisations des immeubles en bordure, ainsi que celle de la chaussée par les bouches d'égout.

DÉBIT DES ÉGOUTS

1° Collecteurs. — D'après les calculs qui précèdent, on a trouvé que la quantité d'eau à écouler pour l'ensemble de la ville, c'est-à-dire pour les trois collecteurs qui s'en partagent la surface, était de $3^{m3},210$ par seconde par un temps de pluie continue.

Les figures 61 et 62 représentent les sections que l'on pourra donner à ces exutoires principaux, et le tableau ci-après fournit quelques renseignements statistiques utiles à connaître. Dans le calcul du débit de chacun des trois collecteurs on a supposé, ce qui est vraisemblable et admissible, que le débit de chacun d'eux était proportionnel à la superficie qu'il dessert.

TYPE N° 1

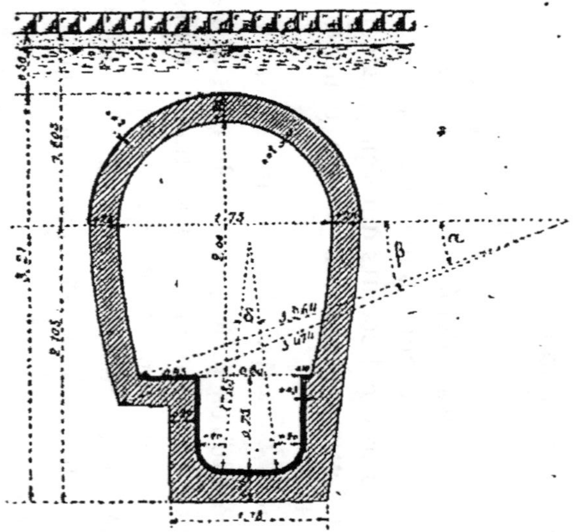

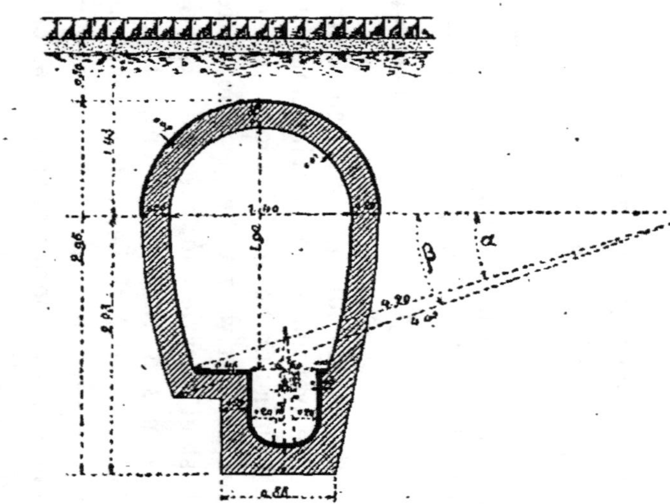

Hauteur sous clef	2,75	Angles calculés	
Largeur aux naissances	1,75		—
Largeur du radier	0,80	α	20° 0' 42"
Flèche du radier	0,44	β	22° 49' 5"
Profondeur normale de fouille	3,71	δ	13° 55' 27"

FIG. 61.

TYPE N° 2

Hauteur sous clef	2,30	Angles calculés	
Largeur aux naissances	1,40	α	16° 36' 6'
Largeur du radier	0,50	β	18° 55' 15"
Flèche du radier	0,02	δ	7° 54' 32"
Profondeur normale de fouille	3,46		

FIG. 62.

DÉBIT DES ÉGOUTS

INDICATION des COLLECTEURS	TYPES	LONGUEURS (m.)	PENTE PAR MÈTRE	SUPERFICIE DESSERVIE actuelle	SUPERFICIE DESSERVIE future	SECTION de la cunette	SECTION DE L'ÉGOUT (m²)	DÉBIT DE LA CUNETTE à section pleine (lit.)	DÉBIT DE L'ÉGOUT à section pleine (lit.)	DÉBIT PAR SECONDE en temps sec (lit.)	HAUTEUR D'EAU corresp. dans la cunette	DÉBIT PAR SECONDE en temps de pluie (lit.)	HAUTEUR D'EAU correspond. dans l'égout	VITESSE DE L'EAU — dans la cunette en temps sec	VITESSE DE L'EAU — dans l'égout en temps de pluie	VITESSE DE L'EAU — dans l'égout à section pleine	VITESSE DE L'EAU — dans l'égout à cunette pleine	OBSERVATIONS
Collecteur de la rive gauche...	N° 2	1.760	0,004	95h,66a,75	212h,43a,13	0,183	2,500	321	7.825	64	0m,13	698	0m,61	1,28	1,68	3,13	1,97	
Collecteur de la rive droite....	N° 2	1.606	0,004	360h,65a,83	407h,62a,21	0,258	2,575	523	7.982	123	0m,20	1.344	0m,82	1,54	2,40	3,10	2,03	
Collecteur de l'Est.........	N° 2	3.164	0,0017	223h,51a,37	355h,62a,11	0,283	2,600	370	4.101	107	0m,23	1.168	0m,98	1,06	1,61	2,02	1,31	
Collecteur général.........	N° 1	180	0,001	677h,83a,95	975h,67a,45	0,578	3,600	738	6.228	294	0m,37	3.210	1m,65	1,09	1,64	1,73	1,28	

2° **Égouts secondaires.** — Comme pour les collecteurs, on admet que le débit de chacun des égouts secondaires sera proportionnel à la superficie qu'il dessert; et, étant donnée la quantité d'eau relativement faible qu'ils sont appelés à recevoir en temps sec et qui varie de 2 litres à 34 litres par seconde, on a admis une cunette uniforme, celle représentée par la figure 63, qui peut débiter, avec une pente par mètre de 0^m,005, 84 litres à la seconde.

En temps de pluie prolongée, ces mêmes égouts sont appelés à débiter des quantités d'eau variant entre 20 et 400 litres par seconde.

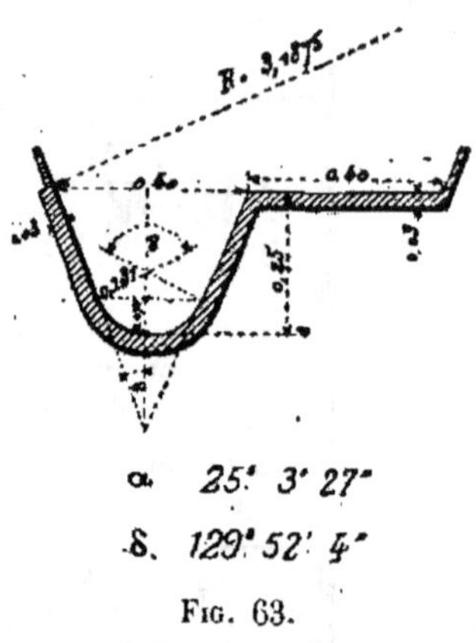

Fig. 63.

On a admis à cet effet deux sections différentes indiquées par les figures 64 et 65, et on a divisé les égouts en deux catégories : la première, correspondant au type 4 (*fig.* 65), s'appliquera aux égouts dont le débit variera entre 20 et 150 litres à la seconde; et l'autre catégorie, pour ceux dont le débit sera compris entre 150 et 400 litres par seconde (type 3).

Certes, pour un certain nombre de petits bassins, on pourrait se contenter de remplacer l'égout prévu par une canalisation; mais on estimera que, pour l'entretien du réseau, de même que pour assurer un écoulement souterrain rapide aux eaux d'un orage exceptionnel, il est indispensable de multiplier les galeries.

La dépense de premier établissement est certainement plus forte; mais elle est largement compensée par les avantages que l'on en retire.

Calcul des sections. — Étant données les conditions variables dans lesquelles ont lieu les mouvements des eaux dans les égouts, on ne saurait obtenir dans les calculs une exactitude absolue, attendu que, d'après les expériences de Darcy, Bazin, etc., la différence dans les matériaux ou dans la main-d'œuvre des égouts occasionne une différence appré-

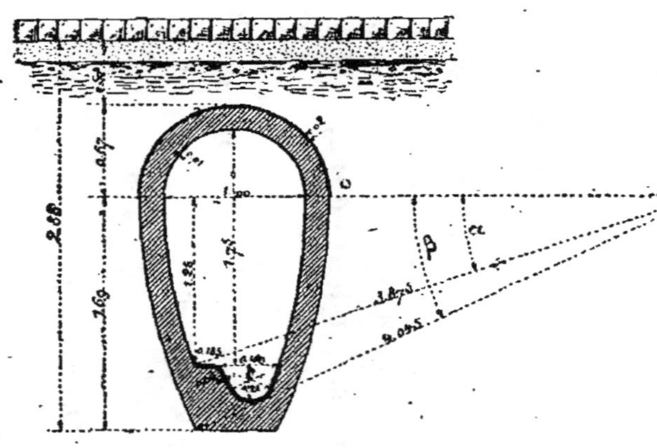

TYPE N° 3

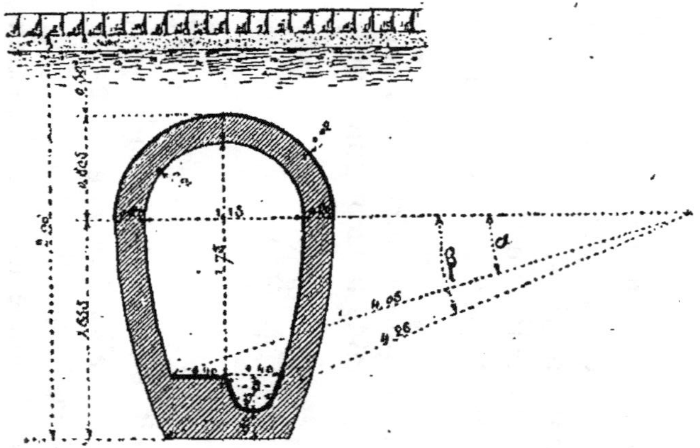

		Angles calculés
Hauteur sous clef	2.00	—
Largeur aux naissances	1 15	
Largeur de la banquette	0 40	α 16° 51′ 5″
Ouverture de la cunette	0 40	β 22° 51′ 9″
Profondeur de la cunette	0.25	δ 121° 51′ 44″
Profondeur normale de fouille	2 96	

Fig. 64.

TYPE N° 4

		Angles calculés
Hauteur sous clef	2.00	—
Largeur aux naissances	1.00	
Largeur de banquette	0.185	α 19° 17′ 21″
Ouverture de la cunette	0 40	β 24° 41′ 43″
Profondeur de la cunette	0 25	δ 129° 52′ 4″
Profondeur normale de la fouille	2 86	

Fig. 65.

ciable dans l'écoulement. Il est évident, en effet, que la plus légère irrégularité dans la forme des tuyaux, ou quelque dépôt en un point d'une cunette d'égout suffisent pour fausser les plus minutieux calculs.

Dans cette prévision, et en l'absence de toute autre donnée plus précise, on peut admettre une augmentation du débit, savoir : en temps ordinaire de 1/20 pour tenir compte de l'influence des dépôts, et de 1/30 pour tenir compte des coudes et des jonctions des galeries tributaires, soit en tout 1/12; et de 1/4 environ en temps de pluie, pour tenir compte des installations intérieures, conduites d'eau, câbles électriques, etc.

Formules. — Ceci étant établi, les sections des égouts peuvent se calculer ou mieux se vérifier à l'aide de la relation

$$Q = \Omega u = \Omega \sqrt{\frac{Ri}{\beta}},$$

dans laquelle :

Q représente en mètres cubes et par seconde le débit total fictif trouvé d'après les considérations précédentes;

Ω, la section mouillée;

u, la vitesse moyenne exprimée en mètres;

R, le rayon moyen, c'est-à-dire le rapport de la section Ω au périmètre mouillé exprimé en mètres;

i, la pente par mètre fixée pour la galerie;

β, le coefficient de frottement de l'eau contre les parois intérieures de la galerie.

D'après les expériences de Bazin, la valeur de β pour le cas des parois unies est exprimée de la façon suivante :

$$\beta = 0,00015 \left(1 + \frac{0,03}{R}\right).$$

En appliquant cette formule et en tenant compte : 1° Que la cunette d'un collecteur doit pouvoir débiter toutes les eaux en temps ordinaire et même laisser un vide de $0^m,20$ au moins entre le plan d'eau et la banquette;

2° Qu'en temps de pluie et même d'orage exceptionnel

les eaux doivent pouvoir monter au-dessus des banquettes, mais ne jamais remplir complètement la section pour éviter que l'égout ne fonctionne en conduite forcée, on trouve que les sections à donner aux divers collecteurs sont celles représentées par les figures 61 et 62, étant entendu que, vu le rôle important que jouent ces exutoires dans le système général des égouts d'une ville, il importe de leur donner des dispositions et des dimensions telles : que la circulation y soit assurée sans aucune gêne ; que les manœuvres spéciales qu'on y exécute pour en assurer le bon entretien puissent se faire librement, et enfin que les conduites d'eaux d'alimentation au moins y trouvent place.

Pour les petites galeries on se servira de cette même formule pour calculer la section des cunettes.

Dans notre étude nous appliquons à ces égouts secondaires la même cunette, en raison de la quantité d'eau relativement faible qu'ils sont appelés à recevoir.

La cunette adoptée donne en effet les débits suivants :

59 litres pour une pente de 0,0025 par mètre
 84   —   0,005   —
119   —   0,01   —
146   —   0,015   —
169   —   0,02   —
189   —   0,025   —
207   —   0,03   —

ce qui est bien au-dessus des chiffres de débit en temps ordinaire, obtenus dans le présent projet.

Mais il faut tenir compte du fait que, si la durée d'écoulement au débouché d'un collecteur est trois fois plus longue que celle de la pluie tombée, il n'en est pas de même pour les petites galeries dans lesquelles l'afflux des eaux pluviales est incontestablement plus rapide.

On devra donc majorer dans une assez forte proportion les sections données par les calculs.

Certains ingénieurs se servent de diverses autres formules qu'il est intéressant d'indiquer :

Formule de Claudel, en usage à Paris :

$$S = \frac{\omega \sqrt{RI}}{0,0239},$$

dans laquelle :

S représente la surface du bassin en hectares ;

ω, l'aire de la section de l'égout en mètres carrés ;

$$R = \frac{\omega}{X},$$

X étant le périmètre de la section ω ;

I, la pente du radier en mètres par kilomètre.

Cette formule est extraite de celle de Prony : $\overline{0,320}^2 = RI$; on a supposé que la plus grande quantité de pluie qui tombe, par seconde et par hectare, à Paris, est de $0^{m3},125$, et que le temps de l'écoulement dans les égouts est trois fois plus long que la durée de la pluie.

Les ingénieurs italiens se servent de la formule suivante :

$$U = 50 \sqrt{RI}.$$

En Angleterre, on emploie principalement celle du professeur Weislach, lequel a trouvé, dans ses recherches sur les lois relatives au mouvement des eaux dans les canaux, que la résistance ne s'accroît pas en raison du carré de la vitesse, comme l'ont affirmé Prony et tant d'autres, mais dans une plus faible proportion.

Pour obtenir la perte de charge dans les canaux ouverts ou dans les égouts, M. Weislach fait usage d'une formule approximative, au moyen de laquelle il obtient la vitesse par seconde

$$V = 91,56 \sqrt{rs},$$

r étant la profondeur hydraulique moyenne ;

s, le sinus de l'angle d'inclinaison, ou la pente divisée par la longueur du canal indiquée en pieds.

Ayant obtenu une valeur approximative pour V, il en fait usage pour déterminer le coefficient exact du frottement au moyen de la formule suivante :

$$c = 0{,}007409 \left(1 + \frac{0{,}19208}{V} \right)$$

et, en employant la valeur de c, il obtient la vitesse en pieds au moyen de cette autre formule :

$$V = \sqrt{\frac{64{,}4 . rs}{c}},$$

r étant, comme précédemment, la profondeur hydraulique moyenne; s étant le sinus de l'angle d'inclinaison.

DE LA CONSTRUCTION DES ÉGOUTS

Les égouts peuvent être construits en divers matériaux, suivant les ressources de la localité.

Dans le projet actuel on les supposera exécutés en meulière avec mortier de ciment, et les prix d'application seront ceux de la série d'entretien des égouts de Paris dont le chapitre xv du présent ouvrage (p. 369) donne un extrait.

Les épaisseurs données aux maçonneries sont celles réglementaires; mais, dans l'estimation, on a admis une somme à valoir assez forte, pour le cas où cette maçonnerie devrait être renforcée en certains points.

Fouilles. — En raison du peu de profondeur des galeries, en général, les terrassements seront faits à ciel ouvert et les fouilles seront boisées.

Jusqu'au niveau des naissances, les fouilles seront descendues avec un certain fruit, et ensuite on leur fera épouser la forme extérieure de l'égout.

On placera ensuite le gabarit normalement à la pente de l'égout (*fig.* 66).

Les terres provenant des fouilles seront mises sur banquette. Une partie, calculée d'avance suivant le cube extérieur de l'égout, sera conservée sur banquette pour servir au remblaiement, tandis que l'autre partie sera transportée sur les terrains d'irrigation et servira à les relever.

Les matériaux qui constituent le revêtement de la chaussée et des trottoirs, ainsi que ceux de la fondation, s'il y a lieu, seront soigneusement mis de côté pour être réemployés.

Au point de vue de l'hygiène et pour éviter les épidémies qui peuvent surgir, lorsque, dans un centre, on remue une importante masse de terre, il est toujours prudent de désinfecter les terres aussitôt qu'elles sont extraites de la fouille.

Fig. 66.

Les agents antiseptiques les plus employés sont le sulfate de fer en solution saturée et le lait de chaux, fraîchement préparé suivant la formule indiquée dans les instructions prophylactiques en usage pour les maladies contagieuses ; le premier agissant comme désodorisant, et le second comme désinfectant proprement dit.

Si les terres sont infectées, on devra avoir soin, en outre, de prendre toutes mesures de préservation pour les ouvriers.

Résistance du sol. — Les terrains sur lesquels seront assis les ouvrages sont ou incompressibles, ou compressibles superposés à un terrain incompressible, ou aussi incompressibles, mais très perméables ; c'est le cas des terrains baignés par la nappe souterraine.

Quand le terrain incompressible sera sec, il suffira de dresser convenablement la plateforme sur laquelle on posera en éventail les pierres composant le radier.

Si le terrain est compressible et superposé à un autre terrain incompressible, on pourra employer plusieurs procédés :

ou fonder des puits jusqu'au bon sol, et les relier par des voûtes, disposition qui peut revenir à un prix très élevé, ou constituer un sol solide à l'aide de pieux reliés par des moises.

Quant aux terrains incompressibles, mais perméables, il y aura certaines difficultés à vaincre et qui augmenteront incontestablement le prix des ouvrages établis sur ces terrains.

Dans la description des égouts de Paris (deuxième partie) on trouvera des exemples de construction d'égout dans de semblables terrains ; il ne paraît donc pas utile de donner ici d'autres indications. C'est d'ailleurs sur place, après l'inspection des sources ou de la nappe souterraine rencontrées, qu'on juge mieux les procédés à employer, qui sont d'ailleurs connus à notre époque.

Maçonnerie. — On admet l'emploi de la meulière et du mortier de ciment.

La figure 67 donne la disposition des pierres dans un égout et montre que ces pierres sont disposées normalement à la surface intérieure.

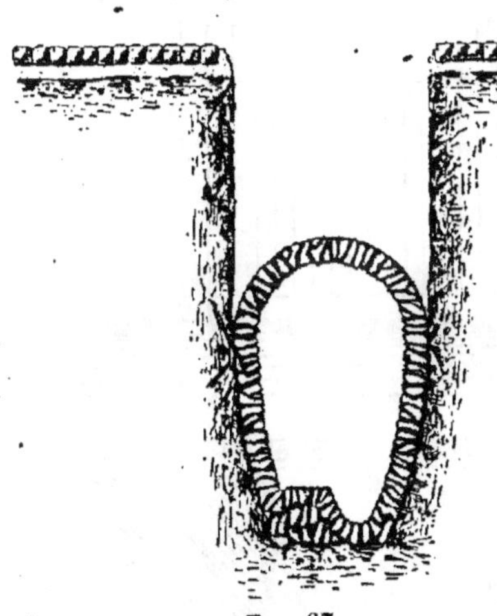

Fig. 67.

Les égouts seront recouverts intérieurement d'un enduit en ciment de Portland de $0^m,01$ d'épaisseur pour la voûte et les piédroits ; cette épaisseur sera portée à $0^m,03$ pour les banquettes et les cunettes.

A l'extérieur, la voûte sera revêtue d'une chape en ciment de $0^m,02$, destinée à protéger les maçonneries contre les eaux d'infiltrations.

Bouches d'égout. — Au point bas du sol de chaque pâté de maison il sera établi une bouche d'égout destinée à recevoir les immondices provenant du balayage de la chaussée, les eaux provenant également du lavage des

BRANCHEMENT de BOUCHE

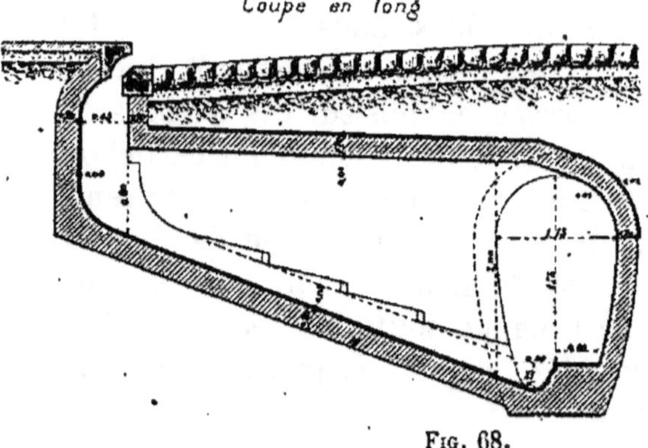

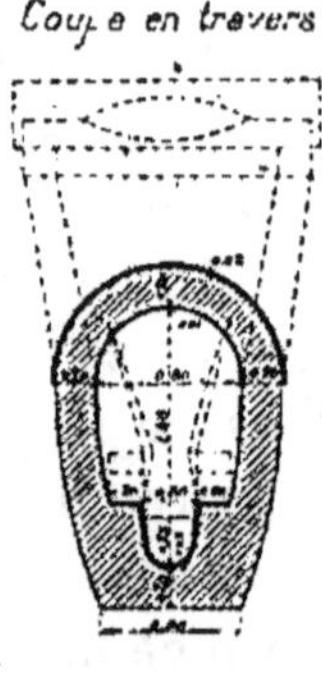

Fig. 68.

caniveaux, ou des bornes-fontaines, ainsi que les eaux de pluie.

Ces bouches seront construites en maçonnerie de meulière avec mortier de ciment de Vassy (*fig.* 68).

Elles seront recouvertes intérieurement d'un enduit de 0^m,01 pour la voûte et les piédroits, et de 0^m,03 pour les banquettes et la cunette; extérieurement la voûte sera protégée par une chape de 0^m,02 d'épaisseur.

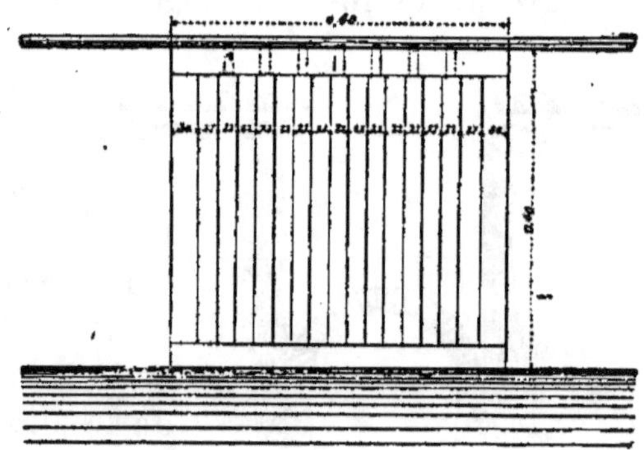

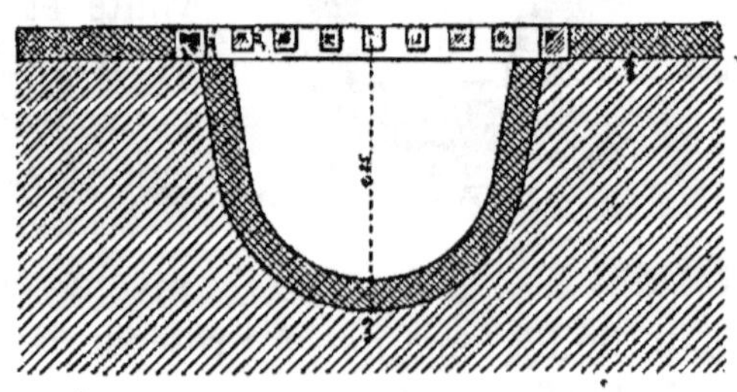

Fig. 69. — Grille de banquette.

La circulation de l'air dans les égouts étant indispensable pour en permettre l'accès, il importe de faciliter les entrées d'air. Les ouvertures des bouches étant des entrées toutes naturelles, on se dispensera de les obturer.

Lorsqu'une bouche déversera dans un égout du côté de la banquette, cette dernière devra être interrompue sur la largeur de la cunette, et l'intervalle sera recouvert d'une grille en fer afin de ne pas entraver la circulation, et pour éviter les accidents qui pourraient se produire sans cette précaution (*fig.* 69).

Branchement de regard. — Afin de permettre la descente dans les égouts, il a été ménagé tous les 100 mètres environ un regard spécial (*fig.* 70).

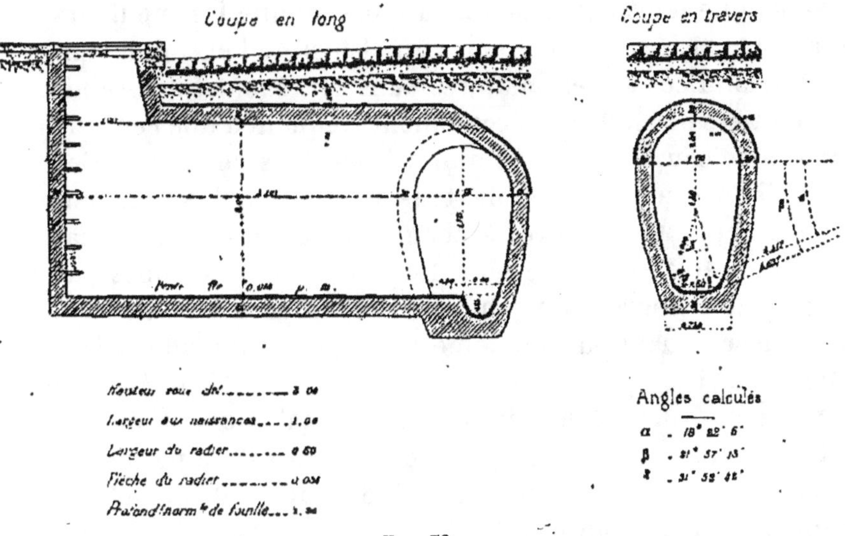

Fig. 70.

Ces regards seront construits en maçonnerie de meulière et mortier de ciment. Ils seront enduits intérieurement, et la voûte du branchement sera, à l'extérieur, recouverte d'une chape.

L'ouverture sera fermée à l'aide d'un tampon en fer ou en fonte (*fig.* 341, p. 569; *fig.* 342 et 343, p. 571), suivant qu'elle se trouvera sur chaussée ou sur trottoir, et la descente sera facilitée par une série d'échelons en fer scellés dans la maçonnerie et formant échelle (*fig.* 338 et 339, p. 569).

Réservoirs de chasse. — En tête de chaque égout il sera établi une chambre en maçonnerie appelée réservoir de chasse, dont les dimensions seront variables avec le cube à obtenir.

Il suffit d'un cube variant de 6 à 10 mètres.

Ces chambres seront construites en maçonnerie de meulière et mortier de ciment, recouverte d'un enduit de Portland de 0^m,02 d'épaisseur.

Elles pourront avoir les dispositions indiquées par les figures 387 à 390 (p. 609 du chapitre xxi), suivant qu'elles seront construites au mur pignon, à l'intersection de deux égouts ou en cours de pente.

Dans chaque bâche sera placé un appareil de chasse automatique dont l'application, à Paris, donne les meilleurs résultats, car, en même temps qu'il facilite l'entraînement des immondices et des matières dans les égouts, il assainit ces derniers par suite de l'écoulement fréquent d'une certaine quantité d'eau propre, et il diminue les frais de curage. Ces appareils seront installés de telle manière qu'ils puissent vider un cube de 3 mètres à chaque vidange, et l'alimentation devra être suffisante pour fournir 10 mètres cubes par vingt-quatre heures. On pourra faire usage d'un des deux types décrits dans la deuxième partie, qui sont admis à la ville de Paris.

A chacune des bâches il sera placé également une vannette à main (*fig.* 386, p. 607), dont le but est de permettre d'obtenir, en la levant, une certaine quantité d'eau au moment du curage d'un égout.

En effet, quel que soit l'effet des chasses automatiques des réservoirs, il est certain que tout travail de main-d'œuvre ne peut être supprimé. Il restera toujours sur le radier un certain dépôt que, seule, la main de l'homme pourra faire disparaître.

Le Génie Civil donne la description d'un appareil ingénieux, employé en Belgique, pour le lavage des égouts de faible section. Cet appareil (*fig.* 71) est dû à M. G. Wittevronghel, ingénieur de la ville d'Anvers.

Il se compose d'un réservoir en tôle, ouvert à sa partie supérieure, que l'on place au-dessus d'une cheminée d'accès de l'égout dont on veut effectuer le curage. Le fond du réservoir est muni d'une ouverture circulaire à laquelle vient s'adapter un tuyau télescopique dont l'orifice inférieur s'ouvre dans un plan vertical, de façon à diriger les chasses

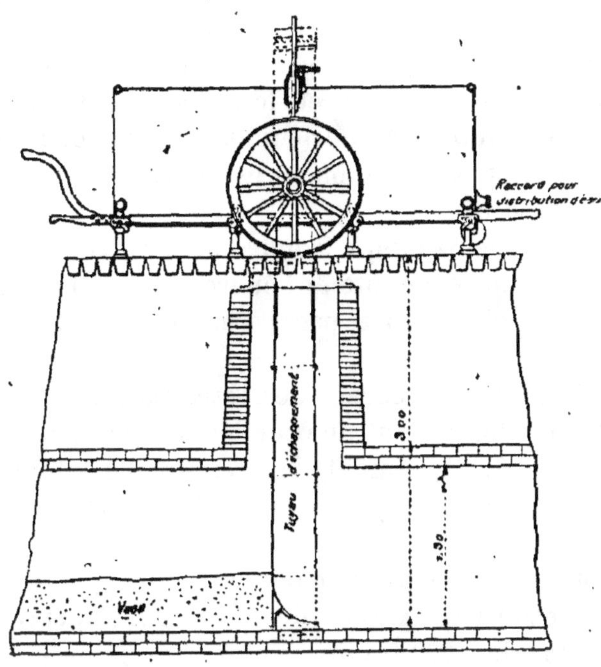

Fig. 71. — Appareil de chasse mobile employé en Belgique pour le curage des égouts de faible section.

d'eau dans le sens de la pente de l'égout. Par le développement plus ou moins grand dont ce tuyau est susceptible, on peut atteindre les diverses profondeurs du réseau des égouts.

Le réservoir, monté sur deux roues est facilement transportable. Le châssis porte tous les objets nécessaires aux opérations du curage : tuyau télescopique en tôle, poulie de manœuvre, etc. Le poids n'excède pas 600 kilogrammes.

L'installation est fort simple. L'appareil est d'abord rapidement isolé, au moyen de supports mobiles, au-dessus de la cheminée d'accès où l'on veut pratiquer une chasse. Le tuyau télescopique est introduit dans la cheminée par l'orifice

du fond du réservoir. Cet orifice est ensuite fermé au moyen
d'une vanne horizontale, mobile entre deux glissières, ce qui
permet de remplir le réservoir mis au préalable en communication avec une bouche de la canalisation d'eau de la
ville. Lorsque le réservoir est plein, un système très simple
permet de déplacer brusquement la vanne.

Par cette manœuvre, une masse d'eau d'environ 3 mètres
cubes, jetée brusquement et instantanément dans l'égout à
travers le tuyau télescopique, produit des chasses très puis-
santes, opérant le dévasement et le lavage. Le tuyau, qui
prend appui, par son orifice inférieur, sur la vase de l'égout,
s'enfonce de plus en plus, automatiquement, à mesure que
le délavage se produit.

Comme il faut à peine cinq secondes pour vider le réservoir, on peut se rendre compte de l'énergie de la chasse, qui
se trouve augmentée encore par la hauteur de la chute
d'eau.

A Anvers, le service de curage des petits égouts, généralement de faible pente, qui ont une section moyenne de $0^m,75$
sur $0^m,50$ et un développement de près de 100 kilomètres
se fait exclusivement au moyen de deux de ces appareils de
chasse.

Quatre hommes suffisent à la manœuvre de l'appareil, et il
est inutile de recourir à l'emploi de chevaux. L'appareil ne
revient pas à plus de 2.000 francs.

M. Wittevronghel utilise aussi pour le curage de certains
égouts de plus grandes dimensions un appareil auquel il a
donné le nom de « poche-vanne ». Cet appareil (*fig.* 72) consiste en une poche en toile à voile goudronnée dont les dimensions varient suivant celles de l'égout ou du collecteur à
curer. Cette poche est introduite dans l'égout par les cheminées d'accès. Sa partie supérieure est ouverte et retenue en
divers points par de petits câbles en acier, qui sont réunis à
un écrou monté sur une forte tige filetée. Cette tige est fixée
à l'intérieur de la cheminée de façon à retenir en place la
poche, qui est ainsi suspendue à l'écrou. La poche est alors
remplie d'eau ; le poids de cette eau serre énergiquement la
toile contre les parois de l'égout et forme un obstacle à
l'écoulement des eaux d'amont. Lorsque celles-ci sont suffi-

samment élevées, on dévisse l'écrou. Aussitôt la poche-vanne, poussée par la pression des eaux d'amont, s'abat, et la chasse se produit.

La poche-vanne est retenue par une corde, afin de ne pas être emportée par le courant.

Par ce système, appliqué à un collecteur de 3.500 mètres

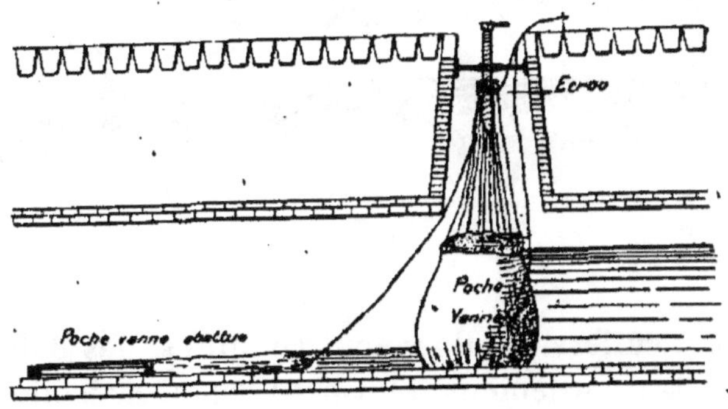

Fig. 72. — Poche vanne pour le curage des égouts.

de longueur et 2 mètres de largeur, renfermant en moyenne $0^m,50$ de hauteur de vase, le curage revient à 0 fr. 07 par mètre courant.

Déversoirs d'orage. — Étant données les sections et les pentes des trois collecteurs, leur débit à section pleine est de :

$6^{m3},228$ pour le collecteur général ;
7   ,982 pour le collecteur de rive droite ;
7   ,825 pour le collecteur de rive gauche ;
4   ,101 pour le collecteur de l'est.

Bien qu'un tel débit puisse assurer l'écoulement des eaux d'un violent orage, il a été prévu, sur le parcours des collecteurs, des déversoirs dans les rivières a et b, précautions indispensables pour éviter le fonctionnement des égouts en conduite forcée et éviter, en même temps que l'inondation des chaussées, l'envahissement des caves et sous-sols des immeubles par les eaux d'égout.

La figure 73 donne la coupe longitudinale des divers déversoirs à construire sur le parcours des collecteurs. On trouvera plus loin ceux prévus aux extrémités amont et aval des siphons, ainsi qu'à l'extrémité aval du collecteur général.

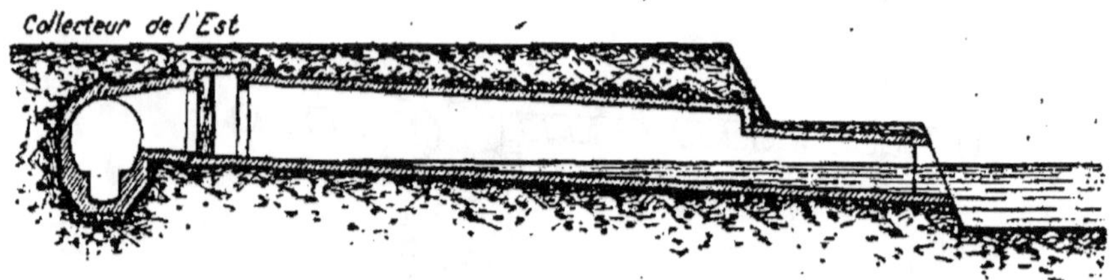

Fig. 73.

Détails particuliers. — Pour tout ce qui est des détails de construction (raccordement d'un petit égout au collecteur, raccordement de deux collecteurs ou raccordement de deux petits égouts, etc.), les lecteurs en trouveront la description et les dessins dans la deuxième partie.

DE LA CANALISATION

Nature des tuyaux à employer. — Le grès est, après la porcelaine, la plus dure et la plus salubre de toutes les poteries.

Tandis que les tuyaux en fonte s'oxydent avec une très grande rapidité et offrent sur leurs parois internes des aspérités spongieuses où les ferments et les matières viennent adhérer, les tuyaux en grès vernissé, que la nature de la pâte serrée et compacte rend absolument imperméable, inaltérable et inattaquable aux acides, assurent aux eaux vannes un écoulement complet et facile.

Type des tuyaux. — Les tuyaux ordinaires à emboîtement à collet (*fig.* 74), éprouvés à une pression interne de 5 à 7 atmosphères et à une pression externe de 1.200 à 1.500 kilogrammes, sont ceux employés pour l'écoulement des eaux vannes. Ils affectent des formes diverses : normales, comme la figure 74, courbés, tronconiques, parallèles (*fig.* 75).

D'autres, comme l'indiquent les figures 76 et 77, sont à tubu-

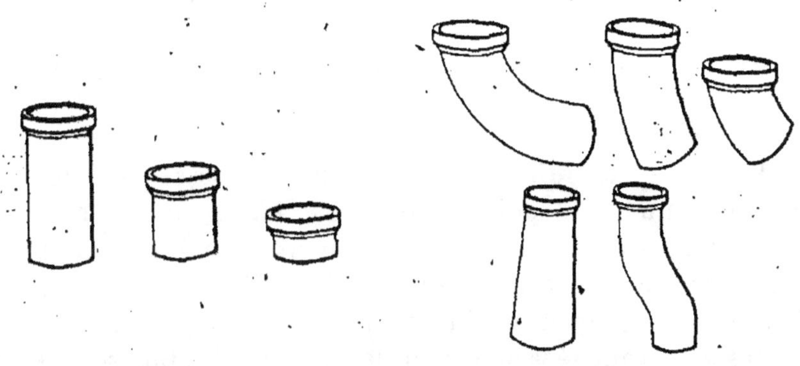

FIG. 74.
Tuyaux droits à collets.

FIG. 75.
Tuyaux courbes, tronconique et parallèle.

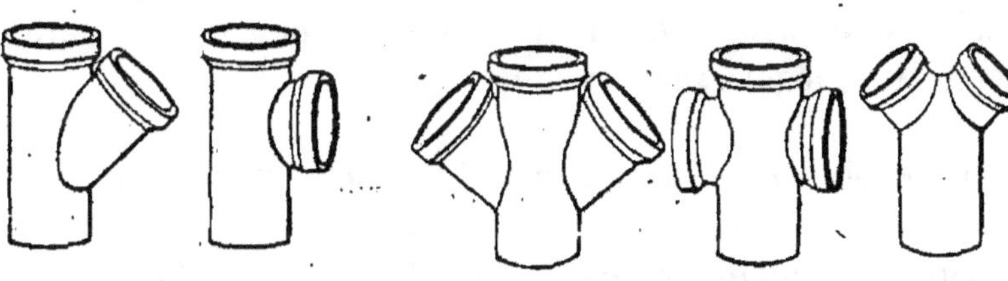

FIG. 76.
Tuyaux à simple tubulure.

FIG. 77.
Tuyaux à double tubulure.

FIG. 78. — Tuyau de regard.

lures simples ou doubles ; d'autres enfin sont avec branchement de regard (*fig.* 78), lequel sert à volonté pour permettre l'inspection de la canalisation ou pour la ventilation de la canalisation.

Points à considérer dans l'exécution d'une canalisation. — Il y en a quatre :

1º La pente générale donnée à la canalisation ;

2º La pose et les joints reliant les tuyaux ;

3º L'emploi judicieux des chasses d'eau et des regards de visite ;

4º Le jonctionnement d'une canalisation avec un égout maçonné.

1º PENTE. — Contrairement à ce qui se passe pour les égouts maçonnés, on doit toujours chercher, dans l'étude d'une canalisation, à lui assurer la pente maxima que la configuration du sol permet de lui donner. Plus la pente sera faible, plus les moyens de lavage devront être puissants et réguliers. Les tranchées pour la pose de la canalisation seront exécutées en suivant les mêmes principes indiqués ci-dessus pour la construction des égouts.

Toutefois, quand il s'agit d'un bon terrain non ébouleux, on pourra se dispenser d'étayer la fouille, mais on donnera aux terres une légère inclinaison.

2º POSE ET JOINTS. — En raison de la nature du sol du projet à l'étude, les canalisations reposeront, pour la plus grande partie, sur une couche de béton de $0^m,30$, qui aura été coulée au préalable et parfaitement nivelée.

On devra avoir soin de faire reposer le tuyau sur le corps et non sur le collet. Le joint devra être en ciment de bonne qualité mélangé de sable, fait avec un soin minutieux et lissé intérieurement au moyen d'un tampon ou d'une brosse humide, de façon à éviter les fuites par lesquelles le sol pourrait être infecté, et les aspérités qui pourraient provoquer l'obstruction de la canalisation. On devra surtout proscrire le ciment contenant de la magnésie, à cause de sa dilatabilité excessive.

Le raccordement d'une conduite principale avec une conduite secondaire devra toujours être fait avec une jonction d'un diamètre égal à la conduite que l'on raccorde. C'est une condition essentielle pour une bonne canalisation qui, trop souvent, est omise (*fig.* 79).

Afin de pouvoir raccorder sur la canalisation publique les branchëments des immeubles en bordure, après la pose de

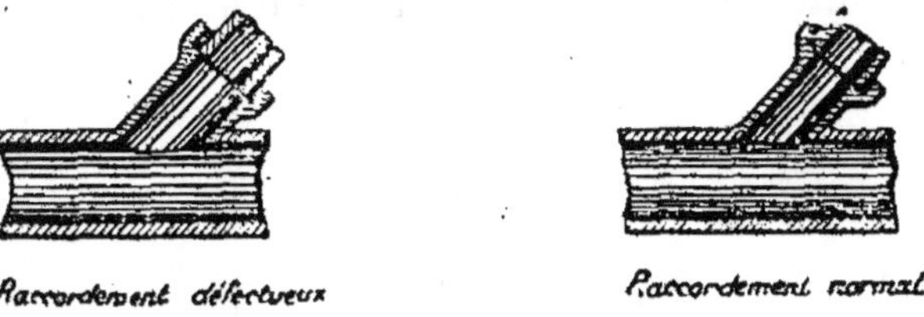

Fig. 79.

cette canalisation, on devra placer au droit de chaque im-

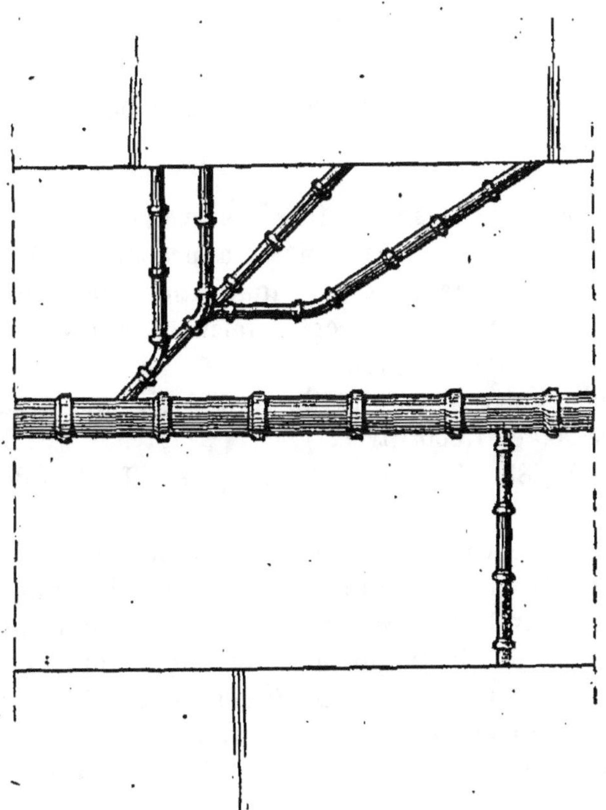

Fig. 80.

meuble un bout de tuyau avec branchement en attente. Ce tuyau, établi vis-à-vis les mitoyennetés de chaque immeuble, comme l'indique la figure 80, permettra toujours le raccordement avec l'immeuble situé en amont, quel que soit le point de sortie du tuyau à travers la maçonnerie de la maison.

Le tuyau en attente sera obturé à l'aide d'une tuile scellée

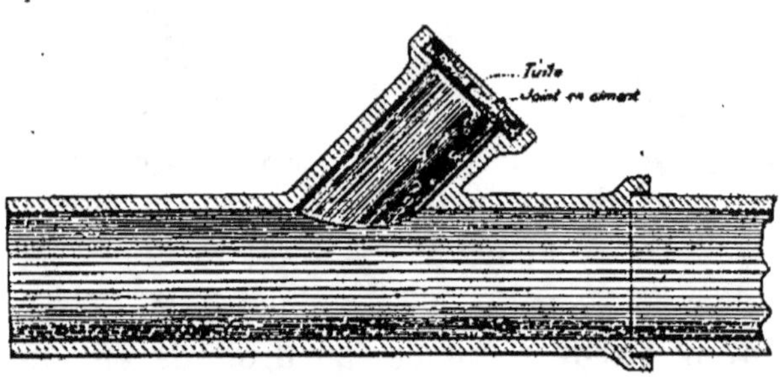

Fig. 81.

dans le collet, disposition qui assurera une parfaite étanchéité (*fig*. 81).

3° RÉSERVOIRS DE CHASSE. — Des réservoirs de chasse à vidange automatique, dont le débit sera proportionnel à la capacité et à la longueur de la canalisation, devront être placés à chaque point haut de cette dernière, afin d'assurer un lavage fréquent et complet.

Dans l'espèce, ces réservoirs devront avoir une capacité variant entre 500 et 1.500 litres.

Les figures 82, 83, 84 donnent trois types différents de ces chambres.

Comme les réservoirs sur égout, ceux sur canalisation seront construits en meulière avec mortier de ciment et recouverts d'un enduit de $0^m,02$ en ciment de Portland.

Des réservoirs de chasse portatifs ont été employés pour le nettoyage des conduites. *Le Génie civil* donne la description d'un appareil employé à New-Hawen (Connecticut) par MM. Ferry et Billon, ingénieurs du service de l'Assainissement (*fig*. 85).

Des regards, avec échelle de descente, sont disposés sur la conduite et fermés, au fond, par une cloison mobile inclinée en planches K. Chacun d'eux contient, à demeure, un

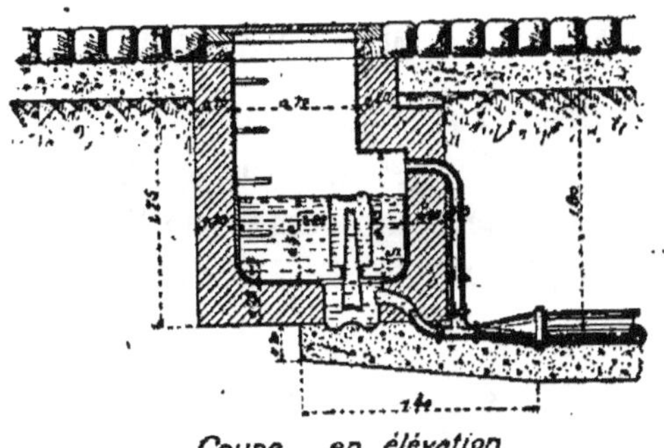

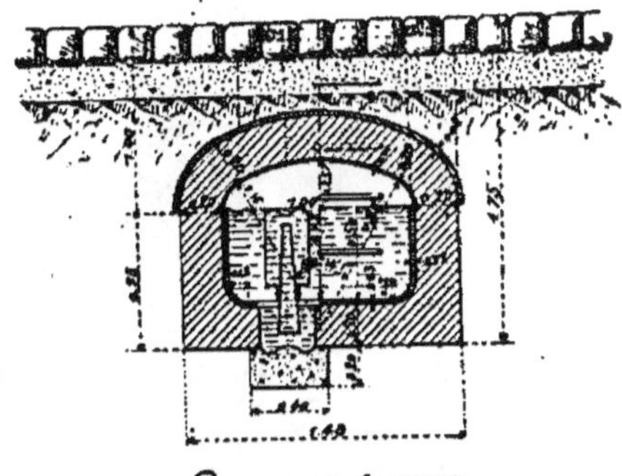

Fig. 82. — Réservoir de chasse de 500 litres de capacité.

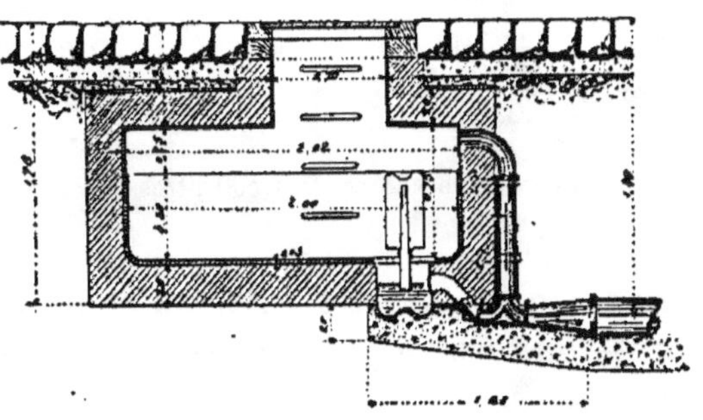

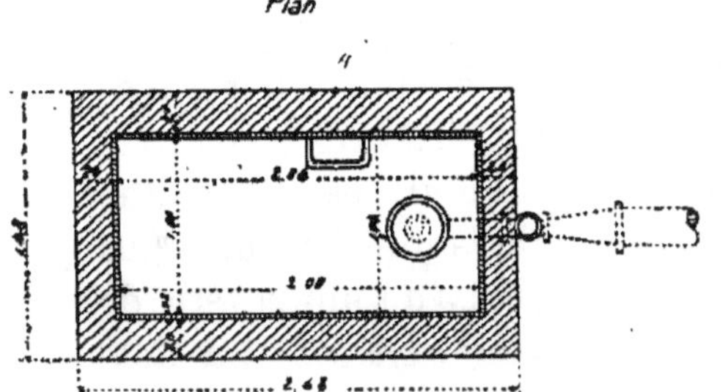

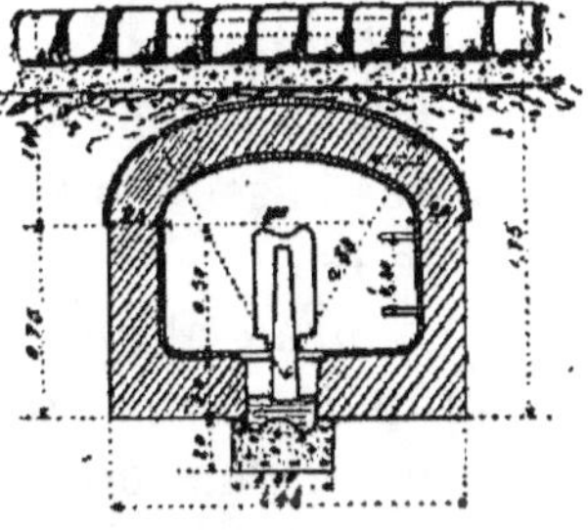

Fig. 83. — Réservoir de chasse de 1.000 litres de capacité.

tuyau B en tôle galvanisée, construit en deux parties. La plus
basse a environ 0ᵐ,27 de diamètre, l'autre n'a que 0ᵐ,25 et
se télescope dans la première, en sorte que l'appareil suffit
pour des canalisations placées de 2ᵐ,25 à 4ᵐ,50 de profon-

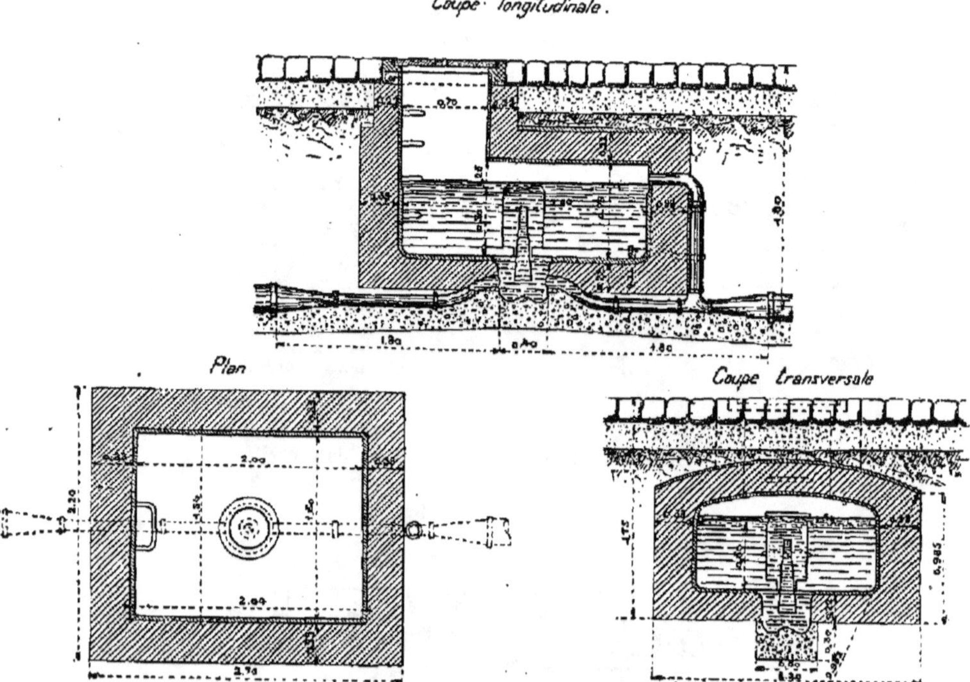

Fig. 84. — Réservoir de chasse de 1.500 litres de capacité.

deur. Un tuyau en toile, A, qui est fixé au chariot et se rabat
au-dessous lorsqu'on le change de place, est adapté sur le
tuyau B.

La cloison inclinée K s'ajuste, par une partie découpée
circulairement, sur le même tuyau pour l'empêcher de recu-
ler sous l'action de la force vive développée par le courant
d'eau. L'homme chargé de ce soin sort ensuite du regard,
fait glisser la section supérieure dans l'inférieure, et y introduit une cordelette à l'extrémité de laquelle est fixée une
boule de forme allongée, avec un diamètre inférieur de 0ᵐ,05
à celui de la canalisation ; elle est en bois de pin revêtu de
caoutchouc. Puis on relie le tuyau A au tuyau B. Un flot-

teur M indique le moment où le remplissage du réservoir
est à peu près terminé. Un levier N commande l'alimentation
des tuyaux A et B au moyen d'une valve C que le conducteur
du chariot relève en s'appuyant sur le levier.

Le réservoir a une capacité d'environ 3 mètres cubes ;
il se remplit en quatre minutes aux postes d'eau et se vide
en sept secondes. La cordelette porte des nœuds qui permettent de se rendre compte du point où la boule est arrêtée, s'il y a obstruction, ce qui n'est, du reste, jamais arrivé depuis qu'on a adopté pour les boules la forme allongée.

Quand on fait manœuvrer l'appareil, on place un homme au regard situé immédiatement en aval pour pelleter le sable au fur et à mesure qu'il

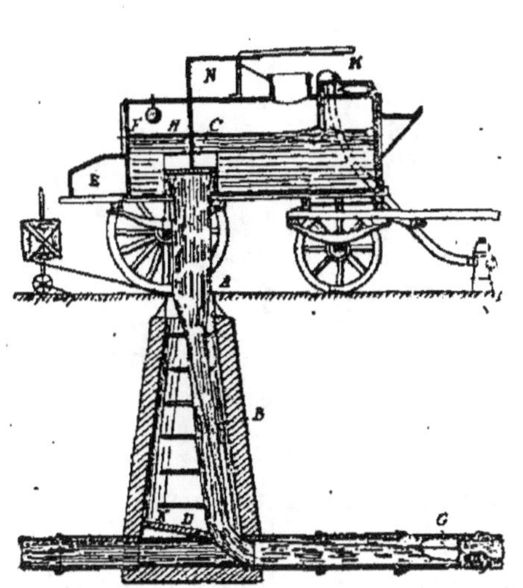

Fig. 85.

est détaché du fond par le courant.

Quand les canalisations ne contiennent que des dépôts
sans consistance, une seule journée suffit pour nettoyer de
6 à 8 kilomètres de canalisation ; on n'a pas même besoin,
dans ce cas, de faire une chasse par chacun des regards, et
on se borne à passer à la fois deux ou trois boules, en
déroulant le fil enroulé sur un bobinoir. Comme économie
dans le travail obtenu, l'*Engineering Record* cite le fait suivant :
On parvient en trois heures à curer complètement une certaine conduite de $0^m,375$, qu'on mettait auparavant de huit
à dix jours à nettoyer à la main. L'équipe employée comprend quatre hommes, deux chevaux pour traîner le chariot
à réservoir, et un cheval avec tombereau pour amener les
accessoires et porter à la décharge les dépôts enlevés des
regards. La dépense totale atteint 80 francs par jour de travail.

4° JONCTIONNEMENT D'UNE CANALISATION AVEC UN ÉGOUT MAÇONNÉ. — On fera emploi des blocs-jonctions en grès vernissé (*fig.* 86) qui offrent une sécurité parfaite lorsqu'il s'agit de relier une canalisation avec un égout en maçonnerie.

Ces blocs sont faits de manière à présenter sur le flanc la même épaisseur que la maçonnerie de l'égout, et leur surface intérieure est cintrée, comme l'égout lui-même ; chaque bloc est pourvu d'un collet soit intérieur, soit légèrement en relief, destiné à recevoir le tuyau de branchement. Ces blocs, fixés dans le mur de l'égout, font corps avec lui et reçoivent le branchement.

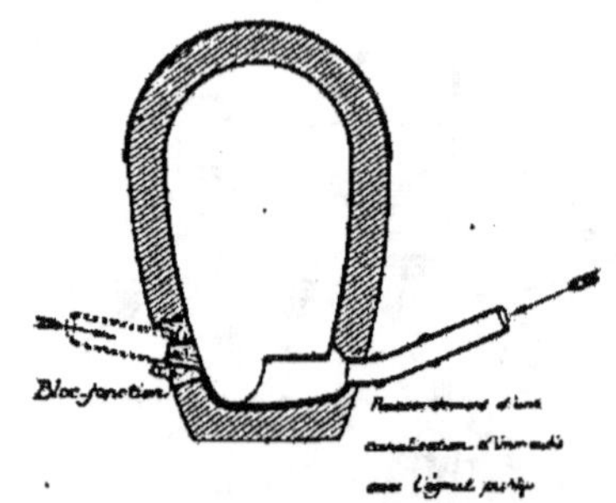

Fig. 86.

Ces pièces, posées pendant la construction de l'égout, présentent l'avantage d'éviter un refouillement dans la maçonnerie de cet égout, lors de l'établissement d'une canalisation.

Lorsqu'une canalisation débouchera du côté de la banquette de l'égout, on adoptera les dispositions de la figure 86. Dans ce cas, la banquette devant être coupée, le vide sera recouvert d'une grille.

Bouches sur canalisation. — Sur les canalisations et aux points bas de chaque pâté de maisons, on placera une bouche d'égout.

Ces bouches seront formées de tuyaux du type de la canalisation.

Afin d'éviter que les grosses immondices soient projetées dans les tuyaux et les engorgent, il sera placé un panier-filtre sous chaque bavette (*fig.* 87).

Ce panier, qui reposera sur une cuvette siphonnante recueillant les eaux s'écoulant du filtre, sera enlevé de la chaussée. A cet effet, une ouverture recouverte d'une plaque en tôle striée a été ménagée sur le trottoir au-dessus du panier.

Regards sur canalisation. — Des regards d'observa-

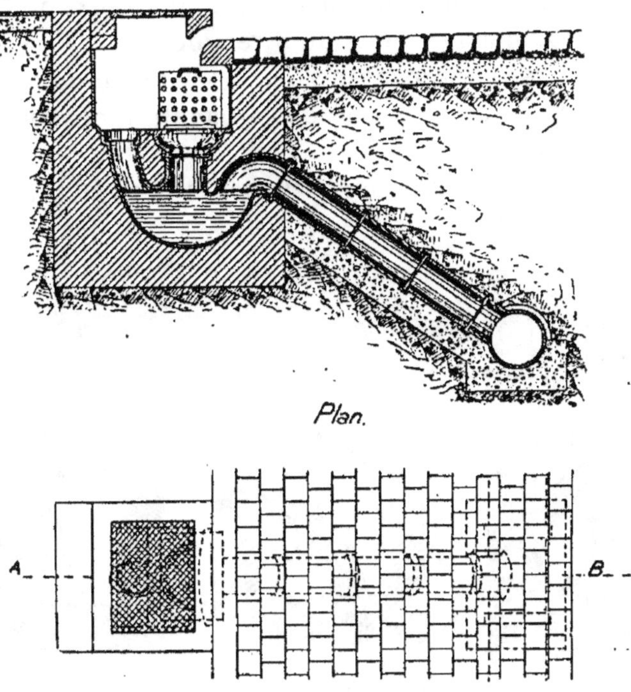

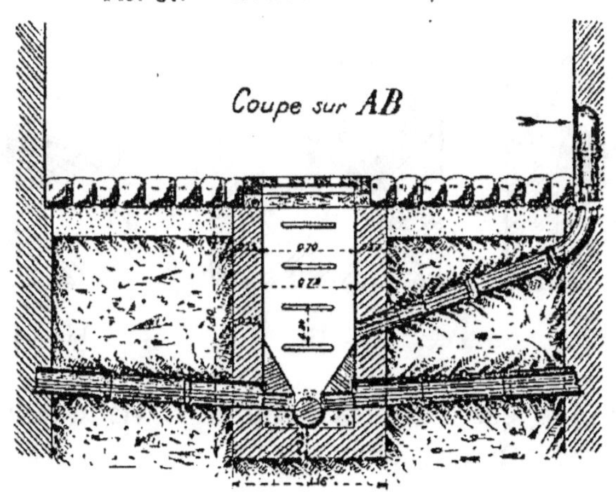

Fɪɢ. 87. — Bouche sur canalisation.

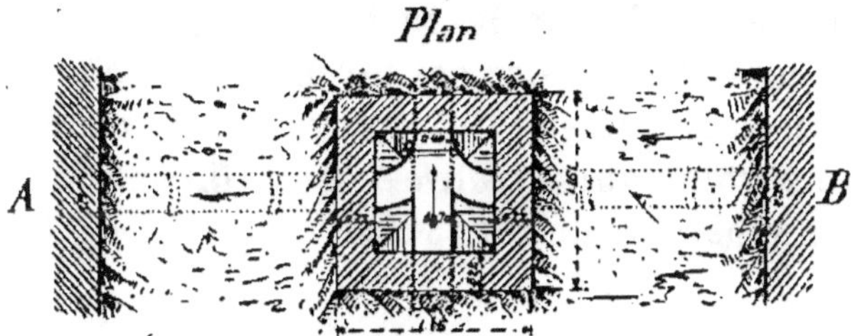

Fɪɢ. 88. — Regard sur canalisation.

tion (*fig.* 88) seront disposés tous les 50 mètres environ le long de la canalisation et particulièrement aux points de jonction ou aux changements de direction.

Ces regards seront recouverts par un tampon en fonte ou en fer, suivant que le tracé de la canalisation sera sous trottoir ou sous chaussée.

Les figures 89 à 94 indiquent les dispositions le plus géné-

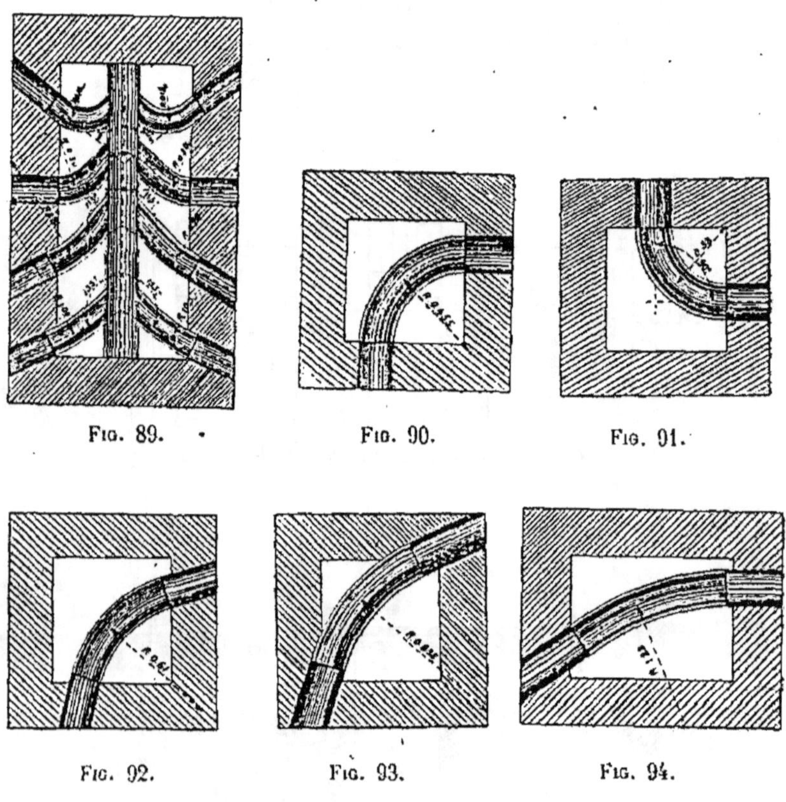

Fig. 89.   Fig. 90.   Fig. 91.

Fig. 92.   Fig. 93.   Fig. 94.

ralement employées dans les regards de visite pour le raccordement des canalisations.

Formules pour calculer la section des canalisations. — On déterminera le diamètre des tuyaux en prenant, comme exemple, un bassin desservi par un réseau de canalisations.

Le plus important, qui se trouve être un affluent de l'égout X, dessert une superficie de $4^{ha},15^{a},89^{c}$.

La quantité d'eau que débitera cette canalisation en temps de pluie sera de 12 litres par seconde que l'on majorera de 1/12, pour tenir compte des dépôts et des coudes, soit 13 litres.

On fera usage des formules

$$ri = 0,002u^2,$$
$$Q = \pi r^2 u,$$

dans lesquelles ;

$r =$ le rayon de la conduite ;
$i =$ la pente par mètre $= 0,005$ par mètre ;
$Q =$ le débit.

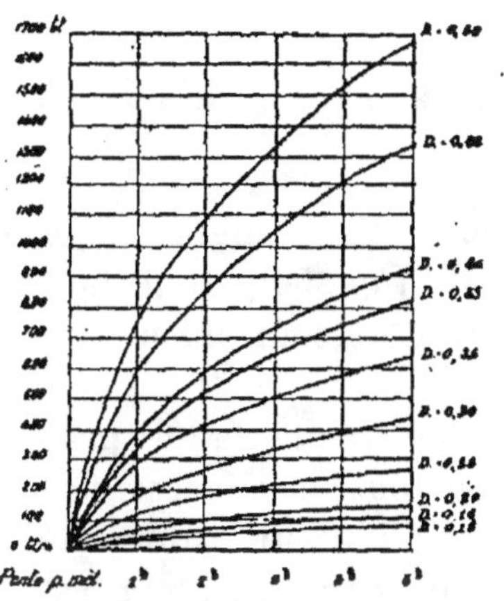

FIG. 95.
Débits par seconde des tuyaux en grès, pleins, en fonction du diamètre et de la pente (d'après la formule de Bazin).

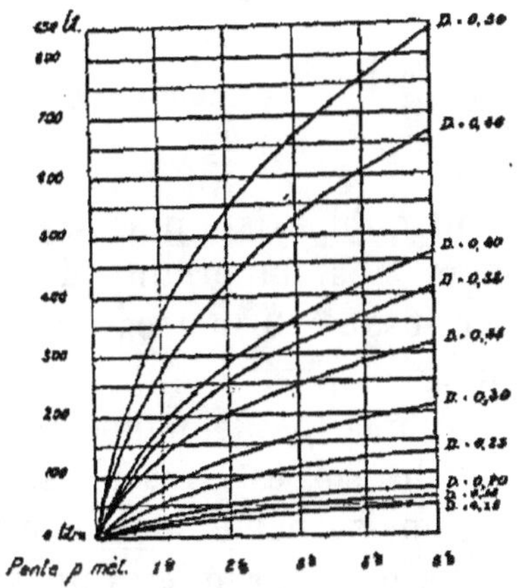

FIG. 96.
Débits, par seconde, des tuyaux en grès, demi-pleins, en fonction du diamètre et de la pente (d'après la formule de Bazin).

On aura :

$$u^2 = \frac{ri}{0,002} \quad \text{et} \quad u = \frac{Q}{\pi r^2} ;$$

d'où :

$$\frac{ri}{0,002} = \frac{Q^2}{\pi^2 r^4}.$$

En résolvant, on trouve

$$r = \sqrt[5]{\frac{Q^2 \times 0,002}{\pi^2 i}},$$

et pour r la valeur 0.09.

Afin de parer aux afflux considérables d'orage et éviter que la canalisation, fonctionnant en conduite forcée, puisse se briser ou se disjoindre, on augmentera la surface de section d'une certaine quantité, de manière que la canalisation ne soit remplie que de la moitié. Ce qui portera son diamètre à 0ᵐ,25 (on. adoptera 0ᵐ,30).

On calculera de même les autres types de canalisation du même réseau.

Il suffira toutefois de s'arrêter à quatre diamètres différents :

Ceux de 0ᵐ,20, 0ᵐ,30, 0ᵐ,40 et 0ᵐ,50.

Les tableaux graphiques (*fig*. 95, 96) faciliteront beaucoup les calculs.

NAPPE SOUTERRAINE

On sait qu'il existe une nappe souterraine baignant une superficie très importante de la ville (*fig*. 56), qu'il faut abaisser jusqu'à 3 mètres au moins au-dessous du niveau des rues.

La présence d'une nappe souterraine à une faible profondeur du sol est très malsaine, surtout si elle est stagnante ; mais, même mobile, elle entretient une humidité constante, et la première pensée d'un administrateur est sinon de la faire disparaître, du moins de chercher à l'abaisser.

M. Arnold, professeur à la Faculté de Lille, dans ses *Éléments d'hygiène*, s'exprime ainsi sur les oscillations verticales d'une nappe voisine du sol :

Une nappe trop voisine du sol peut exercer une influence fâcheuse ; mais ce n'est pas tant la proximité de la nappe qui a de l'importance, que ses oscillations verticales.

En effet, les couches du sol absolument noyées et inaccessibles à l'air ne permettent pas, ou n'admettent que difficilement, le travail de putréfaction de matières organiques. Les médecins légistes savent, par exemple, que les cadavres se conservent beaucoup plus longtemps à l'eau qu'exposés à l'air. De même, si l'air est parfaitement sec, la décomposition peut être indéfiniment retardée. Il en résulte que, de la part du sol, l'état le plus favorable aux fermentations organiques dans son intimité, est celui que nous avons appelé humide, c'est-à-dire qui permet le conflit de l'eau et de l'air sur les matières organiques que le sol a reçues.

De là l'importance des oscillations de la nappe souterraine.

Si, après avoir été très élevée, c'est-à-dire voisine de la surface, et faisant obstacle à la fermentation dans les couches les plus riches en détritus organiques, elle se met à descendre, il est clair qu'elle laisse le sol humide et qu'en même temps elle est remplacée par de l'air; qu'elle soit, au contraire, très basse dans un temps prolongé, les couches superficielles se dessèchent; ne possèdent que de l'air et, par conséquent, sont salubres; mais, si l'eau souterraine vient à remonter, le sol au-dessus se mouille de nouveau et, quoique salubre au temps de la submersion, reprend l'humidité nécessaire à la putréfaction pour le moment où la nappe s'abaisse derechef.

« Ce n'est, dit Pettenkoffer, ni le sol poreux en soi ni la nappe souterraine seule, qui ont de l'importance vis-à-vis du développement des épidémies cholériques; les circonstances déterminantes, ce sont les alternances de niveau de cette nappe, les inondations souterraines.

« L'épidémie de 1854, à Munich, et celle de 1855, à Zurich et ailleurs, ont été précédées d'une énorme élévation du niveau de l'eau tellurique [1]. »

Il va de soi que l'auteur n'attribue pas une influence directe et mystérieuse à ces oscillations mêmes; celles-ci agissent en humectant les détritus organiques de provenance humaine dont le sol est imprégné, non seulement sous les habitations en maçonnerie de nos villes et de nos villages, mais sous les tentes des troupes en expédition autour des baraques et des boutiques improvisées où s'abritent et se fournissent les ouvriers employés aux grands travaux publics, et même aux lieux de campement de caravane de pèlerins, dans la traversée du désert. La souillure dangereuse, dans le cas présent, est la dispersion ou la pénétration dans le sol des excréments humains. Le moment redoutable est celui où, à une ascension considérable du niveau de l'eau souterraine, succède un abaissement qui laisse derrière lui l'humectation et fait appel à l'air extérieur. C'est dans le sol d'alluvion que ce phénomène est le plus facile et le plus commun. Même dans l'Inde, il semble présider aux réveils épidémiques de l'endémie dont cette contrée a le fâcheux privilège.

De cette situation on doit conclure qu'il est nécessaire

---

[1] Nappe souterraine (Grundwaser).

d'abaisser une nappe souterraine et d'en restreindre les oscillations verticales.

Il y a plusieurs moyens dont on peut disposer. On va les passer en revue.

Drainage du sous-sol. — Dans le cas actuel, la présence de la nappe souterraine à une si faible profondeur du sol est due incontestablement à l'existence des rivières *a* et *b*, qui ont leur lit établi à une très faible profondeur et dont l'altitude du plan d'eau forme obstacle à l'écoulement des eaux telluriques.

En raison de l'importance de la nappe et de la nature du sol, très perméable, la solution la plus favorable qui se présente consiste en l'abaissement, dans la traversée de la ville, du plafond des rivières, d'une profondeur telle que le plan d'eau soit abaissé à un niveau plus bas que celui qu'on désire obtenir pour la nappe souterraine.

Les rivières serviront alors de drain naturel.

Étant données les cotes du plafond de ces rivières, le problème est très facile à résoudre.

Comme il a souvent été constaté, à Paris notamment, que la construction d'égouts dans une ville favorisait l'abaissement de la nappe d'eau, nous estimons que ceux que nous projetons normalement à ces rivières suffiront pour y amener les eaux sans avoir recours à nul autre drainage.

Il demeure bien entendu, toutefois, que c'est seulement par un glissement de l'eau sur les parois en maçonnerie de l'égout que ce phénomène se produit et non par suite de la perméabilité des matériaux dont cet égout est composé.

Un autre procédé, consistant à se servir des égouts eux-mêmes comme drains, pourrait être également employé. Il suffirait de favoriser la pénétration des eaux souterraines dans les galeries, par l'établissement de barbacanes disposées le long des piédroits et pénétrant dans le sol humide. Mais ce procédé pourrait avoir un grave inconvénient, à la suite d'un orage, lorsque le plan d'eau s'élèverait dans l'égout et atteindrait l'orifice des barbacanes.

Cependant ce mode de drainage peut être utilisé avantageusement, lorsque l'égout est établi profondément et que les eaux d'orage ne sont pas susceptibles de refluer dans les terres. Toutefois le délayement excessif des eaux vannes diminuant leur valeur comme engrais, il ne faudra admettre ce procédé que dans le cas où la nappe serait peu importante. D'une manière générale, le principe de l'envoi à l'égout des eaux de la nappe souterraine doit être condamné, dans toute étude où il est nécessaire de relever les eaux d'égout par des pompes, en raison du coût de l'exploitation.

Dans certaines villes d'Angleterre on emploie le radier en grès dit bloc-jonction, dont il a été parlé plus haut et qui peut rendre des services dans l'espèce ; mais il est à craindre que les trous latéraux perforés à la base se bouchent et que les eaux ne trouvent plus d'issue.

Pour la construction d'un égout dans une nappe souterraine, on a recours à la pose de drains en béton ou en grès que l'on place au fond de la fouille (*fig.* 97). Ces drains sont

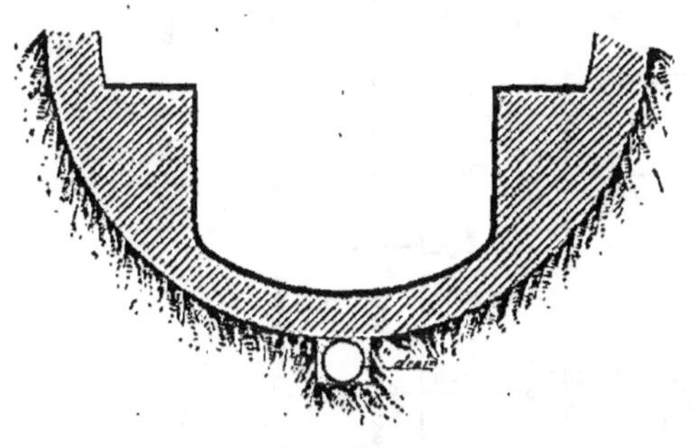

Fig. 97.

dressés dans l'axe de la galerie et nivelés de telle sorte que la maçonnerie du radier vienne reposer dessus.

A certains points, ils débouchent dans un puisard, et les eaux qui y sont amenées sont élevées à l'aide de pompes.

Pour favoriser l'accession de l'eau dans ces drains, on les entoure de pierraille et on les place à une certaine distance les uns des autres.

Au lieu de déboucher dans un puisard, on les fait quelquefois déboucher librement, en les prolongeant sur une certaine distance.

Ce procédé, employé également dans certains endroits

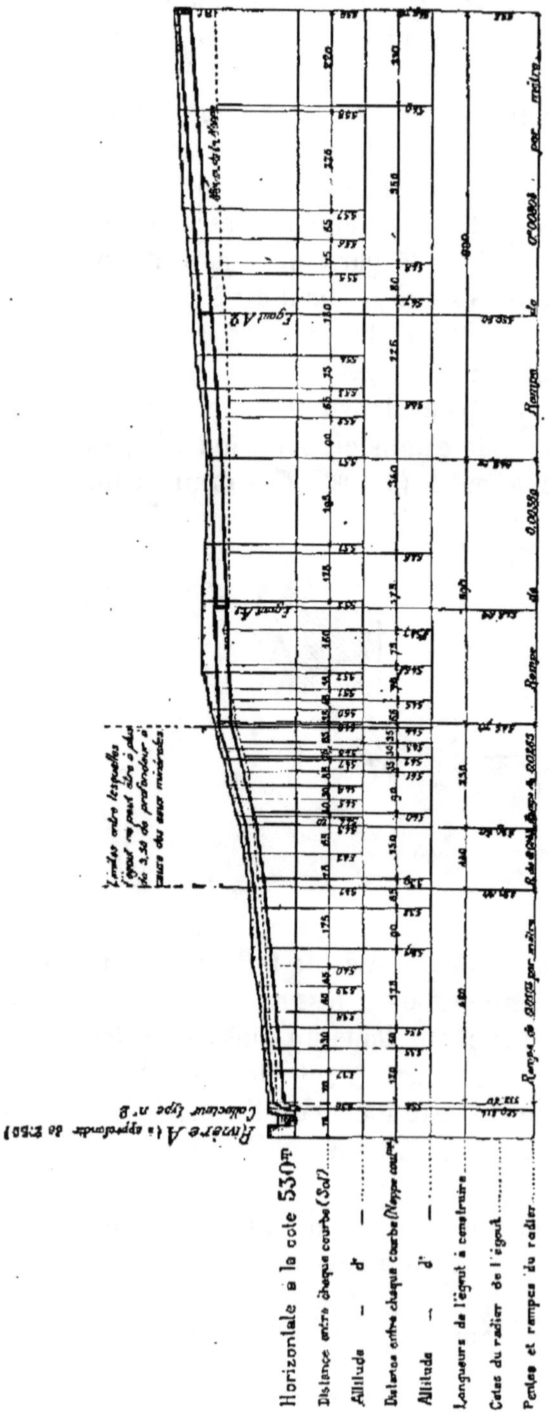

FIG. 98. — Profil en long de l'égout A.

pour le drainage d'une nappe souterraine, peut présenter de graves inconvénients, et il doit être écarté. En effet, à la longue, ces drains, dont la surveillance est impossible, peuvent s'engorger et se briser, des excavations peuvent se produire sous le radier de l'égout, et celui-ci peut céder. Ces inconvénients ayant été maintes fois constatés, on estimera que le drainage établi pour la période de la construction doit être considéré comme provisoire et enlevé au fur et à mesure de l'avancement des maçonneries du radier.

Un autre moyen plus radical, celui-là, peut être employé pour abaisser une nappe souterraine régnant dans une ville traversée par une petite rivière suivant la même direction que la nappe. Il s'agit de détourner le cours de la rivière hors la ville et d'approfondir le lit au droit de celle-ci.

Terrains environnant les bains. — Le programme spécifie également qu'autour des bains (*fig.* 57) les égouts ne pourront pas être descendus à plus de 3^m,50 de profondeur, à cause des eaux minérales.

Le profil en long de l'égout, désigné par A (*fig.* 98), montre que l'on a respecté cette donnée du programme, en donnant au radier de cet égout un profil brisé avec des pentes variables, quelquefois même un peu faibles.

DÉTAILS DIVERS DU PROJET

Le collecteur de la rive droite viendra se relier à celui de la rive gauche, à l'extrémité de la ville, en passant sous la rivière *a*.

Étant donnés les niveaux des radiers des deux égouts collecteurs et celui actuel du plafond de la rivière, il serait possible de passer sous cette dernière en ligne droite, en réduisant la traversée à un anneau de 1 mètre de diamètre.

Mais, en raison de l'approfondissement de cette rivière, pour assurer un écoulement facile aux eaux de la nappe souterraine, l'établissement d'un siphon s'impose.

On a prévu (*fig.* 99) la pose de deux tubes de 0^m,50 de dia-

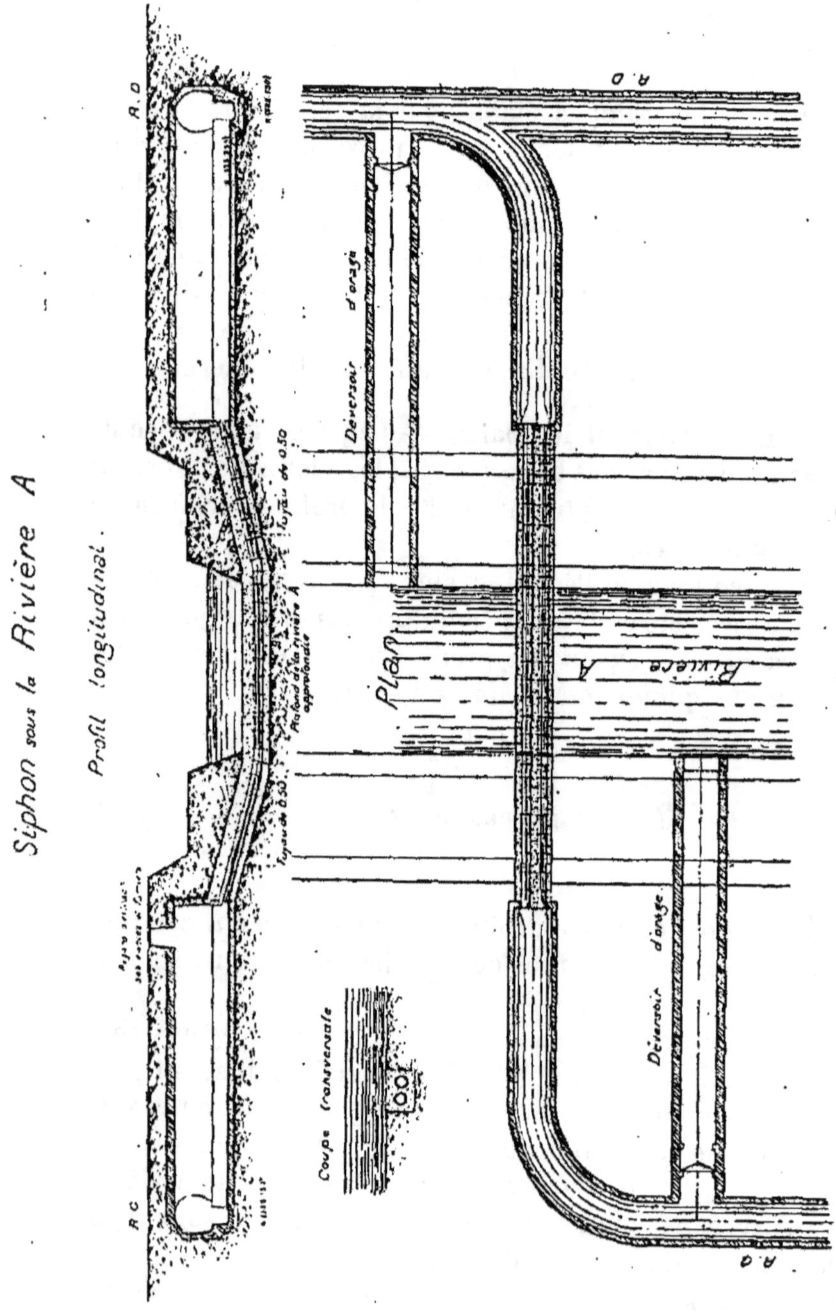
Siphon sous la Rivière A
Profil longitudinal.
Plan
Déversoir d'orage
Déversoir d'orage
Rivière A
Coupe transversale
R.D
R.G
R.D
R.D
Tuyau de 0.50
Tuyau de 0.50

FIG. 99.

mètre, qui donneront toute sécurité dans le cas même où un
des deux viendrait à être obstrué momentanément.

A l'extrémité amont de ce siphon, il a été aménagé une
grille d'épuration pour empêcher l'introduction dans les
tuyaux de corps susceptibles de les obstruer. Aux deux extrémités, amont et aval, il a été établi un déversoir de superficie permettant aux eaux d'orage de s'écouler dans la rivière,
à partir d'un certain niveau.

De même, pour donner une issue à l'égout S', on établira
sous la rivière *b* un deuxième siphon (*fig*. 100), qui permettra
de le faire communiquer avec le collecteur de l'est.

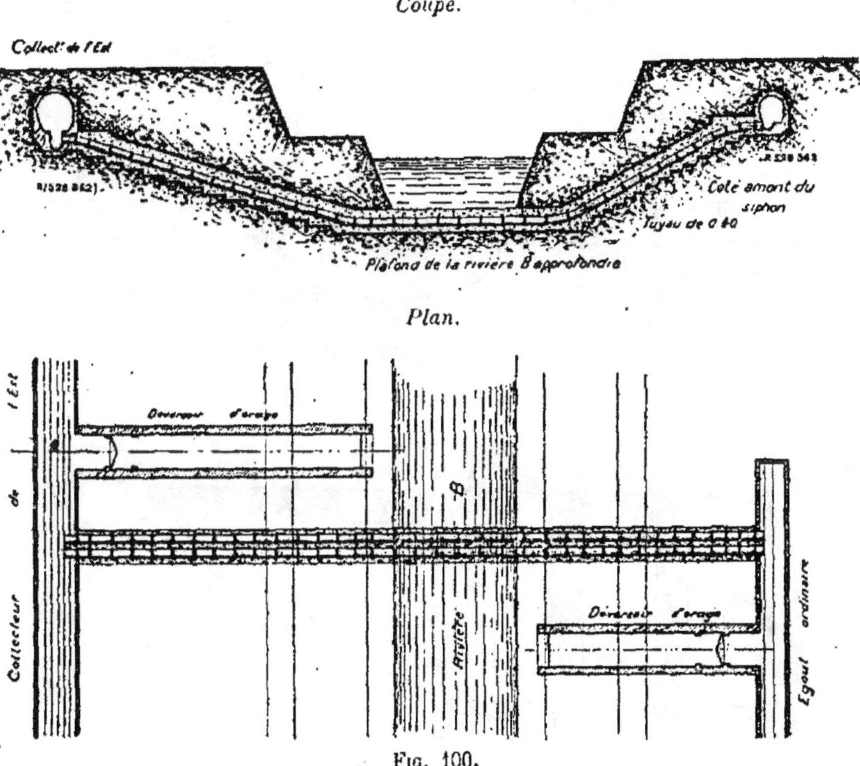

Fig. 100.

Ce siphon sera composé de deux tubes de $0^m,40$ de diamètre. Aux deux extrémités amont et aval sont également
prévus des déversoirs de superficie. Afin d'éviter la pose
d'une grille à l'extrémité amont du siphon et la présence d'ouvriers, il suffira de mettre des paniers à fumier

(*fig.* 356 et 357, p. 585) au-dessous des quatorze bouches
établies sur cet égout.

Bassins de désablement. — A l'extrémité aval du collecteur, en dehors de la ville, il a été prévu des chambres dans
lesquelles viendront se déposer les sables charriés par les
collecteurs.

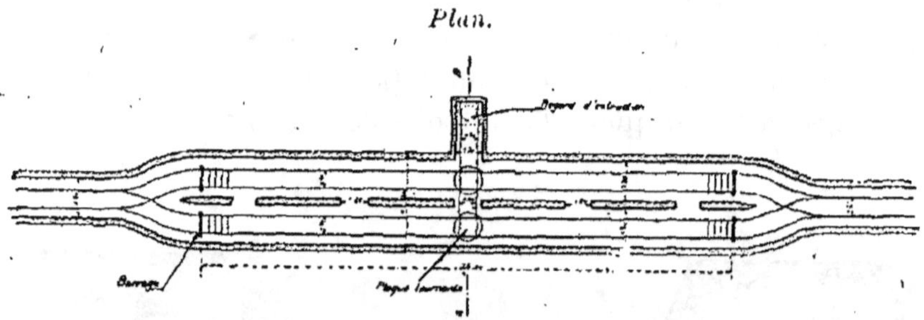

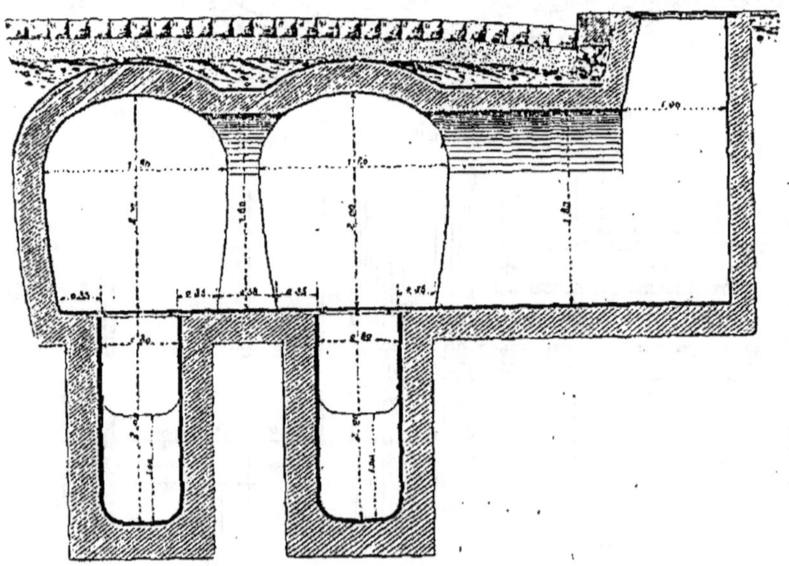

Fig. 101. — Bassin de désablement.

Il est indispensable, en effet, de retenir ces matières lourdes
en amont de la canalisation conduisant les eaux aux champs
d'épandage.

Diverses dispositions peuvent être adoptées pour ces
ouvrages; la deuxième partie en contient plusieurs types;

mais l'on suppose ici l'application de celui qui est le plus usité à Paris et qui donne d'excellents résultats (*fig*. 101).

La deuxième partie indique également le fonctionnement de ces bassins.

Chambre d'extrémité. — Faisant suite aux bassins de décantation décrits ci-dessus, on a prévu une chambre d'extrémité dans laquelle viendront déboucher les canalisations conduisant les eaux sur les terrains d'épandage, ainsi que celles destinées à décharger dans la rivière *a* les eaux du collecteur, en cas d'orage.

Les figures 102, 103, 104 donnent les dispositions adoptées pour cette chambre.

A l'extrémité amont de la chambre serait posée, à travers la cunette, une grille à larges mailles, destinée à retenir les matières flottantes qui sont charriées par les eaux et qui ne se seraient pas déposées dans les bassins. Cette précaution est indispensable, à cause de la nature de ces matières flottantes, qui pourraient causer de graves désordres dans les canalisations de décharge.

La conduite d'alimentation des terrains d'irrigation aurait son radier établi à la même altitude que celui du collecteur. L'entrée des eaux pourrait être condamnée, pour une cause quelconque, à l'aide d'une vanne métallique manœuvrée du sol.

Pour parer à toute éventualité, il est prévu une deuxième conduite sensiblement parallèle à la première, ayant également son radier établi au niveau du radier du collecteur.

Cette canalisation est reliée avec la première en différents points du parcours, et des vannes peuvent permettre la communication.

Cette deuxième conduite, qui a son orifice intérieur constamment fermé quand la première fonctionne, est reliée au niveau des banquettes par une tubulure spéciale qui permet ainsi de ne pas dépasser la quantité d'eau à envoyer sur les terrains d'irrigation.

Elle peut donc remplir trois rôles différents :

1° Envoyer dans la rivière *a* toutes les eaux du collecteur ;

2° Suppléer à la conduite de distribution, en cas de réparation de cette dernière ;

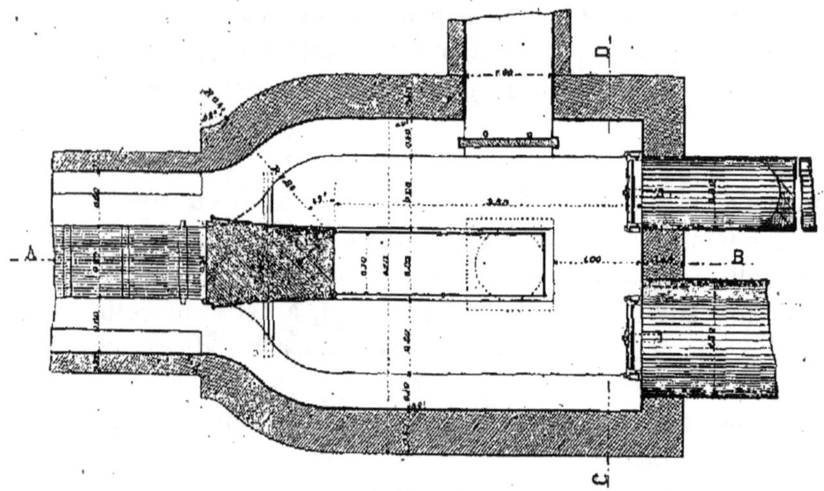

Fig. 102.

Coupe sur AB

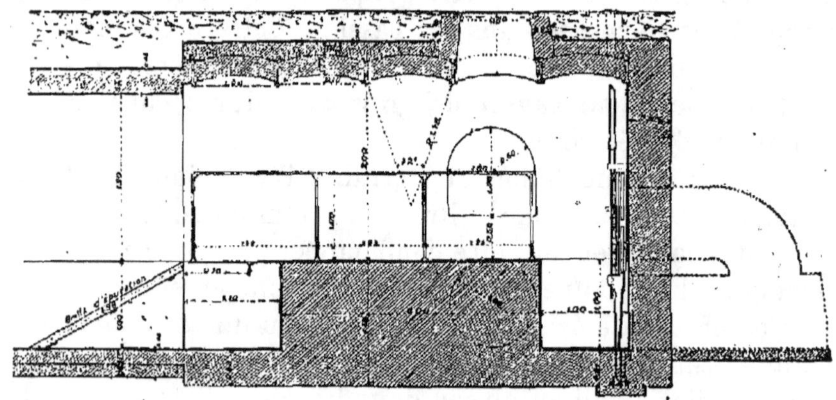

Fig. 103.

Coupe sur CD

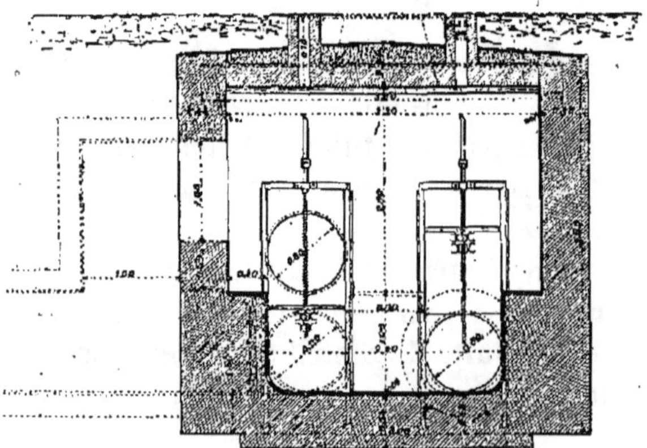

Fig. 104.

3° Régler la quantité d'eau à diriger sur les champs d'épandage.

Enfin il est également prévu une troisième canalisation destinée à envoyer dans la rivière *a* les eaux amenées par un orage exceptionnel dans le cas d'insuffisance de la précédente.

Cette troisième canalisation aurait également un double débouché dans la chambre. L'orifice inférieur, ordinairement fermé, servirait, en cas d'engorgement ou de réparation des deux premières conduites, à évacuer à la rivière les eaux du collecteur.

L'orifice supérieur, constamment ouvert, serait établi à 0^m,50 au-dessus des banquettes de la chambre et ne servirait qu'aux eaux d'orage.

Chambre d'égoutiers. — Pour assurer le dépôt des outils

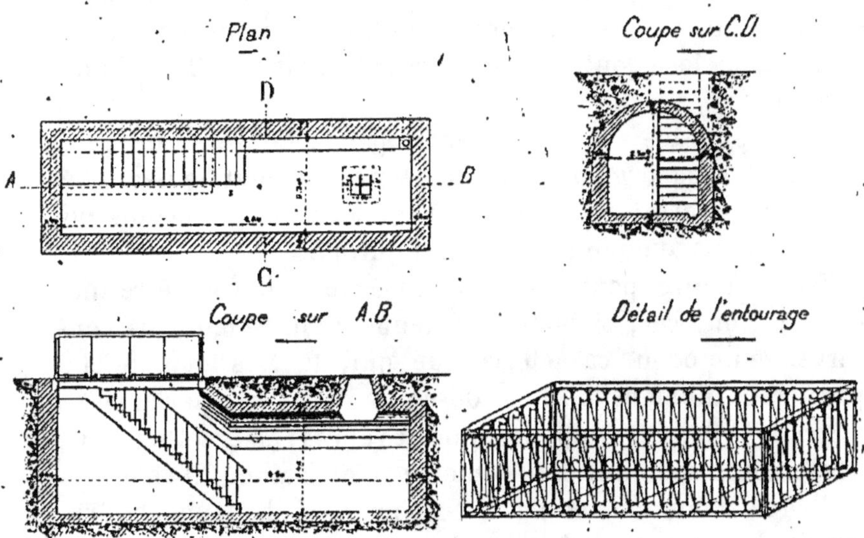

Fig. 105. — Chambre d'égoutiers.

du curage et permettre aux ouvriers de se botter et changer de vêtements à chaque reprise de travail, il a été prévu la construction de trois chambres souterraines (*fig.* 105), auxquelles on accèdera de la voie publique. L'escalier d'accès sera protégé par un entourage en fer, et recouvert par des plaques en tôle striée.

CHAPITRE VII

ENTRETIEN DU RÉSEAU D'ÉGOUTS ET DE CANALISATIONS

§ 1. — Du nettoiement des égouts

Il est inutile d'insister sur l'obligation, pour une grande ville, de maintenir son réseau d'égouts dans un état constant de propreté, car il est facile de comprendre que les matières organiques de toutes sortes qui circulent dans les galeries entreraient promptement en putréfaction, si elles venaient à s'y accumuler. Ces matières rendraient impraticable le séjour dans les égouts et répandraient au dehors des odeurs insalubres.

A Paris, grâce aux crédits votés par le Conseil municipal et à la bonne organisation du service, le nettoiement des galeries souterraines est arrivé à un degré de perfection qui n'existe dans aucune autre ville d'Europe.

Est-ce à dire pour cela que les égouts doivent être inodores ? Non, car, si bien entretenus qu'ils soient, ils conservent une odeur caractéristique qui, de très forte qu'elle paraît au moment où l'on descend dans la galerie, cesse d'être appréciable quelques minutes après ; mais cette odeur, désagréable sans nul doute, n'est pas malsaine. Elle n'a rien de l'odeur ammoniacale, et encore moins de l'odeur d'hydrogène sulfuré, qui est la plus dangereuse de toutes, puisque c'est ce gaz qui produit l'asphyxie connue sous le nom de plomb.

Ce qu'il faut éviter, et pour cela un arrêté du maire suffit, c'est la projection en égout des eaux acides qui, en même temps qu'elles détériorent à la longue les enduits des radiers, sont une cause d'infection.

Il faut absolument que ces eaux soient neutralisées avant d'être précipitées dans le réseau public.

Il faut proscrire également l'envoi en égout des eaux chaudes à une température supérieure à 30°, car les brouillards que ces eaux occasionnent dans les égouts sont une gêne pour les ouvriers et constituent même en se répandant sur la voie publique par les bouches d'égouts, une cause d'insalubrité.

Le nettoyage des égouts peut se diviser en trois parties bien distinctes :

a) Nettoyage des collecteurs ;

b) Nettoyage des petites galeries ;

c) Nettoyage des canalisations.

a) **Nettoyage des collecteurs.** — Les collecteurs, recevant le produit d'un grand nombre d'égouts, sont des artères qui demandent, par suite, un nettoyage incessant ; car l'obstruction d'une de ces artères entraînerait fatalement celle des égouts tributaires. Avec la quantité d'eau que recevront les collecteurs, les vases légères et les matières flottantes seront généralement entraînées au fil de l'eau ; mais les matières lourdes se déposeront sur le radier, et il faudra des engins spéciaux pour les faire circuler.

A Paris, on se sert encore de l'ancien système imaginé par M. Dupuit et perfectionné par M. Belgrand, c'est-à-dire de la vanne épousant la forme du collecteur et rendue mobile par la pression de l'eau retenue à l'amont[1] ; mais, si ingénieux que soit ce procédé, nous sommes obligé de reconnaître qu'il présente le grave inconvénient de créer des biefs successifs, qui atteignent parfois une hauteur telle que l'eau retenue se répand dans les galeries affluentes.

Néanmoins rien de mieux n'ayant encore été découvert jusqu'à ce jour, on estimera que l'on doit utiliser ce mode de propulsion des sables dans les égouts jusqu'à ce qu'un nouvel appareil se soit révélé.

Ces sables, ainsi poussés mécaniquement, où doivent-ils être conduits ?

---

[1] Voir la description au chapitre XXI, p. 601.

Comme il n'est pas possible de les faire disparaître par la conduite d'alimentation des champs d'épuration, qui serait promptement obstruée, ces sables seront dirigés sur les bassins de décantation.

Sur ce point encore, il y a des améliorations à apporter et, il faut le dire, les bassins de dépôt que l'on se propose de construire, s'ils donnent de bons résultats matériels, là où ils existent, sont néanmoins très défectueux, au point de vue de l'hygiène, surtout lorsqu'il s'agit d'une ville où fonctionne le « tout à l'égout ». Il est en effet avéré que les sables et matières lourdes qui séjournent dans ces fosses sont mélangés avec des matières fécales, et que la vidange, si souvent pratiquée qu'elle soit, constitue quand même, une opération dangereuse et insalubre.

On a fait à Paris, en vue de la suppression de ces fosses, divers essais de dragage des sables directement dans la cunette des collecteurs et au fur et à mesure de la formation d'un bâtard. Ils n'ont pas donné complète satisfaction.

D'autres engins vont être mis en service [1], et il est présumable que, de ce côté, une amélioration importante au point de vue de l'exploitation et même de l'hygiène va prochainement être réalisée. Quoi qu'il en soit, et à défaut de tout autre procédé, il a été prévu dans le projet actuel des bassins de dépôt qui ont été placés à l'extérieur de la ville, afin que l'extraction et le chargement des matières nauséabondes qu'ils accumuleront ne puissent gêner le public.

A Paris, dont la superficie est de 7.218 hectáres, la quantité de sable projeté annuellement en égout est de 20.000 mètres cubes environ. En admettant, pour la Ville dont on s'occupe, une même proportion, on voit qu'il faut compter sur un cube annuel de sable de 2.700 mètres qui seront reçus dans les bassins.

La capacité de chacun d'eux étant de ($0^m,80 \times 1^m,00 \times 25^m,00$), c'est-à-dire 20 mètres cubes, ils mettront, en conséquence, trois jours à se remplir.

Il faudra donc attacher à l'exploitation de ces bassins un

---

[1] Voir chapitre xxi, la description du fonctionnement des bassins à sable.

personnel suffisant pour extraire une même quantité de sable dans ce laps de temps.

On verra plus loin quel devra être ce personnel et la dépense annuelle qu'il occasionnera.

Au point terminus du collecteur, c'est-à-dire en aval des bassins, on a prévu en travers de la cunette une grille d'épuration destinée à arrêter au passage les corps flottants qui pourraient engorger la conduite d'évacuation des eaux.

Le nettoyage et la surveillance de cette grille seront opérés jour et nuit, et les matières extraites seront sorties de l'égout par le puits d'extraction des bassins.

b) **Nettoyage des petits égouts.** — On a prévu en tête de chaque égout élémentaire, un réservoir de chasse muni d'un appareil automatique destiné à suppléer, sinon à supprimer, la main de l'homme. A chaque réservoir a été fixée une vannette permettant de fournir l'eau nécessaire au moment du travail manuel.

Mais dans le réseau tel qu'il est conçu, ce travail manuel devra s'exercer assez rarement et seulement sur les points où les projections de sables seront importantes.. Pour l'entraînement de ces sables, on fera usage d'un rabot en bois ou en fer épousant la forme de la cunette de l'égout. Ils seront descendus jusqu'au collecteur où ils seront repris par les manœuvres des wagons-vannes.

D'une manière générale, tous les égouts devront être visités une fois par mois au moins et balayés, afin de faire disparaître les matières grasses qui se seront fixées aux parois de la cunette. Pour ce travail, on fera usage de la vannette à main qu'on lèvera de la hauteur suffisante pour avoir, dans la cunette, la quantité d'eau propre nécessaire pendant le temps de son balayage.

Le procédé employé dans ce cas est le même que celui adopté pour le nettoyage des caniveaux de la chaussée qui sont balayés et lavés à l'aide des bouches de lavage placées à chaque heurt des trottoirs.

c) **Nettoyage des canalisations.** — Le nettoyage des canalisations sera assuré, des regards de visite, à l'aide d'une

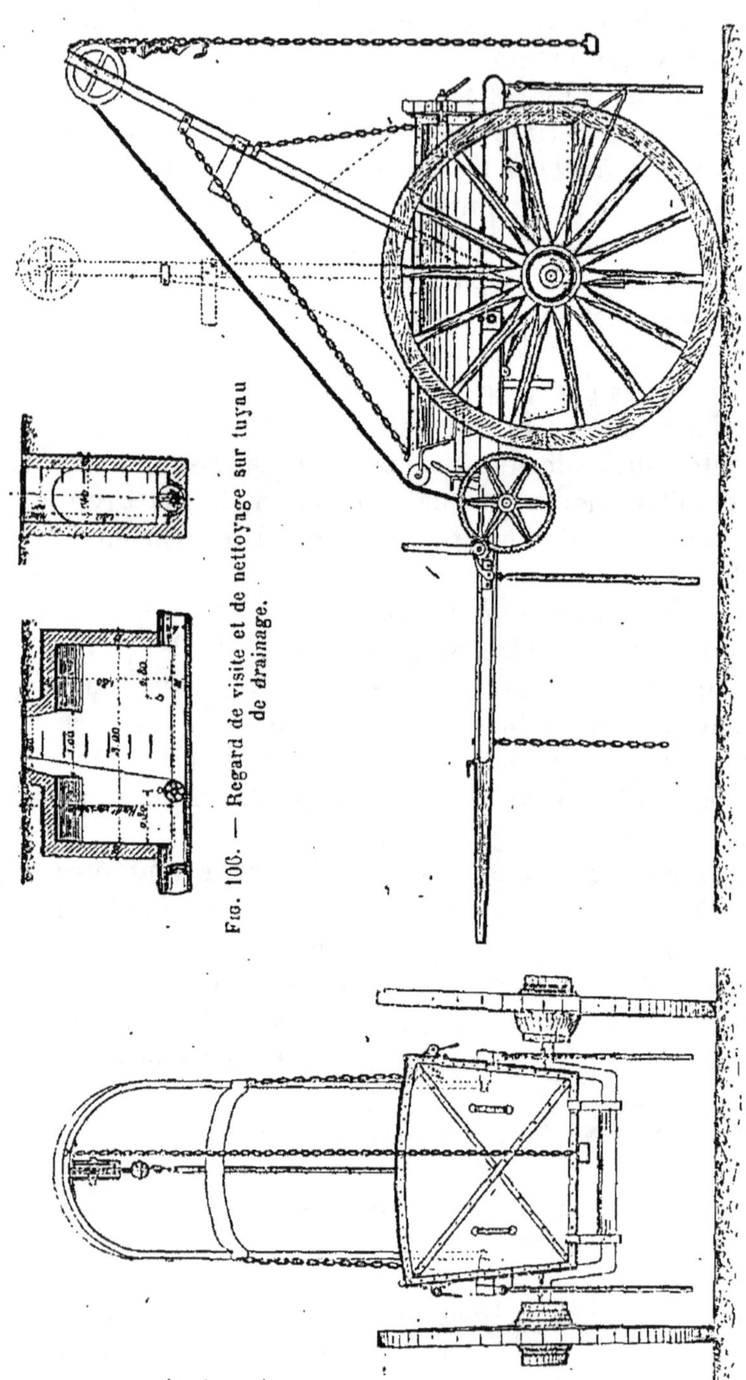

Fig. 106. — Regard de visite et de nettoyage sur tuyau de drainage.

Fig. 107. — Voiture-grue pour l'enlèvement des paniers-filtres.

boule en bois mue hydrauliquement, ou mieux par un hérisson manœuvré par deux hommes (*fig.* 106).

Ces canalisations, prévues en grès vernissé, auront très rarement besoin d'être curées, car elles ne recevront que les eaux et matières de vidange provenant des immeubles et seulement les eaux de la voie publique, les immondices devant être reçues dans des paniers-filtres installés sous chacune des bouches.

Ces paniers-filtres devront être vidés fréquemment afin de ne pas permettre aux matières putrescibles qu'ils retiendront d'entrer en fermentation. Leur enlèvement sera assuré de la voie publique. Une voiture-grue, d'un type particulier (*fig.* 107), sortira le panier de sa chambre et l'élèvera à une hauteur suffisante, puis le contenu sera versé dans la voiture. Il suffira pour cela de manœuvrer une tige ouvrant le fond du panier. Cette opération terminée, le filtre sera remis en place, toujours à l'aide de la grue.

PERSONNEL NÉCESSAIRE AU NETTOIEMENT DES ÉGOUTS
ET DES CANALISATIONS, ET DÉPENSES ANNUELLES DEVANT EN RÉSULTER

a) **Personnel nécessaire au curage des collecteurs.** — La manœuvre d'un wagon-vanne dans un collecteur exigera l'emploi de deux hommes, tant pour lever et baisser la vanne que pour faciliter la marche de l'appareil, en dégageant le pied de la vanne des obstacles qui se trouvent en avant.

Il faudra, de plus. un homme de garde à l'entrée du regard voisin du wagon en manœuvre ; il sera chargé d'avertir ses camarades en cas de pluie ou d'orage et de leur prêter aide et secours au besoin.

La vitesse d'un wagon ne peut être calculée d'avance. Elle sera certainement très variable ; mais on peut affirmer toutefois qu'avec deux équipes pour les trois collecteurs on assurera le curage de ceux-ci sur toute leur longueur, au moins une fois par semaine.

C'est donc, en somme, 6 hommes qui seront nécessaires à ce travail. En appliquant le prix de 5 francs pour une journée de dix heures, on aura par jour, de ce chef, une dépense de 30 francs, ce qui fera par an en chiffres ronds.. 11.000

A reporter.............. 11.000

$$\textit{Report}\dots\dots\dots\dots\dots\dots\dots\dots \quad 11.000$$

L'extraction des sables des bassins nécessitera un personnel de 7 ouvriers ainsi répartis :

2 ouvriers faisant l'extraction dans la cunette et plaçant le sable extrait sur la banquette aménagée à cet effet ;

2 ouvriers reprenant le sable sur banquette et le chargeant dans des bennes placées sur des trucs ;

1 ouvrier conduisant ces bennes au puits d'extraction ;

1 ouvrier placé sur la voie publique, enlevant ces bennes et les déversant dans un tombereau ; enfin 1 charretier chargé de transporter le sable extrait à la décharge.

Ces 7 ouvriers, au prix de 5 francs par jour, occasionneront une dépense annuelle, en chiffre rond, de........ 13.000

A la chambre d'extrémité, pour le nettoyage de la grille d'épuration, deux hommes seront nécessaires : 1 de jour et 1 de nuit, soit une dépense annuelle de.............. 3.700

A la grille d'épuration établie en amont du siphon sous la rivière *a*, 2 hommes seront nécessaires : pour le nettoyage de cette grille, le transport des immondices extraites et le passage de la boule dans le tube..... ... 3.700

$$\textsc{Total}\dots\dots\dots\dots\dots\dots\dots\dots\dots\dots\dots \quad 31.400$$

b) **Personnel nécessaire au curage des petites galeries.** — Pour les petites galeries, la dépense annuelle de main-d'œuvre variera pour chaque égout, suivant les circonstances locales. On doit estimer que chaque égout devra être curé quatre fois par mois ; certains le seront plus souvent, d'autres le seront plus rarement.

Une équipe de 2 ouvriers, non compris l'homme de dessus, soit en tout 3 hommes par équipe, peut curer 4 kilomètres d'égout dans une journée de dix heures, ce qui fera, par mois de vingt-six jours et pour une équipe, un parcours de 104 kilomètres.

La longueur des égouts petites galeries du projet étant de 46 kilomètres environ, en comprenant celle de $3^{km},153$ des branchements de bouches sur égout, qui devront être curés en même temps que l'égout, on voit qu'il suffira de deux équipes de 3 ouvriers, ce qui représentera une dépense annuelle de................................ 11.000

c) **Personnel nécessaire au nettoyage des canalisations et à l'enlèvement des paniers-filtres.** — Étant donnée la longueur totale qu'atteindra la canali-

$$\textit{A reporter}\dots\dots\dots\dots\dots\dots \quad 2.4400$$

Report...................... 42.400

sation de tous diamètres, il sera nécessaire de constituer, pour le nettoyage de cette canalisation, quatre équipes de 2 hommes, ce qui occasionnera une dépense de.......... 14.700

Les paniers à fumiers devront être enlevés deux fois par semaine. — Étant donné qu'une voiture accompagnée par 2 hommes peut enlever par jour 15 paniers, en comprenant le transport des immondices aux décharges publiques, et qu'il y aura 313 paniers en service, il faudra six équipes, soit 12 hommes, qui occasionneront une dépense de... 22.000

La dépense annuelle pour un personnel de 43 ouvriers peut être estimée à....................................... 79.100

Mais il faut y ajouter une somme égale au 1/5 environ pour parer aux maladies des ouvriers, aux gratifications annuelles, aux dépenses supplémentaires à faire dans des cas imprévus, et estimer la dépense annuelle à.......... 95.000

Dans cette évaluation on ne compte pas le personnel nécessaire pour assurer le service sur les terrains d'épandage ; on estime que l'intérêt de la ville sera de louer ses terrains, et que ce sont les locataires eux-mêmes qui assureront le service des bouches de distribution.

S'il devait en être autrement, la vente des produits au profit de la ville paierait largement le personnel en régie qui devrait être occupé sur ce point.

Dépenses accessoires et générales. — Aux dépenses de main-d'œuvre indiquées ci-dessus, il y a lieu d'ajouter les frais annuels pour : fourniture d'éclairage ; équipement des ouvriers ; réparation des outils et du gros matériel ; nourriture et entretien des chevaux ; ainsi que les dépenses en dehors du curage pour la surveillance, le salaire d'employés aux écritures, les locations et les fournitures de bureau et d'imprimés.

L'ensemble des dépenses à faire annuellement de ce chef peut être évalué au 1/4 de la dépense totale de curage, soit à...................................... 23.750

Ainsi, pour assurer le service du nettoyage des égouts dans les meilleures conditions, la municipalité de la ville dont il s'agit devrait inscrire annuellement à son budget une somme en chiffre rond de....................... 120.000

Dans cette somme de 120.000 francs n'est pas comprise la dépense à faire pour l'achat du gros matériel, mais seulement celle pour son entretien ; nous évaluerons cette dépense dans celle générale résultant du réseau d'égouts et des canalisations.

Si l'on ne tient compte que du périmètre de la ville actuelle, cette dépense annuelle de 120.000 francs peut être ramenée à 94.000 francs.

En effet, le nettoyage des petites galeries n'exigerait qu'une équipe de 3 ouvriers au lieu de deux équipes ; il suffirait, pour celui des canalisations, de trois équipes de 2 hommes au lieu de 4, et l'enlèvement des paniers à fumiers ne nécessiterait que quatre équipes de 2 ouvriers. On aurait ainsi une différence de personnel de 9 ouvriers, qui se réduirait annuellement, au fur et à mesure de l'extension de la ville.

§ 2. — ENTRETIEN DU RÉSEAU

Des ouvrages construits économiquement nécessitent généralement un entretien très coûteux. Quand il s'agit d'égouts, cette dépense d'entretien devient considérable. Pour ce motif, il est nécessaire de construire ces derniers avec un soin particulier et de ne pas ménager les surépaisseurs de maçonnerie partout où la nature du sol le nécessite.

Les dépenses principales à faire consisteront dans la réfection d'enduit, principalement dans le développement de la section mouillée, où ils se trouvent exposés à diverses causes de détérioration, les unes mécaniques, les autres chimiques.

On conçoit, en effet, combien il importe que la section mouillée soit bien étanche, car la moindre fissure peut, en laissant filtrer les eaux, miner le sol sous le radier, occasionner une dislocation des maçonneries, et par suite entraîner à une grande dépense.

Les causes mécaniques qui dégradent les enduits consistent dans le frottement des sables charriés par les eaux, et surtout dans l'usure produite par les appareils de curage et par la circulation des ouvriers.

Les causes chimiques sont locales ou accidentelles, car

les eaux d'égout par elles-mêmes, étant légèrement basiques, sont sans action sur les ciments.

Mais, malgré les arrêtés que pourra prendre le maire relativement aux projections d'eaux résiduaires acides dans les égouts, il y aura quand même des délinquants, et les projections clandestines qui seront faites corroderont les radiers et entraîneront à des dépenses de réparations.

Dans les égouts élémentaires il sera toujours assez facile de s'affranchir de la présence de l'eau pour exécuter une réparation au radier, et par suite de l'effectuer sans une trop grande dépense de frais accessoires par rapport à celle à faire pour la réparation elle-même. Il suffira, en effet, soit de détourner les eaux par un autre égout, soit de les faire passer dans une buse en bois, enduite intérieurement de ciment, fixée à la paroi de l'égout. Mais, quand il s'agira d'un collecteur, la grande quantité d'eau rendra l'opération plus difficile et augmentera notablement les frais généraux. Le procédé le plus simple consistera à faire passer les eaux dans une conduite d'un diamètre suffisant que l'on placera sur une des banquettes et sur la longueur de la réparation à exécuter, la partie dégradée étant isolée du reste de l'égout par un barrage construit à chacune des extrémités de la conduite.

On peut évaluer à 0 fr. 10 par mètre courant d'égout et de canalisation et par an, la dépense à faire pour l'entretien proprement dit du réseau public, étant entendu toutefois qu'on appliquera rigoureusement la méthode du point fait à temps, c'est-à-dire que tout commencement de dégradation sera réparé avant qu'il ait pu prendre de l'importance.

Avec cette évaluation, la ville devra inscrire à son budget une somme annuelle de 18.500 francs pour l'entretien de tout le réseau, y compris les canalisations des champs d'épandage.

Dans les limites de la ville actuelle, cette somme ne serait que de 14.000 francs.

CHAPITRE VIII

EXTENSION DU SERVICE DE LA DISTRIBUTION D'EAU

Cette question, très complexe, de l'amenée et de la distribution de l'eau dans une ville trouvant place dans un ouvrage spécial de la Bibliothèque, on examinera sommairement le problème à résoudre, dans le cas du projet, et simplement dans ses grandes lignes, sans entrer dans aucun détail.

Le cube d'eau potable dont dispose actuellement la ville est de 4.500 mètres cubes par vingt-quatre heures ; ce cube peut être porté à 14.000 mètres, en captant en totalité ou en partie la rivière b.

Cette quantité de 4.500 mètres cubes par vingt-quatre heures est suffisante pour les besoins de la population actuelle, il n'y a donc lieu d'examiner la question qu'en vue de l'extension de la ville à 100.000 habitants.

Le problème peut être résolu de deux façons différentes :

Soit qu'on dérive les sources qui alimentent la rivière b pour les amener dans un réservoir, par simple gravitation ; soit qu'on puise directement l'eau dans cette rivière et qu'on l'élève à une certaine hauteur dans le réservoir.

Pour résoudre le problème dans la première hypothèse, il est nécessaire de connaître :

1° Quelles sont les sources que l'on pourrait capter, à qui elles appartiennent et si leur achat par la ville n'entraînerait pas une dépense excessive ;

2° L'importance de ces sources au point de vue de leur débit ;

3° Leurs altitudes respectives, pour calculer les dispositions des aqueducs d'amenée ou la force des usines hydrauliques de relèvement nécessaires ;

4° Le relief exact du terrain, afin de savoir la nature des ouvrages d'art à établir sur le parcours de la dérivation ;

5° La nature du terrain appelé à être traversé ;

6° ... Etc.....

Pour résoudre ce même problème dans la deuxième hypothèse, il suffit de déterminer un point convenable le long de la rivière b où l'usine de relèvement pourrait être établie. Mais, dans cette hypothèse, il faut admettre que les eaux de la rivière sont potables, c'est-à-dire qu'elles ont été reconnues suffisamment saines pour être distribuées sans, au préalable, avoir été filtrées.

Premier cas. — Adduction des sources. — Le travail consisterait à amener directement le produit des sources dans un réservoir établi à une altitude telle qu'on puisse obtenir une pression suffisante pour desservir au moins le dernier étage des maisons.

La recherche et le captage des sources sont deux opérations très délicates. C'est, en effet, de l'importance et de l'emplacement de ces sources que dépend le coût de l'opération.

On donnera ici les éléments qui peuvent servir à établir un chiffre de dépense, qui est naturellement très variable. Du point d'émergence des sources dépendent les ouvrages d'art coûteux, tels que ponts, viaducs, siphons, qu'il est souvent indispensable de construire.

Éléments de la dépense. — Les éléments de la dépense à faire dans ce cas peuvent se résumer comme suit :

1° Captage des sources, comprenant les fouilles nécessaires, et leur drainage jusqu'à l'aqueduc principal;

2° Construction de l'aqueduc principal;

3° Construction de regards de visite, chaque 200 mètres en moyenne;

4° Achat des sources, s'il y a lieu, indemnités aux riverains et ouvrages accessoires.

A cette dépense il convient d'ajouter celle relative à la distribution intérieure de la ville et qui doit comprendre :

1° La construction d'un réservoir à deux compartiments.

Pour parer à toute éventualité, les deux compartiments de ce réservoir devront toujours contenir chacun la quantité d'eau nécessaire à la consommation d'une journée.

On compte généralement 30 francs par mètre cube d'eau emmagasinée.

2° Le dispositif de la canalisation en fonte, comprenant l'artère principale circulaire sur laquelle viendront se brancher une série de tuyaux ou répartiteurs ; sur ces derniers seront également soudés des branchements secondaires conduisant l'eau dans toutes les rues.

Dans le cas actuel, l'artère principale serait en tuyaux de $0^m,40$ de diamètre, les répartiteurs en tuyaux de $0^m,15$ et les branchements secondaires en tuyaux de $0^m,10$ ou de $0^m,06$.

Quelques-unes de ces conduites seraient placées dans les égouts prévus au projet, les autres dans des tranchées remblayées après leur pose.

Dans les évaluations de la dépense à faire, il faudra prévoir la fourniture et la pose des robinets-vannes, des robinets de décharge, des ventouses, des bornes-fontaines, des bouches de lavage et des bouches d'arrosage.

DEUXIÈME CAS. — **Prise directe de l'eau dans la rivière et élévation de cette eau par machine.** — Il est inutile d'insister sur la nature de l'appareil à adopter pour élever l'eau à la hauteur voulue, car il est évident que la pompe aspirante et refoulante est le seul usuel, applicable à tous les cas.

Quelle sera la puissance à donner à la machine?

On sait que le débit à élever par seconde est de 110 litres. La hauteur d'élévation sera déterminée par l'altitude du réservoir supérieur qui devra être établi à 10 mètres en contre-haut de la cote la plus élevée du sol. Cette altitude sera ainsi, dans l'espèce, 573 mètres. L'altitude de la conduite d'aspiration dans la rivière pouvant être approximativement 528, la dénivellation sera de 45 mètres.

Ceci étant admis et appliquant la formule connue :

$$P = \frac{n'}{m'} \times \frac{n}{m} V (H + h),$$

dans laquelle :

P représente la puissance de la machine en kilogrammètres;

$\frac{n'}{m'}$, le rendement du moteur $= 0,70$;

$\frac{n}{m}$, le rendement des pompes $= 0,90$;

V, le débit par seconde exprimé en litres;

H, la hauteur ascensionnelle;

h, la perte de charge produite par le mouvement de l'eau dans la conduite de refoulement;

On déterminera la valeur des inconnues.

Si l'on adopte une conduite de refoulement de $0^m,40$ de diamètre et d'une longueur de 1.000 mètres, la perte de charge (h), déduite de la formule $Rj = b u^2$, qui donne $j = 0,005$ par mètre, est de :

$$0^m,005 \times 1.000 \text{ mètres} = 5 \text{ mètres.}$$

La valeur de H sera donc :

$$45^m + 5^m = 50 \text{ mètres,}$$

et le travail à produire par seconde de :

$$110^l \times 50^m = 5.500 \text{ kilogrammètres.}$$

La puissance effective de la machine sera donc :

$$\frac{5.500 \times 100}{63 \times 75} = 116 \text{ chevaux}$$

ou 120 chevaux en chiffre rond.

Dans cette hypothèse, la dépense à prévoir dépendra des éléments ci-après :

1° De l'aménagement de la rivière au droit de la prise ;

2° De l'usine et de ses dépendances ;

3° De la ou des machines à vapeur de la force nécessaire ;

4° Enfin de la construction du réservoir, des canalisations, robinets-vannes, etc., comme précédemment.

Dans des cas particuliers on pourrait créer, à une altitude déterminée, une retenue des eaux pluviales (Valparaiso, Chili), qui servirait de réservoir. C'est de ce réservoir que les eaux, après un filtrage préalable, pourraient alors être distribuées en ville.

Mais ce procédé économique ne peut être envisagé dans notre pays où les pluies ne sont pas en assez grande abondance. Toutefois, dans les pays de montagnes, on pourrait appliquer ce principe en dérivant des cours d'eau.

DE LA SALUBRITÉ DES VOIES PUBLIQUES

Les questions relatives au tracé des voies, à leur largeur, à leur nivellement, qui intéressent l'hygiène publique d'une ville, ont été traitées dans un ouvrage de la Bibliothèque, *la Voie Publique*, auquel le lecteur peut se reporter.

D'ailleurs, dans le projet étudié précédemment, ces questions ont été parfaitement résolues, comme il suffit de s'en rendre compte en jetant les yeux sur le plan n° 58.

On se contentera donc de donner quelques conseils pratiques sur les moyens à employer pour éviter l'insalubrité de la voie publique.

Tout d'abord on doit remarquer que l'établissement du « tout à l'égout », en supprimant les fosses, assure la salubrité des puits et supprime le transport des matières à travers la ville et l'infection qu'elles répandent ; l'établissement du réseau d'égouts supprime les puisards, qui sont, dans les centres importants, des sources de mauvaises odeurs ; il assure un écoulement souterrain aux eaux ménagères, ainsi qu'un écoulement régulier aux eaux superficielles ; l'établissement de ce même réseau d'égouts et l'approfondissement du lit des rivières permet l'abaissement de la nappe souterraine et, par suite, supprime l'humidité qui maintient toujours les chaussées en mauvais état.

Ces améliorations devront être complétées : par un arrosage et un balayage fréquents des rues et des caniveaux, qui permettront d'enlever les matières organiques, végétales ou animales qui se déposent sur la voie publique et pénètrent dans les interstices des pavés ; par l'enlèvement régulier et fréquent des paniers-filtres établis sous les bouches des canalisations. L'emploi de ce système ne peut présenter d'avantage, il est facile de le comprendre, que si les immondices n'ont pas le temps d'entrer en fermentation ; il y aura lieu de prescrire également l'enlèvement dans des vases, hermétiquement fermés, des détritus animaux et déchets de matières diverses traitées par l'industrie et qui sont de véritables foyers d'infection ; ainsi que l'enlèvement journalier et régulier des détritus souvent putrescibles provenant des habitations. Pour ces ordures ménagères, on peut faire usage d'une caisse maniable en tôle dans laquelle les ménagères viendraient déposer leurs ordures le matin, et qui serait vidée par le service spécial du nettoiement. Ces caisses, une fois vides, devront être lavées et remisées dans la cour de l'immeuble. De cette façon, les ordures ménagères ne s'étaleront pas sur la chaussée et ne seront pas entraînées à la dérive par les pluies.

L'emploi des caisses offre l'avantage d'éviter l'envoi en égout des ordures ménagères qui, par suite de leur amoncellement dans ces derniers, pourraient former batardeau et interrompre la circulation des eaux.

Dans certaines maisons anglaises, et dans quelques maisons récemment construites à Paris, on a disposé, dans des coffres le long de la cage de l'escalier, de grandes trémies en zinc, permettant de vider les ordures du palier même. Les tuyaux de chute, qui doivent être d'un diamètre assez grand, débouchent à la partie supérieure d'un réduit où se trouve une caisse à roulettes d'assez grande dimension. Cette caisse est, à l'heure de l'enlèvement des ordures, prise par les ouvriers ou le concierge et roulée jusqu'à la voie publique (*fig.* 108).

Les ordures ménagères doivent être transportées loin de la ville, ou être incinérées, si la nature des terres de culture ne permet pas leur utilisation.

La question de l'enlèvement des gadoues d'une grande ville est, en effet, un problème d'une résolution assez compliquée.

Au point de vue de l'hygiène, leur enlèvement rapide s'impose ; mais il ne suffit pas de les faire disparaître d'une grande agglomération pour que ces immondices deviennent inoffensives, si elles viennent empester les populations suburbaines.

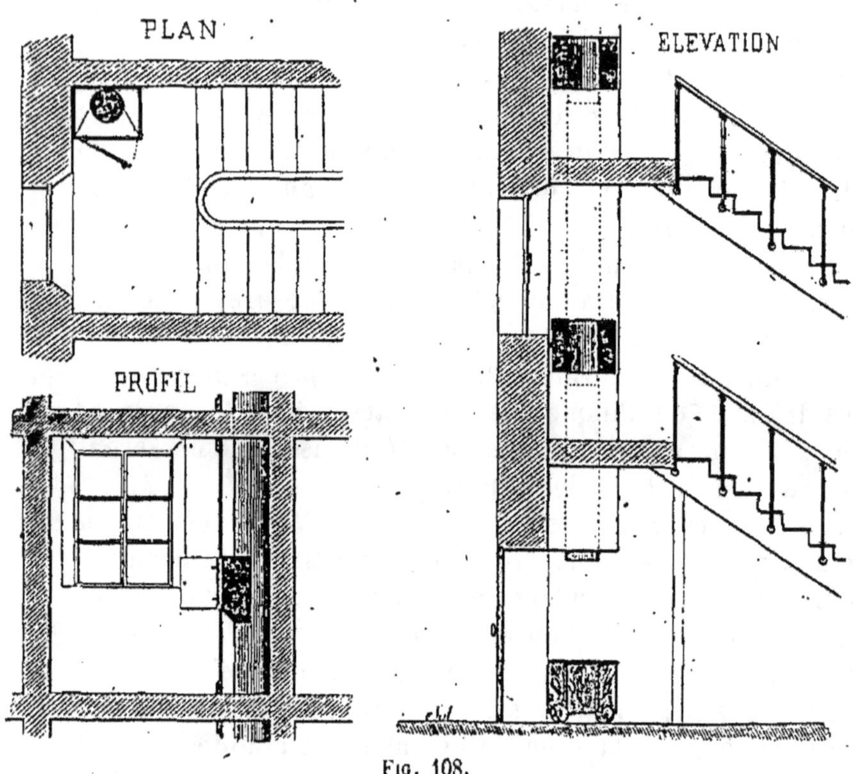

Fig. 108.

Au point de vue agricole, ces gadoues renferment des quantités notables de matières fertilisantes, qui sont d'un grand profit pour l'agriculture.

DE L'INCINÉRATION DES ORDURES MÉNAGÈRES

L'incinération des gadoues des villes est actuellement à l'ordre du jour, et, d'après les expériences faites, tant en Angleterre qu'en Amérique et en France, le problème semble aujourd'hui résolu.

Aux États-Unis, on a employé, dans un certain nombre de grandes villes, le procédé de M. Arnold qui consiste à soumettre les gadoues à l'action de la vapeur d'eau sous pression ; l'eau condensée entraîne sous forme d'émulsion toute la matière grasse contenue dans ces matières. Cette graisse est recueillie et utilisée. Le résidu est exprimé et desséché, puis ensuite tamisé.

Dans d'autres villes on pratique le principe de l'incinération, qui donne de moins bons résultats que le précédent, au point de vue de la richesse des produits obtenus, mais qui, néanmoins, résout le problème de la disparition des mauvaises odeurs.

Le *Bulletin,* de février 1897, *de la Société d'Encouragement pour l'Industrie nationale* donne, comme suit, la description du procédé Arnold, ainsi que de celui du four crémateur en usage à Philadelphie, concurremment avec le précédent.

Traitement par la vapeur d'eau sous pression. — Le principe est le suivant : soumettre, dans des digesteurs clos, le garbage vert à l'action de la vapeur d'eau sous pression ; écouler, après condensation de la vapeur, l'eau qui entraîne, sous forme d'une véritable émulsion, toute la matière grasse contenue dans le garbage ; soumettre le garbage, ayant subi cette action, à l'action de la presse ; enfin dessécher le résidu, qui est très friable, et qui a conservé la plus grande partie des matières fertilisantes contenues dans le garbage vert.

C'est à cause de la récupération de la matière grasse et de la transformation du garbage vert en une matière sèche, susceptible de se conserver aussi longtemps qu'on voudra, réduite à un faible volume, et contenant la majeure partie des matières utiles, que ce procédé doit attirer toute l'attention.

L'usine comprend 20 digesteurs de grande capacité (*fig.* 109), ayant un diamètre de $1^m,60$ et une hauteur de 5 mètres, recevant $9^T,5$ de garbage vert par opération, construits en tôle d'acier mesurant $1^{cm},6$ d'épaisseur ; ils sont fermés au moyen de couvercles avec joints en plomb, serrés par un fort collier à vis. Une porte, placée à la partie inférieure du cylindre, permet, au besoin, de décharger le garbage cuit.

Le garbage collecté dans la ville est versé à un endroit spécial, d'où les ouvriers le poussent dans un couloir ; une série de plateaux ou de godets, mus au moyen d'une chaîne

sans fin, le portent à la partie supérieure du bâtiment renfermant les digesteurs, d'où il est distribué automatiquement, au moyen d'une trémie à manche (*fig.* 109), venant se
placer successivement au-dessus de l'orifice de chaque

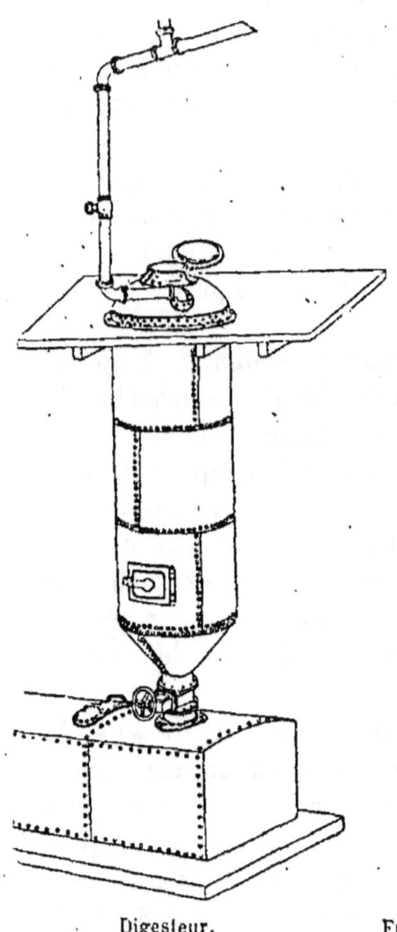

digesteur. Des ouvriers, placés
à l'entrée du couloir où s'engage le garbage, se bornent à
faire un triage grossier des
objets susceptibles d'être vendus avantageusement ou de
dimensions trop grandes pour
entrer directement dans les
digesteurs.

Lorsque le couvercle des
digesteurs a été solidement
assujetti, on y envoie de la

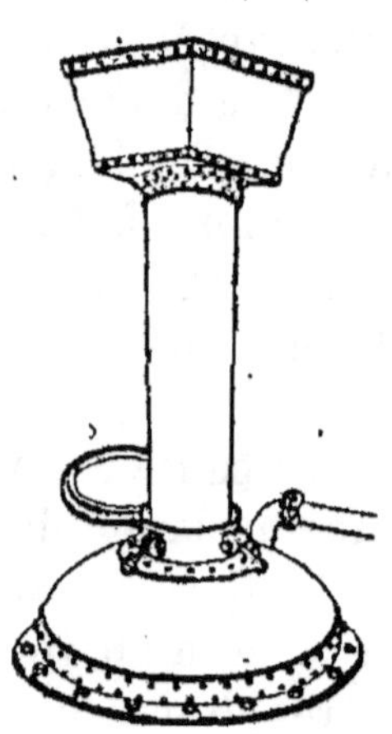

Digesteur.   Fig. 109.   Trémie.

vapeur à $4^{atm},5$, correspondant à une température de 155° C.,
et on maintient cette pression pendant cinq à sept heures.
Dans ces conditions, les matières animales et végétales
subissent une modification profonde; certaines substances
animales sont en partie solubilisées; les matières albumi-
noïdes sont coagulées; les matières sucrées subissent un
commencement de caramélisation; enfin les matières grasses

qui, à cette pression, ne subissent pas encore de décomposition, sont entraînées par l'eau provenant de la condensation de la vapeur. L'opération se fait sans donner lieu à aucun dégagement gazeux.

Lorsque l'on juge l'opération terminée, on laisse la vapeur se condenser, en envoyant au besoin les buées odorantes dans un cylindre où elles se condensent, grâce à l'injection d'eau froide ; et, au moyen d'une manette, on ouvre la partie inférieure du digesteur qui débouche dans un vaste récipient, sorte de caisse pouvant contenir jusqu'à 250 tonnes de garbage cuit.

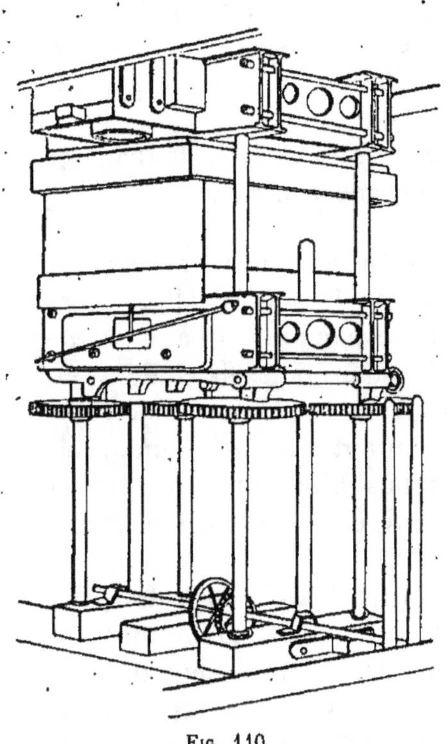

Fig. 110.

L'eau de condensation qui, par un faux fond, s'écoule en grande partie et avant toute pression du garbage cuit, entraîne la matière grasse et est dirigée dans des cuves de dépôt placées au-dessous du sol. Lorsque l'égouttage est complet, le garbage cuit est pris à la pelle, soumis à l'action de fortes presses (*fig.* 110), et le liquide en provenant, qui contient encore de la matière grasse, est également dirigé dans les cuves de dépôt. L'atelier comprend huit presses. Le produit solide, au sortir des presses, est envoyé dans des séchoirs constitués par de vastes cylindres, à enveloppe de vapeur, ne mesurant pas moins de 15 mètres de longueur sur 0^m,50 de diamètre. Un agitateur à palettes force la matière à parcourir le cylindre d'une extrémité à l'autre ; il fait 200 révolutions à la minute ; un aspirateur envoie les vapeurs dans un appareil de condensation.

La masse, ainsi constamment agitée, sort en ayant perdu toute trace d'humidité ; elle est alors envoyée dans des broyeurs, puis sur des tamis, qui séparent d'abord les chiffons, les rognures d'étoffe et, ensuite, une partie grossière que l'on mélange au charbon servant à chauffer les générateurs ; finalement, on obtient le garbage sec, amené à l'état de poudre fine, présentant l'apparence ordinaire des matières organiques soumises à la torréfaction et ne dégageant aucune odeur.

Cette partie fine est désignée sous le nom de tankage et constitue environ 12,5 à 18 0/0 du garbage vert.

Traitement par incinération. — Deux usines, appartenant à la même Compagnie qui exploite le procédé Arnold, traitent en moyenne 400 tonnes de garbage par jour. Chaque usine comprend quatre crémateurs à récupérateurs de chaleur, et, au centre, un gazogène destiné à envoyer dans les crémateurs des gaz combustibles permettant d'arriver à une incinération complète ; ces gaz combustibles sont obtenus en injectant de la vapeur d'eau sur du charbon incandescent : c'est ce qu'on appelle du gaz à l'eau.

Chaque crémateur se compose (*fig.* 111) de deux chambres de combustion D et E accolées, communiquant avec les récupérateurs de chaleur AB et HK, et fonctionnant alternativement suivant la température des récupérateurs.

Le tout est construit en briques réfractaires d'excellente qualité et entouré d'une épaisse armature en tôle ; des regards, faciles à ouvrir, permettent de toujours surveiller l'opération en marche, et des portes donnent issue aux cendres du garbage. En outre, les orifices de chargement M étant au niveau du sol, on peut circuler autour des appareils placés dans un vaste sous-sol et surveiller constamment leur état ; de plus, cette disposition rend les réparations très faciles. Les gaz de l'un des récupérateurs B, par exemple, traversent le four D, encore rempli des cendres du garbage qui a été antérieurement traité, et débouchent par O dans le second four E où l'on déverse le garbage frais. Grâce à la haute température qui existe, ce garbage brûle complètement, et les gaz résultant de la combustion, après avoir traversé le second récupérateur FH de chaleur, et lui avoir cédé la majeure partie de leur calorique, sont envoyés

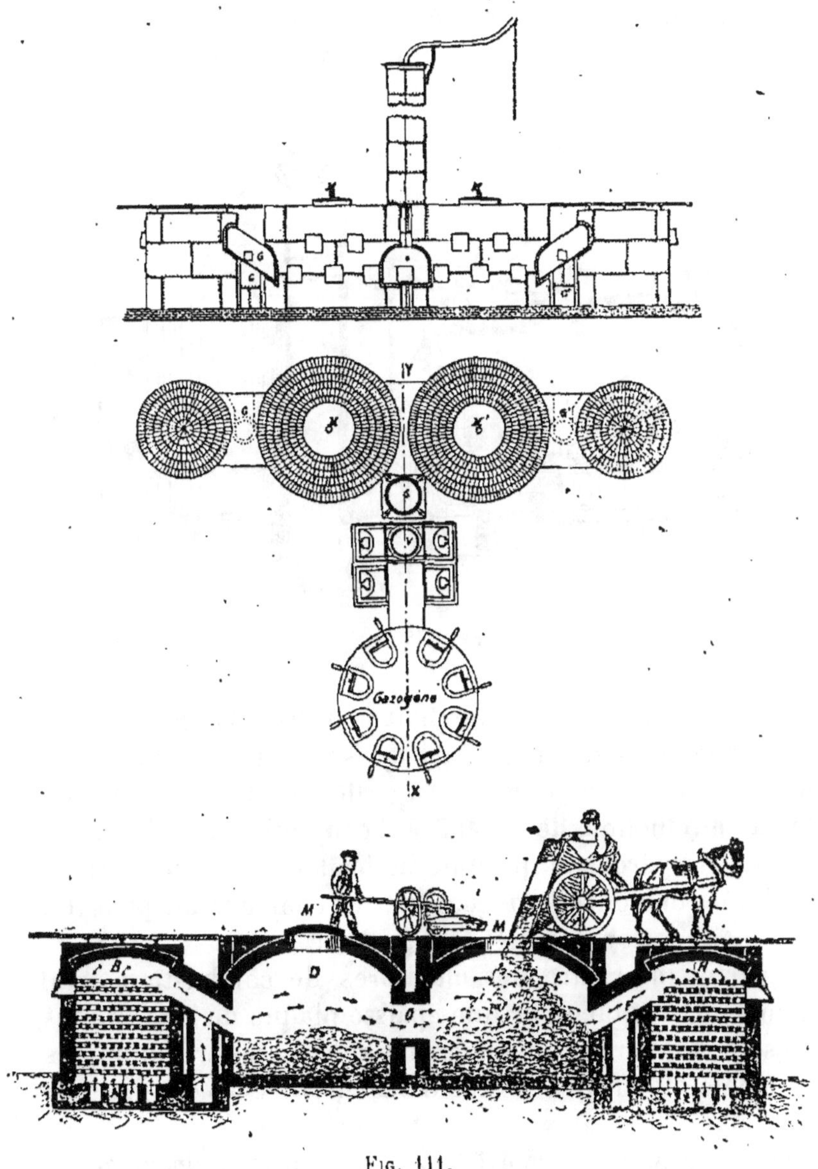

Fig. 111.

en K dans une cheminée en tôle de 26 mètres de hauteur.

Lorsque l'on juge que la température du premier récupérateur de chaleur devient insuffisante, on renverse, par un

simple jeu de valve *vxyq* (*fig*. 112), le sens du courant gazeux,
et l'on utilise la chaleur emmagasinée par le second récupérateur, en même temps que le chargement du garbage frais
s'effectue dans l'autre chambre de combustion.

Dans la plupart des essais d'incinération qui avaient été

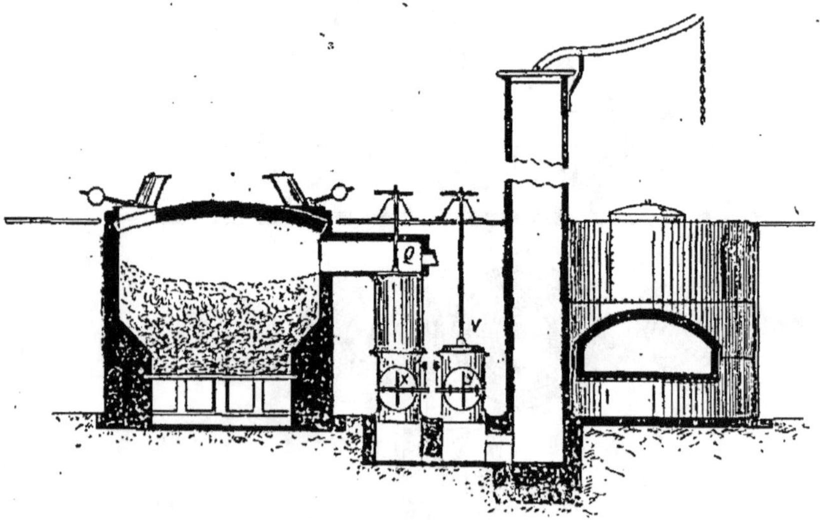

Fig. 112.

faits antérieurement, on cherchait à utiliser la chaleur produite par la combustion du garbage seul, et, en général, on
n'obtenait qu'une combustion superficielle. Ici, au contraire,
grâce à l'adjonction de ce gaz à l'eau qui, par suite de sa
richesse en hydrogène, produit en brûlant une température
très élevée, on fournit la quantité de chaleur indispensable
pour l'incinération complète du garbage.

La partie inférieure des chambres de combustion étant
étanche et constituée par une épaisse plaque de fer, on peut,
au besoin, évaporer et détruire des substances très humides.
On a même été jusqu'à traiter dans certains cas des matières
de vidange.

Chaque crémateur reçoit 50 tonnes environ de garbage par
jour. Les voitures qui l'ont collecté dans la ville viennent se
placer devant l'ouverture d'une des chambres de combustion ;
à ce moment, on arrête l'arrivée du mélange de gaz combustible et d'air, on ouvre le tampon M, et la voiture, en bascu-

lant, laisse tomber dans la chambre toute sa charge, qui ne subit aucun triage; on remet rapidement le tampon, on donne accès au mélange gazeux, et la combustion commence aussitôt.

Lorsque les proportions du mélange de gaz et d'air sont bien réglées, on constate que, même au moment du chargement, on ne perçoit aucune mauvaise odeur et qu'il ne se dégage pas de fumée par la cheminée.

C'est, du reste, l'adjonction d'un gazogène produisant du gaz à l'eau susceptible de donner, en brûlant, une très haute température et de pouvoir être envoyé en quantité proportionnelle à celle des éléments odorants devant être dénaturés, qui constitue l'originalité et l'avantage de ce mode d'incinération; elle n'entraîne, d'ailleurs, qu'une augmentation assez faible de dépenses.

La dépense de combustible s'élève, pour le gazogène, à 9 tonnes par jour. Les frais d'incinération d'une tonne de garbage qui, par les méthodes ordinaires, sont généralement comptées à 1 fr. 23, s'élèveraient donc à 1 fr. 55 environ.

Le garbage fournit 5 0/0 d'une cendre assez friable, qui, par suite de sa teneur en phosphate, a pu se vendre pour l'agriculture jusqu'à 12 fr. 75 la tonne. Cépendant le placement en est assez limité, et on n'a pas encore trouvé une utilisation continue.

En Amérique, un assez grand nombre d'essais ont été faits.

Système Mertz. — Le système Mertz fut appliqué d'abord à Buffalo, puis à Saint-Louis (Detroit) et Milwaukee. Ce procédé est assez compliqué; il a pour but, comme le procédé Arnold, non. d'incinérer complètement les matières traitées, mais d'en extraire les graisses qui sont livrées à l'industrie, tandis que les résidus ou « tangues » sont utilisés par l'agriculture. Les immondices, amenées dans des voitures, sont déchargées dans des trémies situées au troisième étage (qui est au niveau du sol de la rue), puis elles sont triées; on en extrait les fragments métalliques, et on les conduit dans des cylindres dessiccateurs, échauffés par la circulation de la vapeur (*fig.* 113). Les matières sont triturées dans les cylindres par des arbres rotatifs, munis de bras en fonte. Les gaz, en s'échappant, sont lavés par un condenseur à eau pulvérisée. Les produits secs sont ensuite menés dans les extracteurs et chauffés, tandis qu'un courant de naphte entraîne les graisses. Les tangues sont enfin criblées

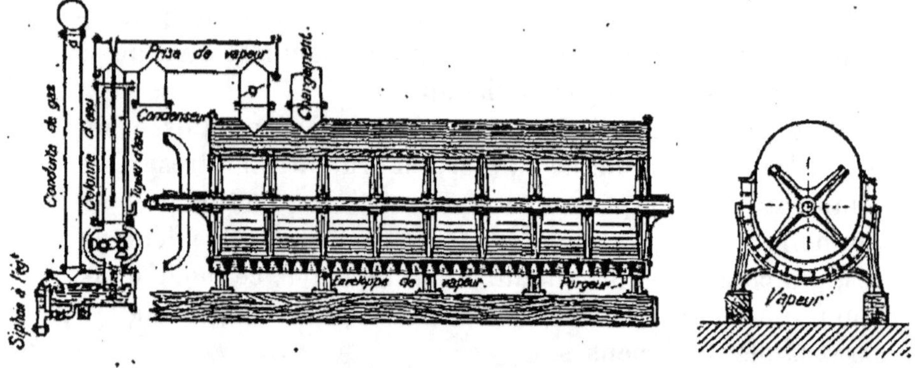

Fig. 113. — Dessiccateur mécanique.

et concassées au broyeur, et les liqueurs grasses traitées au vaporisateur pour en extraire les graisses.

Les essais en grand faits à Saint-Louis ont donné, pour 100 tonnes de matières traitées, 800 francs d'engrais (tangues) et 160 francs de graisses vendues à des savonneries.

Le rendement en tangues est d'environ 16 0/0.

Système Thackeray (essayé à Montréal). — Les gadoues

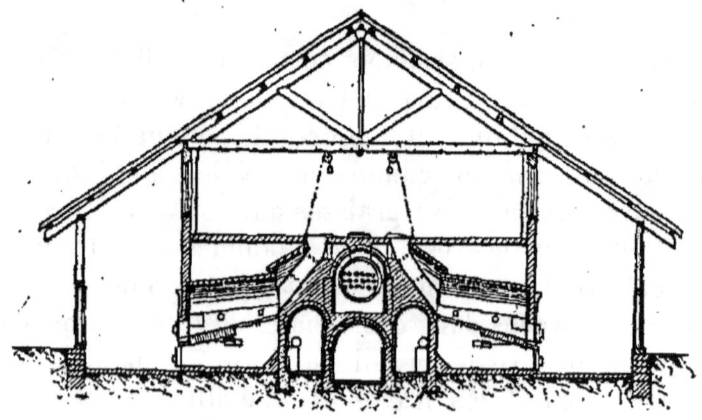

Fig. 114. — Section des fours.

sont projetées dans des fours à forme de conoïdes inclinés

(*fig.* 114). Le chauffage s'opère par une grille à barreaux mobiles, avec soufflage pour activer la combustion. Les matières traitées servent elles-mêmes de combustible.

Système Mackay (essayé à Yonders). — Les fours Mackay sont chauffés à la houille. Ils comportent une disposition spéciale de grilles à barreaux tournants, permettant de faire tomber les matières carbonisées dans le compartiment d'incinération. La dépense est évaluée à 2 ou 3 francs par tonne de détritus traités.

Essais de Chicago. — A Chicago a été essayée, par la Société Anderson Pressed Brick, une méthode simple et puissante. Des wagons chargés de gadoues pénètrent sous une galerie voûtée de briques réfractaires, portée à une très haute température par la combustion d'un mélange de pétrole brut et d'air comprimé. Lorsque les wagons arrivent à l'extrémité de la galerie, ils ne contiennent plus que des cendres. La Société Anderson a traité ainsi jusqu'à 300 tonnes de matières par jour.

En Angleterre, le principe de l'incinération des ordures ménagères est très répandu. De trois villes importantes qui avaient recours à ce procédé en 1877, ce nombre a sauté à soixante-dix en 1893.

Plusieurs types d'appareils sont en usage, parmi lesquels les systèmes Frier, Warner, Haeley, Whiley, Horsfall, sont les plus répandus.

Il serait inutile de décrire ici chacun de ces systèmes qui sont tous basés, d'ailleurs, sur les principes de l'incinération [1].

Appareil Laurans. — Dans les endroits où se manipulent des matières en décomposition ou entrant vivement en fermentation, tels les abattoirs, les marchés aux bestiaux, les marchés d'approvisionnement, et même les stations de voitures, on devra arroser et saupoudrer de désinfectant et de désodorisant.

____

[1] Voir *Rapport de mission en Angleterre*, par M. Petsche, ingénieur des Ponts et Chaussées.

L'appareil très simple, mélangeur et distributeur, imaginé par M. Laurans, est recommandable à cet effet (*fig.* 115) : il donne le moyen pratique d'effectuer des lavages antiseptiques et désinfectants sur toute la surface voulue.

Son maniement consiste dans le simple jeu d'un robinet qui permet au jet de la lance de distribuer à volonté de l'eau ordinaire ou désinfectante.

L'épandage de la solution antiseptique ou désodorisante a lieu à la lance, à pleine pression, et permet ainsi d'atteindre toute surface. Ce lavage se fait avec rapidité, sans frais appréciable de main-d'œuvre, puisque le mélange du liquide spécial avec l'eau se fait automatiquement dosi-métriquement et d'une manière continue.

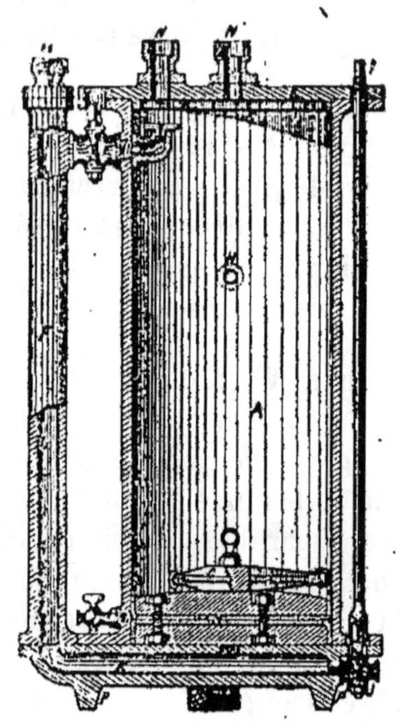

Fig. 115.

Le dosage peut être établi à volonté et selon les exigences à 1 pour 1.000 et 1, 2, 3, 4, 5 0/0 ; ce dosage facultatif est le fait d'un débit proportionnel.

Avis d'une commission administrative sur la destruction et l'utilisation des gadoues. — Cette commission comprenait, entre autres illustres hygiénistes, MM. Menitz, Tisserand du Mesnil, Grandeau, etc.

Sur d'innombrables propositions, cette commission spéciale a retenu quatre procédés, dont l'adoption sera proposée au Conseil municipal. Ce sont :

1° Le procédé de *destruction pure et simple par le feu*, tel qu'il est pratiqué en Angleterre et qui fonctionne depuis un an à l'usine municipale de Javel. Ce procédé donne satisfaction à l'hygiène en brûlant la gadoue, mais il en détruit tous les principes fertilisants et se solde par une perte de 1 fr. 50 par tonne traitée.

2° Le procédé de MM. Tenin et Pioger, qui se solde avec un léger bénéfice, consiste à broyer la gadoue pour la réduire en pâte ou terreau employé comme engrais. Ce procédé conserve tous les principes fertilisants, mais il ne supprime pas la fermentation ; il exige le transport immédiat de toute la masse et, en cas d'épidémie, il laisse subsister les dangers de propagation du fléau.

3° Le procédé *américain* dit *Arnold*, dont il est question précédemment et qui consiste, en résumé, à cuire la gadoue dans d'immenses chaudières, où la température est portée à 145° pendant sept à huit heures. On 'en retire une matière noirâtre, équivalant à 50 0/0 du poids total, qu'il faut presser, dessécher, broyer et tamiser pour la livrer comme engrais ; le surplus, c'est-à-dire 50 0/0 de la masse, doit s'écouler avec les eaux de cuisson, soit dans les égouts, soit à la Seine. Dans le rapport des ingénieurs de la Ville, il est dit qu'« en aucun cas l'administration n'autorisera le déversement de ces résidus dans la Seine ». Ce procédé se solde par une perte.

4° Le procédé de M. de Bonardi, d'après lequel la gadoue est d'abord, comme dans tous les autres, débarrassée par un triage à la main, de ses matières inertes : débris de verre et de poterie, vieilles ferrailles, etc., puis séparée par un criblage mécanique de ses poussières, qui, une fois desséchées et stérilisées, constituent un excellent engrais. Le résidu, introduit dans un long carneau, est desséché et distillé par des gaz chauds dépourvus d'oxygène, qui favorisent la transformation de l'azote en ammoniaque. Enfin, les matières ainsi desséchées et en partie carbonisées tombent dans un foyer à haute température où s'achève leur combustion. Grâce à ce procédé, tous les éléments putrescibles sont détruits ; les matières combustibles inutiles à l'agriculture sont brûlées ; l'eau de constitution se trouve évaporée, et les résidus, réduits à 50 0/0 du poids total, présentent sous forme de criblures, de cendres et de sulfate d'ammoniaque, tous les principes fertilisants : azote, potasse, chaux, acide phosphorique, qui sont contenus dans la masse initiale.

Ces produits, qui se conservent indéfiniment, peuvent être vendus au mieux des intérêts du concessionnaire. Le procédé de Bonardi se solde par un bénéfice et donne satisfaction à la fois aux exigences de l'hygiène publique et aux besoins croissants de l'agriculture.

Bouches de lavage. — Pour assurer le lavage des ruisseaux, il sera nécessaire de placer à chaque point haut du sol, pour chaque pâté de maisons, une bouche de lavage.

Drainage des urinoirs. — Enfin il sera nécessaire d'éviter l'envoi, dans les caniveaux des rues, des urines provenant des urinoirs publics, et pour cela il faudra drainer ces édicules, à l'égout public ou à la canalisation.

CHAPITRE X

UTILISATION AGRICOLE DES EAUX D'ÉGOUT

Généralités. — On a vu, dans le programme, que la ville dispose d'une superficie de terrain d'irrigation de 1.195 hectares, et le calcul du débit, pour la quantité d'eau écoulée par seconde par le collecteur général, donné 294 litres.

Il y a lieu de majorer ce chiffre pour parer à toute éventualité, et il faut admettre celui de 320 litres qui représente un cube annuel de 10.000.000 de mètres environ.

De 1.195 hectares, si on déduit les surfaces à immobiliser pour routes, chemins, constructions, il restera environ 1.100 hectares propres à l'irrigation. Le dosage annuel à l'hectare serait ainsi de 9.000 mètres cubes environ.

Dans le cas actuel, la question de l'importance du dosage maximum à l'hectare, légalement reconnu pour les irrigations des eaux de Paris, disparaît, puisque l'on est bien au-dessous des 40.000 mètres cubes fixés.

Dans les conditions exceptionnelles où l'on se trouve, il est possible de diviser les terrains pour de nombreuses combinaisons agricoles (arbres fruitiers, légumes, prairies, etc...).

Une simple répartition à faire sur le terrain, qui pourra même se réduire à une ouverture plus ou moins prolongée des bouches de distribution, suffira à régler la quantité d'eau à déverser aux endroits déterminés.

Il convient d'ajouter qu'avec une dose aussi réduite l'épuration sera assurée d'une manière parfaite, et que les drains n'évacueront à la rivière que des eaux d'une parfaite innocuité.

Pendant la période d'hiver on pourra aménager une certaine partie des terrains bas, qui sont plus plats, pour faire du colmatage, c'est-à-dire de l'irrigation à haute dose.

DESCRIPTION DU PROJET

Drainage du sol. — D'après les cotes données par les courbes (plan, *fig.* 116), on voit que la nappe souterraine se trouve située à une faible profondeur au-dessous du sol. Il est donc indispensable de prévoir le drainage du sous-sol, afin de favoriser l'écoulement à la rivière des eaux de la nappe et de celles provenant de l'irrigation, afin d'empêcher leur stagnation et pour maintenir au sol épurateur l'épaisseur voulue.

Dans le système de filtration, les drains du sous-sol, outre qu'ils servent comme canaux pour recueillir et évacuer les eaux traitées, remplissent encore la fonction importante d'aérer les couches inférieures du sol et compensent ainsi l'insuffisance de la surface exposée à l'air.

Le drainage doit comprendre essentiellement un certain nombre de tuyaux évacuateurs imperméables avec des branches collectrices perméables.

Ces deux sortes de drains doivent être placés au-dessous du niveau supérieur que les eaux souterraines ne doivent pas dépasser.

La distance entre chacun de ces drains (*fig.* 116) a été indiquée approximativement, l'expérience seule permettant de donner des notions précises à cet égard.

Diamètre des tuyaux de drainage. — La quantité d'eau d'égout à envoyer annuellement étant de 9.000 mètres cubes par hectare et par an, il en résulte que l'utilisation journalière est de :

$$\frac{1.100 \times 9.000}{365} = 27.000 \text{ mètres cubes en chiffre rond,}$$

ou 25 mètres cubes par hectare.

Les expériences faites à Gennevilliers ont démontré qu'un tiers seulement des eaux distribuées est recueilli par les drains, les deux autres tiers étant absorbés par la végétation ou évaporés.

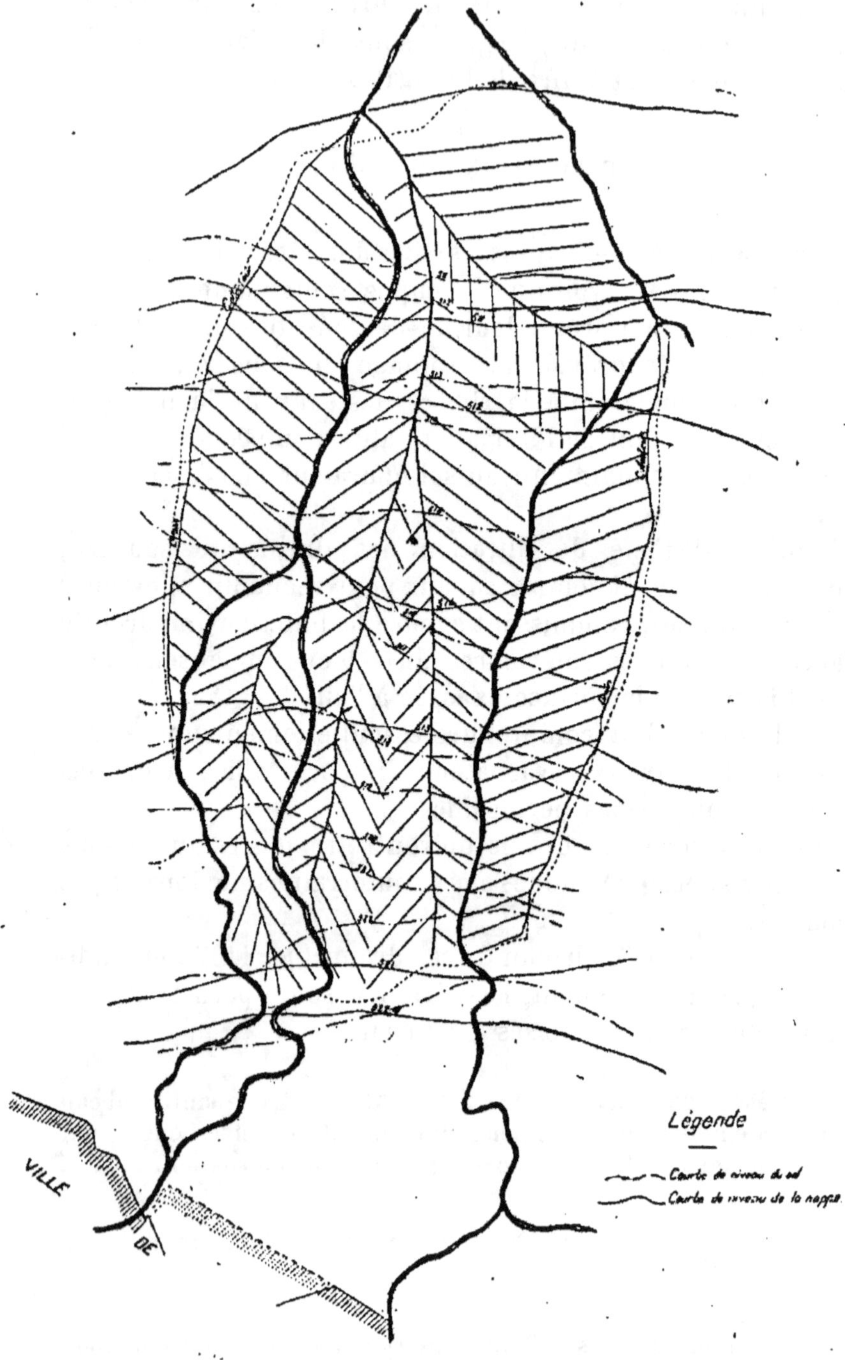

FIG. 116.

Plan indiquant les dispositions que l'on peut adopter pour le drainage des terrains d'irrigation

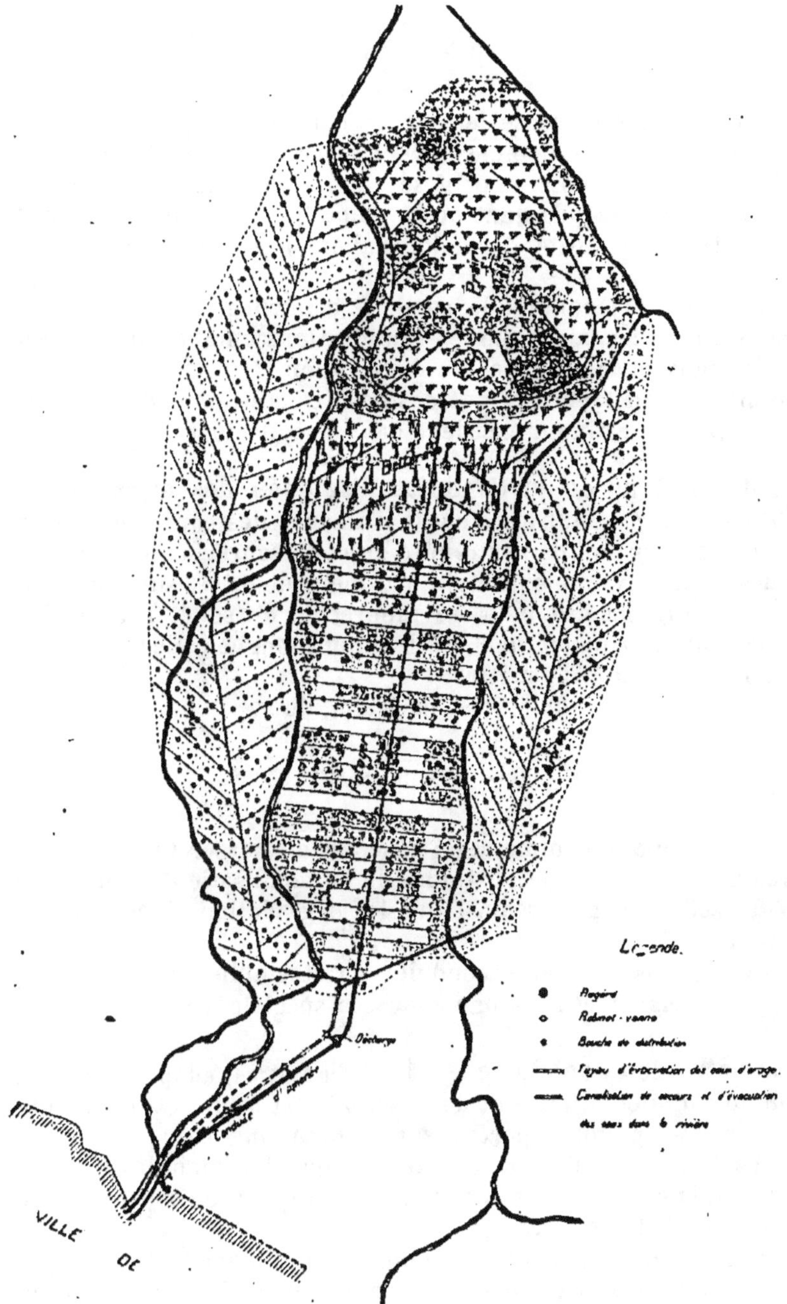

Fᴵɢ. 117. — Plan des terrains d'irrigation.

Le diamètre du drain est donc fonction de l'expression :

$$n \times \frac{25^{m3}}{3},$$

dans laquelle n représente le nombre d'hectares desservis par la conduite de drainage. Comme on peut s'en rendre compte, le calcul du diamètre des drains ne peut se déterminer d'une façon exacte pour chaque artère qu'autant qu'on a établi le plan du drainage et qu'on a fixé la quantité d'eau journalière à envoyer sur chaque parcelle.

Le plan (*fig.* 117) indique la conduite d'amenée des eaux sur les terrains irrigables, ainsi que les ramifications nombreuses de partage des eaux et les bouches de distribution.

Ce même plan donne le tracé des deux canalisations de décharge à la rivière des eaux en excédent dans le collecteur.

Profil en long de la conduite d'amenée des eaux. — En profil en long (*fig.* 118), la conduite d'amenée des eaux comportera trois pentes. Partant de l'extrémité du collecteur à la cote 525, 500, elle descendra, avec une déclivité par mètre de 0,0028 sur 3.450ᵐ,00, se redressera ensuite pour se rapprocher du sol et n'aura plus qu'une pente par mètre de 0,00239 sur une longueur de 950 mètres et de 0,000963 sur 1.250 mètres.

La dénivellation totale sera, par suite, de :

$$525,500 - 512,450 = 13^m,050.$$

On s'est imposé, comme règle générale de laisser un minimum de remblai au-dessus de l'extrados de la canalisation, de manière à éviter l'effet des gelées ainsi que les dégradations dues à la circulation.

Il a été admis que cette conduite serait établie dans l'axe des terrains à irriguer et sous une chaussée spéciale à établir.

Diamètre de la conduite. — Les diamètres adoptés pour la conduite d'alimentation sont de 0,80, 0,60 et 0,40. Cette conduite jouera le rôle de simple porteur sur toute sa longueur.

De l'extrémité de l'égout collecteur jusqu'à l'origine des terrains à irriguer, la conduite aura un diamètre intérieur de 0ᵐ,80 sur une longueur de 1.750 mètres.

La quantité d'eau par seconde admise comme devant être envoyée sur les champs d'irrigation étant de 320 litres, la charge qui en résultera sera déterminée par la formule : $j = \dfrac{b_1 q^2}{\pi^2 r^5}$, dans laquelle :

j est la charge par mètre courant exprimée en mètres ;

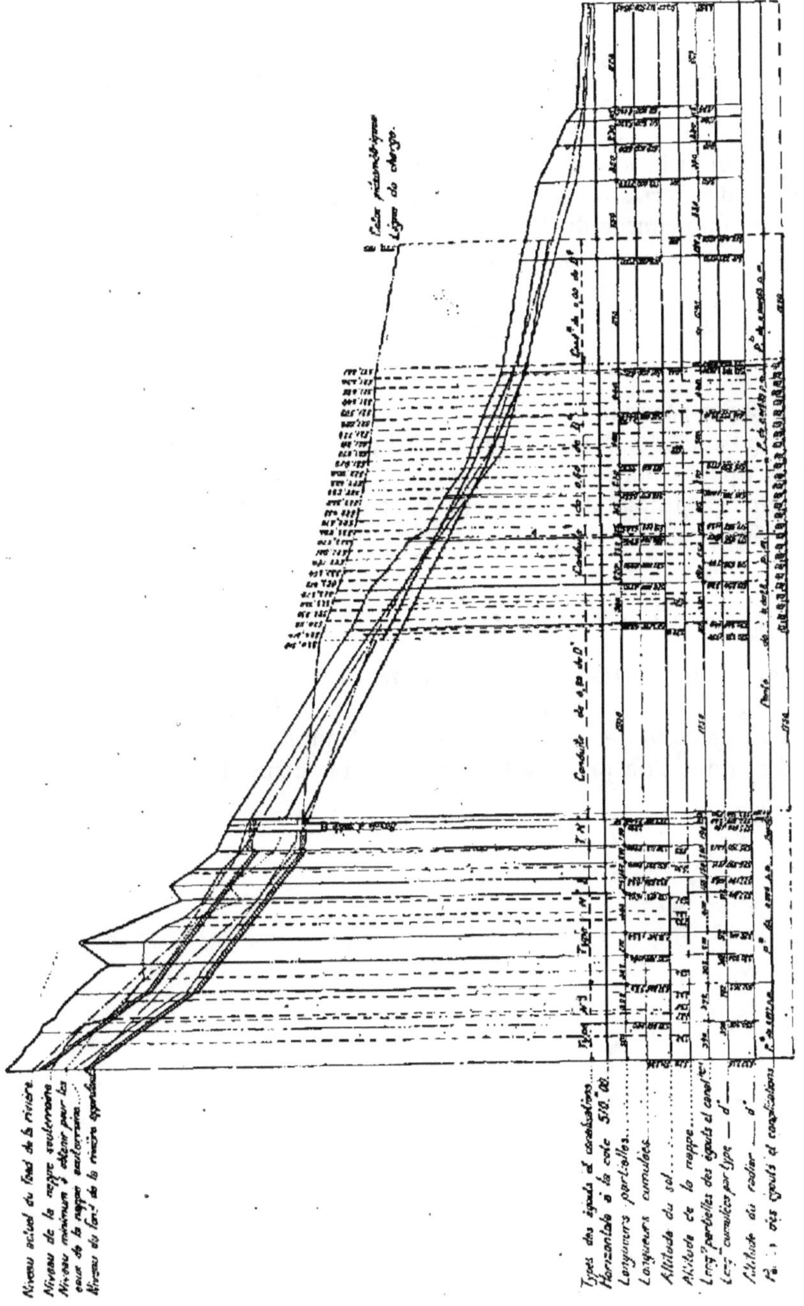

Fig. 118. — Profil en long des collecteurs de la rive droite et général, et de la conduite des eaux d'égout sur les terrains d'épandage.

b_1, le coefficient de résistance des tuyaux ;

q, le débit à la seconde exprimé en mètres cubes ;

r, le rayon de la conduite exprimé en mètres.

Calculant la valeur de j on aura, en admettant un tuyau en ciment, soit pour b_1 la valeur de 0,000784 :

$$j = \frac{0,000784 \times \overline{0,320}^2}{3,1416^2 \times \overline{0,40}^5} = 0^m,000795 \text{ par mètre,}$$

ce qui donne pour la longueur totale de la conduite de $0^m,80$, jusqu'à l'origine des terrains où la déclivité est la même, c'est-à-dire 1.750 mètres, une charge de $1^m,382$.

La vitesse correspondante que l'on obtiendra par la formule

$$u = \sqrt{\frac{r.j}{b_1}}$$

sera de $0^m,63$ par seconde.

La cote de l'eau dans le collecteur à l'origine de la conduite devant être approximativement 525,900 et l'eau devant subir une perte de charge totale de 1.382 sur la longueur de 1.750 mètres indiquée ci-dessus, la cote piézométrique au point bas sera donc de :

$$525,900 - 1,382 = 524,518.$$

Le tableau A donne les pertes de charge subies à chaque changement de diamètre de la canalisation, ainsi qu'après chaque jonctionnement des conduites de distribution. Il donne également la quantité d'eau que l'on prendrait à chaque branchement.

TABLEAU A

INDICATION des tronçons considérés	VALEUR de q	LONGUEUR de chaque tronçon	DIAMÈTRE des canalisations	PERTE de charge par mètre	PERTE de charge totale par section considérée	COTES piézométriques
AB	0,320	1.750ᵐ	0,80	0,00079	1,382	524,518
a	0,250	100ᵐ	0,60	0,00204	0,204	524,314
b	0,245			0,00196	0,196	524,118
c	0,240			0,00188	0,188	523,930
d	0,235			0,00180	0,180	523,750
e	0,230			0,00172	0,172	523,578
f	0,225			0,00165	0,165	523,413
g	0,220			0,00159	0,159	523,254
h	0,215			0,00150	0,150	523,104
i	0,210			0,00144	0,143	522,961
j	0,205			0 00137	0,137	522 824
k	0,200			0,00130	0,130	522,694
l	0,195			0,00124	0,124	522,570
m	0,190			0,00117	0,117	522,453
n	0,185			0,00111	0,111	522,342
o	0,180			0,00104	0,104	522,238
p	0,175			0,00100	0,100	522,138
q	0,170			0,00094	0,094	522,044
r	0,165			0,00085	0,085	521,959
s	0,160			0,00083	0,083	521,876
t	0,155			0,00075	0,075	521,801
u	0,150			0,00073	0,073	521,728
v	0,145			0,00065	0,065	521,663
x	0,140			0,00064	0,064	521,599
y	0,135			0,00059	0,059	521,540
z	0,130			0,00055	0,055	521,485
z_1	0,125			0,00051	0,051	521,434
z_2	0,120			0,00047	0,047	521,387
w	0,060	1.250ᵐ	0,40	0,00039	1,2025	520,185

C'est à l'aide de ces éléments que l'on a tracé la ligne de charge indiquée sur le profil en long (*fig*. 117).

La vidange complète de la conduite d'alimentation sera assurée à l'aide d'un orifice ménagé dans un regard établi à l'extrémité de la canalisation et dont le couronnement est réglé pour servir de trop-plein ; il suffira d'ouvrir cet orifice au moment voulu.

L'eau en excédent pourra s'écouler par une rigole à la rivière.

Nature des conduites d'alimentation et de distribution. — a) *Conduite d'alimentation.* — On peut employer indifféremment la fonte, la tôle d'acier, le grès vernissé, le sidéro-ciment (ou combinaison de l'acier et du ciment), le béton aggloméré, le béton maçonné à la main, le béton fabriqué mécaniquement et la maçonnerie de petits matériaux.

Parmi ces divers systèmes il faut retenir la fonte, la tôle d'acier, le sidéro-ciment et le béton fabriqué mécaniquement, qui ont été employés à Paris et qui ont tous donné de très bons résultats.

Toutefois, en raison de la dépense, il paraît plus avantageux de faire usage du sidéro-ciment. On compte une diminution de dépense pouvant atteindre de 15 à 45 0/0 sur des travaux similaires en fonte ou en tôle.

Si on emploie ce procédé, le seul calcul intéressant à faire pour obtenir la résistance du tuyau est celui des fers à employer et leur espacement.

Calculs

Voici les formules données par l'inventeur : Pour l'épaisseur :

$$e = \frac{1{,}033 \times n \times d}{2k},$$

dans laquelle :

e est l'épaisseur en centimètres d'un tuyau fictif en métal continu de même résistance que la barre en hélice du tuyau considéré ;

n, pression en atmosphères ;

d, diamètre intérieur du tuyau en centimètres ;

k, nombre de kilogrammes auquel l'acier doit travailler par centimètre carré.

En l'appliquant au cas présent, on obtient : $n = 5^a$; différence entre la cote de l'eau dans le collecteur et la cote piézo métrique extrême 520,185 :

$$d = 80$$
$$k = 1.500^k,$$

soit :

$$e = \frac{1{,}033 \times 5 \times 80}{2 \times 1.500} = 0^{cm}{,}138,$$

Pour l'emplacement des spires l'inventeur donne la formule :

$$(1) \qquad E = \frac{S}{e} \, ;$$

E est l'espacement des spires ;

S, la surface en centimètres carrés de la section de la barre de fer en I.

Afin de réduire le nombre des profils des fers spéciaux qui pourraient varier à l'infini, l'inventeur a adopté un certain nombre de fers types.

Dans le cas actuel, le fer ayant une hauteur de 10 millimètres, la surface de la section sera $0^{m2},00002132$.

En reprenant la formule (1), on aura :

$$E = \frac{0^{cm2},2132}{0,138} = 1^{cm},54.$$

Dans le cas où l'on désirerait adopter le béton fabriqué mécaniquement, ce qui peut se présenter si l'on trouve sur place le sable et le caillou nécessaires, l'épaisseur qu'il faudrait donner à la conduite serait de $0^m,20$, ce qui permettrait de n'atteindre qu'une pression de 1 kilogramme par centimètre carré, comme le démontre la formule connue $(P \times c = p \times R)$, dans laquelle :

P est l'effort supporté par la maçonnerie au mètre carré ;

c, l'épaisseur de la maçonnerie ;

p, la pression d'eau par mètre carré ;

R, le rayon de la conduite :

$$P = \frac{5.000^k \times 0,40}{0,20} = 10.000 \text{ kilogrammes,}$$

soit 1 kilogramme par centimètre carré.

Lorsque l'on fait usage de ces matériaux, on peut adopter le dosage ci-après, résultant de diverses expériences :

Ciment de Portland	336^k
Sable	$0^{m3},600$
Caillou	$0^{m3},600$

Les tronçons inférieurs de la conduite d'alimentation, dont le diamètre variera de $0^m,60$ à $0^m,40$, seront également construits en sidéro-ciment.

b) *Conduites de distribution.* — En ce qui concerne les conduites de distribution, l'emploi des tuyaux de grès est tout indiqué.

Pour les petits conduits on pourra utiliser les caniveaux

demi-circulaires avec ou sans collets d'emboîtement (*fig.* 119).

Quand une rigole doit être plus profonde, on peut adjoindre aux tuyaux demi-circulaires, une cornière également en terre cuite (*fig.* 119).

Caniveau avec collet d'emboîtement.

Caniveau sans collet d'emboîtement.

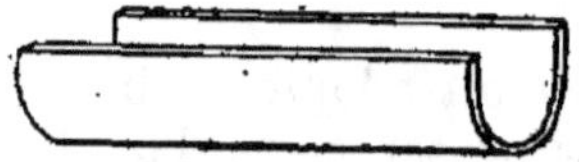

Tuyau et cornière.

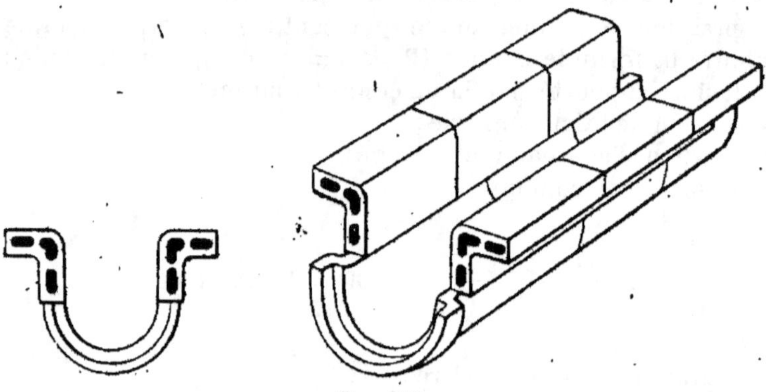

Fig. 119.

Ouvrages d'art spéciaux. — Les ouvrages d'art spéciaux à prévoir sont extrêmement simples.

Ils comprennent un regard tous les 250 mètres environ sur la conduite de distribution ; de plus, un regard sera établi à chaque changement de diamètre de la canalisation.

Dans chaque regard sera ménagée une vanne qui permettra d'intercepter la communication de l'eau dans la partie basse de la canalisation, au cas où cette éventualité deviendrait nécessaire.

Ces regards joueront le rôle de manomètres à air libre laissant l'air s'échapper des conduites et évitant les coups de bélier qui se produisent au moment de la mise en eau, ainsi que du fait du jeu des vannes et de l'ouverture des bouches de distribution.

Leur couronnement doit être établi à 1 mètre environ au-dessus des cotes piézométriques correspondantes. L'eau pourra ainsi s'élever dans chacun de ces regards sans crainte de débordement. Des échelons faisant office d'échelle permettront les visites nécessaires.

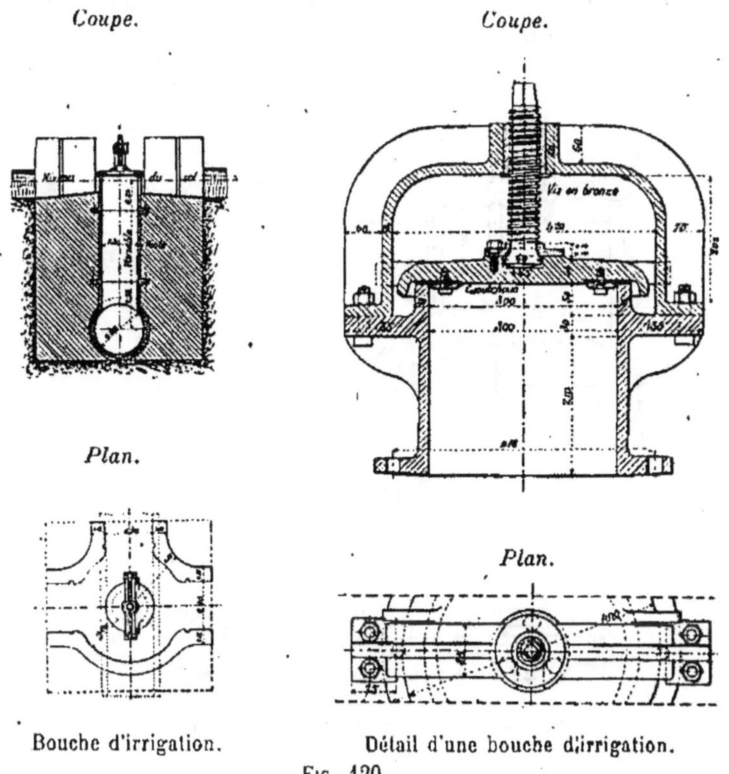

Fig. 120.

Le regard établi à l'extrémité de la conduite servira également comme manomètre à air libre, mais jouera spécialement le rôle de trop-plein. A cet effet, sa crête sera arasée seulement à 0^m,20 au-dessus de la cote piézométrique correspondante. L'eau s'échappant de ce regard, dans le cas où le service de distribution diminuerait, s'écoulerait dans une rigole établie spécialement, qui la conduirait à la rivière.

Tous les 100 mètres, dans la partie réservée au jardin potager, ont été prévus des branchements de distribution.

Ces branchements seront en tuyaux de poterie de 0^m,15 de diamètre et recevront, tous les 25 mètres, une bouche de distribution en tuyaux de 0^m,10 de diamètre.

La figure 120 donne divers détails de ces bouches, qui permettent à l'eau de s'échapper sans projection. Chaque bouche est entourée d'une cuvette en maçonnerie dans laquelle sont ménagées des rainures qui servent de logement aux vannettes destinées à assurer aux eaux d'égout la direction qu'on désire leur donner.

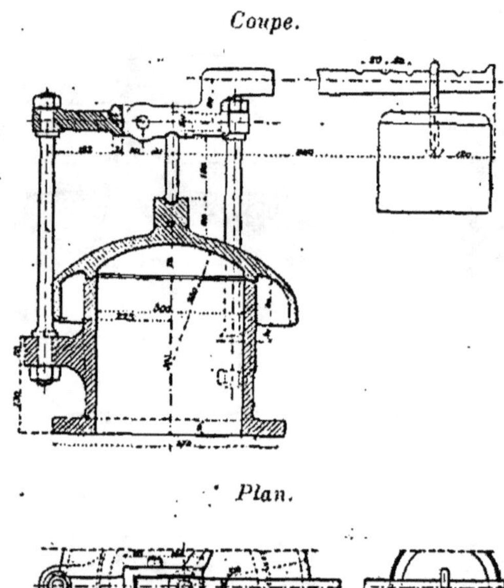

Fig. 121. — Bouche d'irrigation automatique.

A l'extrémité de chaque conduite secondaire il y aura lieu de placer une bouche automatique, qui aura pour objet de laisser l'eau s'écouler librement, lorsque la pression dans la conduite atteindra un maximum déterminé. La figure 121 donne un détail de ce genre de bouche en usage dans la plaine de Gennevilliers.

Différents procédés d'arrosage. — Un terrain peut être arrosé de trois manières différentes :

1° Par *submersion*, en recouvrant le sol d'une couche d'eau plus ou moins épaisse ; c'est ce qu'on appelle le *colmatage*, qui se pratique généralement l'hiver ;

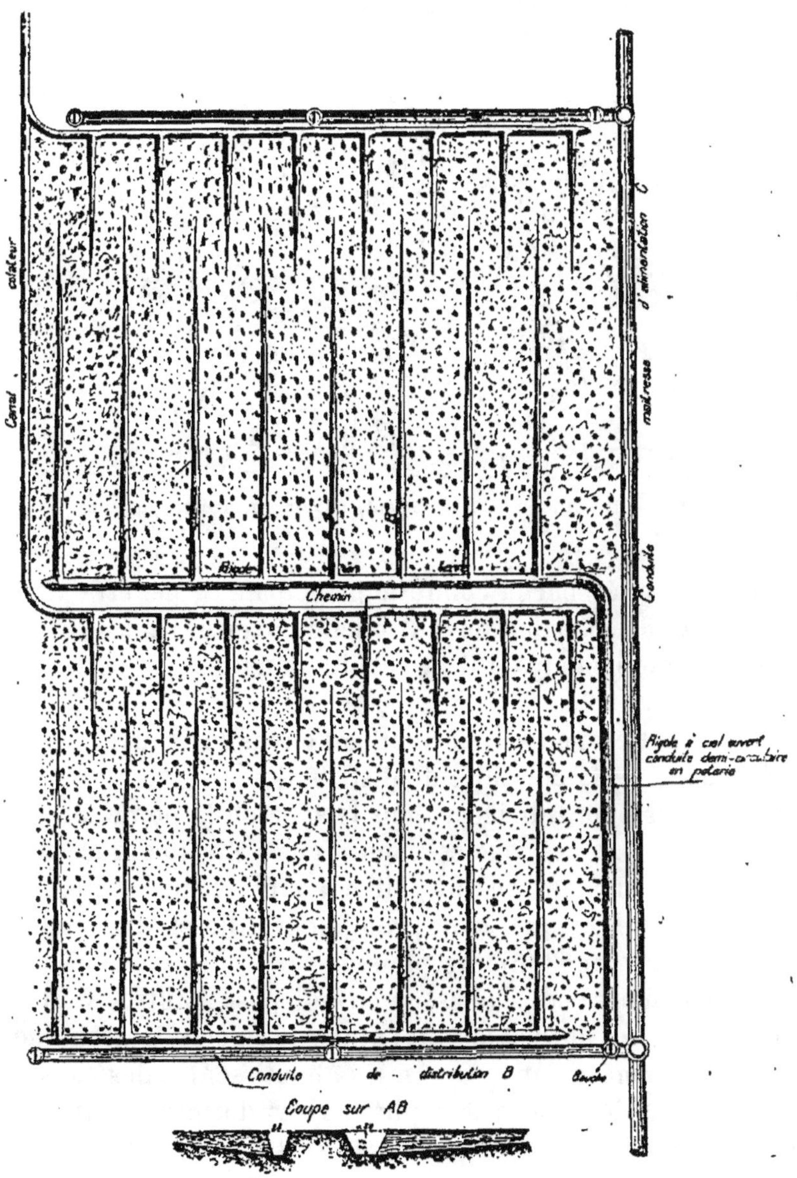

Fig. 122. — Irrigation par déversement.

2° Par *infiltration*, en amenant l'eau dans des rigoles, d'où elle pénètre par imbibition dans toute l'étendue du terrain ;

3° Par *déversement*, en faisant parcourir lentement la surface irriguée par une mince nappe d'eau.

Les irrigations par déversement sont celles auxquelles on a le plus souvent recours (*fig.* 122 et 123).

Fig. 123. — Irrigation par déversement, terrain partagé en planches.

L'eau, amenée par la conduite principale C, pénètre dans celle B dite de distribution. La bouche ouverte, l'eau s'écoule dans la rigole principale R et ensuite dans les rigoles secondaires *r'* (*fig.* 122).

Des vannettes peuvent permettre l'envoi des eaux à droite ou à gauche de la conduite de distribution.

Les rigoles *r* sont dirigées dans le sens de la pente du terrain. Il faut que ces rigoles soient aussi étroites que possible, qu'elles n'aient qu'une faible pente, 2 millimètres au plus par mètre, et que leur profondeur aille en diminuant, afin qu'elles soient toujours pleines.

Parallèlement à ces rigoles, on en a disposé d'autres T alternativement avec elles et faisant l'office de rigoles de décharge. Les eaux amenées dans ces rigoles aboutissent à des canaux creusés dans les parties les plus basses du terrain, et elles peuvent servir à arroser à nouveau les terrains occupant un niveau inférieur.

Dans les sols qui ne présentent que très peu ou pas de pente, on dispose le terrain en planches ou billons présentant une double pente (*fig.* 123).

Les rigoles suivent alors la direction de l'arête formant l'intersection des deux plans inclinés du billon. La longueur des planches ou ados ne doit jamais dépasser 35 à 40 mètres, et il faut que leur largeur ne soit pas trop grande, afin que l'eau, en arrivant au bas, ne soit point complètement épuisée des engrais minéraux qu'elle renferme.

De ces rigoles, l'eau passe dans des saignées dirigées dans le sens de la pente, puis est conduite, comme précédemment, dans des canaux qui la déversent dans les parties basses des terrains, où elle sert à nouveau.

CHAPITRE XI

PRIX COMPOSÉS APPLICABLES A LA CONSTRUCTION DES ÉGOUTS, DES CANALISATIONS, DES BRANCHEMENTS DE REGARDS ET DE BOUCHE, DES RÉSERVOIRS DE CHASSE. TABLEAU ESTIMATIF DES DÉPENSES.

La première partie de ce chapitre est relative aux tableaux qu'il a été nécessaire de dresser, en vue d'établir les prix composés applicables à la construction des divers ouvrages du projet :

Égouts (types cités, 1 à 4), *branchements et cheminées de regard et de bouche, branchements de bouche à panier-filtre, réservoirs de chasse* (types 1 et 2), *regards de bouche sur canalisation, etc.*

Ces tableaux comportent, en général, cinq colonnes.

Col. 1. — *Numéros d'ordre.* — Ces numéros s'appliquent aux différentes parties dont se subdivise le prix composé.

Col. 2 et 3. — **Col. 2,** *Numéros des sous-détails.* — **Col. 3,** *Prix de l'unité.* — Ces numéros et ces prix sont ceux du bordereau des prix applicable au projet (Voir p. 369).

Col. 4. — *Quantités.* — Ces chiffres proviennent de l'avant-métré, qu'il a paru inutile d'insérer dans cet ouvrage[1].

Col. 5. — *Sommes.* — Les chiffres de cette colonne résultent du produit de la colonne *Prix* par la colonne *Quantités.*

---

[1] Toutefois il a semblé intéressant de faire précéder les tableaux des prix composés d'une note sur le calcul des égouts établie en la généralisant, sur celle rédigée, en 1891, par M. Allard, directeur de la voie publique à Paris.

NOTICE

SUR LE MODE DE CALCUL PAR MÈTRE COURANT
DES DIFFÉRENTS TYPES D'ÉGOUT

I. — Observations générales

Type ordinaire d'égout : section intérieure. — La section intérieure des différents types d'égout est généralement définie dans ses parties essentielles par un trapèze ABCD (*fig.* 124).

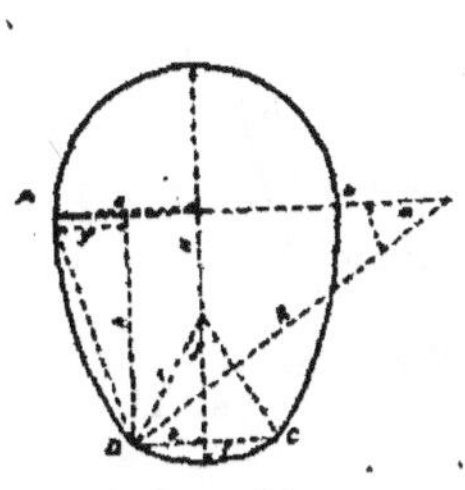

Fig. 124.
Type ordinaire de l'égout,
section intérieure.

La base supérieure, AB = 2a, représente le diamètre, à hauteur des naissances, de la voûte en plein cintre qui forme la partie supérieure de l'égout.

La base inférieure, CD = 2b, représente la largeur de l'égout à l'origine du radier, ou du niveau des banquettes entre lesquelles la cunette est comprise.

Au lieu de la hauteur h du trapèze, on choisit ordinairement, pour achever de définir le type, la hauteur totale sous clef H.

Si on désigne par f la flèche du radier, qui est aussi une donnée nécessaire,
h est déterminée par la relation :

$$h = H - (a + f).$$

Chaque piédroit est établi suivant un arc de cercle déterminé par la condition d'avoir son centre sur la ligne AB et de passer par les points A et D ou B et C.

Dimensions calculées. — Si l'on pose $a - b = F$, le rayon R de ces arcs de cercle et l'angle au centre α, correspondant aux arcs AD ou BC, sont donnés par les formules :

$$(1) \qquad R = \frac{h^2 + F^2}{2F}$$

$$(2) \qquad \sin \alpha = \frac{h}{R}.$$

Le radier est établi suivant un arc de cercle, déterminé par la condition d'avoir son centre sur l'axe vertical de l'égout et de passer par les points C et D.

Son rayon r et son angle au centre δ sont donnés, en fonction de la flèche f et de la demi-largeur b, par les formules :

$$(3) \qquad r = \frac{b^2 + f^2}{2f}$$

$$(4) \qquad \sin \frac{\delta}{2} = \frac{b}{r}.$$

Section extérieure de l'égout. — La section extérieure de l'égout est ordinairement déterminée par des arcs de cercle parallèles à ceux de la section intérieure, sauf à la base de l'égout où la maçonnerie repose sur le sol par une partie horizontale.

La largeur de cette base est facile à calculer.

Si l'on appelle (*fig.* 125) :

e, l'épaisseur des enduits intérieurs ;

E, l'épaisseur de l'enduit du radier ;

m, l'épaisseur de la maçonnerie ;

R', le rayon de la partie extérieure du piédroit ;

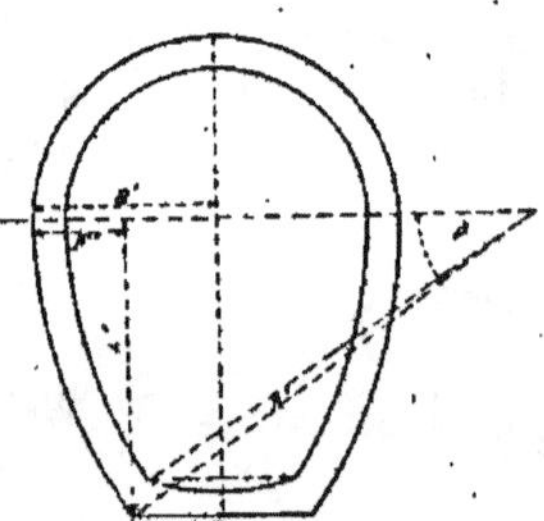

Fig. 125.
Type ordinaire de l'égout, section extérieure.

h', la hauteur verticale de la partie extérieure du piédroit ;

$2a'$, la largeur hors œuvre des maçonneries aux naissances ;

$2b'$, la base inférieure de la maçonnerie du radier,

On a :

$$R' = R + e + m,$$
$$h' = h + f + E + m,$$
$$a' = a + e + m.$$

Et, si l'on désigne $a' - b'$ par F', on a, pour déterminer F' et b', les relations :

$$(5) \qquad F' = R' - \sqrt{R'^2 - h'^2},$$
$$(6) \qquad b' = a' - F'.$$

Quant à l'angle au centre β, correspondant à l'arc extérieur du piédroit, il est donné par la relation (2) :

$$(2') \qquad \sin \beta = \frac{h'}{R'}.$$

Type ovoïde : section intérieure. — Dans le type ovoïde, la section au-dessous de la ligne des naissances peut être considérée comme une anse de panier à trois centres (*fig.* 126).

On détermine aisément cette courbe en fonction de la demi-largeur a aux naissances, de la demi-largeur b à l'origine du radier et de la hauteur totale sous clef H, en prenant pour inconnue la hauteur h du trapèze, dont les deux bases sont données.

Si on pose :

$$H - a = L,$$

et si on remarque que l'angle CDI formé par la base inférieure du trapèze et la corde du demi-arc du radier est la moitié de l'angle ε du demi-arc du radier, on a donc :

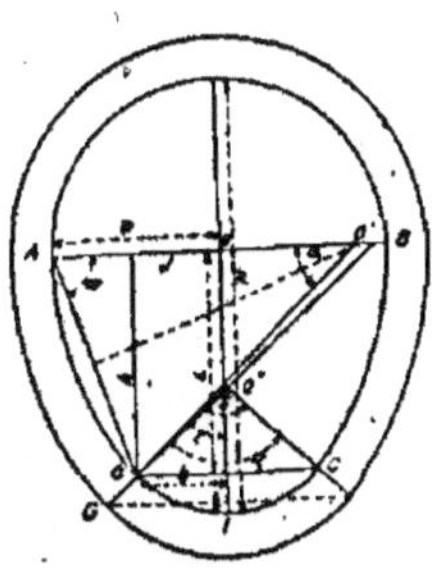

Fig. 126.
Section du type
ovoïde.

$$(m) \qquad \tan \frac{1}{2}\varepsilon = \frac{L - h}{b};$$

d'autre part :

$$\alpha = 90° - \varepsilon.$$

L'angle θ de la ligne des naissances avec la corde sous-tendant e premier arc du piédroit est donné par :

$$\tan \theta = \frac{h}{a - b}.$$

Or :

$$\theta = 90° - \frac{1}{2}\alpha ;$$

donc :

$$\theta = 90° - \frac{1}{2}(90° - \varepsilon) = 45° + \frac{1}{2}\varepsilon,$$

$$(n) \qquad \tan \theta = \frac{1 + \tan \frac{\varepsilon}{2}}{1 - \tan \frac{\varepsilon}{2}}.$$

Si l'on pose $\tan \frac{\varepsilon}{2} = z$, les deux équations (m) et (n) deviennent :

$$\frac{L - h}{b} = z$$

$$\frac{h}{a - b} = \frac{1 + z}{1 - z}.$$

En éliminant z, on obtient :

$$h\left(1 - \frac{L - h}{b}\right) = (a - b)\left(1 + \frac{L - h}{b}\right) ;$$

d'où :

$$h^2 - (L - a)h - (a - b)(L + b) = 0,$$

et :

$$(7) \quad h = \frac{1}{2}\left[L - a + \sqrt{(L - a)^2 + 4(a - b)(L + b)}\right].$$

h et $f = L - h$ étant connus, les rayons R et r des deux cercles et les angles au centre α et $\delta = 2\varepsilon$ se calculent respectivement par les formules (1), (3), (2) et (4).

Section extérieure. — Pour déterminer dans les mêmes types ovoïdes le profil extérieur des maçonneries, qui est aussi une anse de panier à trois centres, on a les données :

$$a' = a + e + m,$$
$$l' = L + E + m.$$

Quant à b', il parait naturel d'en fixer la valeur en augmentant b dans le rapport du rayon intérieur du radier, à ce même rayon augmenté de l'épaisseur du radier, ce qui donne :

$$b' = b \times \frac{r + E + m}{r}.$$

On obtient h' en fonction de ces trois données : a', b', l', par la même formule que ci-dessus (7), et on calcule les rayons R' et r' et les angles au centre β et γ relatifs à la courbe extérieure en appliquant les formules (1), (3), (2), (4).

II. — Éléments du prix d'un égout par mètre courant

Ces préliminaires posés, il convient de présenter quelques observations générales sur le calcul de chacun des éléments du prix d'un égout par mètre courant.

Ces éléments, au nombre de douze, sont les suivants :

NUMÉROS D'ORDRE	DÉSIGNATION DES OUVRAGES	QUANTITÉS	PRIX
1°	Arrachage de pavés et repavage provisoire.............	Q_1	p_1
2°	Déblais pour fouilles et jets sur berge. Dressement des talus et fond de tranchée.......................	Q_2	p_2
3°	Déblais remis en remblais.......................	Q_3	p_3
4°	Déblais transportés aux décharges publiques.........	Q_4	p_4
5°	Étaiements { Plats-bords et couchis................	Q_5	p_5
6°	{ Étrésillons	Q_6	p_6
7°	Cintres.......................	Q_7	p_7
8°	Maçonnerie.......................	Q_8	p_8
9°	Chape.......................	Q_9	p_9
10°	Enduits intérieurs.......................	Q_{10}	p_{10}
11°	Enduits du radier, de la cunette et des banquettes....	Q_{11}	p_{11}
12°	Poteaux et lisses de barrière.......................	Q_{12}	p_{12}

§ 1. — ARRACHAGE DU PAVÉ ET REPAVAGE PROVISOIRE

Calcul de Q_1. — La surface Q_1 de dépavage et repavage par mètre courant est égale à la largeur de la fouille à sa partie supérieure.

On admet que cette largeur excède toujours de 0,30 (soit 0,15 de chaque côté)[1] celle de la fouille, au niveau des naissances de l'extrados de la voûte de l'égout, quelle que soit, d'ailleurs, la profondeur à laquelle l'égout est établi au-dessous du sol.

La largeur aux naissances, c désignant l'épaisseur de la chape est égale à $2(a' + c)$; la surface Q_1 est donc donnée par la relation

$$(8') \qquad Q_1 = 2(a' + c \pm 0,15),$$

ou, l'épaisseur c de la chape étant toujours égale à 0,02,

$$(8) \qquad Q_1 = 2(a' + 0,17).$$

§ 2. — DÉBLAIS POUR FOUILLE ET JETS SUR BERGE

Calcul de Q_2. — Pour le calcul du prix normal par mètre courant, on suppose que l'égout, quel qu'en soit le type, est établi de manière que l'extrados de la voûte, avant l'application de la chape, soit à 0,50 au-dessous du sol (on entend ici, par le sol, la surface même du terrain, s'il n'existe aucun revêtement; dans le cas contraire, on prend pour point de départ de la profondeur de la fouille le dessous des pavés, ou le dessous des dalles en granit, ou le dessous du béton de fondation des aires bitumées ou asphaltées).

Il en résulte que la ligne des naissances de l'extrados est à une profondeur t, au-dessous du sol, égale à :

$$t = a' + 0^m,50.$$

La largeur de la fouille étant, au niveau des naissances,

$$2(a' + 0^m,02),$$

au niveau du sol

$$2(a + 0,17\,m);$$

---

[1] Cette dimension doit être considérée comme une moyenne, le fruit devant varier un peu suivant la nature du terrain et la profondeur de la fouille. En pratique, les entrepreneurs dressent le plus souvent leurs fouilles presque verticalement.

le cube du déblai entre le sol et les naissances est :

$$(9) \qquad D = 2l\,(a' + 0^{m},095).$$

Pour obtenir le cube total du déblai, il suffit d'ajouter à ce cube D le volume V_2 de la partie inférieure de l'égout au-dessous des naissances, dont le calcul sera indiqué au paragraphe des maçonneries.

Le cube total du déblai est donc :

$$(10) \qquad Q_2 = D + V_2.$$

Détermination des prix applicables aux différentes profondeurs de fouille. — Pour obtenir le prix p_2, on appliquera à ce cube le prix du bordereau correspondant à la profondeur du fond de la fouille.

La profondeur de fouille se mesure entre le dessous du revètement du sol et le dessous de la maçonnerie du radier. Etant donné le profil en long (*fig.* 127) d'un égout type n° 3 à construire sous

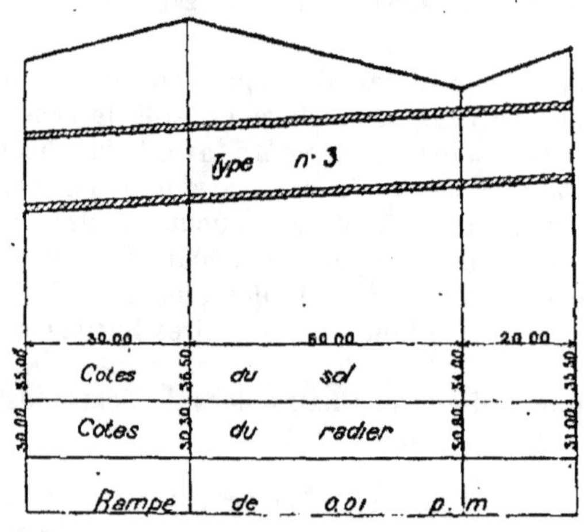

Fig. 127. — Profil en long.

sol revêtu de pavés de 0,16, on établit la profondeur moyenne en tenant compte des longueurs des différents segments.

$$\text{Moy.} = \frac{\dfrac{35 - 30 + 36,50 - 30,30}{2} \times 30 + \dfrac{36,50 - 30,30 + 34 - 30,80}{2} \times 50 +}{30 + 50 + 20}$$

$$\frac{+ \dfrac{34 - 30,80 + 35.50 - 31}{2} \times 20}{30 + 50 + 20} = 4^{m},80.$$

A ajouter : épaisseur du radier (0,20), de l'enduit (0,03); à retrancher pavé. Profondeur moyenne applicable :

$$4,80 + 0,20 + 0,03 - 0,16 = 4^m,87.$$

Quelques explications sur la détermination des prix correspondant à la profondeur de la fouille sont ici nécessaires.

On désignera par :

K, le prix de la fouille de 1 mètre cube de terrain ordinaire ;

J, le prix d'un jet de pelle.

Les cahiers des charges imposées aux entrepreneurs limitent, en général, le jet à $1^m,60$ de hauteur verticale.

On doit donc, dans une tranchée d'égout, supposer un espacement vertical de $1^m,60$ entre les banquettes. Mais, si la première banquette était établie à $1^m,60$ au-dessous du sol, le jet n'atteindrait que le bord extrême de la tranchée. Pour tenir compte de la nécessité de jeter les terres à une certaine distance horizontale du bord, on peut admettre que :

La première banquette est seulement à $0^m,80$ au-dessous du sol ;

Et les autres aux profondeurs successives de :

$$0^m,80 + 1^m,60 ;$$
$$0^m,80 + (2 \times 1^m,60), \text{ etc.}$$

Si on appelle C le cube par mètre courant d'une tranchée de $0^m,80$ d'épaisseur, le prix total X du déblai d'une tranchée de $n \times 1^m,60$ de profondeur sera :

$$X = (2nC \times K) + C [J + (2 + 2J) + (2 + 3J) + \ldots (2 \times nJ) \\ + (n + 1) J]$$
$$= 2nCK + CJ [(n + 2)(1 + 2 + 3 + \ldots + n)]$$
$$= C \left[2nK + J \left(n + \frac{2n(n+1)}{2} \right. \right.$$
$$= Cn [2K + J (n + 2)]$$

Le prix par mètre cube à appliquer, lorsque la profondeur est égale à $n \times 1^m,60$ est donc déterminé par la formule :

$$Xn = \frac{Cn [2K + J(n + 2)]}{2nC} = K + J \left(1 + \frac{n}{2} \right) ;$$

lorsque la profondeur est égale à $(n - 1) \times 1,60$, le prix applicable est :

$$Xn - 1 = K + J \left(1 + \frac{n-1}{2} \right).$$

Lorsque la profondeur moyenne d'une tranchée est comprise entre $(n-1)\,1,60$ et $n \times 1,60$, il est naturel d'adopter la moyenne des prix par mètre cube correspondant à ces deux profondeurs, soit :

$$\frac{X_{n-1} + X_n}{2} = K + J\left(1 + \frac{2n-1}{4}\right).$$

Les prix correspondant aux diverses profondeurs sont donc :

Lorsque la profondeur n'excède pas 1,60 : $K + \dfrac{5}{4}J$;

Lorsqu'elle est comprise entre 1,61 et 3,20 : $K + \dfrac{7}{4}J$;

Lorsqu'elle est comprise entre 3,21 et 4,80 : $K + \dfrac{9}{4}J$; et ainsi de suite en augmentant le prix de $\dfrac{2}{4}J$ pour chaque augmentation de profondeur de $1^m,60$.

Ce calcul est basé sur deux hypothèses qui ne sont pas rigoureusement exactes. Il suppose d'abord une fouille rectangulaire dans laquelle toutes les tranches de $0^m,80$ de hauteur auraient le même volume. Il n'en est pas tout à fait ainsi dans les fouilles d'égout : 1° à cause du fruit de $0^m,15$ existant au-dessus des naissances ; 2° parce qu'au-dessous des naissances la fouille est dressée suivant la forme de l'extérieur des maçonneries.

Il en résulte que le volume moyen attribué uniformément à toutes les tranches est trop faible pour les tranches supérieures dont le déblai nécessite le moins grand nombre de jets de pelle, et trop fort pour les tranches inférieures dont le déblai nécessite le plus grand nombre de jets de pelle, et ce double motif tend à rendre un peu trop élevé le prix ainsi calculé.

D'un autre côté, le niveau admis pour la première banquette supposée placée à $0^m,80$ au-dessous du sol doit être considéré comme un niveau moyen. Si l'égout est peu profond et que l'entrepreneur enlève au fur et à mesure du déblai les terres destinées à être transportées aux décharges publiques, le cavalier formé des terres conservées pour être remises en remblai est très peu considérable, et la première banquette peut être placée à plus de $0^m,80$ au-dessous du sol.

Si, au contraire, la fouille est profonde, un jet de pelle complémentaire peut être nécessaire pour la formation de la partie supérieure du cavalier.

Il est possible que, sous ce dernier rapport, le prix calculé soit un peu faible, surtout pour les grandes profondeurs ; mais cette erreur par défaut trouve une large compensation : 1° dans l'erreur par excès ci-dessus signalée 2° dans cette circonstance que la hauteur de $1^m,60$ fixée pour le jet de pelle vertical, par le cahier des charges imposées aux entrepreneurs du service municipal, est, un peu inférieure à la hauteur du jet admise en pratique, les entrepreneurs établissant le plus souvent leurs banquettes successives à près de 2 mètres de distance verticale les unes des autres ; 3° enfin dans une autre erreur par excès, dont il sera question ci-après dans la note relative aux calculs des plus-values.

Pour ces divers motifs, le calcul ci-dessus doit être considéré comme conduisant à un résultat aussi rapproché que possible de la vérité, mais un peu trop élevé et tenant compte, par conséquent, des difficultés particulières d'accès qui peuvent se produire dans certains cas, notamment pour la construction d'égouts dans les rues étroites.

C'est en appliquant à Q_2 l'un ou l'autre des prix ci-dessus, suivant la profondeur de la tranchée, qu'on obtient la dépense correspondante de déblai pour fouille et jet sur berge.

§ 2'. — Dressement de talus et de fond de tranchée

Calcul de Q'_2. — La surface à dresser par mètre courant n'est autre chose que le développement des parois de la tranchée entre le sol et les naissances et du profil extérieur des maçonneries au-dessous des naissances. Si l'on ne tient pas compte de la différence insensible provenant du fruit des parois des tranchées, le développement de ces parois au-dessus des naissances est :

$$2 (a' + 0,50) = 2t.$$

Le développement du profil extérieur des maçonneries au-dessous des naissances se compose d'arcs de cercles dont on connaît le rayon et l'angle au centre, et de lignes droites déjà calculées.

Dans les types où la maçonnerie repose sur le sol par une partie horizontale, ce développement est :

$$2 \left(b' + \pi R' \frac{\beta}{180°} \right).$$

Dans les types ovoïdes il est :

$$2\pi r' \frac{\frac{\gamma}{2} + R'\beta}{180°}.$$

On a dans le premier cas :

$$(11) \qquad Q'_2 = 2\left(t + b' + \pi R' \frac{\beta}{180°} \right)$$

et dans le second : ..

$$(12) \qquad Q'_2 = 2\left[l + \pi\ \frac{r''\left(\frac{\gamma}{2} + R'\beta\right)}{180°} \right].$$

§ 3. — Déblais remis en remblais

Calcul de Q_3. — Le cube à remettre en remblais est la différence entre le cube total du déblai et le volume extérieur de l'égout.

Si l'on désigne par V le volume extérieur des maçonneries, et par U le cube de la chape, le volume à retrancher sera V + U.

Le calcul du volume V sera indiqué au § 8.

La volume U peut être déterminé sans erreur sensible en multipliant par 0,02 la surface extérieure de la chape, dont le calcul sera indiqué au § 9 :

$$(13) \qquad U = 0,02\,Q_3.$$

On a donc tous les éléments du calcul de

$$(14) \qquad Q_3 = Q_2 - (V + U),$$

et la dépense p_3 correspondante.

§ 4. — Déblais transportés aux décharges publiques

Calcul de Q_4. — Le cube de ces déblais n'est autre que le volume extérieur de l'égout et de la chape :

$$(15) \qquad Q_4 = V + U.$$

§ 5. — Étaiement. — Plats-bords. — Couchis

Calcul de Q_5. — Dans les cahiers des charges imposées aux entrepreneurs on admet ordinairement que les plats-bords et les couchis doivent être comptés pour 30 centimètres de largeur et être supposés espacés entre eux moitié plein, moitié vide, sur les parois de la tranchée, jusqu'à 1 mètre au-dessus du fond.

La location de ces bois se payant au mètre carré, il faut en déterminer la surface par mètre courant.

Si l'on désigne par T la profondeur totale de la tranchée, l'étaiement s'appliquera à la profondeur T — 1.

Si l'on néglige la différence insignifiante résultant du fruit des parois de la tranchée, la surface, des deux couchis sera $2\,(T - 1) \times 0,30$; mais, comme les fermes sont espacées de 2 mètres, il ne faut compter par mètre courant pour les couchis que :

$$0,30 \times (T - 1).$$

La surface totale par mètre courant des deux parois étayées de la tranchée est de :

$$2 \times (T - 1).$$

Les plats-bords n'en occupant que la moitié, puisque le vide est égal au plein, la surface des plats-bords par mètre courant est de $T - 1$.

La surface à compter pour plats-bords et couchis est donc :

$$(16) \qquad Q_5 = 0,30\,(T - 1) + T - 1 = 1,30\,(T - 1).$$

§ 6. — Étaiements. — Étrésillons

Calcul de Q_6. — L'équarrissage des étrésillons est déterminé assez généralement par les cahiers des charges, ainsi qu'il suit :

$\dfrac{0.14}{0,14}$ lorsque la largeur aux naissances n'excède pas 2 mètres ;

$\dfrac{0.16}{0,16}$ lorsque cette largeur est comprise entre 2 et 3 mètres ;

$\dfrac{0.18}{0,18}$ lorsque cette largeur est comprise entre 3 et 4 mètres ;

$\dfrac{0.20}{0,20}$ lorsque cette largeur dépasse 4 mètres.

On admet encore que les fermes sont espacées de 2 mètres, d'axe en axe, et que, dans chaque ferme, la distance verticale entre les étrésillons est de $0^m,60$ d'axe en axe.

Le nombre n des étrésillons dans chaque ferme sera donc la partie entière du quotient $\dfrac{T - 1}{0,60}$, ou le quotient par excès, s'il en est plus rapproché.

On peut, sans erreur sensible, considérer la longueur moyenne des étrésillons comme égale à la largeur de la tranchée à mi-hauteur, entre le sol et les naissances, diminuée de l'épaisseur des plats-bords et couchis, c'est-à-dire à :

$$2\,(a' + 0,095) - 4 \times 0,08 = 2\,(a' - 0,065).$$

Si l'on appelle S la section correspondant à l'équarrissage ci-dessus défini pour le type dont on s'occupe, le cube des étrésillons d'une ferme sera :

$$2n\mathrm{S}\,(a' - 0{,}065),$$

et, les fermes étant espacées de 2 mètres, le cube par mètre courant d'égout sera :

$$(17) \qquad \mathrm{Q}_6 = n\mathrm{S}\,(a' - 0{,}065).$$

§ 7. — Cintres

Prix à appliquer pour la location des cintres. — Les prix de location des cintres au mètre courant étant fixés d'ordinaire par le bordereau, d'après leurs diamètres, il n'y a donc qu'à appliquer le prix correspondant à la largeur aux naissances $2a$ du type dont on s'occupe.

§ 8. — Maçonnerie

Calcul de Q_8. — Le cube des maçonneries se calcule par différence entre le volume déterminé par le profil extérieur des maçonneries (non compris la chape) et le volume du vide intérieur augmenté de celui des enduits intérieurs.

Le volume V par mètre courant, déterminé par le profil extérieur des maçonneries, ou, ce qui est la même chose, la surface enveloppée par ce profil, se décompose en une partie V_1 au-dessus de la ligne des naissances de l'extrados de la voûte et une partie V_2 au-dessous de la même ligne.

La partie V_1 est toujours un demi-cercle :

$$(18) \qquad \mathrm{V}_1 = \frac{1}{2}\,\pi a'^2.$$

La partie V_2 se compose d'un trapèze, de deux segments latéraux, et, dans les types ovoïdes, d'un segment inférieur. Elle est égale à :

$$(19) \qquad \mathrm{V}_2 = (a' + b')\,h' + \pi \mathrm{R}'^2\,\frac{\beta}{180°} - \mathrm{R}'h',$$

$$(20) \qquad + \pi\,\frac{r'^2\gamma}{360°} - b'\,(r' - l' + h').$$

Les deux derniers termes, correspondant au segment inférieur du type ovoïde, s'annulent dans les types à base plane.

Le volume v du vide intérieur, égal à la surface enveloppée par le profil intérieur de l'égout, se décompose en un volume v_1 au-dessus de la ligne des naissances :

$$(21) \qquad v_1 = \frac{1}{2}\,\pi a^2,$$

et un volume v_2 au-dessous de cette ligne, comprenant un trapèze et divers segments :

$$(22) \qquad v_2 = (a + b)\,h + \pi R^2\,\frac{\alpha}{180^\circ} - Rh,$$

$$(23) \qquad + \pi r^2\,\frac{\delta}{360^\circ} - b\,(r - f).$$

Ici les deux derniers termes sont toujours applicables, puisque le radier est toujours un arc de cercle.

Dans les types ovoïdes, la flèche f du radier est égale à L $-$ h.

Dans les types à banquettes, les dimensions b et h doivent être considérées comme s'appliquant au niveau du dessus des banquettes, et il suffit alors d'ajouter à la formule ci-dessus le rectangle de la cunette, dont la hauteur h'' et la largeur $2b''$ font partie des données nécessaires pour déterminer le profil du type.

Le volume U des enduits intérieurs s'obtient avec une exactitude très suffisante, en multipliant la surface vue de ces enduits, dont le calcul sera indiqué aux §§ 10 et 11, par leur épaisseur, qui est ordinairement de $0^m,01$ pour la voûte et les piédroits, et de 3 centimètres pour le radier, la cunette et les banquettes :

$$(24) \qquad U = 0,01\,Q_{10} + 0,03\,Q_{11}.$$

Lorsque la voûte de l'égout a une épaisseur plus grande à la naissance qu'à la clef, on n'en considère pas moins l'extrados comme formé par une demi-circonférence entière, de sorte que la ligne des naissances de l'extrados est un peu au-dessous de celle des naissances de l'intrados. Ce sont ces deux lignes distinctes qui limitent alors, d'une part, les deux éléments V_1 et V_2 du volume V ; d'autre part, les deux éléments v_1 et v_2 du volume v.

On a ainsi tous les éléments nécessaires pour calculer :

$$(25) \qquad Q_8 = V - (v + U),$$

et le prix p_8 correspondant.

§ 9. — CHAPE

Calcul de Q_9. — La surface vue de la chape par mètre courant est égale à la demi-circonférence, qui a pour rayon celui de l'extrados de la voûte, augmenté de l'épaisseur de la chape, ou $a' + 0^m,02$.

On a donc :

$$(26) \qquad Q_9 = \pi\,(a' + 0,02).$$

§ 10. — ENDUITS INTÉRIEURS DE LA VOUTE ET DES PIÉDROITS

Calcul de Q_{10}. — La surface vue par mètre courant des enduits de la voûte et des piédroits est égale à une demi-circonférence augmentée de deux arcs de cercle.

On a donc :

$$(27) \qquad Q_{10} = \pi \left(a + R\,\frac{\alpha}{90^\circ} \right).$$

§ 11. — ENDUITS DU RADIER, DE LA CUNETTE ET DES BANQUETTES

Calcul de Q_{11}. — La surface vue de ces enduits par mètre courant est égale à l'arc de cercle du radier augmenté du double de la hauteur des piédroits de la cunette, et de la largeur des banquettes.

b' étant la demi-largeur de la cunette, et h'' sa hauteur au-dessus de la naissance du radier, on a :

$$(28) \qquad Q_{11} = 2(b - b' + h'') + \pi r\,\frac{\delta}{180^\circ}.$$

Ce dernier terme subsiste seul dans les types sans banquettes ni cunettes (29).

§ 12. — POTEAUX ET LISSES DE BARRIÈRES

Détermination du prix par mètre courant de barrière. — Le bordereau contient un prix de location de lisses au mètre courant et un prix de location de poteaux à la pièce.

On a supposé, sur chaque bord de la fouille, un cours de lisses avec poteaux espacés de $1^m,60$ d'axe en axe.

Il suffit donc, pour avoir p_{12}, de multiplier le premier prix par 2,
et le second par $\dfrac{2}{1,60} = 1,25$.

Le prix p_{12} ainsi obtenu est d'ailleurs le même pour tous les
types.

III. — Calcul de la plus ou moins-value par mètre d'augmentation ou de diminution de profondeur de fouille.

Plus ou moins-value à appliquer selon la profondeur de fouilles. —
Comme on l'a déjà dit, les prix d'égouts par mètre courant sont
calculés pour une profondeur de fouille correspondant à une hauteur verticale de 0^m,50 entre le sol et l'extrados de la voûte en
maçonnerie (sous la chape).

La plus-value à ajouter par mètre d'augmentation de profondeur
de fouille doit nécessairement croître avec cette profondeur.

Pour la déterminer, il suffit de calculer le prix par mètre courant
pour plusieurs profondeurs successives, et de diviser les différences
de prix par les différences de profondeur.

Il paraît naturel de prendre, pour ces profondeurs successives,
les multiples de la hauteur 1^m,60 d'un jet de pelle soit 4^m,80, 6^m,40 et 8 mètres.

Au-delà de cette dernière profondeur, il devient plus économique de construire l'égout en
souterrain.

Il est commode de calculer les
plus-values de manière qu'elles ne
se cumulent pas, c'est-à-dire que,
la profondeur moyenne de fouille
d'un égout étant déterminée, on
n'ait qu'à multiplier la différence
exprimée en mètres et centimètres
entre cette profondeur moyenne

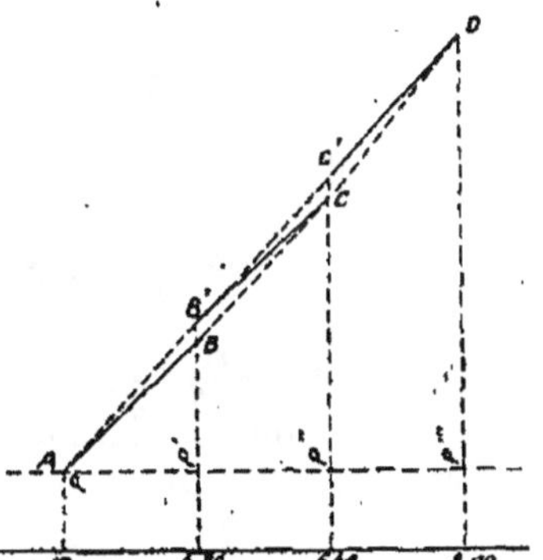

Fig. 128.

et la profondeur normale du type par la plus-value correspondant
à la situation du fond de la fouille entre deux des limites ci-dessus
indiquées.

Ce mode de calcul a été adopté dans un but de simplification
pratique pour éviter sur les décomptes l'application de plusieurs
plus-values successives, dans le cas d'égouts établis à de grandes
profondeurs. Il n'est pas rigoureusement exact. Si on représente
les variations de prix par une courbe (*fig.* 128), dont les abscisses

seraient les profondeurs de la fouille et dont les ordonnées seraient les prix correspondants, on voit que A, B, C et D étant les points de cette courbe qui correspondent aux profondeurs T, 4,80, 6,40 et 8 mètres, l'application des plus-values successives aurait pour conséquence de substituer à la courbe le polygone inscrit A, B, C, D, tandis que le système adopté ci-dessus des plus-values rapportées toujours au prix initial, a pour conséquence de substituer à la courbe la ligne discontinue AB, B'C, E'D, qui s'en éloigne davantage. Il en résulte une certaine erreur, surtout au-delà et à peu de distance des points B et C ; mais cette erreur par excès contribue à compenser l'insuffisance dont il a été question ci-avant dans la note relative au calcul des déblais, et cette circonstance, s'ajoutant à la simplification du calcul du prix afférent à une profondeur donnée, justifie l'adoption du système dont il s'agit.

On n'a besoin de considérer, dans ce calcul, que les éléments du prix par mètre courant qui varient avec la profondeur de la fouille, c'est-à-dire les n°ˢ 2 — 2', 3, 5 et 6.

Si l'on pose :

$$
\begin{array}{ll}
\text{Pour la profondeur normale T} & p_2{-}_{2'} + p_3 + p_5 + p_6 = \mathrm{P} \\
\qquad\text{—} \qquad \text{de } 4,80 & p'_2{-}_{2'} + p'_3 + p'_5 + p'_6 = \mathrm{P'} \\
\qquad\text{—} \qquad \text{de } 6,40 & p''_2{-}_{2'} + p''_3 + p''_5 + p''_6 = \mathrm{P''} \\
\qquad\text{—} \qquad \text{de } 8,00 & p'''_2{-}_{2'} + p'''_3 + p'''_5 + p'''_6 = \mathrm{P'''}
\end{array}
$$

il est facile de voir qu'on aura :

Plus ou moins-value par mètre d'augmentation ou de diminution de profondeur de fouille lorsque le fond de la fouille ……………………………

$$
\begin{cases}
\text{n'excède pas} & \dfrac{\mathrm{P'} - \mathrm{P}}{4,80 - \mathrm{T}} \\[2ex]
\text{est compris entre } 4,80 \text{ et } 6,40 & \dfrac{\mathrm{P''} - \mathrm{P}}{6,40 - \mathrm{T}} \\[2ex]
\qquad\text{—} \qquad 6,40 \text{ et } 8,00 & \dfrac{\mathrm{P'''} - \mathrm{P}}{8,00 - \mathrm{T}}
\end{cases}
$$

En calculant pour chaque type les cinq prix dont il s'agit, correspondant à chacune des quatre profondeurs de fouille ci-dessus indiquées, on a tous les éléments nécessaires pour la détermination des plus-values.

IV. — Murs pignons terminant les égouts

Murs pignons. — Le prix d'un mur pignon, terminant un égout d'un type quelconque, ne comporte que deux éléments : le prix de la maçonnerie et celui de l'enduit.

Cube de la maçonnerie. — La maçonnerie du corps de l'égout étant toujours comptée jusqu'au derrière du mur pignon qui la termine, il s'ensuit que le cube de la maçonnerie du mur pignon est égal à son épaisseur, multipliée par la surface enveloppée par le profil intérieur, augmentée de la surface des enduits.

L'épaisseur est ordinairement de $0^m,20$, de $0^m,25$ et de $0^m,30$ suivant les types. Si on désigne cette épaisseur par m, le cube de maçonnerie du mur pignon sera :

$$(30) \qquad (v + 0{,}01\, Q_{10} + 0{,}03\, Q_{11})\, m.$$

Surface de l'enduit (31). — Quant à la surface de l'enduit, elle est évidemment égale à la surface enveloppée, par le profil intérieur de l'égout, c'est-à-dire à v.

V. — MÉTRAGE DES QUANTITÉS AFFÉRENTES
A UN CERTAIN NOMBRE DE TYPES

Les explications qui précèdent ont permis de calculer facilement (pp. 228 et 229), pour quatre types quelconques d'égout, les divers éléments nécessaires à la détermination du prix par mètre courant.

On a d'abord établi les quantités relatives aux Q_7 (cintre) et 12 (poteaux et lisses de barrière), qui ne donnent lieu à aucun calcul. Les dix autres quantités ont été partagées en deux catégories :

1° Celles qui sont indépendantes de la profondeur de fouille, savoir :

$$Q_1,\ Q_4,\ Q_8,\ Q_9,\ Q_{10}\ \text{et}\ Q_{11};$$

2° Celles qui sont variables avec la profondeur de fouille, savoir :

$$Q_2 - {}_2',\ Q_3,\ Q_5\ \text{et}\ Q_6.$$

Ces dernières quantités ont été déterminées non seulement pour la profondeur normale T du type, mais encore pour les profondeurs successives de $4^m,80$, $6^m,40$ et 8 mètres, afin de permettre de calculer les plus-values par mètre d'augmentation de profondeur de fouille par le procédé ci-dessus indiqué.

Enfin on a également donné les calculs des quantités relatives au mur pignon.

Il serait facile de déterminer, par application des mêmes procédés, le prix par mètre courant d'un égout quelconque dont le type différerait de ceux qui font l'objet de la présente note.

VI. — REMARQUE SUR LE MÉTRAGE DES BRANCHEMENTS DE REGARD ET DE BOUCHE

(tableau, p. 230) (*fig.* 129)

Les hauteurs des cheminées de regard ou de bouche sont res-

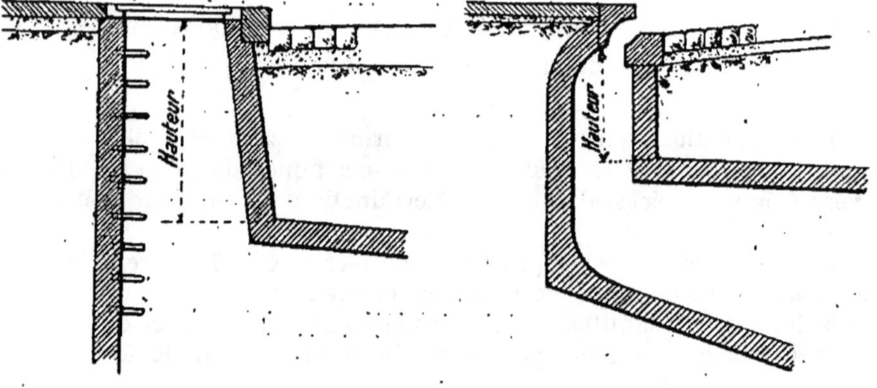

Fig. 129.

pectivement comptées entre l'extrados de la voûte et le dessous du châssis en fonte ou du couronnement.

Prix d'un mètre courant

DÉSIGNATION DES OUVRAGES	NUMÉROS D'ORDRE
Arrachage du pavé et repavage provisoire...................	1
Fouille pour déblais et jet sur berge, y compris dressement des parois du fond de la fouille...................	2
Pour reprise sur berge et remise en remblai...................	3
Pour reprise sur berge et transport aux décharges publiques....:...........	4
Location de plats-bords et couchis pour étaiements...................	5
Location d'étrésillons pour étaiements...................	6
Cintre...................	7
Maçonnerie de meulière avec mortier de ciment de Vassy ou de laitier, au dosage de 350 kilogrammes par mètre cube de sable dragué...................	8
Chape de 0^m,02 en mortier de ciment de Vassy ou de laitier, au dosage de 450 kilogrammes par mètre cube de sable dragué...................	9
Enduits intérieurs de 0^m,01 en mortier de ciment de Vassy, au dosage de 900 kilogrammes par mètre cube de sable tamisé...................	10
Enduits de 0^m,03 du radier des cunettes et des banquettes en mortier de ciment de Portland, au dosage de 650 kilogrammes par mètre cube de sable tamisé...................	11
Poteaux et lisses de barrières.:...................	12
Fers cornières pour rails, avec assemblage, rivage, perçage, alésage, montage, etc., compris rivets, boulons, écrous, vis, etc., fers pour patte de scellement...................	13
Pose de rails droits en fer cornière, compris descente, transport sous galerie, percement, mise en place soignée, scellement au ciment, raccords de maçonnerie et d'enduits, enlèvement des gravois, etc., en égout neuf...................	14
Fourniture et pose de main courante droite ou courbe, du modèle en usage, en fer rond de 0^m,08 et des douilles en même fer roulé sur mandrin sans soudure, espacées d'au plus 2 mètres, compris façonnage, galvanisation, scellements au ciment dans une maçonnerie quelconque, enlèvement des gravois..	15

Prix du mètre courant d'égout sous pavage...........

Prix du mètre courant d'égout sous sol non pavé.......

Murs pignons terminant les égouts

Maçonnerie de meulière avec mortier de ciment de Vassy ou de laitier, au dosage de 350 kilogrammes par mètre cube de sable dragué...............

Enduit intérieur de 0^m,01 d'épaisseur en mortier de ciment de Vassy, au dosage de 900 kilogrammes par mètre cube de sable tamisé...............

Prix d'un mur pignon terminant les égouts...........

Plus ou moins-value à appliquer au mètre linéaire d'égout, par mètre d'augmentation ou de diminution de profondeur de fouille jusqu'à 10 mètres.

d'égout en maçonnerie

NUMÉROS DES SOUS-DÉTAILS	PRIX DE L'UNITÉ	TYPE N° 1 PROFONDEUR DE FOUILLE 3,21+0,50=3,71		TYPE N° 2 PROFONDEUR DE FOUILLE 2,96+0,50=3,46		TYPE N° 3 PROFONDEUR DE FOUILLE 2,46+0,50=2,96		TYPE N° 4 PROFONDEUR DE FOUILLE 2,30+0,50=2,80	
		Quantités	Sommes	Quantités	Sommes	Quantités	Sommes	Quantités	Sommes
65+66	0f,85	2m,51	2f,13	2m,16	1f,84	1m,91	1f,62	1m,70	1f,45
»	»	7,205	8,00	5,614	6,23	4,336	4,27	3,60	3,55
53	0,80	1,631	1,30	1,301	1,04	1,083	0,87	1,042	0,83
55	4,50	5,586	25,09	4,313	19,41	3,253	14,64	2,56	11,52
440	1,00	3,04	3,04	2,91	2,91	2,52	2,52	2,44	2,44
437	25,00	0,104	2,60	0,068	1,70	0,056	1,40	0,07	1,75
450	3,50	1,00	3,50	1,00	3,50	1,00	3,50	1,00	3,50
190	30,00	1,748	52,44	1,548	46,44	1,389	41,67	0,94	28,20
282	1,40	3,47	4,86	2,92	4,09	2,47	3,46	2,168	3,04
284+290	1,65	5,08	8,38	4,69	7,74	4,24	7,00	4,162	6,87
286+290	3,35	2,72	9,11	2,11	7,07	1,08	3,62	0,881	2,95
»	»	»	1,15	»	1,15	»	1,15	»	1,15
545	0,30	28kg,20	8,46	28kg,20	8,46	»	»	»	»
418	1,50	2	3,00	2	3,00	»	»	»	»
393	7,00	1	7,00	1	7,00	»	»	»	»
			140f,06		121f,58		85f,72		67f,25
			137,93		119,74		84,10		65,80
190	30,00	0,752	22,56	0,534	16,02	0,363	10,89	0,256	7,68
284+291	1,65	3,57	5,89	2,58	4,26	1,83	3,02	1,598	2,64
			28f,45		20f,28		13f,91		10f,32
									4f,75
			6,50		6f,00		5f,20		

Prix d'un mètre courant de branchements de regard et de bouche en maçonnerie de meulière et mortier de ciment

DÉSIGNATION DES OUVRAGES	NUMÉROS D'ORDRE	NUMÉROS des SOUS-DÉTAILS	PRIX de L'UNITÉ	BRANCHEMENT DE REGARD PROFONDEUR MOYENNE DE FOUILLE $2,44 + 0,50 = 2,94$		BRANCHEMENT DE BOUCHE A CUNETTE PROFONDEUR MOYENNE DE FOUILLE $1,84 + 0,50 = 2,43$	
				Quantités	Sommes	Quantités	Sommes
Arrachage de pavé et repavage provisoire..........	1	65 + 66	0,85	1m,76	1f,50	1m,56	1f,33
Fouille pour déblais et jet sur berge, y compris dressement des parois et du fond de la fouille..........	2	28	0,985	4 ,03	3 ,97	2 ,83	2 ,79
Reprise sur berge et remise en remblai..........	3	53	0,80	1 ,12	0 ,90	0 ,94	0 ,75
Reprise sur berge et transport aux décharges publiques...	4	55	4,50	2 ,91	13 ,10	1 ,89	8 ,51
Plats-bords et couchis pour étaiements..........	5	440	1,00	2 ,52	2 ,52	1 ,74	1 ,74
Étrésillons pour étaiements..........	6	437	25,00	0 ,038	0 ,95	0 ,022	0 ,55
Cintre..........	7	4:0	3,50	1	3 ,50	1	3 ,50
Maçonnerie de meulière avec mortier de ciment de Vassy ou de laitier au dosage de 350 kilogrammes par mètre cube de sable dragué..........	8	190	30,00	1 ,18	35 ,40	0 ,95	28 ,50
Chape en mortier de ciment de Vassy ou de laitier de 0m,02 d'épaisseur au dosage de 450 kilogrammes par mètre cube de sable dragué..........	9	282	1,40	2 ,29	3 ,21	1 ,98	2 ,77

Enduits intérieurs de $0^m,01$ d'épaisseur en mortier de ciment de Vassy au dosage de 900 kilogrammes par mètre cube de sable tamisé............................	10	284 + 290	1,65	4,35	7,18	2,89	4,77
Enduits du radier des cunettes et des banquettes en mortier de ciment de Portland au dosage de 650 kilogrammes par mètre cube de sable tamisé................	11	286 + 290	3,35	0,72	2,41	0,94	3,15
Poteaux et lisses de barrière................	12	»	»	»	1,15	»	1,15

Prix d'un mètre courant de branchement sous pavage............	75,79	59,51
Prix d'un mètre courant de branchement sous sol non pavé............	74,29	58,18

Murs pignons de $0^m,20$ d'épaisseur terminant les branchements de regard et de bouche

Maçonnerie de meulière avec mortier de ciment de Vassy ou de laitier au dosage de 350 kilogrammes par mètre cube de sable dragué.	190	30,00	$0^m,34$	$10^f,20$	$0^m,106$	$3^f,18$
Enduit intérieur de $0^m,01$ d'épaisseur en mortier de ciment de Vassy au dosage de 900 kilogrammes par mètre cube de sable tamisé..	284 + 290	1,65	1,63	2,69	0,503	0,83

Prix d'un mur pignon terminant les branchements de regard et de bouche..........	12,89	4,01

Plus ou moins-value par mètre d'augmentation ou de diminution de profondeur de fouille, jusqu'à $10^m,00$............	5,00	4,50
Plus ou moins-value par 50 kilogrammes de ciment en plus ou en moins dans le dosage du mortier employé à la confection de la maçonnerie............	1,18	0,95

Prix d'un mètre courant de hauteur de cheminée de bouche

DÉSIGNATION DES OUVRAGES	NUMÉROS D'ORDRE	NUMÉROS des SOUS-DÉTAILS	PRIX de L'UNITÉ	CHEMINÉE DE BOUCHE DE FORME DEMI-CIRCULAIRE ET SEMI-RECTANGULAIRE	
				Quantités	Sommes
Fouille pour déblais et jet sur berge, y compris dressement des parois	1	28	0f,985	2m,297	2f,36
Pour reprise sur berge et transport aux décharges publiques	2	55	4,50	2,297	10,34
Plats-bords et couchis pour étaiements	3	440	1,00	1,44	1,44
Étrésillons pour étaiements	4	437	25,00	0,026	0,65
Maçonnerie de meulière avec mortier de ciment de Vassy ou de laitier, au dosage de 350 kilogrammes	5	190	30,00	1,008	30,24
Enduit intérieur de 0m,01 d'épaisseur en mortier de ciment de Vassy, au dosage de 900 kilogrammes par mètre cube de sable tamisé	6	284+290	1,65	4,33	7,14
Prix d'un mètre courant de hauteur de cheminée					52f,07

Prix applicable à la construction d'une cheminée de bouche

DÉSIGNATION DES OUVRAGES	NUMÉROS D'ORDRE	NUMÉROS des SOUS-DÉTAILS	PRIX de L'UNITÉ	CHEMINÉE DE BOUCHE PROFONDEUR MOYENNE DE FOUILLE = 2ᵐ,20	
				Quantités	Sommes
Fouille pour déblais et jet sur berge, y compris dressement des parois et du fond de la fouille..........	1	28	0ᶠ,985	4ᵐ,410	4ᶠ,34
Reprise sur berge et transport aux décharges publiques..........	2	55	4 ,50	4 ,410	19 ,85
Plats-bords et couchis pour étaiements..........	3	440	1 ,00	1 ,73	1 ,73
Étrésillons pour étaiements..........	4	437	25 ,00	0 ,051	1 ,28
Maçonnerie de meulière avec mortier de ciment de Vassy ou de laitier au dosage de 350 kilogrammes..........	5	190	30 ,00	2 ,657	79 ,71
Enduit intérieur de 0.01 d'épaisseur en mortier de ciment de Vassy au dosage de 900 kilogrammes..........	6	284 + 290	1 ,65	7 ,39	12 ,19
Enduit du radier, des cunettes et des banquettes en mortier de ciment de Portland de 0,03 d'épaisseur au dosage de 650 kilogrammes..........	7	286 + 290	3 ,35	1 ,29	4 ,32
Poteaux et lisses de barrières..........	8	»	»	1 ,15	1 ,15
Prix d'une cheminée de bouche..........					124ᶠ,57

Prix d'un mètre courant de cheminée de regard ou de bouche

DÉSIGNATION DES OUVRAGES	NUMÉROS DES SOUS-DÉTAILS	PRIX DE L'UNITÉ	CHEMINÉE DE REGARD A SECTION CARRÉE INTÉRIEURE DE 0m,90 DE CÔTÉ EN MAÇONNERIE DE 0m,20 D'ÉPAISSEUR		CHEMINÉE DE BOUCHE A SECTION RECTANGULAIRE INTÉRIEURE DE 1 MÈTRE SUR 0m,45 OU A SECTION CIRCULAIRE DE 0m,80 DE DIAMÈTRE INTÉRIEUR EN MAÇONNERIE DE 0m,20 D'ÉPAISSEUR	
			Quantités	Sommes	Quantités	Sommes
Déblais transportés aux décharges publiques...............	55	4f,50	1m,74	7f,83	1m,23	5f,54
Maçonnerie de meulière et mortier de ciment de Vassy ou de laitier au dosage de 350 kilogrammes par mètre cube de sable dragué.	190	30,00	0,90	27,00	0,76	22,80
Enduit intérieur de 0m,01 d'épaisseur en mortier de ciment de Vassy, au dosage de 900 kilogrammes par mètre cube de sable tamisé........	285 + 290	1,65	3,60	5,94	2,90	4,79
Prix d'un mètre courant de hauteur de cheminée de regard ou de bouche.........				40f,77		33f,13
Plus-value par mètre courant de hauteur, lorsque la cheminée est construite sur un ancien branchement..				7f,00		6f,00
Plus ou moins-value par 50 kilogrammes de ciment en plus ou en moins dans le dosage du mortier employé à la confection de la maçonnerie........				0,90		0,76

Prix applicable à la construction d'un branchement de regard sur égout

DÉSIGNATION DES OUVRAGES.	NUMÉROS D'ORDRE	NUMÉROS des sous-DÉTAILS	PRIX de L'UNITÉ	BRANCHEMENT DE REGARD PROFONDEUR MOYENNE DE FOUILLE 2m,94	
				Quantités	Sommes
Mètres linéaires de branchement de regard……………………	1	P. C	75f,79	4m,00	303f,16
Mur pignon de 0m,20 d'épaisseur……………………	2	P. C	12,89	1	12,89
Mètres courants de hauteur de cheminée……………………	3	P. C	40,77	0m,50	20,39
Fourniture et pose d'échelons d'angle ou carrés du modèle en usage en fer rond de 0m,03 de diamètre développant 0m,95 de longueur, compris façonnage, galvanisation, scellements au ciment dans une maçonnerie quelconque, enlèvement des gravois……………………	4	391	6,00	8	48,00
Fourniture et pose d'une armature de regard en fer forgé carré de 0m,034 avec œil rond ou carré, compris mêmes fournitures et mains-d'œuvre qu'au n° 391…	5	394	11,00	1	11,00
Fourniture et pose d'une tige ou crosse de regard en fer rond de 0m,03 de diamètre, compris mêmes fournitures et mains-d'œuvre qu'au n° 391……………………	6	395	6,00	1	6,00
Kilogrammes de fonte bitumée pour trappe de regard, grand modèle……………	7	»	0,14	360kg,00	50,40
Trappe de regard, petit ou grand modèle, comptée pour transport à pied d'œuvre et pose……………………	8	323 + 325	4,50	1	4,50
Prix d'un branchement de regard sous pavage……………………					456f,34

Prix applicable à la construction d'un branchement de bouche sur égout

DÉSIGNATION DES OUVRAGES	NUMÉROS D'ORDRE	NUMÉROS des SOUS-DÉTAILS	PRIX de L'UNITÉ	BRANCHEMENT DE BOUCHE A CUNETTE PROFONDEUR MOYENNE DE FOUILLE 2ᵐ,34 Quantités	Sommes
Mètres linéaires de branchement de bouche..........	1	P. C	58ᶠ,01	4ᵐ,00	232ᶠ,04
Mur pignon de 0ᵐ,20 d'épaisseur..........	2	P. C	4 ,01	1	4 ,01
Mètres courants de hauteur de cheminée..........	3	P. C	33 ,13	0ᵐ,50	16 ,57
Fourniture d'une bouche d'égout grand modèle..........	4	»	71 ,00	1	71 ,00
Bouche d'égout grand modèle comptée pour transport à pied d'œuvre et pose..........	5	316 + 320	10,00	1	10 ,00
Prix d'un branchement de bouche sous pavage..........					333ᶠ,62

Prix d'un mètre courant de branchement de bouche à panier-filtre

DÉSIGNATION DES OUVRAGES	NUMÉROS D'ORDRE	NUMÉROS des SOUS-DÉTAILS	PRIX de L'UNITÉ	BRANCHEMENT DE BOUCHE A CUNETTE PROFONDEUR MOYENNE DE FOUILLE $1,99 + 0,50 = 2^m,49$	
				Quantités	Sommes
Arrachage de pavé et repavage provisoire	1	65-66	$0^f,85$	$1^m,56$	$1^f,33$
Fouille pour déblais et jet sur berge, y compris dressement des parois et du fond de la fouille	2	28	0,985	3,01	2,96
Reprise sur berge et remise en remblai	3	53	0,80	0,94	0,75
Reprise sur berge et transport aux décharges publiques	4	55	4,50	2,07	9,32
Plats-bords et couchis pour étaiements	5	440	1,00	1,74	1,74
Etrésillons pour étaiements	6	437	25,00	0,02	0,55
Cintre	7	»	2,00	1,002	2,00
Maçonnerie de meulière avec mortier de ciment de Vassy ou de laitier, au dosage de 350 kilogrammes	8	190	30,00	1,01	30,30
Chape en mortier de ciment de Vassy ou de laitier de $0^m,02$ d'épaisseur au dosage de 450 kilogrammes par mètre cube de sable dragué	9	282	1,40	1,98	2,77
Enduit intérieur de $0^m,01$ d'épaisseur en mortier de ciment de Vassy au dosage de 900 kilogrammes	10	284 — 290	1,65	3,19	5,26
Enduits du radier, des cunettes et des banquettes en mortier de ciment de Portland de $0^m,03$ d'épaisseur au dosage de 650 kilogrammes	11	286 — 290	3,35	0,94	3,15
Poteaux et lisses de barrières	12	»	»	»	1,15
Prix du mètre courant de branchement sous pavage					$61^f,28$
Prix du mètre courant de branchement, sous sol non pavé					59,95
Plus ou moins-value par mètre d'augmentation ou de diminution de profondeur de fouille jusqu'à 10 mètres					$5^f,48$

Prix d'un mètre courant de réservoir de chasse sur égout en maçonnerie de meulière et mortier de ciment

DÉSIGNATION DES OUVRAGES	NUMÉROS D'ORDRE	NUMÉROS des SOUS-DÉTAILS	PRIX de L'UNITÉ	RÉSERVOIR DE CHASSE			
				TYPE N° 1 PROFONDEUR MOYENNE DE FOUILLE $2,64 + 0,50 = 3,14$		TYPE N° 2 PROFONDEUR MOYENNE DE FOUILLE $2,64 + 0,50 = 3,14$	
				Quantités	Sommes	Quantités	Sommes
Arrachage du pavé et repavage provisoire	1	65 + 66	0f,85	2m,30	1f,96	2m,50	2f,13
Fouille pour déblais et jet sur berge, y compris dressement des parois et du fond de la fouille	2	28	0,985	6 ,092	6,00	6 ,720	6,62
Reprise sur berge et remise en remblai	3	53	0,80	1 ,422	1,14	1 ,620	1,30
Reprise sur berge et transport aux décharges publiques	4	55	4,50	4 ,670	21,02	5 ,100	22,95
Location de plats-bords et couchis pour étaiements	5	440	1,00	3 ,12	3,12	3 ,12	3,12
Location d'étrésillons pour étaiements	6	437	25,00	0 ,120	3,00	0 ,132	3,30
Location de cintres	7	450	3,50	1 ,00	3,50	1 ,00	3,50
Maçonnerie de meulière avec mortier de ciment de Vassy ou de laitier au dosage de 350 kilogrammes par mètre cube de sable dragué	8	190	30,00	1 ,946	58,38	2 ,208	66,24
Chape en mortier de ciment de Vassy ou de laitier de 0m,02 d'épaisseur au dosage de 450 kilogrammes par mètre cube de sable dragué	9	282	1,40	2 ,76	3,86	3 ,08	4,31

Enduit intérieur de 0m,01 d'épaisseur en mortier de ciment de Vassy au dosage de 900 kilogrammes par mètre cube de sable tamisé (voûte)............	10	284 + 290	1,65	2 ,04	3,37	2 ,36	3,89
Enduit intérieur de 0m,02 d'épaisseur en mortier de ciment de Portland au dosage de 650 kilogrammes par mètre cube de sable tamisé............	11	286 + 290	2,55	2 ,70	6,89	2 ,60	6,63
Enduit du radier en mortier de ciment de Portland de 0m,03 d'épaisseur au dosage de 650 kilogrammes par mètre cube de sable tamisé.	12	286 + 290	3,35	1 ,50	5,03	1 ,40	4,69
Poteaux et lisses de barrière............	13	»	»	»	1,15	»	1,15
Prix du mètre courant de réservoir, sous pavage................					118f,42		129f,83
Prix du mètre courant de réservoir, sous sol non pavé............					116,46		127,70

	TYPE N° 1	TYPE N° 2
Plus ou moins-value par mètre d'augmentation ou de diminution de profondeur de fouille jusqu'à 10 mètres de profondeur............	6f,13	6f,60
Plus ou moins-value par 50 kilogrammes de ciment en plus ou en moins dans le dosage du mortier employé à la confection de la maçonnerie............	1 ,95	2 ,21

Prix applicable à un réservoir de chasse sur égout en maçonnerie de meulière et mortier de ciment

DÉSIGNATION DES OUVRAGES	NUMÉROS D'ORDRE	RÉSERVOIR DE 6m3,00 DE CAPACITÉ				NUMÉROS D'ORDRE	RÉSERVOIR DE 10m3,00 DE CAPACITÉ			
		NUMÉROS des SOUS-DÉTAILS	PRIX de L'UNITÉ	TYPE N° 1			NUMÉROS des SOUS-DÉTAILS	PRIX de L'UNITÉ	TYPE N° 2	
				Quantités	Sommes				Quantités	Sommes
Mètres linéaires de réservoir de chasse à 3m,14 de profondeur moyenne de fouille..............	1	P. C	118f,42	4m,14	490f,26	1	P. C	129f,83	5m,64	732f,24
Murs pignons de 0m,30 d'épaisseur terminant le réservoir.....................	2	»	29 ,65	2	59 ,30	2	»	31 ,87	2	63 ,74
Fourniture d'appareil de chasse à un et deux départs.................	3	»	163 ,00	1	163 ,00	3	»	225 ,00	1	225f,00
Transport d'appareil du dépôt au lieu d'emploi, descente en égout, transport sous galerie, pose, scellement, massif de fondation, compris tous refouillements, raccords de maçonnerie et d'enduits et, en général, toutes fournitures et mains-d'œuvre d'un appareil de chasse de 0m,20 (ou 0m,30) de débit.................	4	402	50 ,00	1	50 ,00	4	402	65, 00	1	65 ,00

PRIX COMPOSÉS POUR LA CONSTRUCTION DES ÉGOUTS

Fourniture de vannette à main.................	5	»	80 ,00	1	80 ,00	5	»	80 ,00	2	160 ,00
Transport du dépôt au lieu d'emploi, descente en égout, transport sous galerie, pose, scellements compris tous refouillements, raccords de maçonnerie et d'enduits en général, toutes fournitures et mains-d'œuvre d'une vannette à main.	6	404	25 ,00	1	25 ,00	6	404	25 ,00	2	50 ,00
Fourniture et pose d'échelons d'angle ou carrés du modèle en usage en fer rond de 0^m,03 de diamètre développant 0^m,95 de longueur, compris façonnage, galvanisation, scellements au ciment dans une maçonnerie quelconque, enlèvement des gravois.................	7	391	6 ,00	10	60 ,00	7	391	6 ,00	10	60 ,00
Fourniture et pose de canalisations droites ou courbes de 0^m,20 ou de 0^m,30 de diamètre en grès vernissé, compris massif de fondation et massif de partage des eaux et glacis de direction, refouillements, percements, raccords de maçonnerie et d'enduits, et en général toutes fournitures et mains-d'œuvre mesurés suivant le développement.................	8	407	24 ,00	1 ,80	43 ,20	8	408	30 ,00	2 ,00	60 ,00
Alimentation complète du réservoir de chasse, compris toutes fournitures et pose.............	9	Ev.	»	»	60 ,00	9	Ev.	»	»	60 ,00
Prix d'un réservoir de chasse à 3^m,14 de profondeur moyenne de fouille...					1.030^r,76					1.475^r,98

Prix applicable à un branchement de bouche à panier-filtre

DÉSIGNATION DES OUVRAGES	NUMÉROS D'ORDRE	NUMÉROS des SOUS-DÉTAILS	PRIX de L'UNITÉ	BRANCHEMENT DE BOUCHE A PANIER-FILTRE	
				Quantités	Sommes
Mètres linéaires de branchement de bouche à $2^m,49$ de profondeur moyenne de fouille, sous pavage	1	P. C	$61^f,28$	$3^m,35$	$205^f,29$
Cheminée de bouche à $2^m,20$ de profondeur moyenne	2	P. C	124 ,57	1	124 ,57
Fourniture d'une bouche d'égout grand modèle	3	»	71 ,00	1	71 ,00
Transport et pose d'une bouche d'égout grand modèle	4	316 + 320	10 ,00	1	10 ,00
Fourniture d'une trappe de regard grand modèle	5	»	9 ,14	$360^{ks},00$	50 ,40
Transport et pose d'une trappe de regard grand modèle	6	323 + 325	4 ,50	1	4 ,50
Fourniture et pose de cerce et de panier à filtre	7	»	Ev.	1	150 ,C0
Kilogrammes de fer à $\perp$ sans assemblage, compris mise en place	8	545	0 ,30	$30^{ks},00$	9 ,00
Scellements à $0^m,20$ de profondeur en mortier de ciment	9	346	1 ,00	2	2 ,00
Prix d'un branchement de bouche à panier à filtre					$626^f,76$

Prix applicable à un mur pignon de $0^m,30$ terminant le réservoir de chasse

DÉSIGNATION DES OUVRAGES	NUMÉROS D'ORDRE	NUMÉROS des SOUS-DÉTAILS	PRIX de L'UNITÉ	TYPE N° 1		TYPE N° 2	
				Quantités	Sommes	Quantités	Sommes
Maçonnerie de meulière avec mortier de ciment de Vassy au dosage de 350 kilogrammes par mètre cube de sable dragué.........................	1	190	$30^f,00$	$0^m,786$	$23^f,58$	$0^m,849$	$25^f,47$
Enduit de $0^m,01$ en mortier de ciment de Vassy au dosage de 900 kilogrammes par mètre cube de sable tamisé.....	2	284 + 290	1 ,65	0 ,68	1 ,12	0 ,91	1 ,50
Enduit de $0^m,02$ en mortier de ciment de Portland au dosage de 650 kilogrammes par mètre cube de sable tamisé.	3	286 + 290	2 ,55	1 ,94	4 ,95	1 ,92	4 ,90
Prix d'un mur pignon terminant le réservoir de chasse.............					$29^f,65$		$31^f,87$

Prix applicable à un regard sur canalisation

DÉSIGNATION DES OUVRAGES	NUMÉROS D'ORDRE	NUMÉROS des SOUS-DÉTAILS	PRIX de L'UNITÉ	PROFONDEUR MOYENNE DE FOUILLE 1m,80	
				Quantités	Sommes
Arrachage du pavé..	1	65 + 66	0f,85	2m,13	1f,81
Fouille pour déblais et jet sur berge, y compris dressement des parois et du fond de la fouille.................................	2	28	0,985	2,422	2,39
Reprise sur berge et transport aux décharges publiques.........	3	55	4,50	2,422	10,90
Location de plats-bords et couchis pour étaiements.............	4	440	1,00	3,11	3,11
Location d'étrésillons pour étaiements........................	5	437	25,00	0,057	1,43
Maçonnerie de meulière avec mortier de ciment de Vassy ou de laitier, au dosage de 350 kilogrammes par mètre cube de sable dragué...........	6	190	30f,00	1,603	48,09
Béton dosé à un mètre cube de cailloux cassés pour un demi-mètre cube de sable dragué et 250 kilogrammes de chaux hydraulique ordinaire..............	7	162	19,00	0,092	1,75
Enduit intérieur de 0m,01 d'épaisseur en mortier de ciment de Vassy ou de laitier, au dosage de 900 kilogrammes par mètre cube de sable tamisé...........	8	284 + 290	1,65	4,08	6,73
Percement et raccord d'un mur de face de maison pour passage d'un tuyau de prise d'air.	9	382	8,00	1	8,00
Percement et raccords de maçonnerie et d'enduits pour passage de tuyau de 0m,10 à 0m,20 de diamètre................................	10	381	5,00	5	25,00
Fourniture et pose d'échelons d'angle ou carrés du modèle en usage, en fer rond de 0m,03 de diamètre, développant 0m,95 de longueur, compris façonnage, galvanisation, scellements en ciment dans une maçonnerie quelconque, enlèvement des gravois.....	11	391	6,00	4	24,00

Désignation	No	Nos des prix	Prix unit.	Quantité	Montant
Fourniture et pose d'une armature de regard en fer forgé carré de 0m,034 avec œil rond ou carré, compris mêmes fournitures et mains-d'œuvre qu'au nº 391......	12	394	11 ,00	1	11 ,00
Fourniture et pose d'une tige ou crosse de regard en fer rond de 0m,03 de diamètre, compris mêmes fournitures et mains-d'œuvre qu'au nº 391..............	13	395	6 ,00	1	6 ,00
Fourniture et pose d'un châssis en bois de chêne neuf, non refeuillé, pour trappe de regard de 0m,10 d'épaisseur sous chaussée (petit modèle)...............	14	384	18 ,00	1	18 ,00
Kilogrammes de fonte bitumée pour trappe de regard (petit modèle) sous chaussée.	15	»			
Trappe de regard petit modèle comptée pour transport à pied-d'œuvre et de pose..	16	323 + 325	0 ,14	490k,00	68 ,60
Fourniture et pose de caniveaux d'angle de 0m,15 de diamètre...............	17	»	4 ,50	1	4 ,50
Fourniture et pose de caniveaux à collet de 0m,20 de diamètre	18	»	9 ,00	2	18, 00
Mètres linéaires de fourniture de tuyaux en grès vernissé de 0m,10 de diamètre pour prise d'air...............			6 ,50	1	6 ,50
Mètres linéaires de fourniture de tuyaux en grès vernissé de 0m,15 de diamètre pour écoulement des eaux pluviales et ménagères...............	19	108	1m,65	2m,50	4 ,13
Tranchée pour pose de tuyaux en fonte ou en grès pour toutes mains-d'œuvre, y compris dépavage, fouille, étaiement, enlèvement des terres, remblai, pilonnage et premier pavage provisoire, la profondeur moyenne n'excédant pas 2 mètres :	20	110	2 ,50	8 ,00	20 ,00
Pour tuyau de prise d'air sur la rue...............	21				
Pour écoulement des eaux pluviales et ménagères...............	22	354	2 ,00	2 ,50	5 ,00
Pose en tranchée de tuyaux en grès droits, courbes ou à culotte, operculaires, etc., compris dressement du fond de la tranchée, massif de maçonnerie en moellons durs à chaque joint, bouchages des vides, solins, et transport à pied-d'œuvre :		354	2 ,00	8 ,00	16 ,00
Tuyau de prise d'air sur la rue...............	23	366 + 355	0 ,63	2 ,50	1 ,58
Conduit d'écoulement des eaux pluviales et ménagères...............	24	366 + 356	0 ,93	8 ,00	7 ,44
Raccord pour prise d'air sur la rue, compté pour fourniture et pose et raccords de maçonnerie...............	25	Ev.	1	4 ,00	4 ,00

Prix d'un regard sur canalisation 323f,96

Prix applicable à une bouche sur canalisation

DÉSIGNATION DES OUVRAGES	NUMÉROS D'ORDRE	NUMÉROS des SOUS-DÉTAILS	PRIX de L'UNITÉ	PROFONDEUR MOYENNE DE FOUILLE 1m,90	
				Quantités	Sommes
Dépose de bordure en granit de toutes natures, droite ou courbe, compris bardage à 20 mètres, s'il y a lieu, et rangement....................	1	68	0f,30	2m,00	0f,60
Démolition de dallage en bitume ou en asphalte, non compris celle de la couche de fondation, et rangement....................	2	72	0 ,10	0 ,97	0 ,10
Démolition de béton de fondation ou de chaussée d'empierrement, compris chargement, transport à 50 mètres, s'il y a lieu, tamisage et rangement....................	3	73	0 ,70	0 ,97	0 ,68
Fouille pour déblais à 1m,90 de profondeur moyenne, jet sur berge, y compris dressement des parois et du fond de la fouille....................	4	28	0 ,985	3 ,631	3 ,58
Reprise sur berge et transport aux décharges publiques....................	5	55	4 ,50	3 ,631	16 ,34
Location de plats-bords et couchis pour étaiements....................	6	440	1 ,00	5 ,38	5 ,38
Location d'étrésillons pour étaiements....................	7	437	25 ,00	0 ,155	3 ,88
Maçonnerie de meulière avec mortier de ciment de Vassy ou de laitier au dosage de 350 kilogrammes par mètre cube de sable dragué....................	8	190	30 ,00	2 ,622	78 ,66

Désignation					
Enduit intérieur de 0m,01 d'épaisseur en mortier de ciment de Vassy au dosage de 900 kilogrammes par mètre cube de sable tamisé..........	9	284 + 290	1 ,65	3 ,19	5 ,26
Mètres linéaires de fourniture et pose de canalisation en grès vernissé de 0m,20 de diamètre sur lit de béton de 0m,20 d'épaisseur..........	10	P. C	13 ,96	3 ,20	44 ,67
Fourniture et pose de panier à fumier..........	11	Ev.	40 ,00	1	40 ,00
Fourniture et pose d'une cuvette de siphon en grès vernissé..........	12	Ev.	80 ,00	1	80 ,00
Fourniture et pose de siphon en grès vernissé de 0m,20 de diamètre..........	13	Ev.	16 ,00	1	16 ,00
Fourniture de tampon obturateur de siphon..........	14	Ev.	5 ,00	1	5 ,00
Kilogrammes de fer forgé et galvanisé pour bavette, pattes de scellements, rivets, etc..........	15	541	0 ,85	35kg	29 ,75
Scellements en ciment de 0m,20 de profondeur, compris refouillement des trous, ragrément d'enduits, etc..........	16	327	1 ,00	8	8 ,00
Trappe mobile en tôle striée de toutes dimensions, compris pentures, support et fourchette, arbre, battement, etc., serrure excepté..........	17	547	0 ,90	43kg	40 ,50
Fourniture d'un couronnement de bouche petit modèle..........	18	»	26 ,00	1	26 ,00
Fourniture d'une bavette de bouche petit modèle..........	19	»	27 ,00	1	22 ,00
Bouche d'égout petit modèle comptée pour transport à pied-d'œuvre et pose..........	20	317 + 321	8 ,00	1	8 ,00

Prix d'une bouche sur canalisation.......... 434f,40

Prix d'un mètre courant de cheminée de regard sur canalisation

DÉSIGNATION DES OUVRAGES	NUMÉROS D'ORDRE	NUMÉROS des sous-DÉTAILS	PRIX de L'UNITÉ	CHEMINÉE DE REGARD A SECTION CARRÉE INTÉRIEURE DE 0ᵐ,70 DE CÔTÉ EN MAÇONNERIE DE 0ᵐ,22 D'ÉPAISSEUR	
				Quantités	Sommes
Fouille pour déblais et jet sur berge, y compris dressement des parois...	1	28	0f,985	1m,346	1f,33
Reprise sur berge et transport aux décharges publiques...............	2	55	4,50	1,346	6,06
Location de plats-bords et couchis pour étaiements....................	3	440	1,00	1,64	1,64
Location d'étrésillons pour étaiements................................	4	437	25,00	0,019	0,48
Maçonnerie de meulière avec mortier de ciment de Vassy ou de laitier au dosage de 350 kilogrammes par mètre cube de sable dragué..........	5	190	30,00	0,828	24,84
Enduit intérieur de 0ᵐ,01 d'épaisseur en mortier de ciment de Vassy ou de laitier au dosage de 900 kilogrammes par mètre cube de sable tamisé...	6	284 + 290	1,65	2,44	4,03
Fourniture et pose d'échelons d'angle ou carrés, du modèle en usage, en fer rond de 0ᵐ,03 de diamètre développant 0ᵐ,95 de longueur, compris façonnage, galvanisation, scellement au ciment dans une maçonnerie quelconque, enlèvement des gravois.....................	7	391	6,00	3	18,00
Fourniture et pose d'une armature de regard en fer forgé carré de 0ᵐ,034 avec œil rond ou carré, compris mêmes fournitures et mains-d'œuvre qu'au n° 391....	8	394	11,00	1	11,00
Fourniture et pose d'une tige ou crosse de regard en fer rond de 0ᵐ,03 de diamètre, compris mêmes fournitures et mains-d'œuvre qu'au n° 391.	9	395	6,00	1	6,00
Prix d'un mètre courant de hauteur de cheminée de regard...........................					73f,38

Prix applicable à une pénétration des types 1 et 2 pour communiquer de l'égout à l'intérieur du réservoir

DÉSIGNATION DES OUVRAGES	NUMÉROS D'ORDRE	NUMÉROS des SOUS-DÉTAILS	PRIX de L'UNITÉ	TYPES Nᵒˢ 1 et 2	
				Quantités	Sommes
Fouille en souterrain de déblais de toutes natures. y compris blindage, transport au puits d'extraction, montage dans ce puits et dépôt sur la berge, la profondeur du puits n'excédant pas 20 mètres..........	1	34	10^f,00	0^m,200	2^f,00
Démolition de maçonnerie d'égout sous galerie, compris boisage, transport à la trappe, montage et enlèvement des gravois aux décharges publiques..........	2	237 + 239	11,50	0,40	4,60
Cintre pour emploi en souterrain..........	3	450 + 455	5,25	1,70	8,93
Maçonnerie de meulière avec mortier de ciment de Vassy ou de laitier, au dosage de 350 kilogrammes par mètre cube de sable dragué avec plus-value pour exécution en souterrain..........	4	190 + 207	35,00	0,246	8,61
Enduits intérieurs de 0^m,01 d'épaisseur en mortier de ciment de Vassy, au dosage de 900 kilogrammes par mètre cube de sable tamisé..........	5	284 + 290	1,65	1,64	2,71
Prix d'une pénétration, quel que soit le type..........					26^f,85
Plus ou moins-value par 50 kilogrammes de ciment en plus ou moins dans le dosage du mortier employé à la confection de la maçonnerie..........					0^f,25

Prix applicable à la fourniture et à la pose des canalisations

DÉSIGNATION des OUVRAGES	NUMÉROS D'ORDRE	NUMÉROS des SOUS-DÉTAILS	PRIX de L'UNITÉ	CANALISATIONS							
				DE 0m,20 DE DIAMÈTRE — PROFONDEUR DE FOUILLE 1m,80		DE 0m,30 DE DIAMÈTRE — PROFONDEUR DE FOUILLE 2m,00		DE 0m,40 DE DIAMÈTRE — PROFONDEUR DE FOUILLE 2m,50		DE 0m,50 DE DIAMÈTRE — PROFONDEUR DE FOUILLE 2m,50	
				Quantités	Sommes	Quantités	Sommes	Quantités	Sommes	Quantités	Sommes
Arrachage du pavé et repavage provisoire..............	1	65-66	0,85	1m,50	1f,28	1m,50	1f,28	1m,80	1f,53	1m,80	1f,53
Fouille pour déblais et jet sur berge, y compris dressement des parois et du fond de la fouille.............	2	28	0,985	1 ,530	1 ,51	1 ,900	1 ,87	2 ,875	2 ,83	3 ,000	2 ,96
Reprise sur berge et remise en remblai................	3	53	0,80	1 ,446	1 ,16	1 ,746	1 ,40	2 ,628	2 ,10	2 ,645	2 ,12
Reprise sur la berge et transport aux décharges publiques.....	4	55	4,50	0 ,084	0 ,38	0 ,154	0 ,69	0 ,247	1 ,41	0 ,355	1 ,60
Location de plats-bords et couchis pour étaiements........	5	440	1,00	2 ,99	2 ,99	3 ,08	3 ,08	3 ,74	3 ,74	3 ,74	3 ,74

Désignation	№										
Location d'étrésillons pour étaiements	6	437	25,00	0 ,031	0 ,78	0 ,033	0 ,83	0 ,042	1 ,05	0 ,042	1 ,05
Béton dosé à 1 mètre cube de cailloux cassés pour 1 demi-mètre cube de sable dragué et 250 kilogrammes de chaux hydraulique ordinaire	7	162	19,00	0 ,040	0 ,76	0 ,060	1 ,14	0 ,080	1 ,52	0 ,100	1 ,90
Fourniture et pose en tranchée de tuyaux en grès vernissé, droits, courbes, à culotte, operculaires, etc.. compris dressement du fond de la tranchée, massif de maçonnerie en moellons durs à chaque joint, bouchage des vides, solins, et transport à pied-d'œuvre	8	P. C	»	1 ,00	5 ,10	1 ,00	8 ,48	1 ,00	15 ,23	1 ,00	27 ,23
Plus-value pour coudes	9	»	»	1/10 en plus	0 ,51	1/10 en plus	0 ,85	1/10 en plus	1 ,52	1/10 en plus	2 ,72
Fourniture et pose de branchement à tubulure (1 tous les 6 mètres)	10	»	»	1/6	1 ,00	1/6	1 ,80	1/6	3 ,50	1/6	6 ,00
Fourniture et pose d'obturateur provisoire de tubulure en attente	11	Ev.	1,00	1	1 ,00	1	1 ,00	1	1 ,00	1	1 ,00
Prix du mètre linéaire de canalisation					16f,47	»	22f,42	»	35f,13	»	51f,85
Plus-value par mètre d'augmentation de profondeur de fouille jusqu'à 5m,00					3f,24	»	3f,48	»	4f,00	»	4f,11

Prix applicable à un réservoir de chasse sur canalisation

DÉSIGNATION DES OUVRAGES	NUMÉROS D'ORDRE	NUMÉROS des sous-DÉTAILS
Arrachage du pavé et repavage provisoire......................	1	65 + 66
Fouille pour déblais et jet sur berge, y compris dressement des parois du fond de la fouille........................	2	28
Reprise sur berge et remise en remblai........................	3	53
Reprise sur berge et transport aux décharges publiques...........	4	55
Location de plats-bords et couchis pour étaiements..............	5	440
Location d'étrésillons pour étaiement.......................	6	437
Location de cintre...............................	7	450
Béton dosé à 1 mètre cube de cailloux cassés pour un demi-mètre cube de sable dragué et 200 kilogrammes de chaux hydraulique ordinaire...........................	8	162
Maçonnerie de meulière avec mortier de ciment de Vassy ou de laitier au dosage de 350 kilogrammes par mètre cube de sable dragué............................	9	190
Chape en mortier de ciment de Vassy ou de laitier, de $0^m,02$ d'épaisseur au dosage de 450 kilogrammes par mètre cube de sable dragué.	10	282
Enduits intérieurs de $0^m,01$ d'épaisseur en mortier de ciment de Vassy au dosage de 900 kilogrammes par mètre cube de sable tamisé (voûte)............................	11	284 + 290
Enduits intérieurs de $0^m,02$ d'épaisseur en mortier de ciment de Portland au dosage de 650 kilogrammes par mètre cube de sable tamisé.	12	286 + 295
Enduits du radier en mortier de ciment de Portland de $0^m,03$ d'épaisseur au dosage de 650 kilogrammes par mètre cube de sable tamisé............................	13	286 + 290
Poteaux et lisses de barrières........................	14	»
Fourniture et pose d'échelons d'angle ou carrés du modèle en usage, en fer rond de $0^m,03$ de diamètre développant $0^m,95$ de longueur. compris façonnage, galvanisation, scellements en ciment dans une maçonnerie quelconque, enlèvement des gravois	15	391
Fourniture et pose d'une armature de regard en fer forgé carré de $0^m,034$ avec œil rond ou carré, compris mêmes fournitures et mains-d'œuvre qu'au n° 391........................	16	394
Fourniture et pose d'une tige en crosse de regard en fer rond de $0^m,03$ de diamètre, compris mêmes fournitures et mains-d'œuvre qu'au n° 391........................	17	395
A reporter........................		

en maçonnerie de meulière et mortier de ciment

PRIX de L'UNITÉ	RÉSERVOIRS DE CHASSE					
	DE 500 LITRES A UN DÉPART		DE 1.000 LITRES A UN DÉPART		DE 1.500 LITRES A DEUX DÉPARTS	
	Profondeur moyenne de fouille 1m,55		Profondeur moyenne de fouille 1m,55		Profondeur moyenne de fouille 1m,55	
	Quantités	Sommes	Quantités	Sommes	Quantités	Sommes
0f,85	4m,77	4f,05	6m,55	5f,57	9m,13	7f,76
0,985	4,911	4,84	7,257	7,15	10,615	10,46
0,80	0,444	0,36	1,261	1,01	1,895	1,52
4,50	4,502	20,26	6,031	27,14	8,520	38,34
1,00	3,32	3,32	5,32	5,32	5,61	5,61
25,00	0,234	5,85	0,234	5,85	0,381	9,53
3,50	1,48	5,18	2,48	8,68	2,70	9,45
19,00	0,084	1,60	0,084	1,60	0,600	11,40
30,00	1,815	54,45	2,640	79,20	4,704	141,12
1,40	2,91	4,07	4,88	6,83	6,12	8,57
1,65	2,68	4,42	4,88	8,05	5,17	8,53
2,55	1,55	3,95	2,31	5,89	2,69	6,86
3,35	1,53	5,13	2,76	9,25	3,83	12,83
1,15	1,48	1,70	2,78	3,20	3,00	3,45
6,00	4	24,00	4	24,00	4	24,00
11,00	1	11,00	1	11,00	1	11,00
6,00	1	6,00	1	6,00	1	6,00
....		160f,18	....	215f,74	....	316f,43

DÉSIGNATION DES OUVRAGES	NUMÉROS D'ORDRE	NUMÉROS des sous-DÉTAILS
Reports	......	......
Fourniture de trappe de regard petit modèle pour chaussée.......	18	»
Trappe de regard petit modèle, comptée pour transport à pied-d'œuvre et pose..	19	323 + 325
Fourniture et pose d'un châssis en bois de chêne neuf non refeuillé pour trappe de regard de $0^m,10$ d'épaisseur (petit modèle).......	20	484
Fourniture d'appareil de chasse..........................	21	»
Transport d'appareil du dépôt au lieu d'emploi, descente en égout, transport sous galerie, pose, scellement, massif de fondation compris tous refouillements, raccords de maçonnerie et d'enduit et en général toutes mains-d'œuvre d'un appareil de chasse.......	22	»
Fourniture de tuyaux en grès vernissé de $0^m,10$ de diamètre, droits, courbes ou à culotte..............................	23	108
Pose en élévation de tuyaux en grès vernissé de $0^m,10$ de diamètre, droits, courbes ou à culotte, la fourniture des corbeaux ou colliers ainsi que les trous de scellement payés à part	24	356 - 366
Fourniture de fer forgé et galvanisé pour colliers................	25	541
Scellements en ciment à $0^m,10$ de profondeur, compris refouillement des trous et ragréement d'enduit..........................	26	346
Fourniture et pose de jonction conique en grès vernissé de $0^m,15$ de diamètre moyen..............................	27	Ev.
Fourniture et pose d'embranchement de $0^m,10$ de diamètre........	28	Ev.
Alimentation complète du réservoir de chasse, compris toutes fournitures et pose..............................	29	Ev.
Prix d'un réservoir de chasse..........................		

PRIX de L'UNITÉ	RÉSERVOIRS DE CHASSE					
	DE 500 LITRES A UN DÉPART Profondeur moyenne de fouille 1m,55		DE 1.000 LITRES A UN DÉPART Profondeur moyenne de fouille 1m,55		DE 1.500 LITRES A DEUX DÉPARTS Profondeur moyenne de fouille 1m,55	
	Quantités	Sommes	Quantités	Sommes	Quantités	Sommes
....	....	160f,18	....	215f,74	....	316f,43
0f,14	490kg,00	68,60	490kg,00	68,60	490kg,00	68,60
4,50	1	4,50	1	4,50	1	4,50
18,00	1	18,00	1	18,00	1	18,00
»	1	163,00	1	163,00	1	250,00
»	1	50,00	1	50,00	1	65,00
1,65	1m,10	1,82	1,10	1,82	3m,10	5,12
1,266	1,10	1,39	1,10	1,39	3,10	3,92
0,85	1kg,500	1,28	1,500	1,28	1kg,500	1,28
1,00	4	4,00	4	4,00	4	4,00
4,80	1	4,80	1	4,80	2	9,60
3,30	1	3,30	1	3,30	2	6,60
»	»	60,00	»	60,00	»	60,00
....	....	540f,87	....	596f,43	....	813f,05

Dépenses à faire dans les

DÉSIGNATION des bassins		ÉGOUTS ET OUVRAGES PARTICULIERS SUR ÉGOUTS							CA	
			REGARDS		BOUCHES		RÉSERVOIR DE CHASSE DE		CANALISATION ;	
		Égouts	Branchements	Cheminées mètre lin.	Branchements	Cheminées mètre lin.	$6^m3{,}00$	$10^m3{,}0$	$0^m{,}20$	$0^m{,}30$
Collecteur rive droite	Quantités........	22.303	213	526	197	449	18	20	22.759	15.338
	Prix moyens.....	87	489	41	368	33	1.059	1.540	22	4
	Sommes........	1.943.140	104.170	21.450	72.460	14.880	19.060	30.800	508.500	63.720
Collecteur de l'Est	Quantités........	13.086	129	529	112	436	12	8	14.758	7.755
	Prix moyens.....	101	510	41	406	33	1.065	1.605	25	30
	Sommes........	1.315.700	65.820	21.570	45.490	14.440	12.780	12.840	353.530	231.950
Collecteur rive gauche	Quantités........	5.005	52	101	29	56	2	4	4.339	2.362
	Prix moyens.....	78	472	41	359	33	1.025	1.545	20	25
	Sommes........	392.350	24.540	4.120	10.410	1.860	2.050	6.180	87.500	60.330

A compter pour chambres d'extrémité, d'égoutiers, bassins à sable, déversoirs d'orage, eaux sur les terrains d'épandage, aménagement des terrains, conduites de vidange du

Dépenses à faire après

DÉSIGNATION des bassins		Égouts	Branchements	Cheminées mètre lin.	Branchements	Cheminées mètre lin.	$6^m3{,}00$	$10^m3{,}0$	$0^m{,}20$	$0^m{,}30$
Collecteur rive droite	Quantités........	1.496	15	30	31	61	»	3	2.873	1.778
	Prix moyens.....	78	495	41	378	33	»	1.547	20	26
	Sommes........	116.290	7.420	1.220	11.720	2.020	»	4.040	58.120	46.280
Collecteur de l'Est	Quantités........	1.466	14	29	5	10	1	1	3.918	2.488
	Prix moyens.....	70	463	41	360	33	1.010	1.510	19	24
	Sommes........	102.630	6.480	1.180	1.800	330	1.010	1.510	74.400	60.110
Collecteur rive gauche	Quantités........	6.371	61	156	64	148	3	6	7.738	5.228
	Prix moyens.....	80	489	41	369	53	1.063	1.532	21	27
	Sommes........	507.440	29.800	6.360	23.640	4.850	3.190	9.190	165.960	141.680

A compter : pour établissement de bouche à panier-filtre

Pour compléments de chambres d'égoutiers, d'aménagement des terrains d'épandage, du

limites de la ville actuelle

Canalisation et ouvrages sur canalisation								Plus-value pour boisage supplémentaire	Fourniture et pose de fers	Réfection de chaussées	Dépense totale par bassin
Diamètres de 0m,40	Diamètres de 0m,50	Regards	Cheminées (mètre linéaire)	Bouches	Réservoirs de chasse de 500l	1.000l	1.500l				
9.993	4.994	806	1.465	117	295	6	6				
41	57	324	73	434	541	596	813				
409.560	283.460	261.110	107.500	50.820	159.560	3.580	4.880	80.120	5.680	323.230	479.830
4.042	2.021	369	884	42	121	5	1				
42	59	324	73	434	541	596	810				
170.990	119.680	119.540	64.860	18.240	65.450	2.980	810	58.020	4.160	154.320	2.853.170
1.575	788	183	203	24	57	3					
37	53	324	73	434	541	596					
57.830	42.140	59.280	14.860	10.430	30.830	1.790		10.400	2.040	61.790	880.740

8.533.740

siphons sous les rivières, approfondissement des rivières, conduites d'amenée dés collecteur, matériel de curage, etc... 1.366.260

Ensemble.. 9.900.000

l'extension de la ville

Diamètres de 0m,40	Diamètres de 0m,50	Regards	Cheminées (mètre linéaire)	Bouches	Réservoirs de chasse de 500l	1.000l	1.500l	Plus-value pour boisage supplémentaire	Fourniture et pose de fers	Réfection de chaussées	Dépense totale par bassin
1.186	592	91	114	15	36	»	»				
37	54	324	73	434	541						
44.220	32.000	29.480	8.400	6.520	19.470	»	»	7.600	1.120	29.240	425.760
1.060	830	119	93	69	74	1	1				
35	52	324	73	434	541	600	810				
58.320	43.040	38.550	6.810	29.970	40.020	600	810	7.050		37.760	512.370
3.222	1.610	278	428	35	70	25	1				
38	55	324	73	434	541	596	810				
124.180	89.120	90.060	31.470	15.200	37.860	14.910	810	23.830	960	98.220	1.416.720

2.354.850

14 branchements à 651 francs 9.110
28 mètres, cheminée à 52 francs 1.460
matériel de curage, etc.. 284.580

2.650.000

TABLEAUX ESTIMATIFS DES DÉPENSES
DANS LES LIMITES DE LA VILLE ACTUELLE
ET APRÈS L'EXTENSION DE LA VILLE

Les tableaux précédents (p. 253 et 253 *bis*) résument les dépenses à faire pour l'exécution du projet d'assainissement d'une ville par le tout à l'égout, faisant l'objet du chapitre VI.

Afin de rendre la lecture desdits tableaux aussi facile que possible et pour ne pas leur donner trop d'extension, on a groupé les travaux de même nature par bassins de collecteurs.

Les prix d'application qui y figurent sont des prix moyens résultant pour chaque nature de travaux du chiffre total des dépenses correspondantes inscrites au détail estimatif divisé par le chiffre représentatif de la quantité.

Les dépenses partielles ont été calculées en appliquant aux diverses quantités, dont le total figure seul au tableau ci-avant, les prix composés et plus-values résultant des tableaux spécialement établis à cet effet et reproduits au présent chapitre.

Ainsi, dans un cas analogue à l'exemple de la page 215, on obtiendrait le prix du mètre linéaire de fouille en ajoutant à celui du mètre linéaire d'égout sous pavage à 2ᵐ,96 de profondeur, soit (p. 229)..... 85ᶠ,72

la plus-value de 5 fr. 20 par mètre de profondeur (p. 229) sur 4,87 — 2,96 = 1,91 de profondeur :

Soit 5,20 × 1,91 = ... 9 ,93

TOTAL 95ᶠ,65

CHAPITRE XII

ASSAINISSEMENT DE L'HABITATION
PAR LE « TOUT A L'ÉGOUT »
DEVIS ESTIMATIFS ET TYPES DIVERS D'ASSAINISSEMENT
DE MAISONS

Assainissement de l'habitation. — Sous ce titre, on passera sommairement en revue les principes généraux relatifs à l'application rationnelle du « tout à l'égout » dans une construction neuve ou dans une maison déjà existante ; ces données succinctes suffisent pour justifier les dispositions adoptées dans les divers cas pouvant se présenter et dont le présent chapitre comporte les types principaux et les devis estimatifs.

Le système du « tout à l'égout » est très efficace pour l'assainissement de la maison, par ce fait qu'il supprime, à l'issue des chutes des cabinets d'aisances, les récipients fixes ou mobiles destinés à recevoir les matières de vidanges, dont le séjour plus ou moins prolongé constitue la cause primordiale de l'insalubrité. Dans ce système, les chutes étant raccordées directement sur la canalisation générale de l'immeuble, les vidanges s'écoulent à l'égout public de la même manière que les eaux pluviales et ménagères.

La fosse fixe donne lieu à de graves inconvénients : 1° infection par les infiltrations du sol et de la nappe souterraine ; 2° infection de l'atmosphère au niveau des toits par les gaz qui se dégagent des tuyaux d'évent ou les émanations des dépotoirs établis dans la banlieue des villes ; 3° tendance à l'économie excessive de l'eau en vue de restreindre les dépenses de l'opération, aussi coûteuse que répugnante, de la vidange de la fosse.

D'autre part, les principaux dangers de la tinette filtrante sont, par suite de l'irrégularité de son enlèvement : 1° l'infection produite par son débordement dans le caveau ; 2° l'infection produite par les gaz délétères qui remontent par les cabinets.

Le « tout à l'égout », qui comporte tout d'abord la large distribution de l'eau sur tous les points de l'immeuble, est plus spécialement caractérisé par *l'évacuation immédiate, instantanée, des matières excrémentitielles et des eaux usées hors de la maison jusqu'à l'égout public*.

. Pour satisfaire à cette condition primordiale, il faut donner à la canalisation la pente maxima.

Si l'on est amené à abaisser la pente au-dessous de $0^m,03$ par mètre, il est utile de placer, en tête de la canalisation, un réservoir à chasse automatique (Voir, p. 242, *Menuiserie, Serrurerie, Plomberie*, de la Bibliothèque du Conducteur de

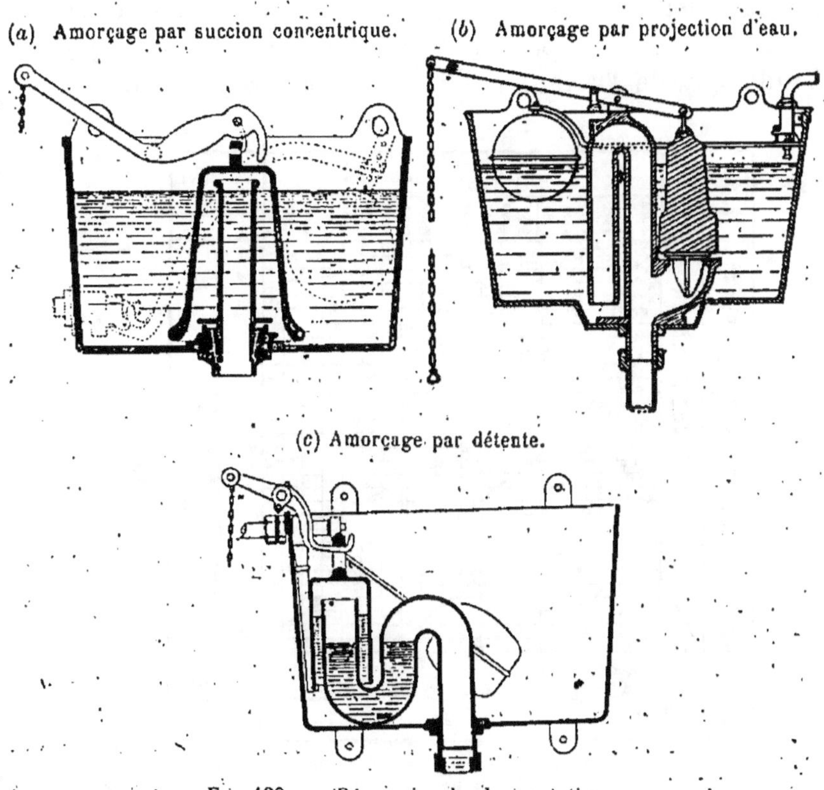

Fig. 130. — Réservoirs de chasse à tirage.

Travaux publics), chargé d'enlever périodiquement les matières entraînées par les eaux pluviales et ménagères et qui, en séjournant dans la conduite, provoqueraient des engorgements.

Quelle que soit d'ailleurs la pente de la canalisation, pour éviter le dépôt, le long des parois ou au pied de la chute, des matières de vidanges, il est nécessaire d'entraîner celles-ci par une chasse d'eau fonctionnant brusquement après chaque visite du cabinet d'aisances. L'entraînement doit avoir lieu immédiatement, sans possibilité d'arrêt ou de dépôt, et le volume d'eau doit être suffisant pour laver complètement la cuvette, renouveler l'eau du siphon obturateur et véhiculer les matières jusqu'à l'égout.

L'ouvrage précité sur la plomberie donne (p. 237) un des nombreux types de ces réservoirs de chasse.

Quelques-uns, très répandus, sont donnés par la figure 130.

Diamètre des tuyaux. — Les tuyaux employés sont en grès (Voir, p. 347, *Charpente et Couverture*, de la Bibliothèque du Conducteur de Travaux publics ; et *Plomberie*, p. 209), ou

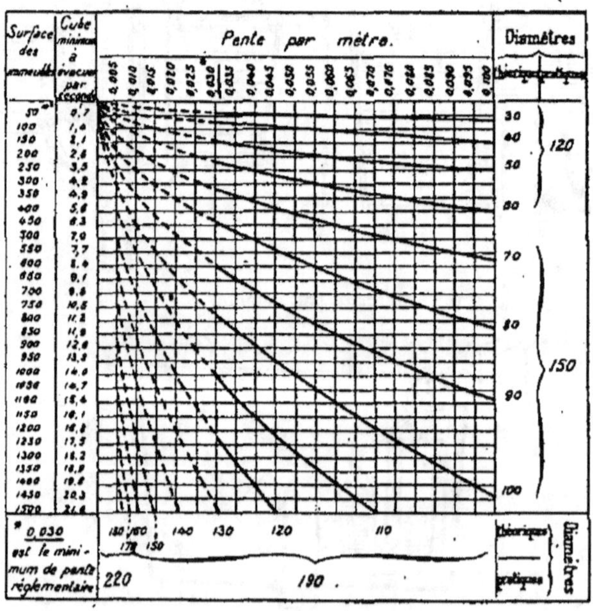

Fig. 131. — Diagramme donnant les diamètres théoriques et pratiques des tuyaux capables de débiter jusqu'à 0m,05 de hauteur d'eau tombée dans une heure.

en fonte brute ou émaillée ; leur diamètre doit être suffisant pour écouler les eaux provenant des plus violents orages. Le bon fonctionnement du « tout à l'égout » exige toutefois l'emploi de diamètres relativement petits, afin qu'en pistonnant l'eau entraîne rapidement les matières ; un tuyau trop large, dans lequel l'eau coule sans force, est sujet à la formation des dépôts.

Le diagramme ci-dessus (*fig.* 131) donne, par surfaces d'immeubles croissant de 50 mètres, les diamètres théoriques et pratiques des tuyaux avec pentes croissant de $0^m,005$, capables de débiter une averse de $0^m,05$ de hauteur d'eau par heure.

Les tuyaux de chute sont généralement en fonte (Voir Bibliothèque du Conducteur de Travaux publics : *Charpente*, p. 347, et *Menuiserie*, p. 209), et le diamètre de 0,135 est très usité ; la tendance actuelle est de leur substituer les tuyaux en plomb, avec diamètres variables de $0^m,08$ à $0^m,1!$ (Voir *Menuiserie*, p. 189).

Le raccordement des tuyaux (*fig.* 132, *a*) doit toujours être fait sous un angle inférieur à 90°, et autant que possible à

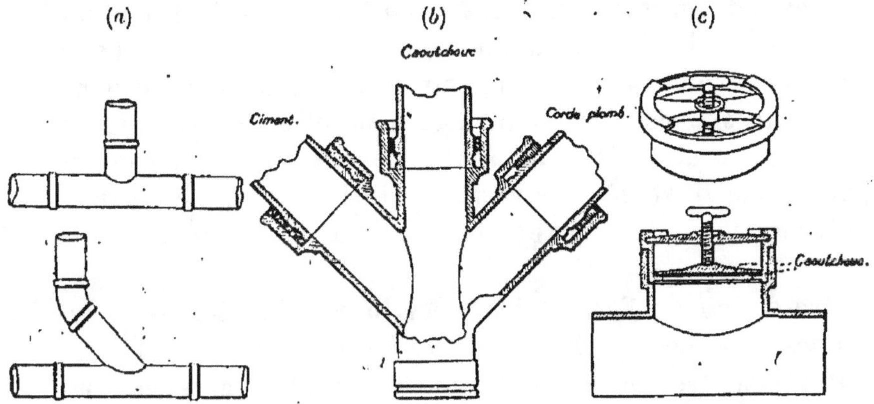

Fig. 132. — (*a*) raccordements de tuyaux (mauvais et bon) ; (*b*) joints divers ; (*c*) té de dégorgement avec occlusion hermétique.

45° ; les eaux du tuyau secondaire sont ainsi bien dirigées dans le sens de l'écoulement de la conduite principale ; de même, les changements de direction d'une même conduite doivent être réalisés à l'aide de coudes aussi allongés que possible.

A cet effet, il existe, dans le commerce des coudes au 1/4, au 1/8 pour la fonte et le grès, au 1/16 pour la fonte ; d'autre part, le commerce livre également, en fonte et en grès, des jonctions simples et doubles à 45° (culottes), des tés ou jonctions à 90° pour regards, également des cônes droits ou excentrés permettant de raccorder tous les diamètres de tuyaux.

Les joints à emboîtement ou à brides des tuyaux (*fig.* 132, *b*), qu'ils soient réalisés avec du ciment, avec de la corde goudronnée et du plomb, ou avec une rondelle de caoutchouc, doivent être exécutés avec le plus grand soin, la canalisation devant être parfaitement étanche ; il sera prudent, avant la mise en service de la canalisation, de la soumettre à une épreuve à l'eau ou à la fumée.

L'ouvrage *Menuiserie, Serrurerie, Plomberie*, etc., déjà cité, donne (p. 249) le poids des tuyaux sanitaires (séries légère et lourde).

Visite. — La canalisation doit être aisément visitable ; il est indispensable, en effet, de la pouvoir surveiller et dégorger, le cas échéant. A cet effet, on place de distance en distance des tés de dégorgement (*fig.* 132, *c*) dont le regard d'observation est fermé à l'aide d'un tampon hermétique mobile. Dans le cas d'une canalisation souterraine, ces tés aboutissent dans des regards maçonnés et aménagés pour être visités. Dans les cours et jardins, la canalisation pourra être à découvert pendant la traversée des regards, ainsi qu'il en a été donné précédemment divers exemples (*fig.* 88 à 94, p. 150 et 151).

Protection de l'atmosphère des locaux habités. — L'hygiène réclame la protection de l'atmosphère des locaux habités contre toute pénétration de gaz odorants ou insalubres, d'air vicié, provenant non seulement des égouts, mais encore des tuyaux de chute et conduits d'évacuation, dont les émanations sont presque toujours plus redoutables et plus pénétrantes encore que celles des égouts.

Aussi n'est-ce point un obturateur unique placé à la jonction de la canalisation intérieure avec l'égout, qui permet de réaliser cette protection d'une manière absolue, mais une série d'obturateurs, disposés à l'origine supérieure des divers branchements reliés à cette canalisation, à chacun des orifices ouverts dans les logements pour recevoir les eaux souillées (cuvettes de cabinets d'aisances, éviers, lavabos, postes d'eaux, bains, etc.), et formant fermeture hermétique.

Siphons de plomb.

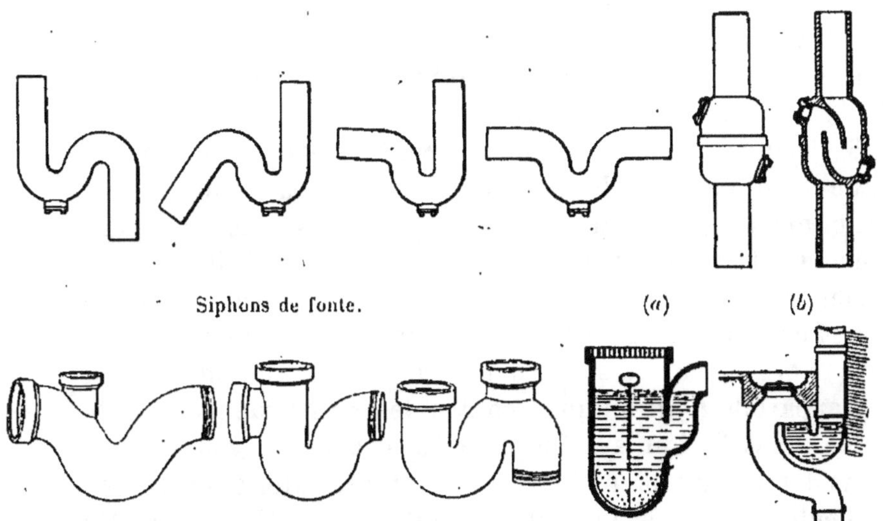

Siphons de fonte. (a) (b)

FIG. 133. — Siphons de plomb et de fonte. — (a) siphon de cour à panier. — (b) descente d'eau pluviale siphonnée sous trottoir.

FIG. 134. — Cuvettes en une ou deux pièces.

Le seul appareil de ce genre, actuellement connu, qui soit réellement efficace est le siphon à occlusion hydraulique permanente.

Cet appareil, simple et peu coûteux, est d'un fonctionnement absolument sûr, quand il est convenablement disposé, pour qu'il s'y maintienne en tout temps une garde d'eau suffisante.

Les siphons placés sous les éviers, lavabos, cabinets de toilette, baignoires, sont parfois en fonte, mais le plus souvent en plomb (*fig.* 133) ; leurs diamètres varient de 0,04 à 0,06 ; d'autre part, les siphons des cabinets d'aisances se font en fonte, en grès et en porcelaine.

Si l'orifice supérieur d'une descente d'eaux pluviales est situé à proximité de la fenêtre d'un logement, il est rationnel de placer un siphon au pied de la descente, afin d'éviter aux habitants les émanations de la conduite.

Des précautions spéciales doivent être prises lors de la construction des maisons, et une vigilance particulière doit être exercée, par la suite, pour protéger les siphons et tous les appareils hydrauliques contre les conséquences de la gelée : installation systématique des colonnes montantes dans des locaux bien clos, loin des murs extérieurs froids ; protection, au besoin, des conduits et appareils par des enveloppes isolantes ; en temps froid, fermeture des baies d'aérage ; maintien de l'alimentation d'eau par le moyen d'un petit écoulement continu ou d'une faible source de chaleur telle qu'un bec de gaz en veilleuse, l'addition d'un peu de sel marin dans l'eau des siphons qui ne sont pas en usage (appartements vacants), etc.

La cuvette d'un cabinet d'aisances et le siphon peuvent être réalisés en une ou deux pièces (*fig.* 134).

L'installation d'un cabinet de maison d'habitation comporte de nombreux modèles.

L'ouvrage *Menuiserie, Plomberie*, de la Bibliothèque du Conducteur de Travaux publics, donne les plans et coupe d'une installation d'appartement et de la disposition d'un siège à la turque et d'un urinoir (p. 236 à 241).

La figure 135 donne divers types d'installations également très employés.

Aération. — On doit, au reste, s'efforcer d'empêcher autant que possible, dans les canalisations, la production des gaz odorants ou insalubres ; et, à cet effet, il n'est pas de moyen

Type d'installation de latrines collectives.

Évier.

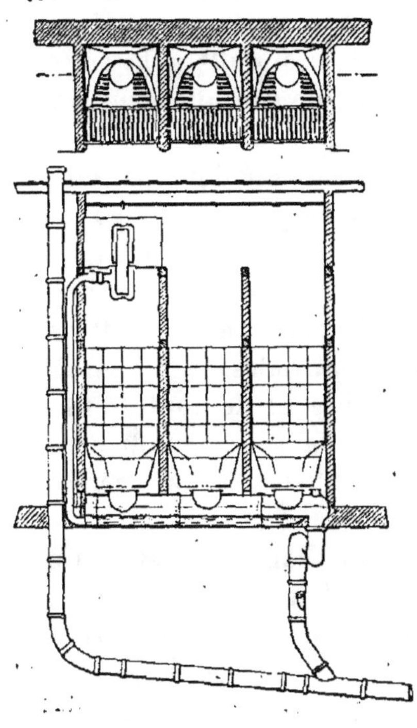

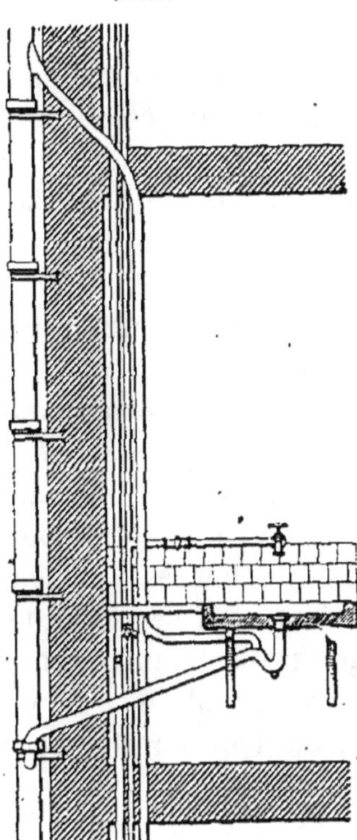

Cabinet d'appartement.

Cabinet
commun.

Baignoire.

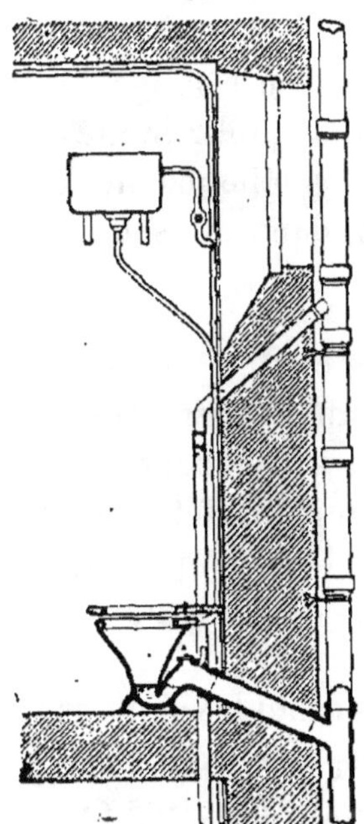

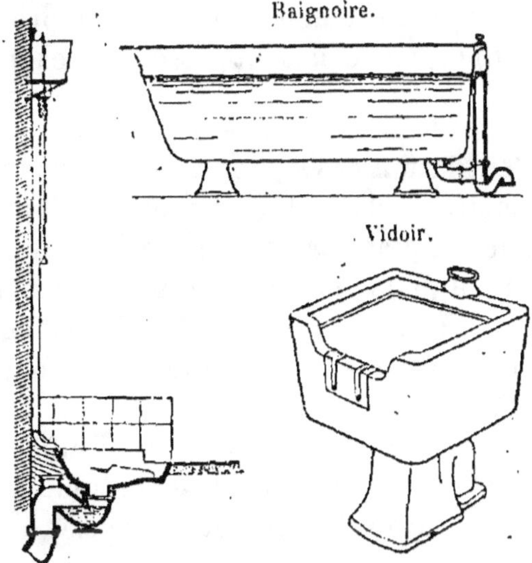

Vidoir.

Fig. 135.

plus certain que l'aération naturelle. C'est pourquoi les tuyaux de chute et d'évacuation des eaux usées auxquels aboutissent tous les branchements siphonnés, et les conduits à la suite doivent être disposés de manière qu'un courant d'air s'y puisse établir constamment : en communication directe avec l'égout (l'extrémité de la conduite ne doit donc pas être immergée), aéré lui-même par les bouches de la rue établies sous trottoir, ils doivent déboucher librement à la partie supérieure dans l'atmosphère et pour cela on recommande de les prolonger jusqu'au-dessus du faîtage et de ne pas les employer pour l'écoulement des eaux pluviales.

On comprend facilement qu'en l'absence de toute ventilation il suffit d'un joint mal fait, ou de l'abaissement du plan d'eau dans le siphon, pour laisser pénétrer des gaz méphitiques et délétères dans les lieux habités.

Il résulte de ces considérations que, contrairement à un usage assez répandu, un siphon ne doit pas être établi à l'extrémité aval de la conduite, puisqu'il empêche la circulation de l'air dans la canalisation ; cette disposition présente, en outre, le très grave inconvénient, lorsqu'une chasse se produit, de provoquer la compression du gaz ainsi emprisonné ; et celui-ci, formant piston, ralentit l'écoulement en provoquant des engorgements.

Toutefois si, pour une raison quelconque, on est obligé de placer un siphon terminus, il est nécessaire d'établir immédiatement en amont un tuyau de prise d'air débouchant à l'air libre, en le faisant passer, par exemple, dans un soupirail.

Ventilation des siphons. — Les tuyaux de chute d'un petit diamètre, s'ils ont l'avantage de donner aux chasses une grande vitesse, présentent un inconvénient subséquent ; au moment de la chasse, un appel d'air se produit, parfois assez énergique pour entraîner l'eau du siphon de l'étage inférieur et le désamorcer ; les gaz de la conduite pénètrent alors à l'intérieur du water-closet.

Pour éviter cet inconvénient, il suffit de ventiler les siphons en les raccordant, à l'aide de la tubulure disposée à cet effet, avec un tuyau de ventilation spécial, prolongé au-dessus des toits ou raccordé lui-même avec la chute au-dessus du cabinet de l'étage supérieur.

Il est bon d'établir également cette ventilation spéciale pour les siphons des descentes d'eaux ménagères.

Transformations à effectuer dans les maisons anciennes. — Afin d'en réduire la dépense au strict minimum, on peut, en général, conserver, tant qu'ils sont en bon état : 1° les tuyaux de chute et les divers conduits de l'ancienne canalisation, pourvu qu'ils soient étanches ; 2° les appareils à valve des cabinets d'aisances lorsqu'ils sont munis d'effets d'eau.

Il est bon de munir immédiatement de siphons les orifices d'évacuation des eaux ménagères, ainsi que les cuvettes des cabinets d'aisances particuliers ou communs insuffisamment aérés.

Il suffit alors d'établir une chasse automatique, convenablement alimentée, au pied de chaque chute, de prolonger le tronc commun de la canalisation générale jusqu'à l'égout public, d'établir, sur le parcours et près du débouché de l'égout, un siphon obturateur, et d'assurer l'aération générale, tant par l'établissement de prises d'air en amont du siphon que par la prolongation des tuyaux de chute et d'évacuation des eaux usées jusqu'au-dessus du toit.

Toutefois l'installation ainsi modifiée est loin d'être parfaite; les conduits sont trop larges, les appareils à valve constituent une occlusion médiocre, et se prêtent trop facilement à la projection des corps solides étrangers, qui provoquent au pied des chutes des obstructions dont les chasses n'ont pas toujours raison.

Aussi convient-il de saisir ultérieurement toutes les occasions pour améliorer l'installation ancienne dans le sens des indications précédentes.

DEVIS ESTIMATIFS D'ASSAINISSEMENT DE MAISONS

La deuxième partie du chapitre XII donne l'estimation, d'après la série de la ville de Paris, de quatre types principaux de maisons assainies par l'installation du tout à l'égout, lors de la construction d'un immeuble ou après sa mise en service.

Bien que les prix soient susceptibles de varier suivant les localités, les devis ci-après peuvent fournir, avec une approximation suffisante pour un avant-projet, les éléments de la dépense entraînée par l'application du tout à l'égout, dans un immeuble quelconque.

TYPE N° 1

DEVIS ESTIMATIF POUR L'INSTALLATION DU « TOUT A L'ÉGOUT » DANS UNE MAISON AVEC UN SEUL CABINET DANS LE JARDIN.

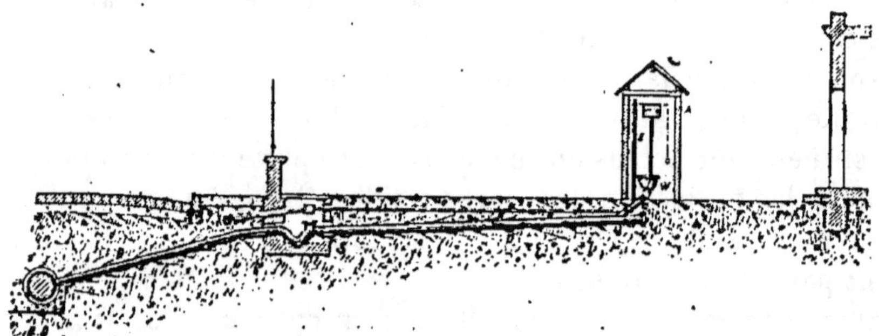

FIG. 136. — Type n° 1.

LÉGENDE

EG, Égout sous la rue. — D, Drain collecteur des eaux à évacuer. — C, Tuyau de chute des cabinets. — P, Tuyau de descente des eaux pluviales. — E, Tuyau d'alimentation d'eau. — W, Cuvette de siège d'aisances. — S, Siphon d'évier. — S, Siphon obturateur du collecteur d'évacuation. — T, Siphon de cour, à panier. — A, Appareil de chasse. — V, Tuyau de ventilation.

(Le travail est le même pour une construction neuve ou pour une construction ancienne.)

Savoir :

I. — En supposant faite l'installation de l'eau

Canalisation en grès vernissé premier choix, de 0^m,15 de diamètre, fournie et posée en tranchée.

Les collets parfaitement faits et ragréés à l'intérieur pour supprimer les bavures de ciment.

                                        fr. c.

13^m,50 développés, à 5 francs le mètre..............   67,50

Façon d'un regard et fourniture de briques de 0^m,11, de 1,00 × 1,00 avec tampon en fonte, enduit en ciment et fouille.

        Vaut...   100,00

1 tampon hermétique de visite et de dégorgement, compris pose.

        Vaut...   12,88

1 siphon placé dans le regard (en grès vernissé)......   16,90

Installation de cabinet comme il est dit plus loin (type n° 3)   100,50

                Total....................   297,78

II. — Avec l'installation de l'eau

Prise en charge sur la conduite de la ville et fourniture de plomb jusqu'au compteur, estimé..   100,00

Fourniture d'un compteur de 0^m,015 et pose sur consoles en fer.

        Vaut...............................   195,00

Plomb de 0,016/7 pour fourniture et pose en tranchée et partie en élévation.

        10,00 à 2,90...................   29,00

Fourniture et pose d'un robinet d'arrêt de 0^m,015 à double chapeau et double raccord, compris empattements, soudures, etc.

        Vaut...............................   15,00

Observation. — Réservoir de chasse et vidange déjà comptés dans le prix du W.-C.

           Total..............   339,00

                             339,00

        Ensemble...........................   636,78

TYPE N° 2

—

Devis estimatif pour l'installation du « tout a l'égout » dans une maison ayant un cabinet et une cuisine.

Fig. 137. — Type n° 2.

LÉGENDE

EG, Égout sous la rue. — D, Drain collecteur des eaux à évacuer. — C, Tuyau de chute des cabinets. — P, Tuyau de descente des eaux pluviales. — E, Tuyau d'alimentation d'eau. — W, Cuvette de siège d'aisances. — Siphon d'évier. — S, Siphon obturateur du collecteur d'évacuation. — T, Siphon de cour, à panier — A, Appareil de chasse. — V, Tuyau de ventilation.

(Le travail est le même pour une construction neuve ou pour une construction ancienne.)

Savoir :

I. — En supposant faite l'installation de l'eau

Canalisation en grès vernissé, premier choix, de $0^m,15$ de diamètre, fournie et posée en tranchée.

	fr. c.
Les collets parfaitement faits et ragréés à l'intérieur.	
17 mètres développés, à 5 francs le mètre............	85,00
A reporter............	85,00

	fr. c.
Report...............	85,00

Façon d'un regard et fourniture de briques de 0^m,11, de 1^m,00 × 1^m,00 avec tampon en fonte, enduits en ciment et fouille.

Vaut.................	100,00

1 tampon hermétique de visite et de dégorgement, compris pose.

Vaut.................	12,88
1 siphon en grès placé dans le regard.............	16,90

1 siphon-panier recevant les eaux de la buanderie.

Vaut pour fourniture et pose............	35,00

Installation de cabinet comme il est dit plus loin (type n° 3)............................ | 100,50

Fonte pour eaux pluviales en 0^m,11 de diamètre :
7^m,50 à 15 kilogrammes le mètre :

112^{kg},500 à 0 fr. 20.................	22,50

Pose des tuyaux et fourniture des colliers :

7^m,50 à 1,45.................	10,87
Cuisine. — Même détail que plus loin (type n° 3)......	18,85
Total..................	402,50

II. — Avec l'installation de l'eau

	fr. c.
Prise en charge, etc.....................	100,00
Fourniture de compteur de 0^m,015, etc.........	195,00

Plomb d'alimentation de 0,016/7 pour fourniture, etc. :

18^m,00 environ à 2 fr. 90.................	52,20

Fourniture et pose d'un récipient antibélier en cuivre placé en tête de colonne.

Vaut	18,00

Fourniture et pose d'un robinet d'arrêt de 0,015 à double chapeau, etc.

Vaut..................	15,00

Cuisine. — Fourniture et pose sur la colonne d'un branchement d'alimentation du robinet sur l'évier, en plomb de 0,013/6, de 0^m,50 environ de long, posé en empattement, fourniture et pose d'un robinet à repoussoir et raccord, crochets à scellement à droite et à gauche du robinet, tamponnage, etc.

Vaut.................	16,00	
A reporter........	396,20	402,50

	fr. c.	fr. c.
Reports............	396,20	402,50

OBSERVATION. — Le réservoir de chasse, la vidange dudit, siphon en plomb et vidange de la pierre d'évier sont déjà comptés aux prix du W.-C. et de la cuisine.

TOTAL...............	396,20
	396,20
ENSEMBLE...............	798,70

TYPE N° 3

CONSTRUCTION NEUVE

DEVIS ESTIMATIF POUR L'INSTALLATION DU « TOUT A L'ÉGOUT » DANS UNE MAISON BOURGEOISE COMPOSÉE D'UN REZ-DE-CHAUSSÉE ET D'UN PREMIER ÉTAGE.

Savoir :

Dans la cave : canalisation en grès vernissé, premier choix, de fabrication française, de $0^m,18$ de diamètre, fournie et posée sur forts crochets à scellement en fer.

	fr. c.
Les collets parfaitement faits et ragréés à l'intérieur. $16^m,00$ développés à 6 fr. 93, compris pose et crochets.	110,88
2 cours de solins en ciment de Vassy, soit $32^m,00$ à 0 fr. 70 le mètre....................................	22,40
4 tampons hermétiques, système Jacquemin, pour visite et dégorgement, compris pose, à 12 fr. 88 l'un...	51,52
Siphon à la sortie de la canalisation, compris fourniture et pose. Un siphon..............................	16,90
Fonte de $0^m,108$ et $0^m,13$ de diamètre pour descente et chute, compris coudes, culottes et raccords. Un développement de $20^m,00$ d'un poids moyen en feuille de 400 kilogrammes à $0^m,20$.....................	80,00
Pose de tuyaux et colliers et fourniture des derniers. 20 mètres à 1,45....................................	29,00
A reporter...............	310,70

                                                    fr.   c.
                         Report.   310,70

Water-closet (détail d'un) :

Fourniture et pose d'une cuvette en porcelaine
avec siphon en fonte émaillée, réservoir de chasse
de 10 litres, robinet flotteur, chaîne de tirage, pose,
ensemble (remise déduite)...................... 66,00

Fourniture de la vidange en plomb de 40 millimètres en 0,003 d'épaisseur, pose, colliers, raccords, soudures, etc.

                         Vaut.......................   13,50

Fourniture de plomb de 0,013/6 pour alimentation, compris pose, soudure, robinet d'arrêt à vis,
empattement sur la colonne montante.

                         Vaut.......................   13,50

Tuyau de ventilation en zinc n° 14 de $0^m,06$ de
diamètre partant du siphon et se raccordant sur
la colonne au moyen de coudes cintrés, percements.   7,50

            TOTAL pour un W.-C............   100,50

                                                    fr.   c.
et pour deux semblables.......................   201,00

Cuisine. — Dans chaque cuisine, vidange sous
l'évier, fourniture d'un siphon en plomb de $0^m,050$,
posé, soudé, et collets en ciment, grille en cuivre de
$0^m,050$ soudée sur la vidange.

            Vaut ensemble...................   18,85

Trous, percements de murs en fondations, enlèvement des gravois, évalué......................   25,00

                    TOTAL............   555,55

Installation de l'eau

Prise en charge.......................   100,00
Compteur de $0^m,020$, etc...................   240,00
Plomb d'alimentation de 0,020/7 pour fourniture, etc. :
12 mètres à 3 fr. 75......................   45,00
(Réservoir de chassé, vidange, etc., même observation qu'au type n° 2.)
Fourniture et pose d'un récipient antibélier en
cuivre.

            Vaut.......................   18,00

                    A reporter........   403,00   555,55

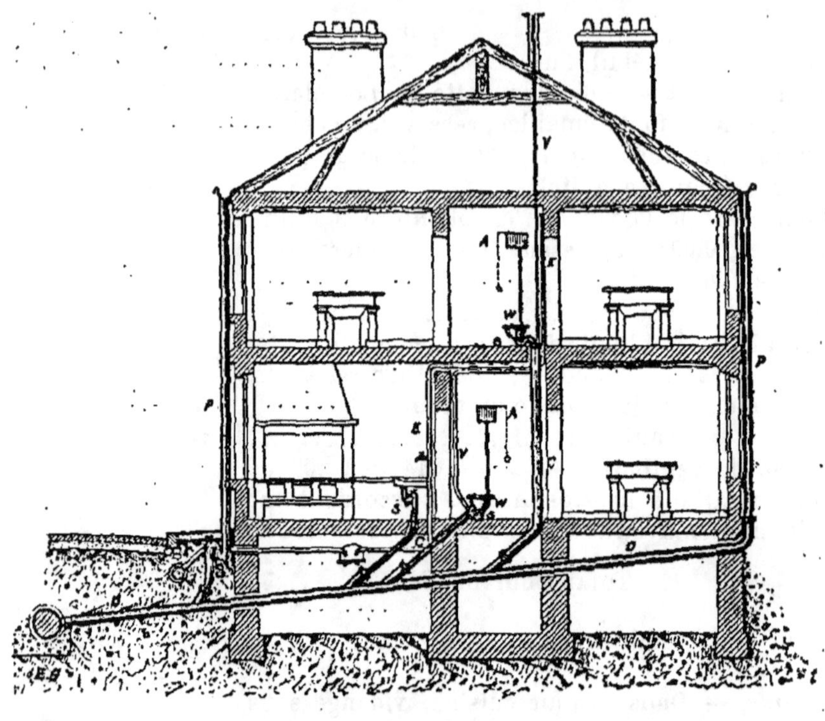

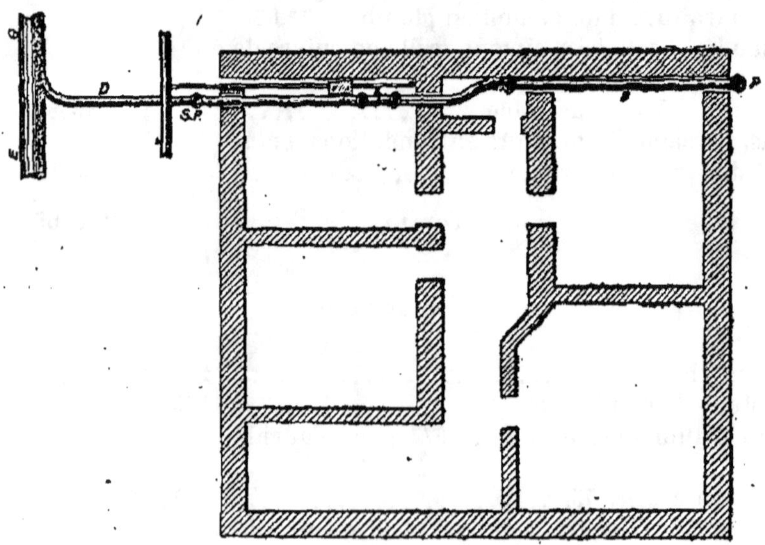

Fig. 138. — Type n° 3.

LÉGENDE

EG, Égout sous la rue. — D, Drain collecteur des eaux à évacuer. — C, Tuyau de chute des cabinets. — P, Tuyau de descente des eaux pluviales. — E, Tuyau d'alimentation d'eau dans la maison. — W, Cuvette de siège d'aisances. — S, Siphon de cabinet d'aisances. — S, Siphon d'évier. — A, Appareil de chasse pour laver les cabinets. — V, Tuyau de ventilation.

	fr. c.	fr. c.
Reports..........	403,00	555,55

Cuisine. — Fourniture et pose sur la colonne, d'un branchement d'alimentation, etc............ — 16,00

Au pied de la colonne : fourniture et pose d'un robinet d'arrêt de 0^m,020 à doubles chapeaux et doubles raccords, compris empattements, soudures, etc.

      Vaut...................................... — 17,00

En cave : robinet de service d'hiver de 0^m,020 à raccords et repoussoir compris, fourniture, pose et empattements, soudures, etc.

      Vaut...................................... — 12,50

Fourreaux en fer de 0^m,045 de diamètre, compris fourniture, pose, percements, scellement.

      Vaut...................................... — 5,50

Trous, percements de murs en fondation, etc., estimé.. — 10,00

        TOTAL................ — 464,00

               464,00

      ENSEMBLE................ — 1.019,55

TYPE N° 3

ANCIENNE CONSTRUCTION

DEVIS ESTIMATIF POUR L'INSTALLATION DU « TOUT A L'ÉGOUT » DANS UNE MAISON BOURGEOISE COMPOSÉE D'UN REZ-DE-CHAUSSÉE ET D'UN ÉTAGE

AVEC UN RÉSERVOIR UNIQUE EN TÊTE DE LA CANALISATION

Savoir :

I. — En supposant faite l'installation de l'eau

Dans la cave : canalisation en grès vernissé premier choix, de fabrication française, de 0^m,18 de diamètre, fournie et posée sur forts crochets à scellement en fer. Les collets parfaitement faits et ragréés à l'intérieur : 16^m,00 développés à 6 fr. 93, compris pose et crochets.. — 110,88

        A reporter................ — 110,88

	fr. c.
Report.................	110,88
2 cours de solins en ciment de Vassy, soit 32^m,00 à fr. 70.........	22,40

2 cours de solins en ciment de Vassy, soit 32ᵐ,00 à
fr. 70....................................... 22,40

4 tampons hermétiques (système Jacquemin) de visite
et dégorgement, compris pose, à 12 fr. 88 l'un........ 51,52

Siphon à la sortie de la canalisation, compris fourniture et pose.

   Vaut......................... 16,90

En tête de la canalisation : réservoir de chasse automatique de 50 litres.

Vaut, compris tous accessoires d'alimentation, robinet
d'arrêt, pose sur consoles en fer à double scellement, les
dites fournies et posées.................... 130,00

Trous, percements de murs en fondation, prolongement en zinc n° 14 de la chute jusque sur le toit.

   Vaut ensemble................... 50,00

    Total........... 381,70

II. — Avec l'installation de l'eau

	fr. c.

Prise en charge.............................. 100,00

Compteur de 0ᵐ,020, etc.................... 240,00

Plomb d'alimentation de 0,020/7 pour fourniture, etc., 12ᵐ,00 à 3 fr. 75................ 45,00

(Réservoir de chasse, vidange, etc., même observation qu'au type n° 2.)

Fourniture et pose d'un récipient anti bélier en
cuivre.

   Vaut......................... 18,00

Cuisine. — Fourniture et pose sur la colonne,
d'un branchement d'alimentation, etc.......... 16,00

Au pied de la colonne : fourniture et pose d'un
robinet d'arrêt de 0ᵐ,020, à double chapeau et
double raccord, compris empattements, soudures, etc.

   Vaut......................... 17,00

En cave : robinet de service d'hiver de 0ᵐ,020, à
raccords et repoussoir, compris fourniture, pose
et empattement, soudures, etc.

   Vaut......................... 12,50

    A reporter....... 448,50   381,70

	fr. c.	fr. c.
Reports.........	448,50	381,70

Fourreaux en fer de 0ᵐ,045 de diamètre, compris
fourniture, pose, percements, scellement.

Vaut.......................	5,50	

Trous, percements de murs en fondation, etc.
estimés................................... 10,00

	Total............	464,00
		464,00
	Ensemble................	845,70

TYPE Nᵒ 4

CONSTRUCTION NEUVE

Devis estimatif pour l'installation du « tout a l'égout » dans une maison de rapport composée d'un rez-de-chaussée et de quatre étages.

Savoir :

En cave : canalisation en grès vernissé premier choix,
de fabrication française, de 0ᵐ,18 de diamètre, fournie
et posée sur forts crochets à scellement en fer.

Les collets parfaitement faits et ragréés à l'intérieur.

	fr. c.
26ᵐ,00 développés à 6 fr. 93, compris pose et crochets.	180,18
2 cours de solins en ciment de Vassy, soit 52ᵐ,00 à 0 fr. 70.	36,40

8 tampons hermétiques de visite et dégorgement,
compris pose, à 12 fr. 88 l'un........................ 103,04

1 siphon à la sortie de la canalisation, compris fourniture et pose.................................... 16,90

	A reporter............	336,52

EG, Égout sous la rue. — D, Drain collecteur des eaux à évacuer. — C, Tuyau de
chute des cabinets. — P, Tuyau de descente des eaux pluviales. — E, Tuyau
d'alimentation d'eau dans la maison. — W, Pot ou cuvette de siège d'aisances.
— S, Siphon d'évier. — S, Siphon obturateur du collecteur d'évacuation. —
T, Maintien d'un ancien appareil à valve et à effet d'eau branché directement
sur la colonne montante. — U, Maintien d'un ancien appareil à valve et à effet
d'eau branché sur un réservoir muni d'un robinet à flotteur. — V, Colonne
montante alimentant les cabinets d'aisances. — A, Appareil de chasse pour laver
les cabinets. — B, Appareil de chasse placé à l'extrémité du collecteur d'évacuation pour le maintenir en bon état de propreté jusqu'à l'égout sous la rue.

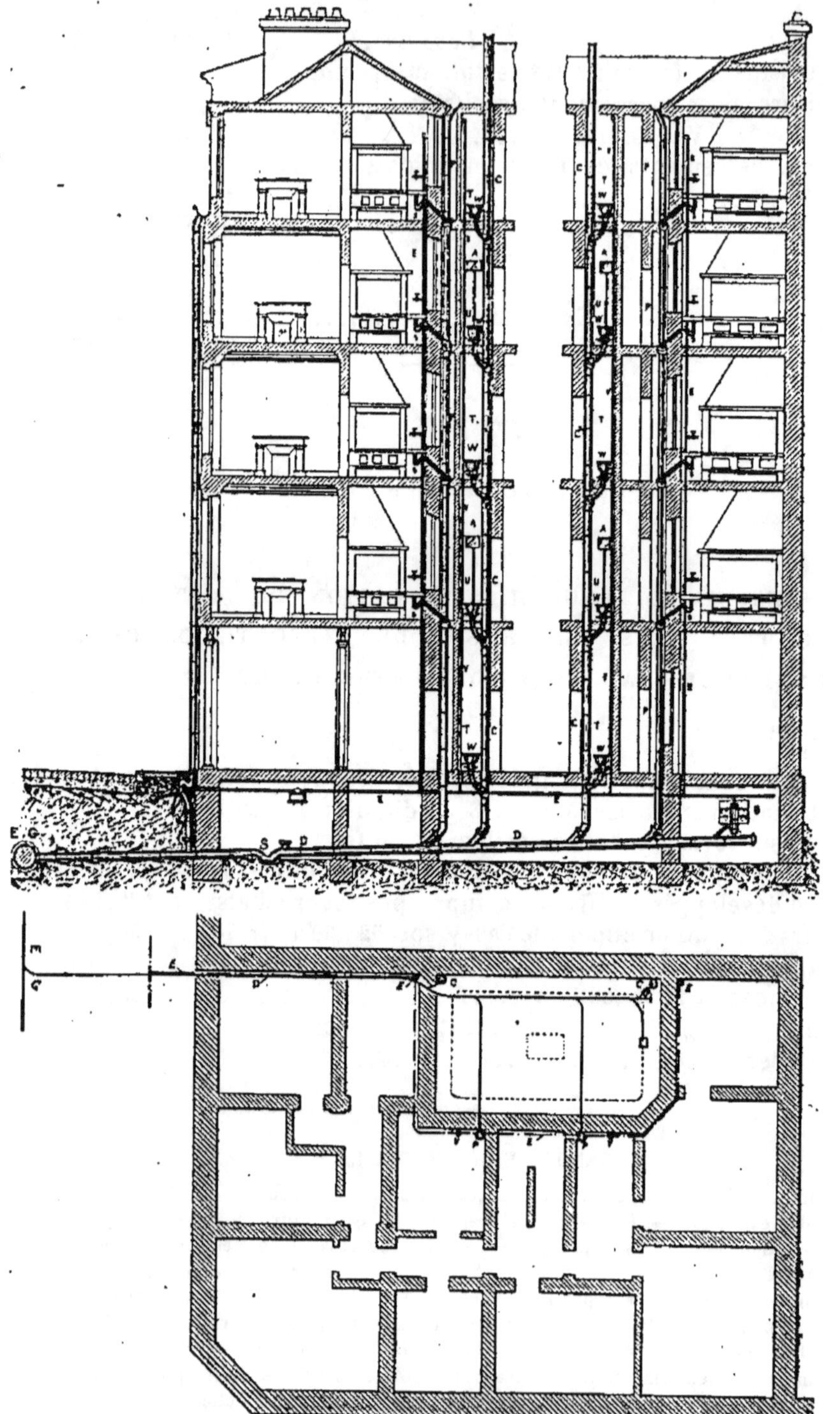

Fig. 139. — Type n° 4.

fr.   c.

Report   336,52

Dans la cour : 1 siphon-panier en fonte, fourni et posé.   35,00

Fontes de 0^m,108 et 0^m,13 de diamètre pour descentes et chutes, compris raccords, coudes, culottes, etc.

5 colonnes de 22 mètres de long ; d'un poids moyen, l'une, de 440 kilogrammes : 2.200 kilogrammes à 0 fr. 20 le kilogramme...............................   440,00

Pose des tuyaux et colliers, fourniture des derniers. 110 mètres à 1 fr. 45 le mètre..................   159,50

   971,02

Étages

Water-closet (détail d'un) : Fourniture et pose d'une cuvette en porcelaine avec siphon en fonte émaillée ; réservoir de 10 litres, robinet flotteur, chaîne de tirage, pose, ensemble (remise déduite).   fr. c.   66,00

Fourniture de la vidange en plomb de 40 millimètres en 0^m,003 d'épaisseur, pose, colliers, raccords, soudures, etc.

   Vaut...........................   13,50

Fourniture de plomb de 0,013/6 pour alimentation, compris pose, soudure, robinet d'arrêt à vis, empattement sur la colonne montante.

   Vaut...........................   13,50

Tuyau de ventilation en zinc n° 14 de 0^m,06 de diamètre, partant du siphon et se raccordant sur la colonne au moyen de coudes cintrés, percements.

   Vaut...........................   7,50

TOTAL pour un W.-C........................   100,50

Pour dix semblables....................   1.005,00

Cuisines

Dans chaque cuisine, vidange sous l'évier, fourniture d'un siphon en plomb de 0^m,050, posé, soudé, et collets en ciment, grille en cuivre de 0^m,050 soudée sur la vidange.

   Vaut ensemble................   18,85

Et pour 10 semblables............................   188,50

Trous, percements de murs en fondation, scellements et enlèvement de gravois, évalué.................   40,00

TOTAL..................   2.204,52

Installation de l'eau (Voir détail d'autre part, type n° 4).   1.141,25

ENSEMBLE..................   3.345,77

TYPE N° 4

ANCIENNE CONSTRUCTION

DEVIS ESTIMATIF POUR L'INSTALLATION DU « TOUT A L'ÉGOUT » DANS UNE MAISON DE RAPPORT COMPOSÉE D'UN REZ-DE-CHAUSSÉE ET DE QUATRE ÉTAGES

AVEC UN RÉSERVOIR UNIQUE EN TÊTE DE LA CONDUITE

Savoir :

I. — En supposant faite l'installation de l'eau

Dans la cave : canalisation en grès vernissé premier choix, de fabrication française, de $0^m,18$ de diamètre, fournie et posée sur forts crochets en fer à scellement.

Les collets parfaitement faits et ragréés à l'intérieur.

	fr. c.
$26^m,60$ développés à 6 fr. 93, compris pose et fourniture de crochets...	180,18
2 cours de solins en ciment de Vassy, soit $52^m,00$ à 0 fr. 70...	36,40
8 tampons hermétiques de visite et de dégorgement, compris pose, à 12 fr. 88 l'un.............................	103,04
Siphons au pied des descentes et à la sortie de la canalisation, compris fourniture et pose, 4 à 16 fr. 90...	67,60

En tête de la canalisation : réservoir de chasse de 80 litres.

Vaut, compris pose sur consoles en fer avec double scellement, lesdites fournies et posées, robinet d'arrêt, etc... 160,00

Dans la cour : 1 siphon-panier, fourniture et pose.
Vaut... 35,00

Trous, percements de murs en fondation et élévation, prolongement en zinc n° 14 sur le toit des chutes et descentes d'eaux ménagères.
Vaut ensemble... 100,00

TOTAL...............	682,22
A reporter...............	682,22

                                             fr.   c.
                Report................   682.22

II. — Avec l'installation de l'eau

                                             fr.   c.
Prise en charge............................. 100,00
Compteur de 0ᵐ,020, etc..................... 240,00
Plomb d'alimentation de 0,020/7 pour fourni-
ture, pose, etc., développement 105ᵐ,00 à 3 fr. 75.. 393,75
   (Réservoir de chasse, vidange, etc., même obser-
vation qu'au n° 2.)
Fourniture et pose de récipients antibélier en
cuivre, 4 à 18 fr. 00........................   72,00

Cuisines : Fourniture et pose sur la colonne d'un
branchement d'alimentation du robinet sur l'évier,
fourniture et pose dudit, compris soudure, tamponnage, etc.
   10 cuisines semblables à 16 francs l'une....... 160,00

Au pied de chaque colonne : fourniture et pose
d'un robinet d'arrêt de 0ᵐ,020, à double chapeau, etc.
   4 à 17 francs l'un..........................   68,00

En cave : robinet de service d'hiver de 0,020 à
raccords et repoussoir, compris fourniture, etc.
          Vaut...............................   12,50
Fourreaux en fer de 0ᵐ,045 de diamètre, compris
fourniture, pose, percements, scellements.
          Vaut...............................   25,00
Trous, percements de murs, etc., estimé.......   70,00
                                             ─────────
                                             1.141,25

          Ensemble.............   1.823,47

- - -

LÉGENDE DE LA FIGURE 140

A, Appareils de chasse pour laver les cabinets. — C, Tuyau de chute des cabinets.
D, Drain collecteur des eaux à évacuer. — E, Tuyau d'alimentation d'eau dans
la maison. — O, Siphon obturateur du collecteur d'évacuation. — P, Tuyau de
descente des eaux pluviales. — S, Siphon d'évier. — T, Siphon de cour. —
V, Tuyau de ventilation. — W, Cuvette de siège d'aisances.

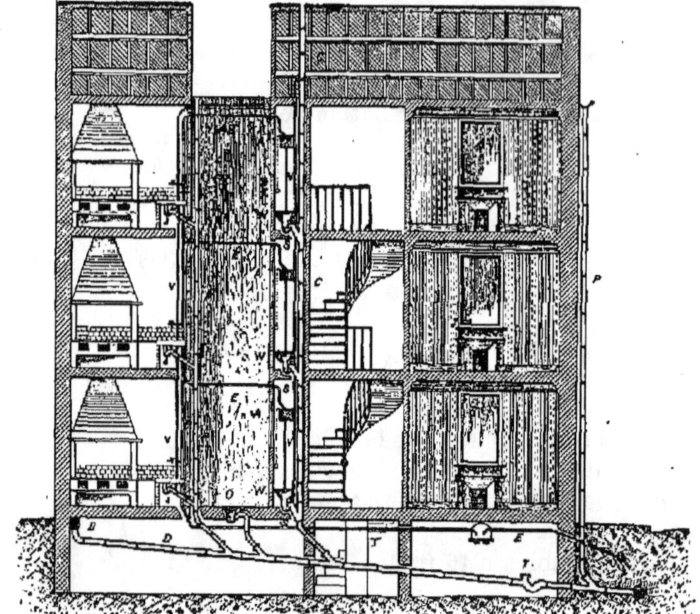

Coupe longitudinale

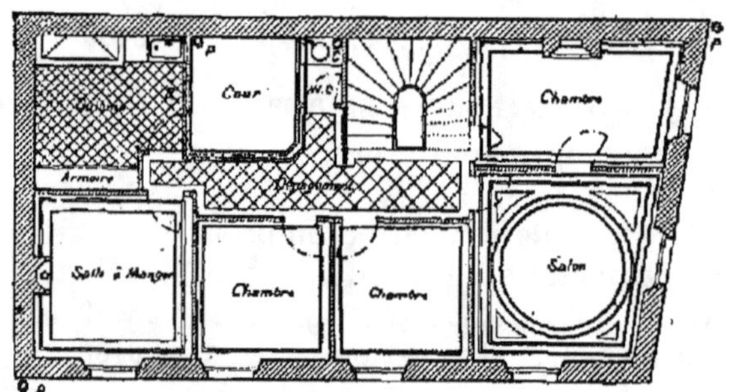

Plan des Étages

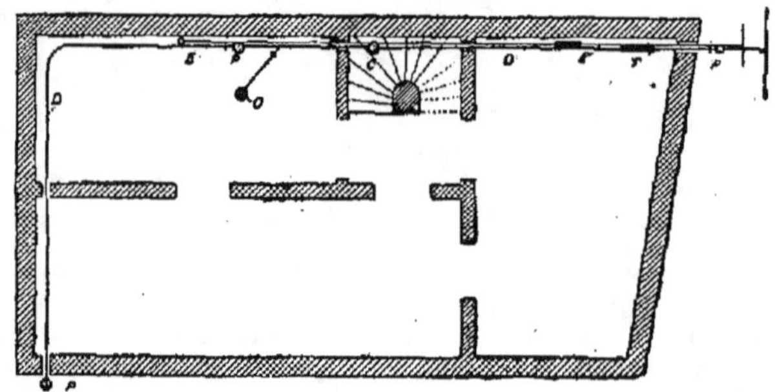

Plan des Caves

FIG. 140. — Type d'installation d'un hôtel particulier.

CHAPITRE XIII

DE L'ASSAINISSEMENT DANS CERTAINES VILLES DE FRANCE ET DE L'ÉTRANGER

Le problème de l'assainissement a été posé dans tous les pays, et, suivant les circonstances locales, on a admis des solutions diverses.

Le présent chapitre passe sommairement en revue le régime sanitaire de quelques grandes villes.

REIMS

Autrefois les eaux usées de la ville de Reims étaient jetées à la Vesle par six déversoirs. Mais la population était peu dense alors, et peu industrielle. De plus, les jardiniers curaient la rivière pour en extraire les boues qu'ils employaient comme engrais. La Vesle n'a qu'un débit peu important, de 3 à 4 mètres cubes à la seconde, descendant même à 1 mètre cube en été.

En 1847, par suite de la construction du canal de l'Aisne à la Marne, les six débouchés furent remplacés par un émissaire unique, qui déversa les eaux dans la Vesle, à Saint-Charles.

L'état sanitaire devint très mauvais.

En outre, la population avait augmenté ; des exploitations industrielles s'étaient établies dans la ville, toutes choses, évidemment, donnant un « sewage » plus chargé.

La municipalité s'inquiéta et nomma une Commission technique. Après de nombreuses études, des échanges de vues réitérés entre la municipalité et l'Administration, on décida d'appliquer la méthode de l'épuration par le sol.

A cet effet, la ville passa avec la Compagnie des Eaux-Vannes un traité ayant pour objet l'épuration par celle-ci des eaux d'égout et leur utilisation agricole.

La ville accorde à la Compagnie, pour une durée de trente-six ans, la concession d'un terrain de 180 hectares et des eaux d'égouts.

De plus, elle paie à la Compagnie 0 fr. 0045 par mètre cube traité, soit environ 70.000 francs par an.

Le champ d'épuration est divisé en trois zones : la première comprend les terrains situés à une cote d'altitude supérieure à 78,50 ; la deuxième, ceux compris entre 78,50 et 75,00 ; la troisième, ceux au-dessous de 75,00.

Les eaux sont amenées par deux aqueducs.

L'aqueduc inférieur dirige les eaux de la ville basse, qui sont refoulées vers la première zone par les machines de l'usine de Baslieux. L'aqueduc supérieur conduit, par simple gravitation, les eaux de la ville haute vers la deuxième zone. La troisième zone reçoit les eaux de trop-plein des deux aqueducs.

Voici la composition des eaux d'égout, d'après les analyses de M. Lajoux, directeur du laboratoire de l'École de Médecine.

Égout supérieur (par litre)

Matières insolubles organiques..................	0,623	
minérales....................	0,498	1,121
Matières solubles organiques..................	0,360	
minérales....................	0,652	1,012
MATIÈRES FIXES TOTALES...................		2,133
Azote ammoniacal.........................	0,050	
Azote organique et nitrique................	0,041	
Chlore...................................	0,041	

Égout inférieur

Matières insolubles organiques..................	0,172	
minérales....................	0,201	0,373
Matières solubles organiques..................	0,160	
minérales....................	0,372	0,532
MATIÈRES FIXES TOTALES...............		0,905
Azote ammoniacal.....................	0,032	
Azote organique et nitrique............	0,018	
Chlore..............................	0,054	

Ces eaux, amenées par des conduites bétonnées de 1m,20 et 0m,60, sont reçues dans des bassins où l'on enlève les corps flottants ; puis elles sont refoulées dans des conduites de béton ou de fonte. Les eaux de trop-plein sont distribuées à l'aide d'une conduite à ciel ouvert.

Le drainage des eaux épurées est assuré par des canaux à ciel ouvert qui les déversent à la Vesle.

En plus des 180 hectares concédés par la ville, la Compagnie exploite une grande quantité de terrains qu'elle a acquis, soit en tout 534 hectares, ainsi cultivés :

    267 en betteraves ;
    126 en herbages ;
    37 en froment ;
    29 en avoine ;
    41 en prés ;
    18 en pommes de terre, oseraies, sarrazin et maïs, etc.

L'exploitation est d'un excellent rendement. La Compagnie a installé sur ses terrains deux distilleries, où elle fabrique de l'alcool de betteraves ; 9 kilomètres de voie Decauville servent au roulage des produits ; trente chevaux et quarante-six bœufs sont dans les trois fermes du domaine ; enfin plus de 150 ouvriers sont employés aux travaux divers de l'exploitation.

Au point de vue sanitaire, les travaux d'assainissement ont, comme toujours, abaissé le chiffre de la mortalité.

Outre les travaux destinés à épurer les eaux d'égout, la ville de Reims a organisé un service public d'alimentation d'eau. Le projet fut dressé par MM. les ingénieurs Lamandière et Bechmann. Les eaux proviennent de la nappe dite du « Chemin des Bains », qui vient de la montagne de Reims à la forêt d'Épernay.

Actuellement la quantité d'eau fournie est de 130 litres par habitant, et l'on espère élever ce chiffre.

MARSEILLE

L'insalubrité de la ville de Marseille était presque légendaire autrefois. Avant 1891, époque où furent entrepris les grands travaux d'assainissement, la situation était telle : Sur 32.653 maisons, 5.000 avaient des tinettes filtrantes, 4.000 des puisards, 10.000 des tinettes sèches, 13.600 étaient dépourvues de toute espèce d'appareil. Beaucoup de maisons n'avaient pas même de cabinets d'aisances, et le jet direct à la rue était pour celles-là le seul moyen d'évacuation.

Les relations maritimes de Marseille avec l'Extrême-Orient rendent fatales les épidémies de maladies infectieuses. On comprend que, dans de telles conditions hygiéniques, ces épidémies devaient être meurtrières. Un projet d'assainissement fut dressé par M. Cartier, agent voyer en chef du département ; il comportait la cons-

truction d'un réseau d'égouts et l'application du « tout à l'égout »
(*fig.* 141).

Le grand collecteur a une longueur de 11.867 mètres ; sa pente
varie de 0^m,30 à 0^m,50 par kilomètre. La vitesse d'écoulement est
de 1 mètre par seconde.

Toutes les voies sont canalisées. Le réseau d'égouts secondaire
a une longueur totale de 182.600 mètres.

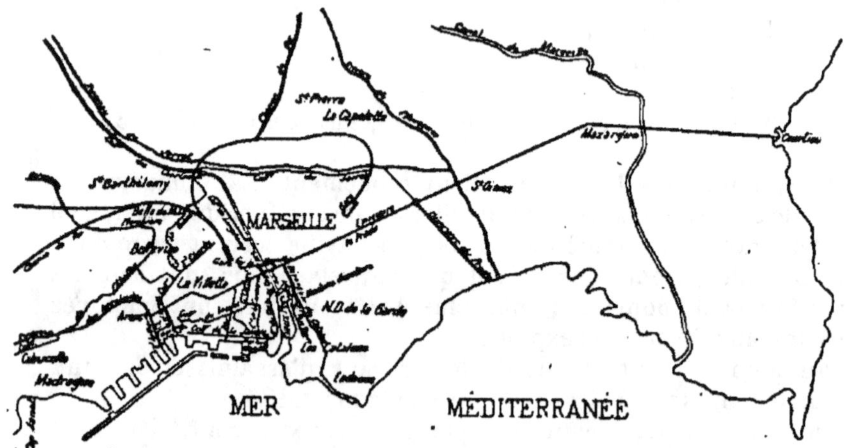

Fig. 141. — Plan général des travaux d'assainissement de Marseille.

Les eaux des égouts de la ville basse, ne pouvant s'écouler à
l'émissaire, sont relevées par trois machines élévatoires.

Les égouts secondaires sont en maçonnerie ou en poterie.

780 réservoirs de chasse automatiques sont installés pour assurer
le curage des égouts et canalisations. Des bateaux-vannes sont
employés dans les égouts dont la pente est insuffisante.

Des déversoirs à la mer assurent l'écoulement des grosses eaux
d'orage. Ils sont disposés de façon que les premières eaux, celles
qui ont lavé les toits et les rues, s'écoulent dans l'émissaire.

L'entreprise de ces travaux fut concédée à M. Genis, moyennant
un forfait de 33.500.000 francs, payables ainsi :

10.000.000 dans les six mois de la réception définitive des travaux, et le reste en 50 annuités de 1.224.350 francs.

Les travaux d'assainissement de Marseille furent déclarés d'utilité publique par la loi du 21 juillet 1891.

NANCY

La ville de Nancy, située sur la rive gauche de la Meurthe et sur
le canal de la Marne au Rhin, a une superficie de 1.400 hectares.

Sa population, qui a doublé depuis 1871, est aujourd'hui de 96.000 habitants.

La distribution d'eau est faite par une canalisation de 90 kilomètres, fournissant une moyenne journalière de 300 litres par habitant. Cette canalisation alimente 200 bornes-fontaines, 430 bouches d'arrosage et d'incendie, 7 fontaines monumentales.

Les ordures ménagères sont déposées, chaque matin, sur la voie publique et enlevées par des cultivateurs concessionnaires.

L'envoi à l'égout des matières de vidange est facultatif.

Avant 1853, les eaux d'égout étaient déversées à la Meurthe dans l'intérieur de la ville. Depuis, et surtout depuis 1873, le réseau d'égout fut amélioré et étendu. Un collecteur conduit les eaux hors de la ville.

Les nouveaux égouts sont visitables ; leur section est ovoïde : leur pente varie de 0,00075 à 0,01. Les bouches retiennent les détritus et sont munies d'un coupe-air. Les regards de visite sont recouverts d'un tampon plein ; la ventilation n'est donc pas assurée.

Dans les égouts à faible pente on assure le curage par des chasses d'eau de rivière.

A la suite de ces améliorations, la mortalité s'est abaissée de 30 pour 1.000 à 26 pour 1.000 habitants.

LONDRES

Le système d'évacuation employé à Londres est, en somme, le « tout à la mer ». Il n'est évidemment applicable que dans certaines circonstances toutes spéciales. La ville de Londres est située sur la Tamise dont les eaux ne sont pas potables à cet endroit. L'inconvénient d'y écouler des matières n'est donc pas le même que dans d'autres villes.

Les matières étaient autrefois déversées dans les petits cours d'eau traversant Londres, qui les conduisaient ainsi à la Tamise. Puis ces cours d'eau furent couverts (comme la Bièvre, à Paris) et devinrent ainsi de véritables collecteurs; mais un lit de vase se forma, naturellement, dans la Tamise, et, à marée basse, infectait la ville.

Pour remédier à cela, on construisit de nouveaux collecteurs qui conduisent aujourd'hui les eaux de Londres à 22 kilomètres en aval de la ville, où elles se déversent alors dans la Tamise. Ces importants travaux (main-drainage) furent exécutés de 1858 à 1865, sous la direction de sir S.-W. Bazalgette.

Renseignements statistiques. — Londres a, pour une superficie de 31.363 hectares, une population de 4.433.000 habitants.

La mortalité est de 18,5 pour 1.000.

Hauteur d'eau annuelle : 630 millimètres.

Nombre de maisons : 823.900.

Il faut remarquer que presque chaque famille a son habitation particulière.

Alimentation d'eau. — L'alimentation d'eau est assurée par huit Compagnies particulières. Les eaux distribuées proviennent de la Tamise, de la Lee, des puits du Comté de Kent, et, pour une petite quantité, des étangs de Hamstead et Higligate.

La consommation journalière moyenne est de 175 litres par habitant, dont 140 pour les usages personnels et 35 pour les divers services publics.

Service de voirie. — **Nettoiement.** — Il n'existe pas à Londres de service municipal d'assainissement. Le « main-drainage », ou réseau des collecteurs, est seul sous la direction du « London County Council » (Conseil de Comté de Londres). L'entretien des égouts secondaires et des voies publiques incombe au « District Board » (Conseil de District) et aux « vestries » (paroisses). Les projets doivent, toutefois, être soumis à l'ingénieur du Conseil de Comté.

Le nettoiement de la voie, l'enlèvement des ordures ménagères et des boues s'opèrent donc de façon variable. Néanmoins certaines dispositions sont en usage dans toute la ville. Le crottin des chevaux est ramassé et mis dans des boites en fonte, disposées à cet effet le long des trottoirs. Les regards de visite sur égouts sont sous trottoir. Les bouches, ou « gullies », sont disposées de façon à recueillir les détritus.

Égouts. — Les sections et les pentes des égouts ont été calculées de manière à assurer, en tous cas, une vitesse minimum de $0^m,67$ par seconde. Les plus faibles pentes sont de $0^m,38$ par kilomètre. Les égouts ont tous une section circulaire ou ovoïde.

Chaque rive possède un réseau indépendant.

Réseau du Nord (rive gauche). — Trois collecteurs sont établis sur la rive gauche : les collecteurs de haut, de moyen et de bas niveau.

Les deux premiers écoulent leurs eaux par simple gravitation. Le collecteur haut, après un parcours de 11.260 mètres avec une pente minimum de $0^m,75$ par kilomètre, rejoint à Old-Fort le collecteur moyen. Ce dernier, d'une longueur de 15.300 mètres, a une pente variant de $3^m,30$ à $0^m,38$ par kilomètre.

Le collecteur bas a une pente de $0^m,56$ à $0^m,38$ par kilomètre. Il se compose de deux tronçons. Les eaux du premier sont relevées de $5^m,48$ par l'usine de Pimlico. Puis le collecteur rejoint les deux premiers à Abbey-Mills, où ses eaux sont relevées, cette fois, de

11 mètres. A partir de ce point, les trois collecteurs se dirigent parallèlement, sur un parcours de 8.800 mètres, jusqu'à leur débouché dans la Tamise, à Barking.

Réseau du Sud (rive droite). — Le « main-drainage » du Sud comprend des collecteurs également de niveaux différents.

Le collecteur de haut niveau a un parcours de 16.200 mètres et une pente minimum de $0^m,44$ par kilomètre. Il reçoit un embranchement important, l'ancien égout d'Effra, d'une longueur de 7.240 mètres.

Il est rejoint par le collecteur bas (longueur, 16.100 mètres) (pente de $0^m,75$ à $0^m,38$ par kilomètre) à Deptford, où les eaux de ce dernier sont relevées de $5^m,50$. A ce point, les deux collecteurs se réunissent en une galerie unique. Cette galerie, d'une longueur de 12.500 mètres et d'une pente de $0^m,38$ par kilomètre, a une section circulaire de $3^m,51$ de diamètre. Elle conduit les eaux jusqu'à Crossness, où elles sont encore relevées de $6^m,40$ et déversées au fleuve.

TABLEAU DES USINES

	RÉSEAU NORD		RÉSEAU SUD		ENSEMBLE
	Pimlico	Abbey-Mills	Deptfort	Crossness	
Machines à balancier actionnant chacune 2 pompes à simple effet..	4	8	4	4	20
Puissance de chaque machine...	90^{ch}	140	125	125	»
Machines auxiliaires horizontales.	1	2	»	2	5
Puissance de chaque machine auxiliaire.................	120^{ch}	120	»	300	»
Puissance totale de l'usine......	480^{ch}	1.360	500	1.100	3.440
Débit maximum par jour........	245.000^{mc}	776.000	350.000	695.000	2.066.000
Volume moyen élevé par jour en 1896...................	121.175^{mc}	328.000	237.000	364.000	1.050.175
Hauteur d'élévation...........	5,48	11^m	5,50	6,40	»

Déversoirs. — De nombreux déversoirs permettent, en cas d'orage, d'écouler les eaux à la Tamise ou à la Lee. On a employé, comme galeries de décharge, d'anciens égouts, dont quelques-uns débouchent au-dessous du niveau de la rivière à marée haute. On a dû, pour assurer l'écoulement des eaux en tout temps, établir auprès de ces débouchés des machines élévatoires Ces machines sont actuellement au nombre de cinq.

Épuration des eaux. — Le sewage était primitivement projeté à la Tamise sans traitement préalable ; c'était, on le devine, une cause d'infection. En 1884, on étudia divers procédés de décantation et d'épuration chimique.

Les eaux sont aujourd'hui traitées au moment de leur arrivée aux usines de Barking et de Crossness. Elles traversent d'abord une chambre grillée où sont interceptés les corps flottants, qui sont recueillis et brûlés.

Elles reçoivent ensuite de la chaux en solution (eau de chaux) et sont dirigées vers un hangar, où elles sont additionnées de sulfate de fer. Puis elles coulent lentement dans une série de treize réservoirs de décantation, d'une surface totale de 40.000 mètres carrés et de 2^m,40 de profondeur.

Les eaux clarifiées sont retenues dans de vastes bassins, où elles séjournent jusqu'à l'heure de la marée basse.

Les boues, après attente dans des cuves d'égouttement, sont chargées sur des bateaux et déversées à Barrowdeep, à l'entrée de la mer du Nord.

EAUX TRAITÉES EN 1895

	BARKING	CROSSNESS
Quantité d'eau traitée par jour	567.240^{mc}	364.600^{mc}
Quantité de boues	3.885^t	2.085^t

On voit que les procédés employés à Londres ne sont applicables que dans le cas tout spécial de cette ville. Et encore le résultat obtenu n'est-il pas très satisfaisant; car, depuis 1892, on a expérimenté divers systèmes de filtrage mécanique.

On a mis en usage à Barking un filtre composé d'une épaisseur de coke de 0^m,91, recouverte d'une couche de gravier de 0^m,08. Les eaux doivent être préalablement débarrassées des matières solides et additionnées d'eau de chaux.

BERLIN

Alimentation d'eau. — L'eau est fournie à Berlin par les lacs de Tegel et de Gross-Muggel. Le service d'exploitation est municipal.

La quantité d'eau moyenne consommée par jour et par habitant est de 67 litres, variant de 100 litres, en août, à 46 litres en décembre; mais il faut ajouter à ces quantités l'eau fournie par un grand nombre de puits.

Nettoiement. — Le nettoiement des voies publiques est organisé beaucoup moins luxueusement qu'à Paris. Les grandes voies seules sont balayées quotidiennement, les autres ne le sont qu'une, deux ou trois fois par semaine.

L'arrosage est fait au tonneau, seulement six mois par an.

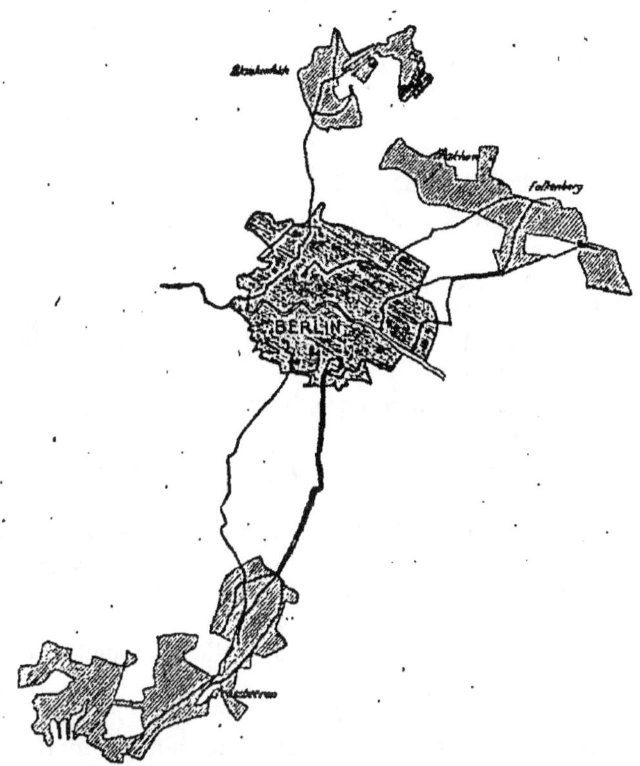

Fig. 142. — Plan général de l'Assainissement de la ville de Berlin.

Les produits de balayage sont enlevés par des entrepreneurs, à raison de 4 fr. 38 par tombereau de 2 mètres cubes. Chaque année, 200.000 mètres cubes sont ainsi enlevés.

Ordures ménagères. — Les ordures sont transportées par des entrepreneurs, aux frais des propriétaires. Les produits ne sont pas utilisés ; on les étend sur des terrains à remblayer.

Eaux industrielles. — Les eaux industrielles doivent être épurées avant leur évacuation. Elles ne peuvent contenir, à la suite de cette opération, plus de 1/1000 d'alcalis, acides ou sels. Encore ne sont-elles pas admises dans les canalisations publiques, à moins d'une autorisation spéciale.

La ville de Berlin n'a pas, comme Paris, développé progressivement son réseau d'égouts. Il a été construit depuis 1874, suivant un plan unique.

En raison de la configuration du sol, qui ne présente pas de relief important, la méthode adoptée pour le tracé des artères d'évacuation diffère de celle qui fut employée à Paris. On employa le « système radial ».

La ville est divisée en douze grands bassins ou systèmes radiaux, subdivisés en bassins secondaires desservis par des collecteurs.

Chaque système comprend une usine élévatoire où aboutissent tous les collecteurs, dont les eaux sont refoulées vers les champs d'épuration (*fig*. 142).

Égouts. — Les égouts sont de deux sortes : tuyaux en poterie et galeries maçonnées.

Les égouts en maçonnerie sont de forme ovoïde ; leur hauteur varie de 1^m,20 à 2 mètres par gradation de 0^m,10 ; la largeur aux naissances est égale aux 2/3 de la hauteur ; le rayon du radier est la moitié de celui de la voûte.

Ils sont construits en maçonnerie de brique et mortier de ciment, de 0^m,25 d'épaisseur.

Ces égouts n'entrent que pour 1/4 environ dans la longueur totale du réseau.

Les canalisations sont en poterie vernissée, de 0^m,24 à 0^m,48 de diamètre ; les calibres varient de 3 en 3 centimètres. Le tracé des canalisations est toujours composé de segments rectilignes, ce qui en facilite le curage ou le dégorgement.

La plupart des voies sont pourvues d'une canalisation sous chaque trottoir.

BRANCHEMENTS. — Les branchements desservant les maisons sont en poterie de 0^m,16, et en fonte dans la traversée des maçonneries.

BOUCHES. — Les bouches, ou gullies (*fig*. 143), sont en maçonnerie de briques. Elles sont disposées le long des trottoirs et recouvertes d'une grille. Les immondices s'accumulent au fond, tandis que les eaux s'échappent par un tuyau débouchant à une certaine hauteur au-dessus du radier et devant lequel est disposée, à une distance de 0^m,06, une plaque de tôle qui empêche l'introduction des corps flottants. Les matières déposées sont extraites à la main.

REGARDS. — Des regards de visite sont placés tous les 70 mètres environ et aux changements de direction des canalisations. Ils sont recouverts par une plaque en fonte percée de trous, qui permet l'entrée ou la sortie de l'air.

DÉVERSOIRS. — Des canaux de décharge sont établis en prévision des pluies d'orage. Le seuil de ces canaux est au niveau du sommet des conduites et de la naissance des égouts maçonnés. Des vannes, disposées à cet effet, permettent, en cas de crue du fleuve, d'empêcher le reflux dans les égouts.

USINES ÉLÉVATOIRES. — Ces usines sont au nombre de douze.

Le projet prévoyait un débit maximum de 22.730 litres par hectare et par seconde, soit 1.545 litres pour les eaux ménagères et 21.185 litres pour les eaux de pluie.

Les machines employées sont horizontales ; leur puissance varie

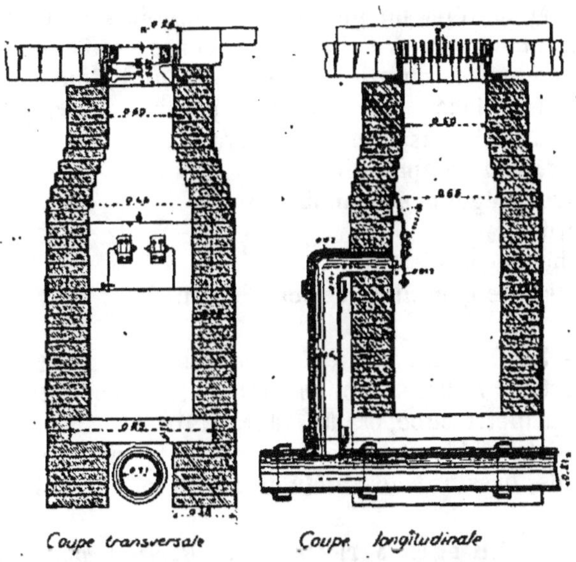

Fig. 143. — Gullie ou bouche d'égout.

de 112 à 228 chevaux ; la puissance maximum totale des douze usines atteint 5.900 chevaux, ce qui assure un débit de 8.500 litres à la seconde.

Les collecteurs de bassins secondaires se réunissent, avant l'arrivée à l'usine, en un canal principal qui aboutit à un bassin à sable circulaire de 12 mètres de diamètre, divisé par une grille verticale. Cette grille, dont les barreaux, de 0ᵐ,024, sont espacés de 0ᵐ,015, arrête les matières flottantes ; les sables se déposent dans le bassin et les eaux s'écoulent dans les conduites d'aspiration, puis sont refoulées dans des conduites en fonte de 0ᵐ,75 et de 1 mètre. Un canal de décharge permet d'envoyer au fleuve, le cas échéant, le trop-plein des eaux d'orage.

EXPLOITATION. — A la tête du service de l'entretien et de l'exploilation, est un directeur, assisté par des inspecteurs qui dirigent chacun deux systèmes radiaux. Le personnel ouvrier comprend, dans chaque usine et suivant l'importance de celle-ci, un chef mécanicien, 3 à 7 conducteurs de machines, 2 à 4 chauffeurs, des manœuvres. Des ouvriers, sous la direction de surveillants, sont chargés de l'entretien du réseau.

Curage. — Le curage des galeries est effectué au moyen d'un appareil assez simple, composé essentiellement d'une planche épousant la forme de l'égout et roulant sur des galets.

L'eau de la galerie s'amasse derrière le panneau formant barrage et lui sert de propulseur.

Pour les canalisations en poterie on emploie soit un écouvillon que l'on manœuvre à l'aide d'une corde, soit un appareil automatique composé d'un cylindre horizontal dont la partie inférieure est remplacée par des galets pesants. Cet appareil est mû par le courant et chasse le sable devant lui.

En 1895, le réseau comprenait :

775 kilomètres d'égouts et canalisations ;

11.000 regards ;

14.300 bouches ou gullies ;

110 kilomètres de conduites de refoulement.

Dépense. — La dépense pour l'année 1894-1895 s'est élevée à 1.004.774^{mk},34 (1.259.342fr. 93), pour un débit total de 66.313.483 mètres cubes, soit, par mètre cube, 0^{mk},015 (0 fr. 019).

La quantité de sable extraite, durant la même période, des égouts, regards, bassins, etc., a été de 12.583 mètres cubes.

Épuration. — Utilisation agricole. — *A Berlin, comme partout ailleurs, dit M. Durand-Claye, l'épuration par le sol et par les irrigations n'a pas été admise sans de nombreuses études et discussions préparatoires. Un grand nombre de réactifs chimiques furent chèrement expérimentés, entre autres le réactif Süvern (chaux, goudron, chlorure de magnésium) et le réactif Lenk (chaux, oxyde de fer, sulfate d'alumine). Tous ces essais conduisirent aux résultats obtenus partout par ce genre de traitement des eaux d'égout : clarification, mais non épuration des eaux ; cherté et difficulté du procédé. On expérimenta alors l'épuration par le sol dans un petit champ de 32^{a},72 situé à la porte de Berlin, dans la Krensberg-Strasse, le long du chemin de fer d'Anhalt. Les essais durèrent dix-neuf mois onze jours, de juillet 1870 à mars 1872. 231.618 mètres cubes furent versés pendant ce temps sur le sol, hiver comme été, à la dose totale de 62.212 mètres cubes à l'hectare, soit par an de 39.300 mètres cubes. Des récoltes abondantes d'herbes furent obtenues et les eaux filtrées se montrèrent constamment absolument pures.*

Depuis, le domaine municipal a pris une extension considérable. Il se compose de deux groupes : l'un, au nord de la ville, comprend trois districts : Falkenberg, Malchow et Blankenfelde, d'une superficie totale de 4.202ʰᵃ,38 ; le second comprend deux districts, Osdorf et Grossbeeren, d'une superficie de 5.057ʰᵃ,08. 4.990ʰᵃ,41, soit environ 55 0/0 de ces terrains, sont aménagés pour l'irrigation.

Le sol est beaucoup moins perméable que celui des environs de Paris. La couche filtrante n'atteint guère plus de 1ᵐ,50 et, en certains endroits, n'a que 1 mètre de hauteur.

Les eaux envoyées en 1894 se répartissent ainsi :

Osdorf..............	10.722.484,	soit	12.075	par hectare aménagé
Grossbeeren	21.510.736	»	14.023	»
Falkenberg	12.339.099	»	11.608	»
Malchow..........	13.746.798	»	13.530	»
Blankenfeld.......	7.994.337	»	14.276	»
	66.313.454	»	13.102	»

Distribution. — Les eaux sont envoyées, dans des conduites en fonte, au point haut du district à irriguer. De là, elles sont dirigées dans des conduites en poterie, ou simplement dans des fossés de

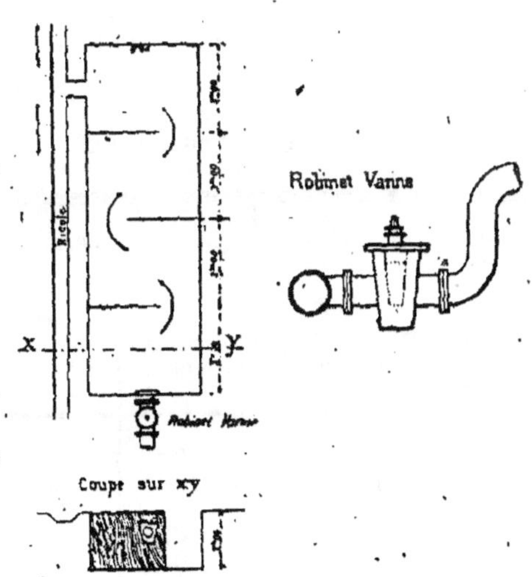

Fig. 144. — Bassin de dépôt.

0ᵐ,50 de profondeur, vers la partie haute des terrains. Ces artères aboutissent à un robinet-vanne qui déverse dans un bassin (*fig.* 144) où s'alimentent les rigoles.

Les terres sont disposées de trois façons :

1° Les planches pour cultures courantes, partagées en raies et billons: l'eau n'arrose que les racines ;

2° Les prairies, arrosées par ruissellement, durant trois ou quatre heures par jour ;

3° Les bassins de colmatage, destinés aux irrigations d'hiver. Ces bassins tendent à disparaître, car on a reconnu que l'épandage s'opère parfaitement en toute saison, et même par les temps de gelée.

Produits de culture. — Les produits des terrains irrigués ont varié dans les proportions suivantes :

	A l'hectare
Seigle	de 1.300 à 2.850 kilogr.
Avoine	860 à 1.380 »
Orge	1.020 à 3.300 »
Blé d'hiver............	1.300 à 2.400 »
Blé d'été.............	1.100 à 2.100 »
Pommes de terre.......	10.000 à 17.600 »
Betteraves............	30.000 à 59.200 »
Carottes..............	19.700 à 50.800 »

Les prairies ont donné généralement, en six coupes, de 39.000 à 72.600 kilogrammes.

Le drainage est assuré par un réseau de tuyaux en terre de $0^m,07$, posés à une profondeur moyenne de $1^m,50$, écartés de 8 mètres et dont les eaux sont recueillies par des drains d'un diamètre supérieur, qui les déversent dans des fossés.

COMPOSITION DES EAUX DE DRAINAGE

100.000 PARTIES contiennent	EAU D'ÉGOUT prise au robinet-vanne de distribution	EAU DE DRAINAGE		
		des planches de culture	des prairies	d'un bassin
Résidu sec..............	65	70	80	115
Perte au rouge..........	18	10	10	22
Résidu au rouge........	47	60	70	93
Ammoniaque...........	6,5	0,10	0,3	1,7
Acide nitreux...........	»	0,14	1	1.35
Acide nitrique	»	14	12	1,60
Acide phosphorique.....	2	»	0,1	0,14
Acide sulfurique........	2,6	4	»	»
Chlore.................	13	15	17	32
Potasse................	4	2	»	»
Soude.................	12	16	»	»
Bactéries (par cent. cube).	100.000.000	23.400	50.000	60.000

Comparaison. — On voit, en somme, que Berlin peut être pris comme type de ville canalisée en vue de l'évacuation directe de toutes les matières usées, y compris les produits de vidange.

Son réseau, spécialement créé dans ce but, a cependant un défaut : l'insuffisance du calibre de ses artères, qui ne permet pas d'évacuer les eaux de pluie, et multiplie ainsi les déversements dans la Sprée. Or les eaux de pluie doivent être d'autant plus chargées qu'en temps ordinaire les voies berlinoises ne sont guère lavées ni balayées.

Le tableau ci-dessous donne quelques éléments statistiques relatifs à Berlin.

	BERLIN
Superficie totale	6.337^h
Surface bâtie	2.089^h
Voies publiques	1.350^h
Nombre de maisons	23.857
Nombre d'habitants	1.660.000
Longueur du réseau d'égouts	755^k
Nombre de regards	11.000
Nombre de bouches	14.300
Quantité d'eau débitée par les égouts (moyenne journalière)	181.683
Quantité de sable extraite annuellement	12.583^{m3}
Surface irriguée	4.990^h
Quantité d'eau envoyée annuellement par hectare aménagé	13.103
Hauteur d'eau pluviométrique annuelle	580^{m}/$_m$
Mortalité pour 10.000 habitants	202

DANTZIG

La ville de Dantzig est située sur deux rivières, la Mottlau et la Radaune, dont le courant est très faible.

La situation sanitaire était autrefois déplorable. Nul système rationnel d'évacuation n'était employé. Les ordures étaient, la plupart du temps, jetées simplement sur la voie publique, et les rares égouts déversaient leurs eaux directement dans la Mottlau ou la Radaune. L'eau potable, fournie généralement par des conduites de bois amenant l'eau de la Radaune, était insuffisante. Aussi la mortalité atteignait-elle, dans cette ville insalubre, une proportion très forte, jusqu'à 48 pour 1.000, et 55 pour 1.000 dans certains quartiers.

Alimentation d'eau. — Les travaux d'assainissement commencèrent par l'adduction d'eaux de source. Une conduite de 0^m,428 les amène à un réservoir, d'où elles sont distribuées abondamment dans toute la ville. La consommation journalière varie de 120 à 160 litres par habitant. D'autres sources furent captées par la suite, et leurs eaux amenées à Dantzig.

Égouts. — Les collecteurs sont, comme à Berlin, de forme ovoïde, ayant leur hauteur égale à une fois et demie leur largeur. Les sections sont réduites : 1^m,41, 1^m,25, 0^m,94 de hauteur sous clef. La pente varie de 0^m,41 à 0^m,66 par kilomètre.

Ils passent en siphon sous la Mottlau et débouchent à l'usine élévatoire située dans l'île de Kaempe.

Les égouts secondaires sont en poterie, de 0^m,235 à 0^m,52 de diamètre. Leur pente varie de 0^m,01 à 0^m,0017.

Les branchements particuliers sont en poterie, et munis d'un siphon. Ils sont obligatoires.

Curage. — Le curage est assuré par des chasses opérées à l'aide de vannes, que l'on manœuvre dans les regards de visite situés aux carrefours. Des conduites spéciales permettent d'amener à l'égout, pour ces chasses, des eaux de la Radaune.

Des déversoirs à vannes écoulent à la Mottlau les grosses eaux d'orage.

Utilisation des eaux. — A leur arrivée à l'usine de l'île de Kaempe, les eaux d'égout traversent un appareil « extracteur », qui sépare mécaniquement les grosses matières flottantes et suspendues des vases et des eaux. Celles-ci sont ensuite refoulées dans une conduite métallique, vers les champs d'épuration. En 1869, la ville de Dantzig passa, avec un Anglais, M. Aird, un contrat par lequel elle lui accordait pour trente ans la concession des eaux d'égouts et d'un terrain de 500 hectares. Il avait à sa charge l'entretien de l'usine et des égouts.

Ces travaux d'assainissement eurent pour résultat d'abaisser considérablement la mortalité.

De plus, des terrains, sans valeur agricole jusqu'à cette époque, devinrent d'un excellent rendement, et M. Aird loua jusqu'à 365 francs l'hectare des terres autrefois dédaignées.

BRESLAU

La ville de Breslau se trouvait dans le même état que Dantzig, lorsque la municipalité résolut de l'assainir. Les premiers travaux eurent pour but de donner à la ville l'eau qui lui manquait.

Puis des égouts furent construits.

Les collecteurs ont des sections variant de 2^m,80 de hauteur sur 1^m,80 d'ouverture à 2^m,15 sur 1^m,44. Les radiers sont en granit ; les piédroits et la voûte, en maçonnerie de briques.

Les égouts secondaires sont en poterie de 0^m,45 de diamètre, ou en briques, avec une section de 0,85 à 1 mètre de hauteur.

Les eaux d'égout sont conduites à une usine élévatoire. Mais auparavant elles traversent un bassin à sable semblable à ceux de Berlin. Puis elles sont dirigées sur les champs d'épandage.

Comme à Dantzig, la concession de l'utilisation agricole fut accordée à M. Aird, pour une période de dix années, après lesquelles le tout devait être remis en bon état à la municipalité.

FRANCFORT

La ville de Francfort-sur-Mein a été assainie, comme les villes allemandes précédemment étudiées, par l'application du « tout à l'égout ». Les mêmes principes ont été adoptés. Les eaux d'égout sont réunies et conduites par un collecteur au Mein, à 3 kilomètres de la ville.

Les égouts sont en maçonnerie de briques ou en poterie. Leur pente est au moins de 0^m,001. La ventilation est assurée par les bouches et par deux tours de ventilation placées en amont du réseau.

Des déversoirs au Mein assurent l'écoulement en temps d'orage.

Le curage s'effectue au moyen de vannes et de barrages dans les parties hautes, au moyen de réservoirs alimentés par l'eau de pluie ou de distribution.

Ces grands travaux ont eu pour résultat, comme dans les villes citées, l'abaissement de la mortalité.

AMSTERDAM

De même que Londres, la ville d'Amsterdam se trouve dans une situation topographique très spéciale, qui ne permet pas d'appliquer à son assainissement les procédés ordinaires.

On sait que cette cité est sillonnée de canaux, et construite presque entièrement sur pilotis. Elle peut se diviser en trois parties : la vieille ville, les quartiers neufs et les canaux. Le chiffre de la population totale s'élève à 456.000. La mortalité est de 19,2 pour 1.000.

Alimentation d'eau. — L'eau est fournie par la rivière la Vecht, d'une part, et recueillie dans les dunes pour une autre partie.

La consommation journalière moyenne est de 91 litres par habitant.

Ordures et boues. — Les eaux de pluie et de lavage sont écoulées aux canaux. Les matières solides, les boues et les ordures ménagères sont transportées aux dépôts spéciaux; là elles sont triées, lavées et classées par espèces. Les produits utilisables sont vendus, et le reste est incinéré.

Il a été ainsi recueilli en six mois :

283.000 kilog.	de papier vendu 1 fr. 75 les 100 kilog.		
37.800 »	tapis vendu...	5,90 et 6,55 les 100 kilog.	
19.250 »	torchons......	13,85	»
12.200 »	linge	22,50	»
3.960 »	étoffes........	42,30	»
194.775 »	verre cassé...	1,70 à 3,40	»
16.000 »	os.............	10,40	»

En 1895, 127.199 mètres cubes de résidus ont été ainsi traités, rapportant, tous frais déduits, 42.175 francs.

Évacuation des matières usées. — Vieille ville. — Dans cette partie d'Amsterdam, toutes les matières sont envoyées aux canaux. On comprend que cette pratique a pour résultat l'infection de ces canaux, d'autant plus que le cours en est peu rapide. On a remédié à cela en partie, en y envoyant de l'eau de mer, à l'aide d'une machine élévatoire. Mais c'est insuffisant encore, et l'on peut penser que des modifications seront bientôt apportées à cet état de choses.

L'entretien des canaux comporte un service permanent de dragage et de repêchage des objets flottants.

Ville nouvelle. — La ville nouvelle est pourvue du système de vidange Liernur; les conduites collectrices, qui n'admettent absolument que les matières de vidange, sont au nombre de 162 et ont une longueur totale de 28.300 mètres.

Les eaux ménagères, de pluie et de lavage, s'écoulent aux canaux.

Utilisation des produits de vidange. — Lorsque les eaux arrivent à l'usine, elles traversent d'abord une série de bassins dans lesquels se dépose une boue épaisse qui est vendue comme engrais.

Les eaux sont ensuite mélangées avec 1 0/0 de lait de chaux, qui produit la précipitation d'une nouvelle boue. Le liquide clair qui s'écoule est alors conduit dans des appareils distillateurs. L'ammoniaque qui se dégage est dirigée dans des récipients remplis d'acide sulfurique dilué : il se forme du sulfate d'ammoniaque qui se cristallise par sursaturation du liquide.

Le sel est égoutté et recueilli, et les eaux résiduaires s'écoulent au canal. Voici quelques résultats obtenus, ces dernières années, par ce mode de traitement chimique.

	1892	1893	1894	1895
Volume de vidange traité......	49.908^{m3}	72.986	86.738	89.877
Acide sulfurique employé......	283.104^k	449.529	523.911	544.926
Chaux................	458.400	742.940	842.360	844.800
Combustible...............	1.214.670	1.171.600	1.366.689	1.375.882
Sulfate d'ammoniaque produit..	305.500^k	494.450	601.200	610.610

LA HAYE

La situation de La Haye est assez semblable à celle d'Amsterdam, qui a été indiquée précédemment.

Jusqu'en 1894, les écoulements étaient faits directement aux canaux. A cette époque, divers projets d'assainissement furent étudiés, et l'on s'arrêta à l'application du « tout à l'égout ».

Un réseau d'égouts fut construit dans ce but. Les matières sont conduites, par un collecteur, dans un vaste bassin, au bord de la mer, puis déversées à la marée basse. Il a fallu donner une certaine longueur à ce collecteur pour ne point souiller les eaux de la plage de Scheveningue.

Les égouts sont de petite section et de forme ovoïde. Ils sont construits en béton de ciment.

Les bouches sont à fermeture hydraulique, et munies, comme dans les villes déjà étudiées, de puisards destinés à recueillir les sables et détritus.

La vidange des fosses qui restent encore en service est opérée par le service du nettoiement.

Le balayage des rues est très bien organisé. Des tombereaux enlèvent chaque jour les produits, et en même temps les ordures ménagères.

Ces ordures sont triées, comme à Amsterdam. Les déchets utilisables sont vendus par catégories. Le reste est brûlé ou porté dans des terrains à remblayer.

La ville produit environ, annuellement, 60.000 mètres cubes de détritus sur lesquels 28.000 mètres cubes sont vendus, 2.000 mètres cubes brûlés, et 30.000 employés à des remblayages.

Le coût d'enlèvement et de manipulation atteint 0 fr. 64 par mètre cube.

BRUXELLES

Jusqu'en 1867, les égouts de Bruxelles déversaient dans la rivière la Senne tous les produits usés. Cette rivière était devenue ainsi une source d'insalubrité permanente. En temps de sécheresse, les eaux étant basses, c'était une intolérable infection. Aux époques de crues, les eaux étaient refoulées dans les égouts qu'elles noyaient, ainsi que les caves, dans toute la partie basse de la ville.

Des travaux très importants furent exécutés, de 1867 à 1875, et transformèrent complètement la rivière et la ville souterraine.

La Senne fut élargie et rectifiée, puis couverte dans la traversée de Bruxelles. De larges voies furent établies sur son emplacement. Un réseau d'égouts fut construit, et toute communication avec la Senne supprimée.

Égouts. — La longueur totale des égouts est de 120 kilomètres; dont 17.775 mètres pour les collecteurs.

Deux collecteurs à cunette, de 2 mètres de profondeur, longent la Senne sur chaque rive, accolés aux culées de la voûte. Trois autres collecteurs de même type desservent la rive gauche et déversent dans le collecteur longeant la rive gauche. Celui-ci, à 1.500 mètres de la ville, passe sous la Senne et rejoint le collecteur de rive droite.

L'émissaire ainsi constitué mène les eaux à une distance de 6 kilomètres, où elles s'écoulent dans la Senne, à Hacren, après avoir été relevées.

Le curage des collecteurs est effectué à l'aide de wagons-vannes.

Déversoirs. — Des déversoirs sont établis dans les collecteurs accolés à la Senne. A l'amont, se trouvent des vannes qui permettent d'introduire dans les collecteurs des eaux de la rivière, afin de faciliter le curage.

Égouts secondaires. — Les égouts nouveaux sont ovoïdes, enduits intérieurement. Quelques-uns sont curés à la main, et les sables extraits par les cheminées de descente.

Bouches. — Les bouches sont disposées de façon à recueillir les détritus. De plus, elles sont à interception hydraulique, sauf un petit nombre qui sont destinées à assurer la ventilation des égouts.

Regards. — Les regards sont distants d'environ 50 mètres et recouverts par des tampons percés de trous.

Nettoiement. — Le balayage des voies est à la charge des habitants. Le service public n'a que l'enlèvement des ordures.

L'arrosage est fait à la lance et au tonneau. La dépense d'eau journalière de ce fait est de 18 litres par habitant.

Emploi des détritus. — Les ordures ménagères sont vendues, ou transportées, s'il ne se trouve pas d'acquéreurs, en des décharges.

Des essais d'incinération ont été tentés. Les ordures sont auto-combustibles, mais donnent une grande quantité de cendres.

Les eaux d'égout sont versées à la Senne sans traitement ni épuration. Quelques tentatives d'irrigation ont été faites aux environs de Hacren ; mais la couche de terre, au-dessus de la nappe, est trop faible. Des recherches sont faites afin de trouver des terrains suffisamment épais et perméables. Les eaux seront alors relevées jusqu'au niveau de ces terres et épurées.

NAPLES

A la suite d'une épidémie de choléra, en 1884, la municipalité de Naples résolut d'améliorer, par des travaux considérables, l'état sanitaire déplorable de la ville.

De l'eau fut amenée tout d'abord par une galerie de 80 kilomètres fournissant à Naples 170.000 mètres cubes par jour. Cette galerie recueille les eaux d'infiltration d'une montagne, franchit une large vallée à l'aide d'un siphon de 20 kilomètres. Deux autres vallées plus étroites sont franchies également en siphon, par des conduites, en fonte de $0^m,80$ de diamètre. Une quantité d'eau de 200 litres par habitant et par jour est ainsi assurée.

La ville, bâtie en amphithéâtre, a été divisée, pour l'établissement du réseau d'égout, en trois zones.

1° La haute zone est drainée par un réseau dont les eaux sont conduites à la mer par un collecteur général. Le débouché se trouve à 30 kilomètres de Naples, sur la plage de Cuma ;

2° La zone moyenne possède également un collecteur, qui déverse les eaux dans l'isthme du Pausilippe ;

3° Dans la zone basse, les eaux pluviales s'écoulent à la mer par les vieux égouts. Les matières de vidange sont recueillies par une canalisation spéciale, qui les conduit à un réservoir. De là, elles sont refoulées dans le collecteur de la première zone.

Les collecteurs des deux premières zones traversent, à leur sortie de la ville, de grands bassins. Les eaux de la seconde zone sont déversées dans le bassin de la première ; le collecteur de Cuma conduit donc à cette plage tous les produits de la ville. Le collecteur de la deuxième zone ne déverse à l'isthme du Pausilippe que le trop-plein des eaux d'orage.

BUENOS-AYRES

Avant les grands travaux d'assainissement, on employait à Buenos-Ayres, pour se débarrasser des matières usées, un moyen vraiment primitif. Tout était reçu, liquide et solides, dans des puisards non étanches. Lorsque ces puisards étaient pleins, on opérait la vidange ; mais cela seulement dans certains quartiers. Dans d'autres, les plus pauvres, on creusait, à côté de ce premier puisard, un second dans lequel on faisait écouler les matières, puis on remettait le premier en service. On en ouvrait ensuite d'autres ; on a trouvé, dans une maison, 11 de ces puisards.

La ville est aujourd'hui pourvue du « tout à l'égout ».

Pour exécuter les travaux, on a divisé la ville en plusieurs parties (*fig.* 145).

La zone A est limitée par une colline, la Barranca. La zone B est

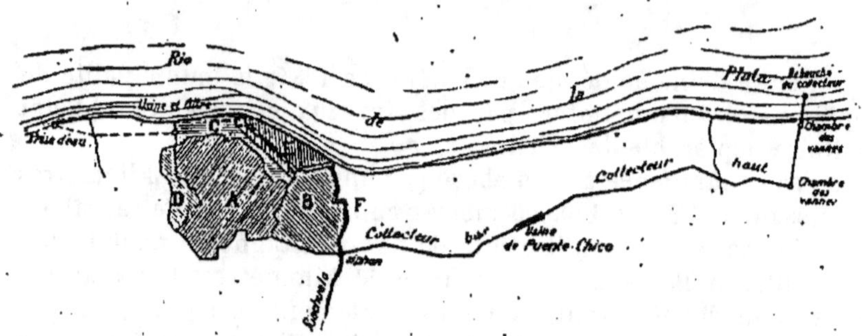

Fig. 145. — Plan des travaux d'assainissement de Buenos-Ayres.

basse et a dû être pourvue d'un réseau spécial. Cette zone est fréquemment submergée par les marées ou les crues de la rivière Riachuelo. La zone C est assez basse et également submergée, mais plus rarement, et sur certains points seulement. La zone D est le bassin d'une petite rivière. La zone E et la zone F ne sont pas encore pourvues d'égouts.

Le sol de Buenos-Ayres est formé d'alluvions. A une médiocre profondeur se trouve une couche d'argile rouge et dure, ou « tierra pampeana », puis au-dessous une couche d'argile grise, ou « torea ».

Le nombre des habitants est de plus de 680.000.

La moyenne pluviométrique annuelle est de 0^m,85. — Mais certaines pluies, extrêmement violentes, ont donné jusqu'à 0^m,10 en une heure.

Alimentation d'eau. — L'eau est fournie par le rio de la Plata. La prise est opérée en plein fleuve. Des pompes installées dans une

tour en maçonnerie aspirent l'eau et la refoulent dans un tunnel
qui la conduit à une première usine élévatoire. Là elle est déver-
sée dans de vastes bassins de décantation, puis dirigée sur des
filtres à sable. Puis elle est enfin relevée par une seconde usine
et tombe dans le réservoir général de distribution.

Égouts. — Les égouts furent établis par MM. Bateman et Parsons ;
ils forment un réseau double, sauf dans la zone B : un premier système
destiné à l'écoulement des matières usées et des petites pluies, et un

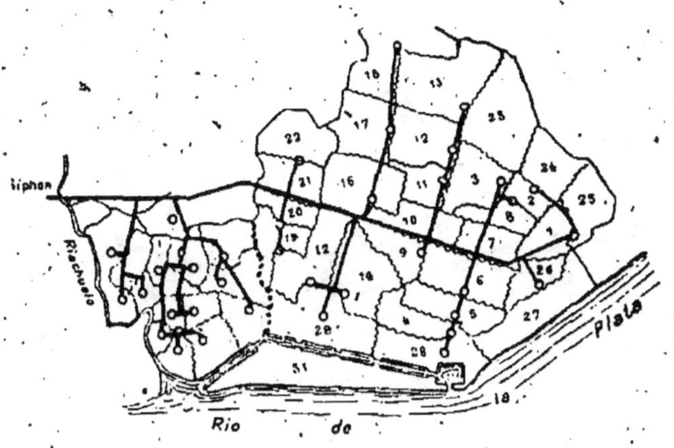

Fig. 146.

Plan du collecteur principal et des collecteurs secondaires d'interception.

second destiné à l'évacuation des eaux d'orage. L'ensemble des
zones A, C et D est divisé en 29 sections, dont chacune est pourvue d'un réseau indépendant (*fig.* 146).

Les eaux de chaque section sont amenées au point bas, où elles
traversent une chambre de réglage. Au-dessous de cette chambre,
se trouve le collecteur dit d' « interception », avec lequel la chambre
communique par une cheminée dont le diamètre est calculé
de façon à n'envoyer au collecteur que le sewage ordinaire et une
partie des eaux de pluie. Les eaux d'orage sont conduites au fleuve
par neuf galeries (*fig.* 147), dont cinq de grandes dimensions
(*fig.* 152).

Les eaux de la zone C (qui est d'un niveau peu élevé) sont relevées par deux usines avant leur envoi au collecteur d'interception.

Les égouts ont généralement une section ovoïde (*fig.* 148) ou,
lorsque la hauteur de remblai est insuffisante, une section surbaissée (*fig.* 149).

Les pentes sont généralement :

Pour les tuyaux de 0,300, de 1/150
»   de 0,375, de 1/200
»   de 0,450, de 1/250
Collecteurs. 1/500

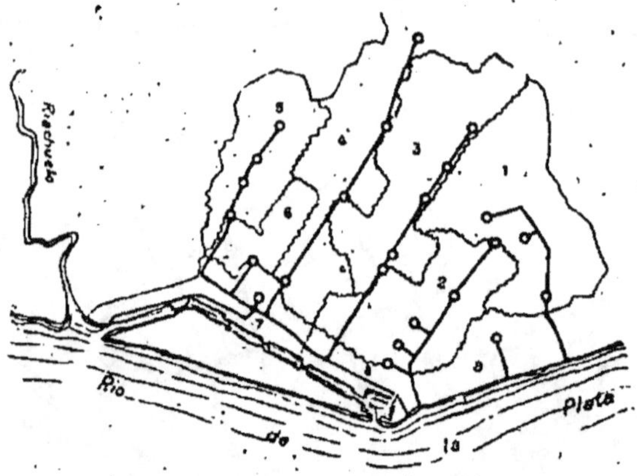

Fig. 147.   Conduites pour les eaux d'orage.

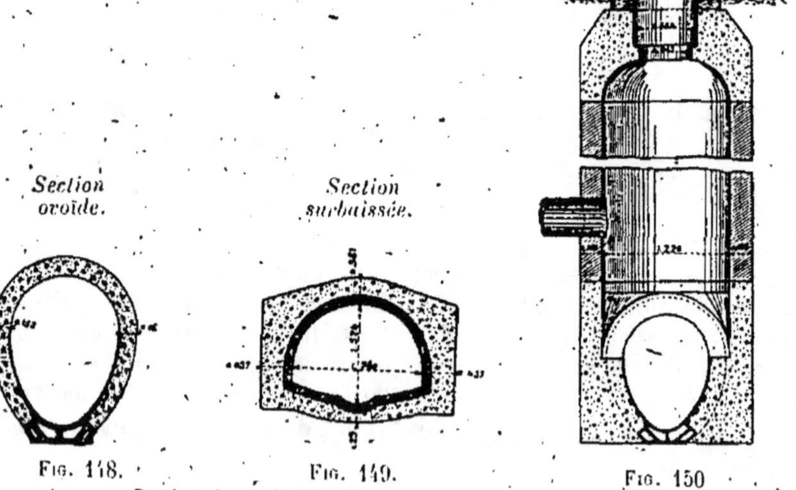

Section ovoïde.

Section surbaissée.

Fig. 148.   Fig. 149.   Fig. 150
Section des collecteurs.   Coupe verticale d'un regard.

Regards (*fig.* 150). — Les regards sont placés à chaque carrefour.

Ils sont munis d'un tuyau de ventilation.

Bouches (*fig.* 151). — Les bouches sont en maçonnerie de briques recouvertes d'une trappe et obturées par une grille.

Branchements. — Les maisons sont reliées aux égouts par des tuyaux de 0ᵐ,10.

Collecteurs d'interception. — Les collecteurs d'interception sont généralement construits en même temps que les conduites pour eaux d'orage (*fig.* 152). Ils aboutissent tous à un collecteur principal, dont le diamètre varie de 1ᵐ,35 à 2ᵐ,025, et la pente minimum est de 1/1800.

Dans la traversée du quartier A, la mauvaise qualité du terrain a rendu nécessaires des dispositions spéciales (*fig.* 153).

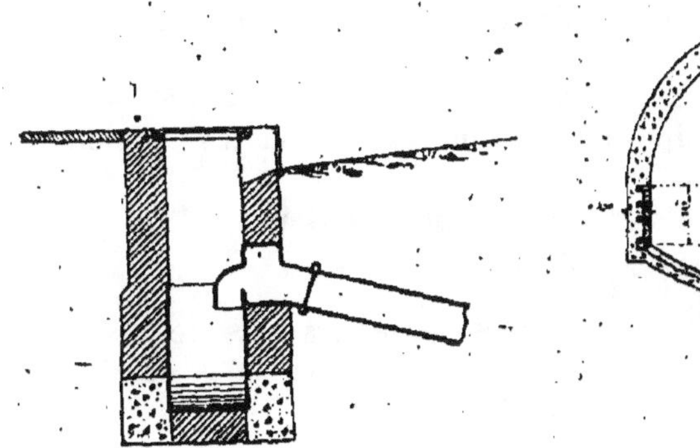

Fig. 151.
Puisard à eaux de pluie.

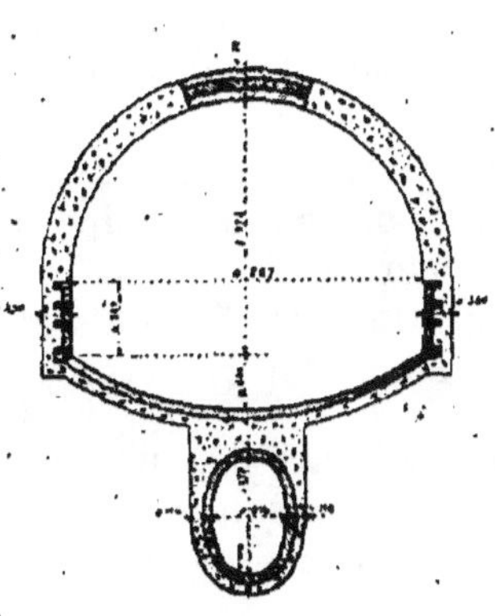

Fig. 152.
Section type des collecteurs d'interception.

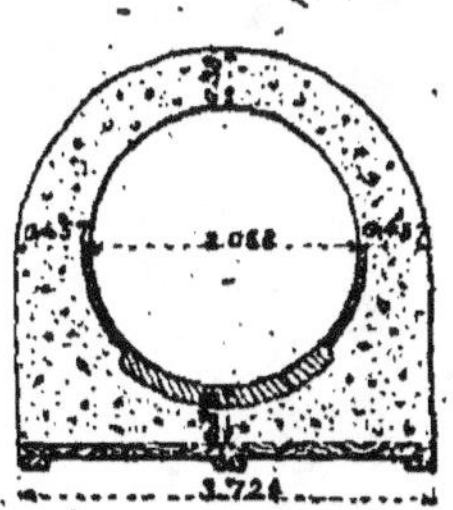

Fig. 153. — Collecteur sur terrain de mauvaise qualité.

Le collecteur a son radier plat et fondé sur un bâtis de pitchpin.

Il passe en siphon sous le Riachuelo. Le siphon est formé par trois tuyaux elliptiques, en fonte, de 1ᵐ,50 sur 0ᵐ,675, noyés dans un lit de béton de 0ᵐ,45, coulé à 0ᵐ,60 sous le lit de la rivière.

Le collecteur se prolonge, au-delà du Riachuelo, sur une longueur de 23.250 mètres, jusqu'au débouché dans le rio de la Plata. Les eaux sont, en cours de route, à Puénte-Chico, relevées de 12m,90. L'émissaire se compose, à cet endroit, sur une longueur de 1.200 mètres, de trois tuyaux de fonte de 1m,05 de diamètre.

Quartiers Barracas et Boca. — Dans ces quartiers, c'est-à-dire dans la zone B, les conditions générales n'ont pas permis d'employer un réseau analogue à ceux des autres quartiers.

Le sol de cette zone est en effet très bas. De plus, le terrain se compose d'une couche solide de 0m,60 à 1m,20 seulement.

Les eaux d'orage ne peuvent être reçues dans les égouts, dont le niveau est inférieur, assez souvent, au lit de la rivière. Ces eaux sont évacuées par des canaux superficiels.

Le peu d'épaisseur de la couche solide a imposé l'emploi exclusif de canalisations, en grès ou en fonte. La zone est divisée en dix-huit sections, dont l'une est drainée par le collecteur d'interception.

Les autres dirigent leurs eaux vers des puisards de 4 mètres de diamètre, pourvus de pompes qui élèvent les eaux et les envoient au collecteur.

Lorsque les canalisations ont une pente inférieure à 0m,01, on place en amont un réservoir de chasse.

Dépenses. — Les dépenses nécessitées par les travaux de distribution d'eau se sont élevées à 62.636.460 francs ; celles des travaux d'égouts se sont élevées à 74.977.750 francs.

CHAPITRE XIV

ASSAINISSEMENT DE LA SEINE

ENVOI DES EAUX D'ÉGOUTS DE PARIS SUR DES TERRAINS D'IRRIGATION

Le présent chapitre, consacré à l'épandage des eaux d'égouts de Paris sur les terrains d'irrigations de Gennevilliers, d'Achères, de Méry et de Meulan, constitue la suite naturelle du précédent, relatif à l'assainissement des principales villes de la France et de l'Étranger.

Cette étude est divisée en trois parties : tout d'abord, une partie historique, de 1865 à 1889 ;

Puis l'état de la question à l'époque où la loi du 4 avril 1889 consacrait l'application du principe du « tout à l'égout » à l'assainissement de la Seine ;

Enfin un aperçu des travaux exécutés depuis la loi du 10 juillet 1894 rendant obligatoire pour la ville de Paris le régime du « tout à l'égout ».

D'autre part, ont été annexés à ce chapitre les textes législatifs ou administratifs y relatifs.

HISTORIQUE

Avant la construction des collecteurs d'Asnières et Marceau (Voir, 2ᵉ partie, *Égouts de Paris*), toutes les eaux d'égout de Paris se déversaient en Seine dans la traversée de Paris et faisaient de ce fleuve, dont les eaux arrivaient déjà polluées par les projections faites en amont de la capitale, un vaste égout, horrible à voir.

L'hygiène la plus élémentaire prescrivait de faire cesser cet état de choses ; aussi M. Belgrand entreprit-il cette grande œuvre. Seulement, tout en débarrassant la Seine, dans la traversée de Paris, des eaux souillées, il les transporta à l'extérieur, à Asnières et à Saint-Denis.

Le mal n'était donc que déplacé.

Néanmoins un premier pas était fait; il s'agissait de compléter l'œuvre commencée:

Les premiers essais d'épuration des eaux d'égout de Paris par l'irrigation du sol ont été faits, dans un champ de Clichy, par M. Mille, alors ingénieur en chef du Service des Égouts de Paris.

C'est à la suite de missions en Angleterre, en Italie et en Espagne, que Mille présenta, en 1865, un projet d'ensemble de distribution des eaux d'égout.

Il peut se résumer ainsi:

Le collecteur d'Asnières débitait à cette époque 2 mètres cubes par seconde environ ; la moitié devait aller dans la plaine de Gennevilliers, et l'autre moitié au plateau de Pierrelaye. Les eaux devaient être relevées à l'aide de roues-turbines de Gérard, actionnées par la chute que l'on obtenait au barrage des îles de Neuilly.

Une Commission fut nommée, en 1866, pour examiner cette importante question, mais il y eut division, et M. Belgrand lui-même était de l'opposition, car il craignait que les cultivateurs n'acceptassent pas l'envoi de ces eaux sur leurs terres.

M. Le Chatelier proposa d'épurer chimiquement les eaux, à l'aide de l'alumine, et cette idée, qui entrait dans les vues du président du Conseil municipal d'alors, M. Dumas, qui était également président de la Commission, fut prise en considération. Un crédit de 100.000 francs fut demandé et voté pour faire des expériences comparatives par les deux procédés.

MM. Mille et Durand-Claye furent chargés de la direction des essais.

A la sortie de l'égout collecteur d'Asnières, on construisit une petite usine, d'une force de 4 chevaux, actionnant des pompes centrifuges. Ces pompes envoyaient au champ d'essai, d'un hectare et demi, situé à environ 700 mètres de l'usine, un cube journalier de 500 mètres environ.

Le terrain avait été préparé de telle manière qu'entre des bandes de terre de 20 mètres destinées à la culture arrosée, il se trouvait des bassins de 10 mètres de large pour l'épuration chimique, qui fonctionnaient quand les terres étaient suffisamment arrosées.

Pendant le cours de l'année 1868, il fut envoyé par les pompes, sur ce champ d'essai, 120.000 mètres cubes d'eau d'égout. Les terres en absorbaient 40.000, et la différence fut traitée par l'alumine.

L'irrigation donna d'excellents résultats, et même des résultats inespérés, car il y eut double récolte pendant les huit mois de pleine végétation.

Il convient de dire que l'arrosage qui fut fait cette première année répondait à un cube de 60.000 mètres par hectare, ce qui est un dosage exceptionnel.

En ce qui concerne l'épuration, elle donna également d'excellents résultats, et de ces premiers essais, exécutés sur une petite échelle, on reconnut que les deux procédés de l'irrigation et de l'épuration étaient pratiques.

Une fois ces premiers résultats obtenus, il fallut songer à les étendre, et la Commission municipale, sur la proposition de M. Haussmann, vota un crédit de 800.000 francs, pour transformer l'usine élévatoire primitive et acheter des terrains dans la presqu'île de Gennevilliers.

On se mit à l'œuvre, sans aucun retard ; l'usine fut agrandie, et sa force portée à 40 chevaux. Des locomotives, actionnant des pompes pouvant refouler 5 à 6.000 mètres cubes par jour à 2 kilomètres de distance, furent installées, et la ville acquit 6 hectares de terrain qu'elle divisa en trois parties : 4 hectares furent affectés à l'irrigation ; 1 hectare fut réservé pour une école municipale de culture et le sixième hectare fut aménagé pour l'épuration du trop-plein des eaux.

La superficie réservée à l'irrigation fut exploitée par quelques jardiniers, qui firent de la culture maraîchère et plantèrent des arbres fruitiers. Ils firent de brillantes affaires. Ce fut un encouragement pour les voisins qui, réfractaires tout d'abord à l'irrigation, réclamèrent vivement l'eau d'égout.

A la fin de 1869, sur les 975.000 mètres cubes d'eau envoyés par les pompes sur les terrains de Gennevilliers, 600.000 servirent à irriguer 25 hectares de terrain.

Les 375.000 autres mètres cubes furent traités, et le produit livré aux cultivateurs.

Au point de vue du prix de revient, il est utile de dire que le mètre cube d'eau élevée revenait à 1 centime, et que l'épuration, compris le relèvement, coûtait 2 centimes.

Telle était la situation lors de la déclaration de guerre de 1870 et de l'invasion.

Ce ne fut qu'en 1872, après la reconstruction du pont de Clichy, que l'on fit sauter au moment de l'invasion, et qui faisait traverser des conduites roulant les eaux d'égout, que l'on put reprendre une exploitation des terrains de la presqu'île de Gennevilliers.

Grâce à la ferme volonté de M. Belgrand, qui, à la suite des succès obtenus par les premiers essais, était maintenant acquis à l'irrigation, le principe de l'irrigation des terrains de la presqu'île de Gennevilliers, qui se soudait avec celui de l'assainissement de la Seine, fut repris sur des bases plus étendues. On envoya sur ces terrains non seulement une partie des eaux du collecteur d'Asnières relevées à Clichy, mais aussi une partie de celles du collecteur du Nord, amenées par simple gravitation, c'est-à-dire sans aucune dépense. Après avoir dépensé 2 millions, M. Belgrand put irriguer 150 hectares de terrain et éviter l'envoi au fleuve du quart des eaux d'égout.

Tout alla bien pendant un certain temps, mais une campagne s'organisa parmi les propriétaires des villas, qui accusèrent l'irrigation de répandre la fièvre paludéenne sur la région, de noyer les caves en relevant la nappe et d'apporter sur la région, au lieu des avantages énormes constatés, une dépréciation considérable des terrains.

La municipalité de Gennevilliers prit fait et cause pour les plaignants, et cette petite révolution occasionna un arrêt dans les travaux de canalisation qu'exécutait alors la ville de Paris sur les terrains de Gennevilliers.

Sur ces entrefaites, l'Administration supérieure, à la suite de demandes réitérées du Conseil général de Seine-et-Oise tendant à débarrasser la Seine de la souillure des eaux d'égout parisiennes, nomma, par décret en date du 22 août 1874, une Commission chargée d'étudier la question.

Cette Commission était composée ainsi :

Pour représenter le Département des Travaux publics : MM. Kleitz, inspecteur général des Ponts et Chaussées, président; Chateney, inspecteur général des Ponts et Chaussées; Krantz, ingénieur en chef, chargé du service de la 3e section de la Seine ;

Pour représenter les services placés dans les attributions de M. le préfet de la Seine :

MM. Belgrand, inspecteur général des Ponts et Chaussées, directeur des eaux et égouts de Paris; Alphand, inspecteur général des Ponts et Chaussées, directeur des travaux de Paris; Mille, inspecteur général des Ponts et Chaussées ; Vaudrey, ingénieur en chef chargé du service de la 2e section de la Seine; Callon, conseiller municipal de Paris; Depaul, conseiller municipal de Paris;

Pour représenter les services placés dans les attributions de M. le préfet de police :

MM. Chevalier et Boudet, membres du Conseil de Salubrité.

M. Durand-Claye fut le secrétaire-rapporteur de cette Commission.

Ci-après *in extenso* les conclusions du remarquable rapport présenté par cette Commission. Elles sont, en un mot, l'approbation des dispositions prises par la ville de Paris, pour l'épuration par le sol de ses eaux d'égout, tout en demandant un projet d'ensemble en vue d'éviter toute pollution du fleuve en se servant, comme régulateur, des terrains domaniaux d'Achères.

En ce qui concerne l'épuration des eaux par les procédés chimiques, la Commission a estimé que la dépense, qui devrait résulter d'une exploitation en grand, serait hors de proportion avec les résultats que l'on obtiendrait, tant au point de vue de la salubrité qu'à celui de l'agriculture.

En résumé, les considérations et observations, consignées dans le présent rapport, ont conduit la Commission à adopter les conclusions suivantes :

En ce qui concerne l'état actuel des eaux de la Seine :

1° La seule inspection de l'état apparent de la rivière conduit aux résultats suivants :

En amont de Paris, les eaux de la rivière sont dans un état général de pureté satisfaisant.

Dans la traversée de la capitale, et en aval jusqu'à Clichy, l'altération générale des eaux par les déjections provenant d'usines ou d'égouts est pour l'instant peu sensible.

Mais, à partir de l'égout collecteur, qui débouche en Seine, à Clichy, les eaux, qui longent la rive droite, passent brusquement à un état d'infection repoussant, et cet état est considérablement aggravé à partir de Saint-Denis, par les eaux fétides que déverse le collecteur départemental chargé des eaux-vannes de la voirie de Bondy et des usines d'Aubervilliers et Saint-Denis.

Cette pollution des eaux par les déjections des égouts collecteurs, très marquée dans le bras droit, dans les limites qui viennent d'être indiquées, s'étend aussi, mais à un degré relativement faible, au bras gauche.

A partir d'Argenteuil, l'altération des eaux décroît assez rapidement. Elle est encore sensible à la hauteur de Marly et ne disparaît complètement qu'en aval de Meulan.

Il existe au fond de la rivière, à partir de la bouche des égouts collecteurs, des dépôts de matières infectes en fermentation, qui dégagent incessamment des bulles de gaz d'hydrogène sulfuré.

Ces bulles, généralement très petites, prennent souvent, pendant l'été, un volume considérable pouvant atteindre environ 1 mètre de diamètre.

Les dragages exécutés par le Service de la Navigation pour l'enlèvement de ces dépôts, dans la saison où ils peuvent être pratiqués sans devenir eux-mêmes une cause d'insalubrité, sont insuffisants pour faire face à l'enlèvement de ces dépôts, dont le volume s'accroît annuellement.

2° Indépendamment du trouble apparent des eaux, leur altération a pu être caractérisée, d'une part, par la proportion des matières fermentescibles qui y sont en dissolution, et, d'autre part, par la proportion d'oxygène libre qu'elles tiennent en dissolution.

D'après les expériences mentionnées dans ce rapport, on doit considérer que, depuis le débouché de l'égout collecteur de Clichy jusqu'à l'extrémité de l'île Saint-Denis, les eaux du bras droit ne peuvent servir ni à l'alimentation des hommes et des animaux, ni à la cuisson des aliments, ni à d'autres usages domestiques, et qu'elles seraient même impropres au lavage des voies publiques, sans une décantation ou une épuration préalable.

Depuis Argenteuil jusqu'à Marly et au delà, l'eau devient moins impure ; elle est susceptible de se prêter à une grande partie des usages courants auxquels peuvent la consacrer les riverains ; sans être impropre à l'alimentation, elle a encore une aération insuffisante et elle est chargée d'une assez forte proportion de substances minérales azotées.

En aval de Meulan et de Mantes, les eaux de la Seine, dépouillées des troubles provenant des égouts de Paris et régénérées par l'action de l'oxygène de l'atmosphère, redeviennent propres à l'alimentation et aux usages domestiques.

En ce qui concerne les mesures à prendre :

1° D'une manière générale, il y a lieu d'interdire en principe, par application de l'ordonnance du roi du 20 février 1773 et de l'arrêt du Conseil du 27 juin 1777, de jeter dans la Seine des eaux ou des immondices et déjections quelconques, qui sont de nature à rendre les eaux insalubres et impropres aux usages domestiques ;

2° Pour remédier à l'infection de la Seine par les eaux des collecteurs de Paris, le moyen le plus efficace, le plus économique et le plus pratique consiste dans le déversement de ces eaux par irrigations sur un sol suffisamment perméable ; des cultures maraîchères trouvent dans ces eaux l'humidité et l'engrais qui leur sont nécessaires. Les expériences faites dans la plaine de Gennevilliers sont entièrement concluantes pour démontrer, non seulement la puissante végétation produite par les arrosages, mais encore leur innocuité sous le rapport de la salubrité, ainsi que la parfaite épuration des eaux qui arrivent à la rivière, après avoir traversé un sous-sol naturellement perméable ou convenablement drainé. Il est d'ailleurs prouvé que les matières en suspension sont retenues dans la couche supérieure du sol cultivé ; tout porte à croire que les matières organiques azotées sont absorbées par la végétation, ou oxydées par le sous-sol, qui conserve indéfiniment sa perméabilité ;

3° La Commission estime que la totalité des eaux d'égout de la ville de Paris, dont le volume, après la mise en service de la dérivation de la Vanne, sera porté à environ 100 millions de mètres cubes par an, pourra être employée sur la surface d'environ 2.000 hectares qui est propre à cet usage dans la presqu'île de Gennevilliers.

Toutefois il peut être utile et convenable de porter une partie des eaux d'égout sur d'autres terrains, et pour cette éventualité la *partie de la forêt domaniale de Saint-Germain, qui est voisine de la Seine, semble devoir offrir un emplacement convenable. L'étude de cette question paraît devoir être recommandée dès ce moment aux ingénieurs de la ville de Paris.*

En tout cas, il importe de mettre promptement à exécution le projet qui est soumis au Conseil municipal de Paris pour l'emploi d'un volume d'eau de 50 millions de mètres cubes par an, sur une surface d'environ 1.000 hectares sur le territoire de la commune de Gennevilliers;

4° Par l'emploi prochain d'au moins la moitié des eaux d'égout dans la plaine de Gennevilliers au moyen des travaux qui vont être entrepris, l'état de la Seine éprouvera une amélioration sensible, mais qui sera loin d'être suffisante. Pour l'assainissement complet de la rivière, il faut que les eaux d'égout en soient détournées en totalité, et il importe que la ville de Paris hâte le plus possible l'exécution des travaux complémentaires;

5° Quant à l'épuration par les procédés chimiques, et en particulier par le sulfate d'alumine, la Commission est d'avis qu'elle ne saurait constituer une solution complète et pratique de la question; l'application de ces procédés à la totalité des eaux d'égout entraînerait à des dépenses et à des difficultés d'exploitation qui ne sont aucunement en rapport avec les résultats obtenus, soit au point de vue de la salubrité, soit au point de vue agricole; l'épuration chimique ne saurait être appliquée que temporairement et sur une échelle restreinte, comme expédient complémentaire, dans quelques cas particuliers;

6° Les dragages, pour l'enlèvement au fond de la rivière des dépôts formés par les déjections des égouts, doivent être continués avec toute l'activité que comportent les précautions commandées par la salubrité;

7° Les eaux provenant de la voirie de Bondy étant la principale cause d'infection de l'égout départemental, qui débouche en Seine à Saint-Denis, il est urgent que cet établissement reçoive une transformation qui mette fin aux graves inconvénients qu'il présente. Mais dès aujourd'hui les eaux qui en découlent peuvent sans grande dépense, et par la seule action de la gravité, être amenées dans la plaine de Gennevilliers; les travaux nécessaires à cet effet doivent être compris parmi ceux à exécuter immédiatement;

8° Bien que les travaux provenant soit des usines et bateaux à lessive, soit des égouts secondaires, débouchent encore en Seine et contribuent quant à présent, à un degré secondaire, à l'altération des eaux de la Seine, elles sont souvent très infectes, et leur écoulement dans la rivière n'est pas sans avoir des inconvénients réels. La Commission appelle l'attention de l'Administration sur une exécution plus efficace des règlements, qui prescrivent l'épuration préalable de ces eaux, épuration rendue aujourd'hui possible par des procédés suffisamment économiques, et spécialement par le système rationnel de l'emploi agricole. Il importe également de faire mieux observer les règlements qui interdisent de jeter des corps morts ou des immondices quelconques dans les cours d'eau.

Ce rapport fut approuvé par M. le Ministre des Travaux publics, et MM. Belgrand, Mille et Durand-Claye furent chargés de rédiger le projet *schématiquement* exposé dans ledit rapport.

Ce projet comprenait la continuation des irrigations dans la plaine de Gennevilliers et leur extension sur le territoire d'Achères.

Après de longues discussions au Conseil municipal, qui fut tout d'abord effrayé du chiffre de la dépense qui lui était présentée, le projet fut pris en considération et soumis aux formalités des enquêtes.

La ligne traversant les deux départements de la Seine et de Seine-et-Oise, deux Commissions furent nommées.

Celle de Seine-et-Oise désigna comme rapporteur M. Hély d'Oissel, qui fut opposé au projet et qui préconisa le canal de Paris à la mer.

La Commission du département de la Seine, qui eut pour président M. Bouley, nomma M. Schlœsing, rapporteur.

Cette Commission fut d'un avis contraire à celle de Seine-et-Oise, et elle chercha à démontrer que le procédé d'irrigation par le sol des eaux d'égout pouvait être d'un grand profit pour l'agriculture, sans que la santé publique soit en aucune façon compromise.

Voici un passage du rapport de M. Schlœsing, relatif à l'épuration des eaux d'égout par le sol :

L'épurateur parfait des eaux chargées des matières organiques, c'est le sol. Les eaux de sources, souvent si pures, si limpides et si fraîches, ne proviennent-elles pas d'eaux superficielles souillées par des débris de végétaux et d'animaux ? Elles ont donc été purifiées par leur trajet dans l'intérieur du sol, et cela se comprend dès qu'on suit la marche de la nature.

Quand des eaux impures sont venues sur un terrain meuble, les matières insolubles sont d'abord arrêtées par la surface, comme par un filtre : c'est par un simple filtrage mécanique que commence le travail. L'eau alors descend plus avant, le sol s'en imbibe, chaque particule de terre s'enveloppe d'une couche liquide extrêmement mince ; ainsi divisée, l'eau présente à l'air confiné dans le sol une surface énorme; alors s'opère le second effet de l'irrigation, la combustion de la matière organique dissoute dans l'eau d'égout. On dit que le feu purifie tout, et, en effet, il n'y a pas de matières organiques, si impures, si malsaines qu'elles soient, que le feu ne transforme en acide carbonique, eau et azote. Il se passe, dans l'intérieur du sol, un phénomène de même ordre, non plus violent et visible comme le feu, mais lent et sans signe extérieur; ce n'est pas moins une combustion qui réduit toute impureté en acide carbonique, eau et ammoniaque. Il lui arrive même d'être plus parfaite que la combustion vive et d'oxyder, de brûler l'azote, d'en faire de l'acide nitrique, et c'est là le signe d'une combustion parfaite.

Quant aux matières insolubles, retenues à la surface, elles n'échappent pas davantage à la combustion lente, surtout quand un labour les a incorporées dans le sol. Tout ce qu'il en reste, c'est un sable extrêmement fin, qui comptera désormais parmi les éléments minéraux de la terre.

La Commission résumait ainsi son avis :

L'infection de la Seine doit cesser dans le plus court délai. Elle est due aux matières organiques, suspendues ou dissoutes, qu'apportent les eaux d'égout, et dont ces eaux doivent être dépouillées avant de couler en Seine.

L'épuration par la combustion des matières organiques dans le sol est le seul procédé connu donnant des résultats satisfaisants.

Cette épuration sera complète, s'il y a un sol assez perméable pour que l'eau y descende et que l'air y pénètre aisément, s'il y a une régularité mesurée dans la succession des arrosages, si un drainage suffisant évacue les eaux épurées.

On doit toujours séparer deux questions trop souvent confondues : l'épuration des eaux d'égout et l'utilisation agricole des principes fertilisants, des engrais que contiennent ces eaux. La ville est tenue d'épurer, non d'utiliser ; ici l'intérêt privé doit intervenir et agir. Comme les deux opérations ont pour principe commun l'irrigation, elles finissent par se confondre.

L'épuration conduit à l'utilisation. Le résultat que la ville ne peut atteindre d'un seul coup viendra de lui-même par des accroissements successifs.

La conclusion qui découle du rapport est que la Commission approuve l'œuvre commencée à Gennevilliers, comme l'avait d'ailleurs déjà approuvée la Commission de 1874.

Il convient de compléter ce rapport, en rappelant que, d'après les nombreuses expériences faites tant en France qu'à l'Étranger par MM. Frankland, Durand-Claye, Marié-Davy, il est acquis qu'un sol perméable, d'une épaisseur filtrante de 2 mètres environ, peut épurer 50.000 mètres cubes d'eau d'égout par hectare et par an, à la condition que ce soit pour assurer l'écoulement des eaux épurées.

A la suite du rapport de M. Schlœsing, peu de travaux furent entrepris pour étendre l'épandage et débarrasser la Seine du produit des eaux d'égout.

Il restait, en effet, une grave question à examiner et qui devait former un ensemble avec la première, déjà théoriquement résolue : c'est « l'assainissement de la maison ».

La fosse fixe était condamnée depuis longtemps, et la fosse mobile présentait de multiples inconvénients.

L'idéal rêvé par un certain nombre d'ingénieurs éminents et d'hygiénistes distingués était l'envoi direct à l'égout et, par suite, aux champs d'épandage, des matières de vidange, autrement dit : l'application du « tout à l'égout ».

Ce rêve était également celui du Conseil municipal de Paris qui, dans sa séance du 23 juin 1880, adoptait le programme d'assainissement suivant :

1° Suppression des fosses d'aisances ; 2° épuration de la totalité des eaux d'égout par le sol et utilisation de ces eaux au profit de l'agriculture, non seulement à Gennevilliers, mais aussi dans la partie basse de la forêt de Saint-Germain et sur d'autres emplacements, situés dans la vallée de la Seine.

Mais une semblable idée, qui ne manquait pas toutefois d'applications favorables à l'Étranger, n'alla pas sans rencontrer d'opposition ; et elle fut d'autant plus énergique que les oppositions représentaient les plus hautes sommités du monde médical et scientifique.

Ce fut d'abord Pasteur, qui prétendit, d'après les travaux qu'il venait de faire, que les bactéries charbonneuses d'animaux enfouis peuvent être rapportées par les vers à la surface du sol, s'attacher aux végétaux et empoisonner le mouton, qui broute l'herbe infectée. Il serait possible, ajoutait Pasteur, que le virus mêlé aux déjections qu'on enverra aux égouts reparût vivant dans les champs arrosés, et qu'il y eût alors une sorte de va-et-vient de ces germes de contagion entre les produits de la culture et les marchés de consommation.

Ensuite Aubry-Vitat, qui proposa le traitement des eaux par la chaux et la décantation.

M. Sainte-Claire Deville conservait la fosse, mais il remplaçait la maçonnerie, qui laissait filtrer les matières, par des citernes métalliques qu'on aurait portées aux usines. Les matières « auraient été traitées par le feu, qui détruit ou paralyse les germes ».

On pourrait citer également les noms de Wurtz, de Brouardel, de Girard.

Dans un avis émis en 1880, par le Conseil des Ponts et Chaussées, le principe de l'assainissement de la Seine, par l'envoi des eaux d'égout sur les terrains d'épandage fut consacré, et, le 28 juillet 1881, le Ministre approuvait l'avis du Conseil des Ponts et Chaussées.

Cette approbation donnait une confirmation aux conclusions de la Commission d'enquête de la Seine de 187?.

Toutefois, dans cette approbation, n'était pas compris l'envoi direct à l'égout des matières de vidange.

A la suite des chaleurs estivales de 1880, Paris fut envahi par des odeurs infectes, qui provoquèrent la nomination d'une Commission d'enquête « dite des odeurs de Paris », dont firent partie MM. Pasteur, Brouardel, Girard, Schlœsing, Wurtz. Cette Commission fut inspirée par Pasteur, et elle conclut en rejetant le principe du tout à l'égout et en approuvant celui de la circulation des matières dans des conduites fermées, comme le système Berlier, Schöne, Liernur.

Voici, d'ailleurs, les conclusions du rapport de la Commission, déposé en 1881 :

Il est imprudent d'autoriser un système de vidanges qui, en envoyant à l'égout les déjections des habitants de la ville, accumuleront dans les conduites, en communication avec la voie publique, des matières dans lesquelles se trouveraient les germes de maladies contagieuses.

La Commission ne pourrait approuver qu'un système de canalisation étanche, qui aurait pour effet de supprimer toute communication entre les matières excrémentielles, d'une part, et l'air et les terrains environnants, d'autre part.

Sous la réserve que les matières seront exclues des eaux des égouts de Paris, les eaux des égouts peuvent être épurées par le sol.

Ces conclusions étaient le renversement des idées de progrès poursuivies par l'Administration municipale ; aussi ne put-elle les admettre sans appel.

Par un arrêté du 25 octobre 1882, le préfet de la Seine instituait une Commission technique pour « rechercher et proposer le meilleur procédé pour substituer au système actuel de vidanges un mode d'évacuation des déjections humaines, plus conforme aux lois de l'hygiène ».

Cette Commission fut présidée par M. Alphand et eut M. Durand-Claye comme secrétaire.

Après des excursions dans les diverses villes étrangères, Londres, Bruxelles, Amsterdam, où fonctionnait le « tout à l'égout », ou l'évacuation à l'aide de conduites étanches, la Commission tint un grand nombre de séances, où furent votées un certain nombre de décisions importantes ; mais la plus importante de toutes fut celle qui, votée le 28 juin 1883, admettait l'envoi direct des vidanges et l'épuration par le sol des eaux souillées.

Il est intéressant de donner ici un aperçu du compte rendu de cette séance.

M. Fauvel prit le premier la parole.

M. FAUVEL. — *Aucun principe contagieux ne résiste à l'action de l'air atmosphérique, c'est-à-dire de l'oxygène. Au contraire, ces mêmes principes, confinés à l'abri du contact de l'air, conservent, pour ainsi dire indéfiniment, leurs propriétés contagieuses.*

La putréfaction des matières animales, et en particulier des matières fécales, y détruit les germes spécifiques des maladies contagieuses ; en revanche, la fermentation putride y donne naissance à des gaz délétères, qui sont la cause d'accidents toxiques particuliers.

Est-il besoin de rappeler que, pendant bien longtemps, l'aération, ou comme on disait, la « sereine » ou la « mise à l'évent » fut le seul moyen appliqué dans les « lazarets » à la destruction des germes de contagion ?

L'air libre est le plus grand purificateur, qui détruit toutes les causes d'insalubrité.

Au point de vue des matières fécales, l'air libre détruit non seulement les mauvaises odeurs qui s'en dégagent, mais aussi les germes contagieux qui peuvent s'y trouver contenus. Les irrigations entreprises en Angleterre et à Gennevilliers le prouvent, comme les épandages d'engrais humain dans les Flandres.

A l'égard de la destruction des germes contagieux par la putréfaction, on peut citer le dicton d'observation populaire : morte la bête, mort le venin.

Ces effets de la putréfaction sont applicables aux matières fécales, mais en faisant une distinction de première importance. Les matières fraîches, telles qu'elles sont projetées immédiatement à l'égout ou dans un cours d'eau, ne ressemblent pas à celles qui ont séjourné dans une fosse ou un dépotoir : les premières peuvent conserver des germes contagieux que l'action oxydante de l'air n'a pas encore détruits ; les secondes subissent, par le repos, une décomposition putride, qui amène un dégagement de gaz sulfureux et ammoniacaux toxiques.

Les matières putréfiées sont devenues méphitiques ; elles ne peuvent plus donner de maladies spécifiques.

Les fosses et les dépotoirs doivent donc être condamnés comme sources de principes toxiques, et le méphitisme dominerait dans l'air des égouts, si l'on y pratiquait l'écoulement des matières fécales sans de larges améliorations dans le mouvement des eaux courantes et dans la ventilation.

Les galeries de Paris ne sont pas, comme à Bruxelles et à Londres, de simples passages pour le drainage des rues et des habitations ; elles contiennent les organes de beaucoup de services publics ; elles sont fréquentées par de nombreux ouvriers ; elles doivent être salubres.

M. BROUARDEL. — M. Brouardel ne partage pas les opinions de M. Fauvel, en ce qui concerne la destruction radicale des germes par l'oxygène de l'air ; il appuie son dire sur les observations de Pasteur.

L'oxydation, dit M. Brouardel, *ne détruit donc pas tous les germes connus ; elle n'agit qu'avec une extrême lenteur, et la putréfaction ne détruit pas le virus plus certainement ou plus rapidement.*

M. BOULEY. — *Quand les virus sont à l'état de mycélium, c'est-à-dire constitués par des filaments ou des bâtonnets, tels que la bactéridie du charbon, ils n'ont pas en eux une grande force de résistance à l'action de l'air, qui atténue graduellement leur énergie et finit par l'éteindre. Mais le mycélium de l'agent d'une virulence peut se transformer en spores, qui se présentent à l'état de corpuscules en lesquels réside le « devenir » de l'espèce ; et la nature, trop prévoyante, hélas ! si nous considérons que ces spores sont les moyens de la propagation dans l'espace et dans le temps de certaines maladies contagieuses, la nature, dis-je, les a dotées d'une telle force de résistance à l'action de l'air qu'on les retrouve vivaces encore et douées de toute leur activité de pollution, après plus de douze ans.*

Mais, lorsque l'élément d'une virulence a été modifié, atténué dans son énergie par l'action de l'air, s'il se trouve ensuite dans des conditions favorables pour qu'il se transforme en spores, ces spores nées de lui ne possèdent plus que le degré d'énergie affaibli que l'air avait inspiré au mycélium, dont elles procèdent ; et, si ces spores se transforment, à leur tour, en bactéridies, ces bactéridies n'auront elles-mêmes que le degré d'énergie laissé à leurs spores originelles ; en sorte que la science a résolu le problème de constituer dans une espèce virulente des races atténuées, qui ne donnent lieu, quand on les ensemence dans une organisation susceptible, qu'à des maladies atténuées comme elles.

C'est sur la connaissance de ce fait expérimental qu'est fondée la grande découverte de la vaccination nouvelle contre les maladies contagieuses.

Maintenant une question peut être posée ici : le gaz hydrogène sulfuré, qui est un produit de la décomposition des matières organiques, ne serait-il pas lui-même un agent de l'assainissement des matières excrémentielles, à l'endroit des éléments de virulence qui peuvent leur être attribués ? Des expériences récentes paraissent l'indiquer.

Prenez un groupe de douze souris, par exemple, et inoculez à tous les animaux qui le composent un virus mortel, celui de la septicémie. Placez six de ces animaux sous une cloche où vous les ferez respirer une dose tolérable pour la vie de gaz sulfhydrique mélangé à l'air ; laissez l'autre moitié dans une atmosphère normale. Sur celles-ci la scepticémie inoculée suivra son cours et entraînera la mort, sur l'autre elle demeurera sans effet.

Quel grand progrès accompli, si les recherches expérimentales conduisent à la découverte de moyens propres à mettre les organismes en état de défense contre les contagions !

D'Italie nous vient déjà l'affirmation qu'une préparation arsenicale peut protéger contre la malaria !

La contagion est fonction d'un élément vivant, car, dans toutes les maladies contagieuses, la virulence est inhérente à des particules solides, qu'il suffit d'ensemencer dans un milieu propre à leur culture pour qu'elles se multiplient à l'infini, et que des milliards de particules semblables, procédant de la particule primitive, puissent être démontrées dans l'organisme !

Quelle autre force que celle de la vie peut produire un pareil résultat ?

Les développements dans lesquels nous sommes entrés, M. Fauvel et moi, disait en finissant M. Bouley, n'auront pas été inutiles, s'ils ont contribué à bien établir dans les esprits que les éléments vivants des maladies contagieuses, qui peuvent se mêler aux matières excrémentielles, trouvent les conditions de leur destruction rapide dans l'action de l'air, dans celle de la chaleur et, suivant les probabilités que l'on peut déduire de l'expérimentation, dans les gaz qui sont le produit de la putréfaction des matières organiques.

Il n'y a qu'à l'état de spores que les virus sont résistants ; mais, autant que l'on peut en juger par ce qu'on sait maintenant, cet état est exceptionnel.

Après une telle discussion, la cause du « tout à l'égout » était gagnée.

Sur 30 membres présents, 21 furent favorables, 7 furent défavorables, et 2 s'abstinrent.

Les résolutions de la Commission furent confirmées par le Conseil municipal, dans sa séance du 11 avril 1884.

A la suite de ces résolutions, l'Administration prépara un projet de règlement IMPOSANT l'obligation du « tout à l'égout », ainsi que les mesures propres à assurer l'assainissement des logements. Ce projet de règlement imposait, outre un droit fixe de 30 francs par chute, la perception d'une taxe basée sur la valeur locative des immeubles.

Une loi devenait donc nécessaire avec les enquêtes préalables.

Les enquêtes eurent lieu, mais l'Administration abandonna l'idée de la perception de la taxe basée sur la valeur locative des propriétés, et mit à 60 francs le droit fixe par chute. Par mesure démocratique, les maisons à loyers de 500 francs et au-dessous ne devaient payer que 30 francs.

Pour étudier le projet de règlement, ainsi que le projet de loi, la Commission de 1883 dut se reconstituer à nouveau. Elle avait comme président M. Alphand, et comme rapporteur M. Bouley.

M. Alphand posa les questions suivantes, sur lesquelles la Commission avait à statuer :

En 1883, vous vous êtes séparés, après avoir pris une résolution, votée à une forte majorité, et qui constituait un large programme de l'assainissement de Paris.

Vous avez reconnu que le système actuel de vidanges devait être abandonné, qu'il y avait lieu de supprimer la fosse fixe, avec toutes ses conséquences prises à l'égard du nouveau mode d'évacuation ; vous avez fixé, comme principes essentiels, le transport immédiat et souterrain des matières hors de la maison et de la Ville, dans le plus court délai.

Vous avez alors arrêté des dispositions concernant l'intérieur de la maison, et relatives aux cabinets d'aisances. Elles comportent les modifications des installations actuelles, les eaux dans les cabinets, les chasses emportant les matières, des obturateurs garantissant l'habitation contre la rentrée de l'air vicié.

Vous avez considéré l'égout comme l'exutoire naturel.

Est-ce à dire que le TOUT A L'ÉGOUT sera la solution unique ? Non ; vous voulez que l'autorisation ne soit donnée que lorsque l'on abordera des galeries bien alimentées d'eau, pour qu'il n'y ait ni arrêt ni stagnation possible sur le parcours ; dans le cas contraire, c'est une canalisation spéciale qui conduira les écoulements.

Enfin, pour la désinfection des produits hors Paris, vous avez admis le système d'épuration par le sol, tel que la ville le pratique à Gennevilliers, et qu'elle se prépare à le poursuivre sur les terrains domaniaux d'Achères.

Vous jugerez si le règlement et le projet de loi (pp. 331 à 332) soumis à votre examen répondent à ces conditions.

La Commission se mit aussitôt à l'œuvre ; elle reprit le rapport de la Commission technique de 1883, en étudia et discuta tous les

détails, précisa ces derniers, en ce qui concernait la maison, et,
après un examen très serré de la question relative à l'application
du « tout à l'égout », la Commission vota, à l'unanimité, l'avis suivant développé dans le rapport de MM. Vallin et Hudelo.

*Considérant que, depuis deux ans, aucun fait ne s'est produit
dans l'ordre hygiénique pour infirmer les résolutions votées en
1883, tandis que les expériences et les essais ont démontré que par
des chasses d'eau, avec une canalisation spéciale, on peut obtenir
l'écoulement direct et immédiat des matières de vidange ;*

*Sous la condition que l'épuration des eaux d'égout soit assurée
avant leur déversement dans la Seine.*

*Il y a lieu de poursuivre la réalisation pratique des résolutions
votées en 1883, en procédant dans un quartier de Paris à l'écoulement direct, et en étendant les mêmes procédés aux autres quartiers de la capitale, si les résultats obtenus se maintiennent successivement favorables.*

A la suite de cette décision, le préfet de la Seine prit un arrêté,
en date du 10 novembre 1886, qui répond entièrement au dési-
dératum de la Commission, en ce qui concerne l'évacuation des
matières de vidange (p. 337).

A cette époque (1887), la presque totalité des eaux usées de
Paris se déversait en Seine, à Clichy et à Saint-Denis, et le volume
de ces eaux pouvait être de 364.000 mètres cubes par jour, soit
133 millions de mètres cubes par an (320.000 mètres cubes se déversaient par jour à Asnières et 44.000 mètres cubes à Saint-Denis).
La surface de terrain irriguée dépassait à peine 600 hectares.
Dans ces terrains, en outre des prairies qui nourrissaient près de
800 vaches laitières, on récoltait des céréales, des betteraves, des
légumes ordinaires. Tous ces produits étaient transportés aux
Halles, où ils étaient recherchés.
La valeur des terrains de la commune de Gennevilliers a augmenté rapidement dans une grande proportion ; il en est de même
du chiffre de la population, qui a sauté de 2.186 habitants en 1869
à 3.200 en 1885.

L'arrêté du 10 novembre 1886 fut assez bien compris des propriétaires, généralement récalcitrants, lorsqu'il s'agit d'appliquer des
idées nouvelles, et à toutes les maisons neuves, qui se construisirent
sur les rues désignées, on adapta le nouveau mode d'évacuation
des matières de vidange.
A la fin de 1886, c'est-à-dire deux mois après la promulgation
de l'arrêté, il y avait 364 chutes reliées directement à l'égout. Ce

nombre était, au 1er janvier 1888, de 904 ; au 1er janvier 1889, de 1.500. En 1895, il a sauté à 11.000, et il est aujourd'hui de 14.000 environ.

Dans sa séance du 23 février 1887, le Conseil municipal vota le règlement relatif à l'Assainissement de Paris, mis à l'enquête en 1884, et le préfet, par un arrêté en date du 20 novembre de la même année, en étendit les dispositions aux appareils diviseurs (p. 340).

La ville de Paris avait déjà dépensé la somme respectable de 4.445.000 francs, comme frais de premier établissement, et celle annuelle d'exploitation figurait au budget pour 390.000 francs.

Pour poursuivre l'œuvre commencée et éviter la pollution de la Seine par les eaux d'égout, il était nécessaire que la ville possédât, à raison du dosage de 50.000 mètres cubes par hectare et par an, une superficie irrigable de 2.600 hectares.

Or Gennevilliers ne pouvait fournir que 600 hectares. Il fallait donc acquérir d'autres terrains.

L'Administration fit choix d'une superficie de 800 hectares de terrains appartenant à l'Etat et situés dans la partie basse de la forêt de Saint-Germain, près de la commune d'Achères. Ces terrains, arides, sablonneux, sont très perméables.

Le projet de l'Administration fut soumis aux enquêtes réglementaires, et le 25 juillet 1885, sur le rapport de M. Bourneville, la Commission parlementaire conclut à l'adoption du projet de l'Administration.

Une loi du 4 avril 1889 a autorisé la cession par l'État, à la ville de Paris, de ces 800 hectares de terrain, et a limité à 40.000 mètres cubes par hectare la quantité d'eau à y déverser annuellement.

Cette même loi ordonnait les travaux nécessaires pour *conduire dans la presqu'île de Saint-Germain (Achères) les eaux d'égout de Paris, élevées par les machines établies à Clichy, aux frais de la ville, sans préjudice de l'utilisation sur d'autres points, par elle-même ou par des concessionnaires, au moyen de traitements chimiques ou d'un canal dans la direction de la mer ou de toute autre façon, le tout sous la surveillance de ses agents, sans former de mares stagnantes, ni opérer de déversement d'eau d'égout non épurée en Seine, dans la traversée des départements de la Seine et de Seine-et-Oise, sauf le cas de force majeure.*

ÉTAT DE LA QUESTION EN 1889

Lors du vote de la loi du 4 avril 1889, le Service des Irrigations de la plaine de Gennevilliers était assuré par les ouvrages ci-après :

Un égout alimentaire dit « dérivation de Saint-Ouen », de 1^m,60 de hauteur et 0^m,90 de largeur aux naissances, relié à la porte de la Chapelle au collecteur du Nord, captait en ce point l'eau reçue par ce collecteur. La traversée de la Seine se faisait, comme elle se fait encore d'ailleurs aujourd'hui, à l'aide de trois conduites en fonte de 0^m,60 de diamètre, placées sous le tablier du pont.

Au-delà du pont, l'eau s'écoulait dans une conduite en béton de 1 mètre de diamètre.

L'eau d'égout était amenée à la plaine par cette voie principale par simple gravitation.

Mais celle empruntée au collecteur d'Asnières était amenée par trois galeries différentes au puisard d'aspiration des pompes de l'usine élévatoire établie sur le quai et refoulée sur les terrains d'irrigation.

Cette usine comportait alors 1.100 chevaux de force, fournis par trois groupes de machines et pompes.

Distribution. — La distribution comprenait :

1° Une conduite en maçonnerie de meulière de 1^m,25 de diamètre, prenant à l'aval du pont de Clichy et se poursuivant sur un parcours de 3.747 mètres. Elle était prolongée par une conduite en béton d'un diamètre de 0^m,60 et destinée à porter l'eau jusqu'aux berges mêmes du fleuve ;

2° Une deuxième conduite de 1^m,10 de diamètre en béton moulé doublait la première. Ces deux conduites étaient jonctionnées à deux endroits. La longueur de cette conduite et des deux jonctions de même diamètre était de 5.660^m,90 ;

3° Pour recevoir les eaux amenées par simple gravitation au pont de Saint-Ouen, une conduite de 1 mètre de diamètre en béton moulé se branchait sur les conduites en fonte du pont. Cette conduite, après un parcours de 394 mètres, se subdivisait en conduites secondaires qui conduisaient les eaux dans toutes les directions;

4° Sur les conduites maîtresses de distribution, étaient branchées des conduites secondaires d'un diamètre variant de 1 mètre à $0^m,45$. Leur longueur atteignait $39.315^m,55$.

Drainage. — La presqu'île de Gennevilliers a été drainée, afin de faciliter l'abaissement de la nappe souterraine.

Cinq drains perforés en tuyau de $0^m,45$ de diamètre (en béton ou en grès vernissé) ont été établis à 4 mètres environ en contre-bas du sol.

Ces drains conduisent les eaux d'infiltration à la Seine.

La longueur de ces drains était de 7.897 mètres.

Renseignements statistiques. — Le cube d'eau d'égout envoyé dans la plaine de Gennevilliers, qui n'était que de 1.760.000 mètres cubes, en 1872, a atteint 10.660.000 mètres cubes en 1876, 15.000.000 en 1880, 23.000.000 en 1884, et près de 28 millions de mètres cubes en 1888.

Sur ce chiffre de 28 millions, 15.000.000 ont été fournis par les machines élévatoires de Clichy, et les 13 autres millions sont venus par la dérivation de Saint-Ouen.

De même que la quantité d'eau envoyée, la surface irriguée a augmenté progressivement.

Partie de 51 hectares en 1872, cette surface atteignait 295 hectares en 1876; 450 hectares en 1880; 616 hectares en 1884, et 715 hectares en 1888.

En 1889, on pratiquait encore, à titre d'essai, sur certains points, l'irrigation à haute dose. Les résultats obtenus ont été très favorables pour la culture; mais ces mares d'eau stagnante ont occasionné des plaintes, et ce mode d'irrigation a été supprimé.

La valeur locative des terrains a quintuplé entre 1872 et 1889 : de 100 francs en moyenne elle a monté à 500 francs l'hectare, et le fonds lui-même valait de 10 à 12.000 francs et a même atteint 20.000 francs.

C'est que le rendement des diverses cultures est très élevé. On donne par hectare 40.000 têtes de choux, 60.000 têtes d'artichauts, 100.000 kilogrammes de betteraves, etc.

PÉRIODE CONTEMPORAINE.

La loi du 10 juillet 1894 rendant obligatoire le régime de l'écoulement direct à l'égout de toutes les eaux usées des habitations a été le point de départ d'une ère nouvelle pour l'assainissement de Paris (Voir p. 344).

Cette loi a autorisé la ville de Paris à contracter un emprunt de 117.500.000 francs, en même temps qu'elle l'autorisait, pour gager son emprunt, à percevoir des propriétaires une taxe annuelle de vidange, assise sur le revenu net imposé des immeubles, conformément à un taux déterminé.

Cette taxe a été calculée de manière à n'imposer aux propriétaires aucune charge nouvelle. Elle est démocratique, c'est-à-dire qu'elle pèse un peu plus lourdement sur les immeubles de grande valeur que sur ceux de plus faible valeur; mais, dans les deux cas, elle est inférieure à la somme payée annuellement par les divers propriétaires pour frais de vidange.

Cet emprunt de 117.500.000 francs est applicable aux dépenses suivantes (art. 1 de la loi précitée) :

	Francs.
1° Travaux d'adduction et d'élévation des eaux d'égout jusqu'aux terrains à affecter à l'épuration agricole, acquisition de terrains, aménagement des terrains acquis ou adduction des eaux jusqu'aux terrains affectés à cet usage, après accord avec les propriétaires...	30.800.000
2° Achèvement du réseau des égouts de Paris, amélioration des égouts existants et construction de nouveaux collecteurs.............	35.200.000
3° Achèvement de la distribution d'eau, construction de réservoirs, améliorations diverses des conduites des bassins de filtrage, des aqueducs, des canaux, etc., et dérivation du Loing et du Lunain.....................	50.000.000
4° Frais de l'emprunt.....................	1.500.000
TOTAL PAREIL..........	117.500.000

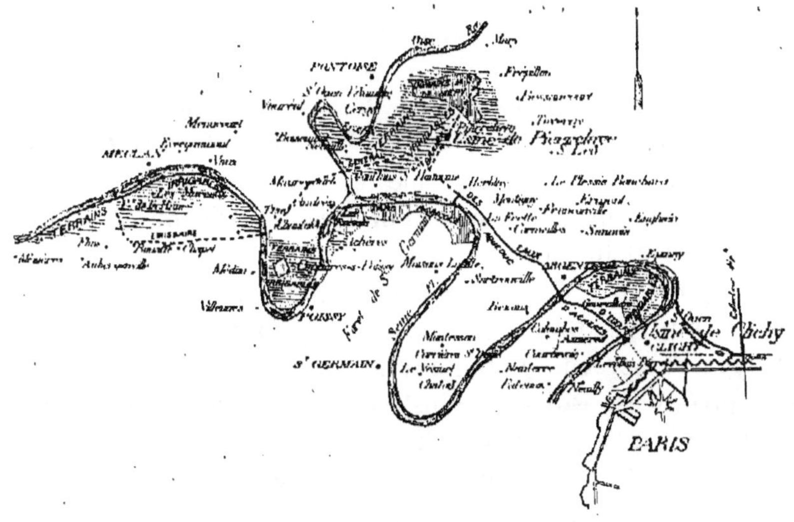

a. — Plan des terrains irrigués et irrigables.

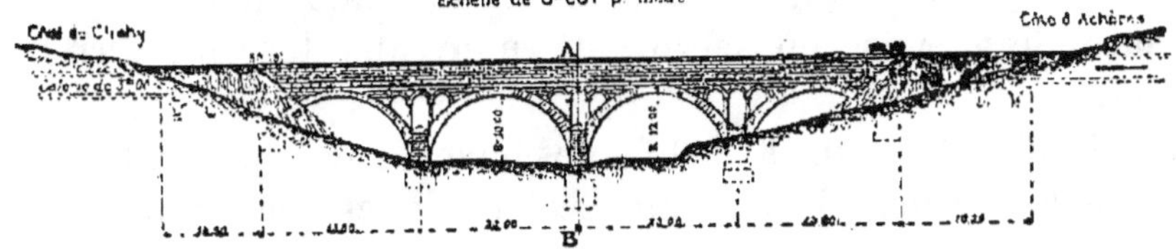

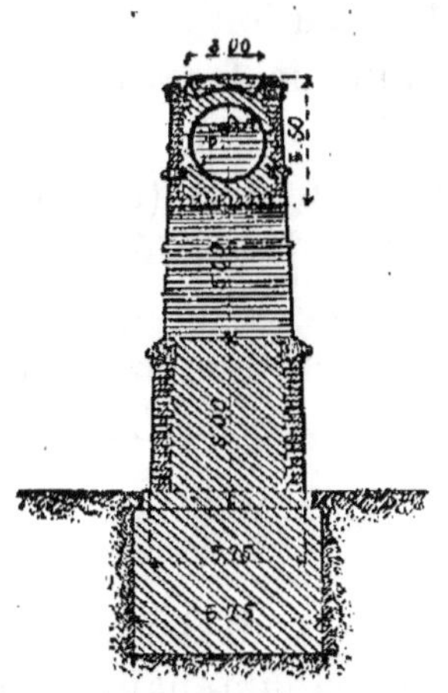

b. — Élévation et coupe des arcades de la Frette.
Fig. 154. — Assainissement de la Seine. — Plan. — Détails divers.

L'article 6 de la loi fixe à cinq années le délai d'exécution des travaux.

L'article 2 fixe à trois ans le délai accordé aux propriétaires, à compter de la date des arrêtés préfectoraux successifs, pour opérer la transformation des cabinets de leurs immeubles, en vue de l'évacuation directe à l'égout des matières solides et liquides.

On estime que ces travaux s'échelonneront sur une période de treize années. Donc, lorsque le délai imparti par la loi pour débarrasser complètement le fleuve des eaux d'égout sera expiré, c'est-à-dire que les terrains irrigables seront en suffisance et prêts à recevoir la totalité des eaux d'égout de Paris, la projection directe à l'égout ne sera réalisée que pour un nombre encore relativement restreint d'immeubles.

Pendant cette période de cinq années, l'état du fleuve ne sera donc pas aggravé ; bien au contraire, il n'ira qu'en s'améliorant jusqu'à l'expiration du délai, puisque la quantité d'eau polluée, qui y est envoyée, diminue au fur et à mesure de la mise en service de nouveaux terrains irrigables.

Sur le crédit de 30.800.000 francs ouvert par l'emprunt de 117.500.000 francs, doivent être exécutées les opérations ci-après indiquées :

	Francs
1° Opération de Méry-Pierrelaye (travaux d'adduction et de distribution des eaux, drains, usines, acquisitions de terrains, aménagement des champs d'épuration)............	10.800.000
2° Opérations complémentaires (nouveaux champs d'épuration dans la vallée de la Seine)........	15.000.000
3° Bâtiments d'exploitation, matériel, outillage............................	5.000.000
TOTAL PAREIL............	30.800.000

Déjà l'opération d'Achères, déclarée d'utilité publique par la loi du 4 avril 1889 et comprenant la construction d'un aqueduc entre Clichy et Achères, l'aménagement des

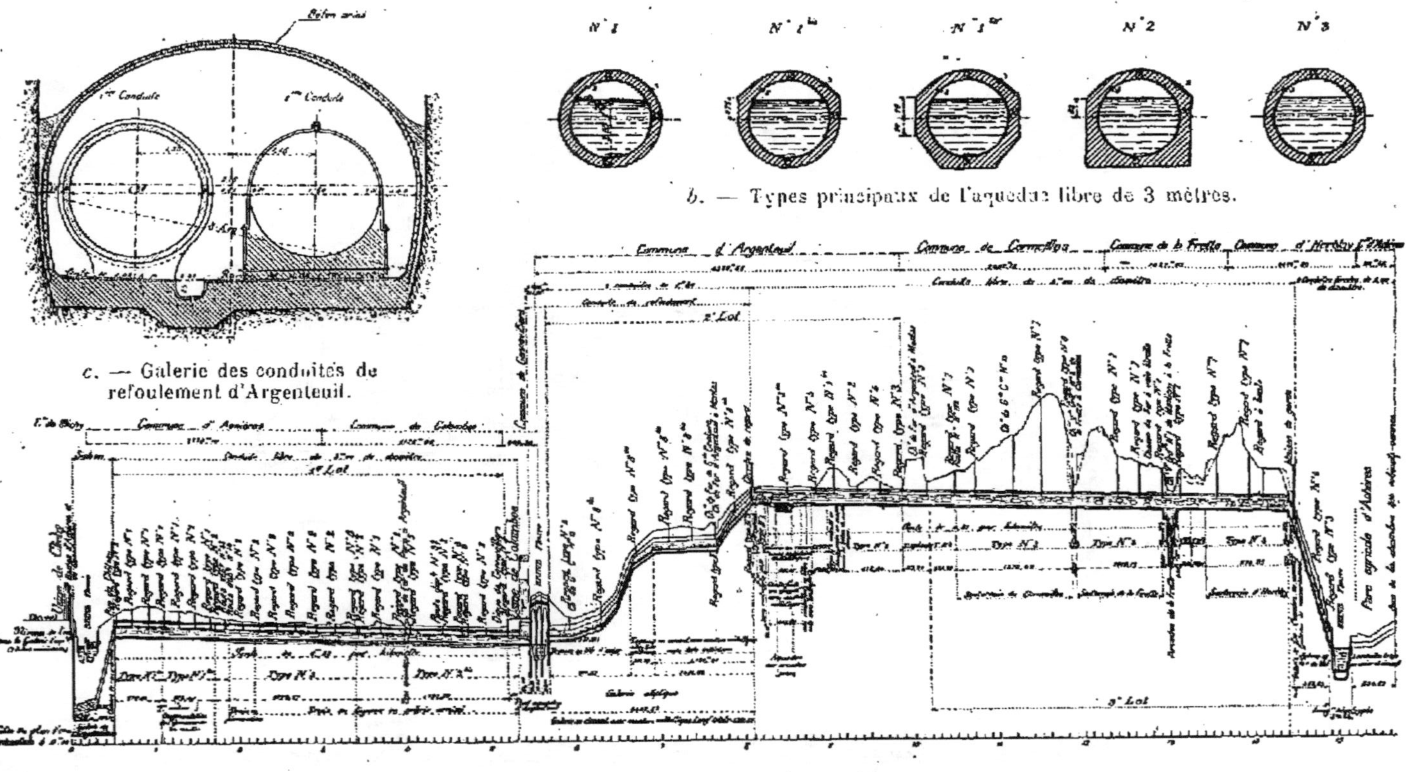

b. — Types principaux de l'aqueduc libre de 3 mètres.

c. — Galerie des conduites de refoulement d'Argenteuil.

a. — Profil en long de l'aqueduc d'Achères.

Fig. 155. — Assainissement de la Seine. — Profil et coupes.

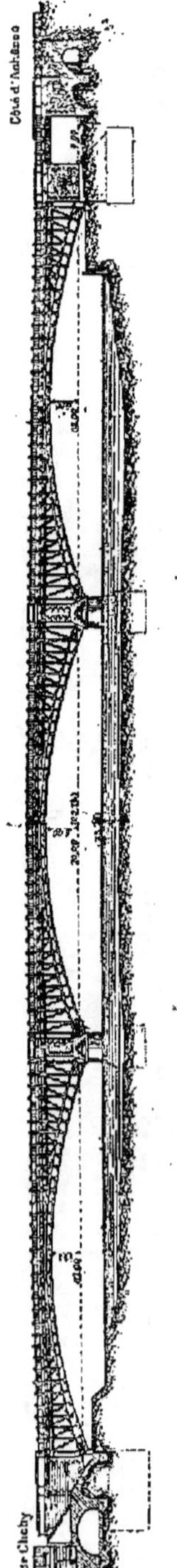

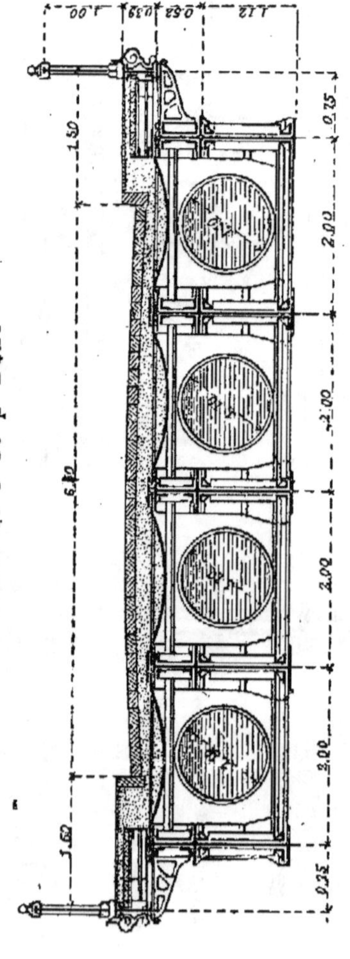

Fig. 156. — Assainissement de la Seine. — Pont-aqueduc d'Argenteuil.

300 hectares de terrains domaniaux, ainsi que la transformation de l'usine de Clichy et la construction d'une usine de relai à Colombes, la construction de siphon sous la Seine, de pont sur la Seine, etc., avait été dotée pour une somme de 10.500.000 francs sur un emprunt antérieur de 200 millions.

Cette dernière opération a été commencée au milieu de l'année 1893, et, le 7 juillet 1895, les champs d'irrigations ont été ouverts à l'exploitation.

Actuellement l'opération de Méry est en cours d'exécution et elle sera très vraisemblablement achevée dans le courant de cette année.

Elle sera poursuivie ensuite vers Meulan, où la ville possède des terrains irrigables dans la boucle que forme la Seine.

On peut donc, dès aujourd'hui, affirmer que le délai, imparti par la loi du 10 juillet 1894 pour l'envoi total des eaux d'égout de Paris sur les champs d'épandage, sera respecté.

Le plan (*fig.* 154, *a*) représente l'ensemble des terrains irrigués et irrigables, ainsi que le tracé de l'aqueduc principal construit, en cours d'exécution et projeté, et les figures 155 et 156 donnent certains détails intéressants à consulter.

LOIS, DÉCRETS ET ARRÊTÉS
RELATIFS A L'ASSAINISSEMENT DE LA SEINE

PROJETS DE LOI ET DE RÈGLEMENT
ARRÊTÉS PAR UNE COMMISSION SPÉCIALE
ET RELATIFS A L'ASSAINISSEMENT DE PARIS

PROJET DE LOI

ARTICLE PREMIER. — La ville de Paris est autorisée à percevoir une taxe municipale pour assurer l'évacuation des matières solides et liquides de vidange.

ART. 2. — Cette taxe municipale obligatoire sera établie suivant un tarif fixé par tuyau de chute.

Toutefois, lorsque les tuyaux de chute ne desserviront que des logements d'un loyer réel de 500 francs et au-dessous, satisfaisant à toutes les conditions de salubrité et, notamment, à celles qui sont prescrites par le présent règlement, il pourra être accordé une remise de moitié par tuyau de chute sur le chiffre de la redevance.

Lorsque le tuyau de chute desservira à la fois des logements de 500 francs et au-dessous, établis dans les conditions sus-indiquées, et des logements d'un prix supérieur, la remise de moitié sera diminuée proportionnellement au rapport de valeur entre les deux catégories de logements ainsi desservis.

Toutefois, dans ce dernier cas, la réduction de taxe ne sera accordée que lorsque le montant des loyers des logements de 500 francs et au-dessous représentera le quart, au moins, du revenu total de l'immeuble.

Ce tarif, délibéré en Conseil municipal et approuvé par un décret rendu dans la forme des règlements d'administration publique, sera revisable tous les cinq ans.

ART. 3. — Le recouvrement de cette taxe aura lieu comme en matière de contributions directes.

ART. 4. — Tout propriétaire est tenu d'avoir, à chaque étage, un robinet d'eau potable à la disposition constante des locataires qui n'ont pas d'abonnement dans leur appartement.

Il est tenu, en outre, de placer dans chaque cabinet d'aisances une distribution d'eau pour le lavage des tuyaux de chute, donnant au minimum 10 litres d'eau par vingt-quatre heures et par habitant faisant usage du cabinet.

PROJET DE RÈGLEMENT

TITRE I. — *Cabinets d'aisances*

ARTICLE PREMIER. — Dans toute maison à construire il devra y avoir un cabinet d'aisances par appartement, par logement ou par série de trois chambres louées séparément. Ce cabinet devra toujours être placé dans l'appartement ou logement, soit à proximité du logement ou des chambres desservies, et, dans ce dernier cas, fermé à clef.

Dans les magasins, hôtels, théâtres, usines, écoles et établissements analogues, le nombre des cabinets d'aisances sera déterminé par l'administration, dans la permission de construire, en prenant pour base le nombre de personnes appelées à faire usage de ces cabinets.

Dans les immeubles indiqués au paragraphe précédent, le propriétaire ou le principal locataire sera responsable de l'entretien en bon état de propreté des cabinets à usage commun.

ART. 2. — Tout cabinet d'aisances devra être muni de réservoirs ou d'appareils branchés sur la canalisation, permettant de fournir dans ce cabinet une quantité d'eau de 10 litres, au minimum, par personne et par jour.

ART. 3. — L'eau ainsi livrée dans les cabinets d'aisances devra arriver dans les cuvettes de manière à former une chasse suffisamment vigoureuse. Les appareils qui la distribueront seront examinés et reçus par le service de l'assainissement de Paris, avant la mise en service.

ART. 4. — Toute cuvette de cabinet d'aisances sera munie d'un appareil formant fermeture hydraulique et permanente.

ART. 5. — Les dispositions des articles 2, 3 et 4 qui précèdent seront applicables aux cabinets des ateliers, des magasins, des bureaux, et, en général, de tous les établissements qui reçoivent une nombreuse population pendant le jour.

Titre II. — *Eaux ménagères et pluviales*

Art. 6. — Il sera placé une inflexion siphoïde formant fermeture hydraulique, à l'origine supérieure de chacun des tuyaux d'eaux ménagères.

Art. 7. — Les tuyaux de descente des eaux pluviales seront munis d'obturateurs interceptant toute communication directe avec l'atmosphère de l'égout.

Les tuyaux devront être aérés d'une manière continue.

Titre III. — *Tuyaux de chute et conduites d'eaux ménagères et pluviales*

Art. 8. — Les conduites d'eaux ménagères, les conduites d'eaux pluviales et les tuyaux de chute destinés aux matières de vidange ne pourront avoir un diamètre inférieur à $0^m,08$, ni supérieur à $0^m,16$.

Art. 9. — Les chutes des cabinets d'aisances avec leurs branchements ne pourront être placées sous un angle supérieur à 45° avec la verticale.

Chaque tuyau de chute sera prolongé au-dessus du toit jusqu'au faîtage et librement ouvert à sa partie supérieure.

Art. 10. — La projection des corps solides, débris de cuisine, de vaisselle, etc., dans les cabinets d'aisances, est formellement interdite.

Art. 11. — Le tracé des tuyaux secondaires partant du pied des tuyaux de chute et des conduites d'eaux ménagères, sera prolongé dans les cours et dans les caves jusqu'au tuyau général d'évacuation.

Il en sera de même pour les conduites des eaux pluviales, si le tuyau d'évacuation peut recevoir ces eaux.

Le tracé de ces tuyaux devra être formé de parties rectilignes. A chaque changement de direction ou de pente sera ménagé une tubulure ou un regard de visite et d'aération facilement accessible.

Titre IV. — *Évacuation des matières de vidange, des eaux ménagères et pluviales*

Art. 12. — L'évacuation des matières de vidange pourra être faite, soit directement à l'égout public, soit dans une canalisation spéciale. Des arrêtés préfectoraux, pris après avis conforme du

Conseil municipal, détermineront les voies dans lesquelles l'un ou l'autre de ces modes d'évacuation pourra être appliqué.

ART. 13. — *Évacuation directe à l'égout.* — Dans les voies publiques où les tuyaux d'évacuation pourront déboucher directement dans l'égout public, lesdits tuyaux recevront les tuyaux de chute des cabinets d'aisances, ainsi que les conduites d'eaux ménagères et les descentes d'eaux pluviales.

ART. 14. — Lesdits tuyaux d'évacuation auront une pente minima de $0^m,03$ par mètre. Dans les cas exceptionnels où cette pente serait impossible ou difficile à réaliser, l'Administration aura la faculté d'autoriser des pentes plus faibles avec addition de réservoirs de chasse ou autres moyens d'expulsion à établir aux frais et au compte des propriétaires.

ART. 15. — Le diamètre des tuyaux d'évacuation sera fixé, sur la proposition des intéressés, en raison de la pente disponible et du cube à évacuer.

Il ne sera, en aucun cas, inférieur à $0^m,16$.

ART. 16. — Chaque tuyau d'évacuation sera muni, avant sa sortie de la maison, d'un siphon dont la plongée ne pourra être inférieure à $0^m,07$, afin d'assurer l'occlusion hermétique et permanente entre la canalisation intérieure et l'égout public.

Les modèles de ces siphons et appareils seront soumis à l'Administration et acceptés par elle. Chaque siphon sera muni d'une tubulure de visite avec fermeture étanche placée en amont de l'inflexion siphoïde.

ART. 17. — Les tuyaux d'évacuation et les siphons seront en grès vernissé intérieurement. Les joints devront être étanches et exécutés avec le plus grand soin, sans bavure ni saillie intérieure. L'emploi de la fonte pourra être autorisé dans le cas où l'Administration le jugerait acceptable.

ART. 18. — Les tuyaux d'évacuation seront prolongés dans le branchement particulier jusqu'à l'aplomb de l'égout public.

ART. 19. — Dans toute maison à construire, le branchement particulier d'égout devra être mis en communication avec l'intérieur de l'immeuble, et ce branchement devra être fermé par un mur pignon au droit même de l'égout public.

En ce qui concerne les maisons existantes, les propriétaires pourront être autorisés, sur leur demande, à mettre en communication avec l'intérieur de leur immeuble leur branchement particulier et à y installer le siphon hydraulique obturateur du conduit d'évacuation, ainsi que le compteur de leur distribution d'eau, sous réserve de l'établissement, au droit même de l'égout, d'un mur pignon formant ce branchement.

Art. 20. — *Évacuation par canalisation spéciale.* — Dans les voies publiques où les matières de vidange et les eaux ménagères ne pourront être évacuées directement à l'égout public, des arrêtés spéciaux, pris après avis du Conseil municipal, prescriront les dispositions à adopter.

Titre V. — *Époque de l'exécution des travaux*

Art. 21. — Les dispositions du titre I relatives au nombre des cabinets d'aisances, seront immédiatement applicables, en ce qui concerne les maisons à construire. Elles pourront devenir exigibles dans les maisons déjà construites, si la salubrité le réclame, en exécution des lois et règlements existants ou à intervenir sur les logements insalubres.

Les autres dispositions du titre Ier ne seront appliquées que successivement dans les voies indiquées par les arrêtés préfectoraux dont il est question aux articles 12 et 20.

Les propriétaires riverains de ces voies auront un délai maximum de trois ans, compté à partir de la publication desdits arrêtés, pour appliquer les dispositions des articles 2, 3 et 4 du titre I et pourvoir à l'exécution des prescriptions des titres II, III et IV, relatifs à l'installation des occlusions hydrauliques et à l'évacuation des vidanges dans les conditions indiquées au présent règlement.

Art. 22. — Dans un délai d'un an, compté à partir de la publication du présent arrêté, les tuyaux de chute des cabinets d'aisances de toutes les maisons devront être prolongés au-dessus du toit dans les conditions prescrites par l'article 9 du présent règlement.

Art. 23. — Les projets d'établissement de canalisations de maisons neuves, ou de transformation de maisons déjà construites, seront soumis, avant exécution, au service de l'assainissement de Paris.

Ils comprendront l'indication détaillée de tous les travaux à exécuter, tant pour la distribution de l'eau alimentaire que pour l'établissement des cabinets d'aisances et l'évacuation de matières de vidange, eaux ménagères et pluviales.

Vingt jours après le dépôt de ces projets à la préfecture de la Seine, le constructeur pourra commencer les travaux d'après son projet, s'il ne lui a été notifié aucune injonction.

Après approbation de l'administration et exécution, les ouvrages ne pourront être mis en service qu'après leur réception par les agents du service de l'assainissement de Paris assistés de l'architecte-voyer, lesquels vérifieront si ces ouvrages sont conformes aux projets approuvés et aux dispositions prescrites par le présent règlement.

Titre VI. — *Redevances*

Art. 24. — Conformément à la loi en date du. . . . . les propriétaires paieront pour curage et entretien des égouts ou des conduites spéciales, après suppression des fosses fixes, une taxe de 60 francs pour chaque tuyau de chute.

Toutefois, lorsque les tuyaux de chute ne desserviront que des logements d'un loyer réel de 500 francs et au-dessous, satisfaisant à toutes les conditions de salubrité et notamment à celles qui sont prescrites par le présent règlement, il pourra être accordé une remise de 30 francs par tuyau de chute sur le chiffre de la redevance indiquée ci-dessus.

Lorsque le tuyau de chute desservira à la fois des logements de 500 francs et au-dessous, établis dans les conditions sus-indiquées, et des logements d'un prix supérieur, la remise de 30 francs sera diminuée proportionnellement au rapport de valeur entre les deux catégories de logements ainsi desservis. Toutefois, dans ce dernier cas, la réduction de taxe ne sera accordée que lorsque le montant des loyers des logements de 500 francs et au-dessous représentera le quart, au moins, du revenu total de l'immeuble.

La taxe de 60 francs pourra être revisée tous les cinq ans, après délibération du Conseil municipal.

Titre VII. — *Dispositions transitoires*

Art. 25. — Il ne sera plus accordé d'autorisation pour écoulement des eaux vannes dans les égouts par l'intermédiaire des tinettes filtrantes, dans les conditions de l'arrêté du 2 juillet 1867, que si le propriétaire dispose sa canalisation et ses appareils de manière à pouvoir effectuer l'écoulement direct et total des matières soit à l'égout, soit aux tuyaux spéciaux destinés à recevoir les vidanges et les eaux ménagères, dès que l'un ou l'autre de ces modes d'écoulement pourra être pratiqué.

Art. 26. — Dans les immeubles munis actuellement de tinettes filtrantes, il sera fait une revision générale des appareils en service. Les modèles dont les dispositions ne sont pas de nature à garantir une fermeture hermétique et à empêcher tout débordement dans le caveau et qui n'assurent pas un écoulement direct du trop-plein, soit à l'égout, soit à la canalisation publique spéciale, devront être remplacés, aux frais de qui de droit, dans un délai de six mois à partir du jour où le propriétaire sera invité à procéder à ce remplacement.

ART. 27. — Des fosses fixes nouvelles ne pourront être établies que dans les cas à déterminer par l'Administration et lorsque l'absence d'égout, les dispositions de l'égout public ou de la canalisation d'eau, ou toute autre cause ne permettront pas l'écoulement direct des matières de vidange à l'égout ou dans la canalisation publique spéciale.

ART. 28. — Dans toute fosse existante il devra être établi, après la première vidange, au point bas du radier, au-dessous de l'ouverture d'extraction, une cuvette à parois inclinées d'au moins 0ᵐ,30 de profondeur pour faciliter le rachèvement.

ART. 29. — L'installation et la disposition des fosses fixes, des tinettes filtrantes existant actuellement, des tuyaux de chute et d'évent, etc., etc., restent soumises aux prescriptions des ordonnances, arrêtés et règlements en vigueur, en tout ce à quoi il n'est pas dérogé par le présent règlement.

ARRÊTÉ DU 10 NOVEMBRE 1886

PORTANT RÈGLEMENT POUR L'ÉCOULEMENT DES MATIÈRES DE VIDANGE DANS LES ÉGOUTS DE PARIS PAR VOIE DIRECTE

ARTICLE PREMIER. — Dans toutes les rues pourvues de collecteurs à bateaux ou à rails, ou d'égouts munis de réservoirs de chasse, les propriétaires de maisons en bordure sur la voie publique pourront faire écouler directement à l'égout les eaux pluviales et ménagères, ainsi que les matières de vidange de leurs immeubles.

A cet effet, ils souscriront des abonnements qui seront approuvés par des arrêtés préfectoraux, sur l'avis de l'ingénieur en chef de l'assainissement.

Conditions d'abonnements. — Ces abonnements seront annuels et révocables à la volonté de l'Administration.

Ils partiront des 1ᵉʳ janvier et 1ᵉʳ juillet de chaque année.

ART. 2. — Les conditions à remplir pour l'abonnement sont les suivantes:

1° *Concession d'eau.* — La propriété sera desservie par les eaux de la ville.

2° *Branchement d'égout.* — Elle sera pourvue d'un branchement particulier d'égout.

3° *Cabinet d'aisances.* — Tout cabinet d'aisances devra être muni de réservoirs ou d'appareils branchés sur la canalisation, permettant de fournir dans ce cabinet une quantité d'eau de 10 litres au minimum par personne et par jour.

L'eau ainsi livrée dans les cabinets d'aisances devra arriver dans les cuvettes de manière à former une chasse d'eau suffisamment vigoureuse.

Les appareils qui la distribueront seront examinés par le service de l'assainissement et devront être reçus par l'Administration avant leur mise en service.

Toute cuvette de cabinet d'aisances sera munie d'un appareil formant fermeture hydraulique et permanente.

Ces dispositions seront applicables aux cabinets des ateliers, des magasins, des bureaux et, en général, de tous les établissements qui reçoivent une nombreuse population pendant le jour.

4° *Eaux ménagères et pluviales.* — Il sera placé une inflexion siphoïde formant fermeture hydraulique à l'origine supérieure de chacun des tuyaux d'eaux ménagères.

Les tuyaux de descente des eaux pluviales seront munis d'obturateurs interceptant toute communication directe avec l'atmosphère de l'égout.

Les tuyaux devront être aérés d'une manière continue.

5° *Tuyaux de chutes et conduites d'eaux ménagères et pluviales.* — Les conduites d'eaux ménagères, les conduites d'eaux pluviales et les tuyaux de chute destinés aux matières de vidange ne pourront avoir de diamètre inférieur à $0^m,08$ ni supérieur à $0^m,16$.

Les chutes des cabinets d'aisances avec leurs branchements ne pourront être placées sous un angle supérieur à 45° avec la verticale.

Chaque tuyau de chute sera prolongé au-dessus du toit jusqu'au faîtage et librement ouvert à la partie supérieure.

La projection des corps solides, débris de cuisine, de vaisselle, etc., dans les conduites d'eaux ménagères et pluviales, ainsi que dans les cuvettes des cabinets d'aisances, est formellement interdite.

Le tracé des tuyaux secondaires partant du pied des tuyaux de chute et des conduites d'eaux ménagères sera prolongé dans les cours et caves jusqu'au tuyau général d'évacuation.

Il en sera de même pour les conduites des eaux pluviales, si le tuyau d'évacuation peut recevoir ces eaux.

Le tracé de ces tuyaux devra être formé de parties rectilignes.

A chaque changement de direction, ou de pente, il sera ménagé une tubulure ou un regard de visite et d'aération facilement accessible.

6° *Évacuation directe à l'égout.* — Les tuyaux d'évacuation auront une pente minima de 0ᵐ,03 par mètre.

Dans les cas exceptionnels où cette pente serait impossible ou difficile à réaliser, l'Administration aura la faculté d'autoriser des pentes plus faibles avec addition de réservoirs de chasse ou autres moyens d'expulsion à établir aux frais et pour le compte des propriétaires.

Le diamètre de ces tuyaux sera fixé sur la proposition des intéressés, en raison de la pente disponible et du cube à évacuer ; il ne sera en aucun cas inférieur à 0ᵐ,16.

Chaque tuyau d'évacuation sera muni, avant sa sortie de la maison, d'un siphon dont la plongée ne pourra être inférieure à 0ᵐ,07, afin d'assurer l'occlusion hermétique et permanente entre la canalisation intérieure et l'égout public.

Les modèles de ces siphons et appareils seront soumis à l'Administration et devront être acceptés par elle.

Chaque siphon sera muni d'une tubulure de visite avec fermeture étanche placée en amont de l'inflexion siphoïde.

Les tuyaux d'évacuation et les siphons seront en grès vernissé intérieurement.

Les joints devront être étanches et exécutés avec le plus grand soin, sans bavure ni saillie intérieure. L'emploi de la fonte pourra être autorisé dans le cas où l'Administration le jugerait acceptable. Les tuyaux d'évacuation seront prolongés dans le branchement particulier jusqu'à l'aplomb de l'égout public.

Art. 3. — *Police des travaux.* — Les dispositions qui précèdent et toutes celles que l'Administration jugerait utile de prescrire seront exécutées aux frais, risques et périls du propriétaire d'après les instructions des agents du Service de l'Assainissement et sans qu'il puisse être mis empêchement au contrôle de ces agents, sous quelque prétexte que ce soit.

Aucune canalisation ne sera mise en service qu'après avoir été reconnue par l'Inspecteur de l'Assainissement ou son délégué, qui en autorisera l'usage.

Art. 4. — *Responsabilité.* — Les abonnés sont exclusivement responsables envers les tiers de tous les dommages auxquels pourra donner lieu l'écoulement des liquides provenant de leur propriété.

Art. 5. — *Tarif.* — Le propriétaire ou son représentant acquittera à la Caisse municipale une redevance annuelle de 60 francs

par chute. Toutefois, lorsque les tuyaux de chute ne desserviront que des logements d'un loyer réel de 500 francs et
au-dessous, il pourra être accordé une remise de 30 francs par
tuyau de chute sur le chiffre de la redevance.

Art. 6. — *Paiement.* — Le montant de la somme à payer sera
fixé, chaque semestre, après constatation contradictoire du nombre
des chutes existantes, par l'Inspecteur de l'Assainissement ou son
délégué, en présence du propriétaire ou de son représentant, et sera
reconnu par ceux-ci, sur un état que l'Ingénieur en chef de l'Assainissement transmettra à la préfecture de la Seine pour être
rendu exécutoire.

Le prix de l'abonnement sera versé en deux termes égaux (1er janvier et 1er juillet) et d'avance.

Résiliation. — A défaut de paiement à l'une des échéances,
l'écoulement sera suspendu et l'abonnement pourra être résilié.

Art. 7. — *Contraventions.* — Les contraventions aux dispositions du présent arrêté seront constatées par procès-verbaux ou
rapports et poursuivies par les voies de droit, sans préjudice des
mesures administratives auxquelles ces contraventions pourraient
donner lieu.

<table>
<tr><td>ARRÊTÉ PRÉFECTORAL</td><td>RÈGLEMENT</td></tr>
<tr><td>du 20 novembre 1887</td><td>POUR L'ÉCOULEMENT DIRECT DES EAUX VANNES
DANS LES ÉGOUTS PUBLICS
PAR APPAREILS DIVISEURS</td></tr>
</table>

Article premier. — Les propriétaires des maisons en bordure sur
la voie publique pourront faire écouler les eaux vannes de leurs
fosses d'aisances dans les égouts de la ville, au moyen d'appareils diviseurs.

Abonnement. — A cet effet, ils souscriront des abonnements qui
seront approuvés, s'il y a lieu, par arrêtés préfectoraux, sur l'avis
de l'ingénieur en chef de l'Assainissement.

Ces abonnements seront annuels et révocables à la volonté de
l'Administration. Ils partiront des 1er janvier et 1er juillet de
chaque année.

Renonciation. — Le propriétaire pourra y renoncer en préve-
nant le préfet de la Seine six mois à l'avance; quelle que soit la

date de l'avertissement, le prix de l'abonnement sera exigible jusqu'à son expiration.

Art. 2. — *Conditions d'abonnement.* — Les conditions à remplir
pour l'abonnement sont les suivantes :

1° *Concession d'eau.* — La propriété sera desservie par les eaux
de la ville ;

2° Elle sera pourvue d'un branchement d'égout particulier ;

3°. *Appareils diviseurs.* — Les eaux vannes devront être séparées
des solides au moyen d'appareils diviseurs d'un modèle accepté
par l'Administration. Les entrepreneurs chargés de la fourniture
ou de l'entretien de ces appareils seront exclusivement choisis par
les entrepreneurs de vidange en exercice à Paris.

Caveau. — Les appareils diviseurs seront établis dans un caveau
convenablement ventilé et dont le sol aura été rendu imperméable
et disposé en forme de cuvette.

4° *Cabinets d'aisances.* — Tout cabinet d'aisances devra être
muni de réservoirs ou d'appareils branchés sur la canalisation
d'eau permettant de fournir dans ce cabinet une quantité d'eau de
10 litres, au minimum, par personne et par jour.

L'eau ainsi livrée dans les cabinets d'aisances devra arriver dans
les cuvettes de façon à former une chasse suffisamment vigoureuse.

Les systèmes d'appareils et leurs dispositions générales seront
soumis au Conseil municipal avant que leur emploi par les propriétaires soit autorisé. Ils seront examinés par le Service de
l'Assainissement et devront être reçus par l'Administration avant
leur mise en service.

Toute cuvette de cabinets d'aisances sera munie d'un appareil
formant fermeture hydraulique et permanente.

Ces dispositions sont applicables aux cabinets d'aisances des
ateliers, des magasins, des bureaux, et, en général, de tous les
établissements qui reçoivent une nombreuse population pendant
le jour.

5° *Eaux pluviales, ménagères.* — Il sera placé une inflexion
siphoïde formant fermeture hydraulique à l'origine de chacun des
tuyaux d'eaux ménagères.

Les tuyaux de descente des eaux pluviales seront munis d'obturateurs, interceptant toute communication directe avec l'atmosphère de l'égout.

Les tuyaux devront être aérés d'une manière continue.

6° *Tuyaux de chutes et conduites d'eaux ménagères et pluviales.* — Les conduites d'eaux ménagères, les conduites d'eaux pluviales et les tuyaux de chute destinés aux matières de vidange ne pourront avoir un diamètre inférieur à $0^m,08$, ni supérieur à $0^m,16$.

Les chutes des cabinets d'aisances avec leurs branchements ne pourront être placées sous un angle supérieur à 45° avec la verticale.

Chaque tuyau de chute sera prolongé au-dessus du toit jusqu'au faîtage et librement ouvert à sa partie supérieure.

La projection des corps solides, débris de cuisine, de vaisselle, etc., dans les tuyaux de chute et dans les conduites d'eaux ménagères et pluviales est formellement interdite.

Le tracé des tuyaux secondaires partant du pied des tuyaux de chute et des conduites d'eaux ménagères sera prolongé dans les cours et caves jusqu'au tuyau général d'évacuation.

Il en sera de même pour les conduites des eaux pluviales, si le tuyau d'évacuation peut recevoir ces eaux, sauf dans le cas où le système d'évacuation des matières de vidange et des eaux ménagères ne comporterait pas la possibilité de recevoir les eaux du ciel.

Le tracé de ces tuyaux devra être formé de parties rectilignes.

A chaque changement de direction ou de pente, il sera ménagé une tubulure ou un regard de visite ou d'aération facilement accessible.

7° *Évacuation directe à l'égout.* — Les tuyaux d'évacuation auront une pente minima de $0^m,03$ par mètre. Dans les cas exceptionnels où cette pente serait impossible ou difficile à réaliser, l'Administration aura la faculté d'autoriser des pentes plus faibles avec addition de réservoirs de chasses ou autres moyens d'expulsion à établir aux frais et pour le compte des propriétaires.

Le diamètre de ces tuyaux sera fixé sur la proposition des intéressés, en raison de la pente disponible et du cube à évacuer. Il ne sera, dans aucun cas, inférieur à $0^m,16$.

Chaque tuyau d'évacuation sera muni avant la sortie de la maison d'un siphon dont la plongée ne pourra être inférieure à $0^m,07$ afin d'assurer l'occlusion hermétique et permanente entre la canalisation intérieure et l'égout public.

Chaque siphon sera muni d'une tubulure de visite avec fermeture étanche placée en amont de l'inflexion siphoïde.

Les modèles de ces siphons et appareils seront soumis à l'Administration et devront être acceptés par elle.

Les tuyaux d'évacuation et les siphons seront en grès, poteries et autres produits équivalents vernissés intérieurement.

Les joints devront être étanches et exécutés avec le plus grand soin sans bavure ni saillie intérieure.

L'emploi de la fonte pourra être autorisé dans le cas où le Conseil municipal jugerait cette matière acceptable.

Les tuyaux d'évacuation seront prolongés dans le branchement particulier jusqu'à l'aplomb de l'égout public.

8° *Fosses réformées.* — Les fosses fixes rendues inutiles par suite de l'installation des appareils diviseurs seront comblées ou converties en caves.

ART. 3. — *Police des travaux.* — Les dispositions qui précèdent et toutes celles que l'Administration jugerait utile de prescrir seront exécutées aux frais, risques et périls du propriétaire, d'après les instructions des agents du service de l'Assainissement et sans qu'il puisse être mis empêchement au contrôle de ces agents, sous quelque prétexte que ce soit.

Les canalisations et appareils ne seront mis en service qu'après avoir été reconnus par l'inspecteur de l'Assainissement ou son délégué, qui en autorisera l'usage.

ART. 4. — *Interruption d'écoulement.* — Les abonnés n'auront droit à aucune indemnité pour cause d'interruption momentanée d'écoulement d'eaux vannes à l'égout par suite de travaux exécutés par la ville de Paris, lorsque l'interruption ne se prolongera pas au-delà d'un mois. Après ce terme, la réduction de la redevance fixée par l'article 6 ci-après sera proportionnelle à la durée de l'interruption.

ART. 5. — *Responsabilité.* — Les abonnés seront exclusivement responsables envers les tiers de tous les dommages auxquels pourraient donner lieu soit ces appareils de vidange, soit l'écoulement des liquides en provenant.

Ils ne pourront faire aucune réclamation, ni prétendre à aucune indemnité dans le cas où les eaux de l'égout public viendraient à refluer à l'intérieur de la propriété, soit par les appareils diviseurs, soit par les canalisations.

ART. 6. — *Tarif.* — Le propriétaire ou un représentant en son nom acquittera à la Caisse municipale une redevance annuelle de 30 francs par tuyau de chute.

ART. 7. — *Paiement.* — Le prix de l'abonnement sera versé d'avance en deux termes égaux (1er janvier et 1er juillet).

Résiliation. — A défaut de paiement à l'une des échéances, l'écoulement sera suspendu, et l'abonnement résilié.

ART. 8. — *Contraventions.* — Les contraventions aux dispositions du présent arrêté seront constatées par procès-verbaux ou rapports et poursuivies par toutes voies de droit, sans préjudice des mesures administratives auxquelles ces contraventions pourraient donner lieu.

ART. 9. — L'arrêté du 2 juillet 1867 est rapporté.

LOI DU 10 JUILLET 1894

RELATIVE A L'ASSAINISSEMENT DE PARIS ET DE LA SEINE

ARTICLE PREMIER. — La Ville de Paris (Seine) est autorisée à emprunter, à un taux d'intérêt n'excédant pas quatre francs pour cent francs (4 fr. 0/0), intérêts, primes de remboursements et lots compris, une somme de cent dix-sept millions cinq cent mille francs (117.500.000 francs), remboursable en soixante-quinze ans, à partir de 1898 et applicable aux dépenses suivantes, savoir (Voir p. 325) :

Le montant des lots applicables aux obligations amorties à chaque tirage est fixé annuellement à la somme de quatre cent soixante-dix mille francs (470.000 fr.).

Il sera statué par des décrets rendus sur la proposition du Ministre de l'Intérieur sur le mode et les conditions de réalisation de l'emprunt.

ART. 2. — Les propriétaires des immeubles situés dans les rues pourvues d'un égout public seront tenus d'écouler souterrainement et directement à l'égout les matières solides et liquides des cabinets d'aisances de ces immeubles.

Il est accordé un délai de trois ans pour les transformations à effectuer à cet effet dans les maisons anciennes.

ART. 3. — La Ville de Paris est autorisée à percevoir des propriétaires de constructions riveraines des voies pourvues d'égouts, pour l'évacuation directe des cabinets, une taxe annuelle de vidange qui sera assise sur le revenu net imposé des immeubles, conformément au tarif ci-après :

Pour un immeuble d'un revenu imposé à la contribution foncière ou à celle des portes et fenêtres inférieur à :

500	10 francs.
1.500	30 —
3.000	60 —
6.000	80 —
10.000	100 —
20.000	150 —
30.000	200 —
40.000	350 —
50.000	500 —
70.000	750 —
100.000	1.000 —

Pour un immeuble d'un revenu imposé de 100.000 francs et au-dessus : 1.500 francs.

En ce qui concerne les immeubles exonérés à un titre et pour une cause quelconque de la contribution foncière sur la propriété bâtie, la Ville pourra percevoir une taxe fixe de cinquante francs (50 fr.) par chute.

Le produit de ces taxes servira à rembourser l'emprunt, en principal et intérêts, et à faire face à l'augmentation des dépenses d'entretien.

Art. 4. — Le taux des dites taxes pourra être revisé tous les cinq ans par décret, après délibération conforme du Conseil municipal, sans que ces taxes puissent être supérieures au tarif fixé à l'article 3.

Art. 5. — Le recouvrement de ces taxes aura lieu comme en matière de contributions directes.

Art. 6. — La Ville de Paris devra terminer dans le délai de cinq ans, à partir de la promulgation de la présente loi, les travaux nécessaires pour assurer l'épandage de la totalité de ses eaux d'égout sur les terrains qui lui appartiennent ou dont elle sera locataire; elle devra se conformer aux conditions prescrites par l'article 4 de la loi du 4 avril 1889.

Art. 7. — Les actes susceptibles d'enregistrement auxquels donnerait lieu l'emprunt autorisé par la présente loi seront passibles du droit fixe de 1 franc.

ARRÊTÉ DU 24 DÉCEMBRE 1897

CONCERNANT L'ÉCOULEMENT DIRECT A L'ÉGOUT

Le Préfet de la Seine
Vu.....

Vu la décision du Conseil d'État du 1ᵉʳ mai 1896 qui contient notamment ce qui suit : « Considérant qu'il importe cependant que l'obligation imposée aux particuliers soit remplie sans que la salubrité dans la Ville de Paris puisse en être compromise ; qu'à cet égard, le Préfet de la Seine était incontestablement fondé à user dans l'intérêt de 'la salubrité publique des pouvoirs qu'il tient de la loi des 16-24 août 1790 et des décrets du 26 mars 1852 et du 10 octobre 1859 ; qu'il pouvait ainsi prescrire l'emploi de chasses d'eau suffisantes pour assurer l'évacuation à l'égout des vidanges et des eaux ménagères, empêcher toute communication entre l'atmosphère de l'égout public et celle des immeubles riverains, en tenant compte de ce que l'égout reçoit aussi des eaux pluviales et ménagères ; qu'il pouvait également défendre la projection à l'égout de tout corps solide autre que les matières de vidange et ordonner la désinfection des fosses supprimées » ;

Arrête :

ARTICLE PREMIER. — L'évacuation des matières solides et liquides des cabinets d'aisances sera faite directement à l'égout public dans les voies désignées par délibérations du Conseil Municipal régulièrement approuvées.

ART. 2. — Le délai de trois ans, accordé par l'article 2, § 2, de la loi du 10 juillet 1894 pour les transformations à effectuer, à cet effet, dans les maisons anciennes, court à partir de la date fixée par les arrêtés d'approbation.

ART. 3. — Des chasses d'eau suffisantes devront assurer l'évacuation à l'égout et les dispositions adoptées devront empêcher toute communication entre l'atmosphère de l'égout public et celle des immeubles riverains.

ART. 4. — Tout propriétaire se disposant à installer dans son immeuble l'écoulement direct à l'égout des matières de vidange devra adresser à l'Administration les plans et coupes cotés des travaux projetés, permettant de s'assurer de l'exécution des prescriptions du présent arrêté. A défaut d'avis de la part de l'Administration, les travaux pourront être entrepris vingt jours après le dépôt des plans, constaté par récépissé. L'entrepreneur restera soumis à la déclaration préalable prescrite par l'ordonnance du 20 juillet 1838 (art. 1er).

ART. 5. — Les fosses et caveaux rendus inutiles par suite de l'application de l'écoulement direct à l'égout, seront vidés et immédiatement désinfectés.

ART. 6. — La projection à l'égout de tout corps solide autre que les matières de vidange est formellement interdite.

ART. 7. — Les contraventions aux prescriptions qui précèdent seront poursuivies par toutes voies de droit.

Art. 8. — L'arrêté du 9 mai 1896 est rapporté [1].

Art. 9. — Le Directeur administratif de la Voie publique et des Eaux et Égouts et le Directeur des Affaires municipales, sont chargés, chacun en ce qui le concerne, de l'exécution du présent arrêté, dont ampliation sera adressée. . .   . .

---

[1] Voir cet arrêté et celui du 8 août 1894, auquel il avait été substitué, dans l'ouvrage de la Bibliothèque du Conducteur de Travaux publics : *Menuiserie, Serrurerie, Plomberie,* etc. (p. 252-256).

CHAPITRE XV

DEVIS ET CAHIER DES CHARGES DE L'ENTREPRISE DES TRAVAUX DE MAÇONNERIE, CHARPENTE, ETC., DU SERVICE D'ASSAINISSEMENT

CHAPITRE I

OBJET, DURÉE ET MONTANT DE L'ENTREPRISE

ARTICLE PREMIER. — **Objet.** — L'entreprise a pour objet :

1° Les travaux et fournitures de toutes natures à faire pour l'entretien, la réparation ou la reconstruction des ouvrages de maçonnerie, charpente, serrurerie, etc., dépendant du Service de l'Assainissement, tels que : égouts, galeries, aqueducs, canalisations, puits, caniveaux, réservoirs, ponts en maçonnerie ou en métal, rampes, murs, parapets, perrés, escaliers, barrières, clôtures, garde-corps, etc., ainsi que de tous les bâtiments affectés au même service ;

2° L'exécution de tous les travaux neufs du genre de ceux qui viennent d'être énumérés, dont la dépense ne dépassera pas N mille francs avant déduction du rabais, sous les réserves insérées à l'article 5 ci-après ;

3° L'exécution pour le compte des services des Eaux, de la Voie publique et de l'Éclairage, de tous les travaux appartenant aux catégories comprises dans les paragraphes précédents dont ces services jugeraient à propos de charger les entrepreneurs.

ART. 2. — **Division et durée.** — L'entreprise commencera le 1ᵉʳ janvier 1899 et finira le 31 décembre 1902.

Elle formera trois lots.

Les voies limites seront attribuées à l'un ou à l'autre lot, suivant les convenances du service, sans que les entrepreneurs puissent, dans aucun cas, en faire l'objet d'une réclamation quelconque. Les lots ne pourront être réunis, et le même entrepreneur ne pourra être adjudicataire que d'un seul lot.

Les entrepreneurs ne pourront confier à des sous-traitants aucune partie de leur entreprise, notamment des travaux de peinture, de serrurerie, menuiserie, charpente, etc., sans que ces sous-traitants aient été préalablement agréés par l'Administration, qui se réserve, d'ailleurs, de les exclure à toute époque et pour quelque motif que ce soit.

Toutes les contestations auxquelles la présente entreprise pourrait donner lieu devront être portées devant les tribunaux du département.

Art. 3. — **Montant.** — Le présent bail est fait sur série de prix, et le montant annuel, comme le montant total des travaux, reste complètement indéterminé, en sorte que l'entrepreneur ne pourra élever aucune réclamation au sujet des variations que les dépenses pourront subir. Ces variations dépendront, chaque année, du montant des fonds, de quelque source qu'ils proviennent, appliqués à l'exécution des travaux.

Cependant, pour fixer le droit d'enregistrement, et sans que l'entrepreneur puisse s'en prévaloir pour quelque cause que ce soit, on estime que la dépense annuelle par lot pourra s'élever moyennement à N mille francs.

Art. 4. — **Cautionnement.** — Pour sûreté des obligations qu'il aura contractées, l'entrepreneur sera tenu de constituer à la Caisse de un cautionnement de N cents francs en rentes sur l'Etat ou en obligations au cours moyen de la veille du jour du dépôt. L'entrepreneur en touchera les arrérages.

Toutefois l'entrepreneur pourra être chargé, par des décisions spéciales, d'exécuter d'office les travaux qui seraient laissés en souffrance.

Art. 5. — **Réserves.** — L'Administration se réserve de faire exécuter telle partie des travaux neufs qu'elle jugerait convenable, et quel que soit le montant des dépenses, par des entrepreneurs brevetés. Elle se réserve également de faire exécuter en régie, à la tâche ou par l'intermédiaire d'associations ouvrières ou d'autres entrepreneurs, même en vertu d'adjudications spéciales, certains travaux neufs ou d'entretien, en raison des soins particuliers qu'ils demanderaient ou pour toute autre cause, dans la limite de 1/10 de l'ensemble des travaux pour chaque lot.

Les branchements d'égouts pour les propriétés municipales et départementales feront partie de l'entreprise; mais les branchements d'égouts particuliers et les ouvrages souterrains à exécuter pour y ramener les eaux pluviales et ménagères n'en feront pas partie. Ces travaux seront effectués par les entrepreneurs choisis par les propriétaires ou désignés au moyen d'adjudications spéciales.

CHAPITRE II

NATURE ET QUALITÉ DES MATÉRIAUX. — MODE D'EXÉCUTION DES OUVRAGES

Art. 6. — Conditions générales. — L'entrepreneur se conformera, en ce qui concerne la qualité et la provenance des matériaux et le mode d'exécution des ouvrages, aux conditions prescrites par le cahier des charges générales imposées aux entrepreneurs du Service et aux conditions stipulées aux articles ci-après.

Il devra notamment exécuter les travaux soit en tranchée, soit en souterrain, suivant les ordres donnés par l'Administration, qui sera seule juge de l'opportunité du mode d'exécution. Dans le cas de l'exécution en souterrain, l'entrepreneur, s'il en reçoit l'ordre, devra organiser son chantier de manière que le travail s'y effectue d'une manière continue et sans interruption de jour et de nuit.

Pour la fixation des cotes d'altitude, le mesurage des ouvrages et la surveillance des travaux, l'entrepreneur sera tenu de mettre gratuitement, sur chaque atelier, à la disposition des agents de l'Administration, un niveau d'eau avec son pied, une mire à coulisse de 4 mètres, un décamètre en acier, une balance romaine destinée au pesage des chaux et ciments, et une ou plusieurs échelles, suivant l'étendue du chantier.

Tous les matériaux livrés par l'entrepreneur, sauf les bois, seront accompagnés de lettres de voiture indiquant le lieu de production et le nom du producteur.

Art. 7. — Sable et cailloux [1].

. . . .

Art. 8. — Meulière [1].

. . . .

Art. 9. — Chaux et ciments [1].

. . . .

Art. 10. — Tuyaux en grès vernissé et en fonte. — Les tuyaux en grès vernissé seront de fabrication française. Ils devront être bien cuits, sonores, sans fêlures, imperméables, vernis au sel et

---

[1] Conditions locales.

inattaquables aux acides ; le vernis devra faire intimement corps avec le tuyau.

La section de ces tuyaux après la cuisson devra rester parfaitement circulaire ; toutefois il sera accordé une tolérance qui ne devra dépasser en aucun point le 1/20° du diamètre intérieur. Immergés pendant vingt-quatre heures et préalablement desséchés, les tuyaux ne devront pas absorber plus des 15/1000 de leur poids ; ils devront résister sans suintements à une pression de 2 atmosphères au minimum ; ils seront à emboîtement, et l'emboîtement aura au moins une longueur de 0^m,03.

Les tuyaux en fonte épaisse et en fonte demi-épaisse, dits salubres, seront seuls admis à l'exclusion des tuyaux en fonte mince et devront satisfaire, pour la qualité du métal, aux conditions prescrites dans le cahier des charges relatif à la fourniture des fontes destinées au service des Eaux. Ils seront à emboîtement et cordon, et l'emboîtement aura au moins une longueur de 0^m,06. Ils recevront avant la pose une couche de coaltar ou de minium.

L'Administration se réserve de prélever sur chaque fourniture un ou plusieurs tuyaux, et de les soumettre aux essais qu'elle jugera nécessaires pour vérifier s'ils satisfont aux diverses conditions ci-dessus.

Elle fixera les marques admises sur les chantiers, et l'entrepreneur en sera avisé au commencement de chaque trimestre. Elle se réserve la faculté de retirer, momentanément ou définitivement, son autorisation aux produits précédemment admis, sans que l'entrepreneur puisse élever de ce chef aucune réclamation. Dans tous les cas, chaque fourniture spéciale sera soumise à réception.

Les joints des tuyaux en grès seront faits en mortier de ciment de Portland (parties égales de ciment et de sable fin) ; ils seront bien remplis et parfaitement lissés à l'intérieur avec une brosse humide ou un tampon également humide recouvert d'une toile ; dans aucun cas ils ne devront être coulés. Ceux des tuyaux en fonte seront faits à la corde goudronnée et au plomb dans les conditions prescrites au cahier des charges de l'entreprise de fontainerie.

Dans la pose en tranchée, le tuyau devra porter sur le corps et non sur le collet. A cet effet, des séries de chambre devront être ouvertes dans le fond de la fouille au fur et à mesure de l'avancement du travail. On ne devra, dans aucun cas, procéder au remblai qu'après une épreuve des joints de la canalisation ; cette épreuve pourra être faite à l'eau ou à la fumée, suivant les instructions qui seront données en cours d'œuvre.

Aʀt. 11. — **Grilles de banquettes.** — Les grilles de banquettes, à moins d'ordre spécial, seront en fer forgé, formées d'un cadre en fer carré de 0ᵐ,025 à 0ᵐ,028 au plus de côté, et de barreaux en fer rond ou carré de 0ᵐ,020 à 0ᵐ,023, le tout ajusté et rivé sans vis.

Art. 12. — Travaux à ciel ouvert. — Ouverture et comblement des tranchées et rétablissement du sol. — Au moment de l'ouverture d'une tranchée, l'entrepreneur devra déposer ou démolir avec soin les matériaux qui constituent le revêtement de la chaussée ou du trottoir, ainsi que ceux de la fondation, sans ébranler ni dégrader les parties voisines. Les matériaux provenant de ces démolitions seront mis soigneusement de côté.

S'il est reconnu que les matériaux provenant des chaussées et trottoirs ou les terres à réemployer en remblai, ne peuvent séjourner sur le chantier sans inconvénient, l'entrepreneur sera tenu de les transporter dans l'endroit qui lui sera désigné et de les reprendre ensuite, le tout à ses frais, lorsque la distance de transport n'excédera pas 100 mètres; au-delà de cette distance, le transport aller et retour lui sera porté en compte.

L'entrepreneur demeure chargé de remblayer toute tranchée ouverte par lui sur la voie publique.

Les remblais seront faits en terre ou sable, bien purgés de pierre, sans mélange de parties argileuses, ni de détritus végétaux ou animaux ; les terres imprégnées de gaz ou donnant de mauvaises odeurs en seront rigoureusement exclues. S'il n'existe pas dans les déblais de terre de bonne qualité en quantité suffisante, et si l'Administration en donne l'ordre, l'entrepreneur devra en fournir et emporter les déblais correspondants aux décharges publiques, aux prix du bordereau.

Tous les remblais seront faits par couches de 0ᵐ,20 au maximum, pilonnées avec le plus grand soin et arrosées.

Immédiatement après le remblai de la tranchée, l'entrepreneur devra rétablir provisoirement la chaussée ou le trottoir avec les anciens matériaux.

Dans le pavage en pierre, l'ancienne forme sera rapportée avec soin à la surface du remblai, en réservant seulement la quantité de sable nécessaire pour remplir les joints ; les pavés seront posés en suivant exactement les rangées, ce dernier travail étant toujours fait par des compagnons paveurs.

L'empierrement sera reconstitué avec les matériaux de l'ancienne chaussée, fortement pilonnés et arrosés.

Dans les chaussées asphaltées ou pavées en bois, l'entrepreneur effectuera seulement le remblai de la tranchée qui, suivant les ordres, sera exécuté soit jusqu'au niveau inférieur de l'ancienne fondation, soit jusqu'au niveau supérieur de l'asphalte ou du pavage en bois.

Enfin le dallage des trottoirs en granit sera rétabli suivant l'appareil des dalles, et dans les trottoirs en bitume, le remblai se raccordera avec les surfaces voisines.

Pour les chaussées, les saillies sur l'ancien profil ne devront pas dépasser 0^m,05 ; pour les trottoirs, le revêtement provisoire ne devra présenter ni saillie ni dépression.

L'entrepreneur aura la responsabilité et l'entretien de ces premières réfections, jusqu'à l'exécution de la viabilité définitive, qui sera faite par le service de la Voie publique. Toutefois cette garantie ne s'étendra pas au-delà des quinze jours qui suivront l'achèvement complet du travail.

Faute par l'entrepreneur d'assurer convenablement la confection et l'entretien des travaux provisoires dont il s'agit, il y sera pourvu d'office et à ses risques et périls, par les soins de l'Administration, et après une mise en demeure résultant d'un simple ordre de service.

Les anciens matériaux non réemployés seront rangés à proximité, de manière à ne pas entraver la circulation et à éviter les pertes. L'entrepreneur en sera responsable ; il devra remplacer à ses frais ceux qui auraient été enfouis dans les remblais, perdus ou détériorés de quelque manière que ce soit.

ART. 13. — **Travaux en souterrain. — Forage et remblaiement des puits de service ou des galeries d'accès provisoires.** — Pour tout travail en souterrain, l'entrepreneur devra, s'il en reçoit l'ordre, utiliser pour son service les regards et galeries d'égout existants, qu'il devra maintenir et rendre en parfait état à l'achèvement de ses travaux.

Lorsqu'il sera nécessaire d'ouvrir des puits de service ou des galeries d'accès, leur emplacement devra être choisi de manière à causer le moins de gêne possible à la circulation et aux services publics et être agréé avant tout travail.

Les puits de service et les galeries d'accès provisoires ne pourront avoir une section supérieure à celle du profil extérieur des ouvrages à construire augmentée de 1/5, ni avoir moins de 1 mètre de largeur libre dans tous les sens.

A l'orifice des puits et des galeries, l'entrepreneur devra organiser son chantier pour que les déblais, les matériaux, le matériel, etc., en dépôt ne séjournent que le temps strictement nécessaire aux besoins des travaux. En outre, les chantiers seront clos et pourvus de défenses suffisantes pour éviter tout accident.

Aussitôt les travaux terminés, l'entrepreneur devra remblayer les puits de service ou les galeries d'accès et rétablir le revêtement du sol, dans les conditions indiquées à l'article 12 ci-dessus, pour le remblaiement des tranchées.

ART. 14. — **Épuisements dans les tranchées et écoulement des eaux à ciel ouvert.** — Lorsque les eaux pluviales et ménagères pourront avoir leur écoulement, soit au moyen de gouttières, soit au moyen de tranchées, et, à plus forte raison, naturellement, tant à fleur du sol que sous galerie, il n'y aura aucun épuisement à compter à l'entrepreneur pour baquetage et enlèvement desdites eaux, même en temps d'orage.

Pendant la construction de tous travaux occasionnant l'interruption des caniveaux ou des gargouilles, l'entrepreneur pourvoira, à ses frais, à l'établissement des gouttières nécessaires pour assurer l'écoulement des eaux des ruisseaux et celui des eaux provenant des propriétés riveraines, ainsi qu'à l'étaiement des gargouilles.

Les gouttières établies par l'entrepreneur devront être disposées de façon à pouvoir être facilement visitées, nettoyées ou réparées, s'il y a lieu. Ces diverses opérations seront faites par l'entrepreneur et à ses frais, toutes les fois qu'il en sera requis.

Art. 15. — **Épuisements et écoulement des eaux dans les travaux en souterrain.** — Dans les travaux exécutés en tranchées sous galerie ou en souterrain, l'entrepreneur devra installer les barrages, gouttières, canalisations, etc., nécessaires pour assurer l'écoulement des eaux provenant des ouvrages souterrains existants, tels que : égouts, branchements particuliers, branchements de bouches, etc.

Moyennant l'application des prix du bordereau affectés à ces installations, l'entrepreneur devra assurer l'assainissement du chantier, faire tous travaux de nettoyage, d'épuisement, d'écopage, de baquetage, de détamponnages et tamponnages pour l'écoulement des eaux retenues et assurer leur entretien en parfait état de fonctionnement.

Art. 16. — **Désinfection et transport des terres.** — Dans l'exécution des travaux de terrassements, de quelque nature qu'ils soient, l'Administration pourra exiger que l'entrepreneur exécute à ses frais, mais avec des ingrédients fournis par l'Administration, la désinfection des fouilles et des terres qui en sont extraites, si elles sont infectées ou souillées. On devra procéder à cette désinfection de la manière suivante : les fouilles et les tranchées, à chaque interruption de travail, seront saupoudrées de sulfate de fer pulvérisé et de chaux vive, à raison de 100 grammes de sulfate de fer pulvérisé et de 200 grammes de chaux vive par mètre carré ; les terres provenant de ces fouilles seront saupoudrées et mélangées des mêmes substances, à raison de 500 grammes de sulfate de fer et de 1 kilogramme de chaux vive par mètre cube. Ces terres ne pourront être enlevées qu'aux décharges publiques, hors Paris ; et même dans certains cas spéciaux : terres infectées par des fuites de fosses d'aisances, d'anciens égouts, etc..., elles devront être portées aux voiries dans des voitures couvertes qui ne laissent rien répandre au dehors.

Dans tous les cas, l'emploi des tombereaux dits « guimbardes » est formellement interdit.

L'Administration se réserve le droit de prescrire le transport des terres au moyen de wagonnets jusqu'au lieu de chargement ou de dépôt provisoire.

ART. 17. — **Bois abandonnés dans les fouilles.** — Lorsque, par suite de circonstances exceptionnelles, il sera nécessaire d'abandonner dans les fouilles les bois d'étaiement, l'entrepreneur devra demander un ordre écrit et réclamer le mesurage contradictoire de ces bois. Le résultat de ce mesurage sera consigné sur le carnet d'attachements.

Il ne serait tenu aucun compte des bois que l'entrepreneur abandonnerait sans ordre et sans constatation préalable.

ART. 18. — **Clôtures de terrains en bordure de la voie publique.** — Les clôtures consisteront en panneaux de sapin du Nord ou de Lorraine, composés de barreaux de 0^m,018 $\times$ 0^m,11 sur 2 mètres de hauteur, posés verticalement.

Les extrémités supérieures de ces barreaux auront la forme de dents de scies de 0^m,10 de hauteur.

Lesdits barreaux seront fixés entre deux traverses hautes, deux traverses basses et une traverse intermédiaire simple, par deux clous à chaque intersection.

Les traverses, de même dimension que les barreaux, seront assemblées à sifflet et chevauchées ; elles seront posées selon la pente du terrain.

L'écartement entre les barreaux sera de 0^m,025 au maximum.

Pour la pose il sera fourni des pieux de 2^m,50 de longueur et 0^m,18 à 0^m,20 de circonférence au milieu. Lesdits pieux en bois de châtaignier de fils ronds, demi-ronds, ou triangulaires, seront enfoncés à la masse de 0^m,70 en terre, et seront espacés de 1^m,08 d'axe en axe.

De deux en deux pieux, il sera fourni des liens de même grosseur que les pieux, de 1^m,50 de longueur, ajustés à coupe biaise et cloués sur lesdits, enfoncés en terre de 0^m,35 à 0^m,50, avec pilonnage de terre après remblai.

Les portes cavalières, s'il en est besoin, seront composées de deux poteaux en chêne avec sciage de 0^m,15 $\times$ 0^m,15, et 2^m,70 de longueur, maintenus chacun par un arc-boutant de même section, mais de 2 mètres de longueur ; lesdits poteaux et arcs-boutants scellés dans un massif en maçonnerie, en moellons et plâtre, de 1^m,60 de longueur sur 0^m,60 de largeur et 0^m,70 de profondeur.

La porte sera faite comme les cloisons ci-dessus, mais avec une écharpe entre les traverses hautes et basses, de mêmes dimensions que celles-ci.

Les portes seront ferrées de deux pentures de 0ᵐ,65 de longueur, boulonnées et rivées sur les traverses hautes et basses. de gonds à pattes avec boulons et rivets, et une serrure ordinaire, tour et demi, de 0ᵐ,16.

S'il y a lieu de poser des portes charretières, elles seront formées de deux vantaux avec barre d'arc-boutant pour fermeture, et seront composées de deux poteaux et de deux arcs-boutants, comme aux portes cavalières, deux chasse-roues de 1ᵐ,60 sur 0ᵐ,14 $\times$ 0ᵐ,15, tous scellés comme ci-dessus, au milieu un petit poteau de 0ᵐ,40 de longueur formant battement, aussi scellé, et une barre d'arc-boutant avec piton. crochet et douille.

Ces portes seront faites comme les cloisons, avec une écharpe entre les traverses hautes et basses pour chaque vantail.

Elles seront ferrées de quatre pentures de 1 mètre de longueur, boulonnées et rivées, quatre gonds à pattes aussi boulonnés et rivés, une serrure tour et demi de 0ᵐ,16, verrou baïonnette.

Lorsque les portes cavalières et charretières seront accouplées, il y aura un poteau et un arc-boutant en moins.

Art. 19. — **Maçonneries.** — Les maçonneries seront appliquées contre les parois des fouilles, de manière à combler les arrachements ou autres vides. Dans le cas de voûtes exécutées en tranchée ou en souterrain, les vides seront garnis au-dessus des naissances en pierres dures brutes bien garnies d'éclats.

CHAPITRE III

OBLIGATIONS DE L'ENTREPRENEUR

Art. 20. — **Lieux de dépôt et fourniture d'eau pour la confection des mortiers.** — L'entrepreneur devra se pourvoir à ses frais des emplacements nécessaires pour le dépôt de ses matériaux, pour leur taille, ainsi que pour la fabrication du mortier. Il devra également se procurer de l'eau propre, à ses frais, pour l'exécution des mortiers.

Toutes les fois qu'il prendra de l'eau dans la distribution de la Ville, et afin d'éviter l'obligation de tenir attachement de cette fourniture d'eau, l'adjudicataire paiera, à la Compagnie générale des Eaux, une somme de 0 fr. 25 pour 100 francs, sur le montant total des décomptes de son entreprise.

Il est entendu que cet abonnement à forfait ne s'applique qu'aux besoins normaux du chantier, à l'exclusion de tout lavage de la meulière et des autres matériaux qui doivent arriver propres à pied d'œuvre.

Art. 21. — Ouvriers. — Il ne sera admis sur les chantiers que des ouvriers n'ayant pas été renvoyés d'autres chantiers par l'Administration, et les adjudicataires devront congédier les agents ou ouvriers dont le renvoi serait demandé par l'Administration.

Tout ouvrier sera occupé pour le compte direct de l'entrepreneur sans aucun intermédiaire. L'emploi des sous-entrepreneurs, tâcherons ou marchandeurs est formellement interdit.

L'entrepreneur ne pourra employer plus d'un dixième d'ouvriers étrangers pour chaque nature de travaux.

Les gardiens de nuit seront pourvus d'une limousine, d'un abri et de moyens de chauffage suffisants.

Chaque contravention aux dispositions ci-dessus donnera lieu, sans qu'il soit besoin d'une mise en demeure préalable, à une amende de 10 francs par jour et par homme indûment employé. Ces amendes se cumulent entre elles sans préjudice de l'application des clauses et conditions générales pouvant entraîner la déchéance.

Art. 22. — Travaux et fournitures en régie. — L'entrepreneur sera tenu de fournir, toutes les fois qu'il en sera requis, les voitures, matériaux, échafaudages, etc., ainsi que les ouvriers qui lui seront demandés pour travailler en régie.

Il devra, en cas d'urgence, organiser des ateliers de nuit.

Afin de satisfaire aux nécessités pressantes du service journalier, l'entrepreneur devra toujours être en mesure de mettre en activité une brigade de ses ouvriers par chaque service. Il devra, en conséquence, être pourvu en quantité suffisante et à ses frais de tous les objets nécessaires à l'outillage de ces brigades.

Toutes les fois qu'il sera constaté que les travaux languissent, faute par l'entrepreneur d'avoir fourni les ouvriers qui lui auront été demandés, une somme de 5 francs par journée d'ouvrier non fourni sera déduite de son compte. Si le retard provient du manque de matériaux, outils, voitures, échafaudages, etc., une retenue de 15 francs sera appliquée chaque fois que ce retard aura été constaté.

Faute par l'entrepreneur d'avoir organisé un atelier de nuit sur un ordre notifié avant midi, l'Administration pourra organiser cet atelier d'office aux frais de l'entreprise.

Art. 23. — Travail de nuit. — Les ouvriers et chevaux fournis pour les travaux de nuit ne devront pas avoir travaillé le jour précédent et ne pourront être occupés le jour suivant.

Tout homme ou tout cheval qui aurait été occupé contrairement à cette prescription pourra être renvoyé du chantier, et, s'il n'est pas aussitôt remplacé, l'entrepreneur sera passible des amendes prévues pour atelier incomplet.

On ne comptera comme travail de nuit que celui qui sera effectué de sept heures du soir à cinq heures du matin, pendant la période d'été, et de cinq heures du soir à sept heures du matin pendant la période d'hiver. La période d'été commencera le 1er mars ; celle d'hiver, le 1er novembre.

Dans le cas d'ouvrages exécutés en souterrain et où le travail s'effectuera de jour et de nuit d'une manière continue, il ne sera alloué aucune plus-value pour travail de nuit.

Art. 24. — Mesures de police. — L'entrepreneur sera tenu de satisfaire à ses frais et sous sa responsabilité personnelle à toutes les charges et prescriptions de police, telles qu'elles résultent des ordonnances en vigueur ou à intervenir pendant la durée du bail, notamment en ce qui concerne l'éclairage et le gardiennage des tranchées, la désinfection des déblais, l'écoulement des eaux, la facilité de la circulation. Il subira une retenue de 5 francs par chantier non éclairé et par nuit, sans préjudice des mesures d'office que se réserve de prendre l'Administration et des procès-verbaux qui pourront être dressés contre lui.

Lorsque, pour une circonstance exceptionnelle, il sera prescrit à l'entrepreneur de diriger ses travaux de manière à supprimer toute fouille et tout embarras sur la voie publique à une date fixée par l'Administration, il devra se conformer à cet ordre, sans pouvoir prétendre à aucune indemnité. En cas de retard, il subira une retenue de 100 francs par jour, sans préjudice des mesures que l'Administration pourra prendre d'office aux frais de l'entrepreneur pour assurer la liberté complète de la circulation.

Art. 25. — Responsabilité de l'entrepreneur. — L'entrepreneur sera responsable des travaux qu'il aura faits, conformément aux dispositions de l'article 1792 du Code civil.

Lorsque les étaiements seront comptés au mètre courant ou seront compris dans le mètre cube de fouille ou de démolition de maçonnerie, ainsi que dans l'exécution des puits de service et galeries d'accès provisoires, l'entrepreneur demeurera libre de soutenir ses fouilles comme il l'entendra ; mais, en retour, il sera responsable de tous les éboulements qui pourront survenir, de tous les dommages que pourraient éprouver les maisons riveraines, les monuments, ouvrages d'art, kiosques, édicules, les ouvrages souterrains publics ou privés, les canalisations de toutes sortes, des détériorations survenant au revêtement du sol, ou aux voies de tramways, et des accidents qui pourraient arriver sur la voie publique, quel qu'en soit le motif, même occasionnés par des écou-

lements d'eaux superficiels ou d'eaux provenant d'ouvrages souterrains dont il a à assurer l'écoulement, conformément à l'article 15
ci-dessus, ou par la présence de conduites d'eau à l'intérieur ou à
proximité des fouilles. Dans le cas, néanmoins, où l'imprudence
de l'entrepreneur compromettrait la sûreté publique et celle des
ouvriers, l'Administration pourra ordonner les mesures qu'elle
jugera urgentes et nécessaires, et l'entrepreneur devra se conformer immédiatement à ses ordres, sans avoir, pour ce fait, droit à
aucune indemnité. En aucun cas, il ne pourra se prévaloir de
cette intervention pour dégager sa responsabilité vis-à-vis des
tiers.

L'entrepreneur sera responsable de ses ouvriers, et la valeur des
matières appartenant tant à l'Administration qu'à des particuliers,
qui seraient détruites ou soustraites pendant les opérations, sera
déduite de son compte.

L'entrepreneur sera également responsable des accidents ou
avaries et de leurs conséquences, arrivés à des ouvrages souterrains, conduites, câbles, etc., appartenant à la Ville, à l'Etat, à des
concessionnaires ou à des particuliers, par le fait de la négligence
ou de la maladresse dans l'exécution des travaux. Il devra prendre
toutes les précautions nécessaires à cet effet et faire toutes les
démarches auprès des intéressés pour que les mesures soient prises
pour la conservation de leurs ouvrages.

Les réparations des dommages ou avaries qui viendraient à se
produire seront exécutées par les entrepreneurs spécialement
chargés de ces travaux, et l'entrepreneur devra solder les dépenses
après règlement des mémoires ou décomptes par l'Administration.

Il sera tenu à tous dommages-intérêts, tant envers les particuliers qui auraient éprouvé des accidents ou des pertes qu'envers
les propriétaires ou locataires de maisons et terrains dégradés ou
en souffrance, sans qu'il puisse, dans aucun cas, en rejeter la responsabilité sur l'Administration, qui laisse les clôtures, étaiements, etc., à sa discrétion.

Faute par l'entrepreneur de solder en temps voulu les dommages
ou réparations qui lui incomberaient, le montant en sera retenu
sur les sommes qui lui seraient dues et, au besoin, sur son cautionnement, sans préjudice des mesures d'ordre administratif ou
judiciaire qui pourraient être prises à son égard.

Art. 26. — **Délais d'exécution.** — 1° *Travaux d'entretien.* — Tout
travail qui n'aura pas été exécuté dans le délai indiqué par l'ordre
de service donnera lieu à une amende de 10 francs par jour de
retard.

Toute fourniture non effectuée dans ledit délai donnera lieu à
une retenue de 5 francs par jour de retard.

Pour tout travail qui sera signalé d'urgence, l'entrepreneur sera tenu de satisfaire, dans les vingt-quatre heures, au plus tard, aux demandes qui lui seront faites ; passé ce délai, et sans qu'il soit besoin d'autre mise en demeure, l'Administration aura le droit de faire exécuter les travaux au compte dudit entrepreneur, en se procurant les matériaux et ouvriers nécessaires, et à tous prix, sans que ce dernier puisse exiger que le travail fait lui soit payé autrement qu'aux prix de son marché, quelle que soit la différence qui pourrait exister entre ces prix et ceux du travail entrepris d'urgence.

Le paiement de ces travaux devra être effectué sans retard par l'entrepreneur sur la présentation du compte arrêté par l'Administration. L'entrepreneur ne pourra, sous quelque prétexte que ce soit, retarder ni refuser le paiement de ces dépenses, sauf à exercer tel recours que de droit devant l'autorité administrative au sujet de la légalité de la mesure prise par l'Administration.

2° *Travaux neufs.* — Lorsqu'il s'agira de travaux neufs, l'entrepreneur sera tenu d'avoir le nombre d'ateliers nécessaires sur les points qui lui seront indiqués, et ce, constamment, à partir du troisième jour qui suivra la notification de l'ordre de service.

En ce qui concerne les travaux d'égouts et de galeries, à faire en tranchée, l'entrepreneur devra, dès qu'il en aura reçu l'ordre, organiser ses ateliers de manière à construire, chaque jour, 10 mètres courants d'égouts ou de galeries, ainsi que les regards, bouches et réservoirs de chasse compris dans cette longueur.

En ce qui concerne les travaux d'égouts et de galeries à faire en souterrain, il devra construire, dans les mêmes conditions, chaque jour, autant de fois 3 mètres d'égout ou de galerie qu'il aura de regards ou de puits de service, en ajoutant aux délais d'avancement ainsi calculés huit jours pour le forage des puits ou galeries provisoires. A l'expiration des délais calculés sur les bases ci-dessus d'après la longueur totale de l'égout ou de la galerie, les enduits intérieurs devront être terminés, et l'égout ou la galerie devra pouvoir être mise en service.

3° *Regards, bouches, réservoirs de chasse.* — Tous les regards, bouches, réservoirs de chasse à construire d'une façon isolée, devront être terminés et prêts à être mis en service dans un délai de dix jours, qu'ils soient exécutés en tranchée ou en souterrain.

4° *Branchements particuliers.* — Lorsqu'il y aura lieu à l'exécution de branchements particuliers, ils seront entrepris dans l'ordre qui sera déterminé par l'Administration. Leur construction devra être commencée trois jours après l'ordre qui en sera donné à l'entrepreneur, et terminée dans un délai calculé à raison de 5 mètres courants par jour, en y ajoutant cinq jours pour ouverture de la tranchée ou du puits de service et mise en activité·de l'atelier. Indépendamment·de cette condition, il est stipulé que chacun des branchements devra être complètement terminé dans un délai de quinze jours au plus à partir du jour de l'ordre de service, y compris les enduits, la pose des tuyaux et tous travaux accessoires, de manière, en un mot, que le branchement puisse être mis en service à l'expiration de ce délai.

Enlèvement des matériaux non employés et de l'outillage. — Dans les trois jours qui suivront l'achèvement du remblai des tranchées, des puits de service ou des galeries provisoires, l'entrepreneur devra remettre en place les matériaux de la chaussée et des trottoirs, et débarrasser le chantier des terres et matériaux en excès, de manière que la circulation puisse être rétablie au fur et à mesure de l'achèvement des parties d'égout ou de galerie.

L'enlèvement de l'outillage et de tous les engins appartenant à l'entrepreneur sera terminé dans le délai de trois jours au plus après l'achèvement de chaque travail.

L'enlèvement des terres et matériaux en excès, des outils et engins, devra être fait dans la journée qui suivra l'achèvement du travail, pour les branchements particuliers et les petits travaux donnant lieu à une dépense de moins de 1.000 francs.

En cas de non-exécution de cette clause, l'Administration pourra procéder d'office, et aux frais, risques et périls de l'entrepreneur, à l'enlèvement des terres, matériaux et outils abandonnés sur la voie publique ou sur le chantier, et ce, sans autre mise en demeure qu'un ordre de service spécial. Ces frais, établis d'après les attachements pris contradictoirement avant l'enlèvement, feront l'objet d'un décompte spécial annexé au décompte définitif, et dont le montant en sera déduit.

Retenues à exercer pour retard dans l'exécution des travaux. — Faute par l'entrepreneur d'avoir mis la main à l'œuvre et d'avoir terminé les travaux neufs ou d'entretien, et d'avoir rendu la place nette dans les délais stipulés ci-dessus, il subira une retenue de 30 francs pour chaque jour de retard. Si, après avoir entrepris un travail neuf ou d'entretien, il venait à l'interrompre sans ordre, il subirait la même retenue pour chaque jour d'interruption.

Art. 27. — **Ordres de service.** — Les ordres de service de chaque jour constituent l'entrepreneur en demeure pour les travaux qui y sont ordonnés.

Tout refus ou retard dans leur exécution sera signalé par le chef de section sur le registre des ordres. Cette insertion, dont il sera donné connaissance à l'entrepreneur, motivera l'application des retenues prononcées contre lui par les articles du présent devis. Si aucune autre pénalité n'est édictée, une retenue de 10 francs par jour et par ordre de service non exécuté sera appliquée.

Toutes les retenues seront doublées si l'urgence du travail a été mentionnée dans l'ordre de service.

. Ces retenues pourront être appliquées sans qu'il soit besoin d'une mise en demeure préalable.

Dans les cas d'urgence, l'Administration pourra ordonner immédiatement l'exécution d'office aux frais et risques de l'entrepreneur.

CHAPITRE IV

ÉVALUATION DES OUVRAGES. — APPLICATION DES PRIX
MODE DE PAIEMENT

Art. 28. — **Travaux d'égouts.** — Les travaux relatifs à l'établissement des galeries d'égout et de leurs branchements seront payés au *mètre courant* pour le corps de l'égout et des branchements, au *mètre de hauteur* pour les cheminées de regards et de bouches, et *à la pièce* pour les murs pignons terminant, les égouts et les branchements, ainsi que pour les parties des regards et bouches qui ne varient pas avec la hauteur.

En conséquence, il sera tenu attachement en cours d'exécution, pour le corps de l'égout, les branchements de bouches et de regards, les branchements particuliers, de toutes les variations que subira la profondeur de la fouille à partir du dessous du revêtement de la chaussée ou du trottoir.

Ces quantités serviront à calculer les prix du mètre courant d'égout et de ses branchements.

Quant aux *longueurs*, elles seront mesurées sur l'axe, à la hauteur des naissances des voûtes des galeries dont on fait le métrage, savoir :

.1° Pour le *corps de l'égout*, depuis le derrière du piédroit de l'égout sur lequel il est branché, jusqu'au derrière du mur pignon qui le termine ;

2° Pour les *branchements de regards et de bouches sous trottoirs*, depuis le derrière du piédroit de l'égout jusqu'au derrière du mur du fond de la cheminée ;

3° Pour les *réservoirs de chasse*, entre les derrières des murs pignons.

Ce mode de mesurage s'appliquera non seulement aux prix composés qui font partie du bordereau, mais aussi à ceux qui seront établis au moyen des prix élémentaires, lorsque le type des ouvrages ou les circonstances de l'exécution seront différentes de celles prévues dans l'établissement des prix composés. Dans ce dernier cas, le prix composé sera soumis à l'acceptation de l'entrepreneur, et l'ouvrage sera exécuté dans les conditions prévues pour tous les ouvrages comptés au mètre courant.

Les *hauteurs* des cheminées de regard et de bouche seront calculées, en mesurant :

1° Pour les *regards*, la distance comprise entre l'extrados de la voûte et le dessous du châssis en fonte ;

2° Pour les *bouches. sous trottoirs*, la distance comprise entre l'extrados de la voûte et le dessous du couronnement.

Il est entendu qu'on déduira les vides correspondant à la pénétration des ouvrages rencontrés. Cette déduction n'aura pas lieu toutefois, lors de la construction d'égouts neufs, au droit des branchements neufs de bouches ou de regards, ainsi qu'il est expliqué au sous-détail du prix desdits branchements.

Art. 29. — **Travaux divers neufs et d'entretien.** — Les travaux autres que ceux dont les dépenses seront réglées suivant le mode qui vient d'être indiqué seront payés à l'entrepreneur aux prix du bordereau joint au présent devis, d'après le métrage contradictoire des ouvrages.

Il est d'ailleurs rappelé que les fouilles devront toujours avoir exactement la largeur hors œuvre des types, notamment au niveau des naissances, et en tenant compte de l'épaisseur des enduits extérieurs et des chapes.

Les échelons, armatures, tiges, rails, mains courantes, seront conformes aux types en usage et payés à la pièce ou au mètre courant sans qu'il puisse être accordé de plus-value pour difficultés rencontrées dans leurs poses, frais d'échafaudage, etc.

Les prix d'agencement de réservoirs de chasse comprennent de même tous les frais accessoires, quelle que soit la difficulté du travail.

Art. 30. — **Dépenses comprises dans les prix au mètre courant.** — Moyennant les prix payés pour le mètre courant d'égout et de branchements particuliers et autres, l'entrepreneur exécutera tous les travaux et acquittera toutes les dépenses auxquelles ils donneront lieu, et fera notamment tous les blindages nécessaires, même jointifs, quelle que soit la nature du terrain. Il prendra, à ses frais, toutes les précautions utiles, quand il y aura lieu, pour rendre étanches lesdits blindages, au moyen de paille, de plâtre ou de toute autre matière, pour garantir la sécurité des ouvrages, conduites, canalisations, etc., situés dans le voisinage.

Il ne pourra réclamer aucune plus-value pour la difficulté des déblais provenant de la nature du sol, de l'embarras des étais, de la présence dans la tranchée de conduites, canalisations et câbles quelconques, de l'étroitesse de la rue, de l'importance de la circulation ou de toute autre cause. Quoi qu'il arrive, les déblais seront toujours réglés d'après le vide normal de la fouille.

Sous aucun prétexte, il ne sera tenu compte à l'entrepreneur du remplissage des vides en excédent, non plus que des surcroîts d'épaisseur de la maçonnerie, à moins d'ordre écrit contenant des prescriptions formelles à cet égard.

Seront seulement payés à part :

1° Les ponts de piétons ou de voitures qui auront été établis suivant les indications de l'Administration ;

2° Les buses ou gouttières pour l'écoulement des eaux, autres que celles mentionnées à l'article 14 ;

3° Les fondations d'une nature particulière dans les terrains peu résistants ;

4° Les épuisements dans les cas non prévus à l'article 14 ;

5° Le transport des matériaux appartenant à l'Administration dans les dépôts ou sur les ateliers ;

6° Les percements et raccords pour pénétrations d'égouts.

Art. 31. — Transports de matériaux appartenant à l'Administration. — Pour les transports de toutes sortes de l'atelier à un dépôt municipal dans l'intérieur de la Ville, ou inversement, on appliquera le prix du bordereau.

Lorsque les matériaux seront transportés d'un atelier sur un autre ou hors de la Ville, on tiendra compte à l'entrepreneur de la distance réellement parcourue, en la calculant suivant le parcours le plus direct.

Si le chargement est égal ou inférieur à 0^m,80 en cube ou à 1.300 kilogrammes en poids, le transport au dépôt, ou le transport d'un atelier sur un autre à une distance moindre que 3.000 mètres, sera compté pour un voyage à un cheval. Si le parcours excède 3.000 mètres, le transport sera évalué suivant la distance réelle, le chargement étant compté à 0^m,80 pour les matières évaluées au volume et pour 1.300 kilogrammes pour les matières évaluées au poids.

Art. 32. — Échafaudages et planchers. — Il ne sera jamais compté d'échafaudages ni de planchers, quelle que soit la cause qui les rendra nécessaires, à ciel ouvert ou en galerie, pour l'exécution des travaux neufs de toute nature, ni pour les travaux d'entretien dont la dépense sera supérieure à 200 francs. L'entrepreneur devra y pourvoir à ses frais.

Art. 33. — Prix du bordereau. — Ouvrages non prévus. — Il est expressément entendu que les prix portés au bordereau ne pourront subir de changement en aucun cas.

L'entrepreneur ne pourra, notamment, former aucune réclamation, soit pour cause d'erreur ou d'omission dans la composition des sous-détails, soit à raison des variations que les droits d'octroi, de douane, de navigation, etc., viendraient à éprouver pendant la durée de l'entreprise, soit à raison de taxes nouvelles autres que les droits d'octroi perçus par la Ville sur les matériaux entrant dans la composition des ouvrages. En cas de modification des droits d'octroi perçus par la Ville et à son profit, les prix des matériaux et ouvrages qu'ils pourraient affecter seront modifiés en plus ou en moins, soit à l'amiable, soit en cas de désaccord, par le Conseil de Préfecture.

S'il se présente, en cours d'exécution, quelques ouvrages auxquels les prix du bordereau annexé au présent devis ne seraient pas applicables, on aura recours au bordereau de prix des autres entreprises du service municipal des Travaux pour l'année pendant laquelle s'exécuteront les travaux. Ces prix seront frappés du rabais de l'adjudication. Dans le cas seulement où aucun de ces bordereaux ne comporterait les prix cherchés, on aurait recours à la série des prix de la Ville de Paris, qui seraient diminués de 15 0/0 [1] avant l'application du rabais.

Dans le cas où les ouvrages ne figureraient ni dans ces bordereaux ni dans la série de la Ville, l'entrepreneur devrait le déclarer à l'Administration, qui procéderait selon les formes indiquées par les clauses et conditions générales.

Les prix dits de règlement sont absolument interdits, et les décomptes devront être exclusivement établis d'après les prix des bordereaux, ou d'après ceux consentis préalablement à l'exécution des travaux.

Art. 34. — **Prix des fournitures en régie.** — Les prix des chevaux, voitures, etc., seront toujours passibles du rabais, de même que ceux applicables à toutes fournitures et tous travaux en régie.

Il n'est fait d'exception que pour les ouvriers et voituriers, qui seront payés aux prix du bordereau, sans rabais, à la condition toutefois qu'ils se présenteront munis de leurs outils.

La main-d'œuvre de nuit sera payée moitié en sus des prix fixés au bordereau pour le travail de jour. Les frais d'éclairage sont à la charge de l'entrepreneur.

L'Administration se réserve la faculté de fixer le prix à payer à l'ouvrier. Dans ce cas, et après constatation du paiement par un rôle émargé par les parties prenantes, il sera alloué à l'entrepreneur une commission de 6 0/0, pour avance de fonds, outils,

---

[1] Ce chiffre est celui appliqué à l'assainissement de Paris.

matériel, etc., pour ses démarches et sa responsabilité. Une commission de 2 0/0 sera accordée pour toute avance de fonds faite par l'entrepreneur, sur ordre écrit du chef de service.

Art. 35. — État mensuel des retenues. — Il sera dressé, tous les mois et pour chaque crédit sur lequel le travail est imputable, un état collectif des retenues que l'entrepreneur aura encourues, par suite de l'application des clauses du présent devis. Cet état sera soumis à l'approbation du Chef de service, après que l'adjudicataire aura été appelé à en prendre connaissance et à produire ses observations dans un délai de cinq jours à compter de l'avis qui lui en aura été donné.

Lesdites retenues seront prélevées sur le montant des travaux auxquels elles seront appliquées, et elles seront portées en déduction de la première proposition d'acompte en faveur de l'entrepreneur. Dans le cas où cette première proposition serait insuffisante, un état spécial comprenant seulement le surplus sera transmis à l'Administration pour servir à effectuer un prélèvement correspondant sur le cautionnement.

En fin d'entreprise, toutes les retenues portées en déduction du compte de l'entrepreneur seront rappelées et maintenues en déduction sur le décompte définitif.

Les prélèvements qui auront eu lieu sur le cautionnement devront être réintégrés par l'entrepreneur, dans le délai d'un mois au plus, sous les peines portées pour le cas d'abandon de l'entreprise à l'article 6 du cahier des charges générales imposées aux entrepreneurs.

Art. 36. — Réception des travaux. — 1° *Travaux de simple entretien :*

L'entrepreneur sera garant de la bonne exécution des travaux de simple entretien ou de réparation jusqu'au mois de mai de l'année qui suivra celle pendant laquelle lesdits travaux auront été exécutés.

A cette époque, le dixième de garantie qui aura été retenu à l'entrepreneur sur le montant cumulé des dépenses afférentes à ces travaux lui sera payé ;

2° *Travaux neufs :*

L'achèvement des travaux neufs sera constaté par un procès-verbal de réception provisoire dressé dans le mois qui suivra cet achèvement, et la réception définitive sera faite un an après, s'il y a lieu.

Pendant ce délai, l'entrepreneur sera tenu d'entretenir à ses frais lesdits travaux et de réparer toutes les dégradations qui pourraient survenir.

A partir de l'ordre de service qui lui sera donné, l'entrepreneur devra réparer dans le délai de cinq jours pour les travaux de simple entretien, toutes les malfaçons ou dégradations qui lui seraient signalées, à peine d'une retenue de 5 francs pour chaque jour de retard, sans préjudice des mesures à prendre pour l'exécution desdites réparations par voie de régie.

Art. 37. — **Solde de l'entreprise.** — L'entrepreneur ne pourra être soldé qu'autant qu'il justifiera : 1° avoir acquitté la totalité des droits d'enregistrement dus par lui, conformément à la loi, sur le montant définitif des travaux qu'il aura exécutés en vertu de son marché ; 2° avoir payé le prix des fournitures d'eau prévues à l'article 15.

Art. 38. — **Retenue de 1 0/0 pour les ouvriers blessés.**

CHAPITRE V

DISPOSITIONS DIVERSES

Art. 39. — **Bureau de l'entrepreneur. — Téléphone.** — L'entrepreneur est tenu d'avoir un bureau aussi central que possible, ouvert de six heures du matin à huit heures du soir, où il sera constamment représenté en cas d'absence par un de ses agents, et où sera déposé le registre dont il est parlé ci-après à l'article 42.

L'entrepreneur subira une retenue de 10 francs toutes les fois qu'il ne sera pas représenté dans ledit bureau, ou que le registre ne s'y trouvera pas.

L'entrepreneur sera tenu d'avoir dans son bureau et dans son chantier un téléphone relié au réseau général et permettant :

1° Aux chefs de section, de transmettre sans retard les ordres urgents ;

2° A l'entrepreneur, d'avertir les services de l'heure exacte à laquelle il sera pourvu à l'exécution de leurs ordres, afin que ceux-ci puissent envoyer en temps voulu les surveillants sur place.

L'entrepreneur devra donc avoir en permanence, pendant la journée, à proximité de ces appareils, un agent capable de recevoir et de transmettre les ordres ou indications ci-dessus et de les communiquer aux agents de l'Administration ; en cas de besoin, ceux-ci pourront se servir également du téléphone de l'entrepreneur pour communiquer avec leurs chefs.

Art. 40. — **Agents de l'entrepreneur attachés aux divers services.** — L'entrepreneur aura au moins un agent par service pour la surveillance des travaux, la tenue contradictoire des attachements, et la réception des ordres de service.)

Ces agents devront présenter des garanties suffisantes de capacité et avoir été agréés par l'Administration.

Art. 41. — Présence journalière dans les bureaux. — Les agents de l'entrepreneur se rendront chaque jour, à des heures fixées à l'avance, au bureau des sections, où il leur sera fait notification des ordres de service relatifs aux travaux de toute nature à exécuter le lendemain, ainsi que les états de dépenses soumis à l'acceptation de l'entrepreneur.

Le récépissé des ordres de service, signé par l'entrepreneur ou son agent, restera au bureau de la section.

Dans le cas où l'entrepreneur n'enverrait personne pour prendre les ordres de service, et dans le cas encore où lui et son agent refuseraient de signer le récépissé, mention en sera faite par le chef·de section dans la colonne d'observations du registre des ordres de service.

Cette formalité suffira pour mettre l'entrepreneur en demeure et faire courir contre lui les délais prescrits, soit pour l'exécution des travaux, soit pour l'acceptation des comptes.

Art. 42. — Envoi des ordres au bureau central en cas d'urgence. — En cas d'urgence, et lorsque les ordres de service ne pourront être remis à l'agent dans les bureaux du Chef de section, ces ordres seront envoyés au bureau de l'entrepreneur, où ils seront, par ordre de date et d'heure, inscrits sur un registre à souche, coté et parafé par le chef de service.

L'entrepreneur ou son représentant devra délivrer, au porteur de chaque ordre, un reçu à talon constatant l'heure à laquelle il a été averti. C'est à partir de cette heure que courront les délais prescrits pour l'exécution des travaux.

Art. 43. — Clauses et conditions générales. — L'entrepreneur sera soumis aux conditions du cahier des charges générales imposées aux entrepreneurs du Service, ainsi qu'aux clauses et conditions générales imposées aux entrepreneurs des Ponts et Chaussées et publiées le 16 février 1892, en toutes les dispositions auxquelles il n'est pas formellement dérogé par le présent devis et cahier des charges.

BORDEREAU DES PRIX DE L'ENTREPRISE
DES TRAVAUX DE MAÇONNERIE,
CHARPENTE, ETC., DU SERVICE D'ASSAINISSEMENT

Nota. — Tous les prix ci-dessous comprennent les faux frais et le bénéfice de l'entrepreneur et seront frappés du rabais de l'adjudication, à l'exception de ceux concernant les ouvriers demandés en régie par l'Administration et ceux relatifs à la reprise des vieux matériaux par l'entrepreneur.

CHAPITRE I

Salaires d'ouvriers et transports

Heures

1. Chef d'atelier [1] 0.85
2. Terrassier.. 0.60
3. Manœuvre.. 0.55
4. Paveur, mineur, puisatier.. 0.75
5. Maçon, cimenteur, briqueteur, carreleur, plâtrier.................... 0.80
6. Limousin, chauffeur.. 0.65
10. Plus-value pour travail à ciel ouvert dans une couche d'eau de plus de
    $0^m,20$ ou sous galerie, compris bottes, éclairage, échelles, etc...... 0.10
11. Charretier.. 0.50
15. Cheval harnaché.. 0.80

Transport

Transport sur charrette, tombereau ou binard attelé de 1 ou 2 chevaux
    à une première distance de 100 mètres, compris chargement, déchargement et emmétrage :
23. De granit, pierre de taille, bois, fonte ouvrée et matériaux analogues (Mètre cube.).. 4.30
24. De meulière, moellons, fer, plomb, débris de fonte et matériaux analogues. (Mètre cube.).. 1.70
25. Pour chaque distance de 100 mètres parcourue en plus. (Mètre cube.). 0.10

---

[1] Le chiffre précédant la désignation de l'ouvrage ou de la fourniture est le numéro du prix ; celui qui suit indique le prix en francs.

CHAPITRE II

Terrassements

26. Fouille à ciel ouvert de terrain, quel qu'il soit, mesuré au profil, compris jet de pelle ou chargement, dressement des parois et du fond de la fouille. (Mètre cube).. 0.55

Fouille et jet sur berge de déblais de toutes natures provenant d'une tranchée, y compris dressement de talus et de fond de tranchée.

27.		n'excède pas!..... 1ᵐ,60	....	0.86
28.	*Lorsque la profondeur moyenne de la tranchée*	est comprise entre 1ᵐ,61 et 3ᵐ,20	....	0.985
29.		— 3ᵐ,21 — 4ᵐ,80	....	1.11
30.		— 4ᵐ,81 — 6ᵐ,40	....	1.235
31.		— 6ᵐ,41 — 8ᵐ,00	....	1.36
32.		— 8ᵐ,01 — 9ᵐ,60	....	1.485
33.		— 9ᵐ,61 — 11ᵐ,20	....	1.61

34. Fouille en *souterrain* de déblai de toute nature, y compris blindage, transport au puits d'extraction, montage dans ce puits, et dépôt sur berge, la profondeur du puits n'excédant pas 10 mètres (Mètre cube). 8 »

35. Pour chaque mètre de profondeur du puits excédant 10 mètres, on ajoutera au prix précédent. (Mètre cube)........................ 0.20

36. Déblais de toute nature pour le forage d'un *puits* à toute profondeur, y compris blindage, extraction et dépôt sur berge. (Mètre cube)..... 5 »

37. Fouille dans l'intérieur et sous *galerie* construite de déblais de toute nature, y compris transport jusqu'au regard ou au puits de service, montage et dépôt sur berge. (Mètre cube)........................ 3 »

38. Déblais ou gravois, moellons, meulières, vases ou sable d'égout pour chargement, transport jusqu'au regard ou au puits de service, montage et dépôt sur berge. (Mètre cube)........................ 2 »

39. Fouille de déblai de toute nature, pour reprise en sous-œuvre, modifications ou réparations d'égouts ou d'ouvrages souterrains, y compris blindage du terrain, des ouvrages et des conduites, transports jusqu'au regard ou au puits de service, montage et dépôt sur berge (Mètre cube)... 7 »

40. *Plus-value* pour déblai dans l'eau, compris bottes (la hauteur de l'eau dépassant 0ᵐ,20). (Mètre cube)........................ 1 »

41. Plus-value pour déblai de gypse ou de roche n'exigeant pas l'emploi de la mine, ou de vieille maçonnerie de moellons, meulières, briques ou béton, autres que les maçonneries d'égout rencontrées dans le déblai, y compris boisage s'il y a lieu. (Mètre cube)............. 3 »

42. Plus-value pour déblai de roche exigeant l'emploi de la mine, quelle qu'en soit la dureté, ou de vieille maçonnerie de pierre de taille rencontrée dans le déblai, y compris boisage s'il y a lieu (Mètre cube) 6 »

43. Nota. — Lorsque l'emploi de la mine devra être interdit pour cause de sécurité, l'entrepreneur devra faire l'extraction au moyen du pic, du ciseau ou du coin, sans autre plus-value que celle indiquée au numéro précédent.

44. Nota. — Lorsque les déblais seront faits dans un puits, en souterrain ou sous galerie, les plus-values ci-dessus seront augmentées de 1/3

45.   Nota. — Lorsque les déblais de sable, de caillou, de roche ou les démolitions de maçonnerie fourniront des matériaux susceptibles de réemploi, dans une proportion quelconque du cube extrait ou démoli, les prix et plus-values ci-dessus seront appliqués, mais les matériaux restant la propriété de l'Administration devront être triés et transportés à des emplacements indiqués par les Ingénieurs ou, s'ils sont réemployés, leur valeur sera déduite du prix des ouvrages exécutés, et il leur sera simplement appliqué les nᵒˢ 53 et 54 ci-après.

46. *Jets* à la pelle ou charge de déblai. (Mètre cube)...................... 0.25
47. *Chargement* de moellons. (Mètre cube)........................... 0.30
48. *Transport* par brouette de déblai ou moellon, à une distance de 30 mètres en plaine ou de 20 mètres sur une pente de 0ᵐ,06 au moins par mètre (applicable jusqu'à une distance de 75 mètres en plaine et de 50 mètres sur une pente de 0ᵐ,06 au moins par mètre)(Mètre cube). 0.20
49. Chargement, transport en tombereau, wagon et déchargement de déblai, mesuré au profil, pour une première distance de 100 mètres. (Mètre cube)........................... 0.75
50. Chargement, transport en tombereau, wagon et déchargement de déblai, mesuré à la caisse. (Mètre cube)........................... 0.625
51. Pour chaque distance de 100 mètres en plus, dans le cas de mesurage au profil. (Mètre cube)........................... 0.12
52. Pour chaque distance de 100 mètres en plus dans le cas de mesurage à la caisse. (Mètre cube)........................... 0.10
53. Reprise sur berge et transport en dépôt, s'il y a lieu, à une distance inférieure à 70 mètres, remise en place après construction, régalage et pilonnage de déblai mesuré au profil. (Mètre cube).............. 0.80
54.   Nota. — Lorsque le dépôt provisoire mentionné au nᵒ 53 sera situé à plus de 70 mètres de distance, ou lorsque les déblais existants, au lieu d'être transportés aux décharges publiques, seront transportés sur des points spécialement désignés par l'Administration, on appliquera les prix de déchargement et de transport par brouette ou par tombereau ou wagonnet et d'après la distance effective.
55. Reprise sur berge et transport aux décharges publiques de déblais de toute nature, frais de décharge et tous autres frais compris, au profil. (Mètre cube)........................... 4.50
56. Reprise sur berge et transport aux décharges publiques de sables, vases ou fumiers d'égout, au tombereau. (Mètre cube).................. 3.75
57. *Régalage* de déblai après déchargement. (Mètre carré)............... 0.05
58. *Pilonnage* par couche de 0ᵐ,20 d'épaisseur, compris arrosage, s'il y a lieu (Mètre carré)........................... 0.20
59. *Dressement* de talus, de parois ou de fond. (Mètre carré)........... 0.05
60. *Cintre en terre*, mesuré en projection horizontale, pour criblage des terres, arrosage, pilonnage, dressement, etc. (Mètre carré)........ 0.20
61. *Emmétrage* de cailloux et de sable. (Mètre cube)................. 0.15
62.   —   de moellons ou de meulière par tas rectangulaires. (Mètre cube)........................... 0.35
63. Terre sablonneuse de bonne qualité, pour remblai, fournie et apportée à pied d'œuvre, mesurée au profil. (Mètre cube).................. 2. »
64. *Id.* au tombereau. (Mètre cube)........................... 1.70

CHAPITRE III

Chaussées et trottoirs

65. Arrachage de pavés de toute nature, chargement, transport à 50 mètres
et rangement. (Mètre carré).. 0.15
66. Repavage provisoire, comprenant le rapport des pavés à pied d'œuvre,
la préparation de la forme, le remploi du sable de l'ancienne forme
sous le pavage et le garnissage des joints. (Mètre carré)........... 0.70
67. Rétablissement de chaussée d'empierrement. (Mètre carré)........... 0.25
Dépose de bordures, bardage à 20 mètres et rangement :
68. En granit. (Mètre lin.).. 0.30
69. En grès ou pierre. (Mètre linéaire) 0.15
70. Dépose soignée de dalles, bardage à 20 mètres et rangement. (Mèt. carré). 0.30
71. Nota. — La remise en place, après l'achèvement des travaux, des
bordures et dallages sera payée le même prix que la dépose.

72. Démolition de dallage en bitume, asphalte, non compris fondation et
rangement. (Mètre carré)... 0.10
73. Démolition de béton de fondation ou de chaussée d'empierrement, transport à 50 mètres, tamisage et rangement. (Mètre carré)........... 0.70

CHAPITRE IV

Maçonneries

75. Nota. — Matériaux à pied d'œuvre, première qualité :
76. Moellon dur. (Mètre cube).. 11 »
78. Meulière brute. (Mètre cube).. 12 »
86. Sable dragué. (Mètre cube)... 6 »
88. Sable de plaine. (Mètre cube).. 4.50
89. Cailloux cassés lavés à grande eau pour béton. (Mètre cube)........ 7 »
96. Terre à four grasse, première qualité. (Mètre cube) .... 7 »
97. Chaux hydraulique. (100 kilogrammes) 4.30
99. Plâtre en poudre. (Mètre cube).. 18 »
100. Glaise pour fourniture. (Mètre cube).................................. 7 »
101. — corroyée pour fourniture et emploi, compris déchet. (M. cube). 10 »
102. Ciments de Vassy et de laitier. (100 kilogrammes)................. 6 »
103. Ciments de Portland. (100 kilogrammes)........................... 6.60
Fourniture d'un mètre linéaire de *tuyaux en grès vernissé*, droits,
courbes ou à culotte de toutes longueurs :

	DIAMÈTRE ne dépassant pas	TUYAUX CYLINDRIQUES simples	TUYAUX operculaires	CANIVEAUX ou 1/2 TUYAUX
106.	0,050	1 »	»	»
107.	0,075	1,50	»	»
108.	0,100	1,65	1,80	1 »
109.	0,125	2 »	2,20	1,30
110.	0,150	2,50	2,80	1,60
111.	0,175	3 »	»	»
112.	0,200	4 »	5 »	2,60
113.	0,225	5 »	5,75	3 »
114.	0,250	5,80	6,50	3,75
115.	0,300	7 »	7,75	4,60
116.	0,350	11,65	»	»
117.	0,375	13 »	»	»
118.	0,400	13,25	15 »	9,70
119.	0,450	16,50	18 »	11,60
120.	0,500	24,75	»	»

121. Nota. — Les tuyaux courbes, coniques ou à culotte, les tuyaux operculaires portant un ou plusieurs bouts de raccord seront payés au mètre linéaire pour la fourniture et la pose, sans tenir compte des collets, c'est-à-dire suivant le développement réel de la ligne d'axe.

122. Nota. — Il sera ajouté sur les prix de fourniture et pose une plus-value de 40 0/0 pour la portion de conduite formée de tuyaux autres que des tuyaux droits simples ; le prix des bouts de raccord sera compris dans cette plus-value.

Fourniture, à la pièce, de *siphons* intercepteurs ou obturateurs en grès vernissé, quelle qu'en soit la forme, avec tubulure de regard horizontale ou verticale :

123. Le diamètre ne dépassant pas 0^m,12... 7.50
124.   —   —   0^m,150... 11 »
125.   —   —   0^m,180... 14 »
126.   —   —   0^m,200... 15 »

Siphons obturateurs horizontaux ou verticaux appropriés pour fourniture à la pièce :

127. Le diamètre ne dépassant pas 0^m,12... 23 »
128.   —   —   0^m,150... 30 »
129.   —   —   0^m,180... 36 »
130.   —   —   0^m,200... 45 »

Drainage en tranchée à ciel ouvert ou sous galerie, ou en souterrain, permanent ou temporaire, toutes fournitures et toutes mains-d'œuvre comprises :

131. Drain de 0^m,10 de diamètre intérieur et au-dessous. (Mètre lin.)..... 3 »
132.   —   0^m,11 à 0^m,20   —   —   — ...... 5 »
133.   —   0^m,21 à 0^m,30   —   —   — ...... 8 »
134.   —   0^m,31 à 0^m,45   —   —   — ...... 12 »

Ces prix comprennent tous les travaux de terrassement et d'étaiement de la tranchée de drainage jusqu'à la profondeur de 2^m,25, les travaux nécessaires à l'évacuation de l'eau de la nappe et les sujétions en résultant ; la fourniture et la pose des tuyaux d'une épaisseur de

0^m,03 à 0^m,045 en béton gras moulé au dosage de 35 kilogrammes d'un mélange de ciment de Portland et ciment de la Porte de France, la fourniture et la pose des pierrées en pierres cassées de 0^m,10 d'épaisseur latéralement aux flancs du drain et de 0^m,10 au-dessus de ce drain, l'établissement des regards de visite et d'entretien, ainsi que le remblai de la fouille et le régalage sur la tranchée des terres en excès, sans transport aux décharges, ou l'entretien et le curage pendant la durée des travaux et le bouchage des orifices après leur achèvement.

135. Plus-value par décimètre de profondeur dans le cas où la profondeur de la tranchée de drainage dépasse 2^m,25...................... 0.20

136. Nota. — Les drainages temporaires en rigoles boisées seront payés aux mêmes prix que les drainages correspondants en tuyaux de béton, mais l'entrepreneur en aura, outre, à sa charge, le remblaiement des rigoles en pierre cassée mélangée de sable.

137. *Mortier* de chaux hydraulique au dosage de 250 kilogrammes de chaux en poudre par mètre cube de sable dragué. (Mètre cube)......... 20 »
Mortier de ciment de Vassy ou de laitier au dosage de :

142. 300 kilogrammes de ciment par mètre cube de sable dragué. (Mètre cube)... 28 »
Mortier de ciment de Portland au dosage de :

148. 350 kilogrammes de ciment par mètre cube de sable dragué (Mèt. cube). 33 »
Béton dosé à un mètre cube de cailloux cassés pour un demi-mètre cube de sable dragué :

160. 100 kilogrammes de chaux hydraulique ordinaire. (Mètre cube)...... 16 »
162. 200 kilogrammes de chaux hydraulique ordinaire. (Mètre cube)...... 19 »
170. 200 kilogrammes de ciment de Vassy ou de laitier. (Mètre cube).... 22 »
172. 100 kilogrammes de ciment de Portland. (Mètre cube).............. 19 »
174. 200 kilogrammes de ciment de Portland. (Mètre cube).............. 24.60
180. Les bétons gras moulés pour tuyaux, caniveaux, etc., sont payés le double des prix ci-dessus suivant le mortier employé.............. »
181. Plus-value pour emploi du béton sous galerie. (Mètre cube)........ 2 »

Maçonnerie pour murs et voûtes de toute épaisseur et de toute forme exécutée à ciel ouvert

182. Maçonnerie de plâtre avec moellons. (Mètre cube)................. 20.50
183. Maçonnerie sèche avec moellons. (Mètre cube).................... 16 »
184. Maçonnerie avec mortier de chaux hydraulique ordinaire avec meulière. (Mètre cube)... 25 »
190. Maçonnerie avec mortier de ciment de Vassy ou de { avec meulière... 30 »
laitier au dosage de 350 kilogrammes (Mètre cube) { avec moellons... 27.90
195. Maçonnerie avec mortier de ciment de Portland au dosage de 350 kilogrammes avec meulière. (Mètre cube)............................... 31 »
203. Lorsqu'il sera fait emploi de meulière ou de moellons appartenant à la Ville, les prix de maçonnerie seront diminués respectivement de 11 et de 10 »
Lorsqu'il sera fait emploi de vieux moellons ou de vieille meulière de bonne qualité fournis par l'entrepreneur, les prix de maçonnerie seront diminués de :
204. Pour le moellon. (Mètre cube).................................. 3 »
205. Pour la meulière. (Mètre cube)................................. 5 »
Plus-value pour maçonnerie de meulière ou de moellons exécutés sous galerie ou en souterrain :

206. Sans mortier. (Mètre cube)... 2.50
207. Avec mortier quelconque. (Mètre cube)................................ 5 »
208. Maçonnerie de pierre de taille, quel que soit le mortier prescrit. (Mètre
     cube... 110 »
210. La pierre appartenant à l'Administration, y compris taille des lits et
     joints. (Mètre cube).. 25
213. Maçonnerie de granit première qualité pour bornes, socles et blocs
     de toute espèce en granit taillé et mis en place, quel que soit le
     mortier. (Mètre cube).. 220 »
214. Plus-value lorsque les travaux seront exécutés sous galerie ou en sou-
     terrain. (Mètre cube).. 20 »
215. Maçonnerie de briques de Bourgogne mortier hydraulique au dosage
     de 250 kilogrammes. (Mètre cube)........................... 66 »
224. Maçonnerie de briques façon Bourgogne, avec mortier Portland au
     dosage de 250 kilogrammes. (Mètre cube)................... 48.60
232. Plus-value de la maçonnerie de brique pour exécution en souterrain
     sous galerie ou en voûte. (Mètre cube)..................... 4 »
233. Plus-value au mètre carré pour cloison à double parement de 0,054,
     0,11 ou 0.22 d'épaisseur...................................... 2 »
234.   NOTA. — Lorsqu'il sera fait emploi de vieilles briques appartenant à
     l'Administration, les prix seront diminués de 50 francs pour maçonnerie
     en briques de Bourgogne et de 32 francs pour maçonnerie en briques
     de Paris.. »
235. *Démolition* à ciel ouvert de maçonnerie de pierre de taille provenant
     d'égout ou d'ouvrage souterrain, déposé, avec soin, compris montage,
     enlèvement des gravois aux décharges publiques et rangement de
     la pierre. (Mètre cube)....................................... 12 »
236. Plus-value lorsque les travaux seront exécutés sous galerie ou en
     souterrain. (Mètre cube)..................................... 8 »
237. Démolition à ciel ouvert de maçonnerie d'égout ou d'ouvrage souter-
     rain, en moellons, meulière, briques ou béton, compris blindage du
     terrain, des ouvrages, des conduites et l'enlèvement des débris et
     gravois aux décharges publiques, nettoyage et rangement des maté-
     riaux qui deviennent la propriété de la Ville. (Mètre cube)........ 7.50
238. Démolition de maçonneries autres que celles rencontrées dans les déblais
     ou que les maçonneries d'égout ou d'ouvrage souterrain et les fon-
     dations de chaussées, compris enlèvement des gravois aux décharges
     publiques, nettoyage et rangement des matériaux qui restent la pro-
     priété de la Ville. (Mètre cube).............................. 5 »
239. Plus-value lorsque les travaux seront exécutés sous galerie ou en sou-
     terrain. (Mètre cube).. 4 »
240. Briques décrottées. (Le millier)............................... 4.50
241. *Refouillement* dans la meulière, brique ou béton, pour toute longueur
     et toute largeur, jusqu'à 0m,12 de profondeur, ou démolition par
     pièce de moins de 0mc,032 d'un seul tenant, compris transport
     des débris aux décharges. (Mètre cube)..................... 20 »
242. Plus-value sous galerie................................... 5 »
     Évidement entre deux, trois, quatre et cinq faces conservées, compris
     taille des faces obtenues après l'évidement :
243.   (Granit.. 400 »
244. Au chantier (Pierre d'Euville ou autre pierre analogue.............. 40 »
245.   (Pierre de Saint-Maximin ou autre pierre analogue..... 25 »
246.   (Granit .... 450 »
247. Sur le tas. (Pierre d'Euville ou autre pierre analogue.............. 45 »
248.   (Pierre de Saint-Maximin ou autre pierre analogue..... 28 »

267. Parements droits ou courbes de pierres de démolition ou de vieux murs en plan pour retaille, y compris ragréement et rejointoiement. — Pour une taille ou retaille de 0^m,03 de profondeur au plus **5.25**

268. (suite) — Pour une taille ou retaille de 0^m,06 de profondeur au plus **7.80**

269. (Mètre carré) .... — Pour une taille ou retaille excédant 0^m,06. **10 »**

270.

271. Lits et joints pour retaille et dérasement. (Mètre carré.) — Pour la pierre d'Euville ou autre pierre analogue **1.70**
— Pour la pierre de Saint-Maximin ou autre pierre analogue **0.90**

278. Enduit de 0^m,04 d'épaisseur minima, à ciel ouvert, en mortier de chaux éminemment hydraulique, au dosage de 300 kilogrammes. (Mètre carré). **1.40**

279. Enduit comme ci-dessus pour chape, compris l'emploi du mortier et avec une couche de sable de 0^m,10 étendue sur la chape. (Mètre carré) .... **2 »**

280. Plus-value pour le même travail exécuté sous galerie. (Mètre carré).. **0.70**

281. Pour chaque centimètre en plus ou en moins, à ciel ouvert ou sous galerie, on ajoutera ou on retranchera. (Mètre carré) **0.25**

Enduit ou chape de 0^m,02 d'épaisseur minima, compris dégradage et rocaillage, sur murs neufs à parement vertical, incliné, courbe ou horizontal. (Mètre carré).

En mortier de ciment de Vassy :

282. Au dosage de 450 kilogrammes avec sable dragué, et différence pour chaque centimètre en plus ou en moins. (Mètre carré).... 1.40 et **0.40**

284. Les mêmes, dosage 900 kilogrammes sable tamisé : 1.80 et **0.55**

Les mêmes en mortier de ciment de Portland :

285. Au dosage de 450 kilogrammes avec sable dragué .... 1.55 et **0.45**

286. 650 — tamisé .... 1.95 et **0.60**

290. Plus-value pour le même travail, sous galerie respectivement. 0.60 et **0.20**

291. Plus-value pour le même travail exécuté par grandes surfaces planes (dont toutes les dimensions sont supérieures à 2 mètres) et dressées à la règle dans tous les sens pour radiers, murs de réservoirs d'eau ou ouvrages analogues. (Mètre carré) .... **1 »**

292. Plus-value pour dallage soigné exécuté par grandes surfaces réglées, compris joints découpés et imitation du travail de la boucharde. (Mètre carré) **1.75**

293. Plus-value lorsque les enduits seront faits sur *vieux murs* à ciel ouvert (Mètre carré) **0.35**

294. Plus-value lorsque les enduits seront faits sur vieux murs sous galerie (compris dégradage, lavage et rocaillage, s'il y a lieu, établissement de batardeaux et écopage. (Mètre carré) **0.60**

295. Démolition de vieux enduits de toute épaisseur ou repiquage soigné de parements apparents de vieilles maçonneries de toute nature, compris enlèvement des gravois aux décharges publiques, soit que le travail soit fait à ciel ouvert ou sous galerie. (Mètre carré) **0.60**

296. Nota. — Les enduits sans rocaillage ou les rocaillages sans enduits seront payés moitié du prix des enduits complets avec le même mortier et dans les mêmes conditions d'exécution.

Rejointoiement à ciel ouvert sur maçonnerie de meulière ou moellons, dégradage, lavage, tirage sur maçonnerie au fer et enlèvement des gravois aux décharges publiques :

297. Avec tout mortier payé moins de 30 fr. (mètre carré) **0.80**

298. — — de 30 à 40 fr. — **0.90**

299. — — plus de 40 fr. — .... **1 »**

300. Plus-value quand le rejointoiement sera fait sur maçonnerie de briques neuves ou vieilles. (Mètre carré).............................. 0.15
301. Plus-value lorsque le travail sera exécuté sur vieille maçonnerie de meulière ou moellons.. 0.50
302. Plus-value lorsque les travaux seront exécutés sous galerie.......... 0.25
303. Rejointoiement sur pierre de taille compris toutes mains-d'œuvre et quel que soit le mortier. (Mètre linéaire)...................... 0.10
304. Plus-value sur vieille maçonnerie. (Mètre linéaire)................ 0.10
305. Plus-value lorsque les travaux seront exécutés sous galerie. (Mètre lin.) 0.05
306. Gradin à la pièce en meulière et mortier de ciment de 0^m,30 de longueur, 0^m,15 à 0^m,20 de hauteur et 0^m,50 de largeur au radier, y compris l'enduit du tableau en mortier semblable à celui du radier... 1.50
307. Chaque décimètre de largeur en plus ou en moins. (La pièce)....... 0.20
308. Pose d'une cuvette ou siphon hydraulique en fonte ou en grès vernissé, d'un modèle agréé par l'Administration, compris massif de maçonnerie d'égout et enduit. (La pièce).......................... 6 »
309. Niche droite ou courbe en maçonnerie d'égout, de 0^m,30 de largeur, de 0^m,40 de hauteur et 0^m,50 de profondeur, pour siphon ou cuvette hydraulique de tuyau direct, compris percement du piédroit de l'égout, de la banquette, enduits, raccords et enlèvement des gravois aux décharges publiques. (La pièce)...................... 10 »
310. Tuyau ou caniveau en grès vernissé, droit ou courbe, à section ovoïde ou circulaire, de 0^m,30 de diamètre maximum, pour raccordement d'un branchement ou d'une canalisation à l'égout, compris percement du piédroit, de la banquette, enduits, raccords, enlèvement des gravois, baquetage et écopage. (La pièce)............................ 25 »
311. *Id.*, pour tuyau ou caniveau de 0^m,30 à 0^m,60. (La pièce).......... 40 »
312. Nota. — Lorsque la banquette aura une largeur supérieure à 0^m,80, il sera compté, par décimètre ou fraction de décimètre en plus, une plus-value de :
       Sur le prix n° 310. (La pièce).............................. 2 »
313.   Sur le prix n° 311. (La pièce).............................. 3 »
314. Pose et scellement sous galerie d'une grille en fer de banquette, y compris les refouillements dans la banquette et le raccordement des enduits. (La pièce).. 7 »
315. Pose et scellement sous galerie d'une grille en fer de banquette, y compris les refouillements dans la banquette, pour dépose et repose, avec raccordement des enduits. (La pièce).......................... 3 »
316. Pose ou dépose d'une bouche d'égout, compris transport à 50 mètres, s'il y a lieu..   Grand modèle.......................... 4 »
                          Petit modèle.......................... 3 »
317. Dépose et repose d'une bouche
318. d'égout, compris transport   Grand modèle.......................... 6 50
319. à une distance de 50 mètres   Petit modèle.......................... 5 »
320. s'il y a lieu..............
321. Transport du ou au dépôt....   Grand modèle.......................... 6 »
                          Petit modèle.......................... 5 »
322. Nota. — Quand le couronnement ou la bavette seul sera posé ou déposé, on n'appliquera que les trois quarts des prix ci-dessus.
323. Pose ou dépose d'une trappe, petit ou grand modèle, compris transport à 50 mètres, s'il y a lieu...................................... 2 »
324. Dépose et repose d'une trappe de regard, petit ou grand modèle, compris transport à 50 mètres, s'il y a lieu........................ 3.50
325. Transport du ou au dépôt..................................... 2.50

326.   Nota. — Lorsque le tampon ou le châssis sera transporté seul, on n'appliquera que la moitié du prix n° 325.

327. Pose et scellement, à ciel ouvert, d'une grille sur petite bouche d'eau ronde ou carrée.. 3 »

328. Dépose et repose de la même, compris tous raccords de maçonnerie et d'enduits.. 4 »

329. Mise en place d'une plaque de repère de nivellement............,... 1 »

330. Pose sous galerie d'une plaque de repère de nivellement de radier ou de dé indiquant la nature des conduites d'eau..... .... 0.75

331. Pose sous galerie d'une plaque indicative de nom de rue........... 2 »

332.   —   d'urinoir.......... 1.50

333.   —   de numéro de maison. 1 »

334. Fourniture et pose, sous galerie, d'une plaque en porcelaine ou en lave émaillée, avec face de pose striée, indicative du nom de la voie publique... 7 »

335.   *Id.*   pour urinoir........................... 5 »

336.   *Id.*   pour numéro de maison.................. 3.50

Fourniture et pose, sous galerie, d'une plaque en fonte ou en tôle émaillée :

337.   Nom de voie publique........................ 3.50

338.   Urinoir .... 3 »

339.   Numéro de maison........................ 2 »

340.   Nota. — La pose des plaques indicatives comprend le transport à pied-d'œuvre, le refouillement de l'emplacement, la mise en place soignée et les raccords.

Il ne sera rien payé pour la pose ou mise en place des plaques, lorsque celle-ci pourra être faite en même temps que l'enduit de l'égout public ou du branchement particulier........................

341. Dépose de plaques indicatives, compris transport et remise en bon état au dépôt. Moitié des prix de la pose........................

342. Bouchement du refouillement et des trous et raccords. Moitié des prix de la pose..

Nota. — Les premiers prix s'appliquent aux scellements dans la maçonnerie de pierre de taille tendre, meulière, briques, etc. ; les seconds, aux scellements dans la maçonnerie de pierre de taille dure.

Scellement compris refouillement des trous et ragréement d'enduit :

343. Au-dessous de 0m,06 de profondeur. { En plâtre............	0.20	0.30
344. { En mortier de ciment..	0.60	0.70
345. De 0m,06 à 0m,20. { En plâtre...............	0.50	0.90
346. { En mortier de ciment	1 »	1.40
347. De 0m,21 à 0m,30. { En plâtre...............	1.20	1.80
348. { En mortier de ciment.....	1.75	2.35
349. De 0m,31 à 0m,40. { En plâtre...............	2.40	3.40
350. { En mortier de ciment.....	2 »	4 »

351.   Nota. — Les scellements sans refouillement de trous ou exécutés en même temps que les maçonneries et les descellements de toute espèce seront payés moitié des prix ci-dessus applicables à la pierre tendre.

352.   Nota. — Bouchement de trous, le quart du prix du scellement correspondant dans la pierre tendre.

353. Plus-value lorsque les travaux seront exécutés sous galerie 0.10

354. Tranchée pour pose de tuyaux en fonte ou en grès pour toute main-d'œuvre, y compris dépavage, fouille, étaiement, enlèvement des terres, remblai, pilonnage et premier pavage provisoire, la profondeur moyenne n'excédant pas 2 mètres. (Mètre linéaire).......... 2 »

355. Plus-value pour chaque décimètre d'augmentation, lorsque la profondeur moyenne dépasse 2 mètres. (Mètre linéaire).................. 0.15

Pose en tranchée ou en élévation de tuyaux en fonte épaisse droits ou
courbes, de toute longueur, comprenant le transport et la mise en
place des tuyaux et les joints au plomb, ainsi que le dressement du
fond de la tranchée et les massifs en pierre sèche, mais les trous,
scellements, corbeaux et colliers comptés à part :

356. Le diamètre ne dépassant pas 0.10. (Mètre linéaire).............. 1.90
357.   —   0.15   — 2.80
358.   —   0.20   — 3.30
359.   —   0.25   — 3.90
360.   —   0.30   — 4.45

361. Moins-value dans le cas d'emploi de tuyaux en fonte demi-épaisse dits
salubres : 1/10e des prix ci-dessus.

Pose (en élévation ou en tranchée) de siphon en fonte avec joints au
plomb :

362. Jusqu'à 0m,12 de diamètre. (La pièce)...................... 1.50
363.   —   0m,15   —   — 2.50
364.   —   0m,18   —   —   .... 3 »
365.   —   0m,20   —   — 3.70

366. Pose en tranchée de tuyaux en grès droits, courbes, à culotte,
operculaires, etc., compris dressement du fond de la tranchée, massif
de la maçonnerie en moellons durs à chaque joint, bouchage des
vides, solins et transport à pied-d'œuvre :
Un tiers des prix ci-dessus.

367. Plus-value pour diamètres supérieurs à 0,30 et par fraction de 0,05.
(Mètre linéaire)... 0.25

368. Pose en élévation de tuyaux en grès vernissé, droits, courbes, etc.,
la fourniture des corbeaux et colliers ainsi que les trous et scellements payés à part :
Le double des prix en tranchée.

369. Pose (en élévation ou en tranchée) d'un siphon en grès, quel qu'en soit
le diamètre. (La pièce)...................................... 0.70

370. Plus-value pour pose en souterrain ou exigeant un échafaudage
spécial :
Un quart en plus des prix de pose ordinaire.

371. La dépose avec soin et le nettoyage des tuyaux en fonte épaisse ou
en grès vernissé, compris rangement, seront payés moitié du prix
correspondant à la pose de ces mêmes tuyaux.

Pose de manchon en fonte pour conduite de gaz, y compris transport,
descente, mise en place, calage à une distance régulière entre la
paroi extérieure de la conduite et la paroi intérieure du manchon,
calfeutrage en ciment et raccord de la maçonnerie :

372. Le diamètre étant de 0,15 et au-dessous et de moins de 0,20.
(Mètre linéaire)... 2.25
373. Le diamètre étant de 0m,20 et de moins de 0m.25. (Mètre linéaire).... 3 »
374.   —   ,   0m,25   —   0m,35   —   ..... 4 »
375.   —   0m,35   —   0m,45   — 5.50
376.   —   0m,45   —   0m,60   — 7.50
377.   —   0m,60 à 0m,80 inclus. (Mètre linéaire).......... 10.50
378.   —   1m,00. (Mètre linéaire)..................... 16 »
379.   —   1m,10   — 18.50
380. Nota. — La pose d'un demi-manchon ou coquille, comprenant les
mêmes mains-d'œuvre que ci-dessus, sera payée les deux cinquièmes
des prix précédents.

381. Percement et raccords de maçonnerie et enduit sur piédroit ou voûte d'égout, pour passage d'un tuyau, quel qu'en soit le diamètre. (La pièce).. 5 »

382. Percement et raccord d'un mur de face de maison, pour passage d'un tuyau, quel qu'en soit le diamètre. (La pièce)................. 8 »

Percement et raccords de maçonnerie et d'enduit pour pénétration dans un égout de type quelconque avec pan coupé ou arrondi.

383. De l'égout type n° 6. (La pièce)........................... 35 »

384.   —   8 et 9. (La pièce)............................... 25 »

385.   —   10 et au-dessus............................. 15 »

386. D'un branchement. (La pièce)............................. 12 »

387. Percement et raccords de maçonnerie et d'enduit pour pénétration de la voûte d'un branchement particulier dans un égout de type quelconque. (La pièce)... 6 »

388. Plus-value pour pénétration de branchement de regard dans l'égout public avec arrondi de 1 mètre de rayon aux naissances. (La pièce). 6 «

389. Percement et raccord de maçonnerie pour pénétration d'un branchement particulier dans le mur de face d'une propriété, quelles qu'en soient l'épaisseur et la nature. (La pièce)......................... 18 »

390. Notá. — Ces prix seront augmentés de moitié sous galerie ou en souterrain.

391. Fourniture et pose d'un échelon d'angle ou carré du modèle en usage en fer rond de 0m,03 de diamètre, développant 0m,95 de longueur, compris façonnage, galvanisation, scellements au ciment dans une maçonnerie quelconque, enlèvement des gravois. (La pièce)........ 6 »

392. Fourniture et pose d'une poignée ou crochet du modèle en usage en fer rond de 0m,03 de diamètre, développant 0m,65, compris mêmes fournitures et mains-d'œuvre qu'au n° 391. (La pièce)............. 4 »

393. Fourniture et pose de main-courante droite ou courbe du modèle en usage en fer rond de 0m,030 et des douilles en même fer roulé sur mandrin sans soudure, espacées d'au plus 2 mètres, compris mêmes fournitures et mains-d'œuvre qu'au n° 391. (La pièce)............. 17 »

394. Fourniture et pose d'une armature de regard en fer forgé carré 0m,034 avec œil rond ou carré, compris mêmes fournitures et mains-d'œuvre qu'au n° 391. (La pièce).............................. 11 »

395. Fourniture et pose d'une tige ou crosse de regard en fer rond de 0m,03 de diamètre, compris mêmes fournitures et mains-d'œuvre qu'au n° 391. (La pièce)... 6 »

396. Pose d'échelons comme au n° 391 sans fourniture. (La pièce)....... 2 »

397. — de poignée — n° 392 — — 1.60

398. — main-courante— n° 393 — — 1.10

399. — armature — n° 394 — — 1.60

400. — tige ou crosse — n° 395 — — 0.40

401. Nota. — La dépose et le descellement des échelons, poignées, mains-courantes, armatures, crosses, seront payés au même prix que la pose, compris bouchage des trous, raccords de maçonnerie et d'enduits, enlèvement des gravois, transport des fers au dépôt et au lieu d'emploi.

402. Transport du dépôt au lieu d'emploi, descente en égout, transport sous galerie, pose, scellement, massif de fondation, compris tous refouillements, raccords de maçonnerie et d'enduits et, en général, toutes fournitures et mains-d'œuvre d'un appareil de chasse de 0m,20 de débit. (La pièce)... 50 »

403. Id., de 0m,30 de débit.. 65 »

404. Transport du dépôt au lieu d'emploi, descente en égout, transport
sous galerie, pose, scellement, compris tous refouillements, raccords
de maçonnerie et d'enduits et, en général, toutes fournitures et main-
d'œuvre d'une vannette à main. (La pièce).................................... 25 »

405.   Nota. — La dépose et le descellement des appareils et vannettes
seront payés les prix ci-dessus, diminués du 1/4, y compris les
transports du réservoir au dépôt, les refouillements, bouchages et
raccords de maçonnerie et d'enduits, enlèvement des gravois et, en
général, toutes fournitures et mains-d'œuvre.

Fourniture et pose de canalisations droites ou courbes, en grès
vernissé, compris massif de fondation et massif de partage des
eaux et glacis de direction, refouillement, percement, raccords de
maçonnerie et d'enduits, et en général toutes fournitures et
main-d'œuvre, mesuré suivant le développement :

406.   Du diamètre de 0,15. (Mètre linéaire)........................ 18
407.   —   0,20   —   .... 24 »
408.   —   0,30   —   .... 30 »
409. Tamponnage et détamponnage d'une bouche d'égout, compris toutes
fournitures et mains-d'œuvre et enlèvement des gravois. (La pièce). 2 »
410. Id., pour une canalisation de diamètre quelconque. (La pièce)....... 1 »
411. Barrage d'égouts ou de branchements en bois ou en maçonnerie,
enduits en mortier de Vassy du côté de la retenue d'eau, avec trou
de vidange à la partie inférieure, compris toutes fournitures et
mains-d'œuvre, assèchement, écopage, baquetage, pose et entretien
pendant six mois, tamponnage et détamponnage de l'orifice suivant
les besoins du service, la démolition, les raccords de maçonneries
et d'enduits, l'enlèvement des matériaux et gravois (toute fraction
de 0m2,50 et au-dessus étant comptée pour 1 mètre carré). (Mètre
carré)... 6 »
412. Pour chaque mois en sus des six premiers mois, il sera compté 1 franc
en plus par barrage, quelles qu'en soient les dimensions.

Tuyaux en fonte ou en grès vernissé, droits ou courbes, avec regards
de visite pour écoulements provisoires, en tranchée, en souterrain ou
sous galerie, avec tubulures de raccordements et de visites, compris
toutes fournitures et mains-d'œuvre, pose, raccords sur les barrages ou
canalisation à écouler, entretien, nettoyage, dégorgement, pendant
six mois, dépose, raccords des maçonneries et enduits, enlèvement
des matériaux et gravois :

413.   —   du diamètre de 0m,15. (Mètre linéaire)..................... 2.50
414.   —   —   0m,20   — 3.50
415.   —   —   0m,25   — 4.50
416.   —   —   0m,30   —   .... 6 »
417. Pour chaque mois en sus des six premiers, il sera accordé une
plus-value de 1/5 des prix ci-dessus, nos 413 à 416.

Pose de rails droits en fer cornière, compris descente, transport sous
galerie, percement, mise en place soignée, scellement au ciment,
raccords de maçonnerie et d'enduits, enlèvement des gravois, etc. :

418.   En égout neuf. (Mètre linéaire)......................... 1.60
419.   —   vieux   — 3.50
    Id., rails cintrés :
420.   En égout neuf. (Mètre linéaire)........................ 2.25
421.   —   vieux. (Mètre linéaire)........................ 5 »
422. Dépose d'anciens rails droits ou cintrés, descellement, transport au
dépôt, bouchage des trous, raccords de maçonnerie et d'enduits,
enlèvement des gravois, etc. (Mètre linéaire)........................ 1.50

423. Crépissage moucheté de toutes formes et dimensions, compris triage
du gravillon, enduit préalable au mortier de chaux. (Mètre carré).   3   »
424. Plus-value sur vieille maçonnerie, compris dégradage et enlèvement
des gravois aux décharges. (Mètre carré)........................   0.35

Légers ouvrages en plâtre

425. Hourdis de plancher entre solives en fer de 0ᵐ,08 à 0ᵐ,20 en plâtras
et plâtre, compris toutes mains-d'œuvre et fournitures. (Mètre car.)   2.20
426. Enduits de toute largeur jusqu'à 0ᵐ,03 d'épaisseur en plafonds
droits, cintres compris nus, angles. (Mètre carré)..............   2   »
427. Enduits de toute largeur jusqu'à 0ᵐ,03 d'épaisseur sur murs verticaux en meulière, moellons, briques, seuils droits, cintres compris
nus, angles. (Mètre carré)......................................   1.50
428. Plus-value pour enduits sur vieux murs, compris dégradage, hache-
ment des anciens enduits. (Mètre carré).........................   0.40
429. Plus-value pour centimètre d'épaisseur en plus sur tous enduits. (M. c.)   0.20
430. Plus-value pour enduits teintés. (Mètre carré)...............   0.05
431. Crépi plein, compris gobetage, sur murs neufs en meulière, moellons,
briques. (Mètre carré)..   0.50
432. Crépi comme ci-dessus sur vieux murs. (Mètre carré)..........   0.80
433. Feuillures de 0ᵐ,03 à 0ᵐ,05. (Mètre linéaire)...............   0.35
434. Scellement de lambourdes, compris chaîne. (Mètre carré)......   1.50
435. Calfeutrements de toute nature et de toute situation. (Mètre linéaire).   0.20

CHAPITRE V

Charpente

436. Nota. — Les locations sont faites pour six mois ; si elles sont
prolongées, les prix seront augmentés proportionnellement.
Les prix des bois en location comprennent la pose, la dépose, les
clous nécessaires et le double transport.
437. Location de bois de chêne, d'orme ou de sapin, employé sans assemblage pour ponts de service, poteaux de barrière et étaiements de
toute espèce à ciel ouvert. (Mètre cube).......................   25   »
438. Location de bois de chêne, d'orme ou de sapin, employé sous galerie
ou pour cadres, et poteaux servant à la construction d'un souterrain. (Mètre cube)..   40   »
439. Location de bois avec assemblage, pour garde-corps, cintres, etc.,
y compris boulons, écrous, etc. (Mètre cube)...................   30   »
440. Location de plats-bords pour soutenir les terres dans les fouilles des
égouts et pour les étaiements. (Mètre carré)...................   1   »
441. Id., sous galerie ou en souterrain. (Mètre carré)............   2.40
442. Location de lisses de barrières. (Mètre linéaire)............   0.20
443. Location de barrières de sûreté de 2ᵐ,20 de hauteur, les planches
jointives, y compris les poteaux et traverses, conformément aux
prescriptions de la pièce. (Mètre linéaire)....................   3.20

444. Location de ponts de service pour le passage des voitures, de 5^m,50 de longueur sur 3 mètres de largeur, planches de 0^m,15 d'épaisseur, 2 lisses et 6 montants, compris toutes sujétions. (Le pont)   60   »

445. Location de ponts de piétons, de 4 mètres de longueur sur 1^m,50 de largeur, 4 poteaux et lisses à la demande, compris toutes sujétions. (Le pont)   10   »

446. *Id.*, de 3 mètres de longueur. (Le pont)   7   »

447. Location de trappes mobiles de 1^m,20 de longueur et 0^m,80 de largeur. (La pièce) 0.60

448. Location de cintres de 0^m,50 à 0^m,79 de diamètre. (Mètre linéaire) . . .   1.50
449.   —   —   0^m,80 à 0^m,99   —   —   2   »
450.   —   —   1^m,00 à 1^m,99   —   — 3.50
451.   —   —   2^m,00 à 2^m,99   —   —   5   »
452.   —   —   3^m,00 à 3^m,99   —   —   7   »
453.   —   —   4^m,00 à 4^m,99   —   —   9   »
454.   —   —   5^m,00 à 5^m,99   —   — 10.50

455.   NOTA. — Ces prix seront majorés de 50 0/0 lorsque les cintres seront employés en souterrain.

456. Clôture pour fourniture et pose conformément aux dispositions du devis. (Mètre linéaire)   7   »

457.   NOTA. — Lorsque les lames seront jointives, le prix de la clôture sera augmenté de (Mètre linéaire) 0.50

458. Dépose de clôture comme ci-dessus et rangement à une distance de moins de 50 mètres. (Mètre linéaire) 0.40

459. Repose de clôture comme ci-dessus. (Mètre linéaire) 0.60

460. Plus-value pour porte-cavalière, fourniture et pose comprise. (La p.)   50   »

461. Plus-value pour porte-charretière, fourniture et pose comprises. (La p.)   110   »

462.   NOTA. — Les parties formant portes seront payées au même prix que les clôtures, les prix fixés pour les portes n'étant qu'une plus-value, laquelle ne sera pas due pour la dépose et la repose.

463. Remplacement de lame en sapin pour barreaux ou traverses de pieux et de contre-fiches ayant les dimensions prévues au devis, y compris fourniture de clous et mise en place. (Mètre linéaire) 0.40

464. Remplacement de lame en sapin pour fourniture seulement. (Mètre lin.).   0.25

465.   NOTA. — Toute réparation comportant le remplacement complet d'une portion de clôture de plus de 2 mètres de longueur sera payée d'après le prix fixé pour les clôtures neuves.

466. Location d'une baraque, compris apport et enlèvement, pour une période de 30 jours. (La pièce)   25   »

467.   —   —   pour une période supplémentaire de 15 jours. (La pièce)   10   »

468. Location d'un poteau montant de barrière de sûreté, y compris cordage, scellement et descellement (La pièce) 0.60

469. Location sans scellement, la mise en place étant faite en régie. (La p.).   0.30

470. Location de gouttières de 0^m,30 de largeur et 0^m,20 de hauteur, pose comprise, à ciel ouvert, entretien et nettoyage. (Mètre linéaire) 1.50

471.   —   *Id.*   sous galerie. (Mètre linéaire) 2.50

472. Location de gouttières à 0^m,50 de largeur sur 0^m,40 de hauteur, pose comprise, à ciel ouvert, entretien et nettoyage. (Mètre linéaire) 2.50

473.   —   *Id.*   sous galerie. (Mètre linéaire) 4.50

474. Location de gouttières à 0^m,80 de largeur et 0^m,50 de hauteur, pose comprise, à ciel ouvert, entretien et nettoyage (Mètre linéaire) 4.50

475.   —   *Id.*   sous galerie. (Mètre linéaire) . . .   7   »

476. Dépose et repose de gouttières dans l'étendue du chantier et durant les six mois de la location, 1/3 des prix ci-dessus.

477. Location d'échasses ou boulins pour échafaudages, y compris les cordages d'attache nécessaires. (Mètre linéaire).................. 0.20

478. Location de planches d'échafaudage. (Mètre carré)................. 0.20

479.   —   *Id.*   sous galerie. (Mètre carré)..... 0.40

480. Charpente appartenant à l'Administration, en bois de chêne ou de sapin de toute grosseur, pour pose sans assemblage. (Mètre cube). 10 »

481.   —   *Id.*   refait ou refeuillé et posé avec assemblage. (Mètre cube)................................. 25 »

482.   —   *Id.*   refait, refeuillé et posé avec assemblage. (Mètre cube)............................... 40 »

483. Fourniture et pose d'un châssis en bois de chêne neuf, non refeuillé, pour trappe de regard, de $0^m,19$ d'épaisseur grand modèle. (La p.) 30 »

484. Fourniture et pose d'un châssis en bois de chêne neuf, non refeuillé pour trappes de regard, de $0^m,10$ d'épaisseur (petit modèle) (La p.). 18 »

485. Pour chaque centimètre en plus, on paiera. (La pièce)............ 1.80

486. Pose d'un châssis en bois appartenant à l'Administration. (La pièce). 1.50

487. Dépose et démontage d'un vieux châssis. (La pièce)................ 1 »

Bois de charpente neuf de toute grosseur, pour fourniture, avec montage s'il y a lieu, posé sans assemblage :

488. Chêne en grume. (Le stère)................................ 80 »

489. Sapin brut   —   .... 60 »

490. Chêne équarri   —   .... 110 »

491. Sapin équarri   —   .... 100 »

492. Chêne refait sur une, deux ou trois faces. (Le stère).............. 130 »

493. Sapin sur deux ou trois faces. (Le stère)....................... 115 »

494. Chêne à vive arête, refait sur les quatre faces. (Le stère).......... 160 »

495. Sapin   *Id.*   (Le stère)............................. 130 »

496. Pour bois assemblés, il sera payé en plus, sur les nᵒˢ 490 à 495. (Le stère). 20 »

497. Lorsque les bois refaits, nᵒˢ 492 à 495, seront feuillés, chanfreinés, ou qu'ils comporteront des flaches sur les arêtes, il sera déduit. (Le stère).. 10.50

514. Bois de chêne de toute dimension laissé dans les fouilles d'après ordre écrit. (Le stère)................................. 50 »

515. Bois de sapin de toute dimension laissé dans les fouilles d'après ordre écrit. (Le stère)................................. 35 »

CHAPITRE VI

Couverture

538. Percement et raccord sur les deux faces d'un mur de face de maison pour passage de tuyau, quel qu'en soit le diamètre. (La pièce).... 5 »

CHAPITRE VII

Fer et fonte

539. Fer forgé pour frettes, sabots, grilles de banquettes et autres, agrafes de tuyaux, brides de gargouilles, mains-courantes ou garde-corps de toute nature, prêt à employer, compris vis, goujons, rivets, goupilles, etc..., sans assemblage. (Le kil.).................... 0.70

540.   —   *Id.*   avec assemblage. (Le kil.)................ 0.90

541. Fer forgé, pour boulons, écrous, colliers, brides et contre-brides, échelles, tuyaux, barres automobiles, pentures et espagnolettes de vannes, compris les poignées, les S, vis, goujons, rivets, goupilles, etc. (Le kil.) 0.85

542. Fer forgé pour échelons et armatures s'y adaptant et chaines. (Le kil.). 0.60

543. Fer forgé pour aiguillages, traverses à trous renflés, supports et boites, etc., faits suivant dessin. (Le kilog.)..................... 1.60

544. Quand le fer ne sera pas fourni, mais seulement façonné, il sera déduit des prix ci-dessus. (Le kilog.)...................... 0.30

545. Fers laminés à I, cornières ou autres, fers ronds ou carrés, fers méplats, tôles de toutes dimensions, sans assemblages, compris mise en place. (Le kilog.).. 0.30

546.   —   *Id.*   avec assemblage, rivure, perçage, alésage, montage, etc., compris rivets, boulons, écrous, vis, goujons, goupilles, etc., tôle striée ou ondulée. (Le kilo)..................................... 0,45

547. Trappes mobiles en tôle striée de toutes dimensions, compris pentures, supports à fourchettes, arbres, battements, etc..., serrure excepté. (Le kilog.)... 0.90

548. Portes, armoires, croisées, châssis en tôle et fers assemblés. (Le kil.) 1.15

549. Goupille en fer rond pour garde-corps, compris mise en place et rivure. (La pièce)... 0.05

550. Goujon ou tenon, compris mise en place et rivure. (La pièce)....... 0.20

551. Vis à métaux de toutes dimensions ajustées et mises en place. (La p.) 0.25

552. Vieux fers repris en compte par l'entrepreneur. (Le kilog.)......... 0.10

553. Fer quelconque pour galvanisation. (Le kilo)...................... 0.20

554. Fonte pour pilastres, balustres, mains-courantes, etc., de garde-corps, assemblés, des modèles en usage dans le lot, y compris toute main-d'œuvre d'assemblage et de mise en place, à l'exception des trous de scellements et y compris la fourniture des goujons et vis. (Le kilog.)... 0.40

555. Plomb pour scellements, y compris le coulement du plomb. (Le kilog.) 0.70

556. Fonte pour tuyaux, manchons, coquilles, etc. (Le kilog.)........... 0.20

557. Vieille fonte reprise en compte par l'entrepreneur. (Le kilog.)........ 0.05

558.   NOTA. — Tous les objets en fer forgé ou en fonte doivent être bitumés ou enduits au minium, suivant l'ordre donné. — Le bitume ou l'enduit au minium sont compris dans les prix ci-dessus.

559.   NOTA. — Pour toutes les fournitures de fer, fonte, pour tuyaux et garde-corps, plomb à scellement, etc..., le poids en sera constaté contradictoirement sur le chantier et, à cet effet, l'entrepreneur fournira les instruments de pesage nécessaires.

CHAPITRE VIII

Peinture, goudronnage et vitrerie

Peinture à l'huile, tons unis, travaux ordinaires à :
560.	1 couche. (Mètre carré)...............................	0.45
561.	2 couches —	0.85
562.	3 couches , —	1.20

563. Nota. — Ces prix sont applicables indistinctement aux ouvrages sur parties neuves et sur parties vieilles ou anciennes peintures, et ils tiennent compte de tous les travaux préparatoires, tels que : époussetage, égrenage, lessivage et rebouchage. Toutefois, lorsque, sur des travaux neufs, les couches de peinture seront demandées isolément, on n'allouera pour les deuxième et troisième couches que les compléments de prix, de manière que les peintures à deux ou trois couches reçoivent exactement l'application des prix ci-dessus, et ce à quelque époque que les couches successives aient été données.

565. Peinture de barreaux en fer jusqu'à 0^m,14 de développement, une couche compris égrenage. (Mètre linéaire)....................... 0.05

567. Enduit de goudron azoté : 1 couche. (Mètre carré)................. 0.35

CHAPITRE IX

Fournitures diverses

586.	Blouse en toile grise, première qualité, très forte. (La pièce).......	9 »
587.	Bottes en cuir pour le service des agents des égouts. (La paire).....	50 »
599.	Cotte en toile pour le service des agents des égouts. (La pièce).....	3.50
600.	Ceinture de cuir avec trois boucles et anneaux pour les égouts. (La pièce).	3 »
603.	Étoupe goudronnée. (Le kilogramme).............................	0.80
605.	Fleur de soufre. (Le kilogramme)................................	0.45
606.	Goudron végétal du Nord, 1re qualité. (Le kilogramme).............	0.50
607.	Huile à brûler épurée. (Le kilogramme)...........................	1.30
608.	Huile liard pour graissage des machines. (Le kilogramme)..........	1.80
609.	Huile de pied de bœuf. (Le kilogramme)..........................	2.60
610.	Lanterne d'égoutier. (La pièce).................................	4 »
617.	Embauchoirs pour bottes d'égoutier. (La paire)..................	14 »
620.	Râclette aciérée pour débardage. (La pièce).....................	1 »
621.	Râteau en bois, dents en fer forgé avec manche. (La pièce)........	7 »
622.	Sac en cuir pour visite d'égout. (La pièce)......................	10 »
623.	Seau de puits en fort bois, avec anse en fer, quatre cercles et croix de fer. (La pièce)...	6 »
624.	Le même avec trois cercles. (La pièce)..........................	5 »
625.	Seau de vidangeur. (La pièce)..................................	5 »
626.	Serrure pour caveau mise en place et ses clés. (La pièce)...........	30 »
627.	Torches en résine. (Le kilogramme).............................	0.90

Locations

628.   Nota. — Pour tous les articles pour lesquels le transport n'est pas mentionné, les prix de location comprennent implicitement le transport aller et retour.

629.   Applique garnie d'huile pour éclairage d'atelier en régie, chantier ou dépôt. (La nuit).. 0.40

631. Bâche en toile goudronnée, au mètre superficiel. (La journée)........ 0.04

635. Entourage de regard d'égout. (La journée) 0.15

638. Cabestan ou treuils, compris cordages. (La journée) .... 1 »

639. Transport aller et retour. (La pièce)............................... 4 »

640. Camion à bras. (La journée)....................................... 0.60

641. Cric pouvant lever jusqu'à 5.000 kilos. (La journée).............. 1 »

642. Claie, quelle que soit la grosseur de la maille demandée. (La journée). 0.50

643. Wagonnet Decauville pour voie de 0,40, 0,50, 0.60. (La pièce par jour). 0.50

644. Voie Decauville de 0,40, 0,50, 0,60. (Le mètre linéaire par jour)..... 0.02

645.   Nota. — La location d'un camion ne sera jamais comptée lorsque le camion servira seulement soit à amener les outils loués par l'Administration à l'entrepreneur, soit à les transporter d'un lieu à un autre, soit, enfin, à rapprocher des matériaux fournis par l'entrepreneur.

646. Chèvre garnie de ses cordages, haubans et leviers. (La journée)..... 2 »

647. Transport aller et retour. (La pièce).............................. 5 »

657. Pompe d'épuisement à deux corps de $0^m,06$ de diamètre intérieur avec ses tuyaux et accessoires, compris pose et dépose. (La journée).... 2 »

658. — *Id.*   de $0^m,10$ de diamètre intérieur. (La journée)........... 3 »

659. — *Id.*   de $0^m,15$ —   —   (La journée)........... 4 »

660. — *Id.*   de $0^m,20$ —   —   (La journée)........... 5 »

661. — *Id.*   de $0^m,25$ —   —   (La journée)........... 6 »

662. Transport à pied d'œuvre et retour. (La pièce)..................... 8 »

668. Location d'un brasero garni d'un hectolitre de coke. (Les 24 heures). 2 ».

669.   Nota. — Les prix de location de la journée ne sont applicables qu'aux cinq premiers jours; du 6e au 18e jour, ils s'appliquent à des périodes de 3 jours; du 18e au 30e, à des périodes de 4 jours; au-delà du 30e, à des périodes de 10 jours.

670.   Nota. — L'Administration aura le droit, à toute époque, d'acquérir l'objet loué au prix de sa valeur à l'état neuf et ne paiera rien, dès lors, pour sa location.

671.   Nota. — Pour tout outil, engin ou matériel non dénommé ci-dessus, le prix de location sera fixé à 1/20 de la valeur à l'état neuf pour un délai n'excédant pas cinq jours, et à 1/200 pour chaque jour consécutif à ce délai. — Ces prix comprendront les transports aller et retour.

CHAPI

PRIX COMPOSÉS APPLICABLES A

PRIX D'UN MÈTRE COURANT D'ÉGOUT EN MAÇONNERIE DE

N⁰ˢ DES PRIX	DÉSIGNATION DES OUVRAGES	TYPE 6 bis — Profondeur de fouille 4ᵐ,63	TYPE 8 — Profondeur de fouille 3ᵐ,88	TYPE 9 — Profondeur de fouille 3ᵐ,69
672	Prix du mètre courant d'égout sous pavage........	240.76	160.67	138.63
673	Prix du mètre courant d'égout sous sol non pavé....	237.77	157.95	136.23
674	Nota. — La profondeur de fouille sous pavage se mesure à partir du dessous des pavés. — Sous sol non pavé, elle se mesure à partir du dessous du revêtement (dessous des dalles pour les dallages en granit, dessous du béton pour les aires en bitume ou en asphalte comprimé, dessous de l'empierrement pour les chaussées macadamisées). — La démolition, et, s'il y a lieu, la remise en place des revêtements autres que le pavage, sera comptée séparément.	»	»	»
675	Nota. — Pour l'égout type n⁰ 9 sans banquette, on retranchera 5 francs des prix indiqués ci-dessus pour l'égout type n⁰ 9 avec banquette.	»	»	»
676	Prix d'un mur pignon terminant les égouts.........	64.83	46.05	33.08
676 bis	Mur pignon en meulière et mortier de ciment pour les branchements particuliers..................	»	»	»
677	Nota. — Épaisseur des murs pignons { pour les égouts types n⁰ˢ 6 et 8........... Minimum. 0,25	»	»	»
678	pour les égouts types n⁰ˢ 9 à 15........ 0,20	»	»	»
678 bis	pour les branchements particuliers 0,30	»	»	»
679	Plus ou moins-value à appliquer au mètre linéaire d'égout, par mètre d'augmentation ou de diminution de profondeur de fouille jusqu'à 10 mètres.......	9 »	8 »	7.50
680	Plus ou moins-value à appliquer au mètre linéaire d'égout, pour 50 kilogrammes de ciment en plus ou en moins dans le dosage du mortier employé à la confection de la maçonnerie...*..............	4.02	2.43	2.03
681	Nota. — La plus ou moins-value totale à appliquer en cas de profondeur plus ou situation du fond de la fouille par la différence exprimée en mètres et centi- du type par mètre courant.			
682	Nota. — Tous les prix ci-dessus sont exclusivement applicables aux types définis tration prescrira la construction d'un égout dont les dimensions ne seront pas courant dudit égout sera calculé par application directe des prix élémentaires du			

(*) Les prix (*) s'appliquent au mur séparatif de l'égout public avec enduit sur

TRE X

LA CONSTRUCTION DES ÉGOUTS

MEULIÈRE ET MORTIER DE CIMENT (rails non compris)

TYPE 10 bis	TYPE 10 ter	TYPE 11 bis	TYPE 12	TYPE 12 bis	TYPE 13	TYPE 13 ter	TYPE 14 bis	TYPE 15	BRANCHEMENTS 1	BRANCHEMENTS 2
Profondeur de fouille 3m,34	Profondeur de fouille 3m,34	Profondeur de fouille 3m,29	Profondeur de fouille 3m,24	Profondeur de fouille 3m,24	Profondeur de fouille 3m,04	Profondeur de fouille 2m,94	Profondeur de fouille 2m,94	Profondeur de fouille 2m,86	Profondeur de fouille 2m,74	Profondeur de fouille 2m,14
110.25	111.72	99.92	89.81	96.31	84.16	75.72	71.28	67.24	67.57	47.40
108.12	109.59	98 »	88.06	94.47	82.41	74.18	69.87	65.79	66.16	46.24
»	»	»	»	»	»	»	»	»	»	»
»	»	»	»	»	»	»	»	»	»	»
24.51	24.66	20.87	18.59	19.33	16.75	12.92	11.38	10.32	19.45*	9.56*
»	»	»	»	»	»	»	»	»	10.61	4.91
»	»	»	»	»	»	»	»	»	»	»
»	»	»	»	»	»	»	»	»	»	»
»	»	»	»	»	»	»	»	»	»	»
7 »	6.50	5.20	5.60	6 »	5.80	5.20	5 »	4.75	4.75*	3.91*
1.64	1.67	1.50	1.34	1.46	1.26	1.16	1.15	0.94	1.08*	0.79*

moins grande s'obtient en multipliant l'un ou l'autre des prix ci-dessus, suivant la mètres entre la profondeur moyenne effective et celle qui sert de base au calcul

par les dessins annexés au présent bordereau. — Toutes les fois que l'Adminis-exactement conformes à celles de l'un de ces types, le prix composé du mètre bordereau.

les deux faces.

Branchements de regard et de bouche

EN MAÇONNERIE DE MEULIÈRE ET MORTIER DE CIMENT

N⁰ˢ DES PRIX	DÉSIGNATION des OUVRAGES	BRANCHEMENT DE REGARD — Prof. moy. 2ᵐ,94	BRANCHEMENT DE BOUCHE ancien type Prof. moy. 2ᵐ,34	BRANCHEMENT DE BOUCHE à cunette Prof. moy. 2ᵐ,34
683	Prix du mètre courant de branchement, sous pavage..........................	75.79	56.52	58.01
684	Prix du mètre courant de branchement sous sol non pavé....................	74.29	55.19	56.68
685	Prix d'un mur pignon de 0ᵐ,20 terminant les branchements de regard et de bouche.	12.89	4.01	4.01
687	Plus ou moins-value par mètre d'augmentation ou de diminution de profondeur de fouille. } jusqu'à 10ᵐ	5 »	4.50	4.50
688	Plus ou moins-value par 50 kil. de ciment en plus ou en moins dans le dosage du mortier employé à la confection de la maçonnerie..........................	1.18	0.92	0.95

Le nota n° 674 est applicable aux branchements de regard et de bouche.

686   NOTA. — Dans le cas de la construction d'un égout neuf avec branchements de regard et de bouche, on ne portera pas en compte les murs pignons de ces branchements, dont la pénétration dans le corps de l'égout laisse un vide qui compense lesdits murs pignons.

689   NOTA. — Le n° 681 est applicable au calcul de la plus ou moins-value pour les branchements de regard et de bouche.

Cheminées de regard et de bouche

EN MAÇONNERIE DE MEULIÈRE ET MORTIER DE CIMENT

NOTA. — La cheminée de regard est à section carrée intérieure de 0ᵐ,90 de côté en maçonnerie de 0ᵐ,20 d'épaisseur.

La cheminée de bouche est à section rectangulaire intérieure de 1ᵐ,00 sur 0ᵐ,45, ou à section circulaire de 0ᵐ,80 de diamètre intérieur en maçonnerie de 0ᵐ,20 d'épaisseur.

690	Prix d'un mètre courant de hauteur de cheminée de regard ou de bouche..	46.77	33.13
691	Plus-value par mètre courant de hauteur, lorsque la cheminée est construite sur un ancien branchement....................	7 »	6 »
692	Plus ou moins-value par 50 kilogr. de ciment en plus ou en moins dans le dosage du mortier employé à la confection de la maçonnerie.................	0.90	0.76
693	Arrangement d'un fond de regard de visite à section carrée de 0ᵐ,90 de côté sur canalisation en grès ou fonte comprenant la maçonnerie en meulière et mortier de ciment de Portland pour former la fondation, les parois et les glacis, enduits de 0ᵐ,03 en ciment de Portland sur toute la surface apparente des maçonneries, avec arêtes et gorges nécessaires, pose et raccordement des caniveaux droits ou courbes, quel que soit le nombre des orifices, toutes fournitures et façons : Prix..		25 »

Réservoirs de chasse

EN MAÇONNERIE DE MEULIÈRE ET MORTIER DE CIMENT

Nᵒˢ DES PRIX	DÉSIGNATION DES OUVRAGES	PRIX Type 1	Type 2
	Profondeur moyenne 2ᵐ,64 + 0ᵐ,50 = 3ᵐ,14		
694	Prix du mètre courant de réservoir, sous pavage..............	118.46	129.83
695	Prix du mètre courant de réservoir, sous sol non pavé...........	116.42	127.70
696	Plus ou moins-value par mètre d'augmentation ou de diminution de profondeur de fouille jusqu'à 10 mètres de profondeur......	6.13	6.60
697	Plus ou moins-value par mètre d'augmentation ou de diminution de profondeur de fouille jusqu'à 10 mètres de profondeur par 50 kilogr. de ciment en plus ou en moins dans le dosage du mortier employé à la confection de la maçonnerie.............	1.95	2.21
698	Prix d'un mur pignon de 0ᵐ,30 terminant les réservoirs de chasse.	29.65	31.87

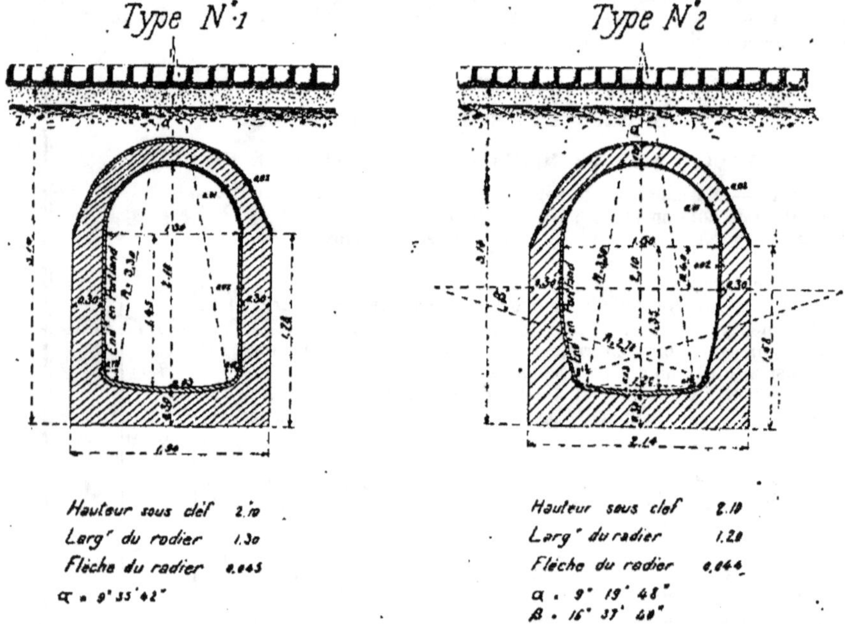

Fig. 157. — Réservoirs de chasse.

PRIX COMPOSÉS APPLICABLES A LA CONSTRUCTION DES ÉGOUTS,

Les travaux s'exécutant de jour et de nuit, la profondeur moyenne depuis le dessus du sol des voies publiques ou

Prix d'un mètre courant d'égout en maçonnerie de

N°ˢ DES PRIX	DÉSIGNATION des OUVRAGES	TYPE N° 6 bis		TYPE N° 8		TYPE N° 9		TYPE N° 10 bis		TYPE N° 10 ter		TYPE N° 11 bis		TYPE N° 12	
699	Prix du mètre courant d'égout en souterrain............	317	»	209	»	180	»	141	»	142	»	127	»	114	»
700	Plus-value par mètre courant d'égout et par mètre supplémentaire de profondeur moyenne des puits au-delà de 10 mètres. Toute fraction de 0ᵐ,50 et au-dessus étant comptée pour un mètre....	2.22		1.51		1.28		0.97		0.96		0.85		0.75	
701	Plus ou moins-value par 50 kilogr. de ciment en plus ou en moins dans le dosage du mortier employé à la confection de la maçonnerie	4.02		2.43		2.03		1.64		1.67		1.50		1.34	
702	Nota. — Pour l'égout type 9 sans banquette, on retranchera 6 francs des prix indiqués ci-dessus pour l'égout type 9 avec banquette.														
703	Prix d'un mur pignon terminant les égouts...........	73.73		53.05		37.43		27.71		27.91		23.62		21.04	
704	Plus ou moins-value par 50 kilogr. de ciment en plus ou en moins dans le dosage du mortier employé à la confection de la maçonnerie.	1.78		1.28		0.87		0.64		0.65		0.55		0.49	
705	Nota. — Epaisseur des murs pignons / Pour les égouts des types 6 à 8......	0ᵐ,25													
	Pour les égouts des types 9 à 15.....	0.20													
	Pour les branchements particuliers	0.30													
	Pour les branchements de regard et de bouche.......	0.20													
	Pour les réservoirs de chasse ......:	0.30													

706 Nota. — Dans le cas de la construction d'un égout neuf avec branchements de dont la pénétration dans le corps de l'égout laisse un vide qui compense lesdits

707 Nota. — Tous les prix ci-dessus sont exclusivement applicables aux types définis prescrira la construction d'un égout dont les dimensions ne seront pas exactement sera calculé par application directe des prix élémentaires du bordereau.

TRE XI

BRANCHEMENTS ET RÉSERVOIRS DE CHASSE EN SOUTERRAIN

des puits d'extraction n'excédant pas 10 mètres, ceux-ci étant mesurés des terrains jusqu'au fond de fouille de l'égout

meulière et mortier de ciment (rails non compris)

| TYPE N° 12 bis | TYPE N° 13 | TYPE N° 13 ter | TYPE N° 14 bis | TYPE N° 15 | BRANCHEMENTS | | | | | RÉSERVOIRS DE CHASSE | |
| | | | | | PARTICULIERS | | de regard | DE BOUCHE | | | |
					type n°1	type n°2		ancien type	à cunette	type n°1	type n°2
122 »	107 »	95 »	89 »	83 »	85 »	58 »	95 »	69 »	71 »	151 »	166 »
0.80	0.70	0.57	0.53	0.50	0.50	0.29	0.57	0.37	0.37	0.92	1.01
1.46	1.26	1.16	1.15	0.94	1.08	0.79	1.18	0.92	0.95	1.95	2.21
21.88	18.95	14.62	12.88	11.60	21.95	10.81	14.59	4.54	4.54	33.58	36.12
0.51	0.44	0.34	0.30	0.26	0.50	0.25	0.34	0.11	0.11	0.79	0.85

regard et de bouche, on ne portera pas en compte les murs pignons de ces branchements, murs pignons.

par les dessins annexés au présent bordereau. Toutes les fois que l'Administration conformes à celles de l'un de ces types, le prix composé du mètre courant dudit égout

RÉSERVOIRS DE CHASSE

PÉNÉTRATION DES TYPES 1 ET 2 POUR COMMUNIQUER DE L'ÉGOUT
À L'INTÉRIEUR DU RÉSERVOIR

Nᵒˢ DES PRIX	DÉSIGNATION DES OUVRAGES	PRIX
708	Prix d'une pénétration, quel que soit le type.....................	26.85
709	Plus ou moins-value par 50 kilogr. de ciment en plus ou en moins dans le dosage du mortier employé à la confection des maçonneries.	0.25

Transformation des anciens types d'égouts

Nᵒˢ DES PRIX	DÉSIGNATION DES OUVRAGES	10 en 10 bis	10 en 10 ter	11 en 11 bis	12 en 12 bis	13 bis en 13 ter	14 en 14 bis	Bouches anciennes en bouches nouvelles
710	Prix du mètre courant de transformation	12.76	11.32	10.30	9.15	5.18	4.83	10.58
711	Plus ou moins-value par 50 kilogr. de ciment en plus ou en moins dans le dosage du mortier employé à la confection des maçonneries..................	0.14	0.14	0.13	0.10	»	»	0.14

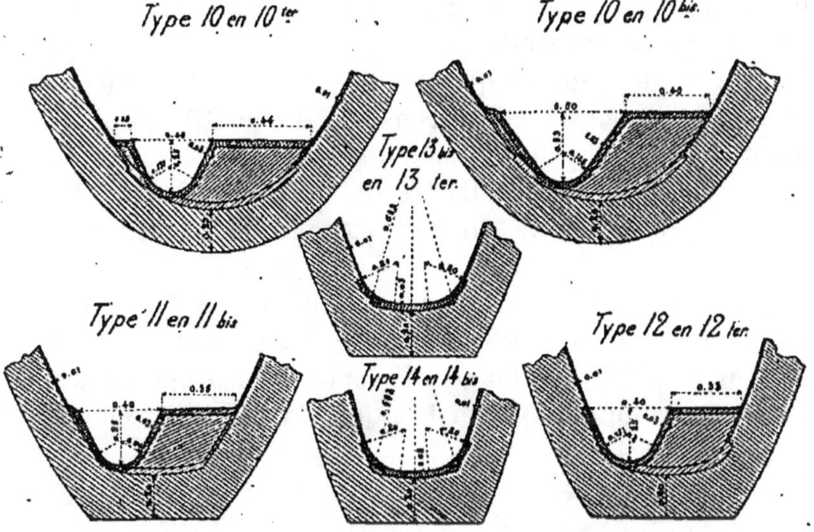

Fig. 158. — Anciens égouts transformés.

DEUXIÈME PARTIE

LES ÉGOUTS DE PARIS

CHAPITRE XVI

HISTORIQUE DES ÉGOUTS DE PARIS

Avant-propos. — De toutes les villes du monde, c'est actuellement Paris qui possède le réseau d'égouts le plus vaste et le mieux approprié aux exigences de l'hygiène. Toutes les galeries (situées sous les voies) qui drainent les chaussées et les immeubles, et qui forment comme un second Paris souterrain, sont visitables et visitées plusieurs fois la semaine par une armée d'ouvriers égoutiers qui en assure l'entretien parfait.

Ces galeries, outre qu'elles servent à l'écoulement des eaux usées, sont aussi et surtout utilisées par les différents services publics et particuliers, pour le logement des conduites d'eau, des conduites d'air, des câbles téléphoniques et électriques, etc. Sont seuls exclus des égouts : les conduites de gaz et les câbles électriques envoyant la force et la lumière sous haute tension, qui sont posés en tranchée sous la voie publique ou sous les trottoirs.

On doit même espérer que le rôle des égouts s'étendra encore et qu'ils serviront au transport des matières solides provenant des immeubles, actuellement enlevées chaque matin et transportées en dehors de la capitale dans des tombereaux qui laissent sur leur passage des traces pestilentielles.

S'il y a lieu de dire ici que ce magnifique réseau souterrain a demandé plusieurs siècles pour être construit, il convient d'ajouter, à la louange des édiles parisiens et des ingénieurs doublés d'hygiénistes qui étaient à la tête de l'Administration, que c'est seulement depuis le milieu de ce siècle, à la suite d'un programme mûrement étudié, qu'il s'est étendu très rapidement.

Aussi est-il intéressant de donner sommairement l'historique des égouts de Paris depuis l'origine des premiers ruisseaux à ciel ouvert.

Les égouts avant le XIXᵉ siècle. — C'est vers l'an 1350 que furent construits les premiers égouts de Paris, ou, pour mieux dire, les premiers canaux appelés à recevoir les eaux superficielles et les conduire au fleuve.

Avant cette époque, ces eaux s'écoulaient tant bien que mal suivant la pente des rues, et séjournaient même en certains points, formant ainsi des cloaques infects.

Ces canaux, sur la rive droite de la Seine, étaient au nombre de deux, par suite de la direction de leur courant ; mais ils n'en formaient en réalité qu'un seul, qu'on appelait le *ruisseau de Ménil-montant*, et qui prit plus tard le nom de *grand égout de ceinture*.

Ce ruisseau, dont la pente était brisée, avait son origine au pied des coteaux de Belleville ; un versant, se dirigeant vers l'ouest, longeait le pied des coteaux et déversait en Seine, au point où l'on peut le voir encore aujourd'hui, en aval de la rue Gaston-de-Saint-Paul ; l'autre versant, se dirigeant vers l'est, débouchait dans le fossé de la Bastille. Il fut prolongé plus tard jusqu'à la Seine, où l'on trouve encore son débouché en aval du pont d'Austerlitz.

Sur la rive gauche, les eaux superficielles avaient comme exutoires : à l'est, la rivière de Bièvre, ainsi que les fossés Saint-Bernard et Saint-Victor ; à l'ouest, les fossés de la ville, occupés aujourd'hui encore par l'égout Guénégaud qui passe sous des propriétés. Cet égout, qui n'est plus en service, débouchait en Seine à l'aval de la tour de Nesles.

Entre 1350 et 1618 furent construits d'autres ruisseaux (*fig.* 159), notamment celui de la rue Montmartre (*fig. a*), qui fut maçonné et voûté sous le règne de Charles VI ; celui du Ponceau (*fig. b*) qui traversait la partie la plus dense de la ville et venait se jonctionner au grand égout vers la porte du Temple.

Cet égout fut voûté en partie vers 1605. Il en fut de même de ceux de la rue Vieille-du-Temple (égout Courtille-Barbette) (*fig. c*), des rues Sainte-Catherine (*fig. d*), Saint-Louis (*fig. e*) et des Filles-du-Calvaire (*fig. f*).

Un autre ruisseau, destiné à recevoir les eaux des Halles, venait déboucher dans l'égout de la rue Montmartre.

En 1663, la longueur des égouts voûtés était de 2.353 mètres, et celle des égouts à ciel ouvert de 8.035 mètres. Dans cette longueur figurait le grand égout de ceinture pour 6.218 mètres.

C'est seulement en 1740 que cet égout fut, sous la direction de Turgot, renfermé entre deux murailles d'abord et, peu de temps après, voûté (*fig*. 159, *g*).

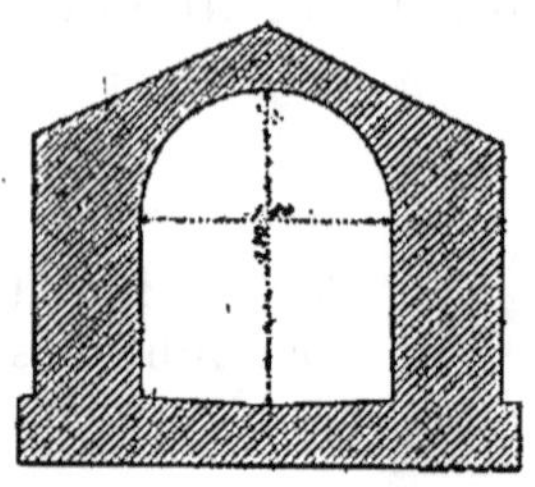

FIG. *a*. — Égout de la rue Montmartre.

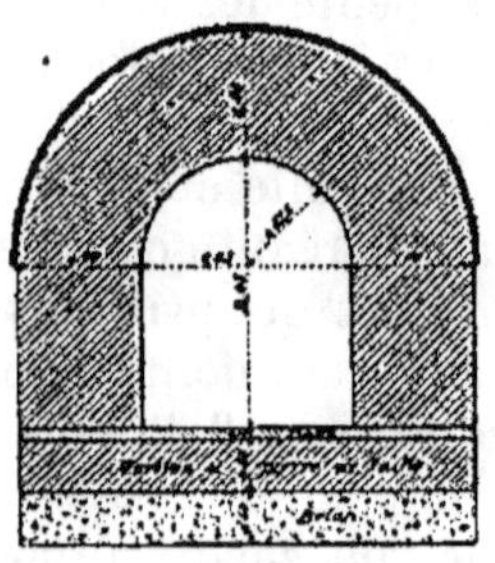

FIG. *b*. — Égout de la rue du Ponceau.

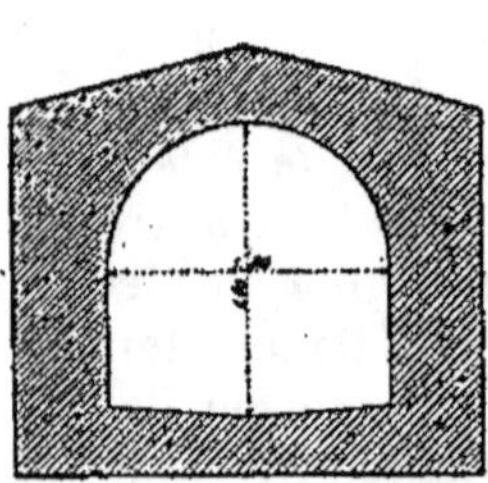

FIG. *c*.
Égout Courtille-Barbette.

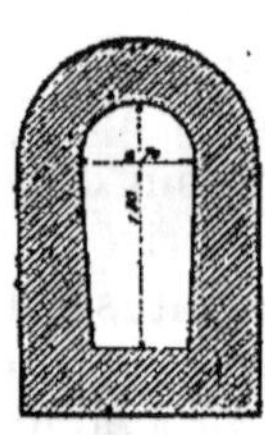

FIG. *d*.
Égout de la rue
Sainte-Catherine.

FIG. *e*.
Égout de la rue
Saint-Louis.

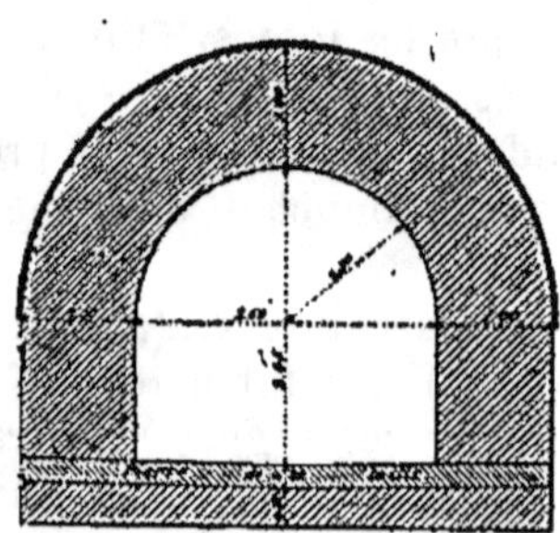
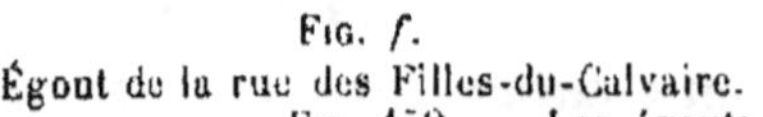

FIG. *f*.
Égout de la rue des Filles-du-Calvaire.

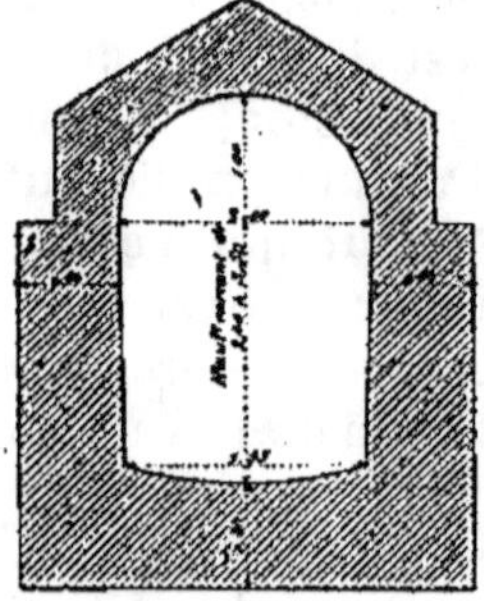

FIG. *g*.
Égout de ceinture muraillé et voûté.

FIG. 159. — Les égouts avant le XIXᵉ siècle.

Il sert encore aujourd'hui, dans certaines parties, comme égout public.

Ainsi, pendant une période de trois siècles, on a construit un peu plus de 10 kilomètres de canaux ou égouts. Si l'on ajoute que le volume total des eaux servant journellement à l'alimentation de la ville n'était encore, vers le milieu du xvii° siècle, que de 1.700 mètres cubes, on voit combien, à cette époque, on s'occupait peu des questions intéressant directement l'hygiène.

Les 1.700 mètres cubes d'eau dont disposait alors journellement la ville provenaient des Prés-Saint-Gervais et de Belleville, qui entraient pour 360 mètres, et de celles du Rungis, qui formaient le complément.

Vers 1772, un architecte du nom de Patte proposait un système général de canalisation souterraine analogue à ce qui se pratique aujourd'hui ; mais les ressources de cette époque, et aussi certaines difficultés matérielles, empêchèrent son exécution.

Les égouts au commencement du XIX° siècle (*fig.* 160). — A la fin du xviii° siècle, la longueur totale des égouts voûtés était de 26 051 mètres, et elle ne s'était accrue, en 1824, que de 11.043 mètres. Elle était alors de 37.094 mètres, et dans cette longueur certains égouts non voûtés entraient pour 1.466 mètres.

Jusqu'en 1824, comme on peut s'en rendre compte par ce qui précède, l'assainissement du sol et des immeubles était dans l'enfance.

Et encore, les quelques égouts qui existaient à cette époque n'étaient-ils jamais nettoyés ; aussi les immondices qui s'y accumulaient formaient-elles des barrages, qui arrêtaient le cours des eaux et rendaient presque inutile l'existence même de ces galeries souterraines, puisqu'alors, à la moindre pluie, les eaux superficielles n'avaient plus d'écoulement.

Cet inconvénient du manque de nettoyage avait une conséquence bien autrement grave encore, au point de vue de l'hygiène, à cause de l'infection que ces galeries répandaient dans l'atmosphère.

Au point de vue de l'alimentation d'eau, elle était, à cette époque (1824), de 20.000 mètres cubes, grâce à l'amenée des eaux de la Beuvronne et à l'achèvement du canal de l'Ourcq, qui fut commencé en 1802, sous Frochot, alors préfet de la Seine, et exécuté sous la direction de M. Girard, ingénieur en chef des Ponts et Chaussées.

Tout le monde a lu, dans *Les Misérables*, l'épisode si dramatique où le héros transporte, à travers les égouts, un homme évanoui. Remarquons que, dans le chapitre intitulé : *La Terre appauvrie par la mer*, le poète, prophète comme il le fut souvent, annonce le triomphe du système appliqué aujourd'hui pour l'évacuation des matières usées, le *tout à l'égout*. Nous demandons à nos lecteurs la permission de mettre sous leurs yeux quelques passages, dans lesquels Victor Hugo évoque pour nous l'image disparue des égouts d'autrefois.

*Qu'on s'imagine Paris ôté comme un couvercle, le réseau souter-
rain des égouts, vu à vol d'oiseau, dessinera sur les deux rives une
espèce de grosse branche greffée au fleuve. Sur la rive droite l'égout*

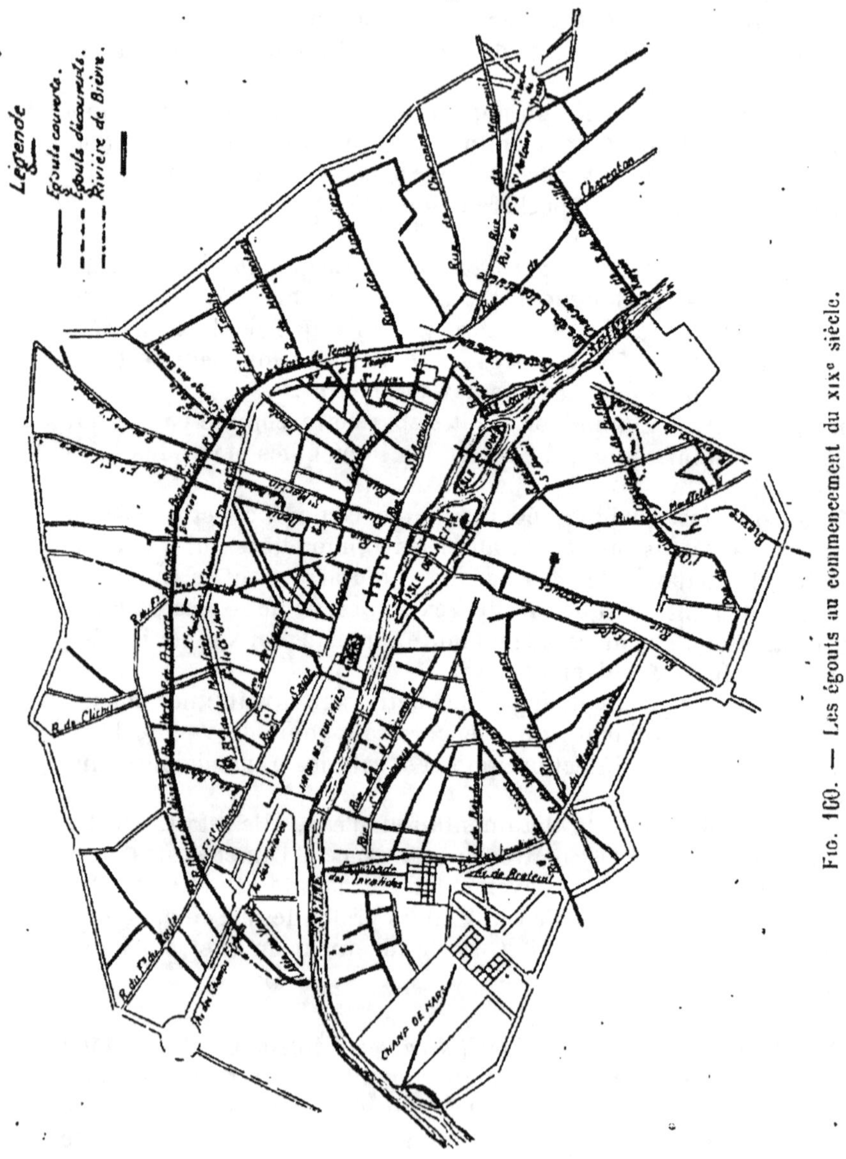

Fig. 160. — Les égouts au commencement du XIXᵉ siècle.

*de ceinture sera le tronc de cette branche, les conduites secondaires
seront les rameaux, et les impasses seront les ramuscules.*

L'égout de Paris, au moyen âge, était légendaire. Au XVIᵉ siècle

Henri II essaya un sondage qui avorta. Il n'y a pas cent ans, le cloaque, Mercier l'atteste, était abandonné à lui-même et devenait ce qu'il pouvait.

Quelquefois l'égout de Paris se mêlait de déborder, comme si ce Nil méconnu était subitement pris de colère. Il y avait, chose infâme, des inondations d'égout. Par moment, cet estomac de la civilisation digérait mal, le cloaque refluait dans le gosier de la ville, et Paris avait l'arrière-goût de sa fange. Ces ressemblances de l'égout avec le remords avaient du bon ; c'étaient des avertissements, fort mal pris du reste ; la ville s'indignait que sa boue eût tant d'audace et n'admettait pas que l'ordure revînt. Chassez-la mieux.

*L'inondation de 1802 est un des souvenirs actuels des Parisiens de quatre-vingts ans. La fange se répandit en croix place des Victoires, où est la statue de Louis XIV ; elle entra rue Saint-Honoré par les deux bouches d'égout des Champs-Élysées ; rue Saint-Florentin, rue Pierre-à-Poisson par l'égout de la Sonnerie, rue Popincourt par l'égout du Chemin-Vert, rue de la Roquette par l'égout de la rue de Lappe ; elle couvrit le caniveau de la rue des Champs-Élysées jusqu'à une hauteur de 35 centimètres ; et, au midi, par le vomitoire de la Seine faisant sa fonction en sens inverse, elle pénétra rue Mazarine, rue de l'Échaudé et rue des Marais, où elle s'arrêta à une longueur de 900 mètres, précisément à quelques pas de la maison qu'avait habitée Racine, respectant dans le XVII*e* siècle le poète plus que le roi. Elle atteignit son maximum de profondeur rue Saint-Pierre, où elle s'éleva à 3 pieds au-dessus des dalles de la gargouille, et son maximum d'étendue rue Saint-Sabin, où elle s'étala sur une longueur de 238 mètres.*

Au commencement de ce siècle, l'égout de Paris était encore un lieu mystérieux. La boue ne peut jamais être bien famée ; mais ici le mauvais renom allait jusqu'à l'effroi. Paris savait confusément qu'il avait sous lui une cave terrible.

L'imagination populaire assaisonnait le sombre évier parisien d'on ne sait quel hideux mélange d'infini. L'égout était sans fond. L'égout, c'était le barathrum. Tenter cet inconnu, jeter la sonde dans cette ombre, aller à la découverte dans cet abîme, qui l'eût osé ? C'était effrayant. Quelqu'un se présenta pourtant. Le cloaque eut son Christophe Colomb... Cet homme existait et se nommait Bruneseau.

La visite eut lieu. Ce fut une campagne redoutable ; une bataille nocturne contre la peste et l'asphyxie. Ce fut en même temps un voyage de découvertes. Un des survivants de cette exploration, ouvrier intelligent, très jeune alors, en racontait encore, il y a quelques années, les curieux détails, que Bruneseau crut devoir omettre dans son rapport au préfet de police, comme indignes du style administratif. Les procédés désinfectants étaient à cette époque très rudimentaires. A peine Bruneseau eut-il franchi les premières articulations du réseau souterrain, que huit des travailleurs sur vingt refusèrent d'aller plus loin. L'opération était compliquée; la visite entraînait le curage; il fallait donc curer, et en même temps arpenter; noter les entrées d'eau, compter les grilles et les bouches, détailler les branchements, indiquer les courants à point de partage, reconnaître les circonscriptions respectives des divers bassins, sonder les petits égouts greffés sur l'égout principal, mesurer la hauteur sous clef de chaque couloir, et la largeur, tant à la naissance des voûtes qu'à fleur du radier, enfin déterminer les ordonnées du nivellement au droit de chaque entrée d'eau, soit du radier de l'égout, soit du sol de la rue. On avançait péniblement. Il n'était pas rare que les échelles de descente plongeassent dans 3 pieds de vase. Les lanternes agonisaient dans les miasmes. De temps en temps on emportait un égoutier évanoui. A de certains endroits, précipice. Le sol s'était effondré, le dallage avait croulé, l'égout s'était changé en puits perdu; on ne trouvait plus le solide; un homme disparut brusquement; on eut grand'peine à le retirer. Par le conseil de Fourcroy, on allumait, de distance en distance, dans les endroits suffisamment assainis, de grandes cages pleines d'étoupe imbibée de résine. La muraille, par place, était couverte de fongus difformes, et l'on eût dit des tumeurs; la pierre elle-même semblait malade dans ce milieu irrespirable.

. . . .

La visite totale de la voirie immondicielle souterraine de Paris dura sept ans, de 1805 à 1812. Tout en cheminant, Bruneseau désignait, dirigeait et mettait à fin des travaux considérables; en 1808, il abaissa le radier du Ponceau, et, créant partout des lignes nouvelles, il poussait l'égout, en 1809, sous la rue Saint-Denis jusqu'à la Fontaine des Innocents; en 1810, sous la rue Froidmanteau et sous la Salpêtrière; en 1811, sous la rue Neuve-des-Petits-Pères, sous la rue du Mail, sous la rue de l'Écharpe, sous la place Royale; en 1812, sous la rue de la Paix et sous la Chaussée-d'Antin. En même temps, il faisait désinfecter et assainir tout le réseau. Dès la deuxième année, Bruneseau s'était adjoint son gendre Nargaud.

C'est ainsi qu'au commencement de ce siècle la vieille société cura son double fond et fit la toilette de son égout. Ce fut toujours cela de nettoyé.

Tortueux, crevassé, dépavé, craquelé, coupé de fondrières, cahoté par des coudes bizarres, montant et descendant sans logique, fétide, sauvage, farouche, submergé d'obscurité, avec des cicatrices sur ses dalles et des balafres sur ses murs, épouvantable, tel était, vu rétrospectivement, l'antique égout de Paris. Ramifications en tous sens, croisements de tranchées, branchements, pattes d'oie, étoiles, *comme dans les sapes, cœcums, culs-de-sac, voûtes salpêtrées, puisards infects, suintements dartreux sur les parois, gouttes tombant des plafonds, ténèbres ; rien n'égalait l'horreur de cette vieille crypte, exutoire, appareil digestif de Babylone, antre, fosse, gouffre percé de rues, taupinière titanique où l'esprit croit voir rôder à travers l'ombre, dans de l'ordure qui a été de la splendeur, cette énorme taupe aveugle, le passé.*

Ceci, nous le répétons, c'était l'égout d'autrefois.

Période plus récente. — C'est seulement à partir de 1824 que l'on comprit le rôle important que pouvaient jouer les égouts, moins encore au point de vue de l'hygiène qu'à celui de l'entretien des chaussées.

Ce furent les ingénieurs des Ponts et Chaussées, MM. Devilliers, Coïc, Duleau et ensuite Emmery qui opérèrent cette révolution.

Pour cela, le principal facteur étant l'argent que les faibles ressources de la ville ne permettaient pas de gaspiller, ces ingénieurs ont changé le mode de construction des égouts. Ces derniers, construits jusqu'à cette époque en pierre de taille avec mortier de chaux grasse, revenaient de 400 à 1.200 francs le mètre ; ils furent alors construits en meulière et mortier hydraulique, et le prix de revient tomba à 100 francs en moyenne.

C'est ainsi que l'égout de la rue de Rivoli, construit en 1803, qui partait de la rue des Pyramides pour aboutir à la rue Saint-Florentin et dont la coupe est ci contre (*fig.* 161), avait coûté 800.000 francs pour une longueur de 666 mètres.

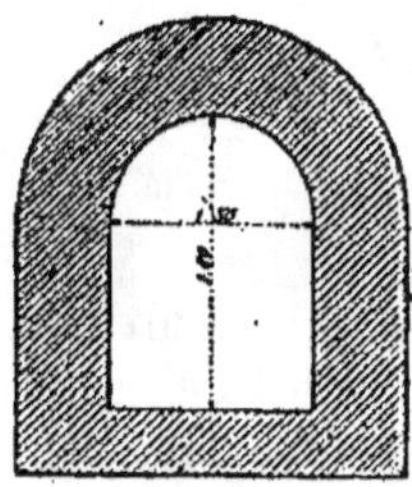

Ancien égout Rivoli.

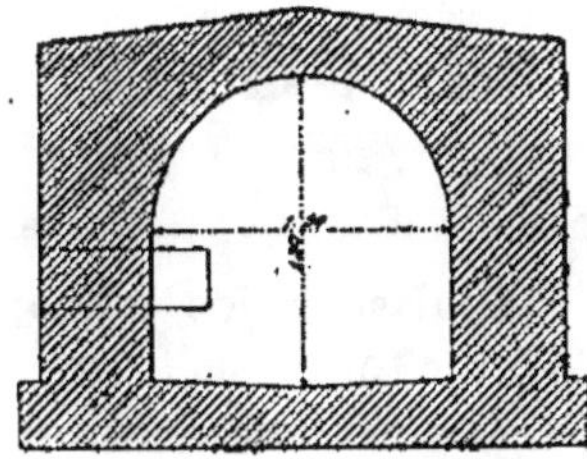

Égout de la rue Saint-Denis.

Fig. 161.

Il en était de même pour celui de la rue Saint-Denis construit à la même époque (*fig.* 161).

En 1830, toutes les eaux de la rive droite étaient renvoyées dans le grand égout de ceinture. Il arrivait qu'à la moindre pluie ce dernier débordait et causait des dommages.

C'est alors que MM. Duleau et Girard construisirent des égouts de décharge descendant directement à la Seine.

Ce fut Emmery qui, le premier, comprit la nécessité des

bouches d'égout sous trottoir, l'établissement d'une bouche d'eau
au point heurt des ruisseaux, et aussi la transformation des chaussées fendues en chaussées bombées.

De 1832 à 1836, la longueur des égouts s'augmenta annuellement
de 8 kilomètres, tandis qu'elle ne s'était allongée que de 500 mètres
par an, de 1806 à 1823, et de 1 kilomètre par an, de 1824 à 1831.

Jusqu'en 1848, les travaux marchèrent avec rapidité. Ils furent
ralentis par les événements de 1848, mais repris vers 1851.

Pendant cette période, M. Mary, qui avait succédé à M. Emmery
dans la direction du service des eaux et égouts, songea à utiliser
les égouts pour y placer les conduites d'eau. Pour cela, il augmenta la largeur minimum des petits égouts et leur donna de
0ᵐ,70 à 0ᵐ,80 (*fig.* 162).

Mais cette innovation, jugée très importante, était dispendieuse
pour les galeries destinées à recevoir les grosses conduites d'eau ;
aussi ne fut-elle pas admise immédiatement.

En 1851, M. Mille, ingénieur des Ponts et Chaussées, attaché à
la ville de Paris, apporta d'Angleterre le type d'égout ovoïde dont
l'emploi s'est généralisé (*fig.* 163).

L'Administration fit tout d'abord quelques résistances à cause

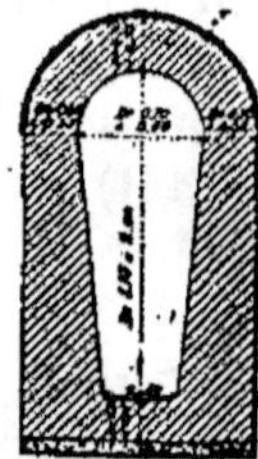

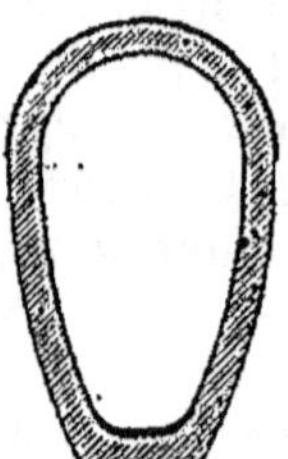

Fig. 162.

Fig. 163. — Type d'égout ovoïde.

de la faible épaisseur des maçonneries qui ne paraissaient pas
devoir présenter toute sécurité ; mais cette crainte fut de courte
durée, et M. Dupuit fit adopter ce type dans son avant-projet d'assainissement, qu'il présenta en 1855.

Cette forme d'égout offrait en effet une section plus grande avec
un même cube de maçonnerie, c'est-à-dire sans augmentation de
dépense.

Période contemporaine. — Ce fut à cette époque (1851) que l'on
construisit le premier collecteur à cunette sous la rue de Rivoli.
Cet égout devait capter au passage toutes les eaux allant en Seine,
entre la rue de Rivoli et le grand égout de ceinture. On lui donna
une largeur de cunette de 1ᵐ,20 pour 0ᵐ,80 de profondeur, et deux
petites banquettes latérales de 0ᵐ,40 furent ménagées pour permettre la circulation (*fig.* 164).

Ce fut dans cet égout que furent faits les premiers essais de curage automatique.

Une innovation importante fut faite également à cette époque.

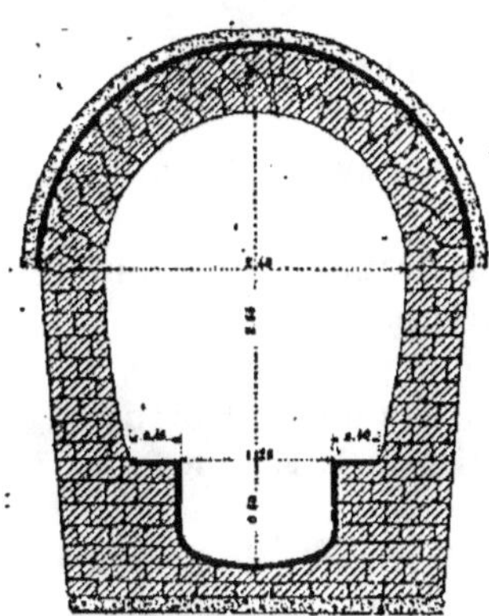

Fig. 164.—Égout collecteur de la rue de Rivoli.

Pour supprimer le déversement des eaux ménagères dans le ruisseau, un décret du 26 mars 1852 ordonne (article 6) que toute construction nouvelle dans une rue pourvue d'égouts devra être disposée de manière à y conduire souterrainement les eaux pluviales et ménagères ; la même disposition sera prise pour toute maison ancienne en cas de grosses réparations et en tout cas avant dix ans.

Par un arrêté du 19 décembre 1854, le préfet de la Seine compléta cette disposition législative, en obligeant tous les propriétaires à construire une galerie d'égout (branchement particulier), pour conduire à l'égout public les eaux usées de leurs immeubles [1].

---

[1] *Arrêté du 19 décembre 1854.* — ART. 1er. — *A l'avenir, la projection directe dans les égouts publics des eaux pluviales et ménagères des maisons de Paris, que prescrit l'article 6 du décret du 26 mars 1852, aura lieu par des galeries souterraines en maçonnerie.*

Ces galeries, qui seront établies et entretenues par les propriétaires conformément aux projets dressés par les ingénieurs du Service municipal, et approuvés par le préfet, auront au minimum 2 mètres de hauteur sous clef et 1ᵐ,30 de largeur aux naissances. (Ces dimensions ont été modifiées : par une décision préfectorale du 11 février 1858, qui a porté à 2ᵐ,30 la hauteur sous clef de la galerie ; par un arrêté préfectoral du 25 février 1870, qui a réduit cette hauteur à 1ᵐ.80, et la largeur à 0ᵐ,90, au lieu de 1ᵐ,30 ; par un arrêté du 2 juillet 1879, qui a réduit ces dimensions à 1 mètre de hauteur sous clef sur 0ᵐ,60 de largeur pour les branchements ayant une longueur inférieure à 6 mètres ; par un arrêté du 14 janvier 1880, qui a maintenu ces dimensions pour les branchements d'une longueur inférieure à 2 mètres, et qui les a portées à 1ᵐ,40 sur 0ᵐ,60 pour les branchements d'une longueur supérieure à 2 mètres et inférieure à 6 mètres ; enfin par un arrêté du 28 octobre 1881, qui a ramené ces dimensions à celles fixées par l'arrêté préfectoral du 25 février 1870, c'est-à-dire à 1ᵐ,80 de hauteur sur 0ᵐ,90 de largeur.)

Mais cette disposition entrainait le drainage de toutes les voies publiques. C'est alors que s'ouvrit l'ère des grands travaux d'assainissement sous la direction de Belgrand, qui fut chargé d'en élaborer le programme.

En 1860, lors de l'annexion de la banlieue de Paris, la longueur des égouts parisiens était de 179^{km},600 (*fig.* 165).

Elle devint de 228 kilomètres avec l'apport des 48^{km},400 que lui fit la banlieue.

Belgrand s'attacha à conserver dans son programme les égouts déjà existants et même à les utiliser en les modifiant.

Tracé des collecteurs. — Belgrand traça le réseau des collecteurs :

Le *collecteur d'Asnières*, qui devait conduire à l'aval de Paris les eaux de la rive droite ;

Le *collecteur de la Bièvre*, qui devait capter la rivière de ce nom à la rue Geoffroy-Saint-Hilaire et la conduire, ainsi que les eaux usées de la rive gauche, également à Asnières, après avoir franchi la Seine en siphon au pont de l'Alma ;

Le *collecteur du Nord*, construit à frais communs entre l'État et la Ville, qui devait recevoir les eaux de la zone nord et du nouveau Paris, pour les conduire à la Seine à Saint-Denis.

Chacune d'elles, pourra desservir deux propriétés, à la condition d'être établie au droit du mur pignon. Dans tous les cas, une grille en fer, établie à l'aplomb du mur de face, interceptera la communication de la maison avec l'égout. Cette grille aura une serrure à deux clefs, dont l'une restera entre les mains du propriétaire, et l'autre sera remise à l'Administration.

(Ces dispositions ont été modifiées par les arrêtés préfectoraux : du 25 *février* 1870, qui a décidé qu'à l'avenir chaque galerie ne pourra desservir qu'une seule propriété ; du 2 *juillet* 1879, qui a autorisé à nouveau l'emploi de tuyaux en fonte qu en grès dans certains cas particuliers.)

Art. 2. — *Pour la ventilation permanente du canal de dérivation, il sera pratiqué, soit dans le mur mitoyen, soit dans le mur de face, une cheminée d'appel s'ouvrant au-dessus des combles et dont la section sera de 3 décimètres carrés au moins.*

Art. 3. — *En cas d'avaries, les tuyaux de drainage existant aujourd'hui seront remplacés conformément aux prescriptions de l'article 1er du présent arrêté.*

Art. 4. — *L'ingénieur en chef directeur du Service municipal est chargé d'assurer l'exécution des dispositions qui précèdent, et de constater les infractions qui pourront être commises.*

Fait à Paris, le 19 décembre 1854.

HAUSSMANN.

A ces grandes artères Belgrand souda des rameaux d'une importance moindre :

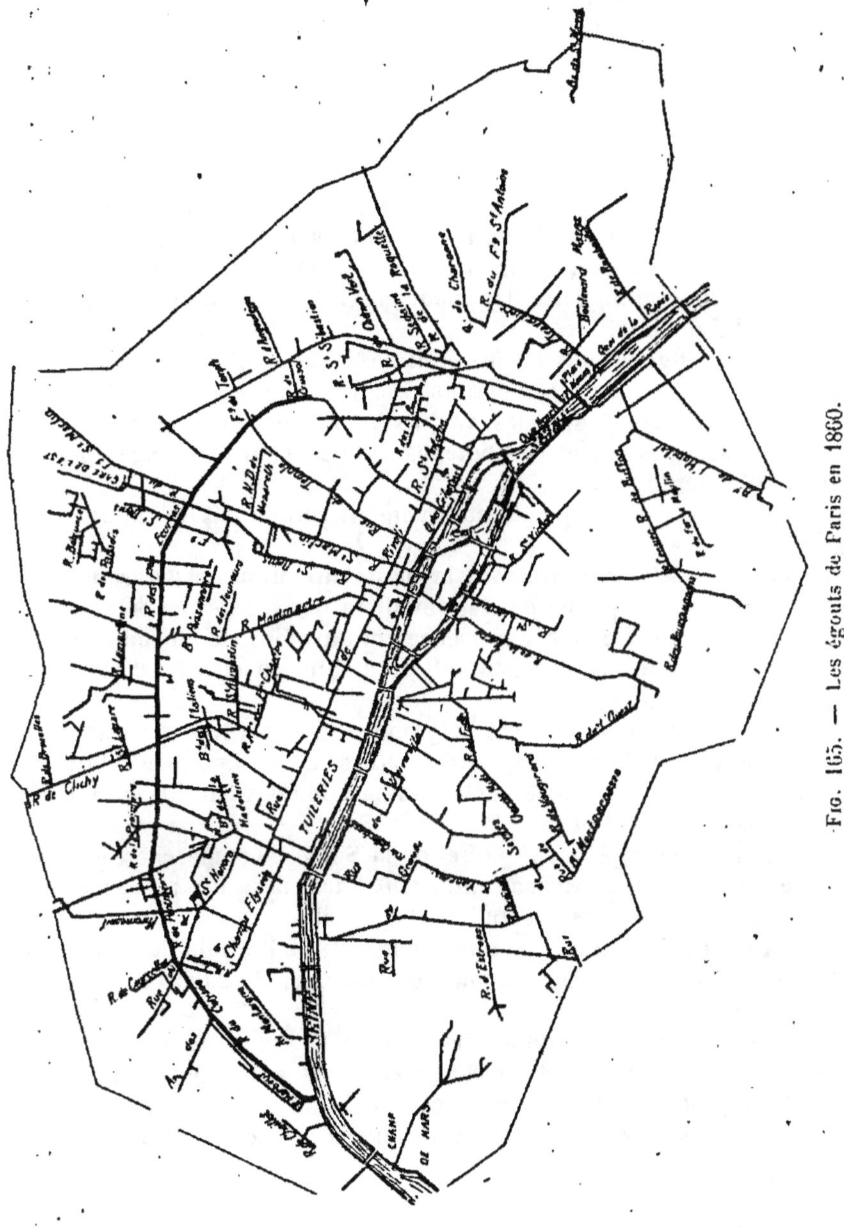

Fig. 165. — Les égouts de Paris en 1860.

Sur la rive droite. — Le *collecteur des Coteaux*, qui emprunte une partie du grand égout de ceinture.

Le *collecteur des Petits-Champs*, prolongé depuis à travers les

II, IIIe et XIe arrondissements, pour venir se relier au collecteur des Coteaux, boulevard Richard-Lenoir ;

Le *collecteur Sébastopol* ;

Le *collecteur des quais rive droite*.

SUR LA RIVE GAUCHE. — Le *collecteur Saint-Michel* ;

Le *collecteur Bosquet* ;

Le *collecteur des quais d'aval*.

En même temps que l'on exécutait ces grandes artères, on construisait annuellement 35 kilomètres d'égouts secondaires, jusqu'en 1870 tout au moins ; car, après la guerre, et jusqu'en 1878, date de la mort de Belgrand, cette longueur ne fut plus, annuellement, que de 25 kilomètres.

En 1878, la longueur des égouts était de 600 kilomètres. En même temps qu'il construisait les égouts, Belgrand perfectionnait leur curage. Il faisait construire des wagons-vannes pour le curage des collecteurs secondaires et des bateaux-vannes pour le curage des grands collecteurs.

Ce travail, se faisant automatiquement, diminuait la main-d'œuvre.

De plus, en 1869, toujours sous la haute direction de Belgrand, furent faits dans la plaine de Gennevilliers des essais importants d'irrigation à l'eau d'égout, expériences qui avaient été entreprises en petit par M. l'inspecteur général Mille dans un champ d'essai installé alors à Clichy.

L'alimentation d'eau, lorsque Belgrand prit, en 1854, la direction des travaux, était de 142.000 mètres cubes. L'accroissement était dû à l'établissement, en 1848, de la pompe à feu d'Austerlitz, et, en 1851, de celle de Chaillot.

Belgrand fut chargé par le préfet de la Seine de rechercher, au-delà des formations gypseuses entourant Paris, des eaux assez élevées et assez abondantes pour alimenter la ville.

C'est à la suite de ces recherches qu'en 1865 l'eau de la Dhuys entra dans Paris, amenant un volume journalier de 20.000 mètres cubes.

Dix ans plus tard, les sources dérivées de la Vanne amenaient à Paris un volume d'eau de 120.000 mètres cubes, ce qui portait l'alimentation quotidienne à 350.000 mètres cubes.

Actuellement, Paris dispose d'un volume d'eau de 580.000 mètres cubes, qui se décompose ainsi :

Eau de source............ 240.000 mètres cubes

(Les récents travaux de dérivation des sources de la Vigne et de Verneuil ont amené dans les réservoirs un cube journalier de 100.000 mètres cubes).

	Mètres cubes
Eau de rivière	215.000
Eau d'Arcueil et puits artésiens	5.000
Eau d'Ourcq	210.000

Dans la période de 1878 à 1889, date de la dernière Exposition universelle (Belgrand était alors remplacé par Alphand), des sommes très importantes ont été affectées à la construction des égouts neufs et à l'aménagement des anciens égouts qui ne se trouvaient plus dans les conditions suffisantes pour permettre le curage perfectionné qu'on exige actuellement.

298 kilomètres d'égouts ont été construits, et 30.000.000 de francs ont été dépensés.

Plusieurs collecteurs secondaires ont été construits : ceux du quai de Billy, de l'avenue Montaigne, du Centre (Petits-Champs prolongé), de la rue Saint-Charles, des quais, Saint-Bernard.

De plus, les eaux d'égout du XIIe arrondissement, qui s'écoulaient encore en Seine, furent évacuées dans le collecteur des quais de la rive droite à l'aide d'un siphon supérieur accolé au pont Morland, ces eaux ayant, au préalable, été relevées par une usine élévatoire construite à l'amont.

Il ne restait plus guère, à cette époque, que 260 kilomètres d'égouts à construire pour terminer entièrement le réseau parisien.

Il y avait donc, à la fin de l'année 1889, 898 kilomètres d'égouts.

Il convient de signaler une amélioration apportée dans le cours de cette période au mode de curage des petites galeries.

Jusqu'en 1881, dans un certain nombre d'égouts sans pente ou chargeant beaucoup en sable ou immondices, on créait, en certains points, une réserve d'eau maintenue par un barrage que l'on enlevait brusquement à un moment donné, ce qui produisait une chasse puissante.

Ce procédé avait toutefois de nombreux inconvénients parmi lesquels on peut signaler : le danger de l'opération, l'arrêt de la circulation dans les égouts noyés servant de bâche, l'infection qui résultait des eaux ainsi retenues, quelquefois pendant plusieurs jours, les chances d'inondation des caves, par suite du relèvement du plan d'eau, etc.

Pour obvier à ces nombreux inconvénients, l'Administration a substitué à ces bâches d'eau sale des réservoirs d'eau propre que l'on place au point haut des égouts. Ces réservoirs sont pourvus d'un appareil de chasse automatique qui, se vidant plusieurs fois dans les vingt-quatre heures, assure le curage des égouts qu'il dessert.

L'eau propre ainsi chassée vivement offre, en outre, l'avantage de renouveler l'air de l'égout et, par suite, de l'assainir.

A la fin de 1889, 892 réservoirs de chasse fonctionnaient.

De plus, sur les égouts recevant ordinairement de grandes quantités de sable, notamment alors dans les Ier et IIe arrondissements, il a été placé, au-dessous de la chute, des récipients spéciaux qui recueillaient les immondices et qui laissaient filtrer l'eau. Ces récipients étaient enlevés plusieurs fois par semaine.

Il existait, à la fin de 1889, 196 de ces récipients. Ils ont été supprimés depuis.

Pendant le cours de la période plus récente encore, c'est-à-dire de 1890 à 1895, de nombreux travaux d'égout ont été exécutés.

La loi du 10 juillet 1894 adoptant, pour la ville de Paris, le principe du *tout à l'égout* et l'assainissement de la Seine, il était de toute nécessité de terminer sans retard le drainage de toutes les voies publiques, d'aménager les égouts anciens qui ne répondaient plus aux nouveaux besoins, de supprimer les déversements en Seine, tant dans la traversée de Paris qu'à l'aval de la capitale, et de pourvoir à l'insuffisance des grands collecteurs que les nouvelles amenées d'eau de source, ainsi que les nouvelles installations d'usines élévatoires d'eau de rivière, avaient encombrés.

Il y a lieu de comprendre, dans les importants travaux exécutés par suite de l'application de la loi du 10 juillet 1894, ceux relatifs à l'aménagement des terrains d'épandage, ainsi que les nombreuses galeries, les ouvrages d'art et usines élévatoires construits pour y amener les eaux.

Des sommes importantes, prélevées sur les fonds d'emprunt, ont déjà été mises à la disposition du service. Il reste encore de grandes dépenses à faire pour permettre l'achèvement du programme qui, conçu par Belgrand, a été suivi par Alphand, lequel a eu successivement comme collaborateurs MM. Humblot, Durand-Claye et Bechmann.

Actuellement, ces travaux sont poursuivis sous la haute autorité de M. l'inspecteur général Humblot en ce qui concerne les eaux, et de M. l'ingénieur en chef Bechmann en ce qui concerne les égouts et les champs d'épandage.

A la fin de l'année 1897, la longueur kilométrique des égouts publics était de 1.029^{km},593^m,15, sans compter les branchements de bouche, de regards, etc., et il ne restait plus qu'une longueur de 121 kilomètres d'égouts à construire.

On voit donc que, dans cette période 1890-1898, le réseau des égouts a augmenté de 129^{km},666^m,44.

Le nombre des réservoirs de chasse était de 3.126.

La longueur kilométrique des voies rendues obligatoires au « tout à l'égout » était de 683^{km},296.

Parmi les travaux d'égout les plus intéressants, exécutés pendant cette période, il y a lieu de signaler :

Dans les *îles Saint-Louis et de la Cité*, la construction de siphons

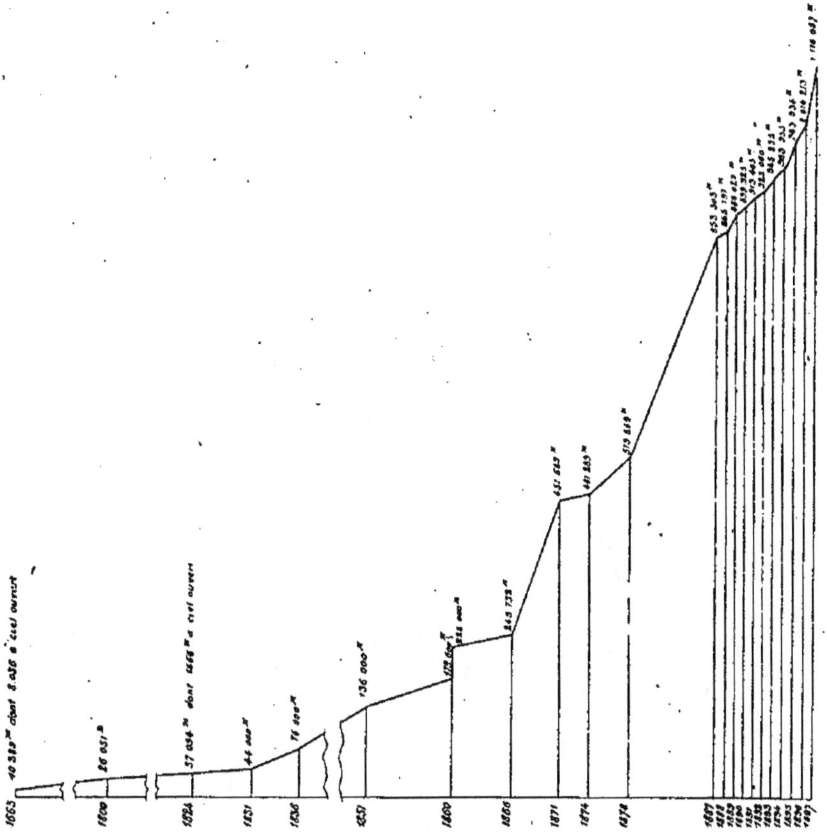

Fig. 166. — Courbe des égouts publics.

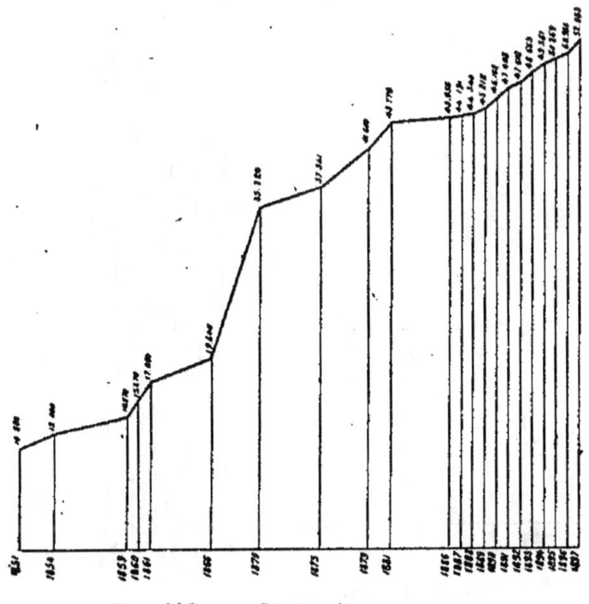

Fig. 167. — Bran

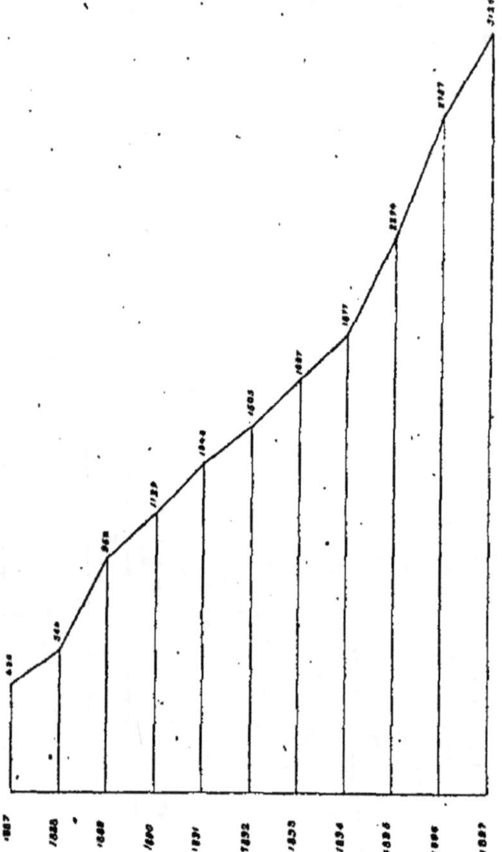

Fig. 168. — Réservoirs de chasse.

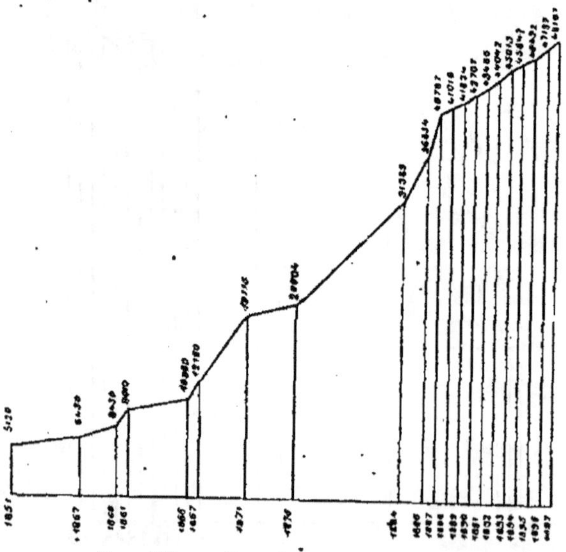

Fig. 169. — Branchements de bouches.

sous la Seine permettant d'envoyer dans les collecteurs des quais des rives droite et rive gauche les eaux usées de ces îles, qui s'écoulaient encore en Seine.

Sur la *rive gauche*, la suppression du bief Buffon et la couverture de certaines autres parties de la Bièvre ; le prolongement du collecteur Saint-Bernard ; la suppression du déversement en Seine du collecteur des quais aval ; la construction du collecteur Rapp qui reçoit les eaux du collecteur des quais aval de la rive gauche, lesquelles sont amenées par le nouveau collecteur de la rue de la Convention à l'usine de relèvement récemment construite à l'angle de cette voie et de la rue Lecourbe ; la suppression de la conduite forcée des quais de Javel et son remplacement par un collecteur secondaire qui se raccorde avec celui de la rue de la Convention ; la construction sur d'anciennes carrières, boulevard Lefèvre, d'un égout de grande section, en raison des conduites de gros diamètre qu'il doit contenir.

Le prolongement du chemin de fer des Moulineaux jusqu'aux Invalides a apporté une grande perturbation au cours des eaux d'égouts de la partie ouest de la rive gauche.

C'est ainsi qu'il a fallu dévier le grand collecteur de Bièvre, par la rue de l'Université, entre le siphon de l'Alma et la rue de Bourgogne ; modifier complètement le dispositif des chambres des têtes amont du siphon ; modifier le cours et la section du collecteur des quais aval.

Sur la *rive droite*, la construction des collecteurs Amelot et Saint-Gilles, qui ont capté les eaux allant encore en Seine, par l'ancien égout de ceinture situé sous la berge du canal Saint-Martin ; la construction des collecteurs secondaires de la rue et du faubourg Montmartre, exécutée en participation avec l'État, la construction du collecteur secondaire de la rue du Temple ; l'établissement, sous le canal Saint-Martin, du siphon dit « Richard-Lenoir », qui fait communiquer les deux collecteurs des coteaux et du Centre.

On signalera également la construction du siphon sous la Seine au pont de la Concorde, récemment achevé, et qui est destiné à diriger sur la rive droite la plus grande partie des eaux d'égout de la rive gauche ; et enfin les magnifiques travaux en cours d'exécution du grand collecteur dit « de Clichy », qui doit conduire à l'usine élévatoire de Clichy les eaux de toute la région est de la rive droite de Paris, ainsi que celles de la rive gauche amenées par le nouveau siphon de la Concorde.

Tel est, résumé en quelques pages, l'historique des égouts de Paris.

Les statisticiens consulteront utilement les courbes (*fig.* 166, 167, 168 et 169), qui frappent plus vivement l'imagination et qui montrent d'un simple coup d'œil les progrès rapides faits pour améliorer l'hygiène de la grande cité parisienne, tout au moins en ce qui concerne l'évacuation rapide des eaux sales et des matières de vidanges.

On va maintenant passer en revue, en s'y arrêtant, les différents ouvrages particuliers que l'on rencontre sur le réseau d'égouts parisiens, et qui peuvent trouver leur application dans un projet d'assainissement de ville. Les lecteurs y trouveront des renseignements utiles pour les études qu'ils pourraient avoir à faire.

CHAPITRE XVII

DESCRIPTION DU RÉSEAU D'ÉGOUTS PARISIENS

Division du réseau des égouts de Paris en trois bassins principaux. — Actuellement le réseau des égouts parisiens se divise en trois grands bassins principaux qui se subdivisent eux-mêmes en un certain nombre de bassins plus petits, dont quelques-uns ont néanmoins une grande importance.

Ces trois bassins principaux sont :

1° *Bassin du collecteur d'Asnières.* — Ce collecteur draine sur la rive droite de Paris une superficie de 2.593^{ha},75. Il sort de la ville par la porte d'Asnières, rentre sur le territoire de la commune de Levallois et vient aboutir à la Seine à l'usine de relèvement dite « de Clichy ».

Une faible partie des eaux de ce collecteur s'écoule encore en Seine dans Paris; l'autre partie est envoyée sur les terrains d'irrigation.

2° *Bassin du collecteur général de la rive gauche.* — Ce collecteur draine toute la rive gauche et une partie de la rive droite, soit en tout une superficie de 3.343 hectares.

Il se prolonge sur la rive droite, où il prend le nom de collecteur Marceau, après avoir traversé la Seine en siphon au pont de l'Alma.

Le collecteur Marceau se soude avec celui d'Asnières à Clichy, à environ 500 mètres de la Seine, et ses eaux suivent alors la même direction que celles du collecteur d'Asnières.

3° *Bassin du collecteur du Nord.* — Le collecteur du Nord draine la partie nord-est de Paris, soit 1.137^{ha},50 de superficie et se prolonge sur le territoire de la commune de Saint-Denis, où il vient aboutir à la Seine. Une partie de ses eaux s'écoule encore en Seine à Saint-Denis, et l'autre partie est captée à la porte de la Chapelle et conduite par simple gravitation sur les terrains d'irrigation.

En dehors de ces trois grands bassins, il existe encore quelques petites surfaces de terrains drainées par des égouts déversant encore en Seine, dans l'intérieur de Paris. La superficie totale de ces parties de terrain ainsi drainées est de 153 hectares.

La carte (*fig.* 170) donne la division actuelle des trois principaux bassins d'égouts parisiens.

Cette division est appelée à être prochainement modifiée, par suite de la construction en cours du collecteur de Clichy, jusqu'à la Trinité, et ultérieurement jusqu'aux quais dans Paris, ainsi que par la construction projetée d'un collecteur des coteaux de la rive gauche.

Ce dernier collecteur amènerait directement au nouveau siphon

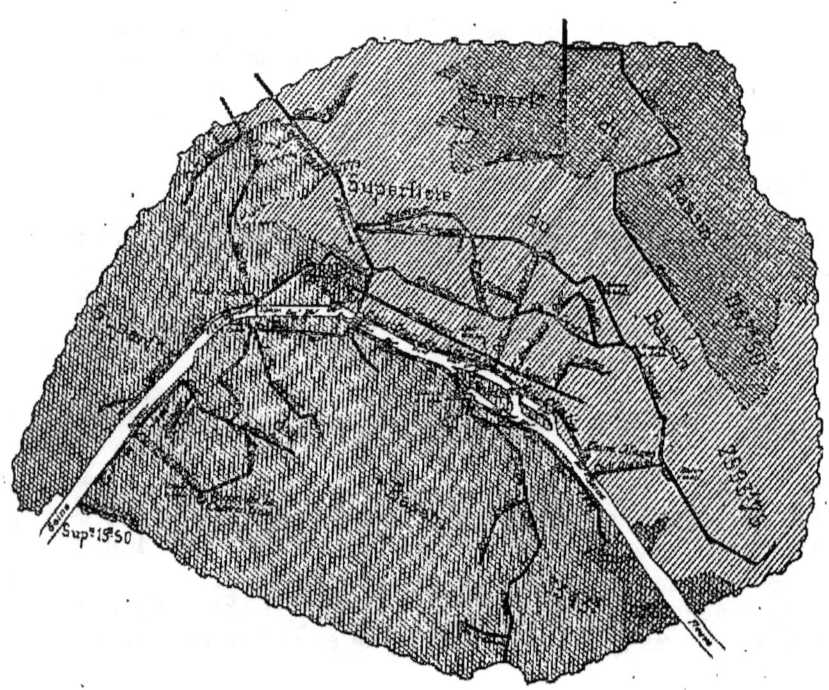

Fig. 170. — Division actuelle de Paris en trois bassins principaux.

de la Concorde une partie des eaux des XIV°, XV° et XVI° arrondissements, qui s'écoulent actuellement vers le siphon de l'Alma.

Telle qu'elle sera, cette division donnera:

1° Pour le collecteur d'Asnières, qui se trouvera déchargé de presque toutes les eaux de la rive droite, mais, par contre, recevra par le nouveau siphon de la Concorde une partie de celles de la rive gauche, une superficie de 2.331 hectares ;

2° Pour le collecteur Marceau, qui se trouvera déchargé, sur la rive gauche, de toute la surface drainée par le collecteur d'Asnières, une superficie de 1.796 hectares, en chiffre rond ;

3° Pour le collecteur du Nord, aucun changement ne sera apporté, c'est-à-dire qu'il conservera sa superficie de 1.137ʰᵃ,050 ;

4° Pour le nouveau collecteur de Clichy, une superficie de 1.834 hectares, c'est-à-dire sensiblement la même que celle actuellement drainée par le collecteur d'Asnières.

Il convient d'ajouter que cet exutoire recevra en plus, en certains points, par des décharges aménagées à cet effet, le trop-plein des collecteurs d'Asnières et Marceau.

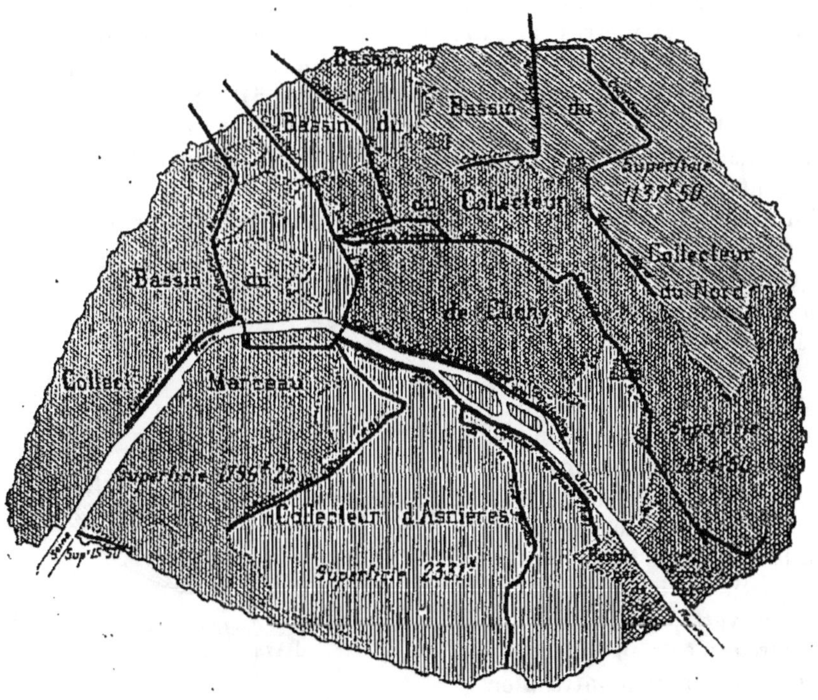

Fig. 171. — Division prochaine de Paris en quatre bassins principaux.

La carte (*fig.* 171) indique la division prochaine des quatre grands bassins d'égouts.

Cette nouvelle division diminuera l'importance des égouts déversant encore en Seine, et la superficie drainée de cette façon ne sera plus que de 128 hectares.

Sur la carte (*fig.* 170) sont indiqués les différents ouvrages que l'on rencontre sur le parcours des divers collecteurs.

On étudiera sommairement les divers ouvrages dépendant de ces collecteurs.

I. BASSIN DU COLLECTEUR D'ASNIÈRES

COLLECTEUR D'ASNIÈRES

Le collecteur d'Asnières, dont la construction fut commencée en 1857 et terminée en 1858, pour la partie comprise entre la rue de la Pépinière et la Seine à Clichy, a une longueur, pour cette partie, de 3.883 mètres et une pente de 0^m,50 par kilomètre (*fig.* 173). Sa section est uniforme et affecte la coupe ci-contre (*fig.* 172). Sa cunette pleine peut débiter 6^m3,573 par seconde.

Exécution du travail. — On a employé pour la construction de cet égout deux méthodes distinctes.

Une première partie, entre les fortifications et la Seine, sur une longueur de 1.824 mètres, a été construite à ciel ouvert ; et la deuxième entre la rue de la Pépinière et les fortifications, sur une longueur de 2.059 mètres, l'a été en souterrain.

Le prix de revient du mètre, tous ouvrages accessoires compris, est ressorti pour la première partie à 560 francs, et pour la deuxième à 899 francs.

La partie de cet égout faite à ciel ouvert par les moyens ordinaires n'a rien offert de particulier. On rencontra bien

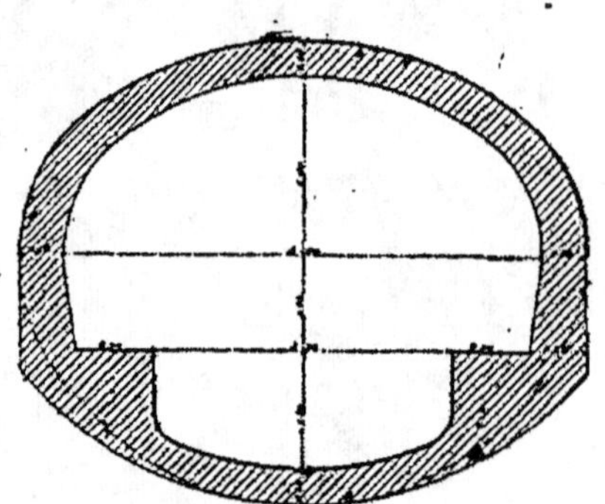

Fig. 172. — Coupe du collecteur d'Asnières.

la nappe d'eau des puits dans la partie amont, mais on sut vite s'en affranchir. L'égout, dans cette partie, est assis sur un ancien lit de la Seine, c'est-à-dire sur un sable de rivière et de cailloux.

La plus grande difficulté consista dans le peu de largeur de la voie traversée par l'égout ; mais cette difficulté se rencontre couramment dans Paris, et on n'eut pas à s'en inquiéter outre mesure.

Au contraire, la partie exécutée en souterrain dans un terrain sablonneux, immergé presque complètement dans la nappe d'eau souterraine, comme l'indique la coupe géologique (*fig.* 174), a présenté de sérieuses difficultés d'exécution.

Belgrand, qui fut chargé de la direction de ce travail, commença par abaisser le plan d'eau de la nappe à l'aide d'épuisements puissants. Dix locomobiles, de la force de 4 chevaux chà-

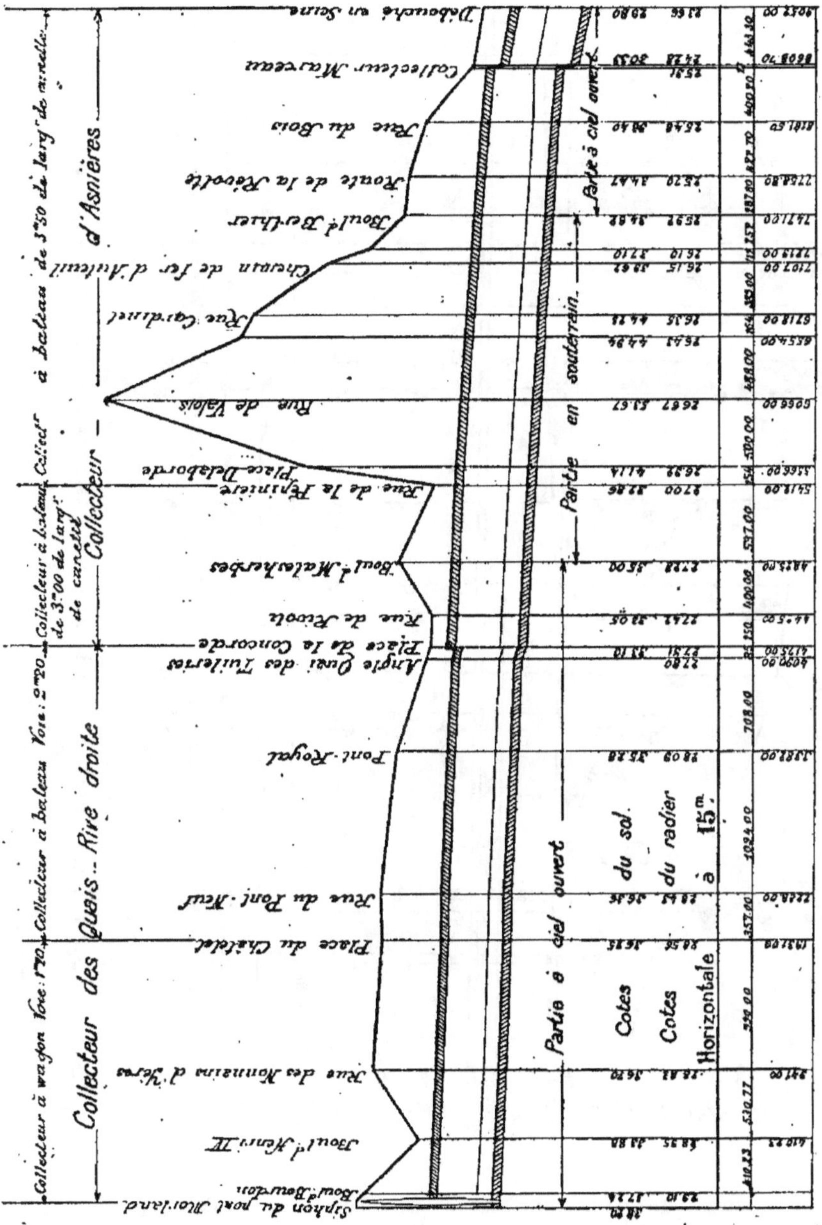

Fig. 173. — Profil en long des collecteurs des quais et d'Asnières.

cune, et dix pompes aspirantes et foulantes furent mises en batterie le 7 mai 1857.

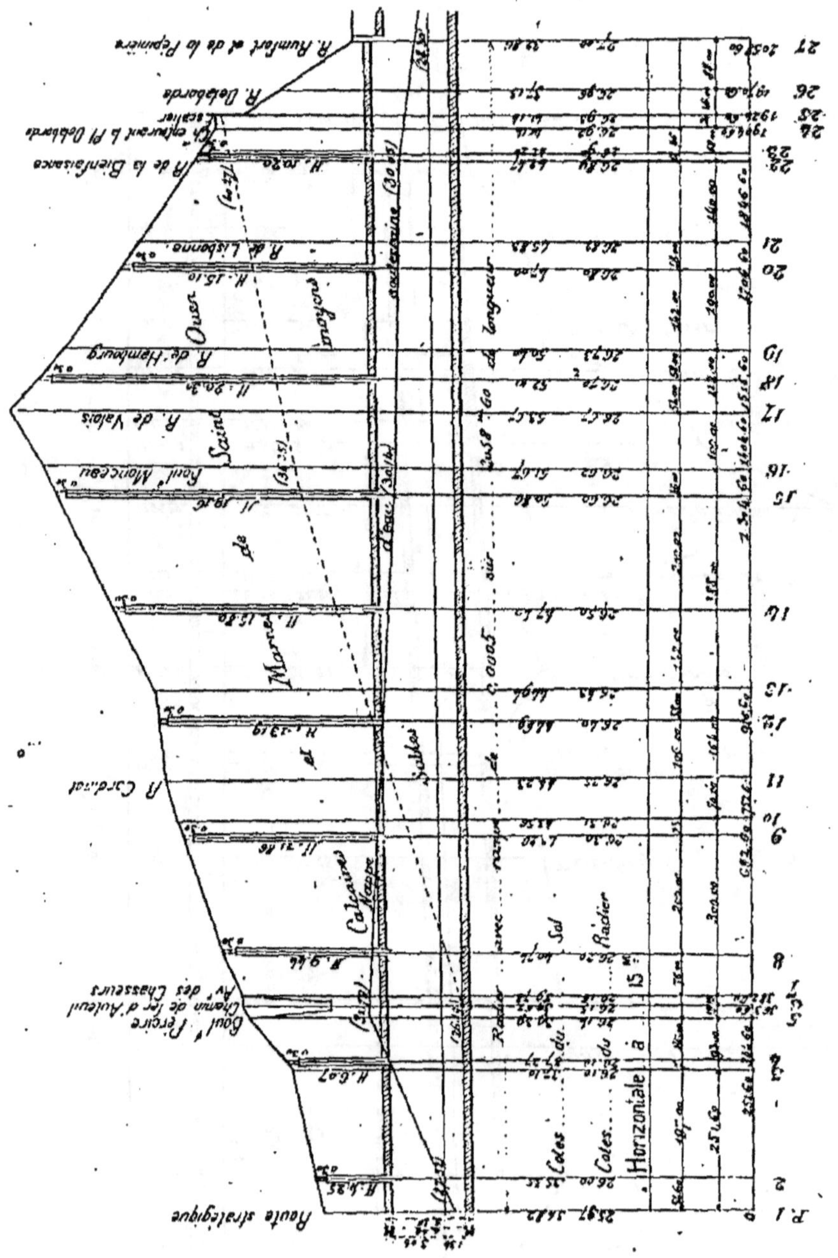

Fig. 174. — Profil en long du collecteur d'Asnières (partie construite en souterrain).

Dans l'axe de la galerie à construire on creusa des puits espacés de 200 mètres environ qu'on descendit en dessous du niveau de la maçonnerie du radier (ces puits furent maçonnés et servent aujourd'hui aux ouvriers du curage). Au fond de chacun de ces puits on aménagea une cuve en tôle formant passoire, et c'est dans ces cuves que les pompes aspiraient les eaux de la nappe. C'est à l'aide de ces mêmes puits, et par l'application d'une idée heureuse, que l'entrepreneur extrayait les terres provenant du souterrain.

Ce souterrain fut construit par étapes successives.

On construisit d'abord, entre les puits, la petite galerie d'avancement (*fig.* 175), une fois le niveau de la nappe suffisamment abaissé; puis on obtint ensuite la coupe (*fig.* 176), et, en suivant, la coupe (*fig.* 177). Cette opération terminée et la voûte construite, on creusa dans l'axe de l'égout une fouille que l'on descendit jusqu'au niveau du radier (coupe, *fig.* 178), et qui était destinée à con-

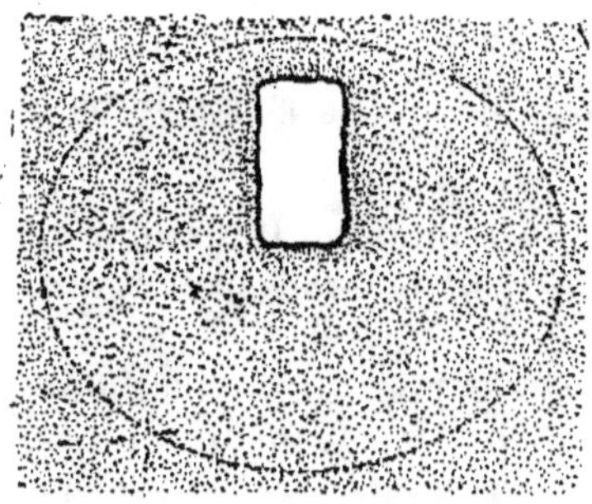

Fig. 175. — Galerie d'avancement.

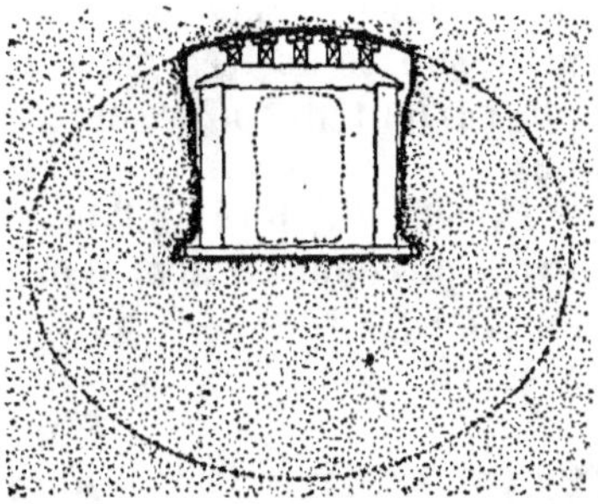

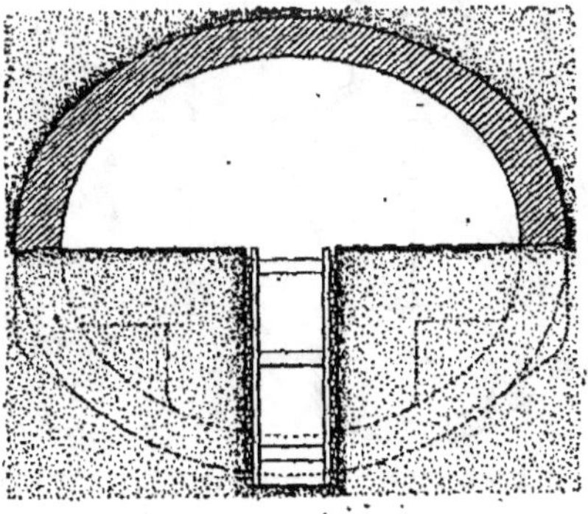

Fig. 176. — Boisage de la grande galerie

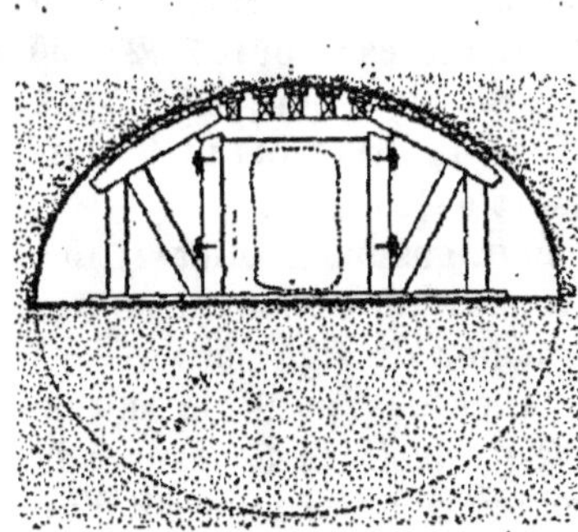

Fig. 177. — Battage en grand.

Fig. 178. — Rigole boisée.

duire l'eau d'infiltration jusqu'aux crépines des pompes. Puis on construisit la partie basse de l'égout par petites parties de 5 à 6 mètres.

Les matériaux employés dans la construction de l'égout collecteur d'Asnières sont la meulière et le mortier de ciment de Vassy, au dosage de 2 parties de ciment pour 5 parties de sable.

En 1859, on construisit deux autres parties du collecteur d'Asnières ; entre la rue de la Pépinière et la rue Lavoisier, d'une part ; et entre la place de la Madeleine et le quai des Tuileries, d'autre part. Entre la rue Lavoisier et la place de la Madeleine, le boulevard Haussmann n'étant pas encore percé, on relia les deux tronçons du collecteur par une galerie de plus petite section, dite « égout de jonction » (*fig.* 179).

Pour la construction de ces deux parties du collecteur, on employa la méthode suivante :

On construisit d'abord la voûte ; puis on remblaya la fouille ; ensuite on construisit la partie inférieure par tronçons successifs et sans épuisement, bien qu'on travaillât dans la nappe, ce qui fut la source de très grandes difficultés ; le prix de revient du mètre linéaire s'éleva à 950 francs.

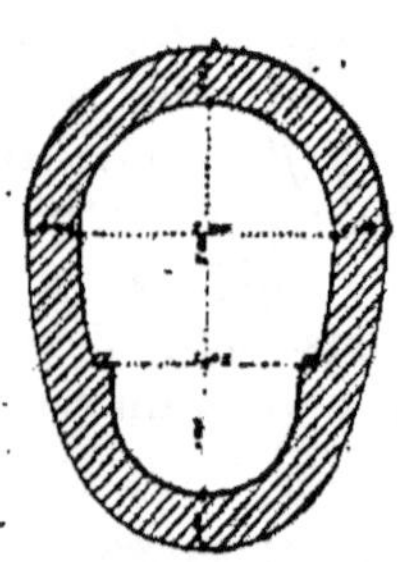

Fig. 179.
Egout de jonction.

C'est en 1860-1861, lors de l'ouverture du boulevard Haussmann, que l'on relia les deux tronçons, provisoirement recordés par l'égout dit de jonction.

On se servit, pour l'exécution de cette partie, de la méthode employée pour le tronçon immédiatement en aval, c'est-à-dire la construction en souterrain, avec épuisements suffisants pour permettre de travailler à sec.

En résumé, la construction du collecteur d'Asnières a coûté 3.729.000 francs, et, sa longueur étant de 4.877 mètres, le prix du mètre linéaire ressort à 765 francs.

Comme ouvrages particuliers situés sur le parcours du collecteur d'Asnières, il y a lieu de signaler :

1° L'existence des puits de sauvetage (*fig.* 180), destinés à assurer la retraite des ouvriers au moment d'un orage. Ces puits, avec chambre de refuge établis au-dessus de l'extrados de la voûte du collecteur, ont été construits tous les 200 mètres environ, dans la partie où le collecteur se trouve à une grande profondeur, et où l'établissement de regards simples était impossible ;

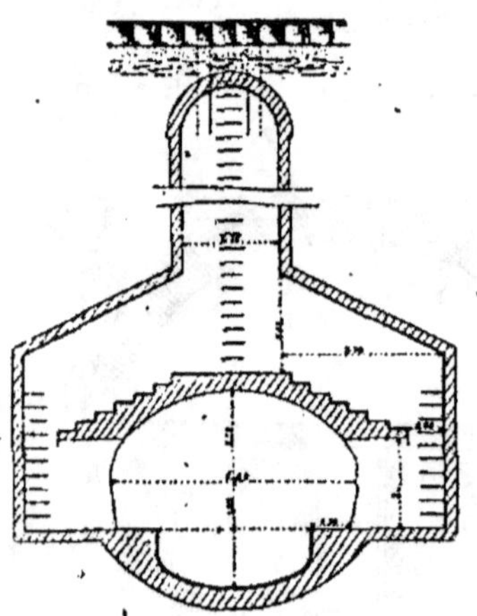

Fig. 180. — Puits de sauvetage.

2° Et, pour mémoire, les bassins de décantation de Levallois-Perret, qui n'ont pas rendu les services qu'on en attendait, et dont on ne se sert plus depuis plus de dix années. Ils sont destinés à être comblés prochainement, et le terrain sera vendu.

La cunette pleine du collecteur d'Asnières, de $3^m,50$ sur $1^m,35$, peut débiter $6^{m3},573$ par seconde. D'après de récents jaugeages, elle débite $3^{m3},010$ par seconde par un temps ordinaire. Ce jaugeage a été fait en amont de la jonction du collecteur Marceau ; en aval de cette jonction, les jaugeages accusent un débit de $5^{m3},050$ par seconde.

AFFLUENTS DU COLLECTEUR D'ASNIÈRES

Parmi les principaux affluents du collecteur d'Asnières, nous citerons : le collecteur des quais rive droite, le collecteur Rivoli, le collecteur des Petits-Champs ou du Centre, le collecteur des Coteaux et le collecteur Sébastopol.

A. — COLLECTEUR DES QUAIS RIVE DROITE

Cet égout, qui a sa tête à la gare de l'Arsenal, forme comme le prolongement du collecteur d'Asnières ; seulement sa section est moindre (Voir profil, *fig.* 172).

Entre la place de la Concorde et la place du Châtelet, sa cunette est de $2^m,20$ de largeur sur 1 mètre de profondeur (*fig.* 181); elle peut débiter, pleine, $4^{m3},264$ par seconde. Elle n'est plus que de $1^m,20$ de largeur pour 1 mètre de profondeur pour la partie haute (*fig.* 182); cette cunette peut débiter $2^{m3},633$ par seconde.

De même que le curage du collecteur d'Asnières se fait à l'aide de bateaux-vannes, de même le curage de cet égout se fait par le même procédé dans la partie large de $2^m,20$ de cunette ; dans la partie haute, où la cunette n'a plus que $1^m,20$ de largeur, on emploie le wagon-vanne.

Ouvrages particuliers situés sur le parcours du collecteur des quais rive droite. — 1° DÉVERSOIRS EN SEINE. — Comme ouvrages particuliers situés sur le parcours de ce collecteur, on rencontre neuf déversoirs en Seine des eaux d'orage.

Les figures ci-après donnent les types des divers déversoirs.

Les figures 183 et 184 représentent en plan et profil, un déversoir de fond ; et les figures 185 et 186, un déversoir de superficie. Avec le premier on peut vider complètement le collecteur; il suffit pour cela d'enlever le barrage à poutrelles. Avec le second, on ne peut envoyer au fleuve que la lame d'eau dépassant le niveau du seuil.

Collecteur des quais (rive droite).

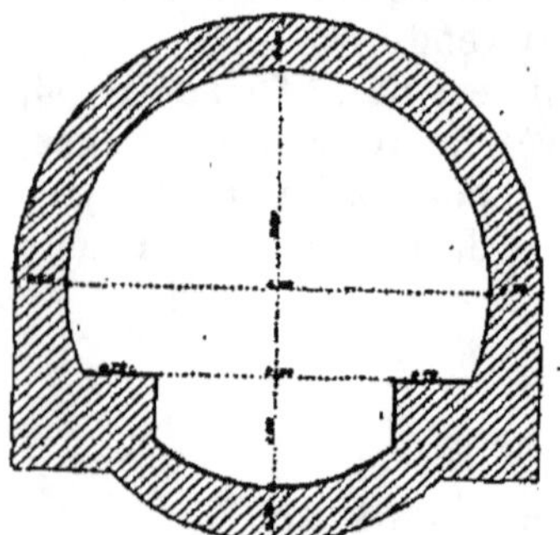

Fig. 181.
Entre les places de la Concorde
et du Châtelet.

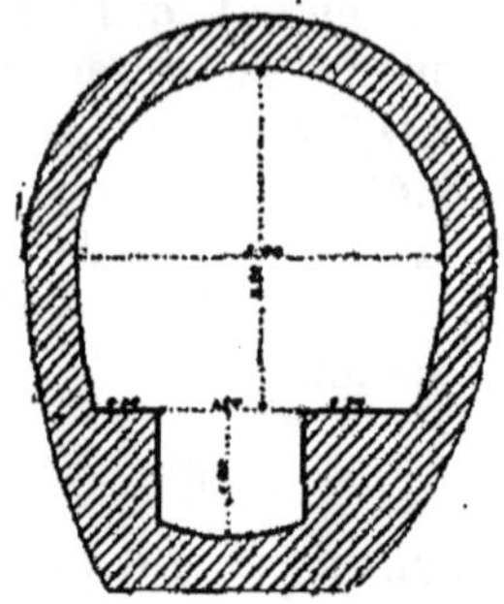

Fig. 182.
Entre la place du Châtelet
et le pont de l'Arsenal.

Déversoir de fond.

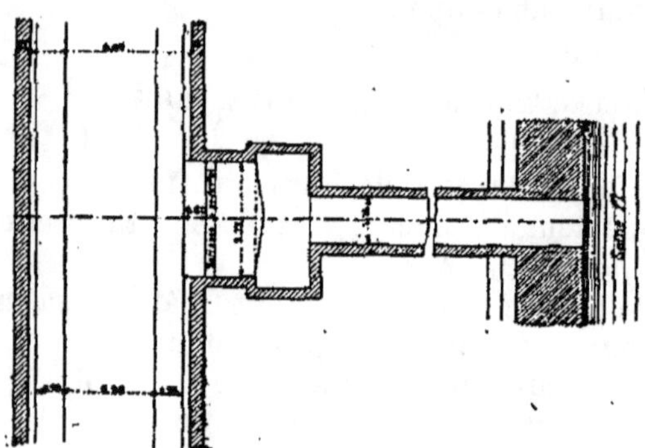

Fig. 183. — Plan.

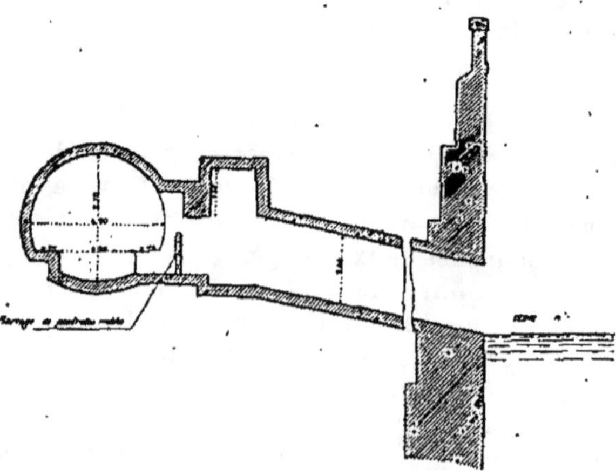

Fig. 184. — Profil en long.

L'un et l'autre de ces déversoirs sont munis d'une porte de flot

Déversoir de superficie.

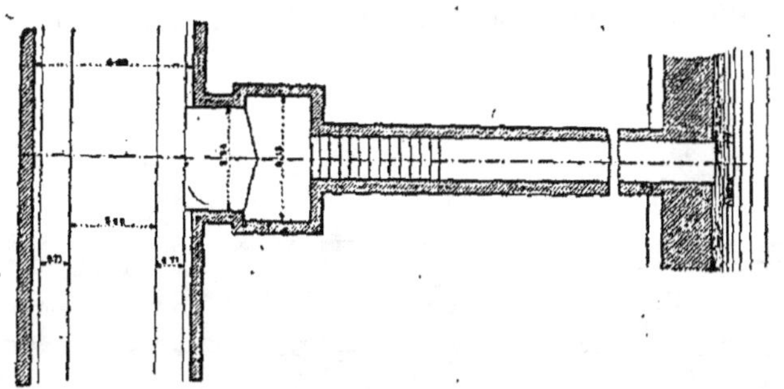

Fig. 185. — Plan.

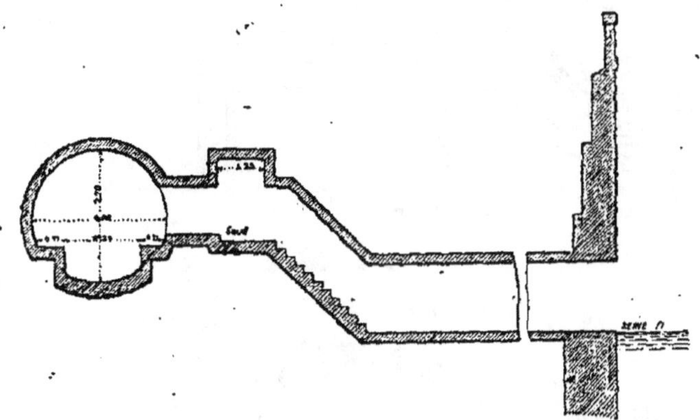

Fig. 186. — Profil en long.

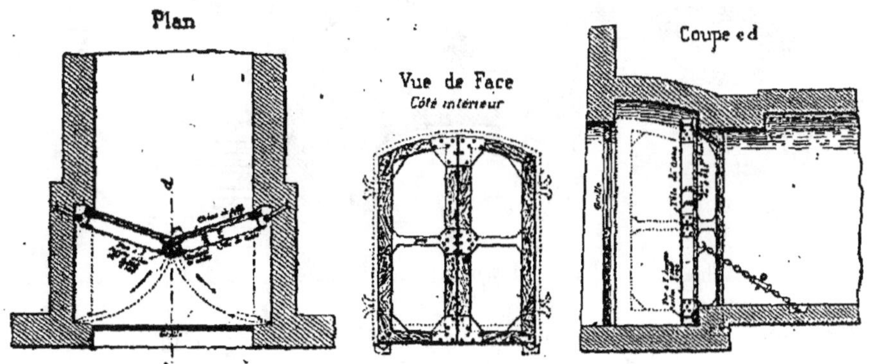

Fig. 187, 188 et 189. — Porte de flot.

(*fig.* 187, 188 et 189), busquée du côté de la Seine, et qui sert à protéger l'égout contre les crues du fleuve.

2° BASSINS A SABLE DU CHATELET. — Sous la place du Châtelet, en aval du pont au Change, on trouve des bassins de décantation dits bassins à sable.

Comme le montrent, en plan et en coupe, les figures 190 et 191, ces

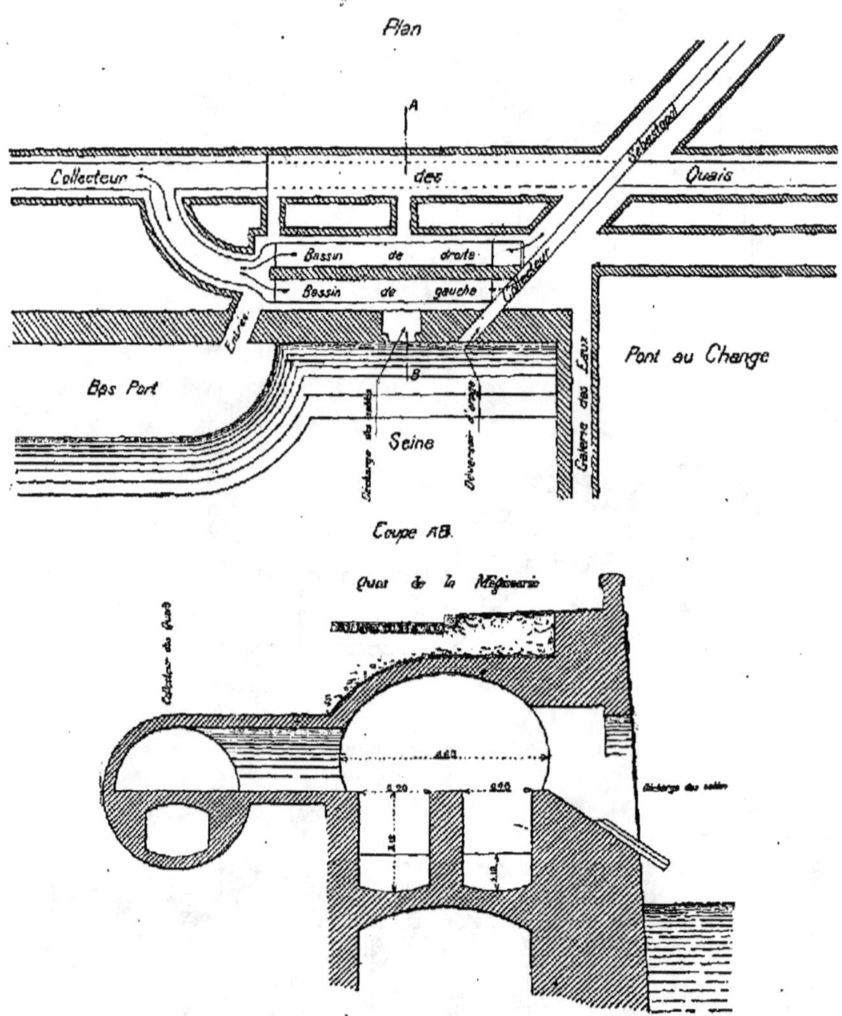

FIG. 190 et 191. — Bassin à sable du Châtelet.

bassins sont composés d'une grande galerie dont la partie inférieure est divisée en deux compartiments.

C'est dans ces compartiments, et à l'aide de jeux de poutrelles, que l'on enlève ou place à volonté, que les sables et matières en suspension charriés par les eaux d'égout, passant place du Châtelet, viennent se déposer.

Une des deux cunettes est toujours en service pendant que l'on opère la vidange de l'autre.

Le fonctionnement de ces bassins sera décrit en même temps que l'exploitation des égouts.

Particularités rencontrées en tête du collecteur des quais rive droite. — A l'extrémité amont, le collecteur des quais de la rive

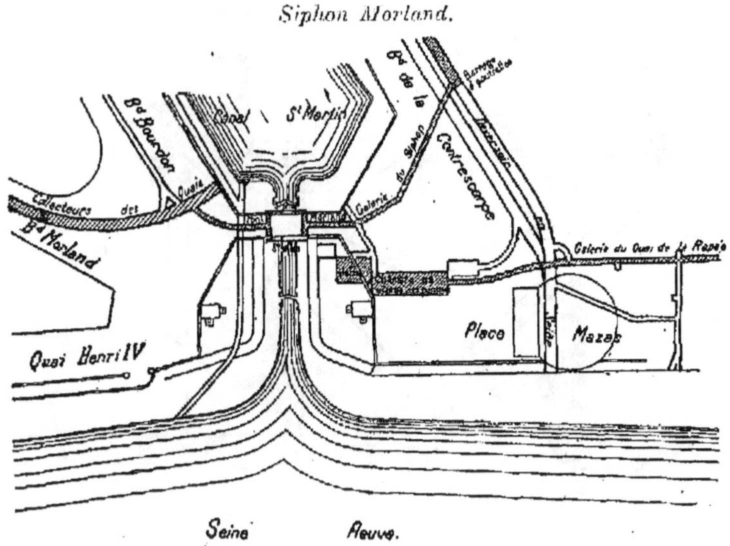

Fig. 192. — Plan d'ensemble de l'usine.

droite reçoit, à l'aide d'un double siphon supérieur, fixé à l'arche du pont Morland, toutes les eaux d'égout du XII° arrondissement et une partie de celles du XI°, comprise dans le quadrilatère formé par le collecteur des coteaux, les boulevards Richard-Lenoir et de la Contrescarpe [1], la Seine et les fortifications.

Une partie de ces eaux, celles amenées par le boulevard de la Contrescarpe (100 litres par seconde), arrivent directement au siphon qu'elles franchissent; l'autre partie, la plus importante (350 litres par seconde), est, au préalable, relevée à l'aide d'une usine élévatoire souterraine, située sous le sol de la place Mazas, qui la refoule dans la galerie du siphon.

Le plan d'ensemble ci-contre (*fig.* 192) donne la disposition de l'usine et celle du siphon, et indique également l'arrivée des eaux.

1° SIPHON MORLAND. — Avant l'établissement du siphon ascendant actuel, M. Belgrand avait fait étudier un siphon inférieur qui a été posé, mais n'a jamais été complètement terminé.

---

[1] Actuellement boulevard de la Bastille.

Ce siphon est établi sous le radier de la chambre des portes d'amont de l'écluse en Seine du canal Saint-Martin. Il est composé de tuyaux en fonte de 0^m,60 de diamètre, en pente légère de l'amont à l'aval.

Le projet qui en avait été dressé et que représentent, en plan et en coupe, les figures 193 et 194, comprenait une conduite de prise d'eau

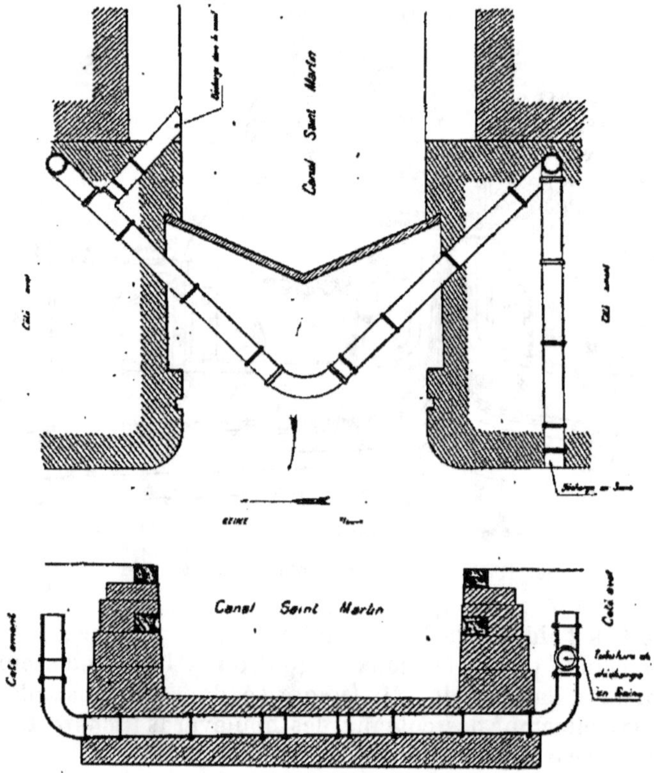

Fig. 193 et 194. — Plan et coupe du siphon inférieur.

et une conduite de décharge en Seine branchées sur le siphon et formées toutes deux de tuyaux en fonte de même diamètre que ce dernier.

La conduite de prise d'eau était placée sur la rive droite du canal, et son origine était établie à 2^m,63 en contre-bas du couronnement du quai de la gare de l'Arsenal. Sur la longueur de la conduite de prise d'eau était placé un robinet-vanne qui permettait d'ouvrir et de fermer la prise.

La conduite de décharge était placée sur la rive gauche dans la partie aval du siphon, et débouchait dans le sas de l'écluse à 4^m,88 en contre-bas du couronnement du quai. Sur cette conduite était également établi un robinet-vanne permettant l'ouverture ou la fermeture de la conduite.

C'est en 1879 qu'a été construit, sous la direction de M. l'ingénieur Maurice Lévy, le siphon supérieur.

Ce siphon (*fig.* 195) se compose de deux tubes circulaires de 0ᵐ,60 de diamètre, partant du puisard amont, longeant les deux têtes du pont Morland en suivant la courbure de la voûte et aboutissant au puisard aval. Le radier de la galerie du siphon amont se trouve environ à 0ᵐ,20 en contre-haut de la galerie aval. L'amorçage se

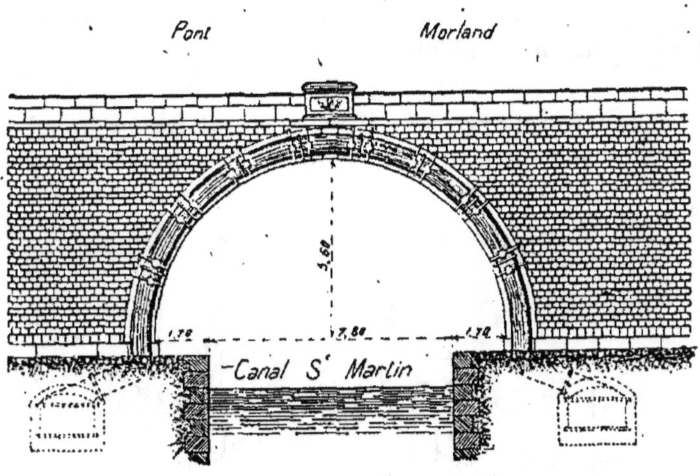

FIG. 195. — Siphon Morland.

fait au moyen de trompes système Giffard, placées sur des conduites d'eau de 0ᵐ,10 de diamètre. Il y a une trompe par conduite et trois conduites pour chaque siphon. Les trompes, pour chaque siphon, sont des diamètres suivants : deux grosses de 27 millimètres, et une petite de 18 millimètres. Les trompes correspondent entre elles par des chambres à air situées au sommet des siphons. Les conduites d'eau peuvent être alimentées à volonté, soit avec de l'eau de l'Ourcq, dont la pression est de 7 à 8 mètres, soit avec l'eau de Seine qui a une pression, en ce point de 30 à 40 mètres ; mais on ne se sert généralement que d'eau de l'Ourcq. Comme cette eau charrie des immondices qui pourraient occasionner l'engorgement des trompes, on a établi sur chacune des conduites d'alimentation, et le plus près possible des trompes, un petit regard de 0ᵐ,20 sur 0ᵐ,10, destiné au dégorgement.

D'après des expériences fréquemment répétées, on a trouvé que l'amorçage du siphon, au moyen de l'eau d'Ourcq, demandait vingt à vingt-cinq minutes, tandis qu'avec l'eau de Seine le temps n'était que de douze à dix-huit minutes.

Pour l'amorçage on se sert des deux trompes extrêmes de chacun des deux groupes, amont et aval ; mais une seule trompe ne suffit pas pour maintenir le siphon amorcé et on est obligé d'en faire fonctionner deux.

La dépense d'eau, pour les grosses trompes, est de 10 à 11 litres par seconde, avec l'eau d'Ourcq, et de 13 à 14 litres par seconde, avec l'eau de Seine.

Le siphon du pont Morland est certainement un ouvrage unique, tant en raison du diamètre de ses tuyaux, qui est de $0^m,60$, et de sa flèche, qui est de $7^m,50$, que de la grande puissance des trompes, qui, à l'époque où il a été construit, n'avaient jamais été employées avec des dimensions semblables.

2° USINE ÉLÉVATOIRE A VAPEUR. — L'usine élévatoire comprend deux genres de moteurs : des pompes centrifuges et une roue à aubes.

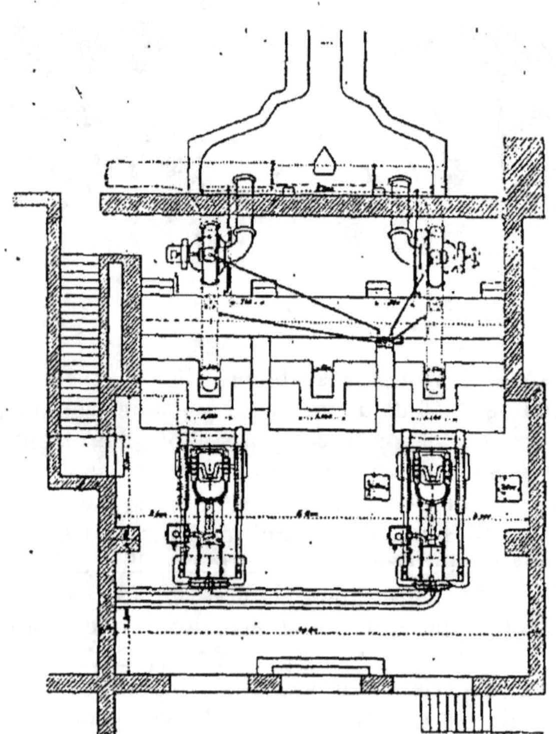

Fig. 196. — Plan de l'usine élévatoire.

Les pompes existent depuis l'origine de l'usine ; la roue à aubes leur a été adjointe en 1897.

Les pompes centrifuges, au nombre de deux, sont actionnées

chacune par une machine demi-fixe à condensation, de la force de 16 chevaux.

Ces pompes peuvent élever chacune 120 à 200 litres d'eau par seconde à 3ᵐ,40 de hauteur.

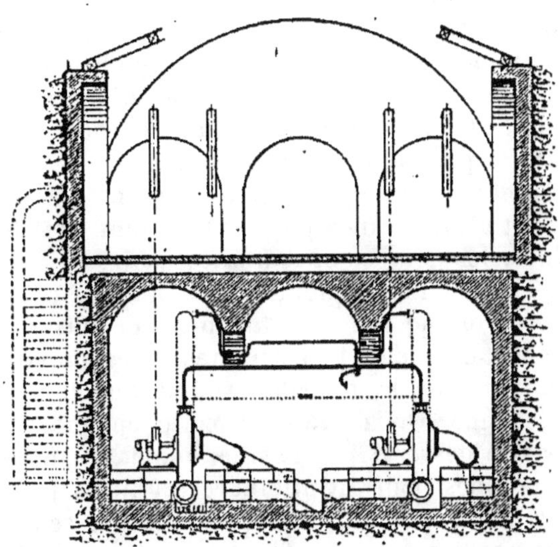

Fig. 197. — Coupe transversale de l'usine élévatoire.

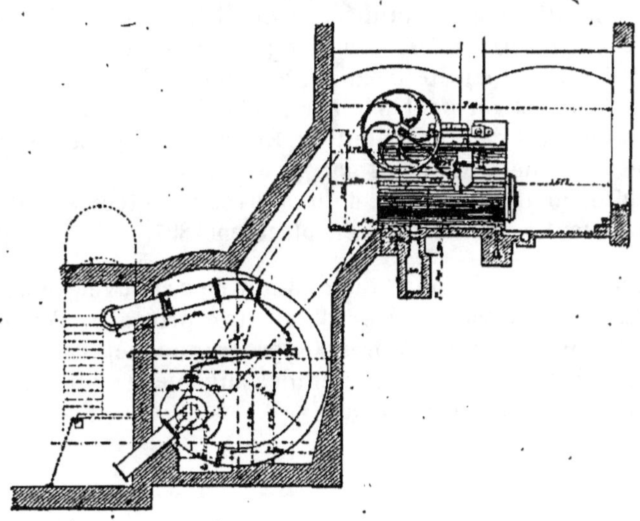

Fig. 198. — Coupe longitudinale de l'usine élévatoire.

Les machines et leurs chaudières sont du système Farcot et timbrées à 6 atmosphères. Les chaudières sont à foyer et faisceau de tubes mobiles en permettant le facile nettoiement. La surface de chauffe est de 25 mètres carrés, y compris les surfaces en contact avec les retours de fumée. Les machines sont accompagnées d'un condenseur et munies d'un régulateur à vitesse variable.

Chaque pompe est mise en mouvement par l'une des machines au moyen d'une courroie.

La consommation maximum de charbon fixée, par le constructeur, à 4 kilogrammes de houille de bonne qualité, par heure et par cheval, mesurée en eau montée, est celle qui est généralement atteinte en pratique. Cette consommation de charbon ne comprend pas celle nécessaire pour la mise en pression.

Cette usine fut construite en 1884 et occasionna une dépense de 120.000 francs, soit 65.000 francs pour le bâtiment et 55.000 francs pour les machines, les pompes et leurs accessoires.

Les figures 196, 197 et 198 en donnent les détails de construction.

Mais, en 1884, le volume des eaux amenées au puisard d'aspiration des pompes n'était que de 17.000 mètres cubes par vingt-quatre heures pour les eaux de la distribution, ce qui donne environ 200 litres par seconde. On a évalué à cette époque, d'après la superficie du bassin desservi par l'usine, que la quantité d'eau à élever par les pompes pourrait atteindre 500 litres par seconde, par une pluie ordinaire. Ce chiffre de 500 litres par seconde a été basé sur la moyenne des hauteurs d'eau tombée pendant quelques mois, et en tenant compte que l'eau de pluie qui s'écoule à l'égout est évaluée aux 3/5 de celle tombée, et que l'écoulement de cette eau dans l'égout est trois fois plus long que la durée de la pluie.

Aujourd'hui cette quantité d'eau a augmenté dans une assez grande proportion, et on peut évaluer à 350 litres par seconde le cube d'eau provenant de la distribution. En temps de pluie, le cube total peut être évalué à 800 litres par seconde.

La nécessité de doter l'usine d'un nouveau moteur *élévatoire* s'est donc fait sentir. Il a été mis en place en 1897.

3° ROUE HYDRAULIQUE. — Pour l'installation de ce nouvel appareil, le service des égouts s'est adressé à l'industrie privée, et c'est à la suite d'un concours ouvert d'après le programme et cahier des charges reproduit ci-après, que M. Meunier, ingénieur civil à Paris, a été chargé de l'exécution du travail.

VILLE DE PARIS

SERVICE DES ÉGOUTS

INSTALLATION D'UNE NOUVELLE MACHINE

A L'USINE ÉLÉVATOIRE DES EAUX D'ÉGOUTS DU PONT MORLAND

Programme et cahier des charges. — Objet du programme. — ARTICLE PREMIER. — *Le présent programme et cahier des charges a pour objet la construction et l'installation à l'usine du pont Morland d'une machine élévatoire : pompe centrifuge, à pistons ou autre, capable d'élever un volume d'eau d'égout variable de 150 à 500 litres par seconde à une hauteur de 1 mètre.*

Cette machine élévatoire doit être mue à volonté, par l'une ou par l'autre des deux machines à vapeur existantes, qui présentement actionnent chacune une pompe centrifuge de 250 litres par seconde à 3 mètres de hauteur. Ces pompes seront maintenues; mais il est entendu que l'une d'elles sera arrêtée quand la nouvelle machine élévatoire fonctionnera.

Chaque machine à vapeur est munie de deux poulies motrices, dont une, actuellement inutilisée, pourra servir à la commande du nouvel appareil.

Circonstance de l'entreprise. — ART. 2. — *L'entreprise comprend la fourniture, le transport et la pose de l'appareil élévatoire complet et des organes de transmission de mouvement le reliant aux machines à vapeur existantes. La vitesse de régime de celle-ci est variable par le régulateur entre 65 et 80 tours par minute. C'est dans ces limites qu'on devra obtenir la variation de volume demandée à l'article 1, soit par plusieurs pompes, soit par tout autre moyen.*

Visite et démontage. — ART. 3. — *Le nouvel appareil devra être facilement accessible dans toutes ses parties, en sorte que la visite, le graissage, le démontage des pièces et les réparations puissent se faire sans difficulté. Les paliers de transmission seront, autant que possible, des paliers graisseurs.*

Rendement à garantir. — ART. 4. — *L'entrepreneur devra garantir un rapport, à fixer par lui, entre le travail utile en eau montée et le travail pris sur l'arbre de la machine à vapeur. La consta-*

tation de ce rendement sera faite en jaugeant dans les canaux d'amenée ou de fuite le volume d'eau élevé par seconde, en mesurant directement la hauteur d'élévation, c'est-à-dire la différence entre le plan d'eau amont et le plan d'eau aval ; en observant la vitesse de la machine à vapeur, la pression à la chaudière et le degré d'introduction, puis en se plaçant ensuite dans les mêmes conditions, avec le frein de Prony remplaçant l'appareil élévatoire.

Délai d'exécution. — Art 5. — L'entrepreneur devra être prêt à commencer le montage de ses appareils au plus tard trois mois après la commande régulière, c'est-à-dire après avoir reçu avis de l'approbation de sa soumission. Trois semaines après cet avis, il devra remettre aux ingénieurs de la ville les plans définitifs de l'installation pour servir à l'exécution des maçonneries, massifs de fondation, canaux, etc. La durée du montage n'excèdera pas six semaines.

Travaux en dehors de l'entreprise. — Art. 6 — Les travaux de bâtiment, ceux d'épuisement, de maçonnerie, de scellement, de taille de pierres, balustrades, planchers en fer, sont à la charge de la ville de Paris.

Exécution des ouvrages. — Art. 7. — Tous les ouvrages seront loyalement exécutés dans toutes leurs parties et composés de matériaux de la meilleure qualité.

L'entrée des usines et ateliers, où les diverses parties des machines seront travaillées et ajustées, sera toujours accordée aux ingénieurs et représentants de la ville, qui pourront y faire, aux frais du constructeur, les épreuves d'usage pour s'assurer de la qualité et de la résistance des matériaux employés.

Réception des appareils. — Art. 8. — Lorsque les appareils auront fourni huit jours de marche normale, ils seront reçus provisoirement, s'il n'y a pas lieu à des retouches ou à des modifications sérieuses. L'entrepreneur conduira les appareils durant ces huit jours ; le mécanicien sera à sa charge, mais non l'huile, la graisse, ni l'éclairage, ni le charbon.

Délai de garantie. — Art. 9. — Le délai de garantie sera d'un an après la réception provisoire. Durant ce délai, l'entrepreneur devra remplacer à ses frais toute pièce qui viendrait à manquer par vice de construction ou de pose, par mauvaise qualité des matières ou par usure anormale. La réception définitive sera prononcée à l'expiration de l'année de garantie durant laquelle il sera procédé à la constatation du rendement, comme il est dit article 4.

Pénalité. — Art. 10. — Au cas où le rendement ou rapport entre le travail en eau montée et le travail pris à la machine à vapeur serait inférieur au chiffre garanti, il serait fait, sur le prix de *la soumission, une retenue proportionnelle au déficit constaté.*

Paiement. — Art. 11. — *Les paiements auront lieu comme suit :*
5/10 à l'arrivée des pièces à pied d'œuvre ;
4/10 à la réception provisoire ;
1/10 à la réception définitive.

Clauses et conditions générales. — Art. 12. — *L'entrepreneur paiera les droits de timbre et d'enregistrement auxquels sa soumission pourra donner lieu, si elle est acceptée.*

Il sera soumis aux clauses et conditions générales du cahier des charges imposées aux entrepreneurs de la ville de Paris pour tout ce à quoi il n'est pas dérogé par les précédents articles.

Il sera dispensé de cautionnement.

Fait à Paris, le 16 janvier 1896.

Voici le projet fourni par M. Meunier avec le devis en kilogrammes, qu'il a dressé, et la soumission.

Données. — *Le programme demande que la nouvelle machine élévatoire puisse monter, à 1 mètre de hauteur, un volume d'eau d'égout variable, depuis 150 litres jusqu'à 500 litres par seconde. On devra se servir pour cela, de l'une ou de l'autre à volonté, des deux machines à vapeur existantes, dont la vitesse est variable par le régulateur entre 65 et 80 tours par minute et dont la force est plus que suffisante.*

Choix de l'appareil élévatoire. — *Pour répondre au programme, il nous a semblé que l'on ne pouvait employer que des pompes à pistons, ou des pompes centrifuges, ou enfin une roue hydraulique élévatoire.*

Les pompes à piston seraient fort volumineuses, leur marche serait bruyante, à cause de leurs grands clapets, et ceux-ci seraient susceptibles de s'engorger par les fumiers en suspension dans l'eau d'égout. Nous y avons renoncé.

Les pompes centrifuges s'engorgent également, ainsi qu'il arrive à celles existantes ; elles n'ont qu'un faible rendement, quand elles élèvent l'eau à la faible hauteur de 1 mètre.

La roue élévatoire est un appareil simple, non bruyant, dont les aubages ne sauraient s'engorger ; son rendement est relativement élevé. La variation du volume monté s'obtiendra naturellement par le degré de remplissage des aubes, même sans changer la vitesse.

Le seul inconvénient de cet appareil est d'être un peu encombrant ; mais, dans le cas particulier, la place ne nous manque pas pour le loger.

Roue hydraulique élévatoire. — *Nous présentons donc une roue hydraulique élévatoire, dans le genre d'une roue Sagebien, mais* tournant en sens inverse. Elle sera reliée aux machines à vapeur actuelles par une transmission de mouvement, engrenages d'angle et courroies. Les figures 199 à 205 rendent compte de cette disposition. Nous avons prévu une vanne inclinée à la sortie de la roue pour permettre de régler l'évacuation de l'eau suivant le niveau dans le canal de fuite et suivant le degré de remplissage des aubes dans le canal d'amenée.

Indépendamment de cette vanne de réglage, il nous paraîtrait utile de disposer, dans le canal de fuite, un clapet de retenue automatique, se refermant seul dès qu'on arrêtera la roue pour empêcher le retour de l'eau et l'entraînement des transmissions et de la machine à vapeur par la roue qui deviendrait motrice.

Malgré ce clapet, la petite quantité d'eau restant entre lui et la roue fera retour par celle-ci.

On remarquera que l'une comme l'autre des machines à vapeur peut actionner la roue élévatoire.

Toutefois nous avons coupé l'arbre intermédiaire horizontal par un manchon de débrayage à griffes pour n'avoir à entraîner généralement qu'une partie de cet arbre.

Malgré cela, il est évident que l'on devra remettre et faire tomber les courroies selon les besoins du service.

Calculs justifiant les principales dimensions de la roue et des transmissions. — *Nous avons donné à la roue élévatoire un diamètre de 4^m,70 et une largeur de 1^m,50, en vue de répondre à la condition imposée d'élever 500 litres par seconde. A ce moment, la vitesse sera de 3 tours par minute, et le remplissage des aubes 0^m,60. La vitesse circonférencielle sera :*

$$\pi \times 4{,}70 \times \frac{3}{60} \doteq 0^m{,}736.$$

Le volume engendré par seconde sera théoriquement :

$$\pi \times \left(\frac{\overline{4{,}70}^2 - \overline{3{,}50}^2}{4} \right) \times 1{,}50 \times \frac{3}{60} = 582 \; litres.$$

En retranchant 4 0/0 pour les fuites et 10 0/0 pour la place occupée par les aubages, le volume réellement monté sera, au maximum, 582 × 0,86 = 500 litres.

A ce moment, la vanne inclinée disposée à la sortie de la roue sera entièrement baissée, de façon à laisser une hauteur d'évacuation égale au remplissage de 0^m,600.

Le rendement de l'appareil sera environ 0^m,74, c'est-à-dire que, le travail en eau montée étant 500 kilogrammètres, le travail à transmettre au grand engrenage sera environ $\dfrac{500^{kgm}}{0{,}74} = 676^{kgm}.$

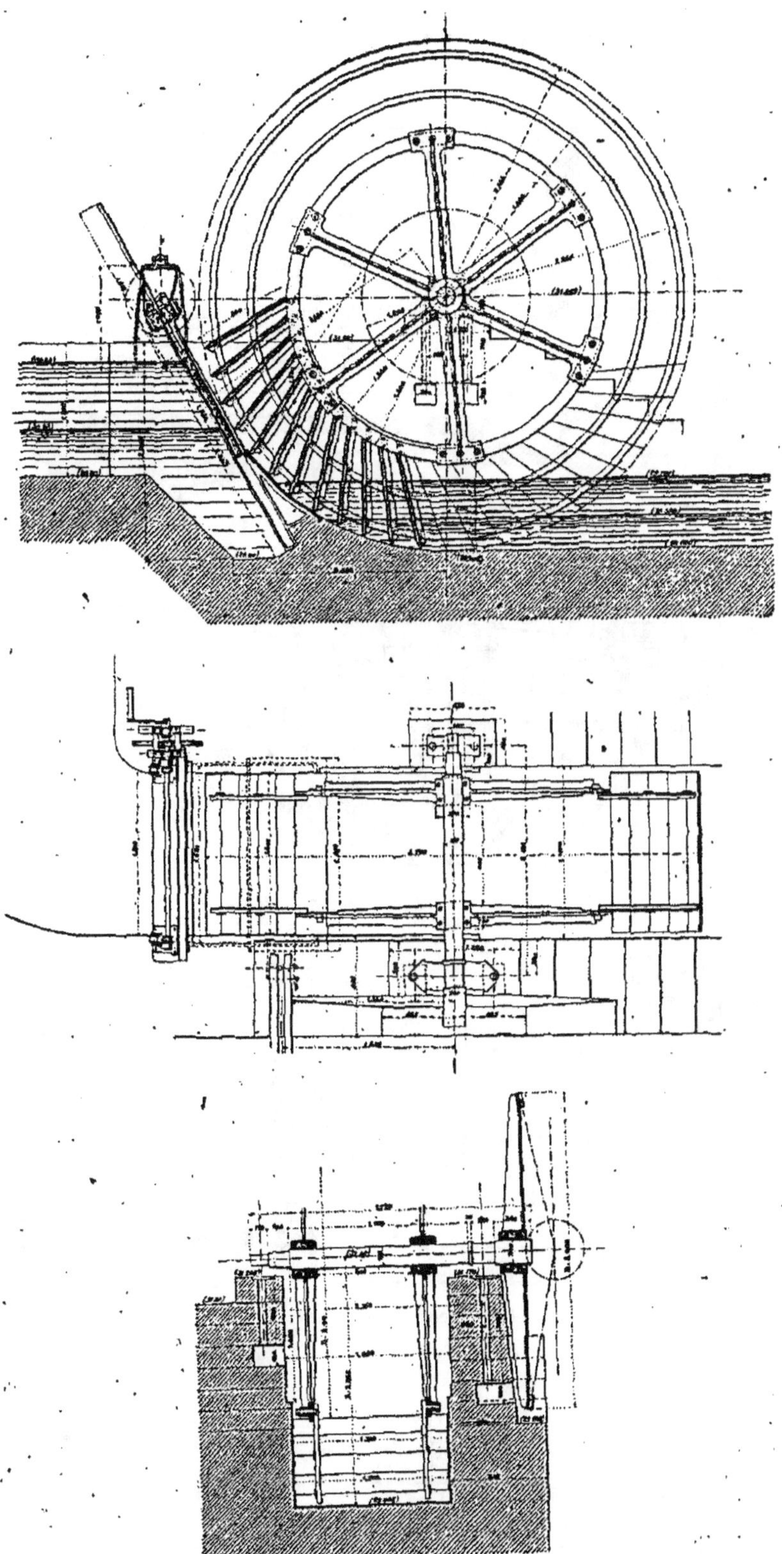

FIG. 199, 200 et 201. — Élévation, plan et coupe transversale
de la roue élévatoire Morland.

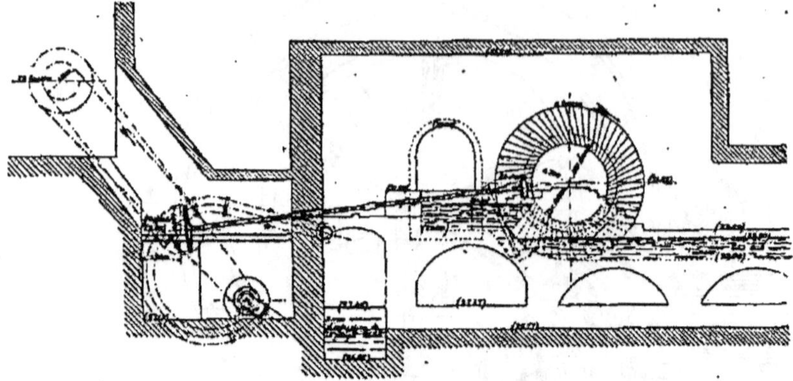

Fig. 202. — Coupe schématique donnant la disposition d'attaque
de la roue hydraulique Morland.

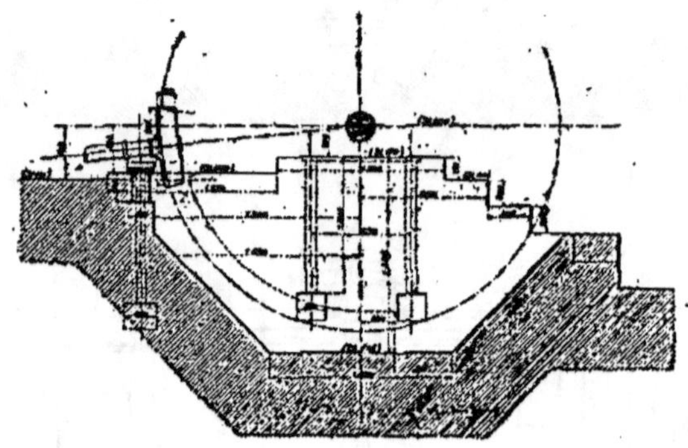

Fig. 203. — Niche de la roue d'angle de 180 dents.

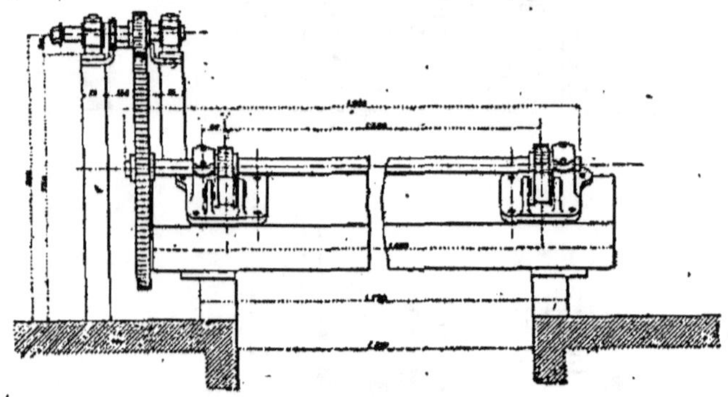

Fig. 204. — Mouvement de la vanne.

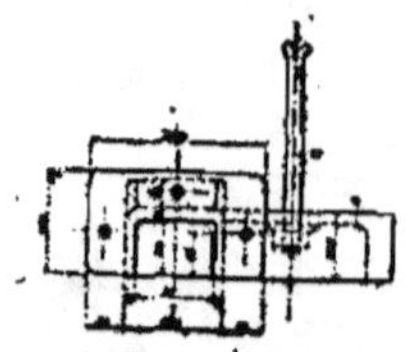

Fig. 205. — Vue en plan du guide de la vanne.

L'arbre de la roue hydraulique devra transmettre un couple de torsion de $\dfrac{676^{kgm} \times 60}{3 \times 6,28} = 2.150$.

Il a 175 millimètres de diamètre. Sa résistance à la torsion sera par millimètre carré :

$$R = \frac{16 \times 2.150}{\pi \times 175^3} = 2^{kgm},02.$$

Nous nous réservons la possibilité de mettre la roue dentée d'angle en porte-à-faux sur l'extrémité de l'arbre, pour réduire la longueur de celui-ci et, par suite, sa résistance à la flexion.

Quand la roue n'élèvera que 150 litres par seconde, le remplissage des aubes ne sera plus que de 0^m,20, et la vitesse 2^{tours},4 par minute.

En effet :

$$\pi \times \left(\frac{\overline{4.70}^2 - \overline{4.30}^2}{4} \right) \times 1,50 \times \frac{2^t.4}{60} \times 0,86 = 146 \; litres.$$

Il est certain que, dans ces conditions, les fuites et les résistances passives auront une plus grande importance relative et que le rendement sera moins bon. Par conséquent, il y a un certain intérêt à ne pas faire la roue trop grande, et nous serions partisan de réduire sa largeur, si le volume de 500 litres était tout à fait exceptionnel.

Si le niveau amont suivait exactement celui d'aval dans ses variations, on pourrait peut-être se dispenser de la vanne inclinée de réglage, ainsi que du col de cygne en fonte ; mais on comprend que, si l'on devait avoir seulement 0^m,20 de remplissage des aubes à l'aval, avec un niveau amont maximum à la cote (30,60), la vanne inclinée serait utile pour régler la sortie et empêcher des rentrées d'eau dans la roue.

Engrenages d'angle : premier moteur :

$$\left. \begin{array}{l} \textit{Roue : Diamètre } 3^m.00 - 180 \textit{ dents fonte} \\ \textit{Pignon : Diamètre } 0^m,567 - 34 \textit{ dents fonte} \end{array} \right\} \; pas \; 52^{mm} \; ; \; largeur \; 135^{mm}.$$

La vitesse circonférencielle est :

$$\pi \times 3,00 \times \frac{3^t.00}{60} = 0^m,470.$$

L'effort tangentiel correspondant au travail maximum de 500 litres par seconde à 1 mètre est :

$$\frac{676^{kgm}.00}{0,470} = 1.440 \; kilogrammètres.$$

L'épaisseur de la dent est 25 millimètres, sa saillie sur la couronne est 32 millimètres ; par suite, la résistance à la flexion, en considérant une seule dent en prise, est :

$$R = \frac{6 \times 1.440^{gm},00 \times 32}{135 \times \overline{25}^2} = 3^{gm},25 \ par \ millimètre \ carré ;$$

ce chiffre est un peu élevé, mais il se rapporte à la force maximum.

Arbre incliné. — *Le moment maximum de torsion est :*

$$1.440^{kgm} \times 0,284 = 408.$$

Le diamètre de cet arbre est 95 millimètres, la valeur de R à la torsion est :

$$R = \frac{16 \times 408}{\pi \times \overline{0,095}^3} = 2.400.000^{kgm},00 \ ou \ 2^{kgm},40 \ par \ millimètre \ carré.$$

La vitesse maximum de cet arbre sera 15^t,42.

Engrenages d'angles : deuxième moteur. — *Ces engrenages sont comme suit :*

Roue : *Diamètre 1^m,460 — 112 dents bois* } *pas* 40^mm,8 ; — *largeur* 120^mm,00
Pignon : *Diamètre 0^m,390 — 30 dents fonte*

$$Effort \ tangentiel : 1.440^{kgm},00 \times \frac{0.567}{1.460} = 560 \ kilogrammètres.$$

L'épaisseur de la dent de bois sera 21^mm,6 ; la saillie sur la couronne sera 25 millimètres.

La valeur R exprimant la résistance de la dent de bois sera :

$$R \times \frac{6 \times 560^{kgm} \times 0,025}{0,120 \times \overline{0,0216}^2} = 1.500.000 \ kilogrammètres,$$

soit 1^k,50 par millimètre carré, valeur élevée, mais acceptable, étant donné qu'il s'agit de la force maximum et que la vitesse des dentures est faible.

Arbre de couche commandé par courroies. — *La vitesse de cet arbre de couche sera au maximum :*

$$3^t,00 \times \frac{180 \ dents}{34 \ dents} \times \frac{112 \ dents}{30 \ dents} = 59 \ tours \ par \ minute.$$

Nous avons vu qu'il doit transmettre, au plus, 676 kilogrammes, soit $\frac{676}{75} = 9$ *chevaux.*

Son couple de torsion est :

$$\frac{676 \times 60}{6,28 \times 59^t} \times 110.$$

Nous lui avons donné un diamètre de 65 millimètres. Sa résistance à la torsion est $R = \dfrac{16 \times 110}{\pi \times 0,065^3} = 2^{kgm},02$ *par millimètre carré.*

Les paliers étant placés près des poulies, la résistance à la flexion n'a pas grande importance.

Poulies. — *On a pu remarquer que nous avons donné aux engrenages des rapports aussi grands que possible; malgré cela, notre arbre de couche ne fait encore que 59 tours par minute quand les machines à vapeur font 80 tours.*

Pour conserver les poulies de 2 mètres de diamètre qui sont sur celles-ci, il faudrait admettre des poulies de $2^m,00 \times \dfrac{80}{59} = 2^m,70$ *sur l'arbre de couche, ce qui n'est pas possible. Nous ne croyons pas pouvoir donner plus de* $1^m,60$ *à ces poulies, ce qui nous conduit forcément à remplacer sur chaque machine à vapeur une poulie de 2 mètres par une autre de* $1^m,60 \times \dfrac{59}{80} = 1^m,18$, *et mieux* $1^m,20$, *pour tenir compte du glissement. Ces poulies auront* $0^m,250$ *de largeur. .*

La vitesse circonférencielle sera :

$$\pi \times 1,60 \times \frac{59}{60} = 4^m,95.$$

L'effort tangentiel sera :

$$\frac{676^{kgm}}{4,95} = 136 \text{ kilogrammètres.}$$

La tension du brin mou sera environ 130 kilogrammètres.

La tension T du brin tendu sera $136^{kgm},00 + 130^{kgm},00 = 266$ *kilogrammètres.*

Une courroie en coton de $0^m,240$ *de largeur et 6 millimètres d'épaisseur travaillera à raison de* $\dfrac{266^{kgm},00}{0,6 \times 24} = 18^{kgm},5$ *par centimètre carré, valeur généralement admise.*

Rendement de l'appareil. — *Nous estimons à 82 0/0 le rendement de la roue proprement dite sans ses transmissions. Il reste à évaluer la force prise par celles-ci.*

1° Travail absorbé par les engrenages d'angle ;

Premier moteur, environ :

kgm.

$$676^{\text{kgm}},00 \times 0,1 \times 3,14 \sqrt{\frac{1}{180^2} + \frac{1}{34^2}} = \dots\dots\dots\dots\dots\qquad 7 \text{ »}$$

2° *Frottement de l'arbre oblique dans ses cou-
sinets. — Le poids agissant sur les coussinets
est commé suit :*

Pignon de 34 dents, fonte............................	160
Effor tangentiel sur ce pignon.......................	1.440
Arbre incliné et son manchon........................	710
Roue dentée d'angle, 112 dents bois	500
Effort tangentiel sur cette roue.....................	560
TOTAL................	3.370

Vitesse à la circonférence de l'arbre :

$$\pi \times 0,095 \times \frac{15^t,42}{60} = 0^m,077.$$

Coefficient de frottement : 0,10.
Travail absorbé : $3.370^{\text{kgm}},00 \times 0,10 \times 0,077 = \dots\dots\dots\qquad 26 \text{ »}$

3° *Frottement des engrenages d'angle, deuxième moteur :*

$$676^{\text{kgm}},00 \times 0,1 \times 3,14 \sqrt{\frac{1}{112^2} + \frac{1}{30^2}} = \dots\dots\qquad 7,50$$

4° *Frottement de l'arbre de couche sur ses coussinets :*
*Nous considérons le cas le plus usuel du manchon à
griffes débrayé, la commande se faisant par la machine
à vapeur qui se trouve du côté de la roue.*
Le poids supporté par les coussinets est comme suit :

Effort tangentiel sur le pignon d'angle........	560
Arbre de couche (la partie qui tourne)........	90
Un demi-manchon à griffes...................	30
Une poulie de 1ᵐ,60.........................	230
Tirage de la courroie sur cette poulie.........	396
TOTAL................	1.306

*A déduire le poids d'une partie de l'arbre de
couche soulevé par l'effort tangentiel du
pignon d'angle*.............................. 56

RESTE............ 1.250

Diamètre de l'arbre : 65 *millimètres.*
Coefficient de frottement : 0,10.

A reporter............... 40,50

kgm.

Report.................... 40,50

Travail absorbé par le frottement :

$$\Pi \times 0,065 \times \frac{59^t}{60} \times 1.250^{kgm},00 \times 0,10 = \ldots\ldots \qquad 25 \quad »$$

5° *Le travail absorbé par la raideur de la courroie et par un petit glissement possible est évalué environ à*....... 24,50

　　　　　TOTAL *des frottements et résistances*............ 87 　»

En résumé, quand on élèvera 500 litres par seconde à 1 mètre de hauteur, le travail utile sera de 500 kilogrammmètres.

Le travail sur l'arbre de la roue sera : $\dfrac{500}{0,82} = $ .... 610 　»

Le travail absorbé par les transmissions sera............ 87 　»

Le travail à demander à la machine à vapeur sera par conséquent.................... 697 　»

ou :

$$\frac{697}{75} = 9^{ch},33.$$

Le rendement tel que l'entend le programme sera :

$$\frac{500^{kgm},00}{697^{kgm},00} = 0,720.$$

Par mesure de prudence nous ne garantissons que 0,670.

Devis en kilogrammes. — ARTICLE PREMIER. — Vannage de la roue :

Kilog.

1 *seuil en chêne de* 0,500 × 0,250 × 1,80 ....
2 *poteaux de vanne en fonte à coulisse* ....
1 *col de cygne en fonte de* 0,900 × 1,80...........
8 *boulons fixant le col de cygne aux poteaux*..........
1 *chapeau de vanne en chêne de* 1,80 × 0,25 × 0,130...
1 *vanne en chêne de* 1,66 × 0,95 × 0,08.............
2 *plates-bandes de* 70 × 9 × 9,50 *avec vis*...........
2 *boulons à chape de* 25 × 9,50   860
2 *crémaillères de* 1,700 *de longueur*................
2 *axes de* 25 × 100, *goupillés*................
2 *châssis de vanne complets (mouvement)*.............
2 *pignons à crémaillères en fonte*............
1 *arbre de vannage*....:.............
1 *palier de* 40 *millimètres fixé sur le chapeau par* 8 *tire-fonds* ....

Kilogr.

2 *paliers de 40 millimètres fixés sur des chaises en fer*...
1 *contre-arbre de* 40 × 30 ....
1 *pignon de 15 dents fonte*............................
1 *roue de 80 dents fonte* ....
1 *rochet et son cliquet*..............................
1 *manivelle en fer avec poignée en bois*..............
2 *chaises en fer plat*...............................

ART. 2. — Roue hydraulique :

1 *arbre en fer de* 0,180 × 2,750 *de longueur* ....
1 *palier à vérins de* 100ᵐᵐ,00 × 140 *avec demi-cous-
     sinet de bronze, couvre-graisse,* 2 *vérins et écrous
     bronze* ....
2 *contre-plateau en fonte avec* 4 *vis de centrage*.....
2 *boulons de fondation de* 28 × 800 *à* 4 *écrous*.......
2 *plaques de fondation de* 160 × 160..................
1 *palier à vérins de* 175 *d'alésage avec* 1/2 *coussinet
     en bronze, couvre-graisse,* 2 *vérins et leurs écrous.*
1 *contre-plateau en fonte avec* 4 *vis de centrage*.....
2 *boulons de fondation de* 38 *millimètres à* 4 *écrous*..
2 *plaques de fondation de* 160 × 160..................
2 *croisillons en fonte en deux pièces à six bras avec
     boulons d'assemblage* ....
2 *cercles en fer de* 1,20 × 15 × 3,00 *de diamètre*....
12 *plaques de butée entre les pattes des croisillons*.....
24 *boulons de* 28 × 120 }   *fixant*
12 *boulons de* 28 × 160 } *les cercles aux croisillons*
 2 *cercles en fer de* 3ᵐ,60 *de diamètre (fer de* 70 × 9).
 2 *cercles en fer de* 4ᵐ,50 *de diamètre (fer de* 70 × 9).
24 *couvre-joints de* 70 × 9 ....
108 *cornières de* 54 × 40 × 1,100..................
108 *feuillards de* 40 × 3 × 0,900...................
540 *boulons d'aubes de* 12 *millimètres*................
54 *aubages d'environ* 1,50 × 0,950 × 0,025 *en bois
     d'orme ou de chêne ; surface,* 77 *mètres carrés*...

4.200

ART. 3. — Transmission :

1 *roue d'angle de* 180 *dents fonte, diamètre* 300, *alésée
     à* 180 *millimètres en deux pièces.*
1 *pignon d'angle de* 34 *dents, en une pièce.*
1 *arbre incliné de* 11 *mètres environ de longueur et
     95 millimètres de diamètre en deux parties.*

DIRECTION
DES
TRAVAUX DE PARIS

RÉPUBLIQUE FRANÇAISE

LIBERTÉ. — ÉGALITÉ. — FRATERNITÉ

ASSAINISSEMENT

SERVICE DES ÉGOUTS

RELÈVEMENT DES EAUX DU QUARTIER DE BERCY

USINE DE LA PLACE MAZAS

TRAVAIL DES MACHINES ÉLÉVATOIRES (25 *octobre* 1896)

DÉSIGNATION des MACHINES	FOURNEAUX					CHARBON BRULÉ			TEMPÉRATURE dans le CONDENSEUR		PRESSION MOYENNE DANS		NOMBRE DE COUPS DE PISTON INDIQUÉS PAR LE COMPTEUR			
	HEURES DE		DURÉE			dans la journée										
	l'allumage	la mise en marche	l'arrêt définitif	dés arrêts forcés	de l'activité réelle	pour allumage	pendant la marche	par heure	Eau chaude	Eau froide	la chaudière	le condenseur	avant la mise en marche	après l'arrêt définitif	par jour	par minute
Machine n° 1...	»	6	6	2ʰ,25'	21ʰ,35'	»	730	33,82	30	10	6	120ᵍ	613.950	711.475	97.625	75.30
Machine n° 2...	»	6	6	0ʰ,10'	23ʰ,50'	»	790	33,15	30	16	6	120ᵍ	594.040	701.798	107.758	75.36

DÉSIGNATION des MACHINES	NOMBRE DE TOURS DE LA POMPE			LITRES ÉLEVÉS par seconde pendant l'activité	MÈTRES CUBES élevés par jour	ALTITUDE MOYENNE		HAUTEUR ASCEN-SIONNELLE réelle	HAUTEURS ASCENSIONNELLES manométriques				KILO-GRAMMÈTRES			FORCE EN CHEVAUX	CHARBON BRULÉ PAR CHEVAL ET PAR HEURE
	à la mise en marche	à l'arrêt définitif	par jour			du plan d'eau du puisard	du plan d'eau de la galerie du siphon		Aspiration	Refoulement	Différences du niveau	Totales	Utiles	Manométriques	Par kilogramme de charbon		
Machine n° 1..	»	»	»	774,18	60.154	29,51	30,29	0,78	1,45	4,00	»	2,55	»	»	»	8,03	4,21
Machine n° 2..	»	»	»	798,03	68.471	29,51	30,29	0,78	1,45	4,00	»	2,55	»	»	»	8,43	3,93

OBSERVATIONS

GALERIE DU SIPHON

Altitudes : Banquette du siphon (31,21)

HAUTEUR D'EAU

Machine n° 1, détente (4 3/4).
Machine n° 2, détente (4 3/4).
Hauteur de la Seine (29,76).

à 8 heures matin (30,41).
à midi (30,41).
à 4 heures soir (30,61).
à 8 heures soir (30,31).
à minuit (30,21).
à 4 heures matin (29,96).

CHAMBRE DE PUISAGE

Banq. ch. de Pse (27,51)
Seuil déversoir Râpée (28,37)

HAUTEUR D'EAU

à 8 heures matin (30,06)
à midi (29,36)
à 4 heures soir (29,66)
à 8 heures soir (29,66)
à minuit (29,46)
à 4 heures matin (29,36)

Cote maximum (30,36)
à 7 heures matin.
Cote minimum (28,66)
à 6 heures matin.

1 manchon à fret.es ....

3 paliers graisseurs à mèches de 95 × 135 millimètres.

3 contre-plateaux pour ces paliers......................

6 boulons à scellement fixant ces plateaux...........

2 paliers-graisseurs à mèches de 95 × 135...........

2 chaises-consoles pour ces paliers.....................

6 boulons à scellement les fixant ....

1 roue d'angle de 112 dents bois.....................

1 pignon d'angle de 30 dents fonte.....................

1 arbre de 65 millimètres de diamètre et 1ᵐ,25 de longueur environ, en deux parties........................

1 manchon à griffes en fonte pour embrayage des deux
  parties de cet arbre...................................

1 levier à fourchette et son support pour ledit manchon...

6 paliers-graisseurs à mèches de 65 × 90...............

1 plaque-console portant deux de ces paliers près le
  manchon à griffes, avec boulons ....

1 œillard dans la pile...................................

1 contre-plateau dans la mèche avec boulons de fondation..

2 poulies en deux pièces de 1,60 × 0,250..............

2 poulies en une pièce de 1,20 × 0,250 à monter sur les
  arbres des machines à vapeur..........................

4.700

Les deux courroies en coton de 0ᵐ,240 de largeur et 7 millimètres d'épaisseur, longueur de chacune d'elles 16ᵐ,60 environ, sont en dehors du devis, ainsi que les sommiers en fer et le clapet de retenue dans le canal de fuite.

Soumission. — Le soussigné, Meunier Émile, ingénieur civil, demeurant à Paris, rue de Birague, 16, après avoir pris connaissance du programme et cahier des charges relatif à l'établissement d'une machine élévatoire à l'usine du pont Morland, se soumet et s'engage à fournir, transporter et monter le matériel décrit et représenté aux devis et projet annexés, moyennant le prix à forfait de 10.000 francs.

Il garantit un rendement ou rapport entre le travail utile en eau montée et le travail emprunté à la machine à vapeur de soixante-sept centimes (0,67) pour un volume monté de quatre cents litres par seconde environ à un mètre de hauteur.

Paris, le 30 janvier 1896.

E. MEUNIER.

Depuis cette installation, la quantité d'eau amenée à l'usine en temps normal qui est de 350 litres par seconde se divise de la façon suivante :

100 litres continuent à arriver au puisard des pompes rotatives, et 250 litres sont élevés par la roue motrice.

Ci-dessus (p. 444 et 445) le tableau de marche des deux machines de l'usine actuelle.

Le rendement, en eau montée, est, pour la machine n° 1, de 40 0/0 ; pour la machine n° 2, de 42 0/0.

Siphon de l'île Saint-Louis. — Avant 1890, les eaux usées des deux îles de la Cité et Saint-Louis s'écoulaient encore en Seine et salissaient le fleuve, au centre même de la Capitale.

L'Administration, légitimement émue de ce grave inconvénient, fit adopter par le Conseil municipal l'établissement de siphons sous la Seine, permettant d'expulser les eaux d'égout des deux îles dans les deux collecteurs des quais de rive gauche et de rive droite.

Les eaux de l'île de la Cité s'écoulent dans le collecteur de rive gauche. Celles de l'île Saint-Louis, après avoir franchi le petit bras de la Seine à 30 ou 40 mètres en aval du pont Louis-Philippe, viennent affluer dans le collecteur des quais rive droite.

Ce siphon est composé de deux tubes parallèles en tôle de 0^m,40 de diamètre intérieur et de 11 millimètres d'épaisseur, noyés dans le lit de la rivière, préalablement dragué, et entourés d'une couche de béton arasée au niveau du lit du fleuve.

Chaque tube en tôle a une longueur de 105^m,01 et est prolongé à chacune de ses extrémités par un tuyau en fonte de même diamètre, qui le raccorde avec les maçonneries des égouts de chaque rive.

Pour l'immersion, les tubes ont été amenés, reliés entre eux et descendus à l'aide d'une surcharge.

Dans l'île de la Cité, c'est-à-dire à l'amont du siphon, des dispositions particulières ont été prises.

Pour éviter que les sables et fumiers ne pénètrent dans le siphon, on a établi des bassins de décantation et une grille d'épuration. Les sables et fumiers sont chargés sur des petits wagonnets et transportés sur le quai où ils sont chargés en bateaux ; à l'extrémité de chaque tube un double jeu de poutrelles a été ménagé pour isoler complètement chacun de ces derniers si le besoin l'exigeait. La pénétration dans le mur de quai a été munie d'une porte de flot busquée pour éviter l'envahissement des égouts lors des crues de la Seine ; enfin un déversoir en Seine a été réservé pour les cas de forte pluie d'orage.

Le curage de ce siphon se fait à l'aide d'une boule en bois de 0^m,30 de diamètre qui fonctionne par la pression de l'eau.

Les figures 206 à 217 donnent, en plan, profils en long et coupes, les détails de ce siphon et des ouvrages accessoires.

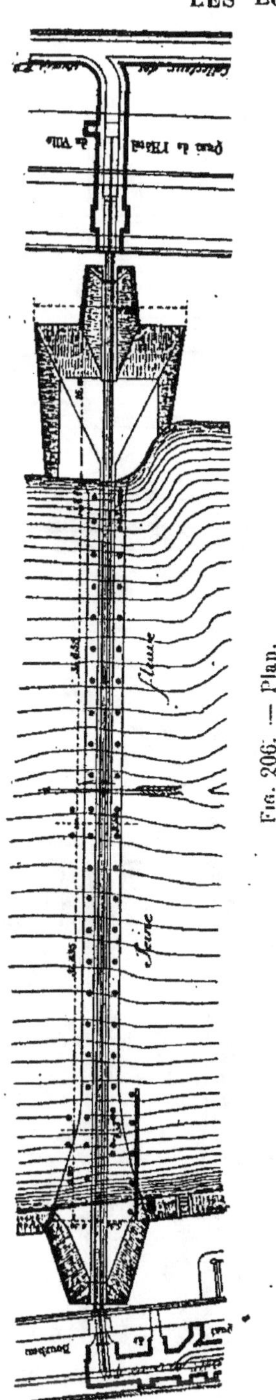

Siphon de l'Ile Saint-Louis.

Fig. 206. — Plan.

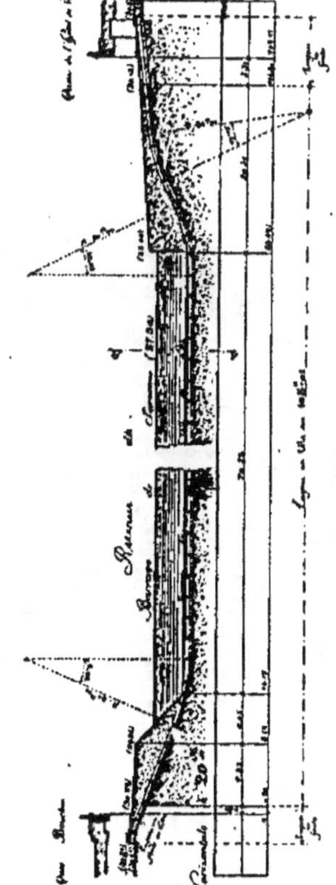

Fig. 207. — Profil en long.

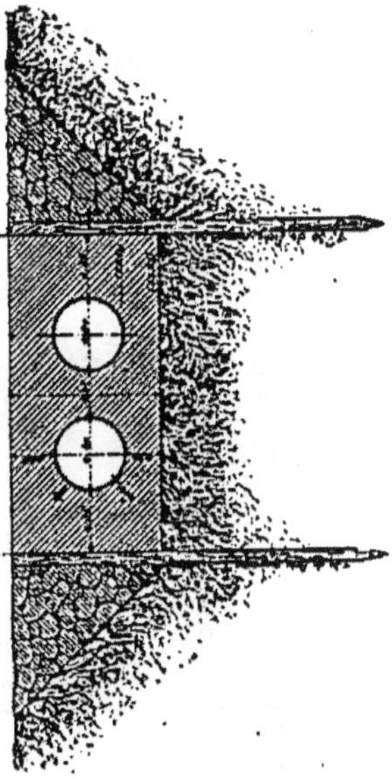

Fig. 208. — Coupe suivant AB.

Siphon de l'Ile Saint-Louis.

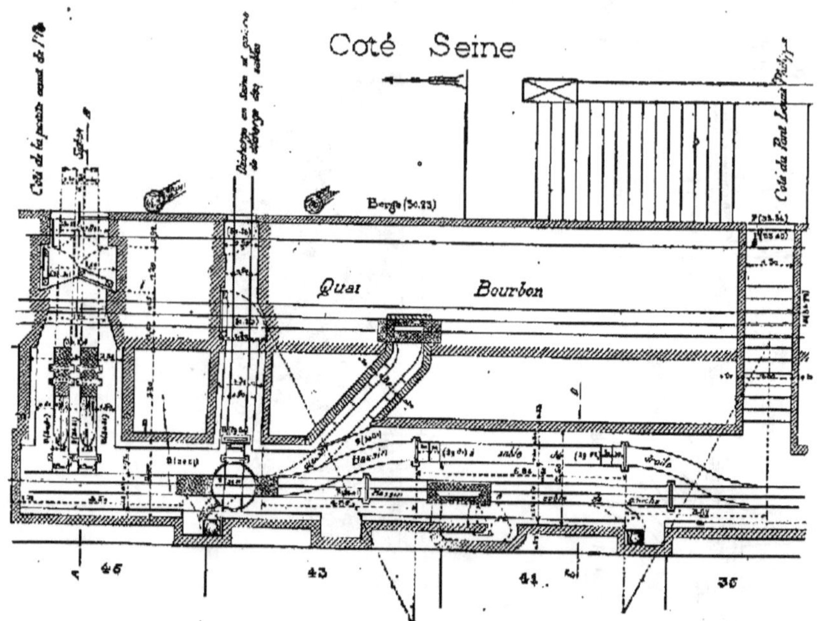

FIG. 209. — Plan de détails de la tête amont.

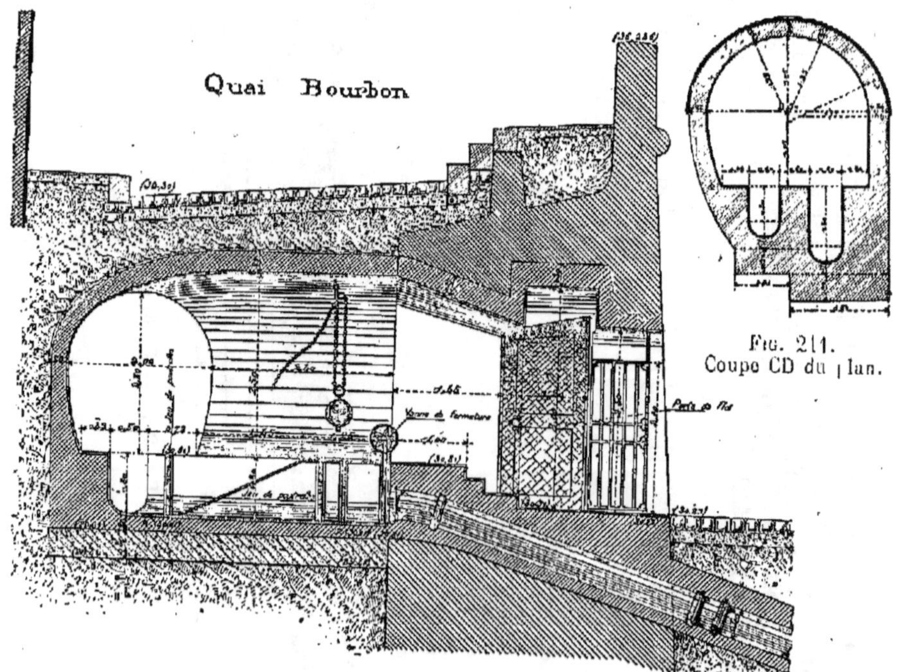

FIG. 210. — Coupe AB du plan.

FIG. 211.
Coupe CD du plan.

Siphon de l'Ile Saint-Louis.

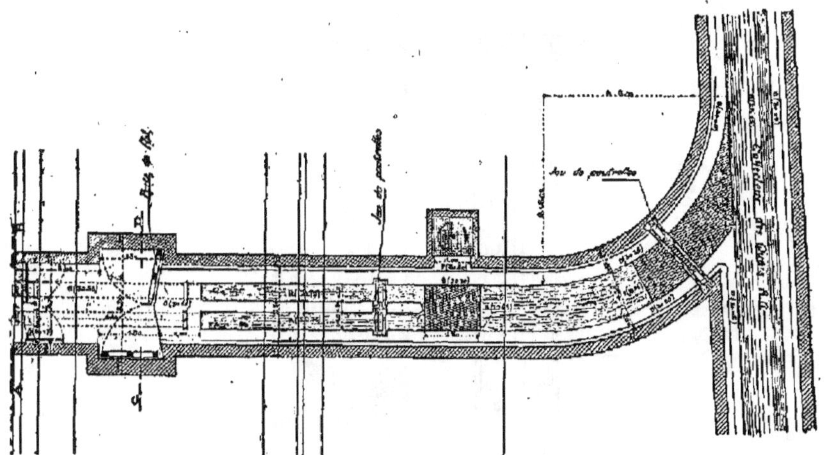

Fig. 212. — Plan de détails de la tête aval.

Fig. 213. — Élévation.

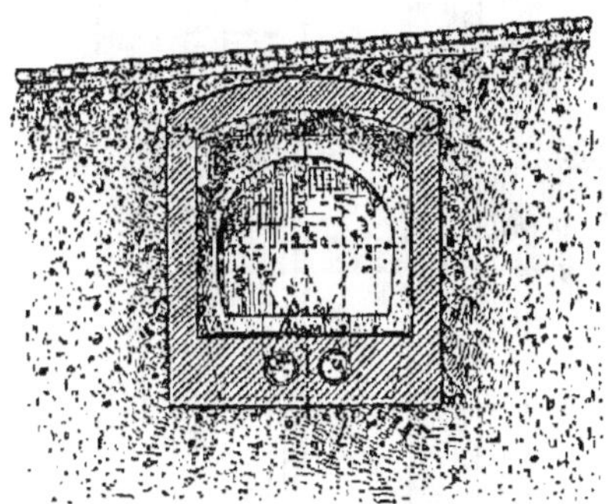

Fig. 214. — Coupe CD du plan.

Siphon de l'Ile Saint-Louis.

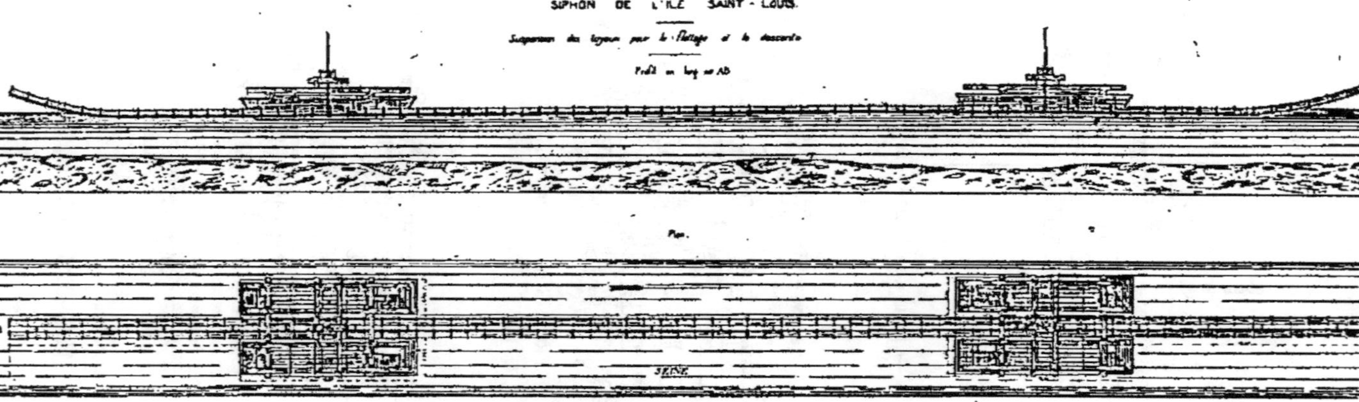

Fig. 215. — Suspension des tuyaux.

Siphon de l'Ile Saint-Louis.

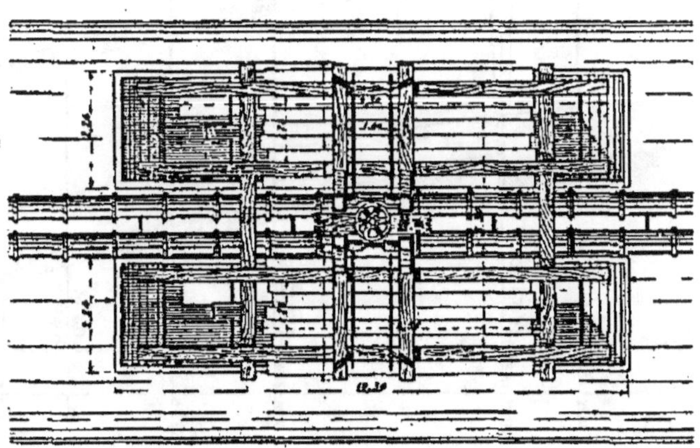

Fig. 216 et 217. — Coupe et plan d'un radeau de suspension.

B. — Collecteur Rivoli

Ainsi qu'on l'a vu, le collecteur Rivoli a été construit en 1851, lors de l'ouverture de la voie de ce nom.
Ce fut le premier égout à cunette et banquettes latérales construit à Paris (*fig.* 218).
A cette époque, il avait sa tête à la rue de Sévigné et descendait avec une déclivité de $0^m,000104$ par mètre jusqu'à la place de la Concorde où il déversait en Seine.

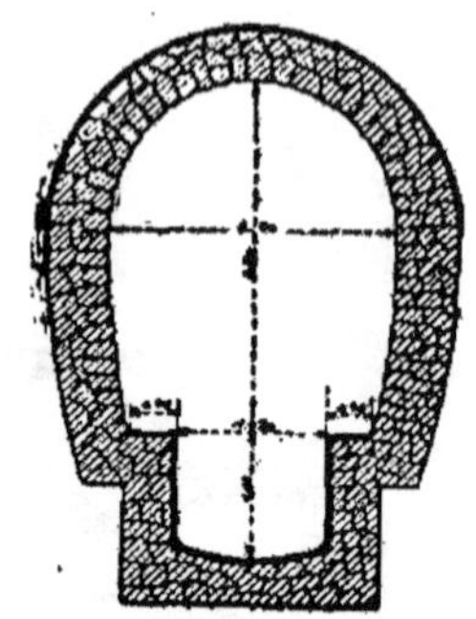

Fig. 218. — Coupe en travers du collecteur Rivoli.

Depuis, il a été coupé par le collecteur d'Asnières à la place de la Concorde, et par le collecteur Sébastopol. Il forme actuellement deux collecteurs distincts.

La partie haute (*fig.* 219), qui déverse dans le collecteur Sébastopol, reçoit le produit des égouts du quartier des Marais. La partie au-delà de Sébastopol reçoit les eaux des Halles, et en général de presque tout l'îlot compris entre le

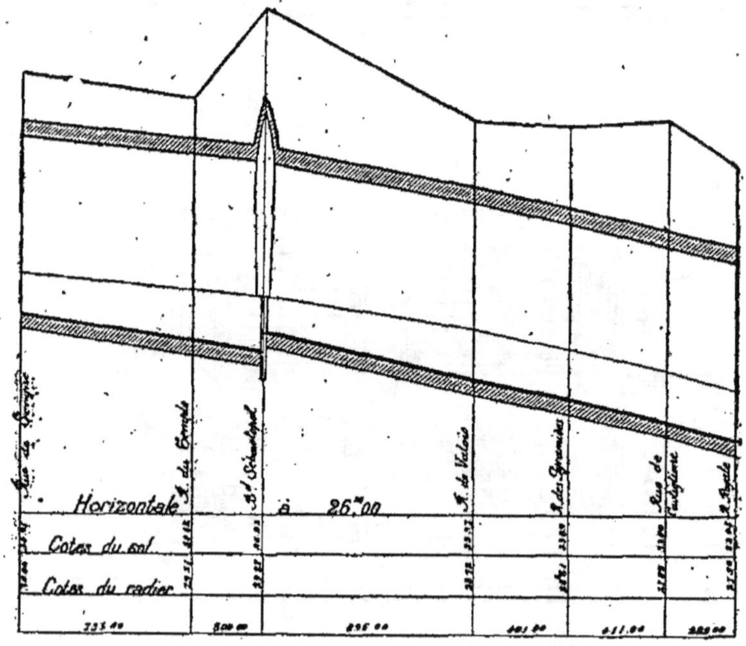

Fig. 219. — Profil en long du collecteur Rivoli.

collecteur du Centre et la rue de Rivoli [1].

---

[1] La construction du Métropolitain va entraîner la démolition de ce collecteur, qui sera détourné par les rues des Halles et Saint-Honoré.

C. — COLLECTEUR DES PETITS-CHAMPS

Dès l'origine de sa construction, ce collecteur, qui déverse ses eaux dans celui d'Asnières, avait sa tête à la place des Petits-

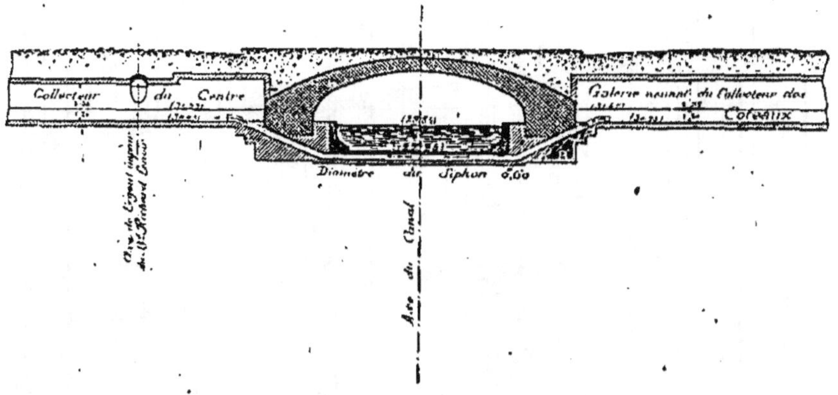

Fig. 220. — Siphon sous le canal Saint-Martin.

Pères et longeait la rue des Petits-Champs, la rue des Capucines et le boulevard des Capucines. Il a été prolongé depuis, en 1889, à travers les rues Étienne-Marcel, Turbigo, Réaumur, de Bretagne, l'impasse Froissart, la rue Saint-Sébastien jusqu'au collecteur des Coteaux (boulevard Voltaire). Seulement, pour y faire cette jonction, il fallait franchir le canal Saint-Martin, ce qu'on fit à l'aide d'un siphon composé de tubes en tôle de $0^m,60$ de diamètre comme l'indique la figure 220.

Ce collecteur reçoit actuellement une grande partie des eaux des III° et IV° arrondissements, ainsi qu'une partie de celles du collecteur des Coteaux qui franchissent le siphon, mais seulement dans certaines conditions et selon les nécessités du service de curage.

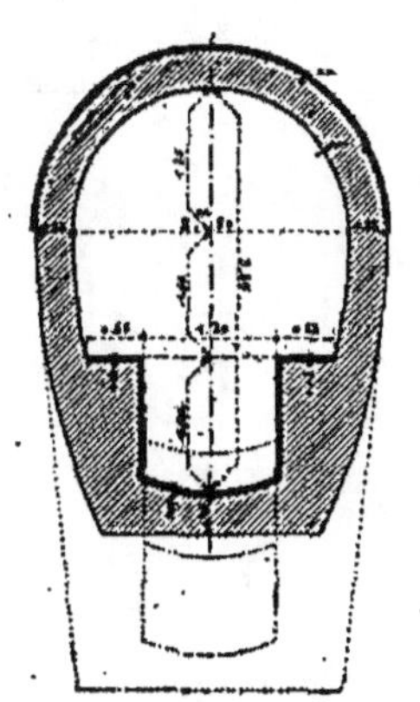

Fig. 221. — Coupe en travers du collecteur du Centre.

Ce collecteur a une section moyenne de cunette de $1^m,20$ sur $1^m,30$ (*fig.* 221), qui correspond à un débit de $4^{m3},134$ par seconde. La déclivité moyenne, par mètre, de ce collecteur est e $0^m,00047$

(*fig.* 222). Au carrefour de ce collecteur avec celui du boulevard

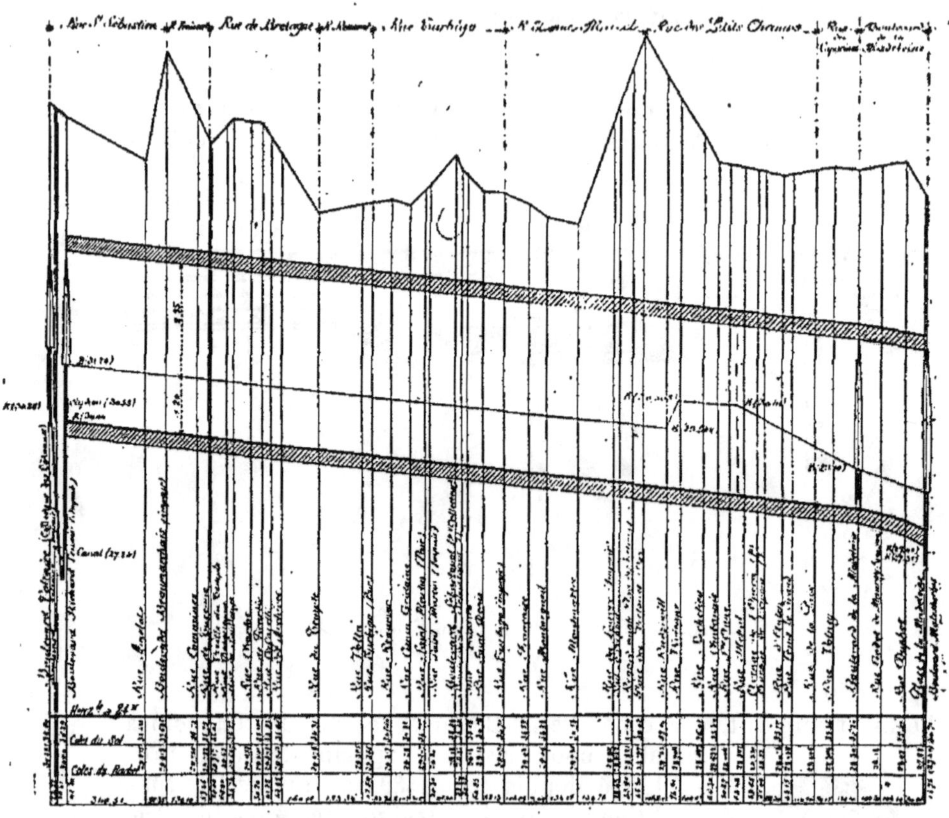

FIG. 222. — Profil en long du collecteur du Centre.

Sébastopol existe un partage d'eau fonctionnant à l'aide de barrages mobiles.

D. — COLLECTEUR DES COTEAUX

L'émissaire le plus important reçu par le collecteur d'Asnières est le collecteur des Coteaux.

Ce collecteur a sa tête rue Michel-Bizot, à l'angle de la rue Rottembourg et se jette dans le collecteur d'Asnières au boulevard Malesherbes, après un parcours de plus de 9 kilomètres.

Il suit : les rues Michel-Bizot, de Wattignies, de Charenton, Crozatier, de Citeaux, Saint-Bernard, Basfroi, Popincourt, les bou-

-levards Voltaire, Richard-Lenoir, le quai Jemmapes, passe sous le canal Saint-Martin, en type surbaissé ; longe les rues de la Douane, du Château-d'Eau, des Petites-Écuries, Richer, du faubourg Montmartre, Saint-Lazare et de la Pépinière.

Sur une partie de son parcours, c'est-à-dire rues du Château-d'Eau, des Petites-Écuries et Richer, ce collecteur emprunte le tracé de l'ancien égout de Ceinture.

Dans la rue du Château-d'Eau, cette galerie a été construite tangentiellement à l'égout de Ceinture ; mais, dans les rues Richer et des Petites-Écuries, la largeur de la chaussée ne permettant pas cette opération, on a dû emprunter l'égout de Ceinture lui-même.

L'appellation de cet égout vient de ce qu'il reçoit les eaux des coteaux de Ménilmontant et de Montmartre et qu'il recevait également les eaux de Belleville. Ces dernières ont été captées depuis par le collecteur du Nord.

La déclivité du collecteur des Coteaux est, en moyenne, de $0^m,00075$ par mètre (*fig.* 223) ; et la section de la cunette, de $1^m,20$ de largeur sur une profondeur variant de $0^m,80$ à $1^m,90$, peut débiter $1^{m3},539$ (*fig.* 224).

Actuellement, il est devenu tout à fait insuffisant, malgré le jonctionnement qui a été fait, depuis quelques années, de ce collecteur avec celui du Centre, au boulevard Voltaire, et avec le collecteur Sébastopol à la rue du Château-d'Eau.

Comme le collecteur d'Asnières, le collecteur des Coteaux a été construit de 1861 à 1864 par M. Belgrand, et la méthode employée a été sensiblement la même que pour le précédent.

Le terrain rencontré était composé de sables affouillables, et la nappe d'eau des puits se trouvait dans la fouille à une hauteur variant entre $0^m,90$ et $3^m,10$.

La construction a été décomposée en deux périodes bien distinctes: la partie au-dessus de la nappe a été construite par les moyens ordinaires, à ciel ouvert ; et l'autre partie a été reprise en sous-œuvre après de puissants épuisements.

Tous les 100 mètres avait été construit un puisard descendant jusqu'au-dessous du niveau de la maçonnerie du radier, et deux pompes marchaient constamment à deux puisards consécutifs. Pour donner à l'eau de la nappe entre chaque tronçon la direction des deux puisards, on a creusé dans l'axe de la cunette une rigole que l'on descendait au fur et à mesure de la baisse de l'eau.

Dans les rues des Petites-Écuries et Richer on s'est servi du lit même de l'égout de Ceinture, et une petite partie des maçonneries des piédroits de ce dernier a même été conservée, comme l'indique la coupe (*fig.* 225).

Cette opération a été d'une très grande difficulté.

Les ouvrages rencontrés sur le parcours du collecteur des Coteaux sont : les bassins à sable établis rue Crozatier (*fig.* 226), qui

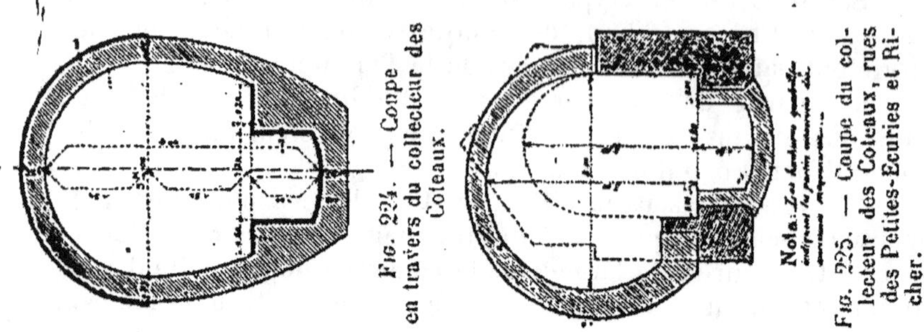

Fig. 224. — Coupe en travers du collecteur des Coteaux.

Fig. 225. — Coupe du collecteur des Coteaux, rues des Petites-Écuries et Richer.

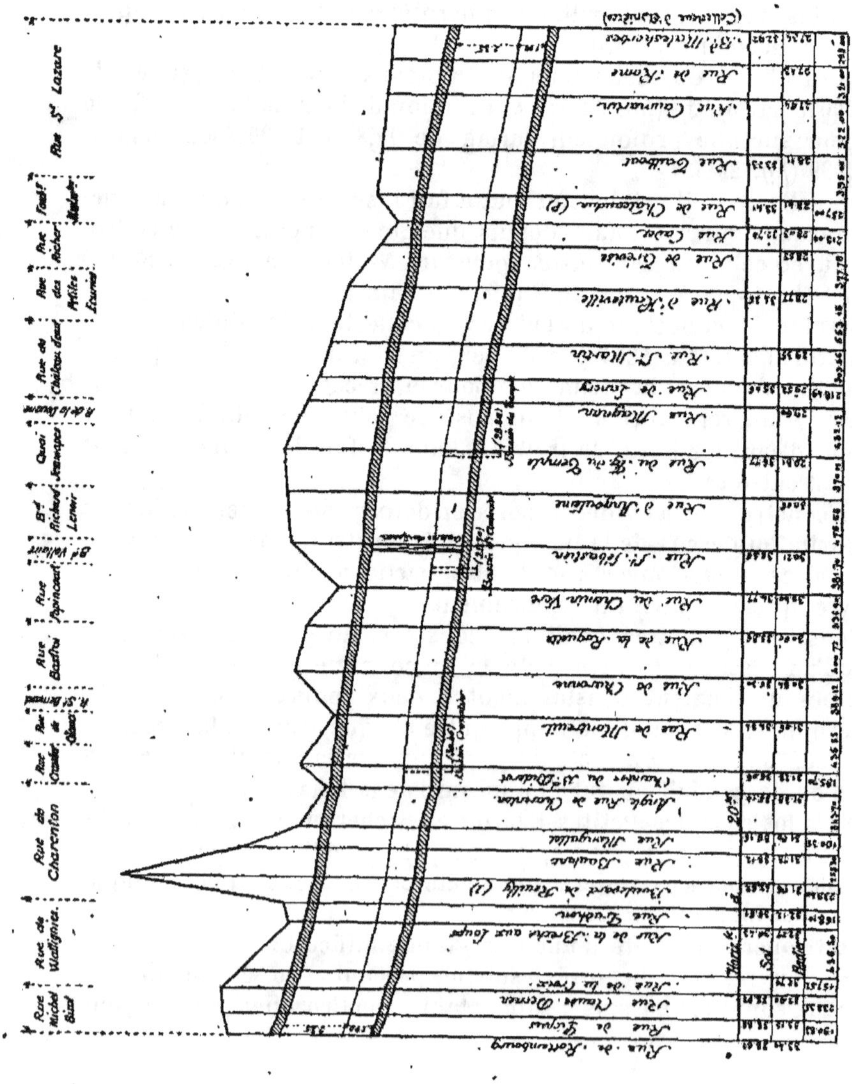

Nota : Les hachures partielles indiquent la partie ancienne du collecteur primitif.

Fig. 223. — Profil en long du collecteur des Coteaux.

reçoivent les sables de toute la partie amont et que l'on vient conduire à la Seine en longeant souterrainement le boulevard Dide-

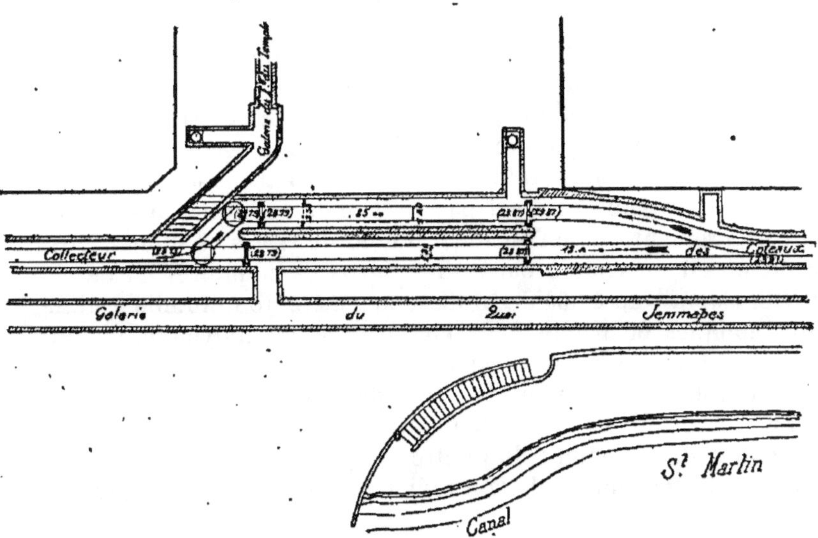

Fig. 226. — Bassin à sable Crozatier.

rot ; le siphon Richard-Lenoir, dont il a déjà été parlé à propos
du collecteur du Centre ; les bassins à sable de la rue du Faubourg-

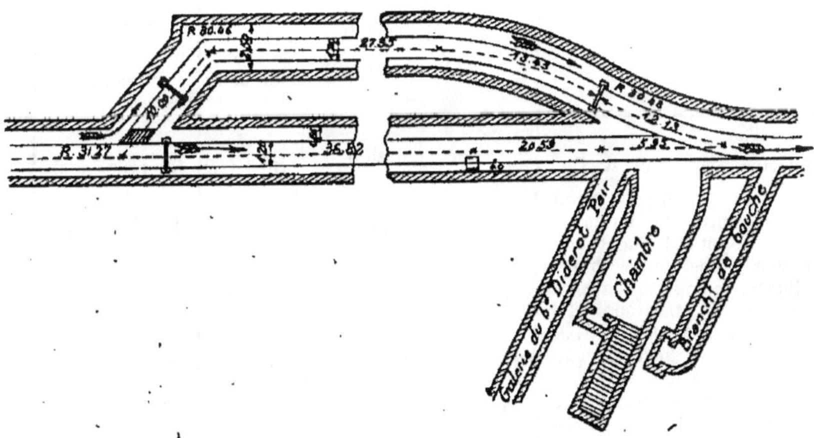

Fig. 227. — Bassin à sable de la rue du Faubourg-du-Temple.

du-Temple (*fig.* 227), qui emmagasinent les sables reçus par le collecteur depuis les bassins Crozatier. Les sables extraits de ces
bassins sont déchargés en bateau au canal Saint-Martin.

E. — Collecteur Sébastopol

Le collecteur Sébastopol, construit à l'époque même de l'ouverture de cette voie, était, jusqu'à la construction du collecteur de Clichy, l'ouvrage souterrain le plus vaste qui existât à Paris. Comme l'indique la figure 228, il a une largeur aux naissances de 5^m,20 et une hauteur sous clef de 3^m,60 jusqu'au niveau des banquettes. Mais ce n'est pas en vue de ses fonctions comme égout proprement dit, qu'on lui a donné de si vastes dimensions. Il a été établi en vue de contenir de grosses conduites d'eau. Sa cunette, d'abord de 0^m,60 de profondeur, a été approfondie à différentes époques et atteint maintenant 1^m,55 en moyenne, mais la quantité d'eau qu'il reçoit n'est pas très considérable. Il sert principalement de décharge au collecteur des Coteaux en deux points différents : rue du Château-d'Eau et rue Saint-Sébastien par l'intermédiaire du collecteur du Centre.

La déclivité par mètre de son radier est de 0^m,00084 en moyenne (*fig.* 229).

Quantité d'eau écoulée par les égouts formant le bassin du collecteur d'Asnières d'après de récents jaugeages

INDICATION des AFFLUENTS	POINTS où ont été faits LES JAUGEAGES	DÉBIT par seconde	DÉBIT par 24 heures
Collecteur des quais R. D...	en amont du siphon de la Concorde..........	0^{m}3,962	83.116^{m}3,800
Collecteur Rivoli (partie comprise entre le boulevard Sébastopol et la rue Royale.)	près la rue Royale......	0 ,140	12.096 ,000
Collecteur des Petits-Champs (partie comprise entre le boulevard Sébastopol et la place de la Madeleine)	place de la Madeleine...	0 ,725	62.640 ;000
Collecteur des Coteaux......	rue de la Pépinière......	1 ,021	88.214 ,400
Collecteur Sébastopol....:..	angle place du Châtelet [1].	»	»
Collecteur des Batignolles...	angle rue de Tocqueville..	0 ,050	4.320 ,000
Affluents directs	»	0 ,112	9.676 ,800
DÉBIT TOTAL du collecteur d'Asnières avant la fourche................		3 ,010	260.064 ,000

[1] Le débit du collecteur Sébastopol (0^{m}3,664) est compris dans celui du collecteur des quais rive droite (0^{m}3,962) pris à la Concorde.

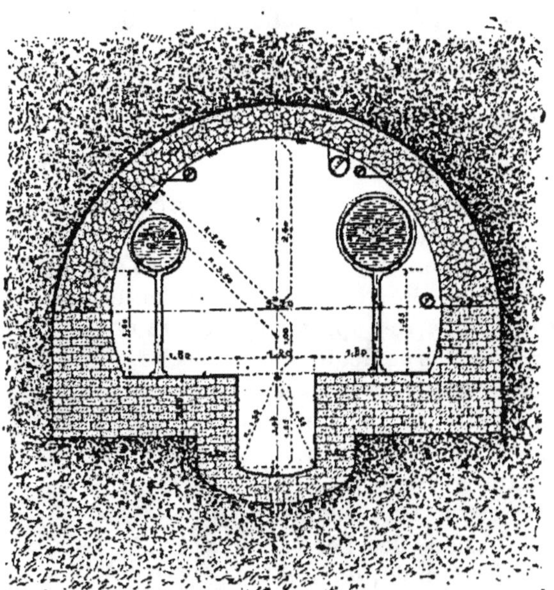

Fig. 228. — Coupe du collecteur Sébastopol.

Fig. 229. — Profil en long du collecteur Sébastopol.

II. — BASSIN DU COLLECTEUR MARCEAU

COLLECTEUR MARCEAU

Le collecteur Marceau, construit à différentes époques, prend naissance sur la rive gauche au boulevard Saint-Marcel où il reçoit, par un égout sensiblement circulaire, de 2 mètres de diamètre, un des bras de la rivière de Bièvre. Il rejoint le collecteur d'Asnières, rue Gide à Levallois-Perret, après un parcours de 10^{km},240.

Ce collecteur longe la rue Geoffroy-Saint-Hilaire, où il reçoit, vis-à-vis la rue de Buffon, l'eau du deuxième bras de la Bièvre, qui sert encore à alimenter cette rivière dans la traversée de Paris; il suit ensuite les rues Linné, Jussieu, des Écoles, Monge, prend le côté impair du boulevard Saint-Germain, tourne le boulevard Saint-Michel et prend la ligne des quais jusqu'à la rue de Bourgogne, longe cette rue, la rue de l'Université et vient aboutir à l'avenue Bosquet[1] ; là, il traverse la Seine en siphon. Sur la rive droite,

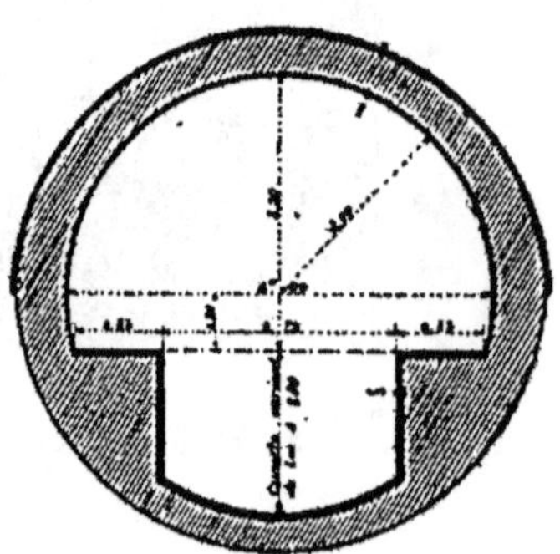

Fig. 230. — Coupe du collecteur Marceau.

il longe l'avenue Marceau, passe sous la place de l'Étoile à 32^m,50 de profondeur, suit l'avenue de Wagram, la rue de Courcelles et entre ensuite sur le territoire de la commune de Levallois-Perret.

La section de cet égout est uniforme, sauf cependant pour la profondeur de la cunette, qui n'est que de 1 mètre sur la rive gauche de la Seine et qui atteint 1^m,50 et plus sur la rive droite (*fig.* 230).

La pente du radier de cet égout est presque nulle : sur la rive droite, elle est de 0^m,25 par kilomètre; sur l'autre rive, elle atteint 0^m,30 par kilomètre (*fig.* 231).

---

[1] Les travaux à exécuter en vue du prolongement de la ligne d'Orléans jusqu'au quai d'Orsay vont modifier le cours des eaux de ce collecteur, qui longera alors le boulevard Saint-Germain, à partir du boulevard Saint-Michel, jusqu'à la rue de Solférino ; il empruntera ensuite cette voie pour retrouver son ancien cours sur les quais. Seulement ses eaux ne seront plus dirigées sur le siphon de l'Alma ; elles traverseront la Seine au siphon de la Concorde.

Exécution du travail. — Sur la rive gauche, l'exécution du collecteur, commencée en 1860, ne fut terminée qu'en 1867. Il a fallu attendre de 1862 à 1866 que le percement des rues Monge et des Écoles, empruntées par le tracé, fût exécuté.

En dehors d'une partie de 460 mètres environ exécutée en souterrain sous la butte Saint-Victor, le reste du tracé fut fait à ciel ouvert par les moyens ordinaires.

Sur la rive droite, les travaux sous l'avenue Marceau, exécutés à ciel ouvert, furent commencés en 1865, et le reste de l'égout, comprenant le souterrain de la place de l'Étoile, pour 1.390 mètres de longueur, fut fait pendant les campagnes de 1866-1867 et 1868.

Le souterrain a été construit dans un sol argileux et sableux ne contenant heureusement que peu d'eau. Bien que, dans un pareil terrain, des accidents, par suite de fontis, soient à craindre, il n'y a eu aucun malheur à signaler.

Sur le territoire de la commune de Levallois-Perret, la difficulté a été très grande. En dehors de l'étroitesse des voies, on a rencontré l'eau des puits à une faible profondeur. Il a fallu établir un étaiement jointif, construire la voûte d'abord jusqu'au niveau de la nappe, et reprendre l'autre partie en sous-œuvre, après de vigoureux épuisements.

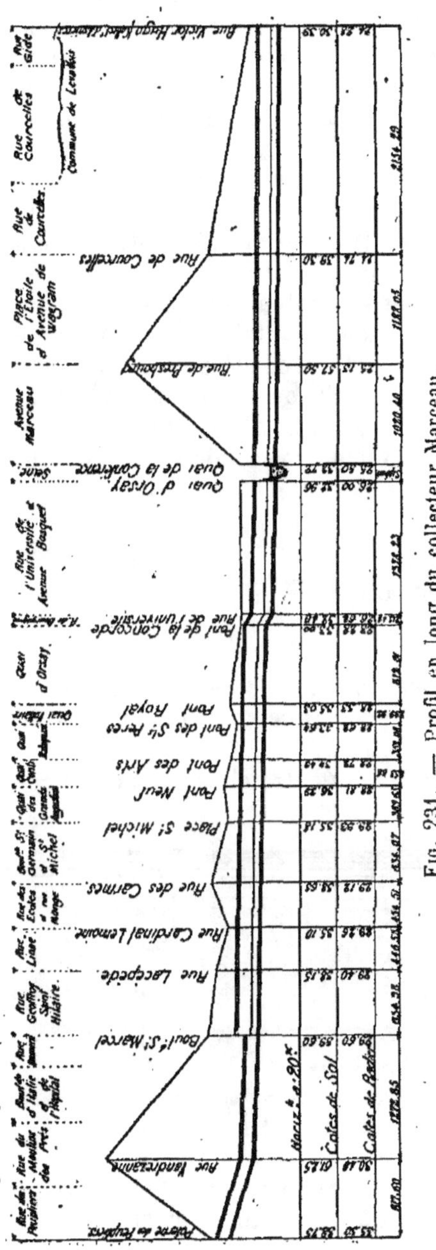

Fig. 231. — Profil en long du collecteur Marceau.

Le siphon qui relie à travers la Seine les deux tronçons du collecteur Marceau a été construit en 1868.

Parmi les ouvrages spéciaux que l'on rencontre sur le parcours du collecteur Marceau, on doit citer sur la rive gauche le siphon de l'Alma avec la disposition des têtes amont et aval, le siphon de l'île de la Cité, le nouveau siphon de la Concorde ; les bassins à sable établis sous la place Saint-Michel ; les déversoirs d'orage qui sont, comme sur le collecteur d'Asnières, les uns des déversoirs de fond et de superficie, les autres uniquement des déversoirs de superficie ; les bassins à sable dits de Bosquet, et ceux établis sur le nouveau collecteur de la rue de l'Université, juste à l'amont du siphon de l'Alma. Sur la rive droite, on rencontre : sous la place de l'Alma, les bassins à sable qui portent ce nom et qui reçoivent les sables du collecteur Montaigne et d'une foule de petits affluents ; les bassins dits « du Trocadéro » qui reçoivent les sables amenés par l'important bassin desservi par cet égout ; et enfin, sur le parcours de la partie profonde, des puits de sauvetage avec chambre de refuge, du même type que ceux existant sur le collecteur d'Asnières.

SIPHON DE L'ALMA

Le siphon de l'Alma se compose de deux tubes parallèles en tôle de 20 millimètres d'épaisseur ; ces tubes ont 156 mètres de longueur et 1 mètre de diamètre intérieur.

Les deux files de tuyaux ont été reliées entre elles par des entretoises également en tôle.

Elles reposent sur une couche de béton de $0^m,40$, préalablement disposée dans une rigole de $2^m,20$ de profondeur pratiquée dans le lit du fleuve, et elles sont recouvertes d'une couche de béton de $0^m,70$ d'épaisseur. Le béton est maintenu dans le sens de la largeur par une double rangée de pieux et palplanches (*fig.* 232).

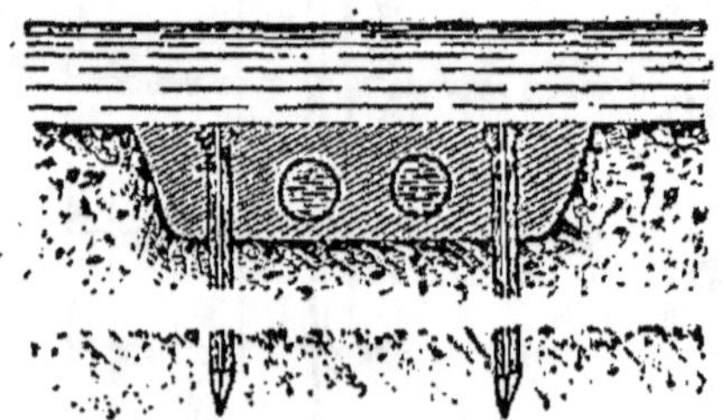

Fig. 232. — Coupe en travers du siphon de l'Alma.

La cote du radier de la tête amont du siphon est 26,00, et celle de la tête aval 25,50 ; il y a donc une dénivellation de $0^m,50$ entre les deux têtes ; mais, si l'on considère la surcharge réelle, c'est-à-dire en tenant compte du niveau de l'eau à chaque extrémité, on trouve qu'elle n'est que de $0^m,15$ à $0^m,20$.

Néanmoins la circulation de l'eau se fait sans interruption, et le

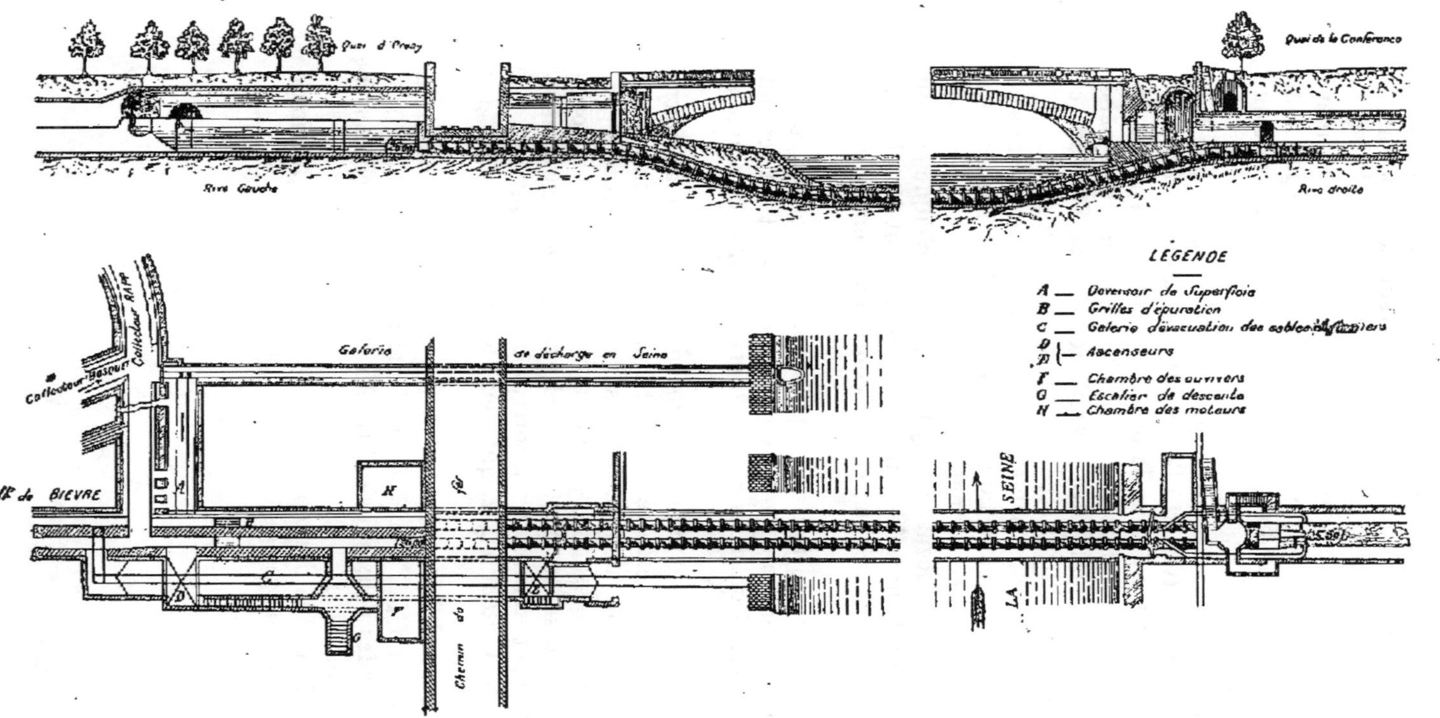

Fig. 233 et 234. — Coupe et plan du siphon de l'Alma.

curage de ce siphon, qui s'opère à l'aide d'une boule en bois de 0^m,90 de diamètre, est parfaitement assuré.

D'après des expériences récentes, il a même été démontré qu'une dénivellation des plans d'eau extrêmes de 0^m,05 suffisait pour assurer la circulation de la boule.

Depuis les récents travaux exécutés par suite du prolongement de la ligne des Moulineaux jusqu'aux Invalides, les dispositions primitives de la tête amont du siphon de l'Alma ont dû être complètement modifiées.

Le souterrain de la ligne ayant coupé la chambre de tête jusqu'au niveau des banquettes et à l'extrémité même des tubes, il a fallu prolonger ces derniers sous la ligne et rétablir à l'amont les ouvrages nécessaires pour empêcher les sables et fumiers de pénétrer dans le siphon, et permettre l'évacuation de ces derniers, ce qui offrait une grande difficulté de conception et d'exécution.

En effet, l'évacuation des sables et immondices ne pouvant se faire que par la Seine, et le tunnel en interceptant l'accès, il a fallu passer par-dessous ce tunnel pour aboutir sur les quais ; d'où la construction de deux ascenseurs hydrauliques de chaque côté du tunnel à l'extrémité d'une galerie inférieure forcément établie très profondément, près de la Seine, et par conséquent en pleine eau d'infiltration.

Un essai heureux a été fait en ce point pour le nettoyage des grilles d'épuration qui sont placées devant chaque tube, et qui empêchent la pénétration dans ces derniers des grosses immondices.

Les grilles adoptées sont d'un type spécial, fonctionnant mécaniquement. La force nécessaire leur est transmise par une petite usine établie souterrainement et composée de deux moteurs à gaz, système Otto, d'une puissance de 6 chevaux chacun, pouvant fonctionner ensemble ou séparément. Ces grilles remontent les immondices et les versent sur un transporteur en toile sans fin, mû également par le moteur à gaz, qui vient les décharger dans des wagonnets.

En dehors de la force nécessaire aux grilles d'épuration et au transporteur, l'usine fait mouvoir une petite pompe centrifuge destinée à épuiser les eaux qui s'infiltrent à travers les maçonneries de la galerie souterraine.

Les figures 233 et 234 donnent le plan et la coupe longitudinale du siphon et des chambres de têtes.

SIPHON DE LA CITÉ

C'est en 1890 qu'a été établi, dans la traversée du petit bras de la Seine, vis-à-vis la rue Séguier, un siphon destiné à envoyer dans le collecteur de la rive gauche les eaux usées de l'île de la Cité.

Comme celui de l'île Saint-Louis, ce siphon est composé de deux files de tuyaux en tôle, de 0ᵐ,50 de diamètre intérieur (et non plus de 0ᵐ,40), dont la longueur développée est de 51ᵐ,41. Ces tuyaux sont prolongés jusqu'à la maçonnerie des deux têtes extrêmes par des tuyaux en fonte de même diamètre.

Les tuyaux en tôle sont noyés dans un lit de béton comblant un fossé de 1ᵐ,23 de profondeur creusé dans le lit du fleuve (*fig.* 235).

Fig. 235.
Coupe transversale
du siphon.

L'immersion de ce siphon a été faite par les mêmes procédés que ceux employés aux siphons de l'île Saint-Louis et de l'Alma.

Mais à l'amont de ce siphon, dans l'île de la Cité, l'altitude du radier des égouts, par rapport à celui du collecteur de la rive gauche, a nécessité des dispositions spéciales consistant dans l'établissement d'une petite usine de relèvement. En effet, pour obtenir une charge suffisante à l'amont du siphon, on a dû créer une cote artificielle (30ᵐ,36), c'est-à-dire de 0ᵐ,50 plus élevée que celle aval.

Deux turbines et deux pompes ont été disposées pour relever de 1ᵐ,30 les eaux amenées au quai des Orfèvres. De plus, l'égout qui dessert la Sainte-Chapelle étant situé à une altitude plus basse que celui du quai des Orfèvres, il a fallu créer une deuxième bâche d'aspiration à l'altitude (28,20), et placer deux autres jeux de turbines et pompes pour relever ces eaux à la cote (30,36).

Le profil et le plan d'ensemble (*fig.* 236 et 237) montrent les dispositions qui ont été adoptées. Les moteurs employés pour le relèvement des eaux sont des pompes rotatives actionnées par des turbines fonctionnant elles-mêmes par une prise d'eau faite sur les conduites de la ville.

L'usine comporte :

A. Pour le relèvement des eaux affluant au puisard supérieur :

1° Une machine de 150 litres d'une force de 7 chevaux, comprenant une turbine à axe horizontal de 0ᵐ,65 de diamètre et une pompe centrifuge de 0ᵐ,525 de diamètre ;

Une machine de 70 litres, de 3 chevaux et demi de force, comprenant une turbine à axe horizontal de 0ᵐ,50 de diamètre et une pompe centrifuge de 0ᵐ,35 de diamètre.

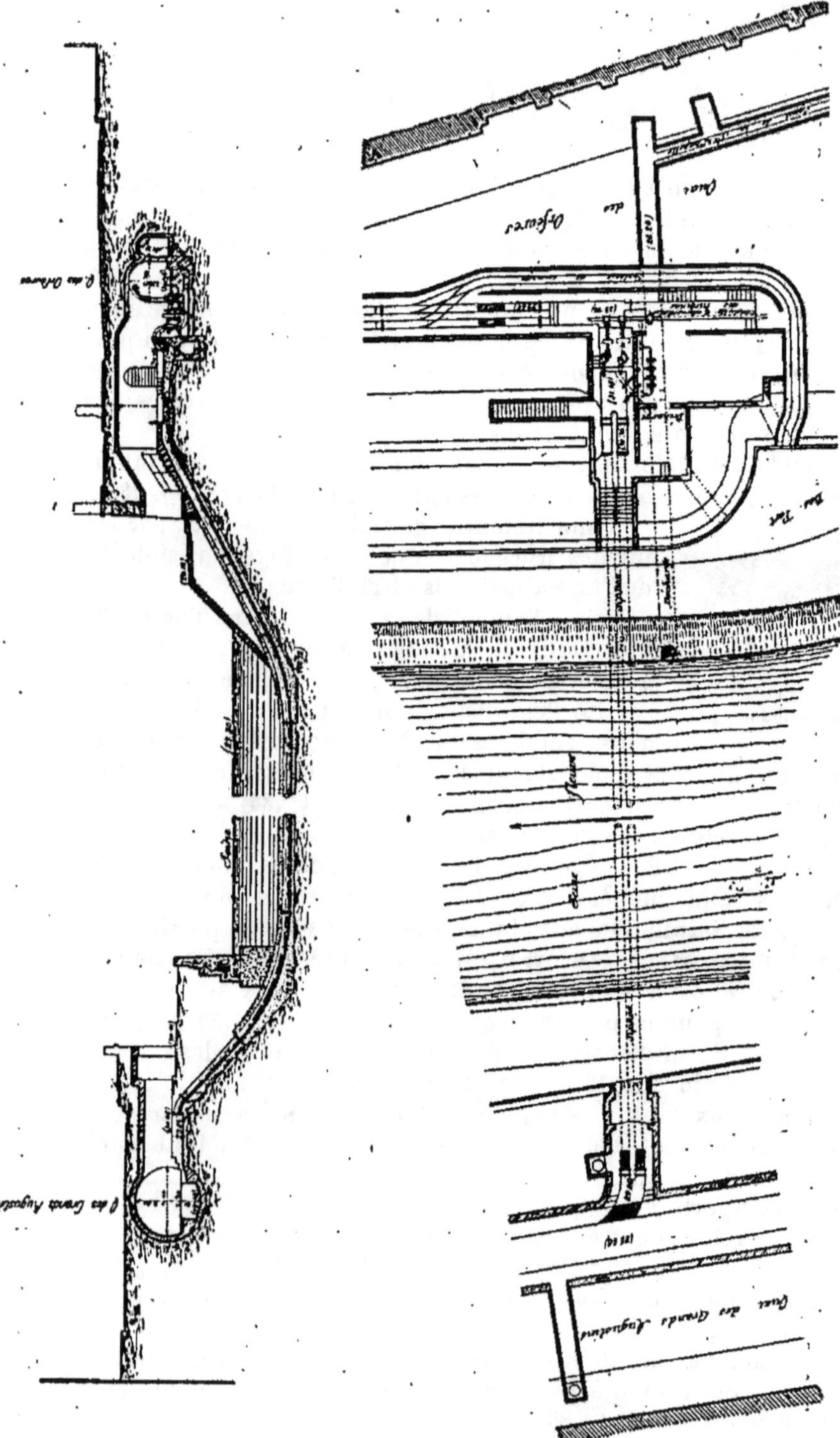

Fig. 236 et 237. — Profil et plan du siphon de la Cité et de l'Usine élévatoire.

B. Pour le relèvement, à une hauteur de 2ᵐ,26, des eaux de l'égout du Palais:

Deux machines semblables d'une force chacune de 1 cheval et demi, comprenant deux turbines à axe horizontal de 0ᵐ,260 de diamètre et deux pompes centrifuges de 0ᵐ,290 de diamètre[1].

AFFLUENTS DU COLLECTEUR MARCEAU

Sur la rive gauche, le collecteur Marceau reçoit la rivière de Bièvre, le collecteur Censier, le collecteur Saint-Bernard, le collecteur du boulevard Saint-Michel, celui du boulevard Saint-Germain, le collecteur Bosquet et le collecteur Rapp, qui reçoit lui-même plusieurs collecteurs importants.

Sur la rive droite, les affluents sont : les collecteurs Debilly, Montaigne et Péreire.

A. — RIVIÈRE DE BIÈVRE

La rivière de Bièvre prend sa source à 4 kilomètres de Versailles, aux environs de Guyoncourt. Elle traverse un certain nombre de communes avant son entrée dans Paris et reçoit sur son parcours plusieurs petits affluents dont le plus important se jonctionne à Amblainvillers.

Son parcours est de 32 kilomètres environ, et son débit de 14.000 mètres cubes par vingt-quatre heures.

Un peu en aval de Gentilly, elle se divise en deux bras. Ces deux bras furent dénommés : Bièvre vive et Bièvre morte.

C'est sous le règne de Henri IV que fut creusé le lit artificiel qui suit la droite du vallon par lequel passe la rivière vive, et qui était destiné à créer des chutes d'eau pour les usiniers établis sur les rives, notamment pour l'alimentation des moulins des prés Croulebarbe et Saint-Marcel, Saint-Hippolyte. Ce bras est connu sous le nom de rigole des Gobelins; l'autre bras est l'ancien lit naturel qui coule à gauche du vallon et qui vient se réunir à la Bièvre vive, rue Mouffetard, pour ne plus former qu'une seule rivière jus-

---

[1] Les travaux projetés en vue du prolongement de la ligne d'Orléans jusqu'à la Cour des Comptes vont apporter une certaine modification aux dispositions actuelles du siphon. L'usine élévatoire ne comportera plus alors que le relèvement des eaux de l'égout du Palais.

qu'à la Seine où elle venait se jeter au quai de la Gare, en amont du pont d'Austerlitz.

A cette époque, le débit moyen de la Bièvre n'était que de 4.000 litres environ par minute, soit 5.800 mètres cubes par vingt-quatre heures.

Certains historiens de Paris ont écrit qu'au xii° siècle la Bièvre aurait été déviée de son lit naturel et qu'on lui aurait fait contourner le coteau de Sainte-Geneviève vers la place Maubert. Elle tombait alors en Seine, vis-à-vis la pointe orientale de la Cité. Ce ne serait que vers 1672 que la rivière aurait été ramenée dans son lit primitif.

Les eaux de la Bièvre puisées à la source sont limpides et d'un goût agréable; mais les nombreuses industries qu'elle dessert, tanneries, mégisseries, etc., font de la rivière un véritable égout à ciel ouvert, et c'est déjà très infectées que ses eaux pénètrent dans Paris.

L'infection des eaux de la rivière ne fait que s'accroître dans Paris, tant par suite de son utilisation par les industriels établis sur son parcours que par les égouts publics qu'elle reçoit.

En 1840, en vertu d'une ordonnance, la ville, après avoir acquis les terrains nécessaires à cet effet, a emprisonné

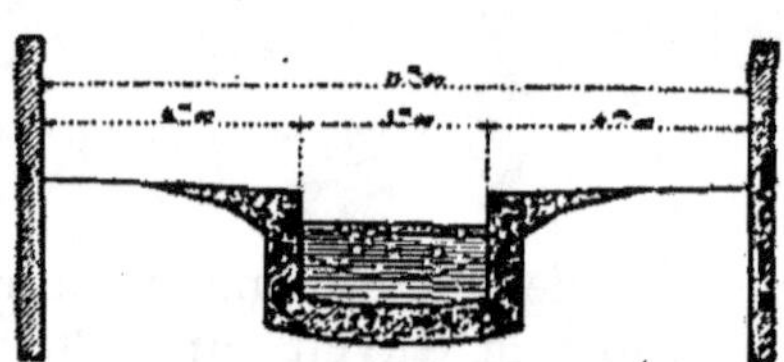

Fig. 238. — Coupe transversale de la Bièvre.

les deux bras de la rivière dans un canal maçonné, composé de deux piédroits verticaux et d'un radier légère mentconcave (*fig.* 238).

On supprima les moulins entravant le cours de la rivière, et on établit des barrages pour maintenir l'eau à une hauteur constante. La dépense de ces travaux s'est élevée à la somme de 1.502.788 fr. 35, dans laquelle les riverains contribuèrent pour une somme de 100.000 francs, fixée à forfait.

L'assainissement de la vallée dans Paris en éprouva une grande amélioration; mais l'insuffisance du volume d'eau se faisait de plus en plus sentir.

On songea donc à l'augmenter, et, en 1845, des sondages furent faits au pied des coteaux de Fresne et de Rungis et sur le territoire de l'Hay; mais le volume des eaux jaillissantes, qui fut assez considérable dès le début, diminua peu de temps après dans une grande proportion.

En 1847 et en 1851, d'autres projets furent déposés dans le but d'augmenter le débit; mais la dépense s'élevait à 15.000.000 de francs, et rien ne fut fait.

C'est seulement en 1860, en exécution d'un traité et moyennant le payement, fait par le département de la Seine, d'une somme principale de 200.000 francs à titre de forfait, et d'une redevance annuelle de 2.500 francs, que l'Administration des Domaines, prélevant l'eau dans ses étangs, consentit à augmenter le débit de la rivière de 1.000 mètres cubes par vingt-quatre heures, pendant le temps de sécheresse. Le département de la Seine a supporté également les frais de la rigole de prise d'eau à l'étang de Trappes, qui se sont élevés à 18.000 francs.

En 1852, frappé des inconvénients que présentait l'écoulement en Seine, au pont d'Austerlitz, des eaux infectes de la Bièvre, l'Administration émit l'idée de construire un égout latéral au fleuve pour capter ces eaux et les conduire au loin.

On construisit cet égout sur une certaine longueur ; mais l'expérience montra bientôt que, noyé constamment par les eaux de la Seine, il serait impraticable, et on en arrêta la construction au droit de la rue de Pontoise.

Quand Belgrand entreprit son réseau de collecteurs, en 1861, il comprit que la Bièvre était, en réalité, un véritable égout à ciel ouvert ; il fallait la recevoir dans le collecteur général de la rive gauche qu'il avait conçu et auquel il donna le nom caractéristique de collecteur de la Bièvre.

Le plan (*fig.* 239) donne la situation de la Bièvre en 1861.

Le collecteur construit, la rivière y déversa ses eaux à la rue Geoffroy-Saint-Hilaire. Là, elles furent amenées jusqu'au pont de l'Alma où elles déversèrent en Seine jusqu'à l'achèvement, en 1868, du siphon qui fit franchir le fleuve pour gagner ensuite le débouché de Clichy par le collecteur Marceau.

Mais, à cette époque, il existait encore des industriels sur le tronçon de la Bièvre coupé par le collecteur, et, pour les alimenter d'eau, on plaça, en travers de l'égout collecteur, une buse qui fournit à ce bief, dit bief Buffon, la quantité d'eau nécessaire.

Cette eau était ensuite évacuée dans le collecteur général en empruntant l'égout de la rue Buffon ; et le trop-plein, en cas de pluie ou de crue de la rivière, continuait à s'écouler en amont du pont d'Austerlitz en empruntant un égout construit sous le chemin de fer d'Orléans.

En 1876, le département construisit une galerie de décharge qui reçut le superflu de la Bièvre avant son entrée dans Paris, et la ville, en 1877-1880, prolongea cette galerie suivant un type sensiblement circulaire de 2 mètres de diamètre (*fig.* 240) jusqu'à l'extrémité amont du collecteur général de la rive gauche, en passant par les rues des Peupliers, du Moulin-des-Prés, le boulevard et la place d'Italie, le boulevard de l'Hôpital et la rue Duméril.

Cet égout franchit la Bièvre vive, par dessous, à la rue de la Colonie. Par suite de cette opération, les deux bras de la rivière de Bièvre dans Paris se trouvèrent alimentés par le seul bras de la Bièvre vive.

Peu de temps après, en 1884, lors de l'ouverture de la rue de la

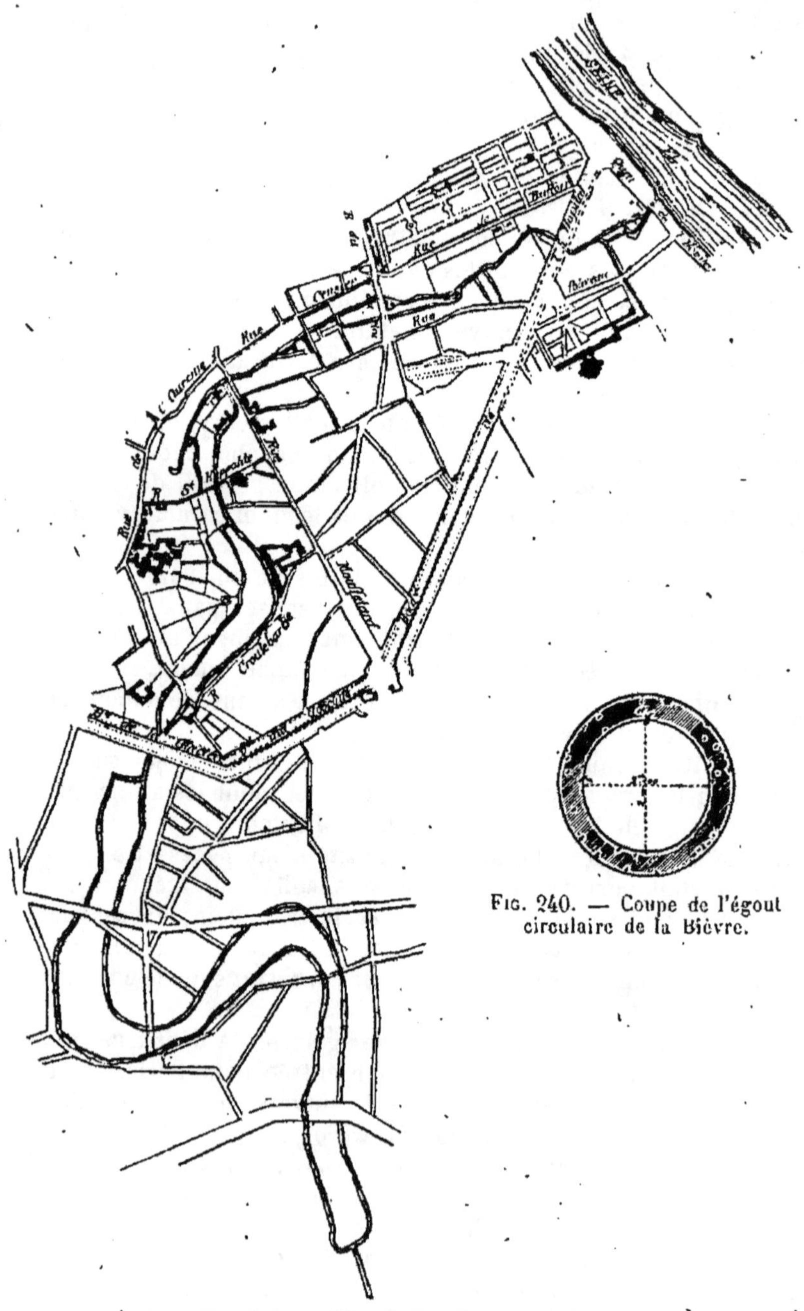

FIG. 240. — Coupe de l'égout
circulaire de la Bièvre.

FIG. 239. — Plan de la Bièvre en 1861.

Colonie prolongée, on construisit sous cette voie un collecteur dit « de la Colonie », qui reçut la Bièvre vive et permit de supprimer les deux bras de la rivière entre la rue des Peupliers et la rue de Tolbiac.

Plus tard, en 1889, on a entrepris, pour le continuer ensuite

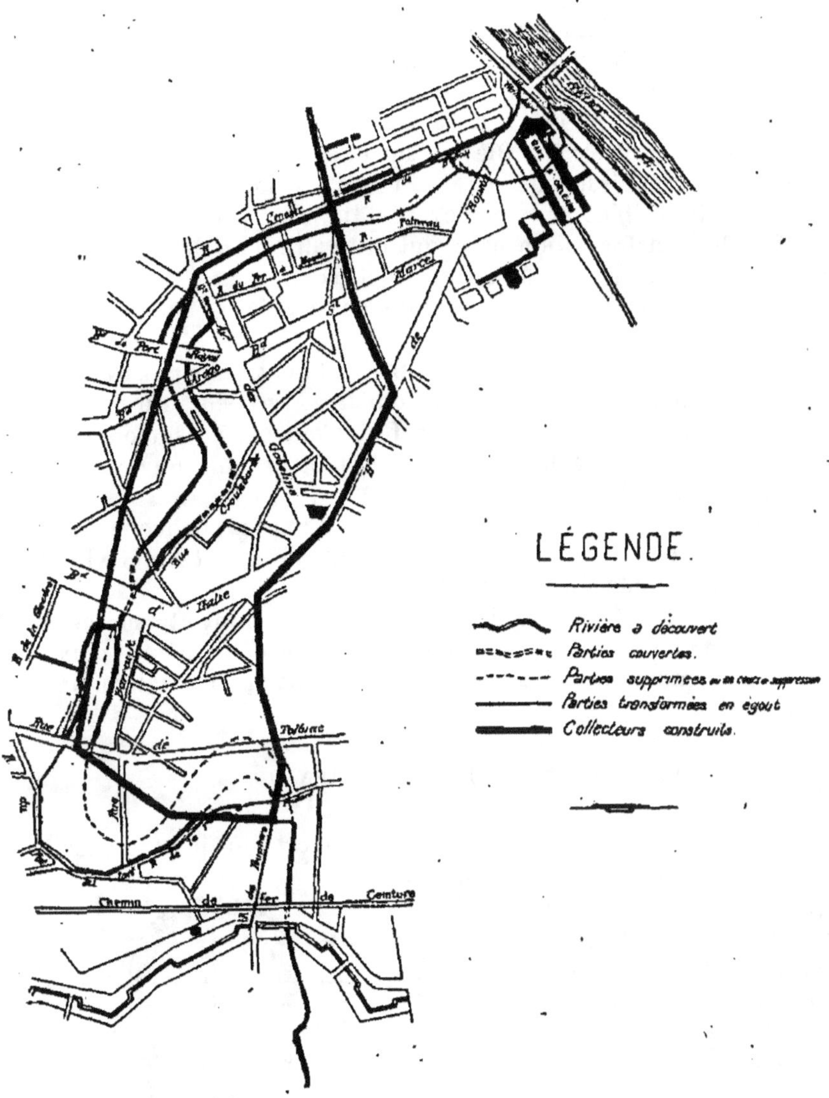

Fig. 241. — Plan de la Bièvre.

systématiquement, le prolongement de ce collecteur par les rues Vergniaud, Pascal et Censier jusqu'au collecteur général.

Ce travail très important n'a pu être exécuté que par tronçons partiels successifs. Les travaux, suspendus pendant un certain temps, en raison des formalités relatives aux expropriations nécessaires sur divers points, ont été repris en 1897 et sont actuellement terminés. Le collecteur vient d'être mis en service sur toute sa longueur.

La mise en service de ce collecteur dit « collecteur Pascal », que complètent d'ailleurs les égouts récents des rues du Pot-au-Lait, Würtz, Paul-Gervais, ainsi que la couverture de la Bièvre vive, entreprise le long de la rue Croulebarbe et dans la ruelle des Gobelins, a déjà permis, ou va permettre très prochainement de supprimer le lit des deux Bièvres sur une assez grande longueur dans le XIII° arrondissement, c'est-à-dire dans la partie comprise entre la rue de Tolbiac et le boulevard d'Italie.

En 1895, la transformation en égout ordinaire d'un des biefs les plus importants, le bief Buffon, a été réalisée.

Le plan (*fig.* 241) donne la situation de la Bièvre au 1er janvier 1898.

Comme les deux bras de la Bièvre présentaient jadis dans Paris un développement de plus de 8 kilomètres, on peut dire que l'œuvre de transformation est déjà fort avancée, puisqu'on est parvenu à en réduire la longueur à 2.407 mètres, soit une réduction de plus des 2/3.

Cette œuvre a d'ailleurs été conduite avec une prudence et un esprit d'économie tels, qu'elle n'a pour ainsi dire coûté à la ville que la dépense matérielle des travaux.

Il n'a pas été versé d'indemnité aux riverains qui ont été successivement amenés à renoncer, dans leur intérêt même, aux droits plus ou moins justifiés dont ils excipaient sur la rivière de Bièvre.

B. — COLLECTEUR SAINT-BERNARD

Cet émissaire a sa tête à la place Valhubert où il reçoit les égouts du boulevard de l'Hôpital ; il longe les quais Saint-Bernard, de la Tournelle, Montebello et Saint-Michel, et vient se jonctionner avec le collecteur Marceau sur la place Saint-Michel.

Les travaux à exécuter, en vue du prolongement de la ligne d'Orléans jusqu'au quai d'Orsay, vont apporter une perturbation dans le cours des eaux de cet égout. Sa section même (*fig.* 242) devra être modifiée

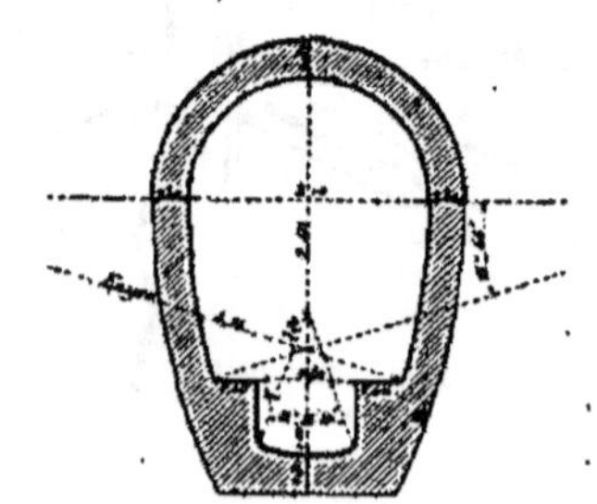

Fig. 242. — Coupe du collecteur Saint-Bernard.

Il existe, sur le parcours de ce collecteur, divers déversoirs en Seine des eaux d'orage, des mêmes types que ceux décrits précédemment.

C. — Collecteur du boulevard Saint-Michel

Cet égout, qui longe le boulevard Saint-Michel, reçoit en grande partie des eaux des quartiers de la Sorbonne et du Val-de-Grâce.

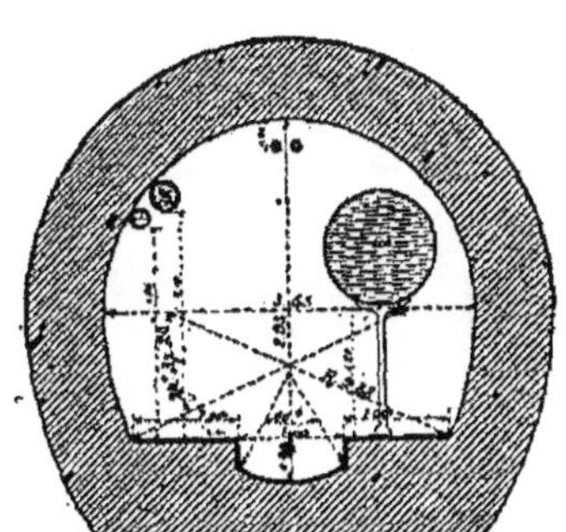

Fig. 243. — Coupe du collecteur Saint-Michel.

Il n'est considéré comme collecteur qu'à partir du boulevard Saint-Germain, c'est-à-dire sur un parcours de 285 mètres environ. Il descend le boulevard Saint-Michel jusqu'à la place de ce nom parallèlement au collecteur Marceau dans lequel il se jette.

La grande section de cette galerie, indiquée par la coupe (*fig.* 243), a été prévue pour le logement de grosses conduites d'eau. La petite section de la cunette suffit à débiter la quantité d'eau polluée qu'elle reçoit.

Cette galerie est destinée à ne plus servir de collecteur lorsque seront exécutés les travaux d'égout nécessités par le prolongement de la ligne d'Orléans. Les eaux qu'elle reçoit actuellement seront captées au boulevard Saint-Germain par le collecteur à construire le long de cette voie.

D. — Collecteur Saint-Germain

Cet exutoire conduit au collecteur Marceau, par la rue de Bourgogne, les eaux qu'il reçoit des rues du Bac, Saint-Dominique, de l'Université et de Lille. Il a son origine à la rue du Bac. Son parcours est de 930 mètres.

La section de cette galerie, indiquée ci-contre (*fig.* 244), a été prévue, comme celle du collecteur Saint-Michel, principalement dans le but de contenir des conduites d'eau de fort diamètre.

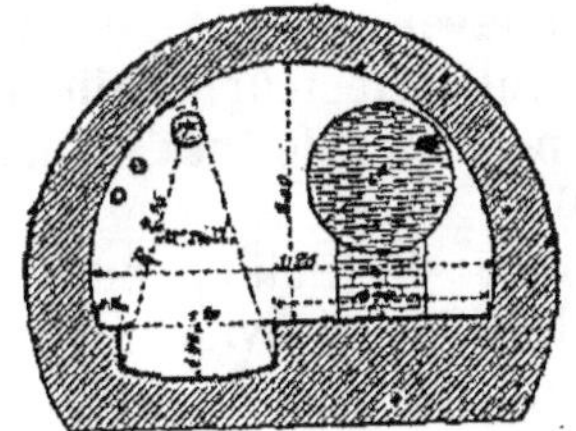

Fig. 244. — Coupe du collecteur Saint-Germain.

E. — COLLECTEUR BOSQUET

Cet affluent principal du collecteur Marceau reçoit les eaux du
plateau de Montrouge où il prend naissance ; il suit l'avenue d'Orléans, les anciens boulevards extérieurs et se prolonge par l'avenue

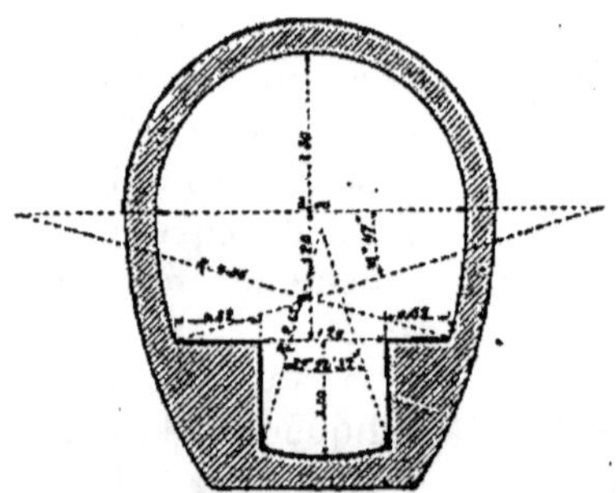

FIG. 243. — Coupe du collecteur Bosquet.

Bosquet, d'où il a tiré son nom, jusqu'au siphon de l'Alma. Son
parcours est de 2.099 mètres, et la déclivité par mètre de son
radier de 0^m,0014. Sa section est représentée par la coupe (*fig.* 245).

F. — COLLECTEUR RAPP ET USINE ÉLÉVATOIRE DES EAUX D'ÉGOUT
DU XVe ARRONDISSEMENT

Historique. — Autrefois, il y a quatre années seulement, les eaux
d'égout de tout le bassin hachuré sur le plan (*fig.* 246), comprenant
plus de la moitié de la superficie du XVe arrondissement, s'écoulaient en Seine par une galerie située dans le prolongement de la
rue de Javel, appelée déversoir de Javel.

L'égout collecteur, drainant le quai de Javel et qui était l'émissaire principal de tout ce bassin, avait son radier établi à la cote
(26,50).

L'eau de la Seine, par suite du relèvement du barrage de
Suresnes, se trouvant à l'aval de Paris à l'altitude (27,00), il en
résultait que ce collecteur était constamment submergé sur 0^m,50
de hauteur. Le curage, qui s'effectuait automatiquement à l'aide
d'une vanne montée sur un chariot, exigeait une élévation du plan
d'eau à l'amont de la vanne telle que les égouts tributaires subis-
saient le reflux du plan d'eau ainsi relevé sur presque toute la longueur.

Il résultait ce grave inconvénient, que le nettoyage que l'on faisait de l'égout collecteur avait pour effet contraire d'encombrer de vases et d'immondices les petits égouts affluents.

Il fallait absolument s'affranchir de ces conditions éminemment

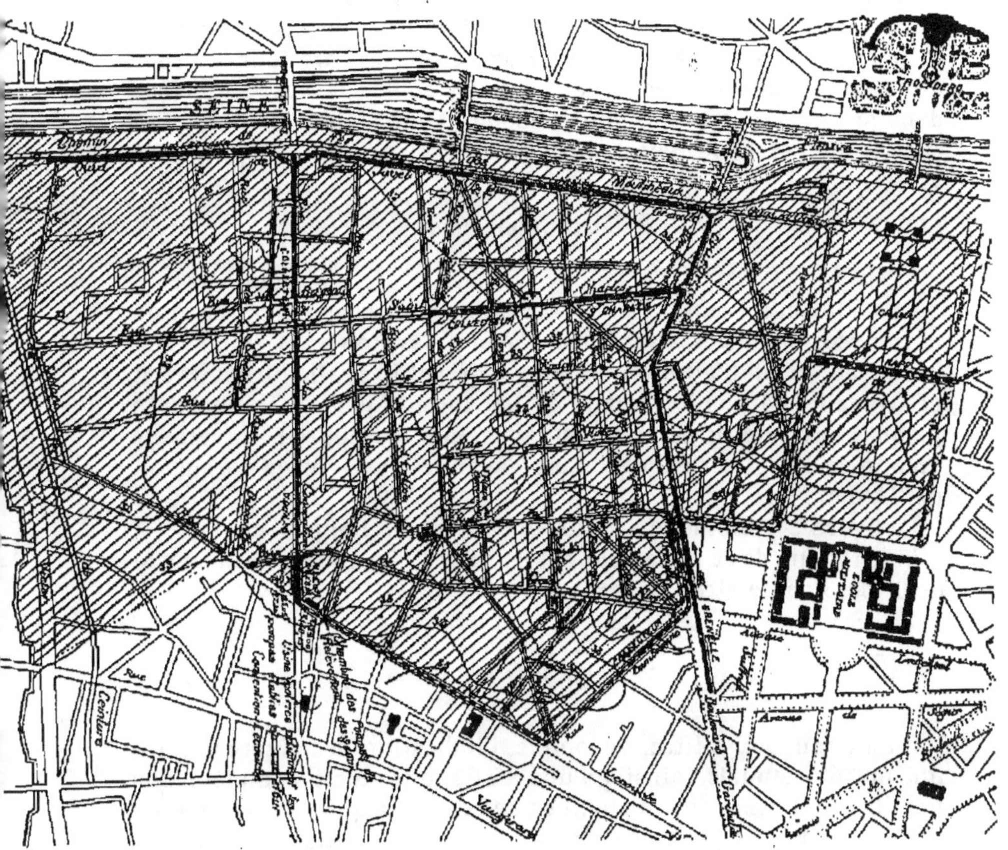

Fig. 246. — Plan indiquant la superficie du terrain dont les eaux d'égout sont relevées par l'usine de la rue de la Convention.

défectueuses, et la loi du 10 juillet 1894, relative à l'assainissement de Paris et de la Seine mettait, en somme, la ville de Paris en demeure d'exécuter les travaux nécessaires.

Le seul moyen était de supprimer toute communication avec la Seine et de relever les eaux d'égout, arrivant au fleuve, pour les déverser dans un autre collecteur plus élevé.

A cause de l'altitude relativement basse du sol du plateau, compris entre la Seine et la rue Lecourbe, il était, en effet, impossible de songer à établir une artère principale et à remanier les petits égouts qui drainent cette surface, à un niveau tel que les eaux aient pu s'écouler par simple gravitation jusqu'au siphon de l'Alma.

Le tracé de ce collecteur a été choisi à mi-côte du plateau de Javel, et la rue de la Convention, nouvellement percée et non encore drainée, était tout indiquée pour recevoir l'égout, destiné à conduire les eaux au puisard d'aspiration des pompes.

Aujourd'hui le problème est résolu et les eaux du bassin hachuré viennent toutes aboutir à un puisard situé au carrefour des rues de la Convention et Lecourbe. Là, elles sont relevées et rejetées dans le collecteur Rapp, qui les conduit au siphon de l'Alma où elles franchissent la Seine.

1° COLLECTEUR RAPP

Ce collecteur a son origine au carrefour des rues Lecourbe et de la Convention où est installée l'usine élévatoire ; il suit la rue Lecourbe, la rue Cambronne, longe une petite partie du boulevard de Grenelle, tourne à l'avenue de La Motte-Piquet, qu'il emprunte jusqu'à l'avenue de Suffren, suit l'avenue de Suffren, traverse le Champ-de-Mars et s'engage dans l'avenue Rapp jusqu'au siphon de l'Alma.

La figure 247 donne la section du collecteur Rapp.

Le parcours de ce collecteur est de 3.568^m,30, et sa pente moyenne de 0^m,0003 par mètre (*fig.* 248).

2° USINE ÉLÉVATOIRE

On a donné ici, à titre d'exemple, l'indication des divers projets qui ont été étudiés, ainsi qu'une statistique aussi complète que possible de l'usine ou, mieux, des deux usines qui ont été édifiées pour relever les eaux amenées au puisard d'aspiration des pompes.

Choix de l'emplacement de l'usine. — L'importance de l'usine ne permettant pas de la construire tout entière souterrainement sous le sol de la voie publique, et l'expropriation d'un des immeubles en bordure du carrefour Convention-Lecourbe ayant entraîné à des dépenses hors de proportion, l'Administration dut renoncer à placer les machines motrices près des pompes de relèvement, et admettre le principe de la transmission de la force à distance.

La ville possédait un terrain rue Alain-Chartier, elle songea tout naturellement à l'utiliser.

Projets étudiés. — La transmission de la force à distance pouvant être obtenue soit par l'électricité, soit par l'eau comprimée,

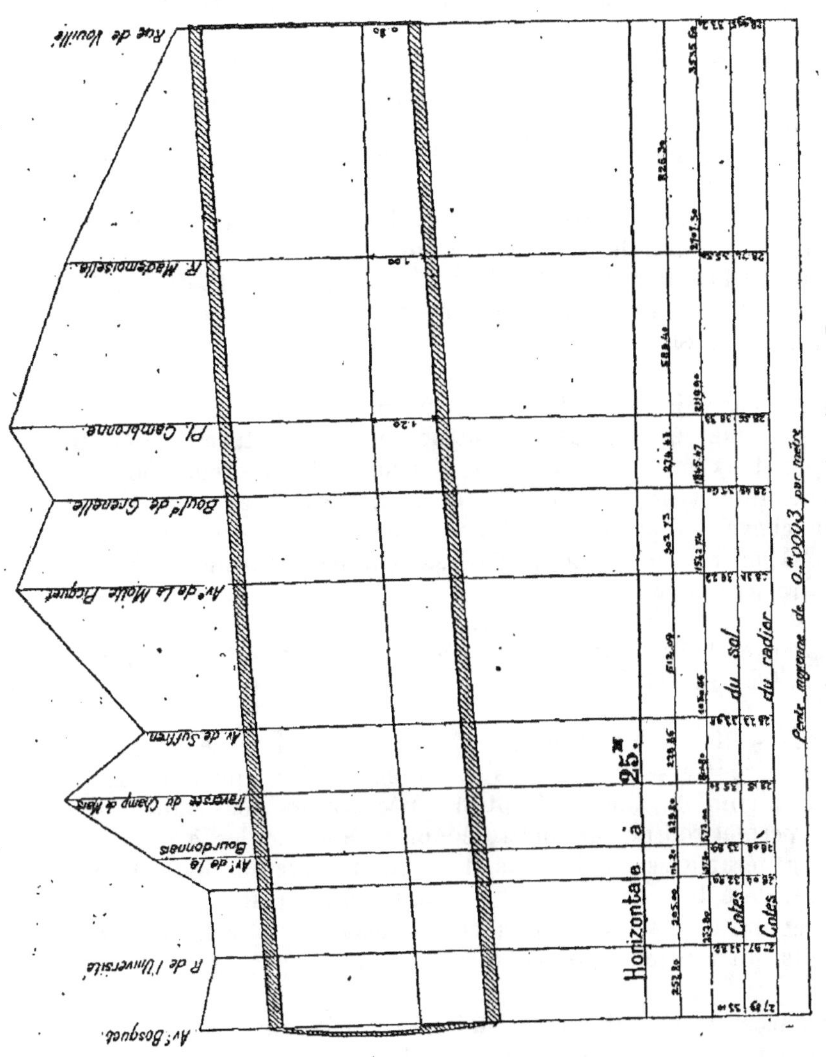

Fig. 248. — Profil en long du collecteur Rapp.

Fig. 247.
Coupe du collecteur Rapp

il était intéressant d'étudier la question dans ces deux hypothèses. L'Administration s'est donc adressée à des ingénieurs-constructeurs spécialistes qui lui ont fourni des études, résumées ci-après.

Tout d'abord on indiquera le problème posé aux constructeurs.

Données du problème. — Il s'agit d'élever à 3ᵐ,24 de hauteur un volume d'eau d'égout pouvant varier de 100 à 600 litres par seconde.

Les pompes seront installées à l'intersection de la rue de la Convention et de la rue Lecourbe.

L'usine de force motrice sera installée rue Alain-Chartier, à 400 mètres environ de distance des pompes.

Dans le cas d'une étude à l'aide de l'eau comprimée, on tiendra compte que l'eau d'alimentation aura une pression pouvant varier de 15 à 20 mètres.

Projet pour usine électrique présenté par M. Meunier, ingénieur civil. — Usine génératrice. — L'usine serait constituée (*fig.* 249 et 250) par deux machines mi-fixes, à deux cylindres compound à condensation, type E de la série de MM. Weyher et Richemond, de 40 chevaux chacune, actionnant chacune directement une dynamo génératrice à trois phases sans autre transmission intermédiaire qu'une courroie.

Vitesse des dynamos, 400 tours.

Puissance, 26.500 watts. Suivant le cas, on mettrait en marche une ou deux machines.

Ligne. — Elle serait formée de câbles en cuivre de 22 millimètres carrés de section, isolés et protégés mécaniquement. Chacune des cinq machines réceptrices nécessaires possédant trois câbles, permettrait de les mettre en marche et de les arrêter de l'usine génératrice sans aller dans l'égout, ce qui représenterait une longueur de câbles de : $400 \times 5 \times 3 = 6.000$ mètres.

La section de 22 millimètres carrés nécessite une tension de 200 volts qui n'a rien d'excessif.

Usine réceptrice. — Pour satisfaire aux variations assez grandes de volumes à élever, sans agir sensiblement sur la vitesse des machines, le constructeur a porté à cinq le nombre des machines réceptrices. Chacune d'elles est constituée par une pompe centrifuge à axe vertical, munie d'une dynamo au sommet de son arbre et formant ainsi un appareil très simple. Le constructeur a considéré que les moteurs électriques placés dans un égout devaient résister à l'action de l'humidité, être d'une surveillance facile et d'un fonctionnement sûr. Pour remplir ces conditions, il a proposé l'emploi des moteurs à courants alternatifs à trois phases.

Leur puissance est de 975 kilogrammètres par seconde, à la vitesse de 380 tours par minute, qui est à peu près invariable.

Ces moteurs n'ont ni collecteurs, ni balais d'aucune sorte ; ils

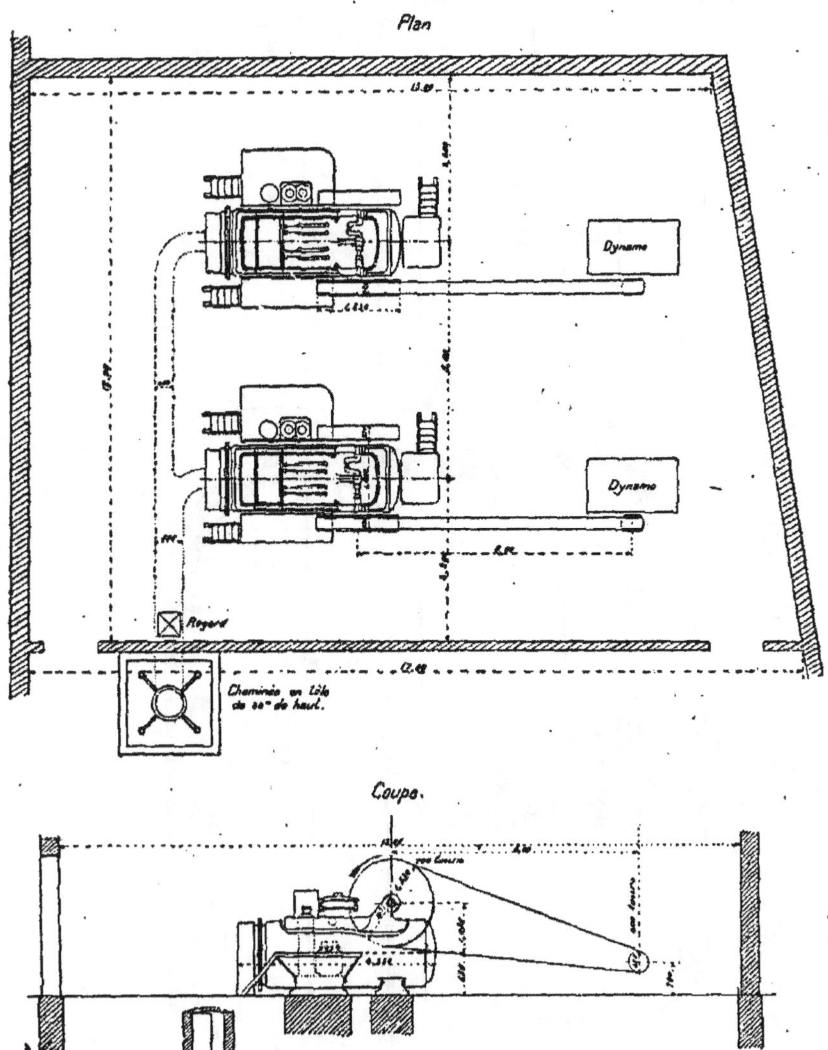

Fig. 249 et 250. — Plan et coupe de l'usine génératrice.

n'ont besoin, par conséquent, d'aucun réglage, ce qui permet de les renfermer complètement dans une enveloppe cylindrique en fonte complétement étanche.

Le rendement industriel de ces machines est de 85 0/0. Les pompes centrifuges peuvent être de deux sortes : soit des pompes

Dumont, mises sur arbre vertical et tournant à 500 tours environ,

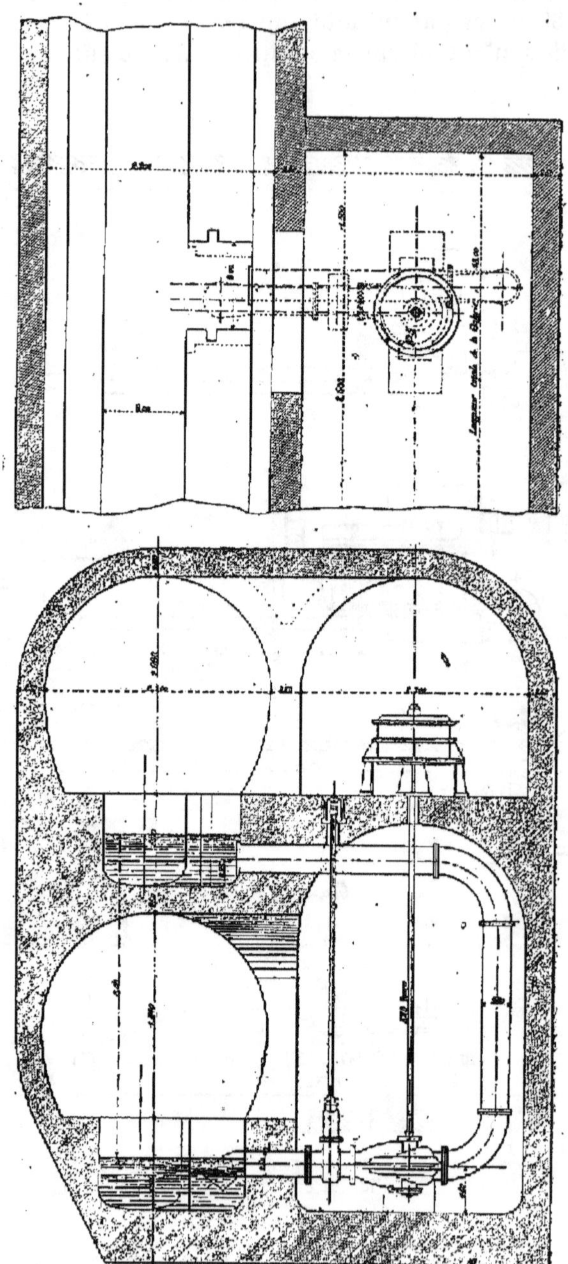

Fig. 251 et 252. — Plan et coupe d'installation d'une pompe centrifuge Dumont.

soit des pompes étudiées spécialement pour le cas présent et tournant à 380 tours.

Les figures 251 et 252 donnent, en plan et coupe transversale.
l'installation d'une pompe centrifuge système Dumont.

La figure 253 donne, en plan, l'ensemble de l'installation ; et la

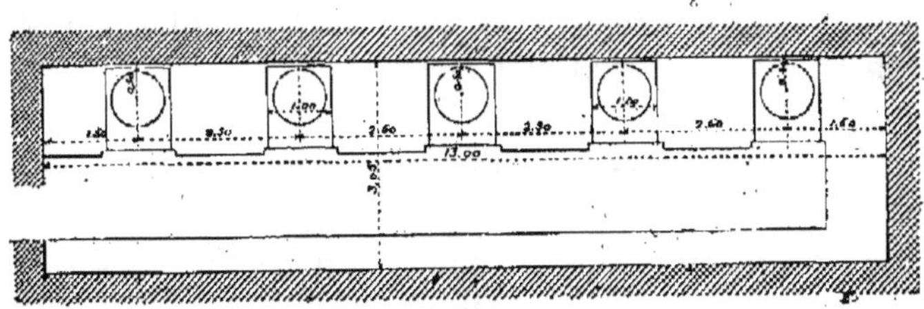

Fig. 253. — Plan d'ensemble de l'installation.

figure 254, la coupe transversale d'une pompe d'un système par
ticulier imaginé par M. Meunier.

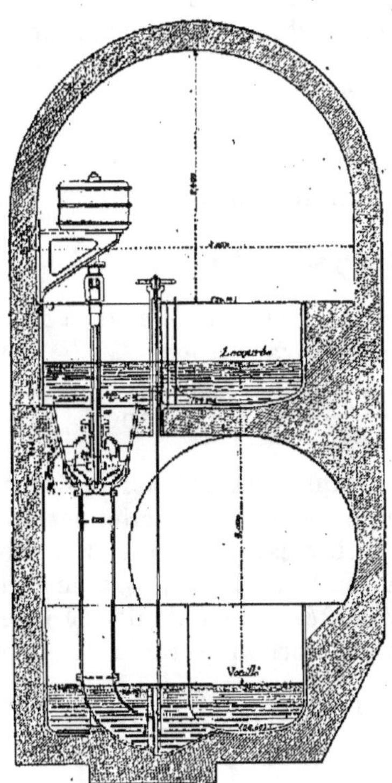

Fig. 254. — Coupe transversale d'une pompe Meunier.

Ces pompes sont simples, leurs aubages sont accessibles, elles
sont munies de vannes permettant de les amorcer par remplissage.

Leur tracé satisfait théoriquement à toutes les conditions d'un bon rendement.

Chacune de ces pompes peut élever 120 litres par seconde à une hauteur de 3^m,20.

En lui assignant un rendement de 50 0/0, le travail disponible sur l'arbre vertical de l'appareil doit être :

$$\frac{120 \times 3,20}{0,50} = 770 \text{ kilogrammètres.}$$

Rendement de l'ensemble. — Force utile en eau montée :

$$600^{ks},00 \times 3,20 = 1.920^{kgm},00 \text{ ou } \frac{1.920}{75} = \quad\ldots\ldots\ldots\quad 25^{ch},60$$

Force sur les arbres verticaux des pompes............   51 ,20

Rendement des dynamos réceptrices....................   0 ,85

Rendement des dynamos génératrices...................   0 ,85

Rendement de la ligne................................   0 ,94

Rendement des appareils électriques $\overline{0,85}^2 \times 0,94$.......   0 ,68

Force à demander aux machines à vapeur sur leurs

arbres : $\dfrac{51^{ch},20}{0,68} = \quad\ldots\ldots\ldots\ldots\ldots\ldots\quad$ 76 ,00

Rendement final : $\dfrac{25,6}{76} \quad\ldots\ldots\ldots\ldots\ldots\ldots\ldots\quad$ 0,337

Consommation de combustible par heure :

$$76^{ch} \times 1^{ks},25 = 95 \text{ kilogrammes.}$$

Le devis présenté par M. Meunier s'élevait à 121.000 francs, ce qui mettait le prix du cheval-vapeur à :

$$\frac{121.000}{76} = 1.593 \text{ francs.}$$

Projet pour usine électrique présenté par la Société « l'Éclairage électrique ». — DONNÉES DU PROJET. — Actionner trois batteries de pompes Letestu, dont l'arbre est horizontal. Cet arbre devra recevoir un mouvement de rotation à la vitesse de 20 à 25 tours par minute, réductible à volonté, pour obtenir 100 litres par seconde, étant donné que la marche normale sera de 240 litres.

Maximum du débit.............,... .,   600^l,00

Hauteur d'élévation.,.............   3^m,20

L'usine productrice sera installée rue Alain-Chartier ; elle devra prévoir un nombre de moteurs suffisants pour parer aux éventualités des réparations.

La force sera transmise par deux câbles placés dans l'égout et dont la tension ne devra pas dépasser 200 volts.

Exposé du projet. — *Conditions générales.* — La Société a présenté deux solutions pour la transmission électrique de la force aux pompes élévatoires ; la première consiste à actionner électriquement les pompes Letestu par l'intermédiaire de deux jeux d'engrenage dont l'un à denture hélicoïdale taillée, et l'autre à dents à chevrons.

La deuxième vise l'emploi de pompes hélico-centrifuge (système Magino-Pinette) à rendement très élevé, qui peuvent pratiquement être appliquées à l'épuisement des eaux d'égout.

Dans les deux cas, le projet de distribution d'électricité consiste à créer une station de la force génératrice, rue Alain-Chartier.

Le courant électrique, produit à la station génératrice sous une tension de 200 volts, est transmis, à l'aide d'un conducteur très fortement isolé et armé, placé dans les égouts, à la station réceptrice où sont placés les moteurs électriques destinés à actionner les pompes.

Première solution : Pompes Letestu. — *Évaluation du travail et rendement.* — La puissance nécessaire à une pompe a été évaluée pour un débit normal de 240 litres à la seconde, en se basant sur les rendements industriels ci-après :

	Pour cent
Pompes Letestu......................	70
Jeux d'engrenage....................	85
Dynamos (génératrice..............	90
(réceptrice..................	90
Ligne conductrice électrique........	88

La hauteur d'élévation de l'eau étant de $3^m,20$, la Société l'a portée dans ses calculs à 4 mètres, pour tenir compte de la surélévation de hauteur du tuyau de refoulement au-dessus du radier dans l'égout récepteur.

Il résulte que la puissance nécessaire sera : 1° aux bornes de la machine réceptrice, de 19.000 watts environ, à la vitesse de 600 tours ; 2° à la machine génératrice de 22.000 watts environ, à la vitesse de 600 tours ; 3° celle au moteur à vapeur, 33 à 35 chevaux effectifs.

Dans ces conditions, le rendement de la partie électrique (dynamos, génératrice et réceptrice et ligne) serait de 71 0/0, et le rendement total de 42,50 0/0 ; ces deux chiffres s'appliquent ainsi au rendement normal de l'installation.

Station génératrice (*fig.* 255). — L'installation comprend :

1° *Partie mécanique.* — Trois chaudières Dulac, à foyer fumivore, de 500 kilogrammes de vapeur à l'heure chacune, timbrées à

9 kilogrammes et produisant 8 kilogrammes de vapeur sèche par kilogramme de houille;

Deux pompes alimentaires à vapeur pouvant débiter chacune 1.300 mètres cubes par heure, canalisation d'eau, de vapeur, che-

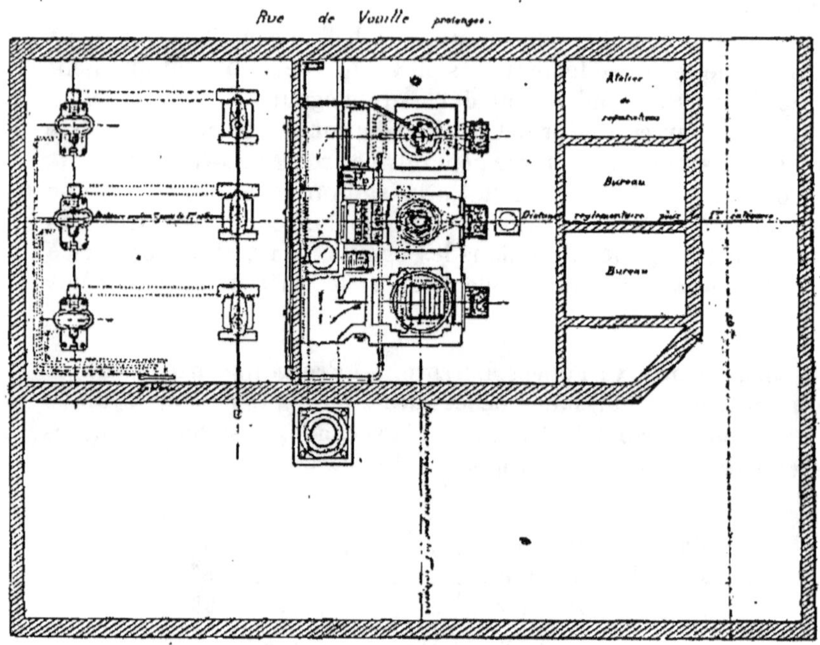

Fig. 255. — Plan de la station génératrice.

minée. Les chaudières sont groupées en première catégorie ; mais, dans le cas où ce groupement constituerait un inconvénient, la Société fait remarquer qu'il serait facile de les placer en deuxième catégorie par une modification des conduites de vapeur ; à l'aide d'un distributeur, on pourrait conduire individuellement la vapeur de l'un quelconque des générateurs à l'un quelconque des moteurs.

Trois machines à vapeur système piston compound, à échappement à air libre de 40 chevaux, au frein sur l'arbre (*fig.* 256, 257 et 258). Les données de ces machines sont les suivantes :

Diamètre du cylindre H. P.   210
— B. P.   360
Course des pistons   250
Nombre de tours par minute   225
Pression initiale ....   8^k
Consommation de vapeur.....   12^k par cheval effectif

2° *Partie électrique.* — Trois dynamos type Manchester E. Labour, avec anneau Gramme et inducteurs perfectionnés, mo-

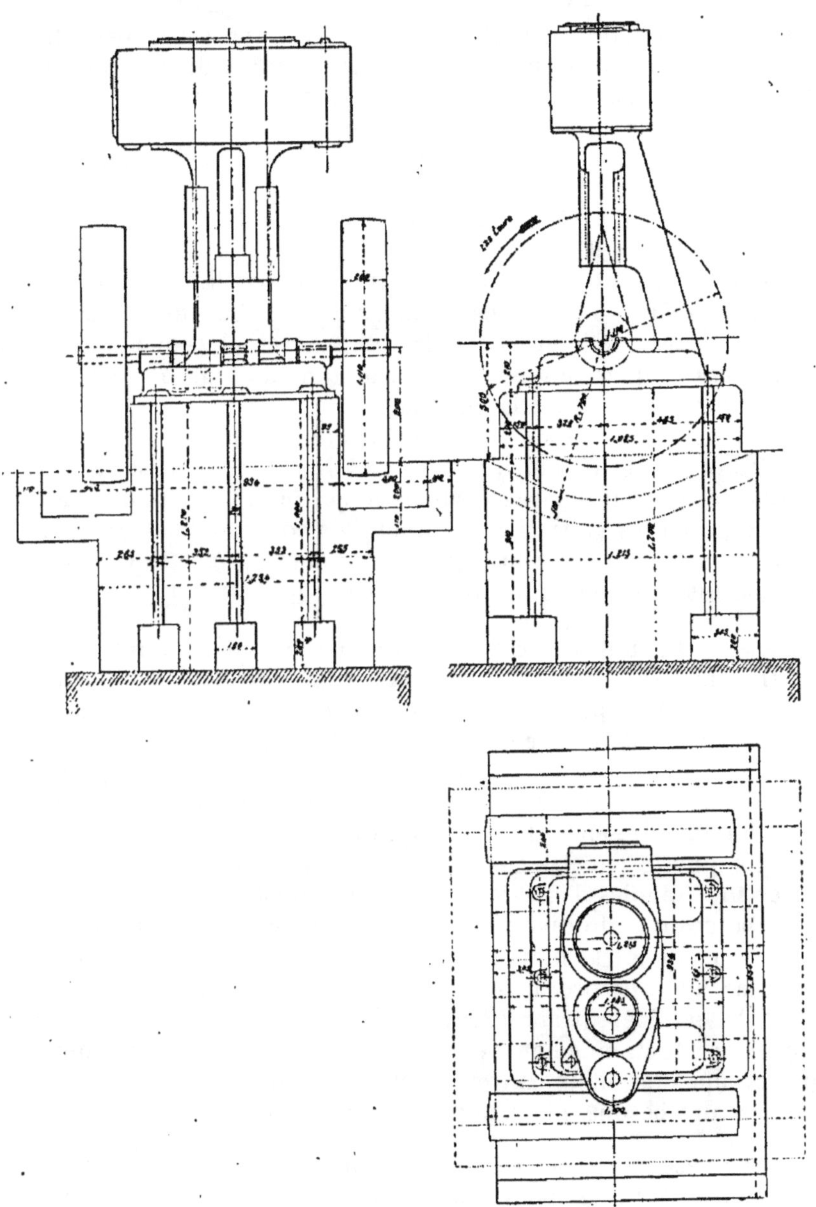

Fig. 256, 257, 258. — Élévation, profil et plan de la machine à vapeur système pilon compound.

dèle de la Société « l'Eclairage électrique », de 22.000 watts, fonctionnant sous 200 volts à la vitesse de 600 tours ; les machines proposées sont des dynamos bipolaires, se recommandant par un calage fixe des balais, par l'emploi d'inducteurs ayant une disposition récemment brevetée. Elles sont à graissage automatique, et des organes spéciaux empêchent l'huile d'arriver aux collecteurs et aux fils. — Elles ne nécessitent aucune surveillance pour la marche, tant au point de vue électrique que mécanique.

Elles sont aisément démontables et n'exigent pas, pour cette opération, un espace plus grand que celui qu'elles occupent en marche.

Malgré leur faible vitesse angulaire, leur rendement industriel est très élevé, soit 90 0/0.

En cas d'accident à l'induit, on peut réparer la machine sur place sans refaire entièrement l'enroulement. Le collecteur est monté sur une douille mobile et facilite son remplacement.

Elles sont munies de glissières permettant de tendre sans danger les courroies pendant la marche.

Les conducteurs portent des dynamos aboutissant à un tableau de distribution permettant de mettre ou de retirer successivement chacune des dynamos sur le câble de ligne ; le tableau de distribution comprend les appareils de mesure, de commande et de sécurité nécessaires à la marche régulière du courant électrique. Tous ces appareils sont placés sur une table en marbre.

Ligne. — Du tableau de distribution part le câble de ligne, qui doit transmettre l'énergie aux dynamos réceptrices ; il est placé dans l'égout. Ce câble est d'un isolement très fort et armé ; il comporte une corde de cuivre de 114 millimètres carrés composée de fil de cuivre étamé recouvert [1] d'une couche gomme blanche, d'une couche gomme noire, de deux rubans caoutchoutés, d'un guipage filin tanné enduit d'une composition asphaltique.

Il est supporté par des consoles fixées à la voûte de l'égout, lesquelles sont munies d'isolateurs à doubles cloches.

L'installation a été divisée en trois unités ou trois groupes comprenant : chaudières, moteur à vapeur et dynamo, pouvant chacun séparément assurer le service normal (240 litres).

Pour le service extraordinaire de 600 litres, on met les trois groupes en fonctionnement ; en cas d'accident à une des machines d'un groupe, les deux autres groupes seraient suffisants pour répondre aux besoins pendant un certain temps.

Station réceptrice. — Cette installation comprend trois dynamos type Manchester E. Labour, en dérivation, de 19.000 watts, à la

---

[1] Le ruban de papier primitivement employé est maintenant supprimé ; il n'a donné que de mauvais résultats. En principe, il devait empêcher l'attaque du cuivre par vulcanisation du caoutchouc.

vitesse de 600 tours. Ces dynamos présentent les mêmes qualités que les dynamos génératrices décrites ci-dessous.

L'enroulement en dérivation n'est pas gêné par le démarrage des pompes, parce que l'on excite d'abord la dynamo, et que l'on met l'induit en circuit au moyen d'un rhéostat.

La vitesse des réceptrices sera constante à 5 0/0 près, lorsque la résistance (couple résistant) varie. On peut donc régler la vitesse du champ inducteur, en maintenant cette vitesse constante. On n'a pas ainsi à craindre d'emballement, si la pompe venait à se désamorcer.

Le rapport des vitesses de l'arbre de la dynamo à l'arbre de la pompe est de 24. Pour remplir cette condition, l'auteur du projet est obligé de recourir à deux jeux d'engrenages, dont un à denture hélicoïdale taillée, et l'autre à dents à chevrons, afin d'éviter le bruit de ferraille, mais sans cependant éviter le ronflement des engrenages, marchant à une pareille vitesse.

Les figures 259, 260 et 261 indiquent la disposition des engre-

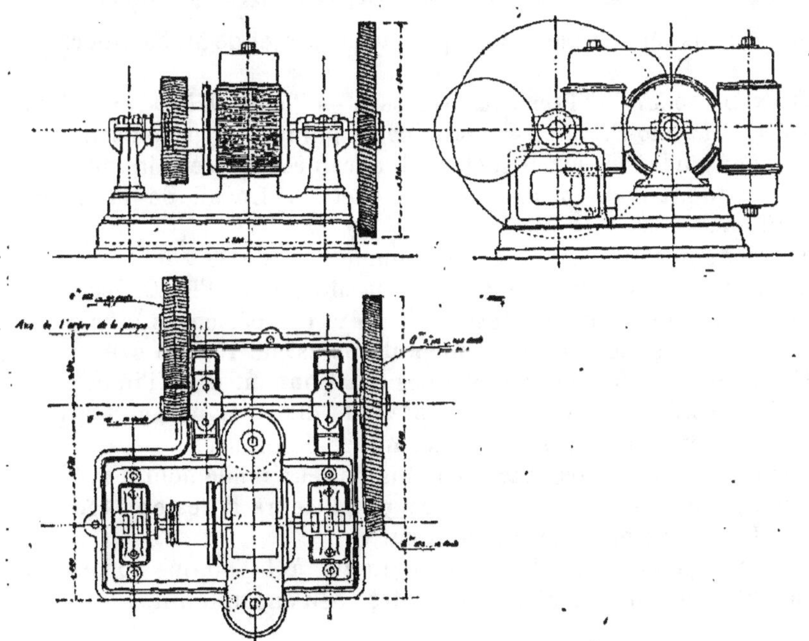

Fig. 259, 260 et 261. — Élévation, profil et plan de la dynamo Manchester E. Labour.

nages adoptée pour attaquer l'arbre des pompes par le moteur électrique. Le courant électrique, conduit par le câble de ligne, arrive à un tableau de distribution semblable à celui de la station génératrice.

A l'aide de ce tableau, on peut donner le courant successivement à chacun des moteurs ou aux trois moteurs ensemble.

L'encombrement des moteurs est très restreint à cause du grand rendement des dynamos proposées, et leur mode de démontage est très pratique, ainsi qu'il a été expliqué ci-dessus dans la description des dynamos génératrices.

Indépendamment des rhéostats d'excitation, des rhéostats de mise en route sont adjoints à chaque moteur. Ces rhéostats peuvent servir à modifier les valeurs de la variation de puissance dans le cas où il y aurait lieu de réduire les variations de puissance des pompes.

La dépense totale dans cette première hypothèse s'élevait à 117.800 francs.

Le rendement total de cette installation serait de 42,5 0/0, ce qui représente un travail en eau montée de $\dfrac{600 \times 4^{m}}{75} = 32$ chevaux,

soit: $\dfrac{32}{0,425} = 75$ chevaux effectifs.

Le prix du cheval-vapeur reviendrait donc à $\dfrac{117.800}{75} = 1.570$ francs; il serait sensiblement le même que dans le projet de M. Meunier.

DEUXIÈME SOLUTION : POMPES CENTRIFUGES — *Pompe hélico-centrifuge système Magino-Pinette.* — Dans cette pompe, le propulseur est formé par un cône sur lequel sont enroulés un certain nombre d'hélices dont l'action se combine avec le travail de la force centrifuge.

Le rendement théorique de ces pompes est de 88 0/0.

Cette pompe a été adoptée par la Marine de l'État (décision ministérielle du 7 octobre 1884), à la suite d'expériences officielles ayant établi que leur rendement pratique est de 70 à 75 0/0.

Un grand nombre de ces pompes fonctionnent dans l'industrie, où elles sont connues depuis près de dix ans, notamment au Creusot, aux mines de Blanzy, aux mines de Dreuze.

Ces pompes ont l'avantage, en plus de leur rendement élevé, de permettre un nettoyage facile des propulseurs après enlèvement de la demi-enveloppe qui les contient.

L'accouplement direct de la dynamo à la pompe forme un ensemble absolument silencieux et très peu encombrant.

ÉVALUATION DU TRAVAIL. — *Rendement avec un débit normal de* 240 *litres.:*

	Pour 100
Pompe centrifuge.	70
Dynamo réceptrice.	90
— génératrice.	90
Ligne.	90

En supposant les mêmes conditions générales que dans le cas des pompes Letestu et en tenant compte du rendement ci-dessus, la puissance nécessaire sera : 1° aux bornes de la machine réceptrice de 15.000 watts environ, à la vitesse de 400 à 420 tours ; 2° aux bornes de la machine génératrice, 17.000 watts, à la vitesse de 700 tours ; 3° au moteur à vapeur, 32 chevaux.

Dans ces conditions, le rendement de la partie électrique serait ainsi de 71 0/0 ; mais, dans cette solution, le rendement total se trouve relevé à 50 0/0 au lieu de 42,5 0/0 trouvé dans la première solution, ce qui représente une force nécessaire en chevaux-vapeur de $\dfrac{32}{0,50} = 64$ chevaux.

Les conditions d'installation et de marche des appareils sont identiques à celles indiquées dans la première solution.

La dépense dans cette deuxième hypothèse s'élevait à 107.540 francs.

Le prix du cheval-vapeur ressortait donc à $\dfrac{107.540}{64} = 1.680$ francs, c'est-à-dire plus élevé que dans la solution précédente et que celui résultant du projet de M. Meunier.

Il y a lieu de remarquer que, dans les trois prix de revient donnés ci-dessus pour le cheval-vapeur, on n'a pas tenu compte de l'intérêt du capital engagé, du prix du bâtiment et du fonds de roulement, de l'amortissement des machines, appareils et canalisations, non plus que de l'entretien de ces derniers.

Dans les projets exposés plus loin avec l'emploi de l'eau comprimée pour la transmission de la force, en remplacement de l'électricité, on trouvera des prix de revient plus élevés par cheval-vapeur ; mais on a dû, malgré cet avantage apparent, renoncer aux systèmes qui viennent d'être examinés en raison de l'installation particulière qu'ils nécessitaient. Il s'agissait en effet de placer des appareils dans des galeries souterraines où règne toujours, et quand même, une humidité constante. Or les moteurs électriques auraient incontestablement été l'objet d'un entretien délicat et coûteux, en même temps que dangereux, et il est sans nul doute que l'économie d'installation se serait traduite par une augmentation de dépense.

Projet présenté par M. Samain, ingénieur-constructeur avec l'emploi de l'eau comprimée pour la transmission de la force à distance. — M. Samain, qui a pris 4 mètres de hauteur ascensionnelle au lieu de 3^m,20, a trouvé que le travail théorique à développer est de 32 chevaux-vapeur au lieu de 25.

Il estime avec son projet qu'on peut obtenir facilement un rendement de 60 0/0 sur l'arbre des machines motrices et qu'il faudra en conséquence une force de 60 chevaux.

Principe du projet. — Une machine à vapeur de 60 chevaux actionne une pompe de compression convenablement disposée et capable de refouler de l'eau dans une conduite à une pression déterminée pour assurer la production du travail utile demandé.

A l'extrémité de cette conduite est branchée une machine automotrice, autrement dit un moteur hydraulique spécial, se composant d'un seul piston à double effet, animé de mouvements rectilignes alternatifs.

Ce moteur a son arbre vertical en prolongement de la tige du piston de la pompe. L'eau d'évacuation du moteur hydraulique est recueillie par une conduite de retour qui la ramène à la pompe de compression, et qui est reprise par cette dernière pour produire à nouveau un travail utile.

C'est toujours le même liquide qui est employé.

Description des moyens adoptés pour réaliser le principe du projet. Exposé. — La quantité de 600 litres d'eau à élever par seconde est un maximum qui sera rarement atteint. Ce sera même un volume d'eau très variable que l'on aura à élever.

Une installation économique nécessite, pour le moins, d'arriver à ne dépenser qu'une quantité de force motrice ou de vapeur à peu près proportionnelle au travail à produire réellement.

De là, selon M. Samain, le rejet absolu de tout accumulateur hydraulique, car on sait, dit-il, que l'accumulateur hydraulique nécessite la mise en action d'une force motrice constante pour tenir en charge un contrepoids énorme, quel que soit le travail que ce contrepoids ait à transmettre.

M. Samain fait remarquer qu'en raison des dimensions relativement étroites de l'emplacement dont on dispose dans la chambre souterraine, on ne peut pas employer une seule pompe capable de débiter 600 litres par seconde ; le projet en prévoit six, débitant chacune 200 litres par seconde (*fig.* 262).

Chaque pompe élévatoire emploie, pour produire son travail, un certain volume d'eau à haute pression ; ce volume d'eau est de 4 litres environ par seconde à 20 kilogrammes de pression.

Étant donné qu'on ne doit jamais demander à un piston hydraulique une vitesse par seconde dépassant de 20 à 25 centimètres, et toutes considérations prises, le constructeur s'est arrêté à la pression de 20 kilogrammes par centimètre carré, qui lui permet de donner à ses pompes de compression et à ses moteurs hydrauliques des dimensions rationnelles.

Les six pompes élévatoires nécessiteront ensemble, par seconde, 24 litres d'eau, à la pression de 20 kilogrammes. Pour les obtenir, le constructeur emploie deux pompes de compression, mues chacune par une machine à vapeur de 30 chevaux, débitant 12 litres environ par seconde (*fig.* 263).

Chaque pompe comporte six plongeurs à simple effet.

M. Samain fait remarquer que, généralement, les accumulateurs

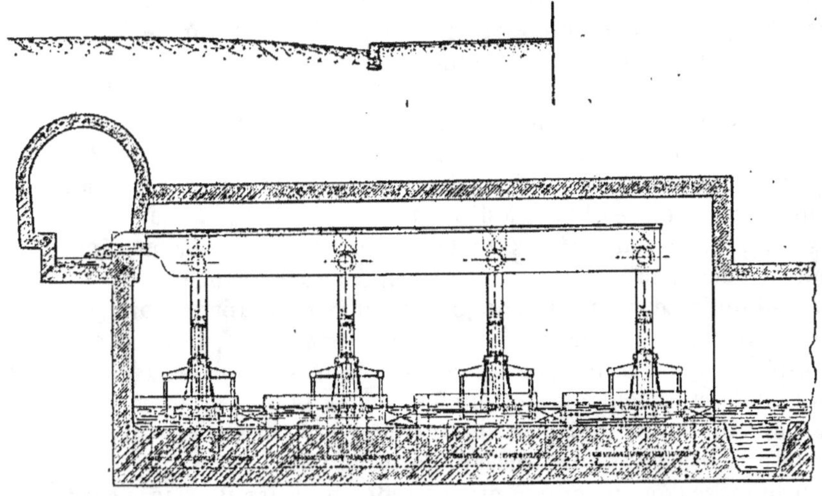

Fig. 262.

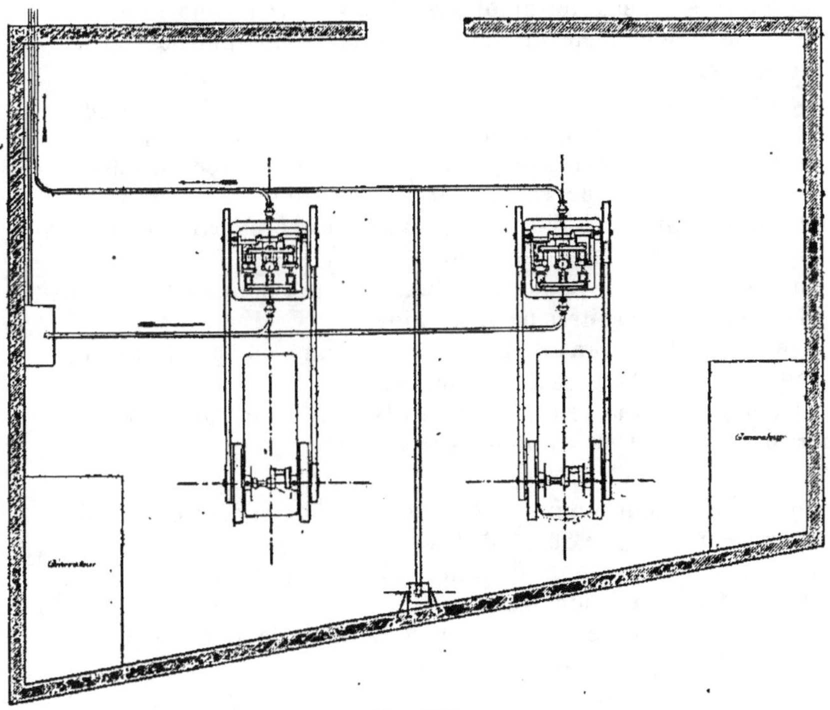

Fig. 263.

sont alimentés par des pompes à quatre plongeurs établis en prolongement des pistons d'une machine à vapeur à deux cylindres égaux et à manivelle à 90°. et que le quadruple effet donne un travail peu régulier et d'un faible rendement.

Aussi propose-t-il l'emploi des mêmes machines à vapeur, mais en leur faisant mouvoir des pompes à sextuple effet. Il estime obtenir un meilleur rendement et une plus grande régularité dans la transmission du mouvement sans réservoirs d'air.

M. Samain prévoit une disposition telle, que le nombre des pompes en mouvement sera automatiquement proportionnel au volume d'eau à élever, c'est-à-dire que, s'il n'y a que 100 litres, une seule pompe marchera; s'il y en a 200, deux marcheront, ainsi de suite, et cela sans aucune préparation ni surveillance.

Pour obtenir ce résultat, chaque moteur hydraulique porte un distributeur automatique d'arrivée d'eau en pression; le distributeur est ouvert ou fermé par un flotteur qui se déplace avec le niveau de l'eau, et chaque flotteur est réglé pour que le moteur correspondant ne se mette en mouvement que lorsque le niveau de l'eau est suffisant pour nécessiter son action.

Si on suppose l'égout complètement vide, tous les flotteurs sont abaissés, et les distributeurs fermés : les pompes de compression agiront alors sur deux automoteurs placés dans l'usine motrice, dont le mouvement d'élévation fermera l'introduction de vapeur aux machines.

S'il arrive un peu d'eau à pomper, le flotteur d'une des pompes s'élève et ouvre le distributeur ; les pompes de compression trouvent alors un écoulement, les automoteurs redescendent, ouvrent l'introduction de vapeur, et les machines se mettent en marche lentement, c'est-à-dire avec une vitesse proportionnelle au débit que nécessitera le pompage de l'eau ; et enfin elles prendront leur vitesse maximum, quand le volume d'eau à pomper atteindra son maximum de 600 litres par seconde.

Le volume d'eau venant à diminuer, une ou plusieurs des pompes s'arrêtant, la vitesse se ralentit.

C'est donc bien là la solution de l'utilisation de la force motrice proportionnellement au volume d'eau à pomper.

Pompes. — Chaque pompe est à double effet et comporte trois cylindres verticaux (*fig.* 264, 265, 266).

Deux cylindres latéraux communiquant par le bas avec un cylindre central de section égale à celle des deux premiers réunis.

Le cylindre central est fermé par le haut, et la tige du piston traverse ce fond par un presse-étoupe.

Cette tige est réunie par une traverse aux tiges des deux cylindres latéraux.

Ces derniers sont complètement ouverts par le haut et reçoivent le liquide à pomper par dessus leurs pistons.

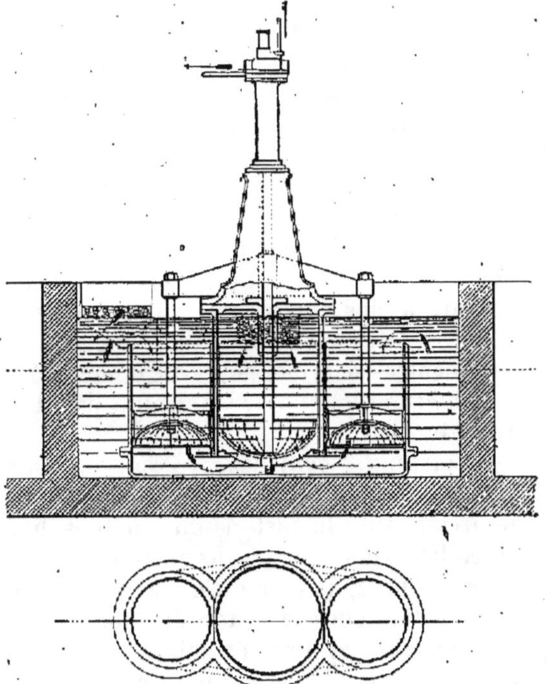

Fig. 264 et 265. — Plan et coupe en travers d'une pompe Samain.

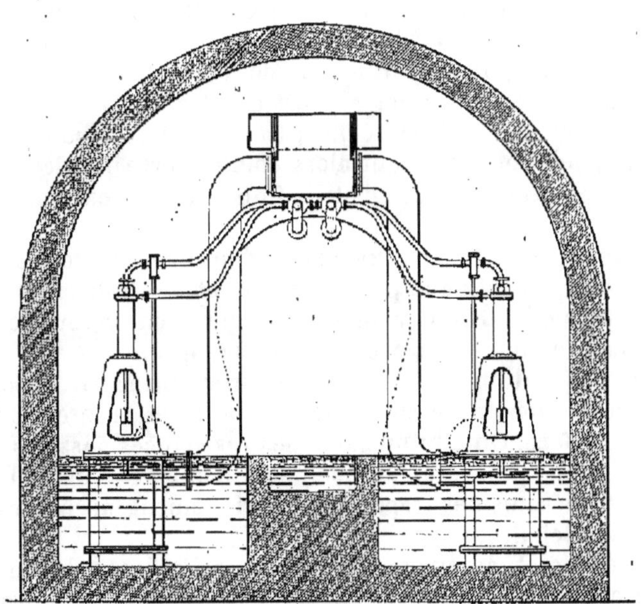

Fig. 266. — Vue transversale d'une pompe Samain.

Les trois pistons montent et descendent ensemble ; ils sont du genre dit Letestu et construits d'une façon particulière, en rapport avec le genre de travail qu'ils ont à produire.

Pendant le mouvement de descente, les deux pistons latéraux refoulent à travers le piston central dans le cylindre central et le tuyau de conduite de l'eau élevée.

Pendant le mouvement de montée, les deux cylindres latéraux s'emplissent à travers leurs pistons ; et le piston central refoule directement dans la conduite de l'eau élevée.

En un mot, les cylindres sont noyés complètement dans le liquide, et l'alimentation des pompes se fait à gueule bée par le haut des deux cylindres latéraux sans aucun clapet.

La tige du piston central se prolonge verticalement à travers le cylindre du moteur hydraulique, et se termine par le piston à double effet de ce cylindre.

Quand les trois pistons élévateurs arrivent en haut de leur course, la tige centrale actionne le mécanisme de distribution, et l'eau en pression arrive sur le piston du moteur hydraulique pour le faire descendre. Quand les trois pistons de pompe arriveront en bas de leur course, la même tige centrale actionnera le mécanisme de distribution sous le piston du moteur hydraulique pour le soulever à nouveau, et ainsi de suite.

Il a été dit précédemment que le cylindre central de la pompe avait une section égale à la somme des deux sections de cylindres latéraux.

Ce n'est pas tout à fait exact, car le constructeur a projeté de donner à ce cylindre central une section telle que la différence qui en résultera, puisse permettre de compenser le travail nécessaire pour soulever le poids mort des trois pistons, de leur tige et de la traverse qui les réunit ; travail qui se récupère à la descente, le poids mort agissant alors comme force motrice.

Quant au mécanisme de distribution, il est extrêmement simple.

Il se compose d'un tiroir principal et d'un tiroir servo-moteur ; ce dernier seul est actionné par la pompe, et c'est du fait de son déplacement que le tiroir principal alimente en dessus ou en dessous pour donner le mouvement aux pompes.

Par une disposition très simple, le tiroir principal est équilibré, afin de le soustraire en partie à l'effort de la pression de l'eau sur sa surface. On diminue ainsi les résistances passives.

La disposition proposée permet certainement d'obtenir un ensemble de mécanismes répondant parfaitement au but qu'on se propose d'atteindre.

Ainsi, à droite et à gauche du collecteur d'amenée des eaux à relever, seront disposées les six pompes (trois à droite et trois à gauche). Chaque pompe sera dans une fosse isolée.

Un vannage ordinaire sur chaque fosse permettra d'interrompre sa communication avec le collecteur et d'avoir les pompes en main pour les visiter et les nettoyer, avec la plus grande aisance.

Le tuyau de refoulement de chaque pompe a son branchement au sommet de la pompe. Il est facile à déboulonner sans avoir à pénétrer dans l'eau sale ; il remonte à la voûte, et se déverse dans le grand collecteur du refoulement des six pompes.

En résumé c'est un groupement commode, ne laissant aucun mécanisme au dehors ; ne comportant pas de poulies, pas de courroies, pas de balanciers ; en un mot, pas d'organes de transmission à la portée de la main, sans avoir à redouter le contact des eaux souillées.

Il laisse encore un certain emplacement pour circuler aisément et faire toutes manœuvres utiles.

Le principe du projet présenté par M. Samain peut se résumer en quelques mots. Il réalise le transport de la force à grande distance sans transformation de mouvement, c'est-à-dire que le mouvement rectiligne alternatif de la pompe de compression est utilisé à la production d'un nouveau mouvement rectiligne alternatif sans aucun autre intermédiaire qu'une conduite d'eau.

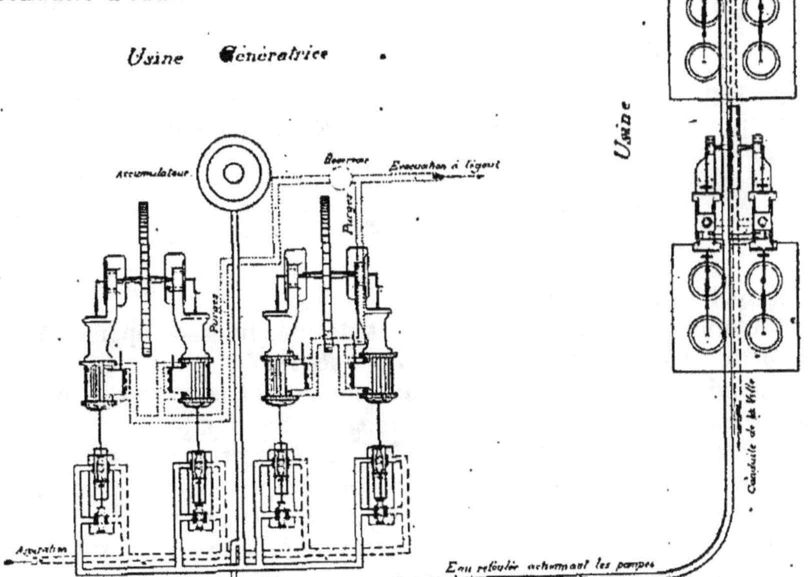

Fig. 267. — Schéma des usines.

Le devis présenté par M. Samain s'élevait à 142,210 francs, ce qui faisait ressortir le cheval-vapeur à :

$$\frac{142.210}{60^{ch}} = 2.370 \text{ francs.}$$

Mais M. Samain estimait indispensable un matériel de secours qu'il évaluait à 45.785 francs, et alors le prix du cheval-vapeur s'élevait à 3.133 francs.

Projet présenté par M. Meunier, ingénieur civil avec emploi de l'eau comprimée pour la transmission de la force à distance. — Le projet présenté par M. Meunier a été adopté par l'Administration, ce choix ayant été motivé par diverses raisons.

PRINCIPES GÉNÉRAUX DU PROJET. — Établissement de machines à vapeur refoulant de l'eau à 41 kilogrammes de pression sous un accumulateur à poids ; cette eau devant être employée à une distance de 400 mètres sur des moteurs hydrauliques à piston actionnant le plus directement possible des pompes verticales système Letestu.

La figure 267 donne un schéma indicatif des deux usines : génératrice et motrice.

USINE GÉNÉRATRICE (*fig*. 268, 269). — M. Meunier, estimant à 56 0/0 le rendement des machines (moteurs hydrauliques et pompes de l'usine génératrice), y compris les pertes de charge dans la conduite, a trouvé que cette usine doit fournir un travail en eau montée de $\frac{25}{0,56} = 46,5$.

La pression sous l'accumulateur étant fixée à 41 kilogrammes par centimètre carré, le volume à élever par les pompes de compression est de :

$$\frac{46^{ch},5 \times 75}{41^{k} \times 10} = 8^{l},50 \text{ par seconde} ;$$

le constructeur a compté $8^{lit},60$.

Il a adopté, par suite, deux groupes de machines compound à détente Meyer donnant chacun $4^{lit},30$ par seconde.

M. Meunier a proposé les machines compound, afin de pouvoir marcher à haute pression avec détente sans condensation.

Ces machines, devant être mises en marche et arrêtées automatiquement par l'accumulateur, ne doivent pas avoir de point mort, d'où nécessité de deux manivelles à 90° pour un même groupe. Leur allure étant forcément irrégulière, la condensation présenterait des inconvénients qui l'ont fait rejeter dans la plupart des installations semblables.

Comme l'on voit, le projet de M. Meunier tombe entièrement

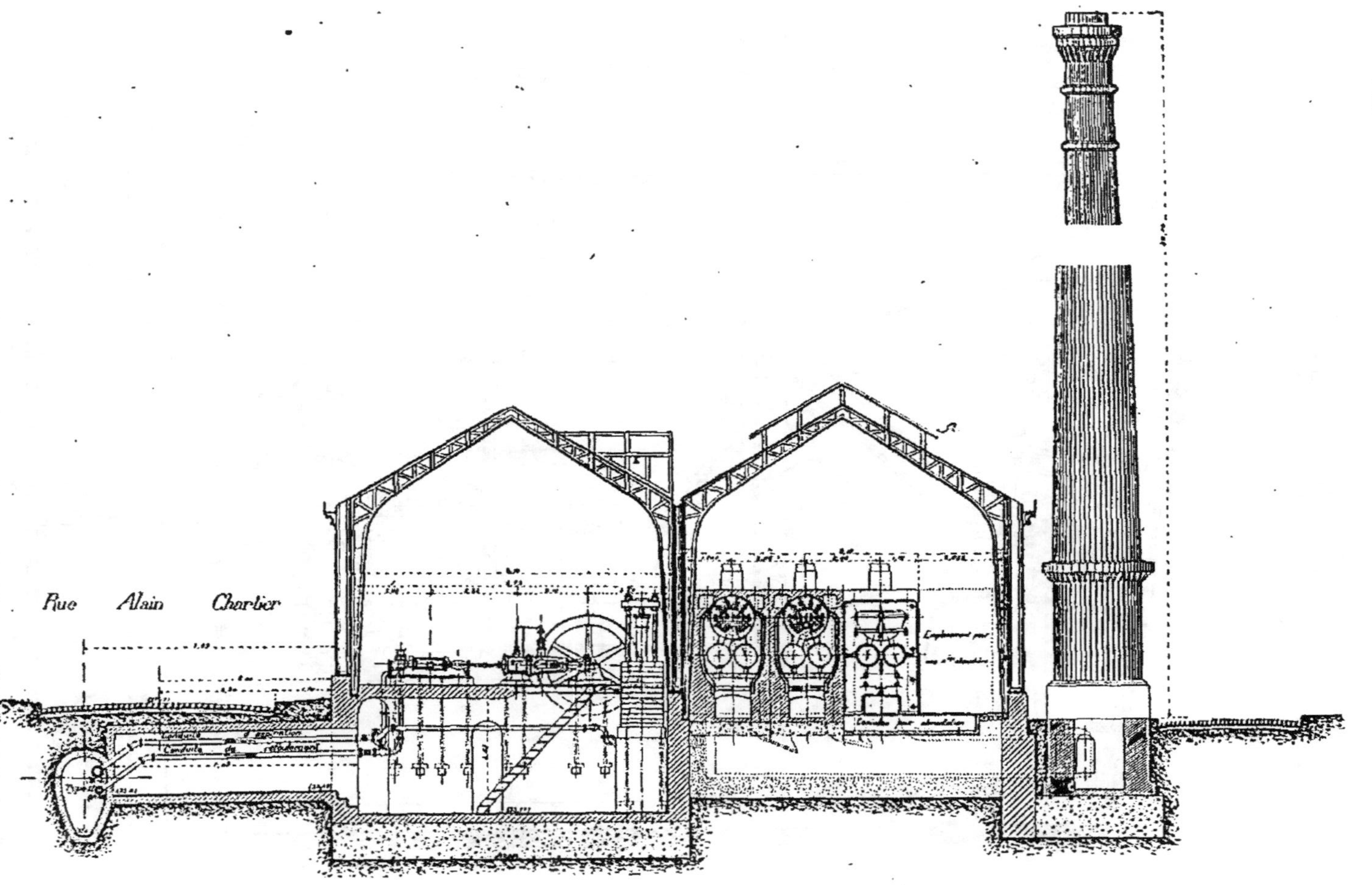

Fig. 268. — Coupe longitudinale de l'usine génératrice.

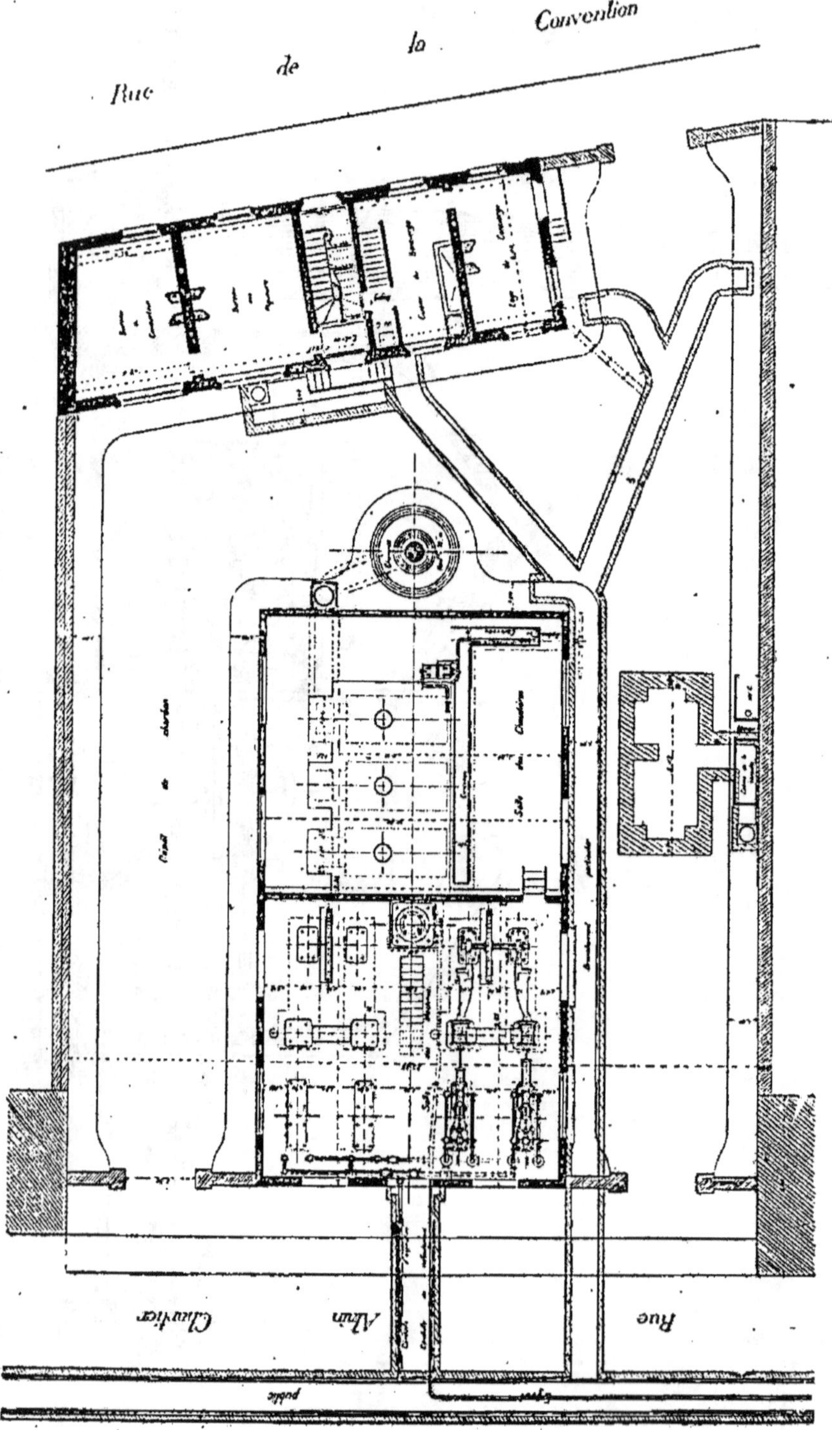

Fig. 260. — Plan de l'usine génératrice.

sous les critiques faites par M. Samain et exposées précédemment.

Les machines à vapeur qui ont été proposées par M. Meunier et qui ont été adoptées, ont les dimensions principales suivantes

Diamètre du petit cylindre................ 0,280
Diamètre du grand cylindre.............. 0,420
Course commune aux deux pistons...... 0,450

Vitesse normale, 60 tours par minute, pouvant d'ailleurs être réduite.

Introduction au petit cylindre, 1/3.

Détente totale :

$$1/3 \times \left(\frac{28}{42}\right) = \frac{1}{6,75}.$$

Les pompes de compression (*fig.* 270 à 273) sont à double effet et à pistons plongeurs avec quatre clapets donnant le double effet à l'aspiration, ce qui permet d'aspirer sur le réseau de la distribution sans y apporter aucun trouble.

Le piston plongeur a $0^m,060$ de diamètre et $0^m,450$ de course.

Accumulateur. — Il n'y en a qu'un seul à l'usine génératrice qui n'est, en un mot, qu'un simple régulateur de pression. Le diamètre de son piston est de $0^m,200$, et sa course de 4 mètres, ce qui correspond à une capacité de 125 litres. Cet accumulateur est disposé pour produire l'arrêt et la mise en marche des machines à vapeur quoiqu'il soit admis que les changements de régime, dans l'usine réceptrice, seront préalablement annoncés à l'usine génératrice à l'aide d'une communication téléphonique.

Conduite. — La conduite doit fournir au maximum un volume de $8^{lit},6$ par seconde ; elle a été choisie en fer du diamètre de $0^m,100$ intérieur, ce qui donne à l'eau une vitesse de $1^m,10$. La perte de charge, d'après les tables de Prony, est de :

$$JL = 0,016 \times 400^k = 6^m,40.$$

Cette perte est minime, comparée à la charge de 410 mètres dont on dispose.

Générateurs. — Les générateurs sont au nombre de trois, de 40 mètres carrés de surface de chauffe ; soit, au total, 120 mètres carrés pour une force de $46^{chev},5$ en eau montée.

Trois générateurs ont paru utiles pour satisfaire aux grandes variations de force que peut demander l'usine réceptrice.

Filtre. — L'eau délivrée provenant de la Seine contient du sable très fin en suspension, qui peut donner lieu à une usure plus ou moins rapide des organes de distribution des récepteurs à l'usine souterraine.

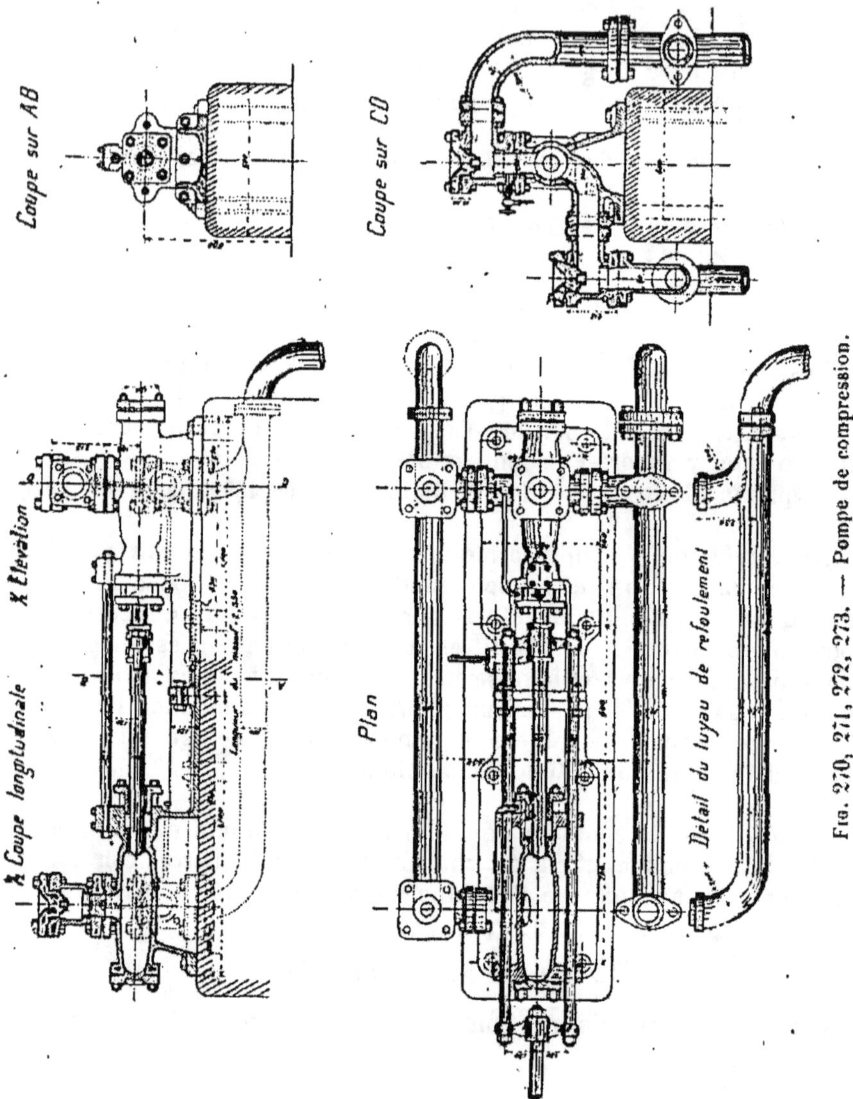

Fig. 270, 271, 272, 273. — Pompe de compression.

En vue de l'entretien de ces machines, l'eau est filtrée avant son admission à l'usine génératrice.

L'appareil (*fig.* 274 à 279) adopté est un filtre complet formé d'un feutre s'appuyant sur une plaque perforée. Il est à deux compartiments pour permettre le nettoyage sans arrêter le courant.

L'eau arrive par les tubulures latérales A, traverse les couches filtrantes F et sort par les tubulures supérieures S. Des couvercles permettent la visite et l'enlèvement des filtres.

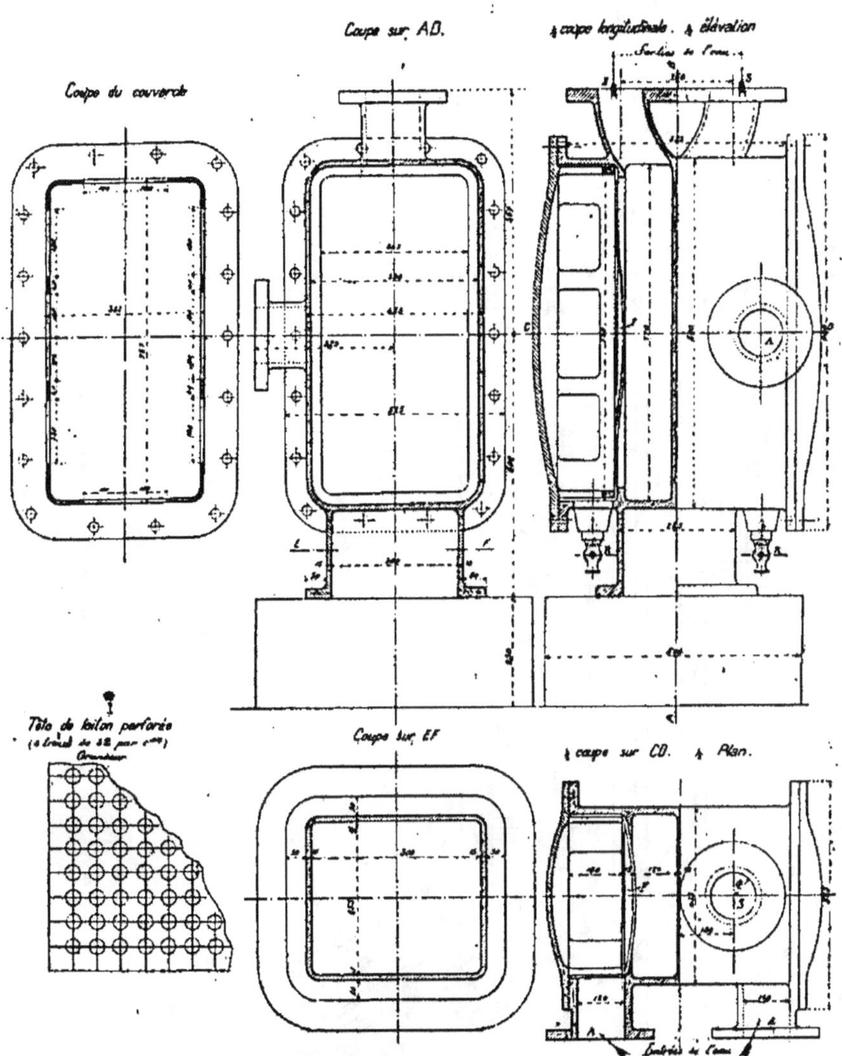

Fig. 274 à 279. — Filtre.

Des robinets R permettent la vidange et l'évacuation des boues.

Usine réceptrice (*fig.* 280-281-282-283-284). — L'usine réceptrice comporte trois groupes de machines, chacun d'eux pouvant éle-

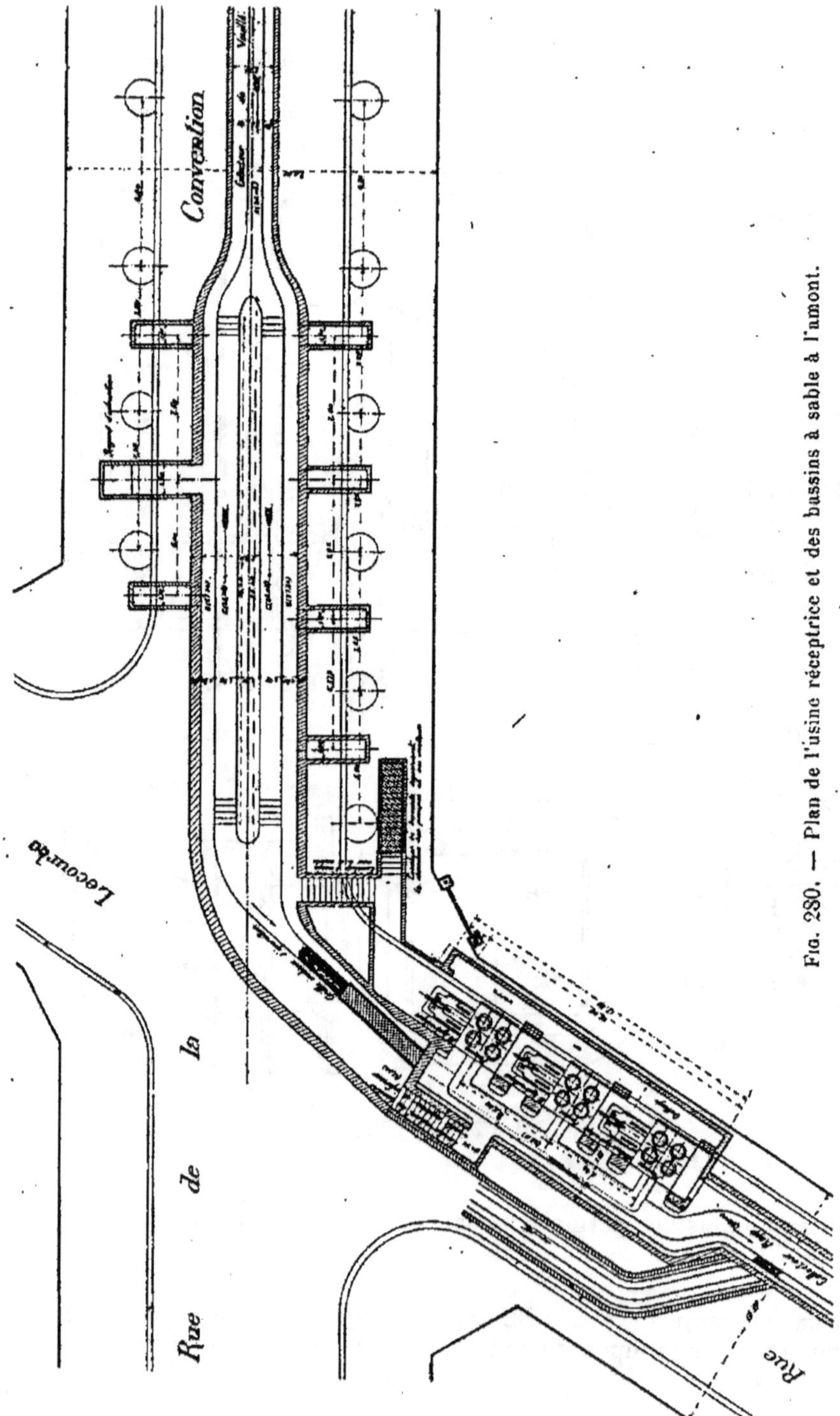

Fig. 280. — Plan de l'usine réceptrice et des bassins à sable à l'amont.

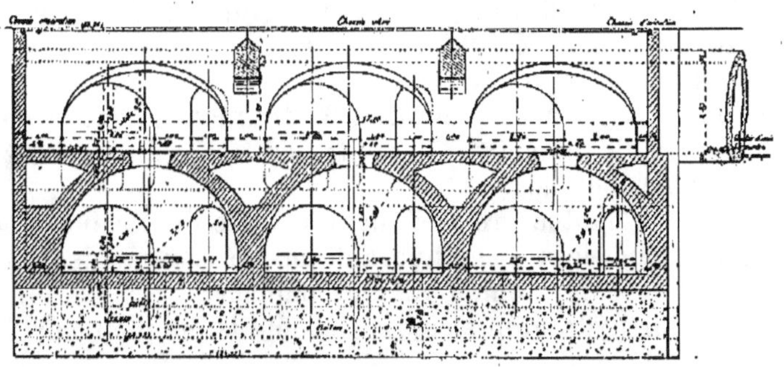

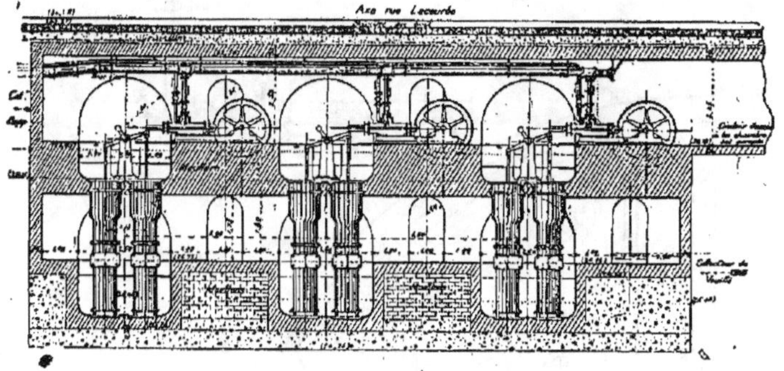

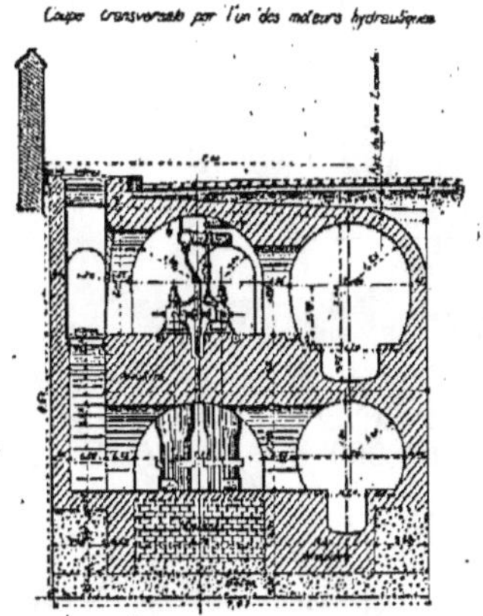

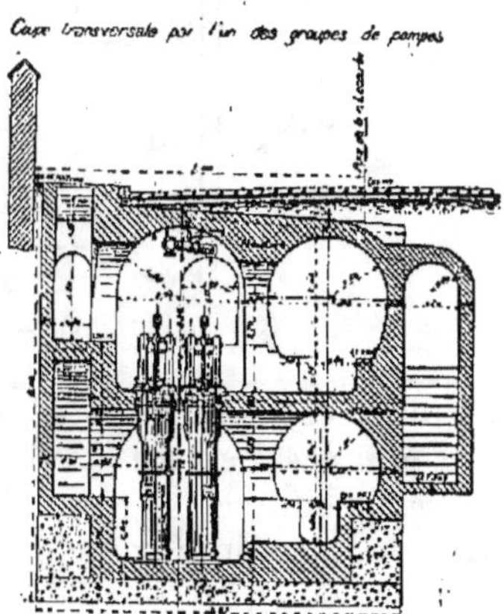

Fig. 281 à 284. — Coupes de l'usine.

ver 200 litres par seconde à la vitesse normale de 22 tours, cette vitesse pouvant être réduite à volonté.

Chaque groupe est constitué par un moteur hydraulique à deux pistons à double effet chacun, ces deux pistons absolument solidaires, en ce sens que c'est l'un d'eux qui commande la distribution de l'autre, et réciproquement.

Cette disposition assure la continuité du mouvement à l'aide d'un volant de faible diamètre à des vitesses très réduites, tout en ayant des organes simples.

Étant donnée la hauteur relativement réduite de l'usine réceptrice, on a dû placer le moteur hydraulique horizontalement et les pompes verticalement, et employer un balancier.

Chaque moteur hydraulique comporte un piston plongeur dont

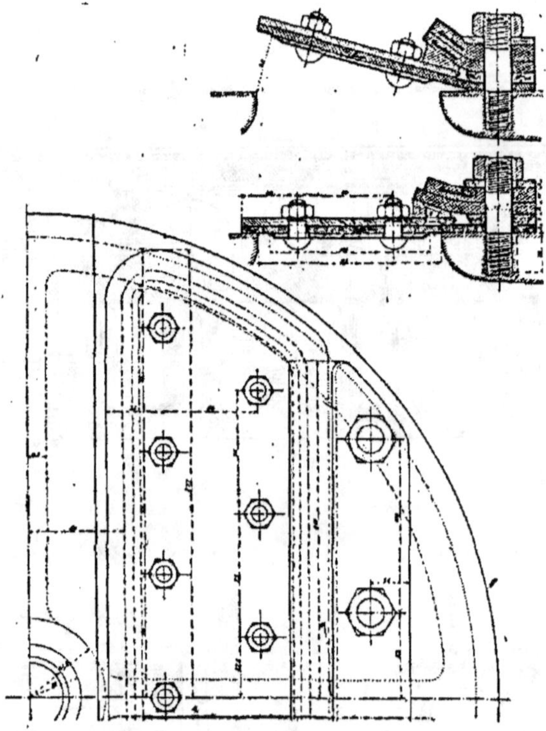

Fig. 285. — Clapet de retenue.

le diamètre est de 0^m,090, et la course de 0^m,300 ; il commande quatre pompes Letestu à simple effet de 0^m,600 de diamètre et de 0^m,450 de course.

L'axe des machines coïncide exactement avec l'axe de la galerie, et le centre des quatre groupes coïncide, en projection horizontale, avec le centre de la fosse qui les renferme, ce qui permet de circuler assez facilement autour des corps de pompe.

De plus, afin de visiter et de changer les clapets des pompes, ce qui pourra arriver assez fréquemment, on a ménagé des regards rectangulaires sur les corps de pompe dont l'accès a été rendu aussi facile que possible, en raison du peu de place dont on disposait.

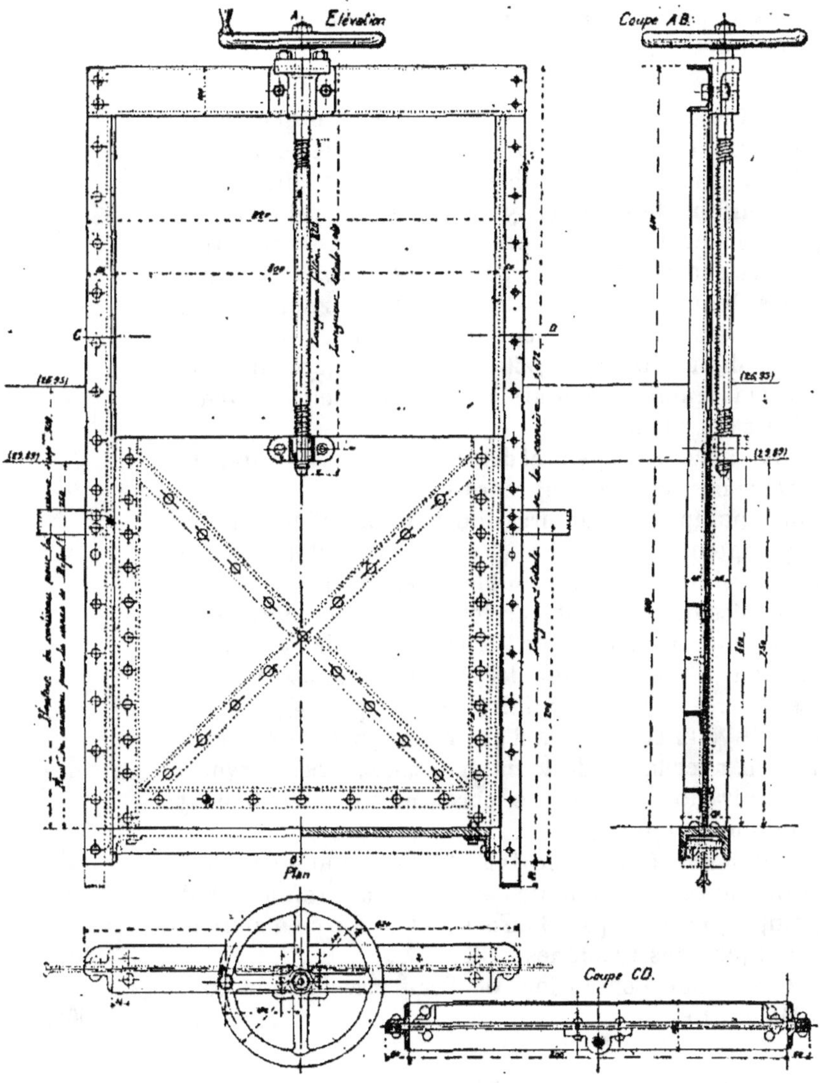

Fig. 286. — Vanne.

Ces clapets (*fig.* 285) sont en cuir, formant eux-mêmes charnières, et fermant sur de longs orifices rectangulaires sans grille.

Vannes. — Pour isoler chaque groupe de pompe, aussi bien du

côté de l'aspiration que du côté du refoulement, en cas de visite
ou de réparation, il a été posé des vannes métalliques (*fig.* 286),
glissant dans des rainures ménagées dans la maçonnerie et dont
le mouvement est donné à l'aide d'une vis sans fin par un volant
horizontal mû à la main.

Les montants à coulisse sont en fer plat et cornières. La vanne
proprement dite est en tôle renforcée par des cornières.

Le seuil et le chapeau sont en fer à U.

Devis estimatif et prix de revient. — Usine génératrice.
— Trois générateurs tubulaires à foyer intérieur concentrique et faisceau amovible de 40 mètres carrés chacun de surface de chauffe, y compris les robinets de
prise de vapeur d'alimentation et de vidange, les registres
avec leurs chaînes et contrepoids. — Deux injecteurs
Giffard et leur bâche pour l'alimentation des chaudières.
— Deux machines à vapeur compound de 0^m,280 et
0^m,420 de diamètre, et 0^m,450 de course, marchant à la
vitesse maximum de 60 tours à toute pression, à détente
variable sans condenseur.

La tuyauterie de vapeur et d'alimentation et la robinet-
terie entre ces machines et leurs générateurs.

Quatre pompes de compression à double effet et à pistons plongeurs avec quatre clapets donnant le double
effet à l'aspiration et le double effet au refoulement,
commandées directement par les machines compound,
prenant l'eau en charge sur les conduites de la Ville et
la refoulant à une pression de 41 kilogrammes par centimètre carré sous l'accumulateur. Ces pompes munies
de leurs tuyaux et robinets d'aspiration jusqu'à leur raccordement avec la conduite en égout, de leurs réservoirs
d'air d'aspiration, des tuyaux et robinets de refoulement
attenant aux pompes...................................   57.000

Accumulateur à poids de 100 litres au moins de capacité utile, avec la tuyauterie le reliant au refoulement
des pompes, et les appareils d'arrêt et de mise en marche
automatiques des machines..........................   17.000

Un filtre pour l'épuration de l'eau prise sur la conduite de la ville.....................................   900

Usine réceptrice. — Trois groupes de moteurs hydrauliques à pistons et pompes, comprenant ensemble :
Six moteurs hydrauliques à double effet et à pistons
plongeurs avec distribution par tiroirs. Diamètre des

A reporter...................   74.900

Report............. 74.900

pistons plongeurs, 90 millimètres ; course, 0^m,300 ; vitesse,
22 tours par minute au maximum.

Ces moteurs munis de leurs branchements de prise
d'eau avec robinets à vis et de leur tuyau d'évacuation
à l'égout supérieur.

Douze pompes verticales à simple effet, de 0^m,600 de
diamètre et de 0^m,45 de course, avec leurs bielles, arbres,
balanciers, supports des arbres, entretoises, garnitures
de pistons... 23.500

Conduite reliant les usines. — 400 mètres de conduite
en fer de 0^m,100 de diamètre intérieur avec joints en
caoutchouc, cette conduite placée en égout aux frais du
constructeur sur des corbeaux en fonte fournis par la
ville.. 4.000

Vannes d'isolement. — Six vannes d'isolement en
tôle avec cadre en fer et mouvement par vis........... 1.110

Montage des machines et droit d'enregistrement. —
Montage des machines aux deux usines génératrices et
réceptrices, droit d'enregistrement et de timbre, retenues
pour les asiles de Vincennes et du Vésinet............. 7.000

Ensemble....................... 110.510

Le prix du cheval-vapeur ressort ainsi à $\dfrac{110.510}{46} = 2.402$ francs.

Motifs qui ont guidé dans le choix du constructeur. — Si l'on compare les prix du cheval-vapeur dans chacun des projets de MM. Samain et Meunier, on trouve une petite différence de 32 francs par cheval (2.402 francs au lieu de 2.370 francs) ; mais l'Administration n'a pas considéré suffisant ce léger avantage pécuniaire pour adopter le système préconisé par M. Samain, parce que le type de pompes proposé par ce constructeur n'a pas été suffisamment expérimenté avec des eaux d'égout chargées d'impuretés, et qu'au contraire les pompes Letestu, proposées par M. Meunier, ont fourni une longue carrière et qu'on était absolument certain qu'elles donneraient un bon résultat.

De plus, les machines employées pour la compression de l'eau et les moteurs hydrauliques destinés à actionner les pompes proposées par M. Meunier sont également connus et présentaient toute garantie.

Dans sa soumission, M. Meunier garantissait un maximum de consommation de combustible de 5 kilogrammes de charbon net par force de cheval, mesurée en eau d'égout montée.

Les expériences de rendement qui ont été faites sont résumées

EXPÉRIENCE DE RENDEMENT

Tableau A

USINES
Rues Alain-Chartier
et de la Convention

Expérience du 18 novembre 1895.
Commencée à 8ʰ,30 du matin, terminée à 4ʰ,30 du soir. Durée : 8 heures.

CYLINDRES A VAPEUR

CYLINDRES A HAUTE PRESSION

Diamètres { du piston.................... 0ᵐ,280
{ de la tige avant............. 0 ,050
{ de la tige arrière............ 0 ,050

Sections { du piston.................... 0ᵐ,0616
{ de la tige avant............. 0 ,00196
{ de la tige arrière............ 0 ,00196

Sections utiles { à l'avant.......... 0 ,05964
{ à l'arrière......... 0 ,05964

CYLINDRES A BASSE PRESSION

Diamètres { du piston avant............. 0ᵐ,420
{ de la tige avant............. 0 ,050
{ de la tige arrière............ 0 ,050

Sections { du piston.................... 0ᵐ,1385
{ de la tige avant............. 0 ,00196
{ de la tige arrière............ 0 ,00196

Sections utiles { à l'avant.......... 0 ,13654
{ à l'arrière......... 0 ,13654

Course commune aux 2 pistons........ 0ᵐ,450

POMPES DE COMPRESSION

Diamètre des pistons.................... 0ᵐ,060
Section des pistons.................... 0 ,002827
Course commune.................... 0 ,450
Volume par coup de piston.................... 1ˡ,272
Volume par tour de machine.................... 5 ,088
Soit un rendement à 85 0/0 de...... 4 ,30

POMPES ÉLÉVATOIRES

Diamètre du piston des pompes.................... 0ᵐ,600
Course du piston des pompes.................... 0 ,450
Volume engendré par coup de piston.................... 127ˡ,284
Volume théorique pour les 4 pistons.................... 508 ,936
Volume réel constaté à l'expérience du 26 juin.................... 454 ,000
Soit un rendement de.................... 89 ,20/0

Tableau (suite)

Pression — Effort moyen — Nombre de tours — Travail

HEURES	PRESSION EFFECTIVE DE LA VAPEUR dans la chaudière	PRESSION pendant l'introduction d'après les diagrammes petit cylindre — avant	— arrière	EFFORT MOYEN — Petit cylindre avant	Petit cylindre arrière	Grand cylindre avant	Grand cylindre arrière	NOMBRE DE TOURS pendant l'expérience	par minute	TRAVAIL indiqué en chevaux sur les cylindres
	(k)	(k)	(k)	(k)	(k)	(k)	(k)			
8,30	7,750									
9,30	7,500	7,00	6,000	2,557	2,430	0,828	0,841			
10,30	7,000	6,875	6,250	2,497	2,545	0,813	0,849			
11,30	7,250	6,875	6,500	2,450	2,655	0,828	0,711			
12,30	7,250							37.876	78,90	»
1,30	7,250	6,750	6,500	2,400	2,340	0,879	0,891			
2,30	7,500									
3,30	7,500	6,875	6,500	2,190	2,490	0,813	1,152			
4,30	7,750									
Totaux	66,750	34,375	31,750	12,094	12,460	4,161	4,444	37.876	»	»
Moyennes	7,416	6,875	6,350	2,418	2,492	0,833	0,888	»	78,90	41,58

Pompes de compression — Pompes élévatoires — Rapport du travail

HEURES	POMPES DE COMPRESSION Hauteur ascensionnelle	Volume élevé par tour de volant	Travail effectif en chevaux-vapeur	POMPES ÉLÉVATOIRES Nombres de tours pour les moteurs	Hauteur ascensionnelle moyenne	Volume d'eau élevée par tour	Travail en eau élevée	RAPPORT Indiqué sur les cylindres au travail effectif sur les pompes de compression	Indiqué sur les pompes de compression au travail effectif des pompes élévatoires	Indiqué sur les cylindres au travail effectif sur les pompes élévatoires
				(tours)		(litres)				
8,30					3,170					
9,30					3,265					
10,30					3,270					
11,30					3,250					
12,30	341,80	-4ˡ,30	»	21.015	3,390	454	»	»	»	»
1,30					3,350					
2,30					3,260					
3,30					3,085					
4,30					3,125					
Totaux	»	»	»	21.015	29,165	»	»	»	»	»
Moyennes	341,80	4ˡ,30	25,77	»	3,240	454	14,38	61,98 0/0	34,58 0/0	55,80 0/0

Charbon brûlé — Cendres — Charbon pur consommé — Eau vaporisée

HEURES	CHARBON BRULÉ pendant l'expérience	par heure et par cheval indiqué sur les cylindres	par heure et par cheval effectif sur les pompes élévatoires	CENDRES et MACHEFER	CHARBON PUR CONSOMMÉ pendant l'expérience	par cheval en eau élevée et par heure	EAU VAPORISÉE pendant l'expérience	par heure et par cheval indiqué sur les cylindres à vapeur	par kilogramme de charbon brut	par kilogramme de charbon pur
	(kilog.)			(kilog.)	(kilog.)					
12,30	623	»	»	70	553	»	4.358ˡ	»	»	»
Totaux	»	»	»	70	553	»	»	»	»	»
Moyennes	623	1ˡ,88	5ˡ,41	70	553	4ˡ,81	4.358ˡ	13ˡ,103	6ˡ,995	7ˡ,881

OBSERVATIONS

Au commencement de l'expérience, le compteur de tours de la machine n° 1 marquait.... 248.268ᵗ
A la fin de l'expérience, le compteur de tours de la machine n° 1 marquait........... 267.322ᵗ

Différence................ 19.054ᵗ

Au commencement de l'expérience, le compteur de la machine n° 2 marquait........... 465.248ᵗ
A la fin de l'expérience le compteur de la machine n° 2 marquait.................. 484.070

Différence................ 18.822ᵗ — 18.822ᵗ

Total du nombre de tours pour les 2 machines.................. 37.876ᵗ

La pression à l'accumulateur pendant toute la durée de l'expérience a été maintenue à 36 kilogrammes, soit.................. 360ᵐ,00

L'eau d'aspiration avait une sous-pression de 22 mètres au manomètre du sous-sol, et la différence de niveau entre les 2 manomètres était de 3ᵐ,80, il en résulte que la sous-pression au manomètre était de 22ᵐ,00 — 3,80 = 18ᵐ,20.................. 18ᵐ,20

Reste pour l'élévation totale.................. 341ᵐ,80

Pendant l'expérience, la pompe élévatoire n° 1 a donné un nombre de tours de.................. 4.890ᵗ
— n° 2 — 7.000
— n° 3 — 9.125

Total du nombre de tours des pompes élévatoires...... 21.015ᵗ dans le tableau A. Elles ont démontré que le constructeur a rempli ses engagements, car elles n'ont donné que $4^{kg},81$ de charbon au lieu de 5 kilogrammes.

Le travail journalier des machines élévatoires est indiqué dans le tableau B, donnant aussi la quantité de charbon consommé journellement, le cube d'eau élevée, la hauteur ascensionnelle moyenne à laquelle a été élevée l'eau pendant la journée; par suite, on en déduit la force en chevaux et la quantité de charbon brûlé par cheval.

L'installation comprend deux usines : 1° l'usine génératrice établie rue Alain-Chartier, sur un terrain appartenant à la ville de Paris, et l'usine élévatoire construite souterrainement au carrefour des rues de la Convention et Lecourbe.

(Voir le tableau annexé A et le tableau B ci-après.)

Tableau B

RÉPUBLIQUE FRANÇAISE

LIBERTÉ. — ÉGALITÉ. — FRATERNITÉ

DIRECTION

DES

TRAVAUX DE PARIS

ASSAINISSEMENT

SERVICE DES ÉGOUTS

ANNÉE 1896

RELÈVEMENT DES EAUX DU 15ᵉ ARRONDISSEMENT　*Mois de mars*

USINE DE LA CONVENTION　　**JOURNÉE DU 26**

TRAVAIL DES MACHINES ÉLÉVATOIRES

DÉSIGNATION des MACHINES	FOURNEAUX					CHARBON BRULÉ			TEMPÉRATURE dans le CONDENSEUR		PRESSION MOYENNE DANS		NOMBRE DE TOURS INDIQUÉS PAR LE COMPTEUR			
	HEURES DE			DURÉE		dans la journée										
	l'allumage	la mise en marche	l'arrêt définitif	des arrêts forcés	de l'activité réelle	pour l'allumage	pendant la marche	par heure	Eau chaude	Eau froide	la chaudière	le condenseur	avant la mise en marche	après l'arrêt définitif	par jour	par minute
Machine n° 1....	»	6ʰ	6ʰ	7ʰ,15′	16ʰ,45′	»	»	»	»	»	»	»	584.550	639.285	54.735	54
Machine n° 2...	»	6ʰ	6ʰ	1ʰ,5′	22ʰ,55′	»	1.700ᵏ	42ᵏ	»	»	8ᵏ	»	579.635	655.390	75.755	55

DÉSIGNATION des MACHINES	NOMBRE DE TOURS DES MOTEURS			LITRES ÉLEVÉS par seconde pendant l'activité	MÈTRES CUBES élevés par jour	ALTITUDE MOYENNE		HAUTEUR ASCENSIONNELLE réelle	HAUTEURS ASCENSIONNELLES manométriques				KILOGRAMMÈTRES			FORCE EN CHEVAUX	CHARBON BRULÉ PAR CHEVAL ET PAR HEURE
	Désignation des moteurs	Durée de l'activité	Nombre de tours			du plan d'eau du puisard	du plan d'eau de la galerie de Rapp		Aspiration	Refoulement	Différences de niveau	Totales	Utiles	Manométriques	Par kilogramme de charbon		
Machine n° 1...	1er mot.	17h,25'	22.200	160	10.034	»	»	»	»	»	»	»	»	»	»	»	»
Machine n° 2...	2e mot.	18h	22.030	153	9.958	27m,09	29m,79	2a,70	»	»	»	»	»	»	»	15,73	2k,67
	3e mot.	14h,25'	14.305	124	6.466	»	»	»	»	»	»	»	»	»	»	»	»

OBSERVATIONS

Temps pluvieux, pluie très forte de 9h,30' à 11 heures du matin, pluies intermittentes dans la soirée et pendant la nuit.

Cunette, galerie inférieure (26,05)
Banquettes (27,35)

HAUTEURS D'EAU
à 8 heures matin 0,85
à midi 1,50
à 4 heures soir 1,30
à 8 heures 1,00
à minuit 1,00
à 4 heures matin 0,90

Cunette, galerie supérieure (29,15)
Banquettes (30,15)

HAUTEURS D'EAU
à 8 heures matin 0,65
à midi 0,92
à 4 heures soir 0,95
à 8 heures 0,65
à minuit 0,45
à 4 heures matin 0,40

Dépenses. — Les travaux de ces deux usines, commencés en mai 1895, ont été complètement achevés en septembre 1896.

La dépense s'est élevée à la somme de 303.810 francs, que l'on peut décomposer ainsi :

1° *Usine génératrice.* — Fourniture et pose des machines, des générateurs, des pompes, de l'accumulateur, des filtres, etc..

Fumisterie (carneaux et cheminée)....................

Bâtiments d'habitation et de l'usine....................

Divers, tels que : murs de clôture, égout, pont-bascule, grille de fermeture, etc., etc...........................

2° *Usine élévatoire.* — Fourniture et pose des moteurs hydrauliques et des pompes, de la canalisation d'eau comprimée, des vannes d'isolement, etc................

Chambre souterraine.................................

Dépenses diverses, telles que : grilles d'épuration, matériel de curage, etc., etc..............................

TOTAL pareil................

	Francs
Usine génératrice — machines, etc.	74.900
Fumisterie	14.000
Bâtiments	120.000
Divers	10.300
Usine élévatoire — moteurs, etc.	35.610
Chambre souterraine	35.000
Dépenses diverses	14.000
TOTAL pareil	303.810

Depuis l'achèvement de l'usine dont on vient de lire la description, la quantité d'eau arrivant au puisard d'aspiration des pompes, et par suite à élever, a augmenté, pour des causes diverses, dans une notable proportion.

Pour subvenir aux nouveaux besoins, le service des égouts vient de faire construire à l'angle des rues de Vouillé et Lecourbe une deuxième petite usine, où a été placée une pompe d'un nouveau type inventée par M. Samain, ingénieur civil.

DESCRIPTION DE LA POMPE. — La pompe Samain (*fig.* 287 et 288) se compose d'un moteur hydraulique à mouvement rectiligne, alternatif et marchant à simple effet.

L'eau motrice à 35 kilogrammes de pression est amenée à la tubulure T du moteur ; elle s'évacue par la tubulure T'.

Ce moteur se compose d'un cylindre C dans lequel peut se mouvoir un piston muni d'une tige A, qui traverse le fond inférieur du cylindre par un presse-étoupe. La tige A est fixée au fond B du cylindre corps de pompe D, alésée intérieurement et munie à son pourtour de couronnes E formant contrepoids pour l'équilibrage convenable du système.

Le cylindre D suit les mouvements du piston moteur, et sa paroi intérieure glisse sur une garniture étanche maintenue dans la couronne mobile à volant G.

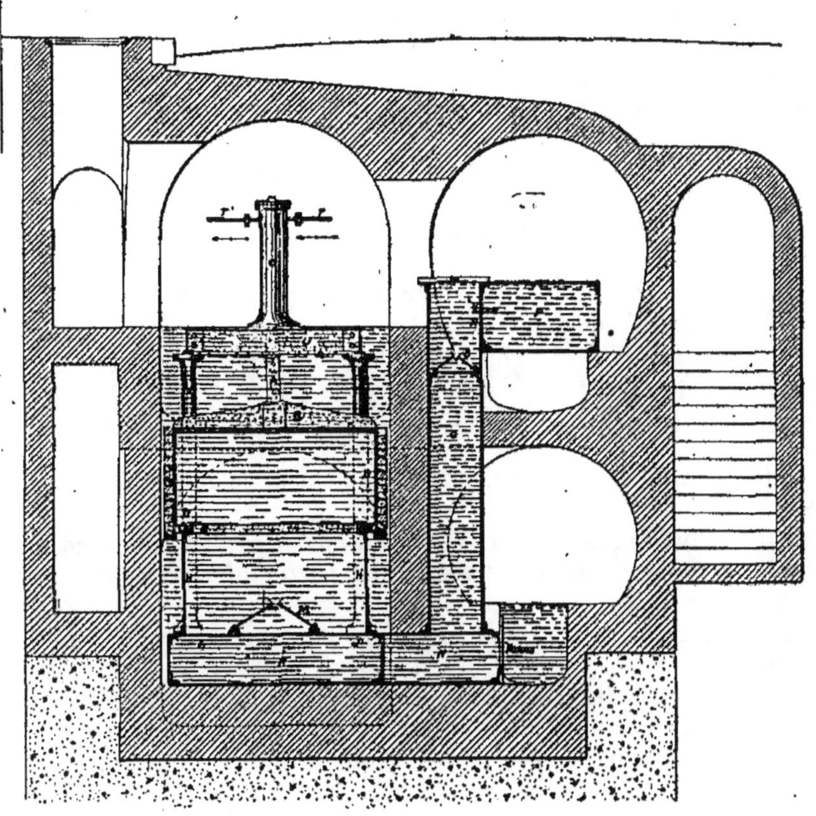

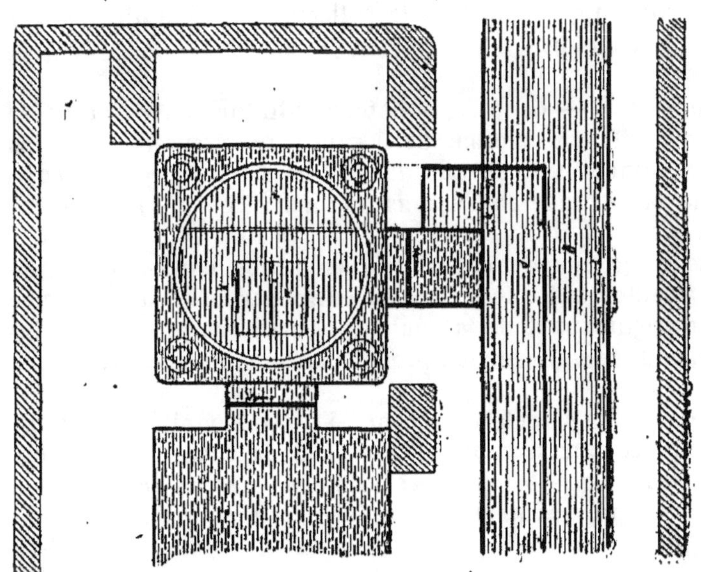

Fig. 287 et 288. — Coupe et plan de la pompe Samain.

Cette couronne est montée sur un cylindre en tôle H fixé à sa partie inférieure sur une bâche rectangulaire divisée en deux compartiments par une cloison.

Le compartiment K est celui de l'aspiration, il est recouvert à sa partie supérieure et porte le clapet d'aspiration M. Il communique avec le collecteur de la rue de Vouillé par un canal rectangulaire en tôle, débouchant directement dans l'égout et muni à son extrémité d'une vanne de barrage permettant l'isolement de la machine en cas de besoin.

Le compartiment L est celui du refoulement; il communique avec le canal de refoulement O à section carrée, qui conduit l'eau dans le canal de fuite P, lequel se raccorde avec le collecteur Rapp.

Une vanne R permet d'isoler la machine d'avec le canal de refoulement.

Dans le conduit de refoulement O est logé un clapet de retenue S.

Le moteur hydraulique est fixé sur une charpente en fer posée sur quatre colonnes en fonte V fixées à leur partie inférieure sur la bâche J.

La machine est complètement immergée pour l'équilibrage des appareils.

La mise en route de la machine peut se faire à la main ; toutefois il est établi une mise en route automatique et progressive à l'aide d'un flotteur situé dans le collecteur Vouillé, actionnant des appareils de distribution spéciaux.

Les arrêts se font également automatiquement, de telle sorte que c'est le niveau de l'eau dans le collecteur Vouillé qui règle la marche de la machine.

Fonctionnement. — Le piston moteur entraîne, en montant, le corps de pompe D. La colonne d'eau située au-dessus de ce corps de pompe diminue et se répand dans le bassin à large surface, à mesure que celle située en dessous augmente, ce qui rend le travail constant.

Par suite de ce mouvement, il y a aspiration dans le corps de pompe, et l'eau du collecteur Vouillé entre par le canal N, arrive dans le compartiment K de la bâche J et traverse le clapet d'aspiration M, pour remplir le vide produit par le mouvement d'ascension de la cuve.

En descendant, le clapet M se ferme; l'eau introduite précédemment est refoulée dans le compartiment L de la bâche J, puis dans le canal O, traverse le clapet de refoulement S et va dans le collecteur Rapp, après avoir contourné la cloison *q* du canal de fuite P.

G. — Collecteur Debilly

Ce collecteur longe les quais jusqu'à l'avenue de Versailles. Il reçoit toutes les eaux du XVIe arrondissement qui lui sont amenées par l'avenue de Versailles, le boulevard Exelmans, la rue Gros. Il déverse ses eaux dans le collecteur Marceau sous la place de l'Alma après un parcours de 2.620 mètres.

La pente de cette galerie est de 0m,0003 par mètre (*fig.* 289).

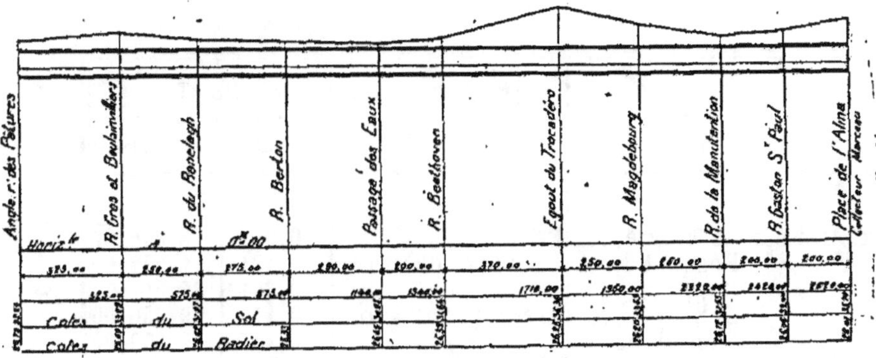

Fig. 289. — Profil en long du collecteur Debilly.

Plusieurs déversoirs d'orage sont établis sur son parcours.

La figure 290 donne la section du collecteur Debilly.

D'après les projets d'assainissement, cette galerie doit être pro-

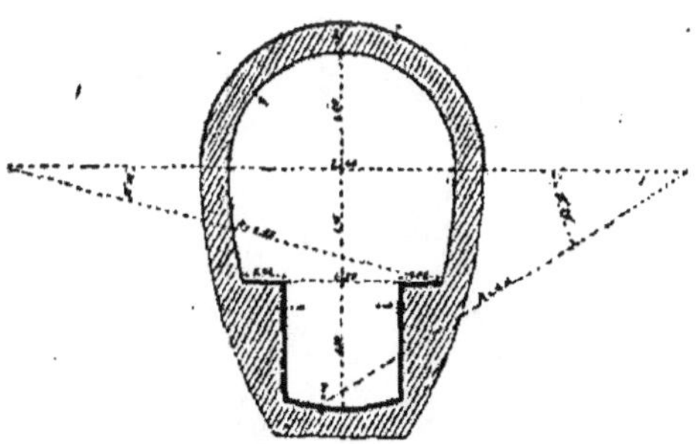

Fig. 290. — Coupe du collecteur Debilly.

longée au-delà du boulevard Exelmans par l'avenue de Versailles, dont elle remplacerait l'égout actuel très défectueux et qui reçoit une très grande quantité d'eau.

Actuellement le collecteur Debilly, dont le radier se raccorde avec celui du collecteur Marceau avec une faible dénivellation de

0^m,50, subit constamment le reflux des eaux de ce dernier. Il se trouve, par suite, dans une situation très défavorable au point de vue du curage ; mais cette situation se trouvera améliorée lors de la mise en service du grand collecteur de Clichy, qui détournera, par le siphon de la Concorde, une grande partie des eaux qu'écoule actuellement le collecteur Marceau.

Quantité d'eau écoulée par les égouts formant le bassin du collecteur Marceau d'après de récents jaugeages

INDICATION DES AFFLUENTS	POINTS OÙ ONT ÉTÉ FAITS LES JAUGEAGES	DÉBIT	
		par seconde	par 24 heures
		m^3	m^3
Collecteur de Bièvre....	Près la rue du Bac.	0,965	83.376,00
— Bosquet......	Près le q. d'Orsay.	0,134	11.577,60
— Rapp........	—	0,394	34.041,60
— Debilly......	Près la p. de l'Alma.	0,115	9.936,00
— Montaigne...	—	0,105	9.072,00
— Péreire......	Place Péreire.	0,280	24.192,00
Affluents divers.........	—	0,047	4.060,80
DÉBIT TOTAL du collecteur Marceau avant la fourche......................		m^3 2,040	m^3 176.256,00

III. — BASSIN DU COLLECTEUR DU NORD

Le collecteur du Nord, construit en 1863, a son origine à la rue Oberkampf ; il descend les boulevards de Belleville, de la Villette, fait un premier coude brusque à la rue d'Allemagne qu'il longe jusqu'à la rue de Crimée. A ce point, le collecteur fait un deuxième coude brusque, puis suit la rue de Crimée, prend le boulevard Ney jusqu'à la porte de la Chapelle, où il sort de Paris. A cet endroit, il pénètre sur le territoire de la commune de Clichy ; il suit la route nationale n° 1, et va aboutir à la Seine après un parcours de 10km,264.

Établi à flanc de coteau, il a reçu au passage une grande partie des eaux provenant des quartiers hauts des XIX° et XX° arrondissements, qui descendaient jadis dans le collecteur des Coteaux et envahissaient ce dernier.

A la porte de la Chapelle, ce collecteur reçoit un affluent très important qui amène, par le boulevard de la Chapelle, les eaux de tout le XVIII° arrondissement. Cet exutoire a pris le nom de collecteur de la rue de la Chapelle.

A la rue de Crimée, il passe par-dessous le canal de l'Ourcq. Son radier est établi à 6 mètres en contre-bas du niveau de la retenue du canal. La construction de cette traversée a été d'une très grande difficulté, à cause des fuites qui se produisaient dans le canal. Il était d'ailleurs impossible de mettre ce dernier en chômage, car, à cette époque, il jouait un rôle important dans l'alimentation de Paris.

Malgré les énergiques pompes d'épuisement employées pour étancher la fouille, on ne parvint à obtenir l'étanchéité nécessaire qu'en recouvrant les deux entrées du caisson, dans lequel s'écoulait l'eau du canal sur la berge de la fouille, par des toiles imperméables chargées de glaise.

A la porte de la Chapelle, après avoir reçu le collecteur du boulevard de ce nom, les eaux du collecteur du Nord se partagent et prennent deux directions. Ce partage est obtenu à l'aide de poutrelles placées transversalement.

La plus grande partie des eaux file à gauche dans un égout appelé « dérivation de Saint-Ouen », qui les conduit par gravitation sur les plaines de Gennevilliers.

L'autre partie, grossie sur le parcours par les eaux venant du département, s'écoule encore en Seine ; mais le département étudie en ce moment la modification de cet état de choses, et il est à espérer que, dans peu d'années, il n'y aura plus aucun déversement en Seine des eaux de ce collecteur.

La dépense de construction du collecteur du Nord s'est élevée à la somme de 1.241.022 fr. 88, qui a été partagée entre l'État, la ville de Paris et la ville de Saint-Denis dans la proportion suivante :

$$
\begin{array}{lr}
\text{État} \dots\dots\dots\dots\dots\dots\dots & 254.267 \text{ fr. } 16 \\
\text{Ville de Paris} \dots\dots\dots\dots\dots & 902.000 \text{ fr. } 00 \\
\text{Ville de Saint-Denis} \dots\dots\dots & 84.755 \text{ fr. } 72 \\
\hline
\text{TOTAL PAREIL} \dots\dots\dots\dots & 1.241.022 \text{ fr. } 88
\end{array}
$$

Les figures 291, 292 et 293 donnent les coupes en travers, ainsi que le profil en long de cet ouvrage.

Comme ouvrages particuliers rencontrés sur le parcours de ce collecteur, il n'y a à signaler que les deux bassins à sable établis boulevard de Belleville et boulevard de la Villette.

D'après les derniers jaugeages exécutés en 1896, le débit du collecteur du Nord à la porte de la Chapelle, comprenant les eaux amenées par le collecteur de la rue de la Chapelle, est de $0^{m3},970$ par seconde. Celles amenées par ce dernier émissaire y entrent pour un cube, par seconde, de 277 litres.

La quantité d'eau envoyée dans la dérivation de Saint-Ouen est de 500 à 600 litres par seconde. C'est donc un cube par seconde de 350 à 450 litres qui s'écoule encore en Seine, venant de Paris. Mais l'Administration municipale a étudié le dédoublement de la dérivation actuelle, devenue insuffisante, et il est à espérer que les travaux commenceront dans le courant de cette année. En 1899, la ville de Paris n'enverrait donc plus d'eau en Seine, ni à Saint-Denis, ni ailleurs, conformément à la loi de 1894.

Résumé des tableaux des débits des collecteurs

INDICATION DES COLLECTEURS	DÉBIT	
	par seconde	par 24 heures
Collecteur d'Asnières, avant la fourche...	$3^{m3},010$	260.064^{m3}
Collecteur Marceau, avant la fourche.....	$2\ \ ,040$	176.256
Collecteur du Nord, à la porte de la Chapelle.	$0\ \ ,970$	83.808
TOTAL....................................		520.128^{m3}

Si à ce débit on ajoute celui des quelques égouts déversant encore en Seine qui est de 15.000 mètres cubes, on trouve un débit total par vingt-quatre heures, pour l'ensemble des égouts de Paris, de 535.128 mètres cubes.

Or, les quantités d'eaux diverses consommées journellement à

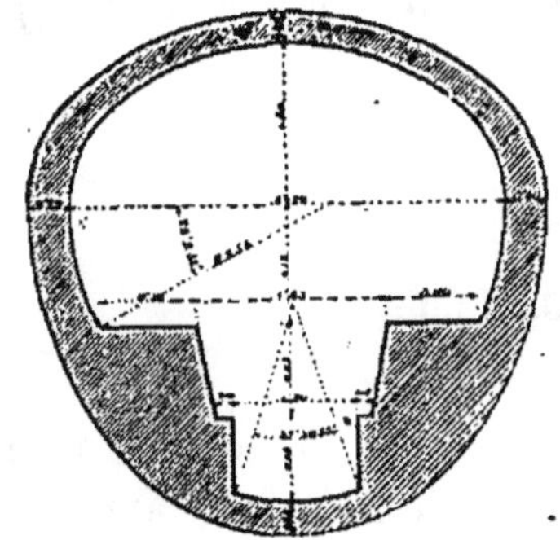

Fig. 291. — Coupe du collecteur du Nord sur le parcours de la rue d'Allemagne.

Fig. 292. — Coupe normale du collecteur du Nord.

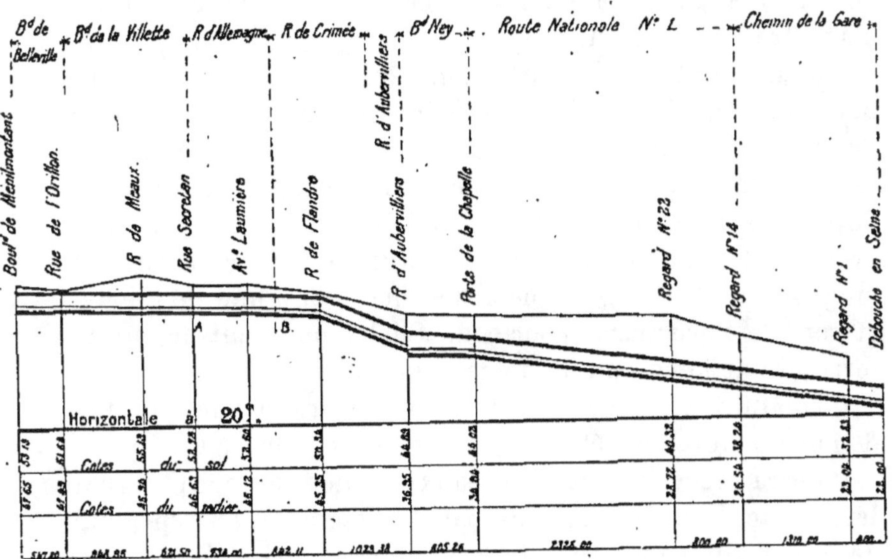

Fig. 293. — Profil en long du collecteur du Nord.

Paris, à l'époque où ont été faits les jaugeages, approchent de 600.000 mètres cubes. En ajoutant à ce cube celui provenant de l'afflux de la Bièvre, des égouts du département, des déversements du canal et des quelques puits restant encore à Paris, on peut évaluer à 100.000 mètres cubes la quantité d'eau consommée qui n'est pas évacuée par les égouts.

CHAPITRE XVIII

COLLECTEUR DE CLICHY ET SIPHON DE LA CONCORDE

A. — COLLECTEUR DE CLICHY

Le collecteur de Clichy, en construction, apportera une grande modification, en même temps qu'une grande amélioration, dans le régime des eaux d'égouts parisiennes.

Ce collecteur, d'une section considérable, est, en effet, destiné à suppléer à l'insuffisance des collecteurs actuels d'Asnières et Marceau.

Comme l'indique la carte (*fig.* 120), cet émissaire devra partir un jour des quais de la Seine et suivre la place de la Concorde, les rues Saint-Florentin et Richepance, les boulevards de la Madeleine et des Capucines jusqu'à la place de l'Opéra, la rue Halévy et la rue de la Chaussée-d'Antin (tracé présumable). La partie déjà construite ou en construction longe la rue de Clichy, la place de Clichy, l'avenue de Clichy, et sort de Paris par la porte de Clichy pour entrer sur le territoire de la commune de ce nom.

Il conduira ses eaux aux puisards d'aspiration des pompes de l'usine élévatoire établie sur le quai de Seine à Clichy.

Il devra recevoir toutes les eaux écoulées aujourd'hui par le collecteur d'Asnières, plus, par déversement, le trop-plein de celles du collecteur Marceau ; mais, quant à présent, les travaux en cours ou terminés n'amèneront le collecteur que jusqu'à la place de la Trinité.

Il captera en ce point le collecteur des Coteaux et, par déversement, une partie des eaux du collecteur d'Asnières qui recevra lui-même, à ce moment, par le nouveau siphon de la Concorde, une grande partie des eaux de la rive gauche ;

de sorte que le siphon de l'Alma sera déchargé, ainsi que le collecteur Marceau.

Il a paru intéressant de donner ici les principaux détails de construction de ces importants travaux, pour lesquels il est fait usage de procédés nouveaux qui font honneur aux entrepreneurs qui les ont conçus et à l'Administration municipale qui en a accepté l'expérimentation.

On ne peut mieux faire que de reproduire, en les complétant, les diverses notes publiées par l'Administration sur l'exécution de ces travaux.

Division des lots. — L'exécution du collecteur de Clichy a été divisée en trois lots. Le premier lot, d'une longueur de 123^m,79 partant de l'usine élévatoire, a été exécuté à ciel ouvert par les moyens ordinaires.

Le deuxième lot, entièrement sur le territoire de la commune de Clichy, sauf la partie comprise dans la zone militaire qui fait partie du territoire de Paris, comprend une longueur de 1.755 mètres environ.

D'après le projet qui avait été dressé, une certaine longueur pouvait être exécutée à ciel ouvert; l'autre partie devait l'être en souterrain. Mais l'Administration a eu l'heureuse fortune de rencontrer un entrepreneur qui consentit à faire, à ses risques et périls et sans augmentation de dépense, tout le travail en souterrain, ce qui présentait un avantage considérable en raison de la grande circulation existant sur la voie traversée et qui n'a nullement été interrompue.

En effet, le boulevard National, qui est la seule voie transversale de Clichy, comprend deux voies de tramways qu'il aurait fallu déplacer. Une seule, d'ailleurs, aurait pu être rétablie, et encore aurait-il fallu pour cela enlever une rangée d'arbres.

En dehors des tramways, le boulevard National supporte une circulation qui atteint jusqu'à 5.000 colliers par jour.

D'un autre côté, il n'est jamais souriant pour les riverains d'avoir, pendant de longs mois, une voie défoncée devant chez eux, et les indemnités que la ville de Paris aurait eu à payer de ce chef, tant à la commune qu'aux riverains, eussent certainement été très importantes [1].

---

[1] A la fin de 1898, le deuxième lot du collecteur est complètement terminé, et le troisième est arrivé environ aux trois quarts de son parcours.

Le troisième lot, entièrement dans Paris, comprend une longueur de 2.575 mètres environ. Il est prévu en souterrain sur toute sa longueur. Contrairement à ce qui existe hors Paris, le profil de cet égout se trouve établi à une très grande profondeur.

Dans cette partie, le collecteur aura deux types différents. En amont, sur une longueur de 885 mètres, il sera d'un type circulaire d'un diamètre intérieur de 5 mètres avec cunette médiane de 3 mètres de largeur et 2 mètres de profondeur (*fig.* 294).

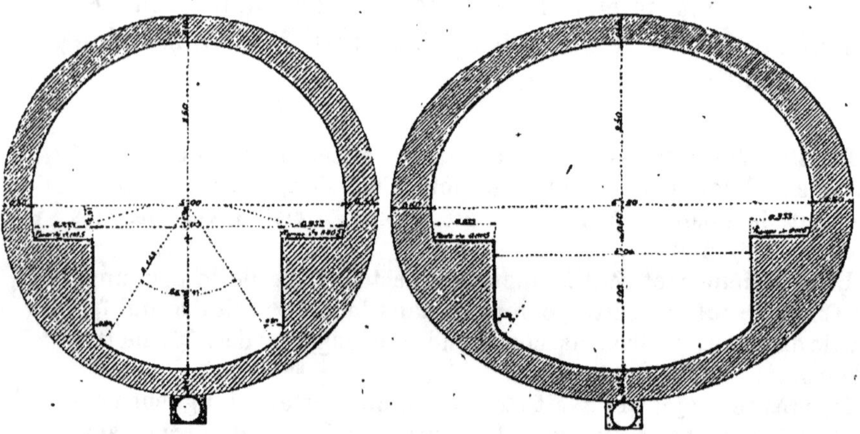

Fig. 294 et 295. — Coupes du collecteur de Clichy.

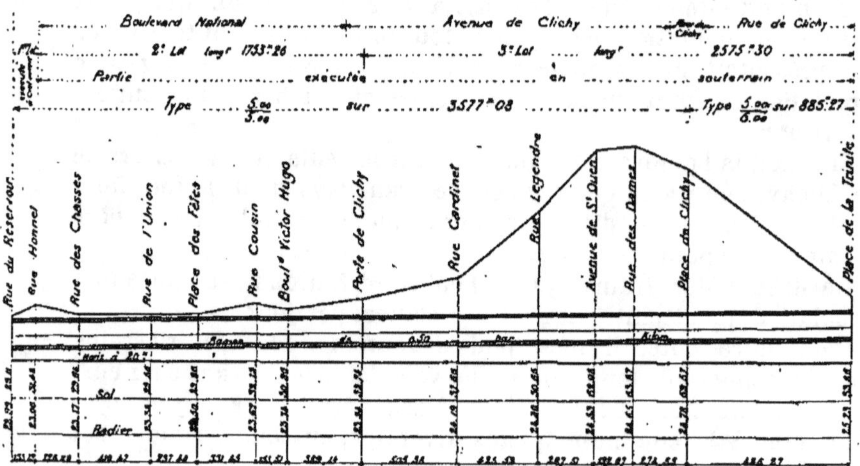

Fig. 296. — Profil en long du collecteur de Clichy.

Dans la partie basse, sur une longueur de 1.690 mètres, il sera d'un type elliptique dont le grand axe aura 6 mètres, et le petit axe 5 mètres intérieurement. La cunette médiane aura une largeur de 4 mètres, et une profondeur de 2 mètres (*fig.* 295).

Ce type est le même pour le premier lot, le deuxième et une partie du troisième, et régnera sur une longueur de 3.577 mètres environ.

Exécution du collecteur de Clichy dans la partie extra muros (deuxième lot). — Comme l'indique le profil en long (*fig.* 296), l'extrados de la voûte se trouve très près de la chaussée, et le radier est établi à environ 2 mètres de l'étiage de la Seine.

Le travail s'exécute en deux parties : la partie supérieure, jusqu'au niveau des banquettes, est construite à l'aide d'un bouclier métallique établi d'après les plans de M. Chagnaud, entrepreneur du lot, et la partie inférieure est faite par reprise en sous-œuvre par les procédés ordinaires.

Description du bouclier. — Le bouclier (*fig.* 297 à 301) se compose essentiellement de deux poutres longitudinales. de $3^m,15$ de longueur; C (*fig.* 298), sur lesquelles sont montées les deux poutres maîtresses B épousant la forme elliptique du collecteur.

C'est sur ces deux dernières poutres que sont fixés :

1° La carapace métallique soutenant le terrain A ;

2° L'avant-bec L, de $2^m,10$ de longueur, coupant le terrain à l'avancement et servant de protection aux ouvriers occupés à l'évacuation des déblais ;

3° L'arrière-bec H de $1^m,75$ de longueur, à l'abri duquel se fait le montage des cintres et du blindage devant servir de protection provisoire jusqu'à l'achèvement des maçonneries ;

4° Les six vérins hydrauliques EE… destinés à produire l'avancement.

Comme pièces accessoires, il y a lieu de citer :

1° Un transporteur mû par l'électricité, destiné à conduire les déblais à l'arrière du chantier où ils tombent dans des wagons ;

2° Le plancher inférieur situé au niveau des banquettes futures du collecteur et servant en même temps à l'entretoisement des deux grandes poutres longitudinales ;

3° La dynamo V (*fig.* 299) placée sur ce plancher, recevant le courant sous une tension de 200 volts d'une usine placée en dehors du collecteur et actionnant les pompes de compression qui distribuent l'eau sous pression aux vérins ;

4° Une poutre mobile D (*fig.* 298), attachée aux tiges des pistons des vérins et de même forme elliptique que les deux poutres de la carcasse du bouclier et que les cintres ;

5° Les cintres métalliques, au nombre de trente (*fig.* 301), solidement entretoisés entre eux, qui remplissent le double but de servir à l'exécution de la maçonnerie et de présenter, par l'intermédiaire de la poutre mobile, un point d'appui à la poussée des vérins.

Fig. 297. — Vue en avant du bouclier.

Coupe longitudinale.

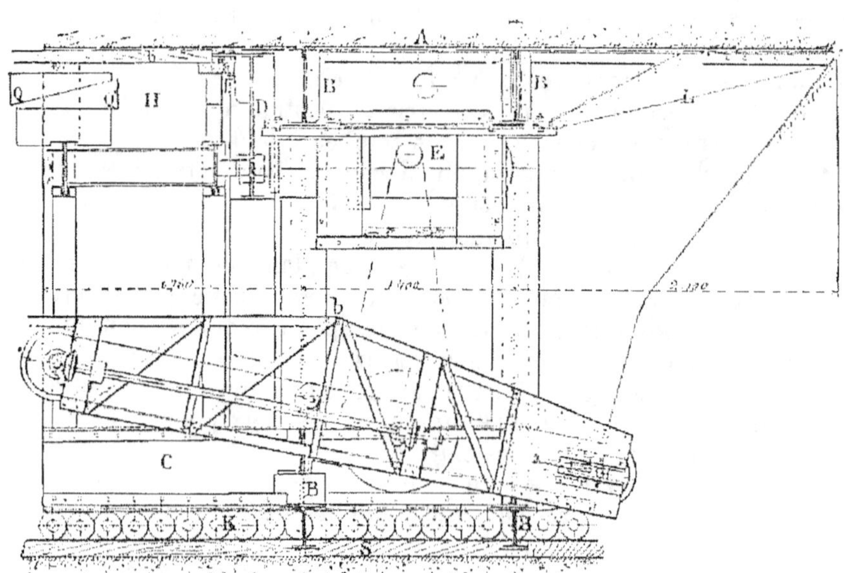

Fig. 298. — Bouclier Chagnaud.

Coupe transversale.

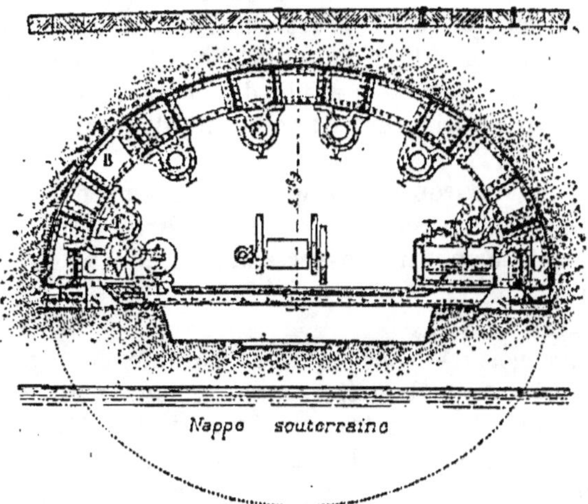

Fig. 299. — Bouclier Chagnaud.

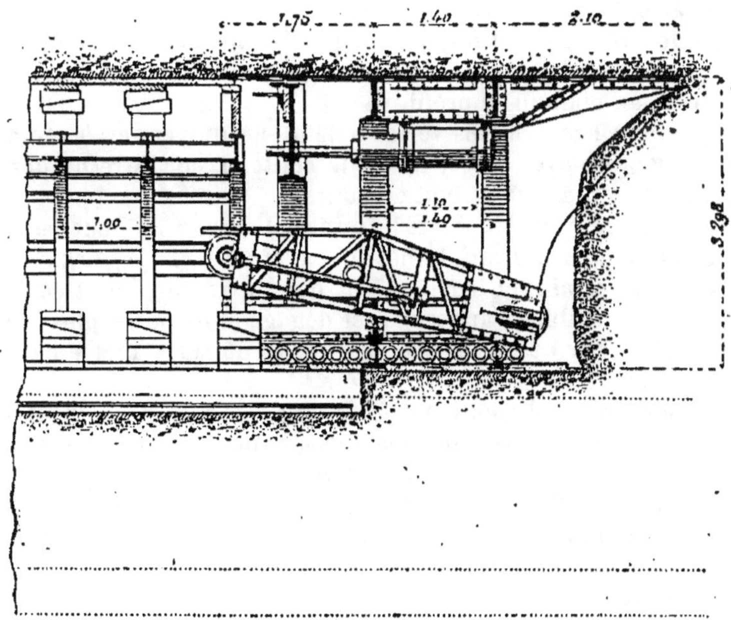

Fig. 300. — Élévation.

Le bouclier repose, par le moyen de rouleaux en fonte K placés sous les deux grandes poutres longitudinales, sur un premier cours de semelles S en bois mises bout à bout et garnies de plaques de tôle pour éviter l'écrasement. Ces semelles sont elles-mêmes posées sur d'autres semelles en bois beaucoup plus larges, destinées à répartir le poids du bouclier sur une grande surface et à servir ultérieurement de points d'appui aux cintres de la maçonnerie.

Le bouclier pèse environ 50 tonnes ; la charge répartie ne donne au maximum que 400 grammes par centimètre carré, charge peu importante et qui permet de passer sans tassement dans les plus mauvais terrains.

Mode d'avancement. — Les ouvriers commencent par enlever les déblais piochés par le bouclier dans sa course précédente ; ils placent ces déblais dans le transporteur qui les dépose dans les wagons ; ils dressent ensuite le front d'attaque avec un talus, et placent de chaque côté, en avant des poutres longitudinales, les deux cours de semelles et les rouleaux sur une longueur correspondant à la course à effectuer, c'est-à-dire environ 1 mètre.

Les pompes de compression sont alors mises en mouvement, et l'eau admise dans les vérins. L'effort est reporté, par l'intermédiaire des tiges de pistons et de la poutre mobile, sur les cintres placés à l'arrière et, prenant appui sur ces cintres, le bouclier s'avance, en piochant avec son avant-bec les terres qui tombent d'elles-mêmes, prêtes à être chargées.

Chacun des vérins étant muni de robinets indépendants, on peut ralentir ou activer la course de chacun d'eux et diriger ainsi la marche, tant en plan qu'en profil.

La pression de l'eau sur les vérins atteint en moyenne 50 atmosphères et peut s'élever à 100, quand le couteau rencontre un obstacle ou quand on arrive à fond de course.

L'effort total moyen est de 200 tonnes. Lorsque le bouclier a achevé sa course, d'environ 1 mètre, l'avant-bec L (*fig.* 298) est engagé dans le terrain, et l'arrière-bec, qui auparavant était caché sous le blindage établi à l'arrière, s'est dégagé et ne porte plus que de 0ᵐ,30 environ sur ce dernier. Il est apparent sur 1 mètre environ de longueur.

On commence tout d'abord par faire agir l'eau en sens inverse sur les pistons des vérins, dont les tiges, ramènent en arrière la poutre mobile dans sa position primitive (*fig.* 300).

Sous l'espace complètement libre que recouvre l'arrière-bec ainsi mis à nu, et pendant que les ouvriers évacuent les déblais, on procède au montage d'un cintre et d'une nouvelle longueur de blindage de 1 mètre.

Ce cintre repose sur les larges semelles qui ont servi, comme il

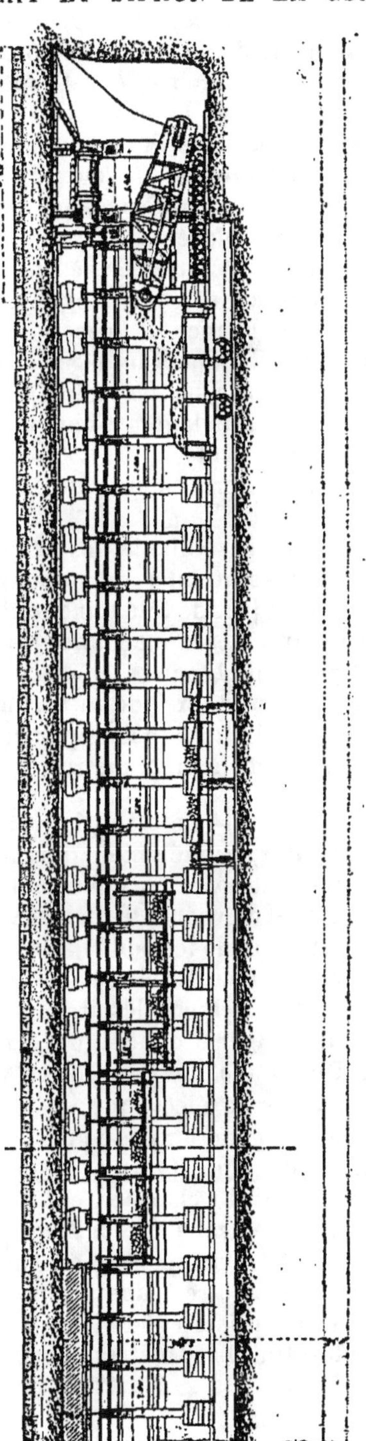

Coupe longitudinale montrant l'ensemble de l'installation des divers chantiers.

Fig. 301.

a été dit, de chemin de roulement au bouclier, et qui sont à l'abri de tout tassement. Il est solidement entretoisé avec le précédent.

Le blindage se compose d'une feuille de tôle mince de 1/2 millimètre d'épaisseur, puis de planches *b* de 1 mètre de longueur qui sont serrées contre le terrain, à un bout sur le cintre nouvellement posé au moyen de buttoirs F, de hauteur égale à l'épaisseur de la maçonnerie à construire, et, à l'autre bout, à l'aide de gros coins QQ' sur le cintre précédent. Ces coins, qui viennent remplacer les buttoirs provisoires placés à la course précédente, servent tout d'abord à éviter que les cintres ne cèdent sous la pression des vérins, tout déplacement ayant pour effet de serrer les coins. En outre, quand l'arrière-bec avance, il laisserait derrière lui un vide d'environ 0^m,03 qui pourrait amener un léger tassement de la chaussée. En ayant soin de frapper sur les coins pendant tout le temps de la marche, on force le blindage à s'appliquer sur le terrain, et on évite toute formation de vide.

A quelques mètres en arrière est installé le chantier de maçonnerie (*fig.* 301).

Placés sur des échafaudages volants, les maçons n'ont qu'à enlever une à une les planches mobiles du blindage et à monter leur maçonnerie à l'abri des plaques de tôle mince qui sont abandonnées.

Ce procédé permet d'exécuter la maçonnerie quarante-huit heures environ après l'attaque et de bloquer les maçonneries exactement contre le terrain, sans laisser un vide ni un morceau de bois.

L'avancement moyen a été de 7 mètres par vingt-quatre heures ; il a atteint quelquefois 8 et même 9 mètres.

Organisation du chantier. — Le plan (*fig.* 302) donne l'organisation du chantier de l'entreprise. Celui-ci, qui est installé au bord de la Seine, près de l'extrémité aval du collecteur, comprend tout un réseau de voies permettant d'évacuer les déblais, de faire les approvisionnements de matériaux et de les conduire au lieu d'emploi. Trois locomotives sont affectées à ce service dans le souterrain.

Le chantier comprend également des ateliers, des magasins, une remise à machines, un hangar à ciment, un chantier d'épuisement de quatre pompes Dumont et Letestu, mises en mouvement par trois locomobiles, une usine électrique de 50 chevaux de force, actionnant deux dynamos génératrices de chacune 80 ampères sous une tension de 220 volts, qui fournit le courant nécessaire à l'éclairage du souterrain et du chantier, et la force nécessaire aux dynamos qui actionnent le transporteur Temperley, ainsi que la pompe de compression et le transporteur des déblais. L'usine fournit également la force nécessaire à une pompe Dumont qui approvisionne d'eau tous les chantiers et ateliers, à un ventilateur Farcot, donnant au souterrain 20.000 mètres cubes d'air frais à l'heure, à un malaxeur à mortier.

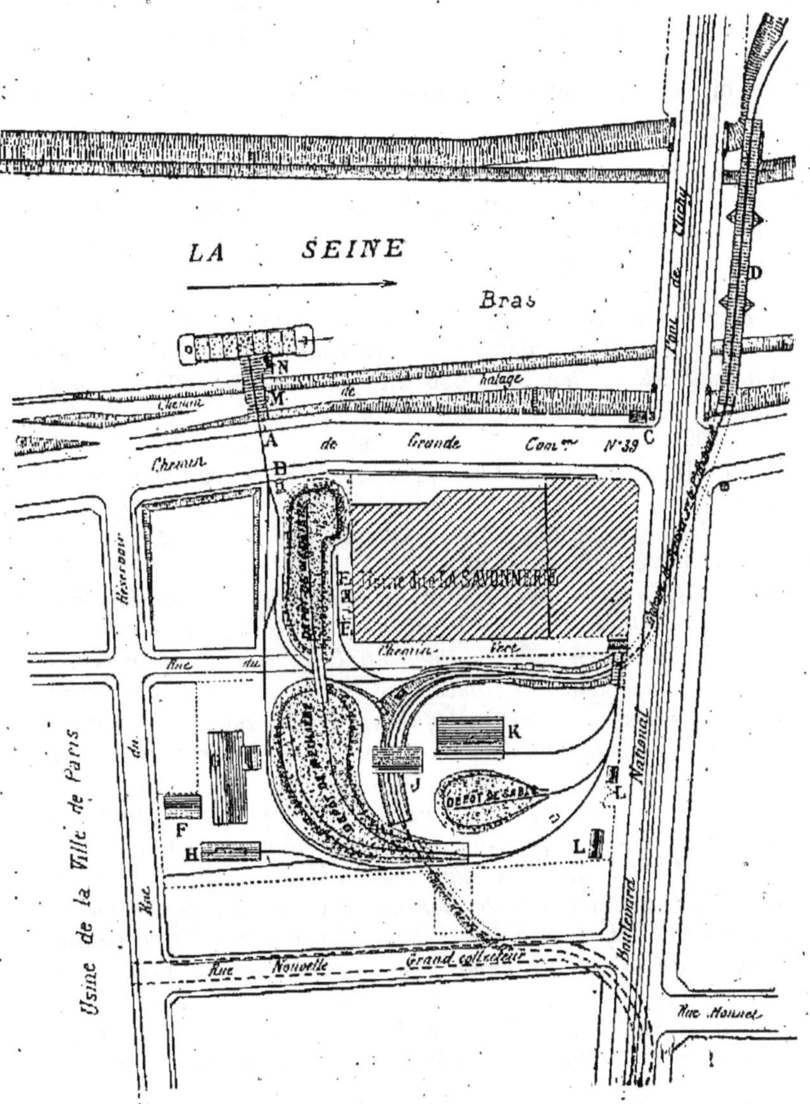

Fig. 302. — Chantier.

LÉGENDE

A, Pompe centrifuge. — B, Cuve à eau. — C, Octroi de Clichy. — D, Pont de service en charpente. — W.-C. — F, Magasin, huiles et graisse. — G, Usine électrique. — H, Remise à marchandises. — J, Malaxeur à mortier. — K, Magasin à ciments. — L, Bureaux. — M, Estacade avec transporteur Temperley (pour le déchargement des matériaux). — N, Treuil du Temperley.

Les déblais sont transportés dans une île à proximité ; une passerelle en bois a été spécialement établie à travers le petit bras de la Seine.

Le crédit ouvert pour l'exécution du deuxième lot est de 2.272.669 fr. 82.

Transporteur Temperley. — C'est la première application que l'on ait faite en France du transporteur Temperley ; la description de cet appareil, reproduite ci-après, est empruntée au journal *la Revue technique* du 25 avril 1896.

Le transporteur Temperley se compose d'un chariot et d'une poutre à **I** *qui sert de voie aux quatre roues du chariot et porte à des intervalles réguliers de 1ᵐ,50 environ des crans d'arrêt marquant les points où la manœuvre de levage de la charge peut se faire (fig. 303).*

Le chariot (fig. 304), qui est l'organe essentiel du transporteur, se compose de deux flasques que relient des boulons. A la partie supérieure sont les roues, à la partie inférieure une poulie et un appareil porteur à déclic. Une came simple et une came double, conjuguées, sont disposées de telle sorte que la première tienne fermé le déclic de l'appareil porteur, ou que la deuxième empêche le mouvement du chariot sur la poutre, les deux effets ne pouvant se produire plus loin. Le mouvement des cames leur est imprimé par un boulon qui glisse dans des coulisses pratiquées dans ces pièces et dans les flasques. Enfin la prise de la came double dans l'arrêt se fait au moyen d'un mentonnet à ressort.

Examinons à présent le fonctionnement de l'appareil. Supposons d'abord que le chariot soit arrêté en un point déterminé de la poutre (fig. 304). La came double qui immobilise le chariot est maintenue dans sa position par le boulon qui est au bout de sa course vers la gauche et est maintenu lui-même dans la partie rectiligne de la coulisse de la double came par la came simple. Celle-ci ne peut faire aucun mouvement, étant calée par l'appareil porteur, et ce dernier par son déclic. L'appareil porteur ne soutient plus la charge dans cette position, et le câble peut effectuer son travail de levage ou de descente.

Pour modifier la position du chariot sur la poutre, il suffira d'enrouler le câble sur le treuil jusqu'à ce que le renflement qu'il porte vienne buter contre le déclic ; celui-ci sera mis en action, et le renflement sera saisi par le crochet du porteur, par un mouvement de rotation de ce dernier.

Ce mouvement de rotation entraînera celui de la came simple qui viendra enclencher le boulon du porteur. La rotation de la came simple oblige à se déplacer vers la droite le boulon qui coulisse dans les deux cames, et la came double entraînée dégage le cran de la poutre.

Les coulisses sont calculées de telle sorte que le mouvement de chacune des cames dégage nécessairement l'autre ; il s'en suit que l'action conjuguée des cames fixe la charge au porteur et rend le

Fig. 303. — Transporteur Temperley.

Chariot du transporteur Temperley.

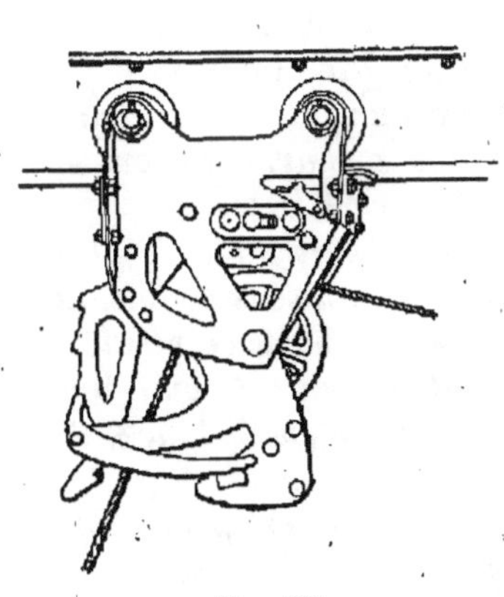

Fig. 304.

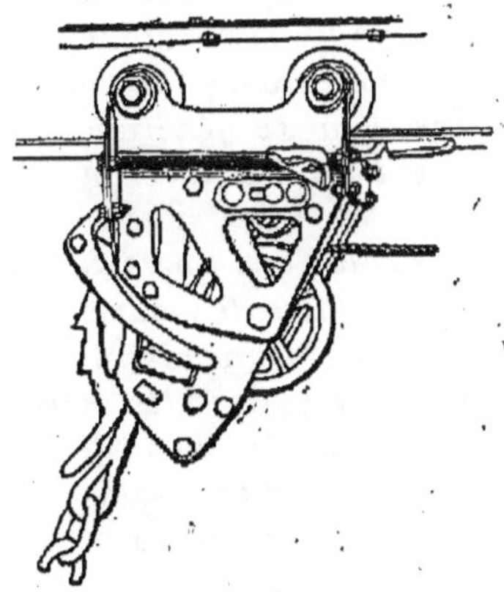

Fig. 305.

chariot indépendant de la poutre, ou fixe le chariot à la poutre et rend la charge indépendante du porteur, et cela d'une façon automatique.

Le chariot étant ainsi rendu solidaire de la charge mobile par rapport à la poutre (fig. 305), si on veut le faire monter, il suffira de continuer à tirer sur le câble jusqu'à ce que le chariot ait un peu dépassé le cran d'arrêt où on veut le fixer ; on le laisse alors redescendre, et le mentonnet de la came double immobilisera le chariot. Il va sans dire que tous les mouvements précédemment décrits se reproduisent en sens inverse, de sorte que le câble redevient libre. S'il faut descendre au lieu de monter, on laisse filer le câble un peu au-delà du cran marqué pour l'arrêt, on remonte légèrement le chariot pour armer le mentonnet, et on laisse redescendre.

Ainsi qu'il résulte de ce qui précède, la poutre est munie d'un certain nombre de crans où l'on peut à volonté déterminer l'arrêt du chariot. Le dernier de ces crans vers le bas est plus profond de manière que, même le mentonnet non armé, la came s'y engage et empêche tout mouvement ultérieur du chariot.

La poutre, dans les installations les plus courantes, a de 10 à 20 mètres de longueur ; on en fait de 22^m,85 pour l'usage de grands magasins près de la station de Cannon-Street, à Londres.

Lorsque les transporteurs dont nous nous occupons servent à emmagasiner des marchandises, on monte généralement la partie extérieure au magasin sur charnières, de façon à pouvoir la relever à la fin du travail.

La disposition de la poutre et de ses supports est d'ailleurs sujette à de nombreuses variantes, suivant les circonstances où l'on doit se servir du transporteur, soit à terre, soit à bord de navires, dans les magasins ou en plein air.

Pour le chargement des bateaux notamment, la poutre est montée sur un mât autour duquel elle peut pivoter, de manière à permettre d'envoyer les charges dans toutes les directions.

D'une manière générale, la poutre porte à l'un de ses bouts une poulie et à l'autre un cran d'arrêt empêchant le chariot de tomber au delà.

L'extrémité qui porte la poulie doit toujours être placée plus haut que l'autre, le mouvement du chariot dans un sens se faisant par l'effet de son poids ; on obtient toujours facilement ce résultat en faisant aboutir cette extrémité de la poutre à un mât ou à une chèvre. La poutre doit être soutenue de distance en distance, de manière à éviter le balancement.

La pente de la poutre peut varier de 12 à 30° ; il est préférable de la limiter au minimum compatible avec le travail à exécuter. Le câble passe d'abord sur la poulie du chariot, puis sur celle de l'extrémité de la poutre, et enfin sur deux guides placés en haut et en bas de la chèvre qui supporte la poutre. Il vient alors s'enrouler sur le treuil qui commande la manœuvre.

La figure 303 représente l'installation du transporteur Temperley près du pont de Clichy. Le transporteur sert à décharger des bateaux qui amènent des pierres, et à charger celles-ci sur des *wagons. A cet effet, les crans d'arrêt sont espacés d'une longueur égale à l'entre-axe de deux wagons consécutifs formant le train qui doit enlever les pierres. D'après les explications qui précèdent, on voit que l'on peut facilement amener le transporteur successivement au-dessus de chacun des wagons. Le transporteur est mû par un treuil électrique. Sa puissance maxima de levage est de 1.500 kilogrammes.*

Exécution du collecteur de Clichy dans la partie intra muros (troisième lot). — Contrairement au profil de la partie *extra muros*, celui du tracé dans Paris se trouve à une grande profondeur (elle atteint 40 mètres à la rue des Dames).

Le travail s'exécute, non plus comme précédemment par deux procédés, bouclier pour la partie supérieure, et boisage pour la partie inférieure, mais uniquement par la méthode du bouclier, lequel embrasse toute la surface extérieure de la maçonnerie du collecteur.

L'évacuation des déblais se fait par une seule sortie située à l'aval, au moyen d'une voie de raccordement avec la gare des marchandises du chemin de fer de l'Ouest, établie sur les terrains militaires près de la porte de Clichy.

Description du bouclier. — Le bouclier employé par MM. Fougerolles frères, entrepreneurs, a été construit d'après des plans dressés par eux (*fig*. 306 et 307).

Il se compose :

1° D'une carapace métallique épousant la section elliptique du profil extérieur du collecteur (grand axe, 7^m,278 ; petit axe, 5^m,923); cette carapace est soutenue par deux poutres maîtresses elliptiques distantes de 1^m,82 ;

2° D'un avant-bec de 2^m,50 de longueur ;

3° D'un arrière-bec d'une longueur de 2^m,955 ;

4° De sept vérins hydrauliques dont six sont destinés à produire l'avancement, et le septième à régler l'avancement en hauteur (le bouclier est disposé de manière à recevoir douze vérins).

Comme pièces accessoires, il y a lieu de citer :

1° Un transporteur de 25 mètres (*fig*. 306-309) de longueur, destiné à conduire les déblais à l'arrière du chantier où ils tombent dans des wagons;

2° Les planchers qui divisent la section en trois chantiers, l'un pour l'attaque du haut, l'autre pour l'attaque du milieu, et le troisième pour la partie inférieure;

3° Deux dynamos placées sur le plancher du haut, recevant un courant électrique sous une tension de 440 volts et actionnant chacune une batterie de deux pompes de compression qui refoulent l'eau dans des vérins hydrauliques;

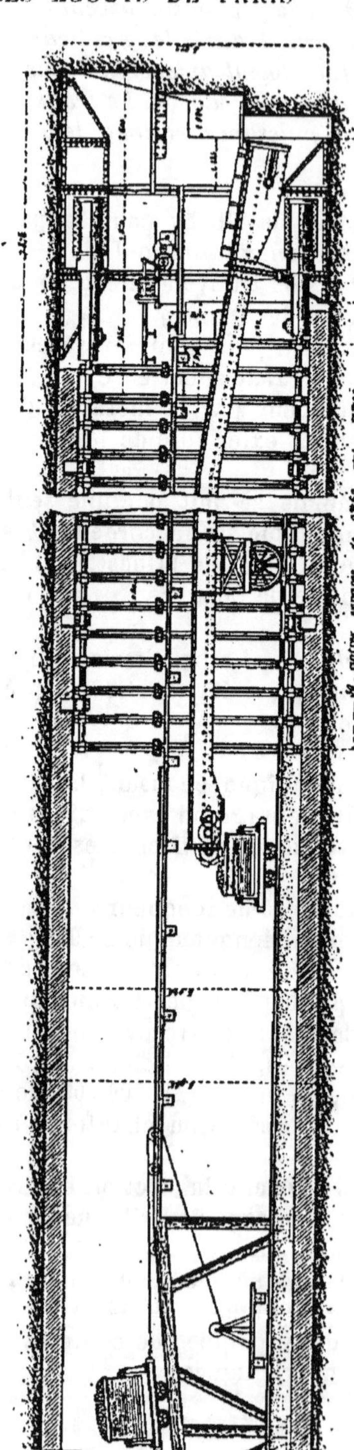

Bouclier Fougerolles.

FIG. 306. — Coupe longitudinale du bouclier Fougerolles avec indication des cintres métalliques placés en arrière.

4° Les cintres métalliques, au nombre de 31 (*fig.* 306), solidarisés au moyen d'entretoises cylindriques en fonte creuse qui remplissent le double but de servir à l'exécution de la maçonnerie et de présenter une surface d'appui à la poussée des vérins.

Le bouclier glisse directement sur le sol, et les maçonneries suivent immédiatement le terrassement à l'arrière, sans aucun blindage.

Tout le service des maçons est fait par une rampe, placée à l'arrière du bouclier, accédant à un plancher situé à mi-hauteur de la

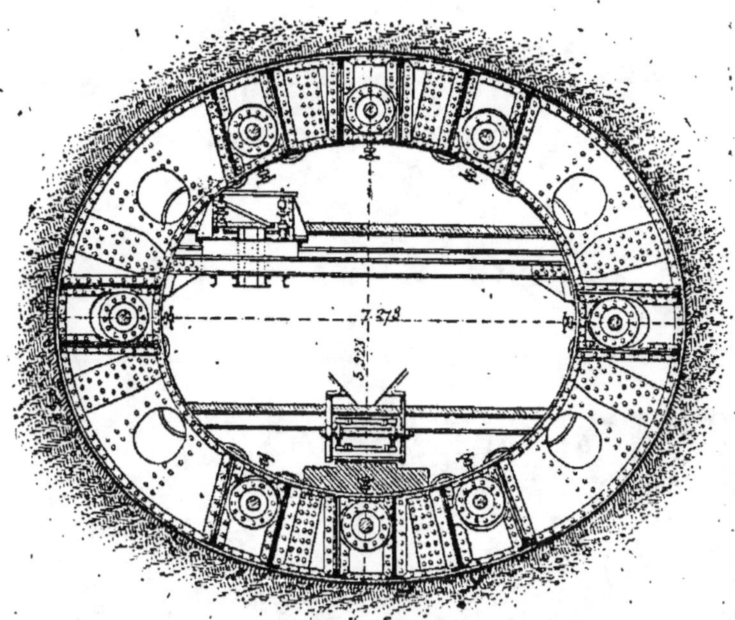

Fig. 307. — Élévation du bouclier Fougerolles.

section et qui atteint une longueur maximum, de 100 mètres (*fig.* 306-309); cette rampe est déplacée tous les 100 mètres.

Les matériaux sont amenés par une locomotive électrique à trolley qui sert en même temps à l'évacuation des déblais.

Mode d'avancement. — Pendant que les ouvriers enlèvent les déblais de la course précédente et préparent l'avancement de la nouvelle course, à l'abri, sous l'avant-bec du bouclier, les maçons qui se trouvent à l'arrière-bec sont divisés en trois équipes et exécutent les maçonneries ainsi qu'il suit :

Une première équipe maçonne dans la partie inférieure, où le terrain vient d'être mis à découvert, le radier jusqu'à environ 0^m,80 en contre-bas des naissances.

Une deuxième équipe maçonne à 0^m,60 en arrière des premiers.

Fig. 308. — Vue arrière du transporteur.

Fig. 309. — Vue de la rampe d'accès servant à l'approche des matériaux.

depuis le point situé à 0^m,80 en dessous des naissances jusqu'au 2/3 environ de la voûte.

Enfin une troisième équipe est occupée au clavage en arrière de la seconde.

Les maçonneries étant terminées, un demi-cintre est placé à la partie inférieure et le demi-cintre précédent est complété.

A ce moment, on fait agir les pistons des vérins au moyen de la pompe de compression. L'avancement est de $0^m,60$; c'est l'espacement de deux cintres.

La pression de l'eau dans les vérins est, en moyenne, de 60 atmosphères et peut atteindre 300. L'effort correspondant varie de 200 tonnes à 1.200.

Des robinets indépendants permettent de ralentir ou d'activer la course de chaque piston ; on peut ainsi diriger la marche tant en plan qu'en profil.

Les tiges des vérins du haut sont de $0^m,60$ plus longues que celles des vérins du bas et du milieu ; cette différence correspond justement à la distance de deux cintres.

Les tiges des vérins sont ramenées au moyen de crémaillères que l'on fait manœuvrer à la main après avoir fait tomber la pression.

Organisation des chantiers. — Les chantiers de l'entreprise sont installés en dehors du collecteur sur le boulevard Bessières. Une galerie d'accès a été établie de manière à assurer la sortie des déblais qui sont amenés sur une estacade où ils sont vidés dans les tombereaux ; cette décharge ne fonctionne que le jour. La nuit, les déblais s'en vont par le chemin de fer de l'Ouest au moyen du raccordement des fortifications, qui sert également à l'approvisionnement des matériaux.

Épuisements. — Les eaux sont ramenées au moyen d'un drain inférieur à un puisard établi dans une chambre souterraine sous le boulevard Berthier, où elles sont élevées par trois pompes centrifuges actionnées par trois dynamos.

En raison de la grande profondeur de cet ouvrage, il n'a pas été possible d'établir de fréquents orifices de sortie ; aussi, pour assurer la sécurité des ouvriers surpris par un orage, on construit tous les 100 mètres des chambres de refuge situées au-dessus de la voûte du collecteur et auxquelles on accède par des escaliers (*fig.* 310 et 311).

Le crédit ouvert pour l'exécution du troisième lot est de 2.400.000 francs.

Afin d'arrêter au passage les fumiers ainsi que les matières lourdes, il sera construit, à l'extrémité aval du collecteur, c'est-à-dire à l'amont du puisard d'aspiration des pompes de l'usine de Clichy, des bassins de décantation, dont l'exploitation sera assurée par des procédés nouveaux. Les fumiers ainsi que les matières lourdes qui seront extraits de ces bassins seront reçus directement dans des bateaux qui trouveront place dans un chenal à établir et communiquant avec la Seine. C'est par ce même chenal,

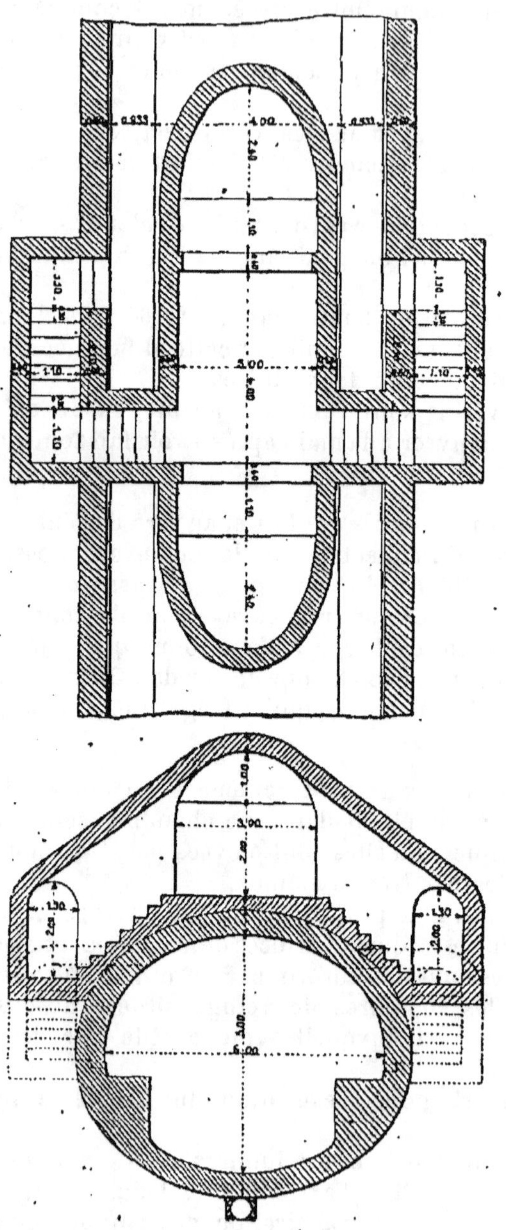

Fig. 310 et 311. — Plan et coupe transversale d'une chambre de refuge.

servant alors de déversoir, que seront évacuées les eaux de tropplein à la suite de fortes pluies d'orage.

B. — EXÉCUTION DU SIPHON DE LA CONCORDE

Le siphon récemment établi dans la traversée de la Seine à 40 mètres en amont du pont de la Concorde, a pour but de décharger le siphon de l'Alma et, par suite, le collecteur Marceau sur la rive droite, en captant au passage une grande partie des eaux pour les envoyer dans le collecteur d'Asnières. Le supplément de débit ainsi amené dans ce dernier, déjà fort encombré, sera reçu par le collecteur de Clichy.

Pour la description de ce nouvel ouvrage et son mode d'exécution, on se contentera de reproduire, avec son autorisation, l'article publié par M. Dumas, ingénieur des Arts et Manufactures dans *le Génie Civil* du 7 mars 1896.

Le nouveau siphon est, d'ailleurs, d'un système bien différent de celui de l'Alma. En effet, tandis que ce dernier se compose de deux conduites en tôle immergées dans le lit de la Seine, le siphon de la Concorde est constitué par un véritable tunnel de $1^m,80$ de diamètre intérieur, creusé dans le sous-sol de la rivière. Ce mode de construction a été adopté à la suite du succès obtenu dans le percement d'un tunnel analogue exécuté entre Clichy et Asnières, en 1893-1894, et qui est situé à l'origine du grand émissaire des eaux d'égout de Paris, communément désigné sous le nom d'aqueduc d'Achères. Les ingénieurs de la ville ont pensé que l'emploi d'un tunnel unique présentait non seulement une plus grande économie, mais aussi plus de sécurité et plus de facilité de nettoyage que l'emploi des conduites immergées. De plus, le montage d'un groupe de conduites destinées à être immergées exige que l'on ait à sa disposition, au, moins sur l'une des rives, un espace considérable, et leur immersion ne peut avoir lieu qu'en interrompant momentanément la navigation.

Pour donner une idée de l'économie réalisée par un tunnel métallique sur des conduites immergées, nous ferons seulement remarquer que le siphon d'Herblay, sur l'aqueduc d'Achères, qui est constitué par deux conduites immergées de 1 mètre de diamètre intérieur, a coûté 1.600 francs le mètre courant, tandis que le siphon de Clichy-Asnières, dont le diamètre est de $2^m,30$, n'a coûté que 2.000 francs le mètre courant. Or, dans le premier cas, la section totale des deux conduites n'est que de $1^m,56$, tandis que, dans le second, elle est de $4^m,15$, de sorte que, en définitive, le mètre carré de section du siphon d'Herblay coûte 1.025 francs, tandis que celui du siphon de Clichy ne coûte que 455 francs.

Ces diverses raisons nous paraissent justifier amplement le choix fait par MM. Bechmann et Launay, ingénieurs en chef de l'Assainissement de Paris, du tube unique et souterrain employé pour les siphons de Clichy et de la Concorde. L'exécution de ces deux siphons a été confiée à M. Berlier, ingénieur à Paris, lequel, dans les deux cas, a pris ces travaux à ses risques et périls et moyennant un forfait qui était de 1.000.000 de francs pour le siphon de Clichy et de 475.000 francs pour celui de la Concorde.

Mode de construction. — *La méthode de percement adoptée par M. Berlier consiste dans l'emploi simultané d'un bouclier d'avancement pour attaquer le terrain, et de l'air comprimé pour éviter les irruptions d'eau. Ce procédé, qui a déjà été décrit dans le Génie civil, a d'ailleurs été appliqué plusieurs fois avec succès en Angleterre et aux États-Unis, mais aucun essai n'en avait été fait en France, et, si M. Berlier ne l'a pas inventé, il a eu au moins le mérite de l'avoir importé chez nous, et d'y avoir fait de grandes modifications qui l'ont rendu pratique dans des terrains bouleversés et inondés.*

C'est au célèbre Brunel, le constructeur du premier tunnel sous la Tamise, qu'il faut attribuer l'invention du bouclier d'avancement et de protection, et c'est même grâce à cette invention que ledit tunnel put être exécuté (1825-1843). Depuis cette époque, le bouclier a reçu de nombreux perfectionnements et a servi à la construction de trois autres tunnels à Londres, sous la Tamise. Le premier a été un petit passage pour piétons, exécuté en 1868-1869 ; le deuxième, achevé en 1888, est un grand tunnel pour chemin de fer, comportant deux tubes séparés, de 3^m,20 de diamètre, et enfin le troisième, récemment achevé, comporte un immense tube de 9 mètres de diamètre, destiné à fournir un passage pour voitures et piétons.

Aux États-Unis, on s'est également servi, en 1890, d'un bouclier pour percer un grand tunnel de 6^m,40 de diamètre sous la rivière Saint-Clair, entre le lac Huron et le lac Saint-Clair. Enfin, à peu près à la même époque, on a essayé d'achever par ce procédé un grand tunnel entrepris depuis 1874, sous l'Hudson, à New-York, et dans lequel on avait peu à peu renoncé à tous les autres procédés.

Il va sans dire que le bouclier a reçu des formes et des dispositions spéciales suivant les dimensions des tunnels à l'exécution desquels il a été employé, et suivant les idées des divers constructeurs. Nous nous bornerons à donner ici les principales dispositions du système employé par M. Berlier.

L'évidement du sol se fait au moyen d'un cylindre en acier muni à l'avant d'une garniture tranchante ou couteau, qui découpe dans le sol une ouverture circulaire. Ce cylindre porte en arrière un prolongement qui enveloppe provisoirement le dernier anneau en fonte mis en place et destiné à former le revêtement de la galerie. Des presses hydrauliques permettent de faire avancer le bouclier en prenant appui sur le dernier anneau, et cet avancement est facilité par le déblaiement préalable qu'un ouvrier a opéré par la porte ménagée dans la face du bouclier. Dans ce mouvement, le prolongement du bouclier forme protection et sert de gabarit pour recevoir les divers segments d'un nouvel anneau.

Description du siphon. — Plan et profil en long. — *En plan, le siphon suit une ligne droite sensiblement parallèle au pont de la Concorde et située à environ 40 mètres en amont* (fig. 312).

Partant du quai d'Orsay, sur la rive gauche de la Seine, il aboutit sous la place de la Concorde, à l'origine du collecteur d'Asnières, au point où celui-ci reçoit le collecteur des quais de la rive droite.

Le profil en long (fig. 313) *comporte d'abord une partie verticale ou puits, coupée à angle droit par le commencement de la galerie, qui est en palier sur une longueur de 12ᵐ,17. A partir de ce point la galerie est en rampe de 0ᵐ,008 par mètre sur 117ᵐ,10, puis une courbe de 200 mètres de rayon, développant 21ᵐ,80, raccorde cette première rampe avec une autre de 0ᵐ,1103 sur 86ᵐ,36 de longueur. La longueur totale développée, mesurée depuis l'axe du puits jusqu'à l'extrémité de la galerie, est de 238ᵐ,26.*

On voit que la hauteur entre le niveau moyen de la rivière (cote 27ᵐ,35) et le point le plus bas de la galerie n'est que de 11ᵐ,62, tandis qu'elle atteignait 22 mètres au siphon de Clichy. Des sondages préalables avaient montré que l'on n'aurait pas trouvé un terrain plus favorable pour le percement de la galerie, même en descendant notablement plus bas, et, d'autre part, cet abaissement aurait obligé de recourir, pour atteindre le niveau fixé à l'extrémité, à une rampe plus forte, qui n'eût pas été sans présenter des inconvénients pour l'évacuation des déblais de la galerie.

Dimensions de l'ouvrage. — *Le puits et la galerie sont entièrement cuvelés avec des anneaux en fonte. Les anneaux du puits sont d'une seule pièce; ils ont un diamètre extérieur de 3ᵐ,28 et un diamètre entièrement libre, à l'intérieur des collerettes, de 3 mètres* (fig. 314). *L'épaisseur de la partie annulaire et des collerettes est 0ᵐ,03, mais celles-ci sont renforcées par vingt nervures également réparties sur le pourtour. L'assemblage de deux anneaux consécutifs est obtenu au moyen de quarante boulons de 0ᵐ,026 de diamètre, et les joints sont faits avec une corde spéciale caoutchoutée et du ciment de Portland. Chaque anneau a 1 mètre de hauteur et porte dix bossages percés et taraudés, destinés à recevoir la lance filetée par laquelle se fait l'injection de ciment dont nous parlerons plus loin.*

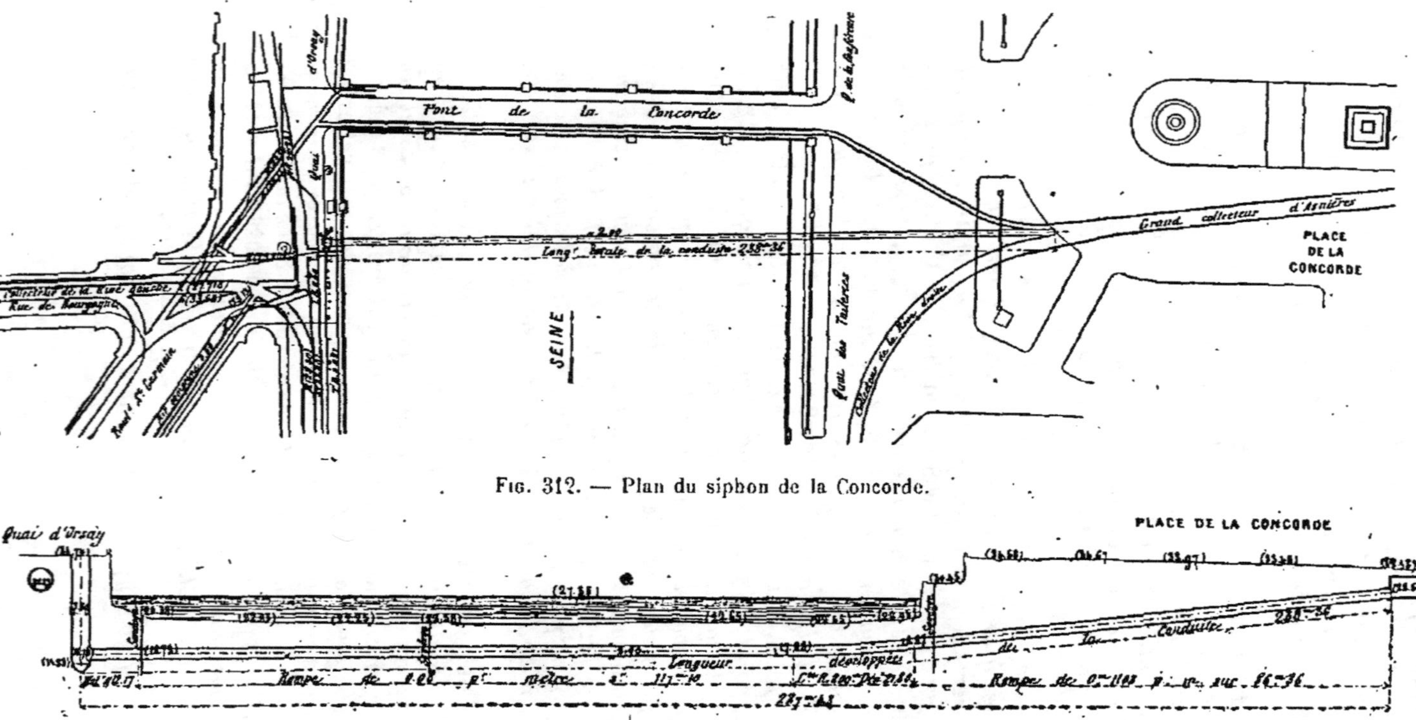

Fig. 312. — Plan du siphon de la Concorde.

Fig. 313. — Profil en long du siphon de la Concorde.

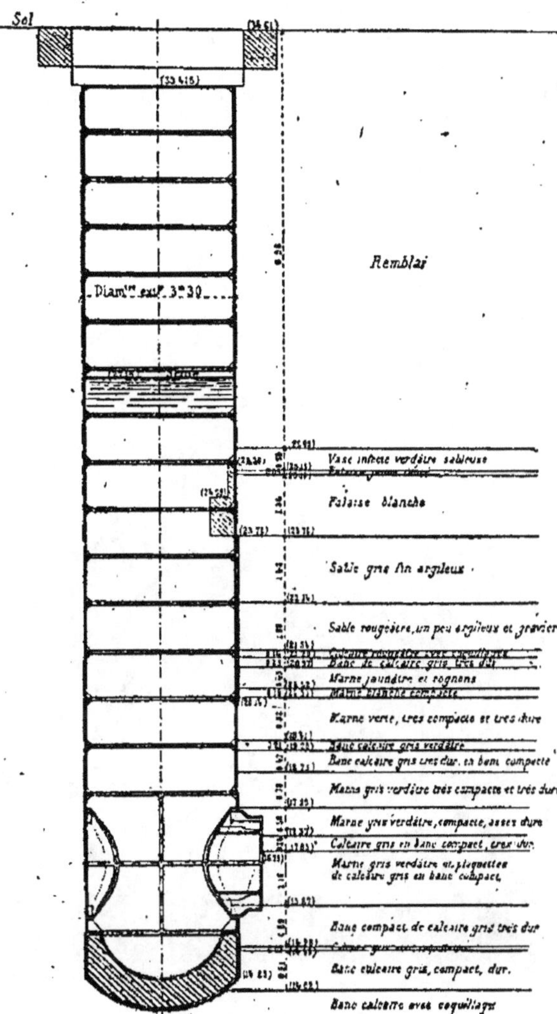

Fɪɢ. 314. — Puits.

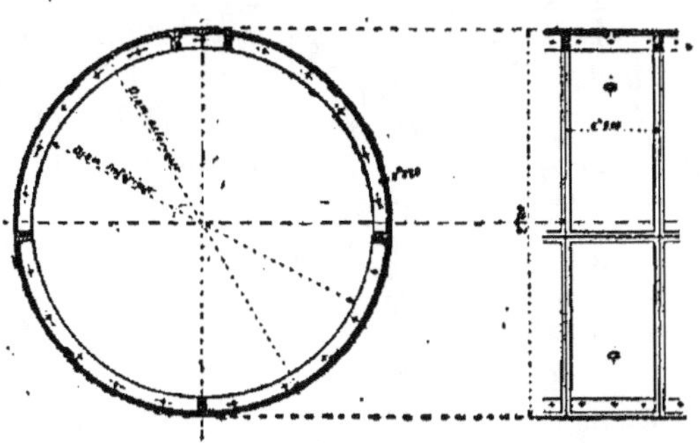

Fɪɢ. 315 et 316. — Coupes transversale et longitudinale d'un anneau de la galerie

Le cuvelage du puits avec lequel se fait le raccordement de la galerie se compose de deux anneaux cylindriques assemblés par deux collerettes dressées au tour et dont l'ensemble a une hauteur de 3 mètres (fig. 314). Le tout est renforcé par des nervures verticales et horizontales et présente symétriquement deux ouvertures correspondant à l'intersection de deux cylindres. L'une reçoit la pièce spéciale du raccord du puits avec la galerie, et l'autre est fermée par un tampon destiné à être enlevé dans le cas où le siphon devrait être ultérieurement prolongé vers la rue de Bourgogne. Cette éventualité serait notamment réalisée, si l'on effectuait, par le quai d'Orsay, la jonction entre la gare des Invalides et le chemin de fer d'Orléans.

La partie inférieure du cuvelage du puits formant trousse

Fig. 317. — Vue perspective de la galerie.

coupante est constituée par un cylindre en fonte de 60 millimètres d'épaisseur portant à la partie supérieure une large collerette en saillie de 0ᵐ.30 vers l'intérieur du puits, de façon à servir d'appui à la voûte en calotte renversée qui en forme le fond. L'arête inférieure, au contraire, est taillée en biseau pour mieux découper le terrain.

La pièce de raccordement du puits avec la galerie est d'un seul morceau ; sa forme extérieure représente une sorte de bonnet d'évêque correspondant à l'intersection d'un cylindre de 2ᵐ.30 de diamètre avec celui de 3ᵐ.30 constitué par le puits. En avant, cette pièce est complètement cylindrique et forme le premier tronçon de la galerie.

Cette galerie est elle-même constituée par une série d'anneaux en fonte assemblés les uns aux autres ; chaque anneau a 0ᵐ,50 de longueur, 2 mètres de diamètre extérieur, et porte des collerettes d'assemblage dont le diamètre intérieur est de 1ᵐ,82. Ces anneaux sont, d'ailleurs, composés eux-mêmes par l'assemblage, au moyen de boulons de 20 millimètres, de quatre segments égaux et d'un autre beaucoup plus petit formant clef (fig. 315 et 316).

L'épaisseur de la partie annulaire est de 20 millimètres, et celle des collerettes de 23 millimètres.

Les joints sont obtenus par un serrage énergique sur des planchettes de sapin et par un rejointoiement en ciment de Portland. La figure 317 est la reproduction d'une vue photographique de la galerie, obtenue avec la lumière de l'arc voltaïque concentrée par un réflecteur ordinaire.

Exécution des travaux. — *Le cahier des charges imposé à M. Berlier comportait des prescriptions rigoureuses aggravant singulièrement l'installation générale du chantier. Il ne lui était accordé, en effet, pour l'établissement de ce chantier, qu'un espace fort restreint empruntant le trottoir du quai d'Orsay en bordure de la Seine, soit 5 mètres de largeur, et empiétant de 7 mètres sur la chaussée, soit en tout une largeur de 12 mètres. La surface totale ne devait pas dépasser 430 mètres carrés. M. Berlier était cependant autorisé à utiliser le plan incliné qui donne accès au bas du quai. Mais l'éloignement relatif de cet emplacement, incommode d'ailleurs en raison de sa déclivité, fit qu'il renonça à l'occuper. Il était interdit d'avoir aucun échappement de vapeur en dehors du parapet du mur du quai, et tous les déblais devaient être évacués par la rivière.*

Les figures 318, 319 et 320 représentent le plan, une coupe transversale et une vue générale de l'installation du chantier.

Afin d'augmenter la surface disponible, et pour éviter les difficultés qu'aurait présentées l'extension du chantier sur le plan incliné, le constructeur avait été autorisé à établir sur la Seine une estacade de 20 mètres de longueur sur 8 mètres de large. Le plancher de cette estacade reposait sur deux files de pieux parallèles, laissant entre elles un passage de 6 mètres dans lequel s'engageaient les bateaux destinés à recevoir les déblais (fig. 319).

Cette disposition, commandée par les circonstances (le Service de la Navigation ayant interdit de placer les bateaux en dehors de l'estacade), empêchait de contreventer les files de pieux dans le sens transversal, ce qui présentait peu de sécurité en raison de la faible fiche qu'avaient pu prendre les pilotis battus dans un terrain vaseux sous lequel on rencontrait un banc calcaire à 3ᵐ,50 de profondeur. Pour y remédier autant que possible, on avait relié la tête des pieux par de fortes chaînes à des boucles de fer scellées dans le mur du quai. Le résultat ainsi obtenu a été excellent, car,

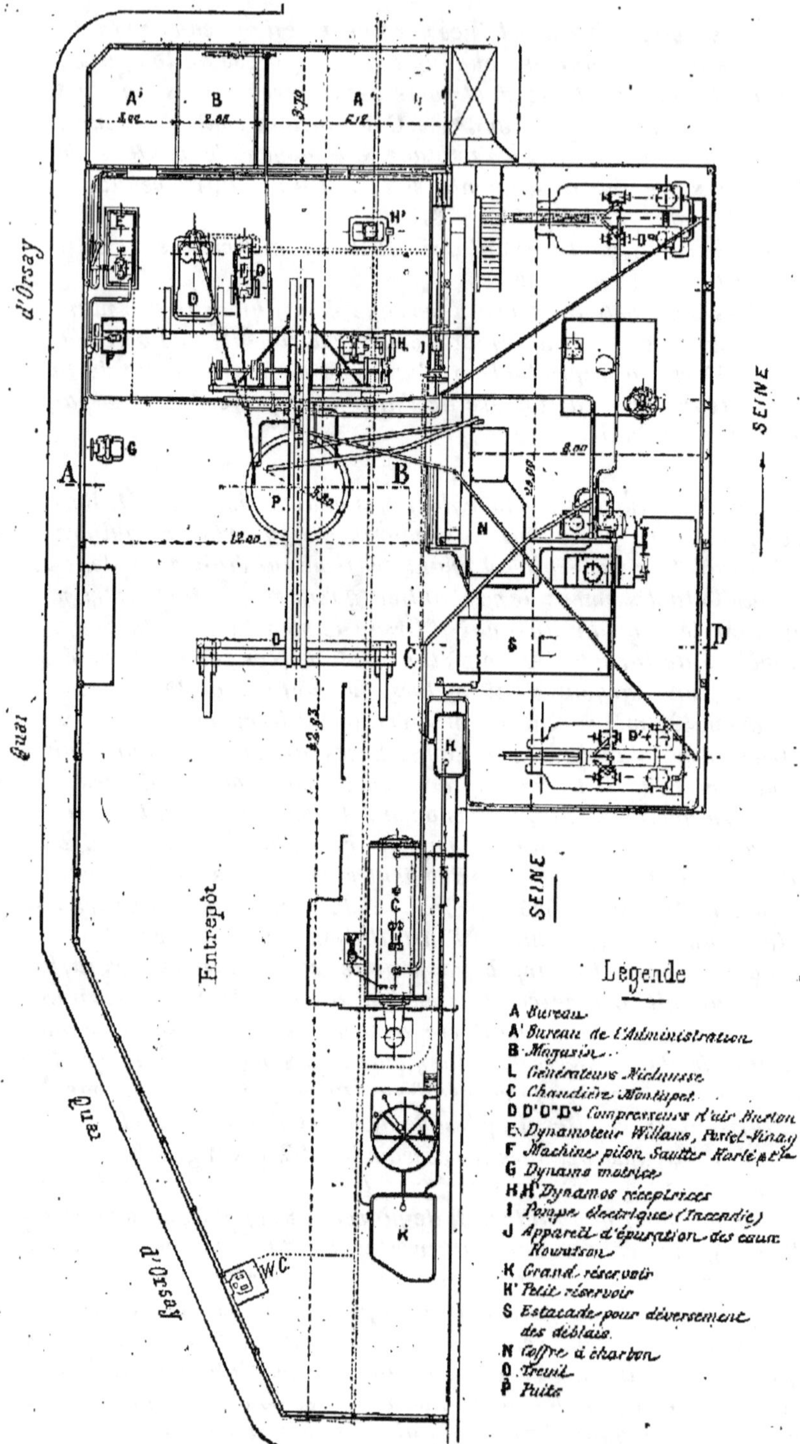

Fig. 318. — Plan de l'installation du chantier.

malgré la marche à 120 tours de deux gros compresseurs installés sur l'estacade, aucun mouvement dangereux de l'ensemble ne s'est produit.

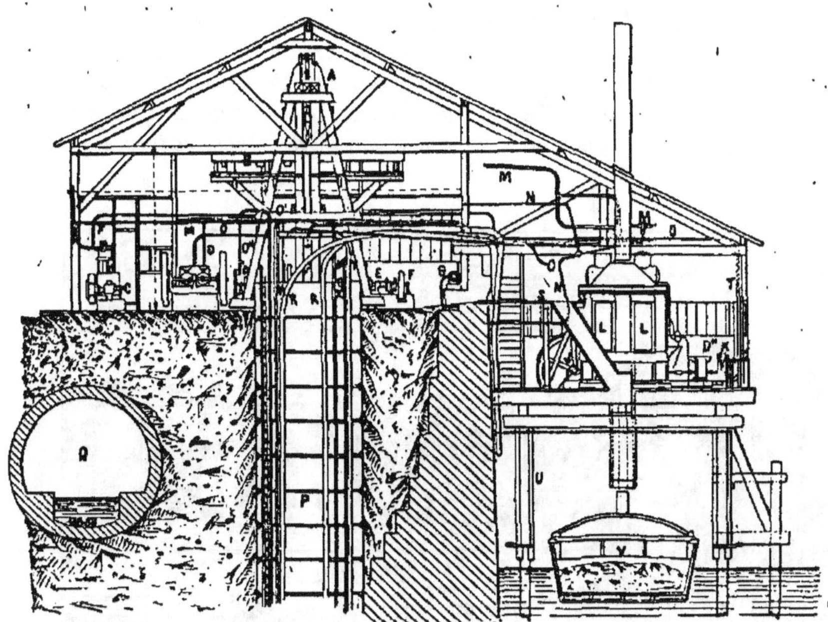

Fɪɢ. 319. — Coupe transversale.

LÉGENDE

A, Treuil et pont roulant. — B, Arbre de transmission générale. — F, Machine pilon Sautter, Harlé et Cⁱᵉ. — C, Dynamo génératrice pilon Sautter, Harlé et Cⁱᵉ. — E, Dynamo réceptrice pilon Sautter, Harlé et Cⁱᵉ. — C, Transmission intermédiaire de la dynamo réceptrice Rechniewski. — G, Pompe électrique (Incendie). — D, Compresseur d'air mû par transmission. — D', Compresseur d'air mû par transmission (injection). — D″, Compresseur d'air mû par transmission à moteur direct. — K, Étau et établi. — LL, Générateurs Niclausse. — MM, Prises de vapeur des machines, des pulsomètres et des compresseurs. — N, Prise de vapeur du petit pulsomètre (alimentation des réservoirs). — N', Prise de vapeur pour réchauffer l'eau des réservoirs. — OO, Prises d'air comprimé. — O', Prise d'air comprimé Popp. — O″, Prise d'air comprimé Popp (injection). — Q, Collecteur du quai d'Orsay. — R. Refoulement des pulsomètres. — S, Estacade pour le déversement des déblais. — J, Appareil d'épuration des eaux Howatson. — P, Puits. — T, Prises d'eau pour l'alimentation des générateurs et le refroidissement. — U, Estacade sur la Seine. — V, Bateau transportant les déblais. — X, Porte-voix. — Y, Timbre.

Toute l'installation mécanique était abritée sous un grand hangar établi en partie sur la rivière et en partie sur le quai.

Au-dessus du puits était installé un pont roulant de 12 tonnes supporté par deux chevalets de 6ᵐ,50 de hauteur (fig. 319); le chevalet arrière portait l'arbre de la transmission générale actionnée par moteurs électriques et commandant le treuil du pont, son mouvement de translation, un petit compresseur à haute pression pour l'injection du mortier et un compresseur de 250 mètres cubes à l'heure.

La production de l'électricité nécessaire pour l'éclairage et la force motrice était assurée par deux groupes de machines indépendants l'un de l'autre et pouvant fonctionner ensemble ou séparément, suivant les besoins. Les connexions du tableau de distribution étaient disposées de façon qu'une quelconque des génératrices pût

Fig. 320. — Vue générale montrant l'ensemble des installations.

actionner les réceptrices de l'autre groupe; en fait, le service électrique n'a jamais été interrompu un instant.

L'un des groupes était constitué par une machine à vapeur F (fig. 318) à grande vitesse (450 tours), à détente variable et échappement libre, actionnant par courroie une dynamo génératrice de 11.000 watts à la tension de 120 volts. Le fonctionnement de cet ensemble a été très remarquable, car il a eu lieu pendant plusieurs mois, jour et nuit, sans aucune interruption, dans de bonnes conditions de rendement et avec une marche tout à fait silencieuse. La dynamo fournissait le courant à un moteur Rechniewski pouvant développer en marche normale 18 chevaux et actionnant par courroie l'arbre de transmission principale. Un autre moteur de même construction actionnait directement une pompe centrifuge, installée dans le double but d'assurer le fonctionnement d'un condenseur à jet d'eau installé sur la machine Willans et de servir, au besoin, de pompe à incendie.

L'éclairage du chantier comportait trois lampes à arc et une douzaine de lampes à incandescence. Le puits et la galerie étaient éclairés par une trentaine de lampes à incandescence.

Sur l'estacade étaient installés deux générateurs Niclausse devant produire normalement 750 kilogrammes de vapeur à l'heure; mais il y eut lieu de leur demander souvent une production bien plus considérable qui fut d'ailleurs obtenue sans aucun inconvénient.

Aux deux extrémités de cette estacade se trouvaient également deux compresseurs Burton à action directe de 450 à 650 mètres cubes d'air comprimé à l'heure en marche normale de 110 tours. Cette vitesse fut fréquemment portée à 125 et 130 tours.

Enfin l'espace restant disponible sur l'estacade était occupé par un petit atelier d'entretien et de réparations et par un couloir servant au chargement des déblais dans les bateaux.

M. Berlier avait d'abord pensé pouvoir utiliser, dans une assez large mesure, l'air comprimé de la Compagnie parisienne, et, tant à cet effet que par mesure de précaution en cas d'accident, il avait raccordé son chantier à la grosse conduite de ladite Compagnie qui passe dans l'égout du boulevard Saint-Germain et du quai d'Orsay.

Le prix élevé de l'air ainsi obtenu, malgré l'application d'un tarif de faveur, ne permit de l'employer qu'à titre de secours, et non d'une façon courante, de sorte qu'il fut nécessaire de donner à l'installation pour la production de l'air comprimé une puissance plus grande que celle primitivement prévue. C'est dans ce but qu'une troisième chaudière de 1.200 kilogrammes de vapeur à l'heure fut installée sur le quai d'Orsay, malgré les prescriptions du cahier des charges, et grâce à une tolérance de l'Administration.

A côté de cette chaudière se trouvent un réservoir et un épurateur Howatson pour les eaux d'alimentation. Celles-ci étaient prises partie sur une conduite de l'Ourcq et partie en Seine, au moyen d'un petit pulsomètre. Enfin l'extraction des eaux du puisard était assurée par deux gros pulsomètres pouvant refouler, à 25 mètres, 150 mètres cubes d'eau à l'heure.

Conformément au contrat, tous les échappements des machines, purges, etc., étaient ramenés à la rivière.

Toutes les tuyauteries de cette importante installation mécanique étaient combinées en vue de pouvoir isoler instantanément un quelconque des appareils et alimenter chacune des machines à vapeur à l'aide de l'une quelconque des chaudières. Une telle précaution est indispensable dans le cas où la production de l'air comprimé doit être interrompue, sous peine de s'exposer aux plus grands risques, mais elle complique singulièrement une installa-

tion qui, malgré son caractère provisoire, doit néanmoins être aussi soignée que celle d'une véritable usine.

Malgré les sujétions qu'elle comportait, l'installation du chantier ne dura pas plus de deux mois, et, après avoir pris possession du terrain, le 3 avril 1895, M. Berlier fut en mesure de donner le premier coup de pioche, le 12 juin suivant.

Fonçage du puits. — *On exécuta d'abord, à l'air libre, une fouille convenable jusqu'au niveau de l'eau, c'est-à-dire jusqu'à la cote (27,00) environ, et on mit alors en place la trousse coupante et le cuvelage de raccord du puits et de la galerie. Au-dessus de celui-ci, on raccorda, par une fausse collerette, un tronc de cône dont la petite base servait d'appui à une cheminée en tôle, du genre de celles ordinairement employées dans le fonçage des caissons à air comprimé. Cette cheminée était surmontée d'un sas à air muni d'un treuil à vapeur pour le montage des déblais.*

La mise en service de l'air comprimé eut lieu le 2 juillet, à la cote (25,65), dans une couche de vase verdâtre et sableuse. A la cote 25,30, on rencontra les assises inférieures du mur du quai, dont on trouva la base à la cote (23,76). Le 29 juillet, on avait atteint la cote (14,27), et le fonçage du puits était terminé.

Pour obtenir l'enfoncement du cuvelage du puits, il avait fallu le surcharger de 100 tonnes de plomb en saumons et, vers la fin, remplir d'eau l'espace compris entre la cheminée d'air comprimé et les anneaux constituant le puits. De plus, au moment de la descente, il était nécessaire de lâcher complètement la pression. Le dernier enfoncement a nécessité une charge totale de 220 tonnes et, comme la surface frottante était alors de 150 mètres carrés (celle des six anneaux supérieurs étant considérée comme nulle en raison de l'évasement de la fouille, il en résulte qu'on peut évaluer à près de 1.500 kilogrammes par mètre carré la valeur du frottement pendant cette opération.

Pour obtenir l'étanchéité du fond, on commença par préparer une fouille demi-sphérique au-dessous du couteau, et l'on posa sur le terrain un enduit très soigné, en ciment de Portland, de 0^m,05 d'épaisseur, puis on construisit, en béton de ciment de Portland, une calotte renversée prenant appui sur la collerette supérieure de la trousse coupante. Un nouvel enduit fut appliqué sur cette calotte et, lorsqu'on lâcha la pression, on put constater qu'on avait acquis ainsi une parfaite étanchéité.

Construction de la galerie. — *On procéda alors au démontage du tampon qui fermait l'orifice réservé à l'amorce de la galerie et l'on attaqua la fouille latérale, de façon à établir une chambre d'une longueur suffisante pour y loger le bouclier destiné au per-*

cement de la galerie et la pièce spéciale de raccordement du puits avec cette galerie.

Pour introduire le bouclier à sa place, il était naturellement nécessaire d'enlever la cheminée d'air comprimé placée dans le puits et, par suite, de supprimer momentanément la pression.

Pour éviter les rentrées d'eau, la fouille fut donc consolidée par un anneau en briques et les fissures du terrain rigoureusement bouchées ; malgré ces précautions, lorsque le bouclier fut descendu, il se trouva être noyé dans l'eau qui avait pénétré par l'amorce de la galerie. On épuisa cette eau, et l'on poussa le bouclier dans la chambre qui lui avait été réservée.

Après avoir, de même, introduit dans le fond du puits la pièce spéciale de raccordement et les châssis nécessaires à la construction de l'écluse en galerie qui devait être établie un peu plus tard, on put enfin rétablir l'installation d'air comprimé du puits. Toutes ces manœuvres, très délicates, durèrent près d'un mois, et ce n'est que le 25 août que put être posé le premier anneau de la galerie.

Le travail d'avancement continua avec lenteur, mais avec régularité jusqu'au 23 septembre, époque à laquelle la galerie atteignit 31 mètres de longueur. Cette lenteur relative était due à ce que tous les déblais devaient être enlevés dans de petites bennes et passer par les sas à air établis au sommet du puits. Lorsque cette longueur eut été atteinte on construisit, dans la galerie même, à 15 mètres du puits, une écluse destinée à remplacer le sas à air (fig. 320) et constituée simplement par un blocage en béton, appliqué contre les parois de la galerie, et formant un couloir de 5^m,50 de longueur sur 1^m,20 de haut et 0^m,80 de large. Dans le radier passaient les conduites d'évacuation des eaux qui, malgré l'air comprimé, pénétraient dans la galerie.

Une fois l'écluse construite, on enleva le sas à air du puits, et l'espace compris entre le puits et l'origine de cette écluse fut utilisé comme garage des wagonnets.

On installa alors les appareils d'épuisement dans le fond du puits, soit deux gros pulsomètres pouvant élever chacun 160 mètres cubes d'eau par vingt-quatre heures.

Le travail d'avancement fut repris le 26 octobre et poussé dès lors avec une grande activité et, le 15 janvier 1896, on atteignait le collecteur d'Asnières au point déterminé.

En résumé, déduction faite du temps consacré aux diverses manœuvres, le fonçage du puits a demandé quarante-sept jours, et le percement de la galerie cent onze jours, soit, pour ce dernier travail, un avancement journalier moyen de 2^m,15. A partir de la mise en service de l'écluse, cet avancement a été de 2^m,54. Si l'on considère qu'en raison du peu d'espace disponible, par suite du faible diamètre de la galerie, la même équipe devait faire la terrasse, puis la quitter pour la manœuvre du bouclier, et enfin faire le montage des anneaux, on concevra que le travail a été poussé d'une façon très active et qui correspond, dans le cas d'un grand diamètre permettant d'avoir trois équipes au lieu d'une, à un avancement de plus de 7 mètres par jour.

Cette remarquable rapidité et les conditions particulièrement satisfaisantes dans lesquelles le travail a été accompli, sont dues non seulement à la puissance et à la bonne organisation du matériel employé par M. Berlier, mais aussi au nouveau et très ingénieux système de bouclier mis en œuvre.

Le bouclier employé au siphon de la Concorde a, en effet, été muni de perfectionnements qui, surtout au point de vue de la sécurité et de la régularité du travail, ont donné d'excellents résultats.

Les figures 321 et 322 représentent ce bouclier et ses appareils de manœuvre.

Il se compose d'une chemise cylindrique en tôle A, renforcée intérieurement par des armatures en fonte BB' dont l'une porte les couteaux en acier amovibles C, et l'autre quatre presses hydrauliques D. Les tiges des presses hydrauliques portent des sabots EE' qui, prenant appui sur les anneaux FF' de la galerie, permettent de faire avancer l'ensemble de l'appareil. Les presses hydrauliques sont actionnées au moyen de pompes H, montées sur de petites bâches I et munies de leviers J. Un appareil de changement de marche K sert à diriger l'eau des pompes, soit sur l'avant, soit sur l'arrière des pistons des presses par l'intermédiaire des tuyaux LL, ..., etc.

Au-dessus de l'enveloppe A sont disposées des plaques M pouvant être actionnées indépendamment du bouclier lui-même, au moyen des vérins NN''.

Ces plaques permettent de tenir la fouille pratiquée en avance du bouclier constamment abritée, au moins dans sa partie supérieure. Elles sont manœuvrées au fur et à mesure de l'avancement de l'excavation, tandis que le bouclier lui-même n'est déplacé que lorsque ce déplacement peut avoir lieu sur 0^m,50, espace nécessaire pour mettre en place un nouvel anneau.

Grâce à ces dispositions complémentaires, le bouclier peut travailler indifféremment dans le sable, le gravier ou le terrain compact avec autant de facilité et d'efficacité, et pendant toute la durée des travaux il ne s'est produit aucun accident.

Nature des terrains traversés. — La figure 314 représente les diverses couches de terrains rencontrées dans le fonçage du puits. On voit qu'elles ont une composition très variable, mais toutes sont fissurées et éminemment perméables.

Dans la galerie, on a rencontré, jusqu'à 92 mètres de l'origine, un terrain composé de bancs calcaires alternés avec des marnes grises et verdâtres fortement fissurées. A cette distance, il a fallu

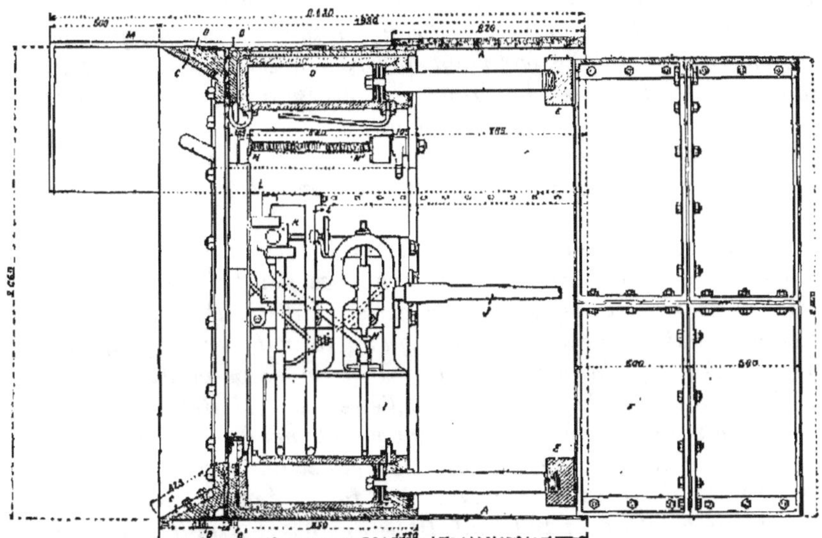

Fig. 321. — Coupe longitudinale du bouclier.

Fig. 322. — Vue arrière du bouclier.

traverser un amas de blocs calcaires disloqués, à travers lesquels il venait de véritables torrents d'eau, malgré l'envoi de plus de 50.800 mètres cubes d'air par vingt-quatre heures. Ce passage, dont la longueur était d'une vingtaine de mètres, a été l'un des plus difficiles, et surtout des plus coûteux, à cause des déperditions d'air; ces pertes, à travers les fissures du terrain, se traduisaient, à certains moments, par de véritables bouillonnements à la surface de la Seine.

Le travail se continua ensuite sans incident notable jusqu'à la rive droite de la rivière. Un peu avant ce point, l'épaisseur du terrain entre le ciel de la galerie et le fond du lit de la rivière n'atteignait guère que 3^m,60, ainsi qu'on le voit sur le profil en long (fig. 313). Il fallut alors prendre de grandes précautions pour éviter la production de renard dont l'effet eût été désastreux. A partir de ce point, le profil remontant rapidement, on traversa des sables gris, du gravier, des sables bleuâtres et des vases, qu'il était nécessaire de désinfecter à cause des fortes émanations d'acide sulfhydrique qu'elles répandaient. Dans une assez grande partie de parcours, on dut recourir à la mine pour disloquer certains bancs de calcaire.

Travaux divers. — Nous avons vu que le diamètre du bouclier était un peu plus grand que celui des anneaux de la galerie, de sorte qu'il reste un vide annulaire entre l'excavation obtenue et ces anneaux. Autant pour rendre absolument fixe la position de ces anneaux que pour protéger la fonte contre l'oxydation et augmenter l'étanchéité des joints, on injecte, dans cet espace annulaire, du mortier de ciment, de façon à remplir tous les vides et à constituer une chape autour du tube métallique. Cette injection se fait à l'aide d'une lance alimentée par un petit réservoir dans lequel se trouve le mortier, qui est mis en mouvement par un malaxeur manœuvré à la main, chassé par un courant d'air comprimé à 4 ou 5 atmosphères. Les anneaux sont munis, comme on l'a vu, sur leur pourtour, d'un certain nombre de trous, dans lesquels peut se visser la lance d'injection; on commence par introduire cette lance dans les trous de la partie inférieure, et on ne la met dans un trou supérieur que lorsque l'on a déjà vu le mortier refluer par ce trou.

Par suite du service auquel est destinée la galerie, il a fallu rendre sa surface intérieure complètement lisse, afin que les saillies des anneaux ne puissent pas faciliter le dépôt des matières solides et gêner le passage de la boule en bois destinée à effectuer le curage. On a donc rempli, avec du mortier de ciment, les alvéoles constituées par les collerettes d'assemblage des anneaux; ce remplissage a été effectué à l'aide de couchis à la manière d'une voûte puis on a recouvert toute la surface intérieure d'un enduit. Le tube *métallique constituant la galerie se trouve donc, tant à l'intérieur qu'à l'extérieur, recouvert par une couche de mortier de ciment. La chute de ce remplissage n'est d'ailleurs nullement à craindre, car non seulement les blocs de ciment forment voussoirs, mais, de plus, ils sont maintenus par les têtes des boulons d'assemblage des anneaux et de fermeture des trous ayant servi à l'injection de ciment.*

En définitive, les travaux du siphon de la Concorde ont été parfaitement exécutés dans les conditions prévues, et ils font grand honneur aux ingénieurs de la ville, MM. Bechmann, Launay et Legouëz, à leurs collaborateurs MM. Diébold et Chabagny, qui les ont projetés et surveillés, à M. Berlier qui les a menés à bonne fin,

Dispositions adoptés à la tête amont du siphon de la Concorde.

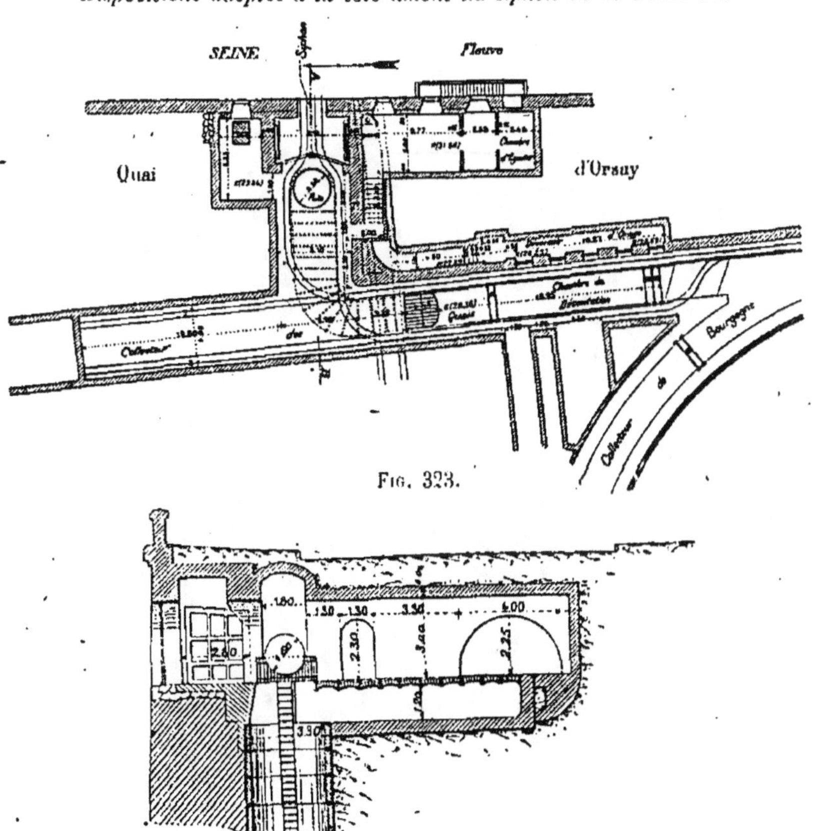

Fig. 323.

Fig. 324. — Coupe AB.

et à son ingénieur, chef de service, M. Amiot, qui l'a très habilement secondé dans cette entreprise.

Le nettoyage du siphon se fait à l'aide d'une boule en bois, du diamètre de $1^m,60$, qui pèse 1.530 kilogrammes.

Les figures 323 et 324 représentent les dispositions particulières prises à l'amont du siphon, sur la rive gauche de la Seine, pour le raccordement de ce dernier avec le collecteur.

La dépense faite, tant pour le siphon que pour les ouvrages accessoires, s'est élevée à 515.000 francs.

CHAPITRE XIX

PROFILS DES ÉGOUTS

Profil transversal des égouts. — La section des égouts de Paris a subi, dans le courant de ce siècle, une modification importante, qui a eu pour résultat une grande diminution dans les prix de construction, et qui a rendu plus favorable l'écoulement des eaux et immondices. Mais il y a lieu de remarquer que la préoccupation dominante jusqu'en 1880 a été de faire des galeries d'une hauteur et d'une largeur suffisantes pour qu'on puisse y circuler assez librement.

Avant qu'on ait conçu l'idée de placer les conduites d'eau dans les égouts, on donnait à ces derniers des largeurs de $0^m,70$, $0^m,80$ et même 1 mètre. A cette époque, les piédroits étaient verticaux, et la hauteur sous clef de l'égout variait de $1^m,70$ à $1^m,80$ et atteignait même quelquefois 2 mètres.

Depuis la pose en égout des conduites d'eau, la forme ovoïdale a été adoptée, et variables sont les sections qui ont été données aux égouts.

Les figures 325 et 326 donnent la momenclature des types d'égouts existant à Paris depuis l'adoption de la forme ovoïdale, et le tableau ci-après indique la longueur kilométrique de chaque type au 1er janvier 1898.

Néanmoins les anciens égouts n'ont pas tous été démolis ; mais, par contre, tous, ou à peu près tous, ont subi des modifications.

Certains de ces anciens égouts ont vu leur voûte élargie d'un côté, comme l'indique la figure 327, pour permettre le logement d'une conduite : à d'autres on a donné à la nouvelle voûte la forme de la coupe (*fig.* 328) ; ce qui permet de loger deux conduites, en même temps qu'on obtient une augmentation de hauteur sous clef.

Types Spéciaux

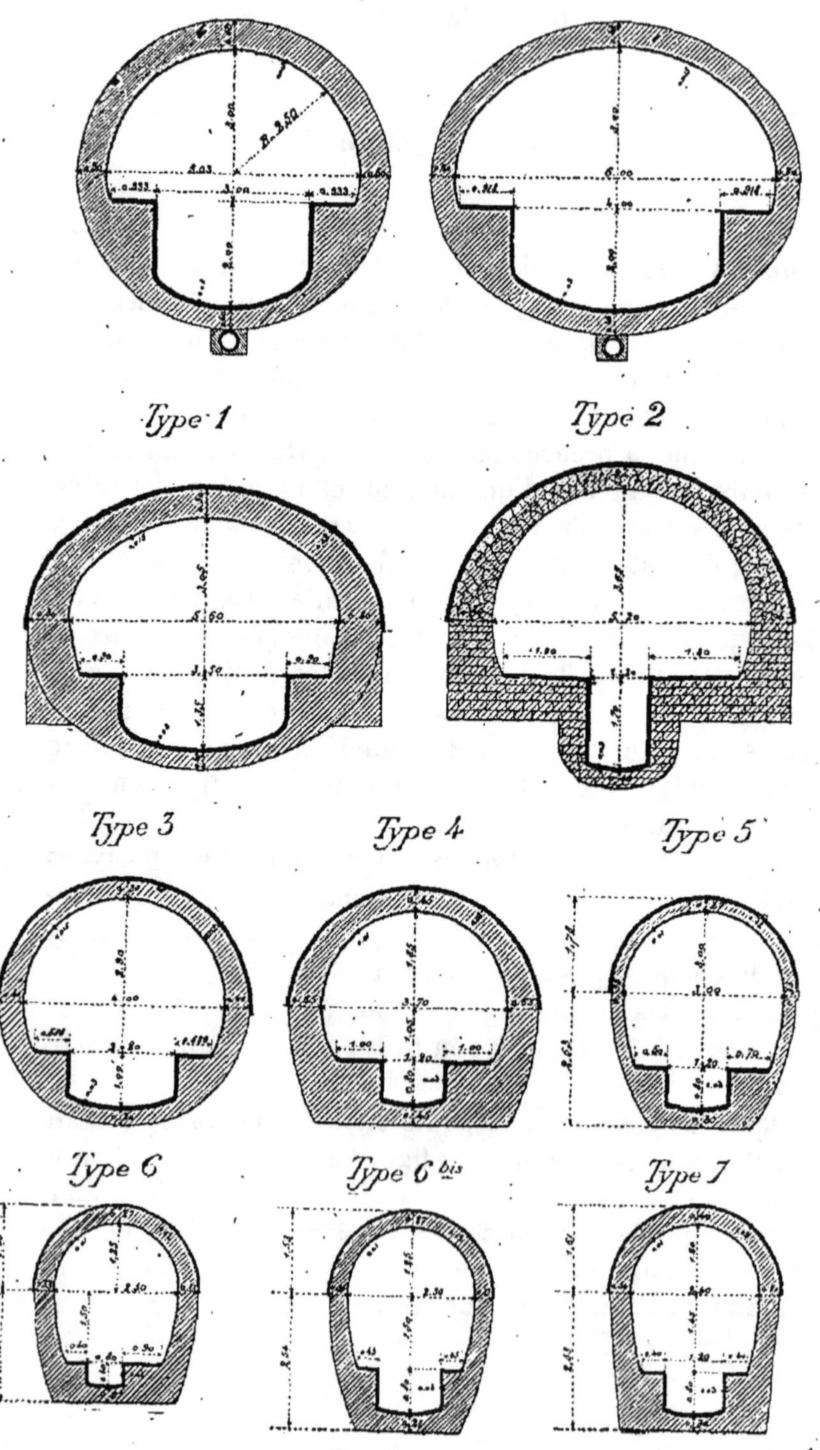

Fig. 325.

Types Spéciaux
Type 8
Type 9
Type 10
Type 10 bis
Type 10 ter
Type 11
Type 11 bis
Type 12
Type 12 bis
Type 13
Type 13 ter
Type 14
Type 14 bis
Type 15
Branchements particuliers
Type 1
Type 2
Cunette du Type 10 bis
Cunette des Types 10 ter 11 bis 12 bis et 15
Raccord de radier

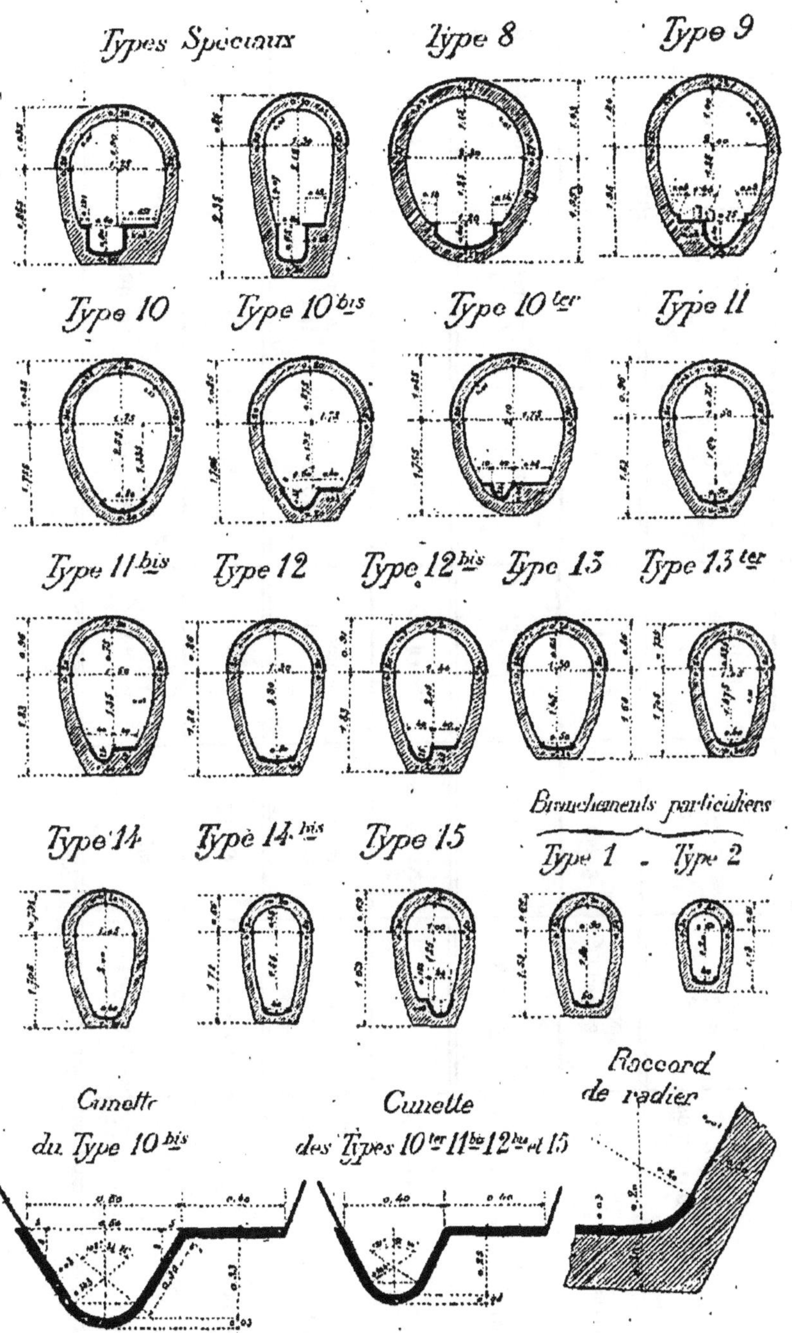

Fig. 326.

TABLEAU DES LONGUEURS D'ÉGOUT AU 1er JANVIER 1898

TYPES	COLLECTEUR DE CLICHY	N° 1	N° 2	N° 3	N° 4	N° 5
Longueurs { intra muros. / extra muros.	mètres 1.782 / 1.820	mètres 3.498 / 1.688	mètres 1.790 / »	mètres 10.677 / 1.790	mètres 298 / »	mètres 13.849 / 4.933
TYPES	Nos 6 et 6 modifié	Nos 6 bis et 6 bis modifié	N° 7	N° 8	N° 9	N° 9 bis
Longueurs	mètres 23.148	mètres 4.876	mètres 3.718	mètres 12.575	mètres 15.017	mètres 528
TYPES	N° 10	N° 10 bis	N° 10 ter	N° 11	N° 11 bis	N° 12
Longueurs	mètres 74.769	mètres 5.038	mètres 4.466	mètres 459.56	mètres 1.115	mètres 349 204
TYPES	N° 12 bis	N° 13	Nos 13 bis et 13 ter	N° 14	N° 15	non classés
Longueurs	mètres 131.604	mètres 75.785	mètres 22.328	mètres 31.514	mètres 10.090	mètres 215.480

Quant au radier, on a remplacé la forme plate par une forme circulaire, soit en le relevant, soit en l'abaissant.

Dans les anciens égouts, très larges, comme celui de la rue

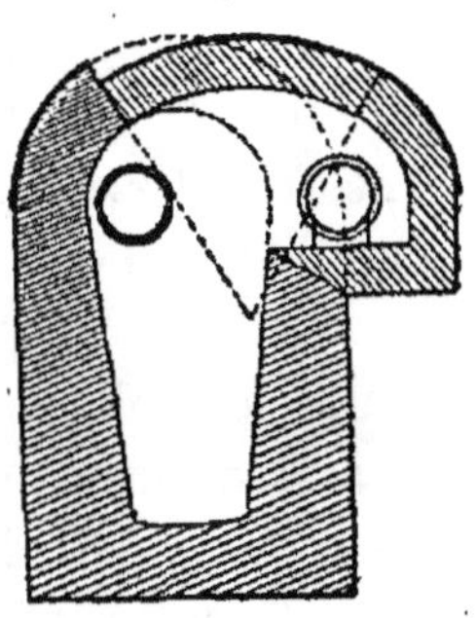

Fig. 327.

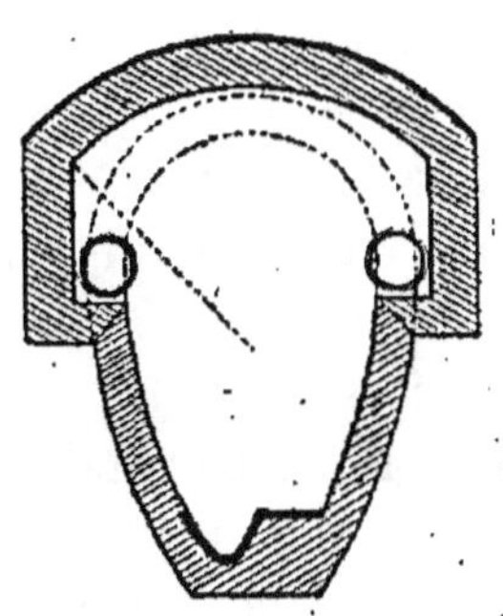

Fig. 328.

Saint-Denis, par exemple, on a donné à l'ancien radier pavé, la forme indiquée sur la coupe (*fig.* 329).

A Paris on donne aux collecteurs une section généralement très large, parce qu'on admet qu'ils doivent pouvoir débiter toutes les eaux en temps d'orage.

Quant aux petits égouts, leur section est toujours suffisante pour pouvoir débiter, en tous temps, les eaux qu'ils sont appelés à recevoir.

Mais une autre considération guide dans la section que l'on donne aux égouts : c'est le nombre et l'importance des conduites d'eau que l'on doit y loger.

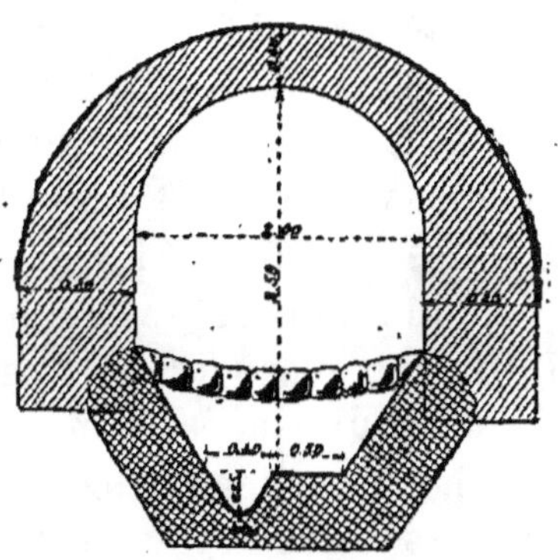

Fig. 329. — Égout de la rue Saint-Denis, amélioré.

C'est ainsi que l'on rencontre, dans un grand nombre de voies, des égouts, qui sont élémentaires par la petite quantité d'eau qu'ils reçoivent, mais qui ont néanmoins une grande section, ceci en raison des conduites qu'ils renferment.

A Paris, l'importance de la section d'un égout ne dépend donc pas exclusivement de la quantité d'eau qu'il reçoit ou est appelé à recevoir, mais aussi et surtout du nombre et du diamètre des conduites d'eau propre qu'il doit contenir.

Profil longitudinal des égouts. — On a vu, dans la description détaillée des collecteurs, que la pente de leur radier est relativement faible. Mais ce peu de déclivité est compensé par la forme et le revêtement des cunettes, ainsi que par la grande quantité d'eau qu'elles écoulent. L'eau obtient, par suite, une vitesse suffisamment grande pour éviter l'engorgement des cunettes.

Cette vitesse, à la surface, atteint dans le collecteur d'Asnières $1^m,59$ par seconde ; elle est de 1 mètre dans celui de Marceau, sur la rive gauche, et de $0^m,66$ sur la rive droite. Dans le collecteur du Nord, à la porte de la Chapelle, où le débit est de $0^{m3},969$, la vitesse est de $1^m,23$.

La pente des égouts ordinaires est très variable, suivant les quartiers.

Dans les quartiers bas, composant principalement l'ancien Paris, c'est-à-dire là où le réseau des égouts a été en partie construit à des époques diverses, sans plan d'ensemble, il a parfois été très difficile, lorsqu'enfin ce plan a été conçu, de donner au radier des égouts des déclivités suffisantes.

C'est ainsi que, dans ces quartiers, on n'a pu obtenir que des pentes variant de 3 à 5 millimètres par mètre.

Dans les quartiers élevés ou à flanc de coteau on a pu donner aux radiers des égouts des inclinaisons plus fortes, allant même jusqu'à 5 et 6 centimètres par mètre. Mais ces déclivités sont exagérées et celle de 3 centimètres par mètre est admise actuellement comme un maximum.

Dans les voies à très forte pente, pour ne pas dépasser cette déclivité de 3 centimètres, on brise le radier en divers points et on raccorde les tronçons successifs par des volées de gradins établis latéralement, contre lesquels règne une cunette en glacis destinée à l'écoulement des eaux.

A l'extrémité de ces volées de gradins, afin d'éviter les chutes des ouvriers, on établit une barre de sûreté (*fig.* 330) que l'ouvrier tire pour passer et qui se ferme automatiquement.

On établit également le long de la descente une main courante en fer.

Cette dernière, formée de fer rond de 0^m,03, est placée le long du piédroit ; quelquefois elle isole les gradins de la cunette et forme en même temps garde-corps.

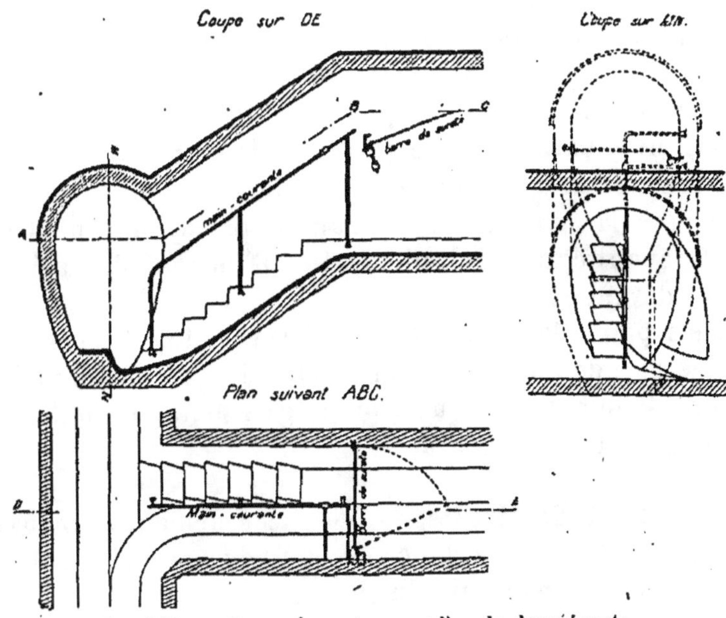

Fig. 330. — Raccordement en gradins de deux égouts

Depuis quelque temps, on a remplacé la barre automobile que les ouvriers, insouciants du danger, accrochaient aux

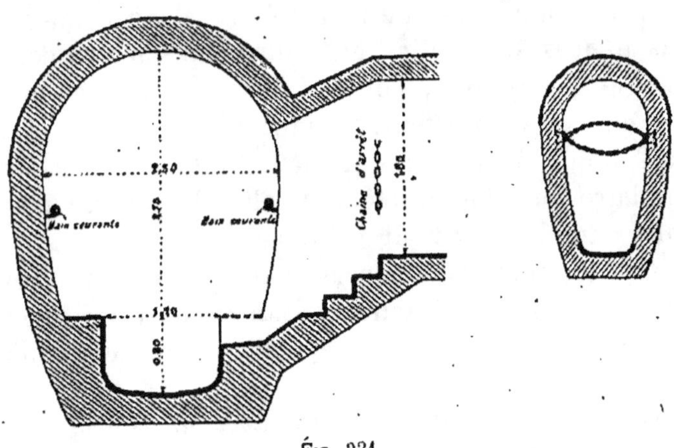

Fig. 331.

parois de l'égout, pour ne pas avoir la peine de la tirer à

eux, par une chaîne transversale, scellée à ses deux extrémités (*fig.* 331).

De cette façon, l'ouvrier est obligé de soulever cette chaîne pour passer.

On vient de voir que, pour prévenir les ouvriers de la présence d'un escalier, on plaçait en haut une barre automobile ou une chaîne, et que, pour faciliter la descente, on établissait une main-courante ou un garde-corps.

Cette précaution est également prise dans les collecteurs, pour faciliter la marche sur les banquettes et prévenir les ouvriers, venant d'un égout adjacent ou d'un regard, du vide qu'ils ont devant eux.

Dans les petits égouts existants, à forte pente, et recevant une assez grande quantité d'eau, c'est-à-dire où la circulation est difficile et dangereuse, on a également posé le long des piédroits une main-courante.

Raccordements des égouts. — Le raccordement de deux égouts a une grande importance au point de vue de l'écoulement des eaux, et, par suite du curage.

Raccordement d'un collecteur secondaire avec un collecteur principal. — Il faut nécessairement que le radier et les banquettes du collecteur secondaire soient établis à une altitude telle que les manœuvres que l'on exécute dans celui-ci ne soient pas gênées par celles en cours dans le collecteur principal, c'est-à-dire que, pouvant admettre la manœuvre simultanée dans les collecteurs, il faut que la hauteur d'eau retenue à l'amont de la vanne manœuvrant dans le collecteur secondaire soit plus élevée que celle obtenue à l'amont de la vanne dans le collecteur principal.

Cette condition n'est malheureusement pas toujours remplie à Paris, où on est parfois tenu d'organiser le travail de manière à ce que les manœuvres ne se gênent pas mutuellement.

Raccordement d'un égout secondaire avec un collecteur. — Le radier de l'égout secondaire doit toujours être établi à une altitude telle qu'il ne puisse subir le reflux des eaux du collecteur, même par les pluies.

Cette disposition n'a pas toujours pu être obtenue à Paris, où le réseau des égouts n'a pas, dès l'origine, été établi suivant un plan d'ensemble.

Au raccordement, la cunette de l'égout secondaire doit être établie, suivant une courbe, de manière à ce que les eaux soient dirigées suivant le courant dans l'axe de la cunette de l'égout collecteur (*fig.* 332 et 333).

Cette disposition a le grand avantage d'éviter la brisure du courant qui se produirait sans cette précaution et, par suite, le ralentissement ou l'arrêt des matières roulées par les eaux.

Une grille en fer est placée au-dessus de la cunette de

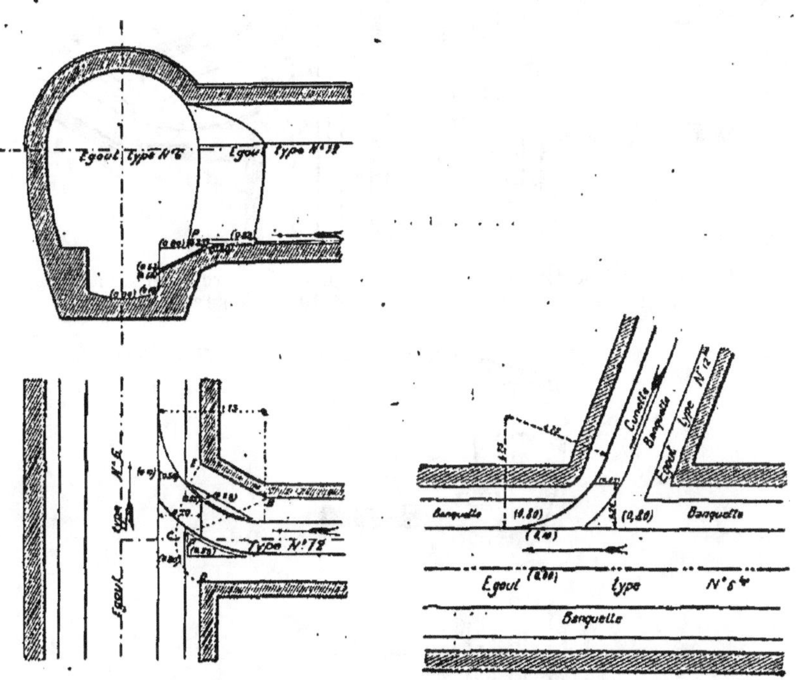

Fig. 332 et 333. — Raccords d'un égout secondaire avec un collecteur.

l'égout secondaire, dans la traversée de la banquette coupée du collecteur.

Cette même disposition est adoptée dans le raccordement de deux collecteurs.

Quelquefois cependant, lorsque la section d'écoulement de la cunette de l'égout tributaire le permet, on remplace la grille en fer par une petite voûte en brique.

Raccordement de deux égouts secondaires. — Pour le bon

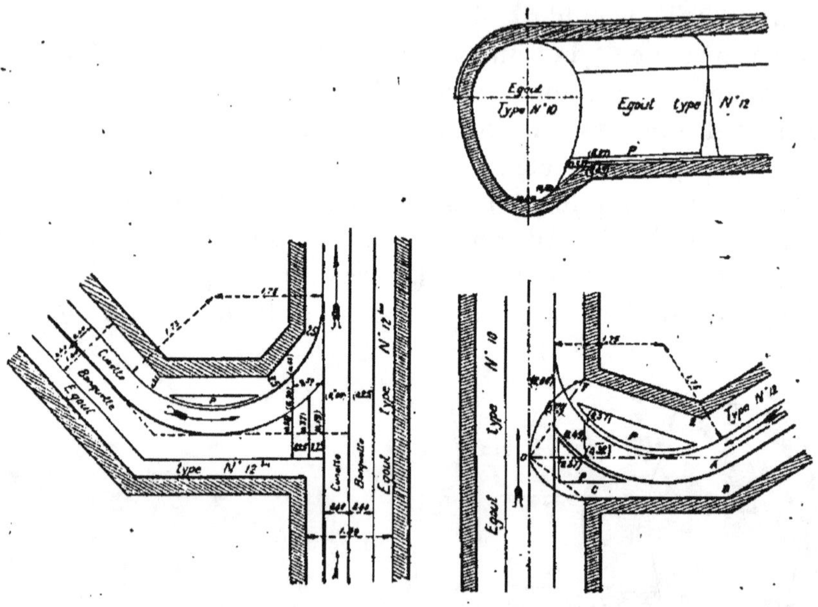

Fig. 334.—Raccordement de deux égouts
n° 12 *bis*.

Fig. 335. — Raccordement d'un type
n° 10 et d'un type n° 12.

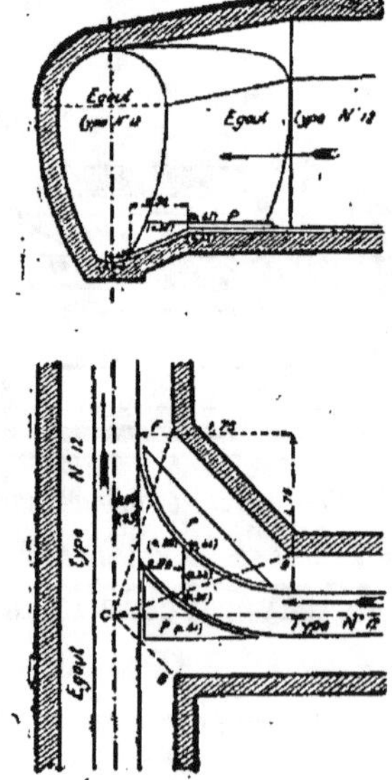

Fig. 336. — Raccordement de deux égouts n° 12.

effet des chasses automatiques faites dans les égouts, de

même que pour la circulation des immondices, il faut assurer aux eaux un parcours bien déterminé, c'est-à-dire qu'il faut que ces eaux, à un certain point, n'aient pas la possibilité de pouvoir dévier partiellement de leur route.

On arrive à ce résultat en raccordant en courbe les cunettes de deux égouts adjacents et en ménageant au radier de l'égout supérieur une certaine dénivellation, qui accélère le courant et donne, par suite, aux eaux une force qui entraîne les immondices (*fig.* 334, 335 et 336).

CHAPITRE XX

OUVRAGES ACCESSOIRES DES ÉGOUTS

Parmi les ouvrages accessoires des égouts, il faut consi-dérer comme faisant partie de l'égout lui-même les regards, les bouches d'égout, les branchements particuliers. Quand la question de l'exploitation des égouts sera traitée, on aura à examiner d'autres ouvrages, tels que bassins à sable, réservoirs de chasse, etc., établis pour les besoins du curage.

I. — REGARDS

Ces ouvrages sont indispensables pour permettre l'accès dans les galeries aux nombreux services qui y circulent, en même temps que pour faciliter la fuite aux ouvriers surpris par une crue subite.

A Paris, ils se composent d'une galerie de 2 mètres de hau-teur sous clef et 1 mètre de largeur aux naissances (*fig.* 337) et d'une cheminée de descente munie d'échelons en fer gal-vanisé (*fig.* 338 et 339) et fermée sur le sol, à l'aide d'une trappe en fonte recouverte de bitume.

Au premier échelon, on adapte, pour faciliter la descente, une crosse en fer (*fig.* 340) également galvanisé que l'on détache facilement et qui reste dans la cheminée, une fois celle-ci fermée.

Les regards sont espacés de 50 mètres environ. La chemi-née est établie sous le trottoir. Sur les collecteurs, les regards sont établis sur l'un et l'autre trottoir, afin de permettre l'ac-cès de chaque côté de la galerie sans avoir à franchir la cunette.

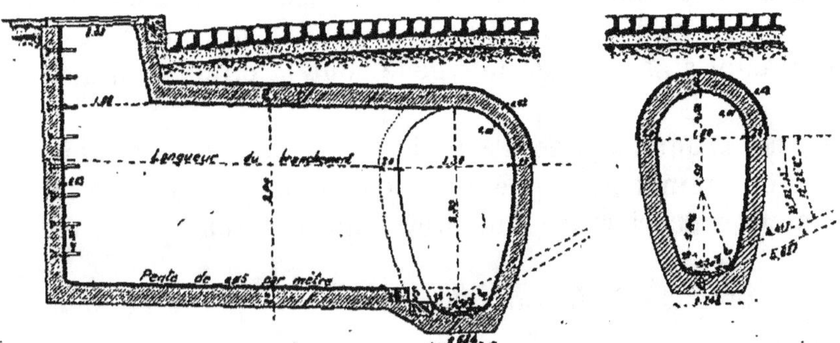

Fig. 337. — Branchement de regard.

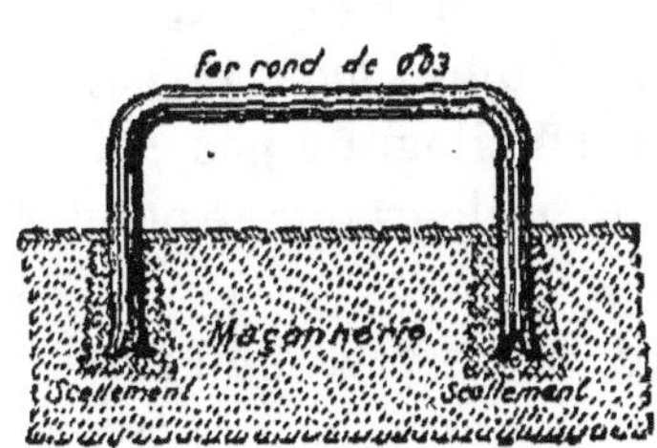

Fig. 338. — Echelon.

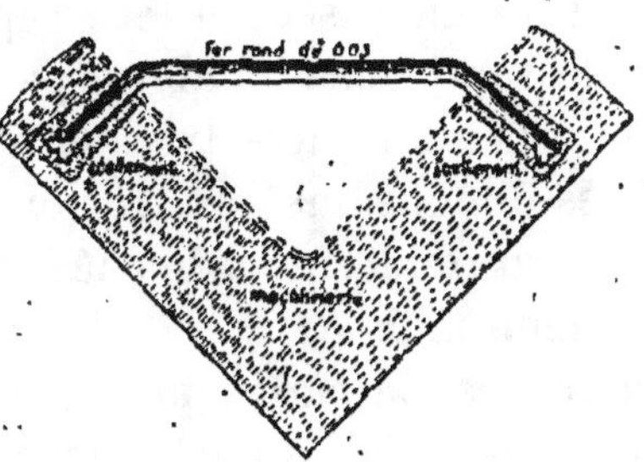

Fig. 339. — Echelon d'angle.

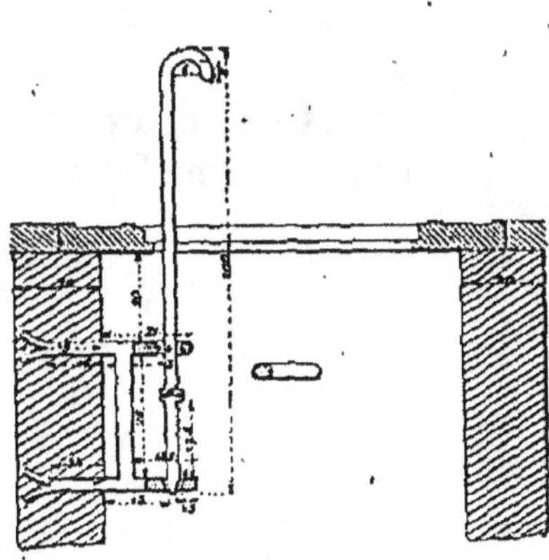

Fig. 340. — Crosse.

Fig. 341. — Trappe pour chaussée.

Autrefois les regards étaient établis dans l'axe même de la galerie, ce qui était plus économique, en raison de la suppression du branchement, mais cette disposition rendait l'accès de l'égout très difficile et même dangereux, car alors ces regards étaient généralement placés au milieu des chaussées, occasionnant ainsi une grande gêne pour la circulation des voitures.

De plus, chaque équipe d'égoutiers ou de fontainiers était obligée de traîner avec elle une échelle pour permettre la descente des ouvriers, ce qui présentait un grand inconvénient.

Les trappes de fermeture en usage sont de différents modèles.

Celles en fer (*fig.* 341) étaient nécessaires aux regards établis sur chaussées. Par suite de la suppression des ouvertures sous chaussées et leur report sous trottoir, ces trappes ont été remplacées d'abord par un type en fonte (*fig.* 342) et ensuite par un autre type en fonte et bitume (*fig.* 343) de mêmes dimensions dont le poids est de 360 kilogrammes, soit 225 kilogrammes pour le châssis fixe et 135 kilogrammes pour le tampon mobile.

Pour lever la partie mobile du regard, on se sert d'un instrument spécial, appelé marteau-pince, qui se compose, comme l'indique la figure 344, d'un manche courbé à l'extrémité duquel se trouve, d'un côté, un marteau qui sert à frapper le tampon, afin de le décoller de la partie fixe, lorsque ces deux parties sont soudées ensemble par la gelée, et, de l'autre côté, une pince que l'ouvrier introduit dans l'œil du tampon et qui sert à soulever ce dernier.

Une fois le tampon enlevé, pour prévenir les chutes des passants, on protège le vide à l'aide d'un entourage mobile que l'on place et déplace à volonté (*fig.* 345).

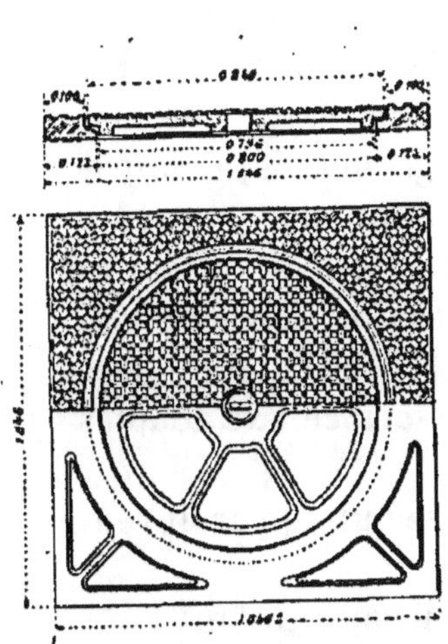

Fig. 342. — Trappe en fonte pleine.

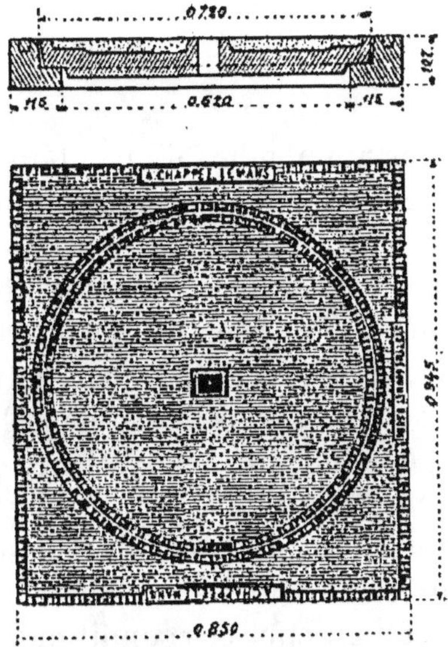

Fig. 343. — Trappe en fonte et bitume.

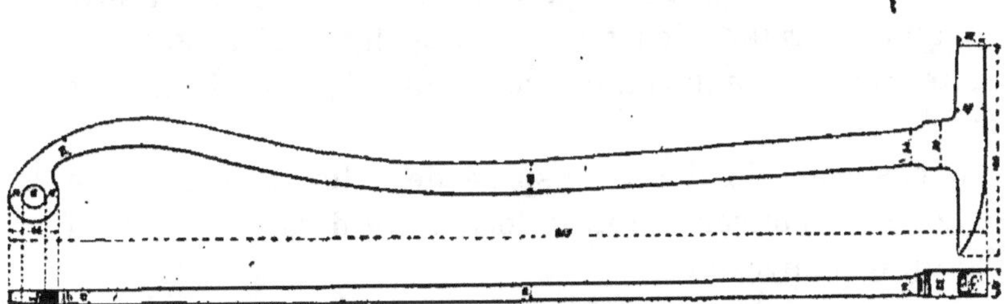

Fig. 344. — Marteau-pince.

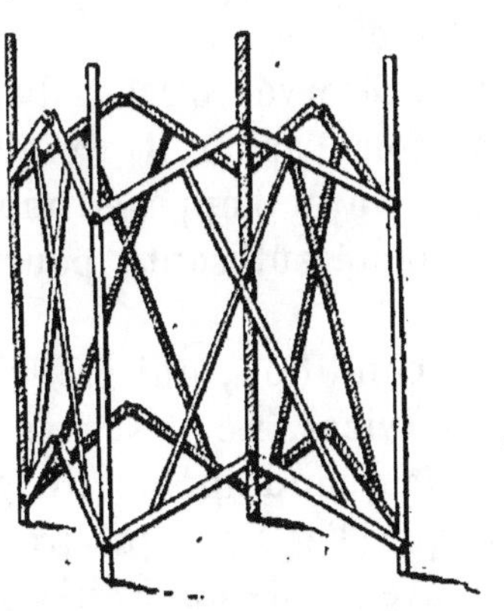

Fig. 345. — Entourage mobile pliant.

GARDE-ORIFICES FIXES

Un certain nombre d'inventeurs, frappés des inconvénients que présente le soulèvement du tampon, qui exige une manœuvre habile, le transport d'un entourage mobile, l'obligation, pour les services, d'immobiliser un homme pour garder et protéger l'orifice, les accidents qui peuvent se produire malgré cette précaution, par suite de l'inattention des passants ou de la bousculade dans les voies à circulation très dense, ont imaginé des systèmes de garde-orifice fixe adaptés à chaque regard.

Jusqu'ici aucun d'eux n'a réussi à trouver un appareil réunissant les conditions voulues.

C'est qu'en effet ces conditions sont multiples. Il faut :

Que l'appareil soit simple et robuste, pour ne pas être exposé à se détériorer très rapidement par l'usage, toujours brutal, qu'en feraient les ouvriers appelés à s'en servir et par suite de son exposition constante à l'humidité des égouts ;

Qu'en cas d'avarie il soit disposé de telle sorte qu'il ne puisse gêner ni l'ouverture ni la fermeture des regards, ni la circulation des ouvriers ;

Que les manœuvres ne soient pas gênées par l'appareil, lorsqu'il s'agit d'introduire ou d'extraire du matériel par les regards ;

Que le système soit disposé de manière à ce que l'orifice ne cesse jamais d'être préservé, c'est-à-dire que l'ouverture ne se fasse qu'une fois l'appareil préservateur mis en place. C'est le seul danger avec l'appareil mobile ;

Qu'il présente une sécurité suffisante pour permettre de supprimer le gardien.

A Paris, cette dernière condition, qui est très importante, pour presque tous les services, ne l'est pas pour celui du curage, qui maintiendrait quand même un gardien, parce qu'il est indispensable que l'équipe qui travaille soit toujours en communication avec le dehors, en cas d'accident ou d'orage, et que, cette équipe étant toujours en marche, elle ne pourrait détacher un homme à chaque regard qu'elle rencontrerait pour l'ouvrir et le fermer.

Il faut aussi que l'appareil soit peu coûteux. A Paris, vu le grand nombre des regards, cette condition a une grande importance, car la dépense se chiffrerait par plusieurs millions de francs.

On indiquera quelques-uns des systèmes, qui ont été présentés et essayés à Paris, mais qui n'ont pas donné les résultats que leurs inventeurs en attendaient.

Il y a donc pour cette question des études intéressantes à faire, et il est certain que l'Administration, ainsi que le Conseil municipal continueront à examiner avec bienveillance les idées qui leur seront soumises et accepteront avec la même bienveillance, pour les essayer, les appareils qui leur seront présentés.

Système Leclabart. — Ce système se compose d'une plaque carrée à charnières s'ouvrant à l'aide d'une clef spéciale. Sous cette plaque sont attachés des barreaux ronds articulés que l'on place en forme d'entourage quand la plaque est levée, cette dernière formant un des côtés de la barrière.

Un autre système du même inventeur comporte sous la première plaque à charnières une autre plaque à jour également à charnières, qui se relève en face de la première et qu'on rabat derrière soi quand on est descendu.

Ces deux systèmes ne dispensent pas du gardien, car ils n'ont pas une fixité qui les mette à l'abri de la négligence ou de la malveillance. Ils ne font pas non plus disparaître le moment dangereux entre l'ouverture de la trappe et la mise en place des barres d'entourage, et ceci, à Paris, a une très grande importance en raison de la circulation très intense.

Système Arpe. — L'appareil Arpe se compose de deux plaques carrées superposées, l'une pleine, l'autre grillagée. Ces plaques sont fendues au milieu et les deux moitiés se relèvent à charnière, chacune sur un côté de carré, de manière à former par leur réunion une barrière complète. Mais cette barrière ne peut avoir au maximum, à raison de la dimension des cheminées, que $0^m,50$ de hauteur, ce qui est tout à fait insuffisant.

Système Chanson. — Dans ce système, le tampon repose sur quatre montants de 2 mètres environ de hauteur ; le pied de ces montants est attaché à des chaînes, qui remontent jusque près du sol, où elles passent sur des poulies et se terminent par des contrepoids qui équilibrent le poids de l'ensemble, de sorte qu'en soulevant le tampon on peut sans effort enlever en même temps les montants et amener ledit tampon à 2 mètres du sol pour le caler dans cette position. Les montants sont reliés par une barrière s'ouvrant au-dessus de l'échelle en fer pour permettre de descendre en égout.

Ce système, très coûteux, peu stable, obligerait incontestablement à remplacer les tampons en fonte, très lourds, par des plaques en tôle, ce qui augmenterait le prix de l'appareil; de plus, il rendrait impossibles l'extraction des sables et l'introduction des conduites, câbles électriques, etc.

Système Petitpas. — Ce système est composé d'une barrière cylindrique en fer plat, à jour. C'est le système Chanson, moins le tampon. La barrière est équilibrée par des contrepoids; elle monte et descend dans le regard à volonté le long des glissières et sous un faible effort. Quand elle est sortie, on la cale et on descend en égout, en ouvrant un segment de la barrière au-dessus de l'échelle.

Ce système, facilement détérioré par les manœuvres, et surtout pendant l'extraction des sables ou l'introduction des conduites, est néanmoins peu coûteux. Mais il ne supprime pas le moment dangereux entre l'ouverture du tampon et la mise en place de la barrière.

Système Le Châtelier. — M. Le Chatelier, ingénieur des Ponts et Chaussées, a proposé de relier à la crosse, qui termine les échelles en fer des regards, des chaînes également reliées à trois montants en fer qui, au repos, resteraient accrochés dans le regard et qui, pendant l'ouverture, seraient plantés dans trois trous percés à cet effet dans les angles du châssis. Ces trois montants formeraient un carré protégé par les chaînes (*fig.* 346 et 347). Ce système subit toutes les critiques des précédents.

Système de la Chambre syndicale des tôliers. — Ce système consiste en un cylindre en tôle, placé sur l'orifice du regard et surmonté d'un cylindre grillagé. L'inventeur a adapté au cylindre un trépied en fer rond portant une poulie, pour servir à faire l'extraction du sable; mais il faut une voiture à bras pour transporter cet appareil, ce qui est inadmissible.

Système Caillette. — Deux cercles en fer, formant les bases d'un cylindre, sont reliés par des génératrices articulées, de sorte qu'en fixant le cercle inférieur à l'orifice du regard, et en faisant tourner le cercle supérieur, on transforme le cylindre en hélicoïde gauche, qu'on peut aplatir assez pour le loger sous le tampon. Le cylindre étant ainsi aplati, les génératrices forment un grillage protégeant l'ouverture. Une fois relevé, elles forment une barrière par-dessus laquelle il faut enjamber pour descendre. La manœuvre du sys-

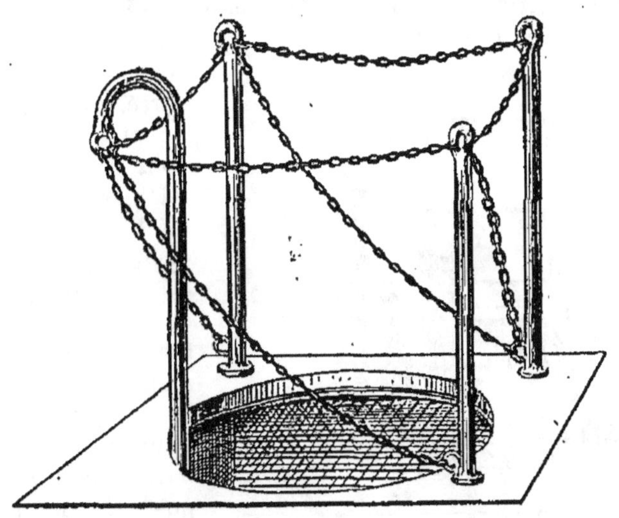

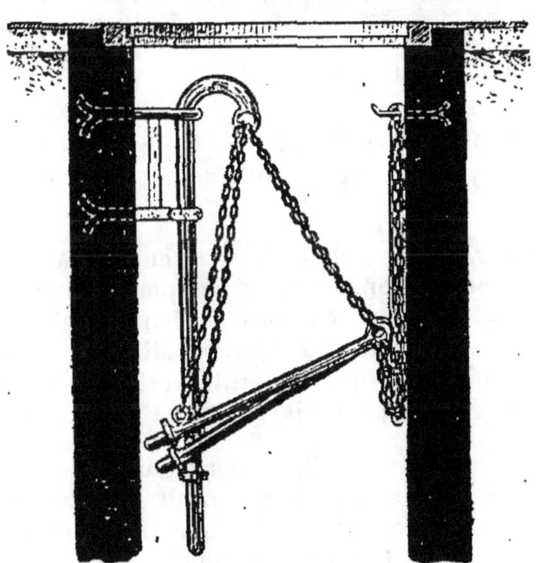

Fig. 346 et 347. — Système Le Chatelier.

tème est dangereuse pour un homme seul; il peut difficilement maintenir l'appareil en place et le reçoit fréquemment sur les jambes. Il est d'ailleurs impossible de lui donner une stabilité suffi-sante.

Système Bailly. — M. Bailly, conducteur des Ponts et Chaussées, a imaginé une disposition (*fig.* 348), qui est à peu près la reproduction du système Leclabart, avec cette différence que la plaque ajourée ne se ferme pas derrière soi, quand on est descendu, mais qu'elle reste verticale en face de la plaque pleine, à laquelle elle est reliée par des crochets horizontaux qui complètent la barrière sur les deux côtés du carré, où il n'y a pas de plaque, et qu'on a soin de placer parallèlement à la direction de la circulation. Ce système, qui a été mis à l'essai, dans une voie de Paris très fréquentée, a donné de bons résultats. Il a atténué le danger pendant le temps qui s'écoule entre l'ouverture et la pose de la barrière, parce que, la plaque pleine étant dressée, elle protège un côté, tandis que deux autres côtés sont également,

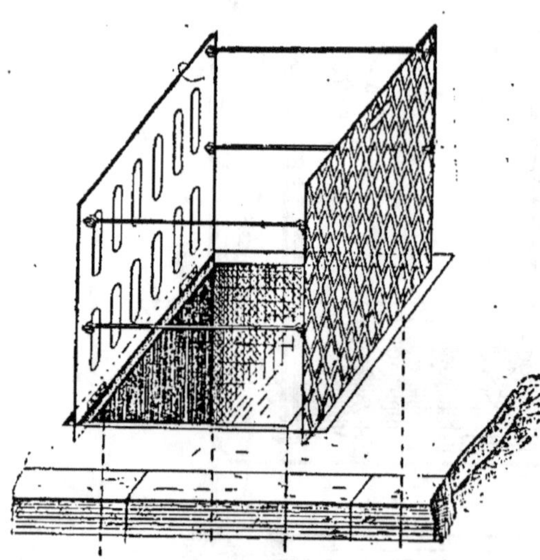

Fig. 348. — Système Bailly.

et de suite, protégés par la plaque ajourée et l'homme qui la manœuvre. Il n'y a donc qu'un seul côté qui reste, un instant, sans être protégé.

Système Choisy. — Une grille se trouve sous le tampon ordinaire. Elle se replie en **V** comme un livre pour livrer passage aux ouvriers, puis elle se remet en place et vient au niveau du sol par un système de contrepoids. Ce système diminue notablement la section de l'orifice, puisque la grille rectangulaire est inscrite dans la circonférence de cet orifice. Il n'est pas acceptable à Paris.

Système Paquit. — M. Paquit, piqueur au Service municipal de Paris, a proposé un système qui consistait à mettre dans le regard quatre montants d'entourage en fer, garnis de barres articulées. Chaque montant glisse le long d'un guide à œil fixé aux parois de la cheminée. On lève chacun d'eux successivement et on le fixe, en lui faisant faire demi-tour, autour de son guide, dans un crochet scellé. Puis on accroche les deux barres de chaque montant au montant voisin, et la barrière est terminée. C'est beaucoup plus long que de déployer un entourage mobile, et cela ne présente aucune sécurité. Cet appareil n'a pas été essayé.

Système Geneste et Herscher. — Ici encore, on retrouve deux plaques en fonte : l'une pleine, et l'autre à jour se relevant à charnière. Seulement l'inventeur a ajouté quatre montants, qui glissent verticalement dans les angles de la partie horizontale fixe, dans laquelle est placée la plaque à jour ; cette dernière, étant octogonale, laisse les quatre angles libres. Quand la plaque pleine est levée, on sort les montants, on les met en place, et c'est seulement alors qu'on lève la plaque grillée. Il est certain que le trou est ainsi toujours protégé ; mais la manœuvre pratiquée est très incommode. De plus, il est impossible d'ouvrir cet orifice de l'intérieur de l'égout, ce qui suffit à en condamner l'emploi.

Système Boutillier. — M. Boutillier, conducteur principal des Ponts et Chaussées, inspecteur du service des eaux, a imaginé un système très ingénieux (*fig.* 349). Ce système n'est pas fixe. Il remplace le garde-orifice portatif, en usage dans le service du curage des égouts, et dû à l'invention de M. Mamy, constructeur-mécanicien à Paris. C'est une sorte de parapluie en filet de corde. Le reproche que l'on peut faire à cet appareil, c'est de n'être pas

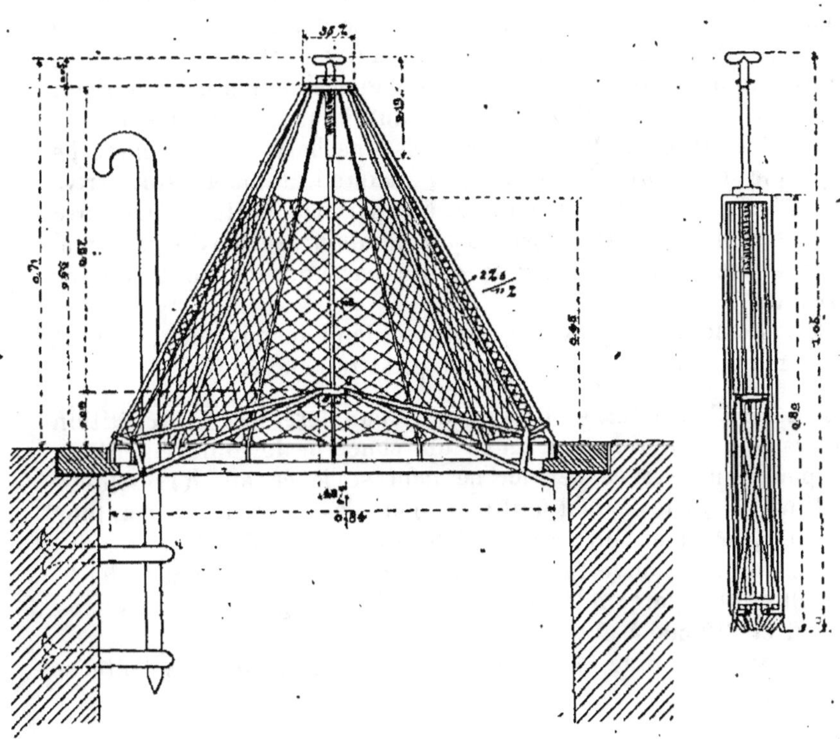

Fig. 349. — Système Boutillier.

assez robuste. Son emploi dans le service municipal a été autorisé par arrêté préfectoral du 13 mai 1885.

Système Huart. — Ce système se rapproche de l'appareil portatif système Mamy ; seulement il se déploie suivant un hexagone au lieu d'un carré.

Ce système, replié autour de son axe, tourne autour de cet axe et descend dans le regard où il reste à demeure. Comme il est tout en fer, il est très lourd et nécessite un contrepoids et une poulie pour l'équilibrer en partie et en rendre la manœuvre facile.

Ce système est d'un prix très élevé.

Système Van Heydem. — Ce système est composé d'un tambour cylindrique, fermé dans le haut par une plaque circulaire horizontale, qui tourne autour d'un axe vertical. Trois vis verticales sont placées dans le regard et garnies chacune d'un écrou sur lequel repose la partie inférieure du tambour. Les trois vis sont mises en mouvement simultanément par une manivelle et une chaîne sans fin. Quand les écrous sont en bas, la plaque supérieure du tambour est au niveau du trottoir. En tournant la manivelle, les écrous montent et avec eux le tambour. Mais une barre d'arrêt empêche la plaque supérieure de s'ouvrir, avant que le tambour soit arrivé à une hauteur suffisante pour former parapet. Cette même barre empêche qu'on puisse redescendre le tambour, sans avoir, au préalable, fermé la plaque. Aucune chute par imprudence n'est donc possible.

Ce système, assez pratique, présente deux inconvénients : il est d'une manœuvre trop lente et d'un prix trop élevé.

Système Chaumeret. — Le système Chaumeret est la répétition du système Van Heydem, en ce qui concerne le soulèvement du tampon ; toutefois ce dernier ne peut se lever que de quelques centimètres, juste ce qu'il faut pour pouvoir le faire tourner autour d'un axe, à l'aide d'un galet-roulant sur le trottoir. Il en résulte que le trou reste ouvert, en attendant qu'on ait fait fonctionner le parachute. Ce parachute est un engin fort ingénieux, mais très délicat et difficile à entretenir.

L'appareil, comme le précédent, est d'une manœuvre lente et coûte fort cher.

Système Chabagny. — M. Chabagny, conducteur des Ponts et Chaussées, a eu une idée ingénieuse, pour perfectionner l'emploi d'une plaque à jour à charnière, placée sous le tampon plein. Il monte cette plaque sur un cercle muni de quatre galets, lesquels reposent sur des plans inclinés en forme d'hélice, ménagés dans une pièce en fonte scellée dans la cheminée. Le tampon en fonte repose sur la plaque à jour. En introduisant la pince dans l'œil du tampon et en lui imprimant un mouvement de rotation, le tout s'élève à la hauteur du pas de l'hélice, et il en résulte que le dessous du tampon en fonte se trouve à hauteur du sol.

On peut donc faire glisser facilement ce dernier en dehors de l'ouverture, qui reste fermée par la plaque à jour, laquelle, étant à fleur du sol, ne risque pas de causer d'accidents.

Système Rateau. — Le système présenté par M. Rateau se compose d'une grille horizontale, qui vient se loger dans une chambre ménagée sous trottoir quand le tampon est fermé, et que l'on tire, pour venir boucher l'orifice, quand le tampon est ouvert.

Ce système présente l'inconvénient de beaucoup d'autres, en ce que l'orifice reste un temps assez long ouvert sans entourage pendant la manœuvre de la grille.

Essayé à Paris, il n'a pas donné de bons résultats.

Un nouvel essai de tampons est actuellement en cours. Afin de réduire le poids assez considérable du tampon actuel, qui rend la manœuvre difficile, on a divisé ce tampon en deux parties à l'aide d'un cercle concentrique. On peut donc enlever sans difficulté, aussi bien de l'extérieur que de l'intérieur, le tampon réduit et ensuite la couronne.

Mais ce nouvel engin ne sera qu'un perfectionnement de celui actuel et ne supprimera pas l'obligation d'avoir, pendant un temps, si court fût-il, un orifice béant.

C'est à la suite de divers accidents, et notamment de celui arrivé en 1880 à une enfant qui, tombant accidentellement dans un regard, ne fut jamais retrouvée, que furent proposés les divers systèmes qui viennent d'être examinés; mais, si simples que soient certains d'entre eux, ils ont tous le défaut de revenir très cher de premier établissement d'abord et de nécessiter des frais d'entretien très importants.

En attendant qu'un nouvel appareil pratique soit trouvé, on se sert exclusivement à Paris de l'entourage portatif.

Un arrêté du 9 juin 1881 [1] a d'ailleurs réglementé la descente et la circulation dans les égouts de Paris, ainsi que

---

[1] *Arrêté du 9 juin* 1881. — Le sénateur préfet de la Seine,

Vu le rapport, en date du 27 mai 1881, par lequel M. l'ingénieur en chef des Eaux (2ᵉ division) propose de réglementer la descente et la circulation dans les égouts de Paris;

l'ouverture des trappes de regards ; et, depuis la surveillance sévère, qui est faite de l'exécution des prescriptions de cet arrêté, les accidents sont excessivement rares.

TABLIERS MÉTALLIQUES POUR ESCALIERS DE DESCENTE

En certains points particuliers, on a remplacé le regard ordinaire par une descente plus facile et d'un accès plus commode pour l'approche des matériaux.

Ces descentes se composent d'un escalier en maçonnerie,

Vu le décret du 10 octobre 1859, qui a réglé les attributions du préfet de la Seine et du préfet de police ;

Sur l'avis de l'inspecteur général des Ponts et Chaussées, directeur des travaux de Paris ;

Arrête :

ARTICLE PREMIER. — Il est interdit à toute personne non munie d'une autorisation régulière d'ouvrir les trappes de regard des égouts, de descendre dans ces regards, de pénétrer et de circuler dans les égouts.

ART. 2. — Toutes les fois qu'une personne dûment autorisée ouvrira une trappe de regard d'égout, elle devra aussitôt entourer d'une balustrade le regard tout entier et placer un gardien près de la balustrade.

La présence du gardien ne sera pas exigée, si l'ouverture du regard est fermée par un tampon provisoire assujetti à l'intérieur. La balustrade et le tampon mobile devront être conformes à un modèle préalablement agréé par l'Administration.

ART. 3. — La balustrade sera pourvue d'une plaque sur laquelle sera inscrit le nom de l'entrepreneur ou du service public qui a fait ouvrir la trappe.

ART. 4. — Les agents des services publics sont dispensés d'entourer d'une balustrade les trappes d'égout ouvertes accidentellement et pendant un temps très court. Dans ce cas, le tampon du regard ouvert devra être posé sur l'ouverture, de manière à recouvrir au moins la moitié de l'orifice. Le gardien se placera du côté opposé au tampon et tiendra une pince en veillant à ce que personne n'en approche.

ART. 5. — Les contraventions au présent arrêté seront constatées par des procès-verbaux, qui seront déférés aux tribunaux compétents.

coupé quelquefois par un ou plusieurs paliers, suivant que la hauteur de descente est plus ou moins importante.

L'ouverture de cette descente est située sous trottoir ; on la ferme à l'aide d'un tablier métallique en tôle (*fig.* 350) et

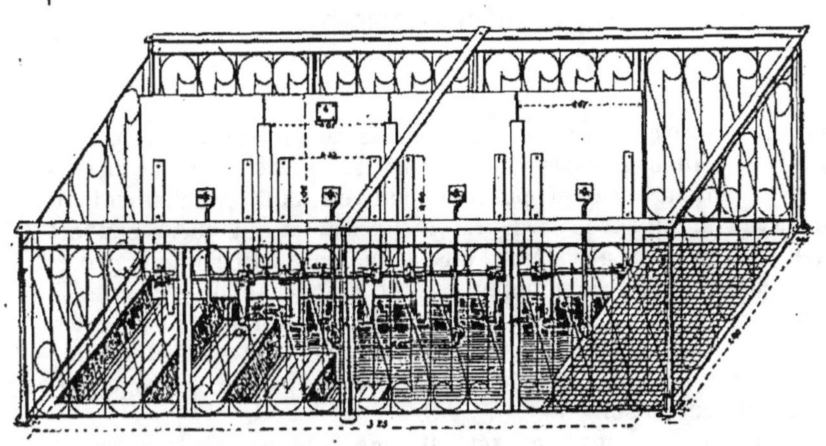

FIG. 350. — Entourage pour escalier de descente.

cornières formé de plusieurs volets que l'on lève successivement et qui tournent autour de gonds scellés dans la maçonnerie. Ils sont maintenus verticalement à l'aide de crochets.

L'ouverture est protégée à l'aide d'un garde-fou en fer muni d'une partie mobile formant porte, située vis-à-vis de l'escalier.

Le tablier, lorsqu'il est rabattu, est reçu dans une feuillure ménagée dans le sol, afin d'éviter toute saillie sur celui-ci.

Il existe aussi à Paris, sur les collecteurs généralement, où la quantité d'eau écoulée est importante, des regards spéciaux et servant exclusivement à la projection des neiges. Ces regards sont toujours situés dans l'axe de l'égout et ont des dimensions spéciales plus grandes que les ouvertures des regards ordinaires.

Lorsque le collecteur est situé sous chaussée, ces ouvertures sont fermées à l'aide d'une trappe en fonte ou en fer, que l'on place en contre-bas du sol et que l'on recouvre de pavage, afin d'éviter la saillie de la plaque sur la chaussée.

Sur les collecteurs d'Asnières et Marceau, aux endroits où ces collecteurs sont établis à une grande profondeur du sol, on a ménagé des regards dits de sauvetage qui sont situés dans l'axe de css ouvrages.

II. — BOUCHES D'ÉGOUT

Avant 1833, c'est-à-dire avant l'entrée au service municipal de M. Emmery, ingénieur des Ponts et Chaussées, les eaux des chaussées s'écoulaient à l'égout public au moyen d'un branchement ou d'un tuyau établi sur le parcours du ruisseau et qui était recouvert d'une grille en fer. Ce système, fort défectueux parce que la grille, se paillassonnant fréquemment, empêchait l'eau de s'écouler à l'égout, avait été déjà une grande amélioration apportée en 1808, époque où il n'existait encore, et seulement à des intervalles très éloignés, que des entrées d'eau formées par un ouvrage faisant saillie sur le sol.

A cette époque, les chaussées étaient fendues, et le ruisseau coulait au milieu. On substitua alors les chaussées bombées aux chaussées fendues, et l'on construisit des trottoirs.

M. Emmery supprima les cassis dans les traversées des rues et établit une bouche au point bas de chaque pâté de maisons. Il compléta ce mode d'assainissement, en plaçant au point haut de ces mêmes pâtés de maisons une bouche d'eau propre ou borne-fontaine.

De plus, il remplaça les entrées d'eau recouvertes de grilles par des bouches situées sous trottoir (*fig.* 351).

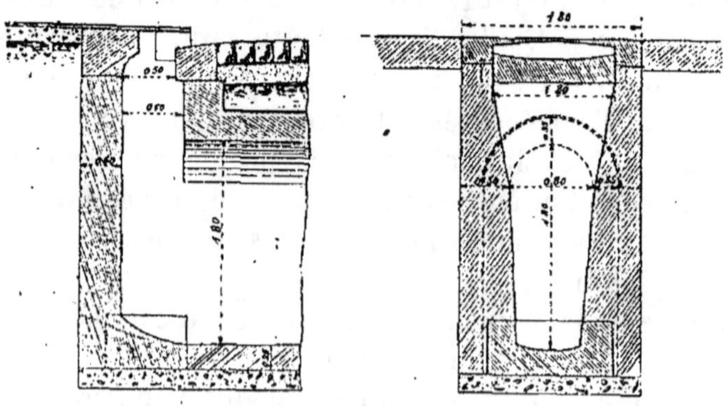

Fig. 351. — Bouche Emmery.

Ces diverses modifications apportèrent une grande amélioration, tant à l'entretien des chaussées qu'à la circulation des voitures et des piétons. Elles en apportaient également une importante à l'hygiène de la cité, mais cette question n'était pas considérée à cette époque.

Depuis M. Emmery, les dimensions et les dispositions des branchements de bouches ont subi de légères modifications.

Pendant longtemps la bouche d'égout a été constituée par un branchement ayant une hauteur de 0ᵐ,80 au départ pour aboutir avec 2 mètres à l'égout public (*fig.* 352).

Le branchement était relié au sol par une cheminée rec-

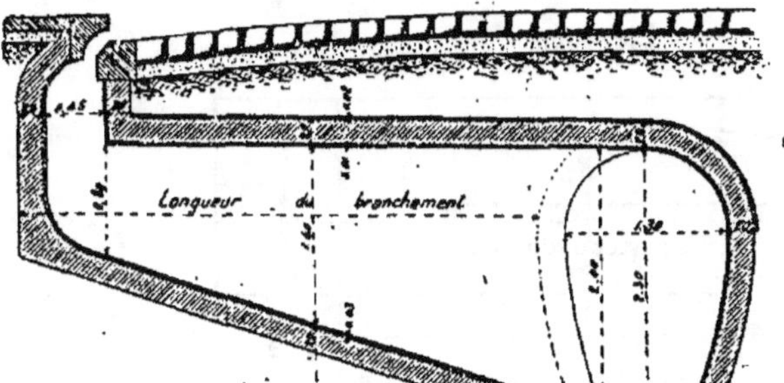

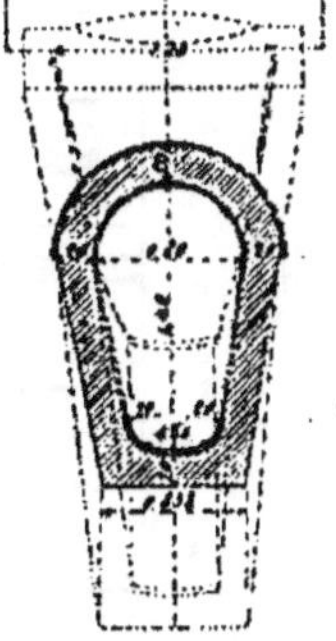

Fig. 352. — Branchement de bouche.

tangulaire de 0ᵐ,45 de côté. La largeur de la cunette du branchement était de 0ᵐ,50.

Dans les voies de largeur moyenne, cette disposition assurait au radier du branchement une pente suffisante ; mais, dans les voies larges, où l'égout était peu profond, cette pente était réduite. Il en résultait que les immondices s'étalaient sur le radier large du branchement et n'étaient plus entraînées jusqu'à l'égout public. Par suite, ces immondices, en se décomposant, exhalaient de mauvaises odeurs qui s'échappaient par la bouche.

L'écoulement a été assuré, en réduisant à une largeur de 0ᵐ,30 la cunette du branchement. On a raccordé cette cunette avec les piédroits par une série de gradins, ce qui facilite la circulation des ouvriers égoutiers (*fig.* 353).

Coupe en long.   *Coupe en travers.*

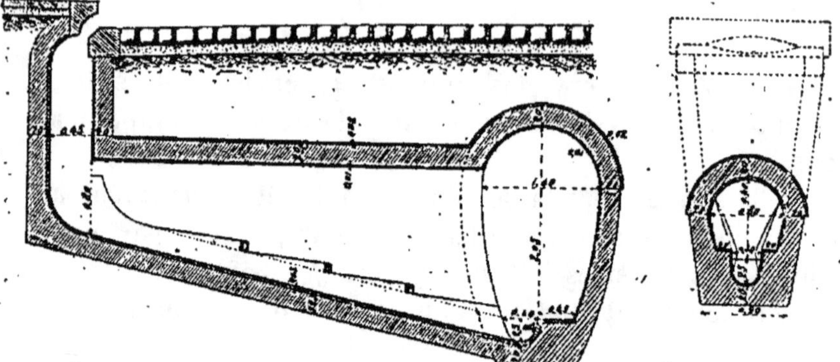

Fig. 353. — Branchement de bouche à gradins.

COURONNEMENT.

Élévation

Plan vu au-dessous

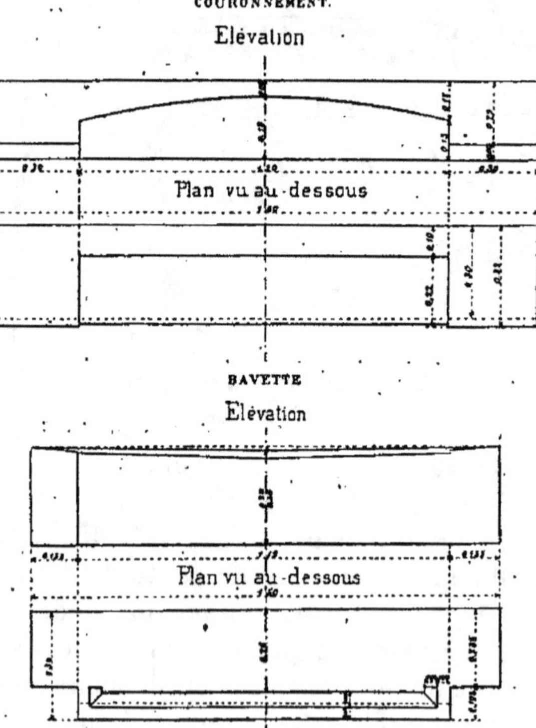

BAVETTE

Élévation

Plan vu au-dessous

Fig. 354 et 355. — Couronnement et bavette de bouche.

En ce qui concerne la bouche proprement dite, elle se compose d'un couronnement en granit évidé qui se confond avec la bordure du trottoir, et d'un seuil ou bavette également en granit (*fig.* 354 et 355).

A Paris, tous les sables et immondices provenant de la chaussée sont écoulés à l'égout public par les bouches d'égout et, malgré cela, grâce au curage perfectionné qui y

PROFIL

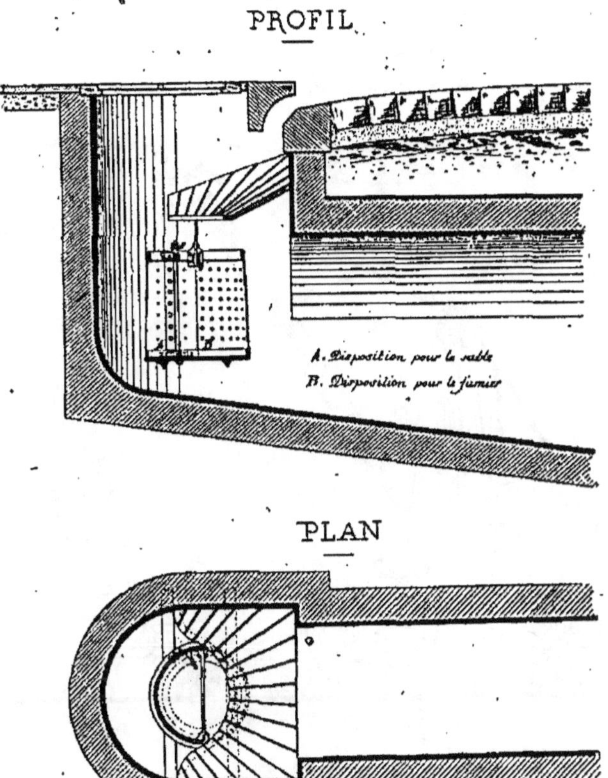

PLAN

Fig. 356 et 357. — Détails d'une bouche munie d'un panier-filtre.

est exercé, il n'y a jamais aucun dépôt en égout. On remarquera toutefois qu'il n'en a pas toujours été ainsi, et qu'en certains points, notamment dans les égouts environnant les Halles Centrales, où les projections d'immondices sont considérables, il devenait impossible d'assurer le dégagement des galeries.

Il en était de même dans les voies macadamisées de grande circulation.

On a remédié à cet inconvénient, en plaçant, sous la bouche même, un panier-filtre qui reçoit et conserve les immondices ou les sables et laisse échapper les eaux. De cette façon, ces produits encombrants de la voie publique, n'étant plus roulés par les eaux d'égout, n'ont plus occasionné de gêne.

Les figures 356 et 357 donnent les dispositions d'une bouche munie d'un panier-filtre.

L'enlèvement de ces paniers, qui doit être assuré d'une

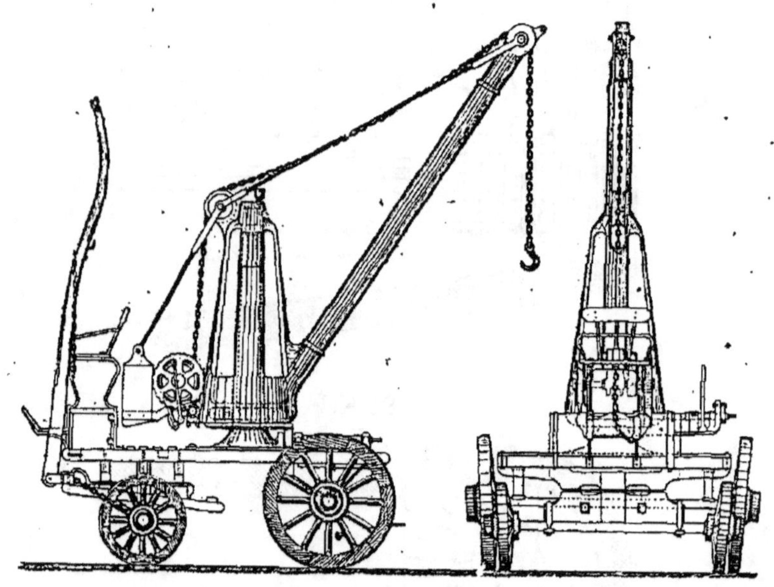

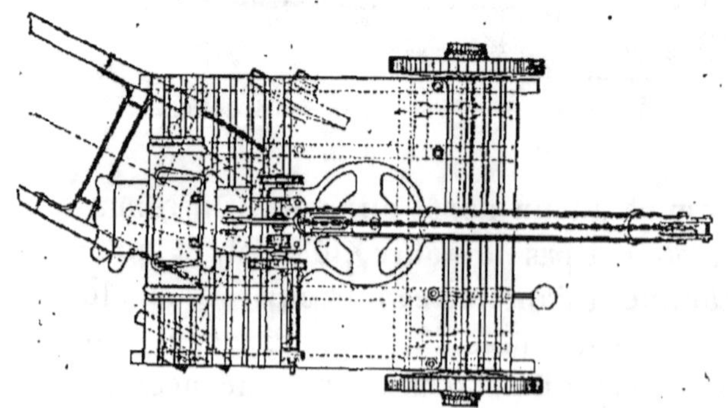

Fig. 358, 359 et 360. — Treuil sur chariot.

manière permanente, afin de ne pas laisser en fermentation

les immondices qu'ils contiennent, est effectué, de la voie publique, à l'aide d'un treuil placé sur un chariot (*fig.* 358 à 360).

Ce treuil soulève le panier et l'amène au-dessus d'un tombereau placé à proximité, qui en reçoit le contenu.

OBTURATION DES BOUCHES D'ÉGOUT

La question de l'obturation des bouches d'égout, en vue d'éviter les exhalaisons sur la voie publique des mauvaises odeurs attribuées aux égouts, a été très longtemps l'objet de délibérations du Conseil municipal et de pétitions d'habitants.

Toutefois l'Administration n'a pas cru devoir obtempérer aux désirs exprimés, pour cette raison capitale que la ventilation des égouts est assurée uniquement par les bouches, et que, si on obturait ces dernières, il fallait créer une ventilation artificielle, problème d'une solution très difficile et qui n'a pas encore été résolu.

Cependant, pour donner satisfaction aux désirs exprimés par quelques riverains isolés, et dans des cas particuliers où il était reconnu qu'il y avait une véritable gêne pour le voisinage, on a obturé les bouches incriminées, ce qui, vu leur petit nombre, ne pouvait compromettre en rien la ventilation générale des égouts.

Sur cette question, de nombreuses propositions ont été présentées par des industriels, et on est encore obligé de reconnaître que les expériences qui ont été faites des systèmes proposés n'ont été favorables que pour un très petit nombre d'entre eux.

C'est que, là aussi, les conditions à remplir sont assez nombreuses. Il faut, en effet, que l'appareil soit simple, solide, d'un prix peu élevé, d'un montage, d'une réparation et d'une manœuvre faciles ; il ne doit pas exiger la modification des bouches existantes, n'être pas sujet à obstructions ; il doit pouvoir se nettoyer facilement de la rue sans occasionner de gêne pour le public, se prêter à la projection de la neige dans les égouts, etc.

Ci-après quelques-uns des systèmes imaginés.

Système Bouillant. — Le système présenté par M. Bouillant, et que représentent en coupe les figures 361 et 362, est incontestablement très ingénieux et serait appelé à rendre de grands services.

La figure 361 montre cet appareil fonctionnant en bouche d'égout inodore, et la figure 362 montre la valve mobile levée et l'appareil fonctionnant en bouche ordinaire.

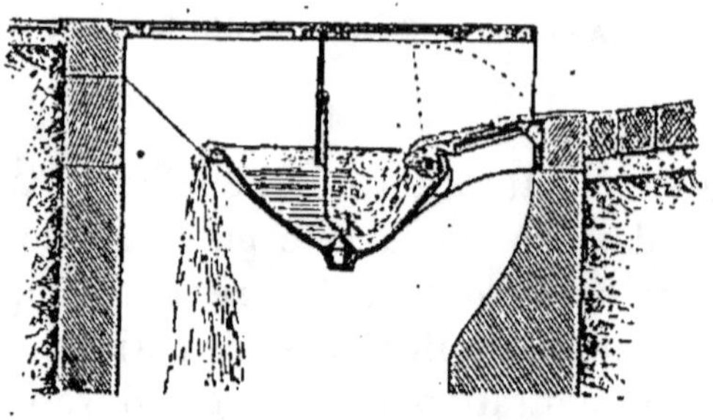

Fig. 361 et 362. — Système Bouillant.

On ne s'explique pas toutefois la nécessité du bouchon K, qui pourrait fuir ou rester, ouvert, ce qui empêcherait, par suite, le remplissage de la cuvette et le fonctionnement du siphon.

Système Richard. — Ce système se compose d'une trappe en tôle (*fig.* 363), fixée derrière le couronnement par deux tourillons s'engageant dans deux crapaudines, qui lui permettent de prendre, sous la plus légère pression, une position inclinée et de se rabattre ensuite par son propre poids.

Cette trappe plonge de 0^m,02 dans une cuvette de 0^m,08 de profondeur, refouillée dans la bavette de la bouche. L'eau qui s'y maintient intercepte la communication des émanations et des vapeurs de l'égout avec l'extérieur.

Une boîte en tôle striée, placée sur le milieu de la cheminée et au niveau du trottoir, permet de voir dans l'appareil et de maintenir la trappe relevée, en la fixant au moyen d'une chaîne à un crochet d'arrêt, soit pour aérer l'égout au moment du curage, soit pour faciliter l'écoulement des eaux pendant les grands orages, soit enfin pour nettoyer la cunette creusée dans la bavette.

Cet appareil donne de bons résultats.

Système Richard.

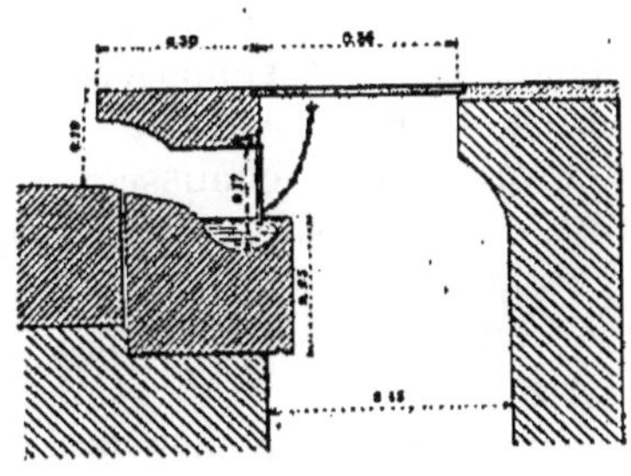

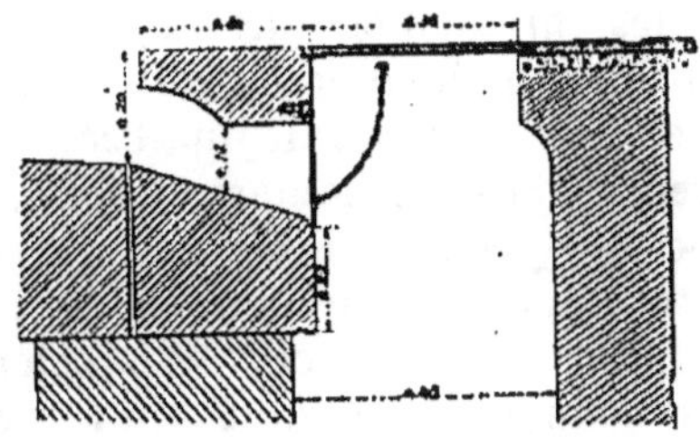

Fig. 363.   Fig. 364.

Il a une variante qui consiste à appliquer la plaque de fermeture contre la face intérieure de la bavette (*fig.* 364).

Cette disposition supprime le siphon, mais est plus économique et rend les mêmes services.

Système Renaud. — Ce procédé, aussi défectueux que simple, consiste à garnir d'une grille l'ouverture des bouches.

Il est défectueux, parce que les grilles arrêtent les fumiers et ordures et se paillassonnent rapidement. Alors l'eau, ne trouvant plus d'écoulement, se répand sur la chaussée et les trottoirs.

Système Rogier-Mothes. — Cet appareil, représenté par la figure 365, se compose d'une valve V tournant autour d'un axe A qui vient se placer contre la cuvette C, qui reçoit l'eau du ruisseau.

Cet appareil, essayé à Paris, n'a pas donné de bons résultats. Il s'obstrue facilement, et la valve occasionne un bruit très désagréable lorsqu'elle se referme.

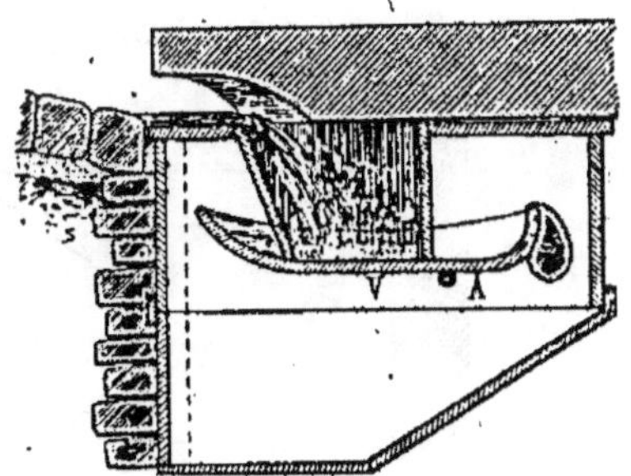

Fig. 365. — Système Rogier-Mothes.

Système Monin. — L'appareil désinfectant des bouches d'égout imaginé par M. Monin, pharmacien à Neuilly, se compose d'un cadre en fer épousant exactement la forme de l'ouverture de la bouche, et muni de crochets auquel on accroche un certain nombre de paniers en grillage de fer, contenant le désinfectant de son invention, composé de substances oxydantes (permanganate), fixantes (sulfate de fer) et antiseptiques (coaltar). Ce désinfectant, en morceaux suffisamment gros, laisse circuler autour de lui l'air sortant des égouts, et, d'après l'inventeur, le purifie complètement.

Malgré le dire de l'inventeur, il paraît peu probable que les paniers, bien que très mobiles, laissent passer sans les arrêter toutes les immondices arrivant à la bouche; on peut supposer, au contraire, qu'il se produirait de fréquentes obstructions.

De ce fait, il arriverait que l'eau, en s'élevant sur la chaussée, pénétrerait dans les paniers et entraînerait, en les dissolvant, les matières qui y sont contenues.

D'autre part, la circulation de l'air autour des paniers ne semble pas suffisante pour désinfecter cet air.

Ce système a été appliqué à un certain nombre de bouches de la commune de Neuilly (Seine) et a donné, parait-il, d'assez bons résultats.

Système Becq-Rouger et Delpéroux. — C'est un système de siphon hydraulique à cuvette mobile, disposé de telle sorte que, si la cuvette vient à se remplir de détritus et à s'obstruer, on peut de l'extérieur enlever cette cuvette à l'aide d'une tige en fer qui y est attachée, la nettoyer et la remettre en place sans avoir besoin de pénétrer dans l'égout, et, par conséquent, faire disparaître la cause de l'inondation aussitôt qu'elle se produit.

Mais il y a loin de la théorie à la pratique, et il a été reconnu à Paris que l'appareil est délicat et qu'il réclame des réparations fréquentes ; que la cuvette s'emplit rapidement ; que la manœuvre de la tringle est difficile quand la cuvette est pleine ; que le replacement de cette cuvette après nettoyage est fort difficile et que souvent elle tombe dans la bouche d'égout.

Système Kruger. (*fig.* 366). — C'est un appareil siphoïde qui, au

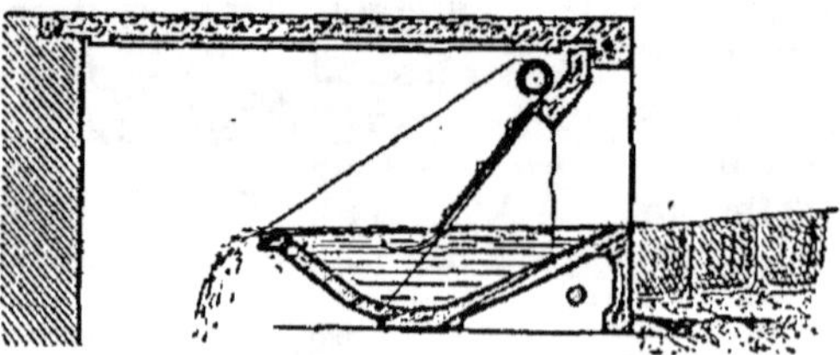

Fig. 366. — Système Kruger.

point de vue des égouts, en dehors de l'obturation qu'il exige de la bouche, pourrait rendre des services parce qu'il empêcherait l'introduction dans l'égout des immondices et corps étrangers, qui sont une grande gêne pour le curage. Mais, au point de vue de la voie publique, cet appareil présenterait les mêmes inconvénients que tous les appareils siphoïdes placés près du sol, c'est-à-dire qu'il est susceptible de conserver les liquides odorants qui peuvent couler dans le ruisseau, et par conséquent dégager des mauvaises odeurs ; qu'il peut ne pas fonctionner en temps de sécheresse, si l'eau de la cuvette s'évapore ; que des immondices peuvent empêcher le clapet de se fermer et laisser, par suite, passer les mauvaises odeurs de l'égout.

Système Jeambon. — Comme l'indique la figure 367, il est facile de se rendre compte que la grille formant le radier du ruisseau serait bientôt paillassonnée, ce qui occasionnerait l'inondation de la chaussée ; que cette grille paraît pouvoir difficilement supporter les lourdes charges qui longent la bordure du trottoir ; que le trou béant dans la face verticale de la bordure serait une cause d'accident pour les piétons et pour les chevaux. A un autre point de vue cette installation, qui exige la démolition du parement extérieur de la cheminée sur la largeur de la grille, serait très coûteuse.

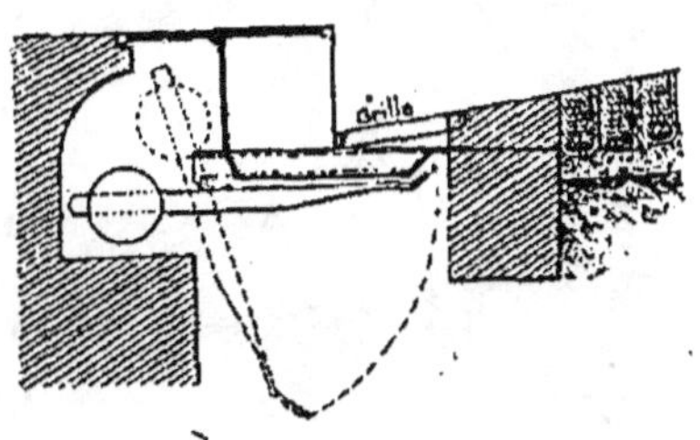

Fig. 367. — Système Jeambon.

Système Sénélar. — Ce système se compose d'une grille placée à la bouche d'égout et d'une bâche fixée sous la bouche, pour recevoir l'eau qui s'écoule par déversement, en laissant déposer au fond les ordures.

La cheminée de la bouche pénètre dans la bâche pour former siphon et empêcher l'air de l'égout de sortir.

Ce système ne paraît pas pratique, pour les raisons données précédemment.

Système Malessard et Campistron. — Avec ce système il est à craindre que les ordures ne s'accumulent et forment coin autour de la cloche, ce qui aurait pour inconvénient de ne pas intercepter le passage de l'eau.

En admettant que l'eau soit interceptée, il est à craindre que la force d'ascension du flotteur ne puisse vaincre la résistance produite par le coincement des immondices, augmentée du poids de la cloche elle-même.

En admettant encore que le flotteur ait fonctionné, rien ne prouve qu'il redescendra juste à sa place. Tout porte à craindre que les pieds qui le guident ne s'échappent en dehors de la gorge qui les reçoit, ou que des ordures ne les empêchent de redescendre.

Système Cabny et Lamol. — Ce système se compose d'une sorte d'entonnoir, muni sur le côté d'un tuyau de déversement des liquides, qui remonte en siphon et intercepte, quand il est plein d'eau, le passage des gaz venant de l'égout.

Au fond de l'entonnoir on trouve une soupape, munie d'une tige à poignée qui permet de l'enlever, soit qu'on veuille simplement nettoyer l'entonnoir et faire partir les corps lourds, qui, ayant pu passer à travers la grille placée au-dessus de cet entonnoir, se sont déposés au fond, soit qu'on veuille momentanément supprimer l'interception du coupe-air et permettre la projection directe à l'égout de neiges ou de grandes quantités d'eaux.

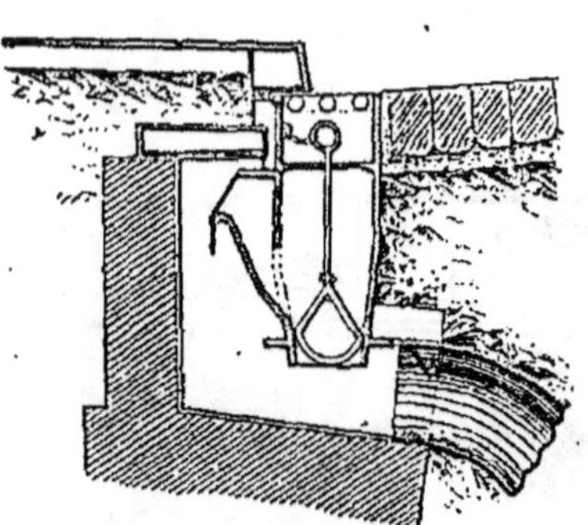

Fig. 368. — Système Cabny et Lamol.

Ce système (*fig.* 368) présente les inconvénients suivants : les barreaux, formant grille horizontale le long du trottoir, seraient une cause d'accidents et arrêteraient le passage des immondices, d'où inondation de la chaussée ; la soupape du fond cesserait bientôt de fermer hermétiquement, et dès lors, par un temps sec, le niveau des liquides devant former coupe-air serait bientôt abaissé de manière à descendre en dessous du niveau de la cloison verticale, d'où interruption du fonctionnement de l'appareil.

Système Langlet. — Le système (*fig.* 369) fonctionne avec succès à Reims. C'est un perfectionnement du système Rogier-Mothes, décrit plus haut.

D'après les essais de cet appareil faits à Paris il est arrivé souvent que la cuvette restait abaissée, soit parce qu'il s'était collé au fond des immondices qui établissaient la surcharge, soit parce qu'il se logeait entre cette

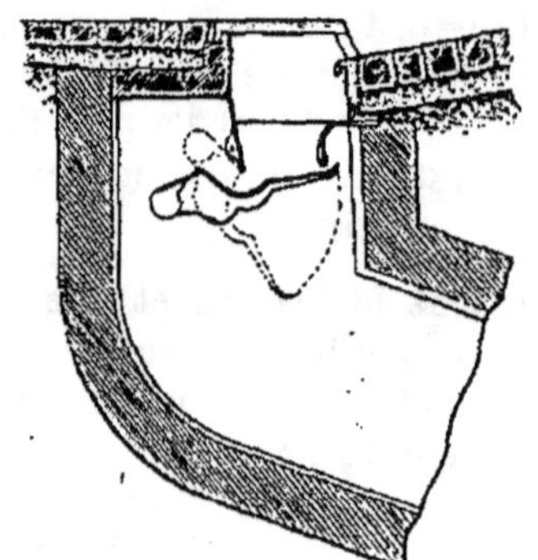

Fig. 369. — Système Langlet.

cuvette et l'entonnoir des fumiers qui en arrêtaient le fonctionnement. Il est vrai que, de la voie publique, le nettoyage est facile à faire.

Le meilleur système obturateur qu'il y aurait lieu d'adopter serait celui indiqué par la figure 370.

Une simple plaque légère en tôle tournant dans des tou-

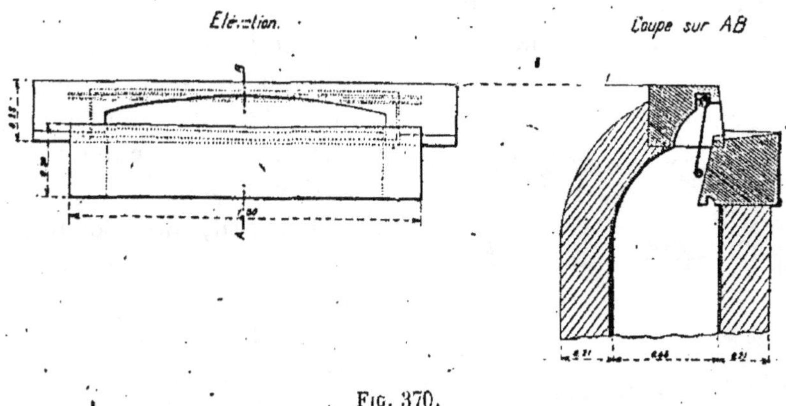

Fig. 370.

rillons et pouvant se mouvoir à la moindre pression. C'est, en somme, le système Richard simplifié.

III. — BRANCHEMENTS PARTICULIERS

Un troisième accessoire des égouts, ce sont les branchements particuliers desservant les immeubles ou les édicules de la voie publique.

Un décret du 26 mars 1852 ordonna la suppression de l'envoi des eaux pluviales et ménagères sur la voie publique et leur envoi à l'égout.

Un arrêté préfectoral du 19 décembre 1854 a spécifié que le genre de communication devait être une galerie souterraine de 2 mètres au moins de hauteur sous clé et 1^m,30 de largeur aux naissances.

Depuis cette époque, bien des modifications ont été apportées aux dimensions de ces galeries souterraines. Les dernières, celles appliquées actuellement, sont 1^m,80 sur 0^m,90.

Toutefois l'obligation pour les propriétaires de construire

une galerie d'égout ne s'étendait qu'à un certain nombre de voies de grande circulation.

Pour les autres voies on tolérait le drainage des maisons en bordure à l'aide d'une canalisation en poterie de 0^m,30 de diamètre (Arrêté préfectoral du 14 mai 1880).

L'évacuation des eaux des immeubles se faisait autrefois à l'aide d'une canalisation qui débouchait au mur pignon du branchement particulier.

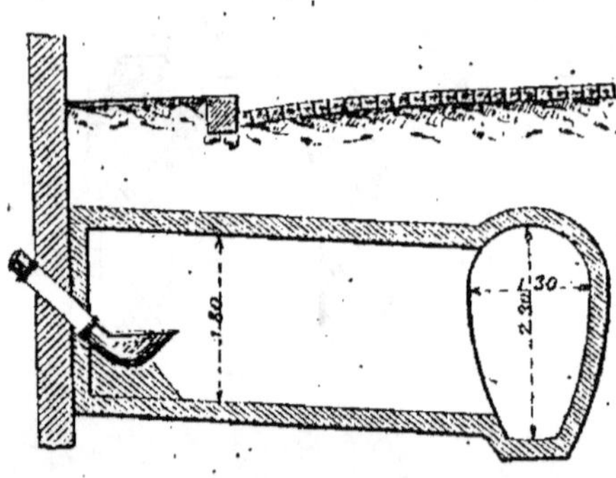

Fig. 371.

Plus tard, afin d'éviter que les odeurs des égouts puissent remonter dans l'immeuble par la canalisation, on interposa, à la partie inférieure de celle-ci, dans le branchement, un siphon (*fig.* 371) appelé du nom vulgaire de « gueule-de-cochon », qui fut loin de rendre les services attendus, et qui fut, au contraire, une cause de mauvaises odeurs dans les maisons.

Actuellement, par suite de l'application à Paris du système de vidange par l'écoulement direct, les dispositions adoptées pour les branchements particuliers ont été modifiées par un arrêté préfectoral du 16 juillet 1895.

Le branchement particulier, par suite de cet arrêté, n'a plus aucune communication avec l'égout public, duquel il est séparé par un mur (*fig.* 372) ; on y pénètre généralement par les caves ou les sous-sols des immeubles, auxquels il est relié.

Quelquefois, et suivant les circonstances locales, on accède aux branchements à l'aide d'un simple regard (*fig.* 373).

La canalisation conduisant les eaux vannes, pluviales et ménagères de l'immeuble à l'égout public est apparente dans le branchement et est prolongée par-delà le mur séparatif jusqu'à l'égout public.

D'une manière générale, le radier des branchements particuliers doit être établi le plus haut possible par rapport au radier de l'égout, afin d'éviter le reflux des eaux de ce der-

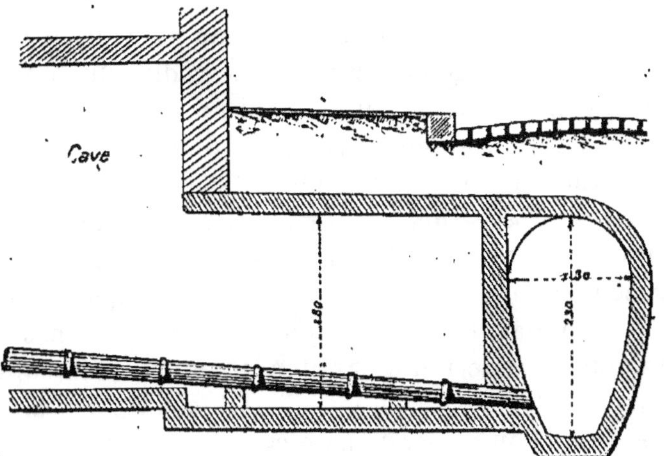

Fig. 372.

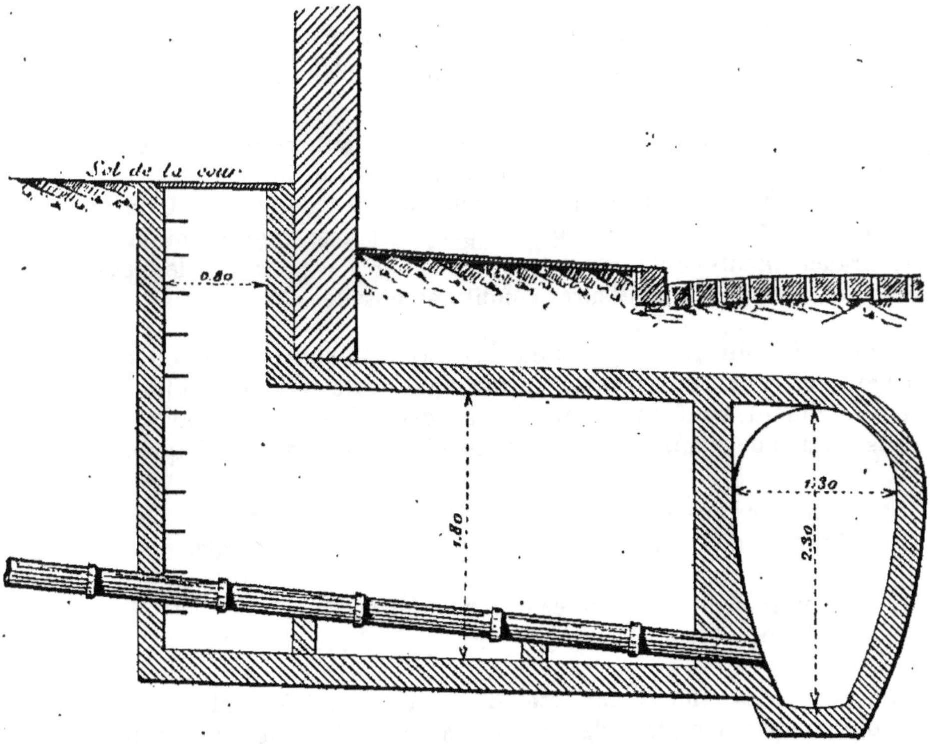

Fig. 373.

nier par la canalisation ; mais il arrive, malheureusement
assez souvent, que cette condition capitale ne peut être remplie et qu'on est obligé de descendre le radier du branchement sensiblement au niveau de celui de l'égout, afin d'obtenir, pour les canalisations intérieures, une pente suffisante.
Cette disposition est très défavorable et occasionne l'inondation des caves et sous-sols des immeubles en temps d'orage.

Dans un grand nombre de maisons où le mode d'évacuation par écoulement direct n'a pas encore remplacé l'usage
des tinettes mobiles, le branchement particulier est prolongé
sous l'immeuble et terminé par une chambre dans laquelle
sont disposées lesdites tinettes. C'est l'installation la plus
répugnante que l'on puisse imaginer.

ARRÊTÉ DU 16 JUILLET 1895

RÉGLEMENTANT LA CONSTRUCTION ET L'ENTRETIEN
DES BRANCHEMENTS PARTICULIERS D'ÉGOUT

ARTICLE PREMIER. — Les branchements particuliers d'égout sont
construits et entretenus aux frais des propriétaires intéressés.

Un branchement particulier d'égout ne peut desservir qu'une
seule propriété. Mais une propriété peut être desservie par autant
de branchements qu'il est nécessaire pour l'évacuation de ses
eaux usées dans les meilleures conditions possibles.

ART. 2. — En règle générale les branchements particuliers
d'égout doivent être exécutés en maçonnerie de meulière et mortier de ciment, conformément aux dispositions observées pour la
construction des égouts publics, et présenter les dimensions ci-après :

Hauteur sous clé...........................	$1^m,80$
Largeur aux naissances.....................	$0^m,90$
Largeur au radier.........................	$0^m,50$
Epaisseur de la maçonnerie (non compris chape et enduits).............................	$0^m,20$

Chaque branchement doit être d'ailleurs fermé à l'aplomb de
l'égout public par un mur de $0^m,30$ d'épaisseur au moins, en maçonnerie de meulière et ciment, avec enduit de part et d'autre, qui

présentera du côté de l'immeuble un parement vertical et, du côté de l'égout, épousera le profil du piédroit jusqu'à la naissance de la voûte, pour se prolonger ensuite verticalement jusqu'à la rencontre de la voûte du branchement dont la pénétration restera dès lors apparente à l'intérieur de l'égout. Une plaque en porcelaine portant le numéro de l'immeuble sera scellée dans l'enduit qui recouvrira le parement du mur à l'intérieur de l'égout. Une ventouse placée sur la façade de la maison mettra l'air du branchement en communication avec celui de la rue.

ART. 3. — Tous les écoulements d'eaux pluviales et usées de l'immeuble doivent être ramenés dans le branchement particulier par une canalisation qui sera prolongée jusqu'à l'aplomb de la paroi intérieure de l'égout public.

A cet effet, les prolongements des tuyaux d'eaux pluviales et ménagères des façades devront être ramenés à l'intérieur de l'immeuble pour y être branchés sur la canalisation générale. C'est seulement en cas d'impossibilité matérielle par suite de la disposition des lieux qu'on en tolérera l'établissement sous trottoir en tuyau de fonte épaisse de $0^m,15$ de diamètre intérieur, au moins, avec joints en plomb et sous le maximum de pente disponible, sans que l'inclinaison puisse être jamais inférieure à $0^m,03$ par mètre. Si cette dernière condition ne pouvait être remplie, il devrait être établi des branchements supplémentaires.

ART. 4. — Dans les voies de petite circulation classées en deuxième catégorie et pour les propriétés d'un revenu imposable inférieur à 3.000 francs, le branchement, au lieu d'être établi en maçonnerie, pourra être formé d'un tuyautage en fonte épaisse posé dans les conditions définies à l'article précédent et reliant directement l'immeuble à l'égout public, si toutefois la nature du sol le permet.

La même disposition s'appliquera aux branchements supplémentaires, quand ils n'auront à écouler que les eaux pluviales et ménagères des façades.

ART. 5. — Au droit de toute voie privée, le branchement sera constitué par un tronçon d'égout d'un des types en usage au Service municipal, qui sera établi à partir de l'égout public jusque dans l'intérieur de la voie privée et suffisamment prolongé au-delà de l'alignement pour recevoir toutes les eaux usées sans qu'aucun ouvrage soit établi à cet effet sur la voie publique. Ce tronçon d'égout sera ouvert du côté de l'égout public, raccordé audit égout par une partie courbe dirigée dans le sens de l'écoulement, fermé à l'extrémité amont par un mur pignon et pourvu en tête d'un réservoir de chasse.

Il sera toujours étudié en vue de son extension ultérieure sur toute la longueur de la voie privée.

Une grille pourra être exigée à l'aplomb de l'alignement pour intercepter la communication de l'égout privé avec l'égout public.

ART. 6. — Les projets des branchements particuliers seront dressés par les ingénieurs du Service municipal aux frais de l'Administration et d'après les indications fournies par les propriétaires.

Ils ne pourront être mis à exécution qu'après une approbation régulière et dans les conditions de cette approbation.

ART. 7. — Lorsqu'une partie quelconque d'un branchement en maçonnerie rencontrera une conduite de gaz préexistante, celle-ci devra toujours être isolée par un manchon en fonte dont le propriétaire devra supporter les frais. Des mesures analogues seront prises en ce qui concerne les canalisations électriques.

ART. 8. — Tout branchement entrepris isolément sera exécuté par l'entrepreneur du choix du propriétaire, lequel devra présenter aux agents de l'Administration l'autorisation écrite du propriétaire et justifier au besoin, à toute réquisition, de son inscription sur la liste des entrepreneurs admis à faire des travaux de ce genre.

ART. 9. — Les travaux seront soumis à la surveillance des ingénieurs de la ville de Paris.

Les entrepreneurs se conformeront aux clauses et conditions générales imposées aux entrepreneurs des travaux publics par l'arrêté du Ministre des Travaux publics en date du 16 février 1892 et aux stipulations des cahiers des charges des entreprises d'entretien du Service municipal de Paris.

Si un entrepreneur n'observe pas quelqu'une des clauses et prescriptions ci-dessus visées, notamment dans le cas où après avoir ouvert une tranchée sur la voie publique, il abandonnerait le travail commencé, l'ingénieur donnera avis de l'état de choses au propriétaire ou à son représentant et pourra, après un ordre de service notifié à l'entrepreneur et non suivi d'effet dans les vingt-quatre heures, soit faire remblayer la tranchée, soit confier la continuation du travail à l'entrepreneur de l'Administration. L'entrepreneur qui aura été l'objet de ces mesures sera exclu de tout travail d'égout dans les rues de Paris pour l'avenir.

ART. 10. — Faute par le propriétaire d'entreprendre les travaux, ou de se conformer aux conditions qui lui auront été prescrites et huit jours après une mise en demeure restée sans effet, les ingénieurs pourront procéder d'office à l'exécution des travaux qui sera confiée aux entrepreneurs de l'Administration. Les dépenses avancées par elle dans ce cas et dans celui de l'article précédent seront recouvrées sur le propriétaire par toutes les voies de droit.

Art. 11. — Les branchements à construire par mesure collective dans une rue ou portion de rue seront confiés à un entrepreneur unique désigné d'avance par voie d'adjudication publique spéciale aux travaux de cette nature.

L'entreprise sera d'ailleurs strictement limitée aux travaux extérieurs et ne comprendra même pas la fourniture et la pose des conduites à établir dans l'intérieur des branchements.

Les propriétaires resteront libres de faire exécuter par des entrepreneurs de leur choix les travaux de canalisation intérieure. Mais ces travaux devront être exécutés sans retard et terminés vingt jours au plus après les branchements; après ce délai et sans autre avis préalable, les gargouilles des trottoirs pourront être enlevées d'office.

Chaque propriétaire paiera directement à l'entrepreneur la dépense qui lui incombe, après vérification et règlement sans frais du métré des ouvrages, s'il le demande, par l'ingénieur qui aura surveillé l'exécution des travaux.

Art. 12. — Les raccordements et la réfection définitive des chaussées, trottoirs et dallages, au-dessus des tranchées, seront faits par les entrepreneurs de l'Administration pour la voie publique. La dépense en sera payée par la ville et remboursée par le propriétaire conformément aux règles et suivant les tarifs fixés pour ces travaux. Les dépenses faites d'office par application des articles 9 et 10 seront recouvrées en même temps que les frais de raccordements.

Le métrage des divers travaux et le décompte des dépenses seront notifiés préalablement à chaque propriétaire, qui aura dix jours après cette notification pour présenter ses observations au bureau de l'ingénieur ordinaire. Ce délai expiré, il sera passé outre à l'émission de l'arrêté de recouvrement.

Art. 13. — L'entretien des branchements et de leurs accessoires sous la voie publique reste à la charge des propriétaires, quelle que soit l'époque de leur établissement. Les travaux d'entretien seront soumis aux règles stipulées ci-dessus pour la construction des branchements isolés.

Les propriétaires devront tenir constamment les branchements en parfait état de propreté, et faire enlever les eaux qui pourront s'y amasser. Ils ne devront y faire aucun dépôt de quelque nature que ce soit.

Ils seront tenus d'y donner accès à toute heure du jour aux agents de l'Administration chargés de la surveillance ainsi qu'à ceux de la Préfecture de Police.

Ils ne pourront élever aucune réclamation dans le cas où les branchements seraient traversés à une époque quelconque, postérieure à leur établissement, par des conduites d'eau ou de gaz ou des canalisations électriques, ou atteints et modifiés de quelque manière que ce soit par entreprises d'intérêt général.

ART. 14. — Chaque propriétaire est responsable, tant vis-à-vis de l'Administration que vis-à-vis des tiers, des conséquences de l'établissement, de l'existence et de l'entretien des ouvrages construits tant à l'extérieur qu'à l'intérieur pour le drainage de son immeuble. En conséquence, il lui appartient d'exercer sur ces ouvrages, dans son propre intérêt, le contrôle qu'il jugera convenable: La surveillance exercée par l'Administration ne substitue en rien la responsabilité de la Ville à la sienne propre.

Il lui appartiendra notamment de prendre à ses frais, risques et périls, les mesures qu'il croira nécessaires pour intercepter pendant la construction du branchement la communication entre son immeuble, la voie et l'égout publics.

Dans le cas où un accident viendrait à se produire, le propriétaire est tenu d'en donner immédiatement connaissance, à toute heure du jour, aux agents de l'Administration municipale et à ceux de la préfecture de police.

ART. 15. — Les branchements actuellement existants, en communication avec les égouts publics, devront être successivement murés au droit de l'égout, conformément aux prescriptions de l'article 2 ci-dessus.

Cette modification, soumise d'ailleurs à toutes les règles stipulées ci-dessus pour la construction des branchements isolés, sera effectuée lors du premier travail de modification ou d'entretien qui sera entrepris, et au plus tard avant dix ans à dater de la publication du présent arrêté.

ART. 16. — Les arrêtés antérieurs relatifs aux dispositions, à l'établissement et à l'entretien des branchements particuliers d'égout sont et demeurent abrogés, sauf celui du 30 mars 1872, relatif au curage des branchements en communication avec les égouts publics, et celui du 14 mai 1880, classant les rues de Paris en voies de grande et de petite circulation, ainsi que les arrêtés postérieurs qui ont complété ce classement.

CHAPITRE XXI

DE L'EXPLOITATION DES ÉGOUTS

Organisation du service. — A Paris, grâce aux crédits considérables votés annuellement par le Conseil municipal, le réseau des égouts est tenu constamment en parfait état de propreté.

L'exploitation est assurée par un service spécial à la tête duquel est placé un ingénieur des Ponts et Chaussées, qui a sous ses ordres un certain nombre de conducteurs et de piqueurs qui dirigent un personnel de 1.000 ouvriers environ.

Ce personnel est réparti en sept circonscriptions, en trente-cinq ateliers, et chaque atelier en équipes.

A la tête de chaque circonscription, comprenant plusieurs ateliers, est placé un conducteur; chaque atelier est dirigé par un piqueur qui a sous ses ordres plusieurs équipes ou cantons dirigés par un chef cantonnier.

Dans certains ateliers très chargés, le piqueur est secondé par un surveillant.

La répartition des ateliers est d'ailleurs faite sensiblement suivant la division des arrondissements.

Les vingt-quatre premiers ateliers s'occupent exclusivement des petites galeries; huit ateliers s'occupent des collecteurs, des siphons qui les desservent et aussi de la vidange des bassins à sable qui se trouvent sur leur parcours.

Deux ateliers sont affectés spécialement aux deux usines élévatoires des eaux d'égout de la place Mazas et de la rue Alain-Chartier.

Tous les ateliers du curage ont un lieu de rendez-vous fixe, composé d'une chambre souterraine recouverte d'un édicule servant de bureau au piqueur.

Les figures 374 à 379 donnent le type adopté pour ces ouvrages.

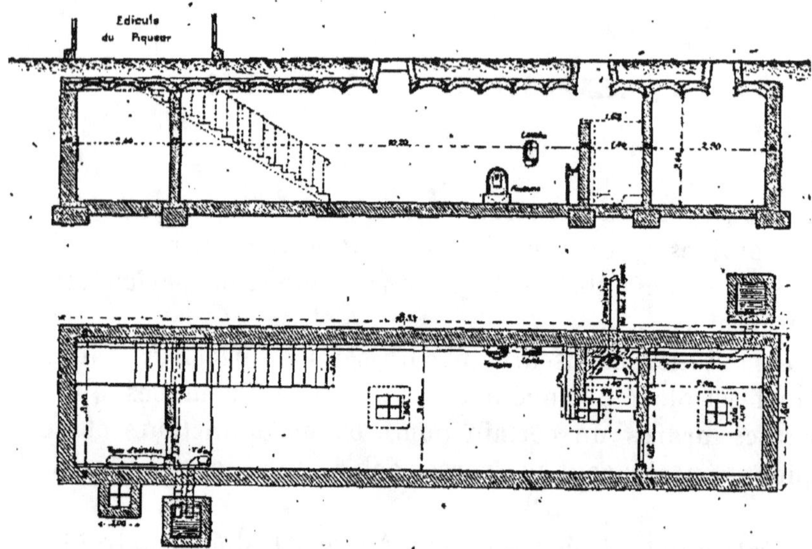

Fig. 374 et 375. — Coupe longitudinale et plan de la chambre souterraine d'égoutiers.

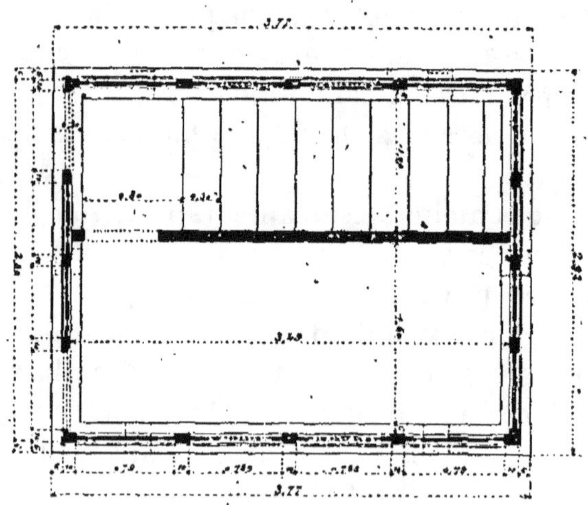

Fig. 376. — Plan de l'édicule du piqueur.

Le curage des égouts se divise en plusieurs catégories, suivant la nature du travail qu'on y exécute.

C'est ainsi qu'on a :

A) Le curage des petites galeries ;
B) Le curage des collecteurs ;

Fig. 377. — Élévation de l'édicule du piqueur.

Vues de côté.

Fig. 378.   Fig. 379.

C) Le nettoyage des siphons ;
D) L'exploitation des bassins à sable.

A. — CURAGE DES PETITES GALERIES

La longueur des petites galeries est actuellement de 1.039.691 mètres. Le personnel ouvrier qui y est affecté est de 637 hommes.

Le matériel employé comprend les rabots de bois et les rabots de fer (*fig.* 380 et 381), les balais, les mitrailleuses, nom

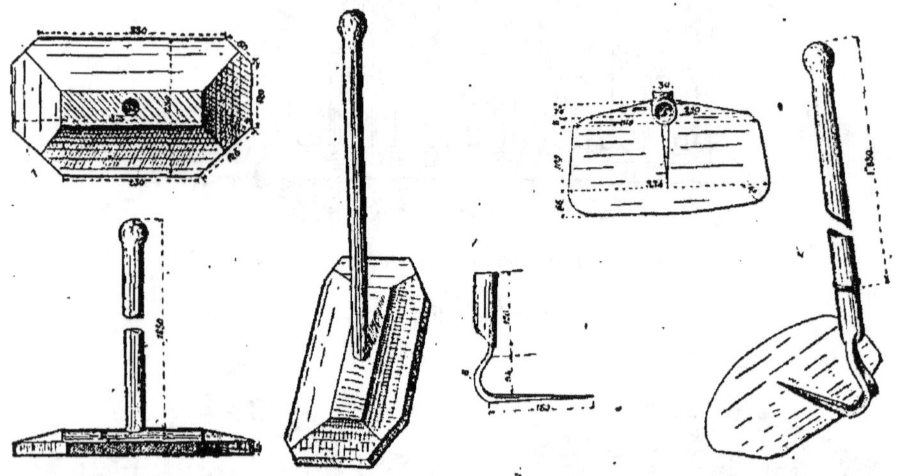

Fig. 380. — Rabot de bois.   Fig. 381. — Rabot de fer.

donné par les ouvriers à une vanne mobile soutenue par un chariot et actionnée par la puissance de l'eau, et dont les figures 382 et 383 représentent deux types différents ; il comprend aussi les outils et instruments servant à l'extraction des sables.

Les petites galeries sont nettoyées une et souvent même deux fois par semaine.

Dans un certain nombre d'entre elles, recevant peu d'immondices et possédant une pente suffisante, on ne passe que tous les quinze jours.

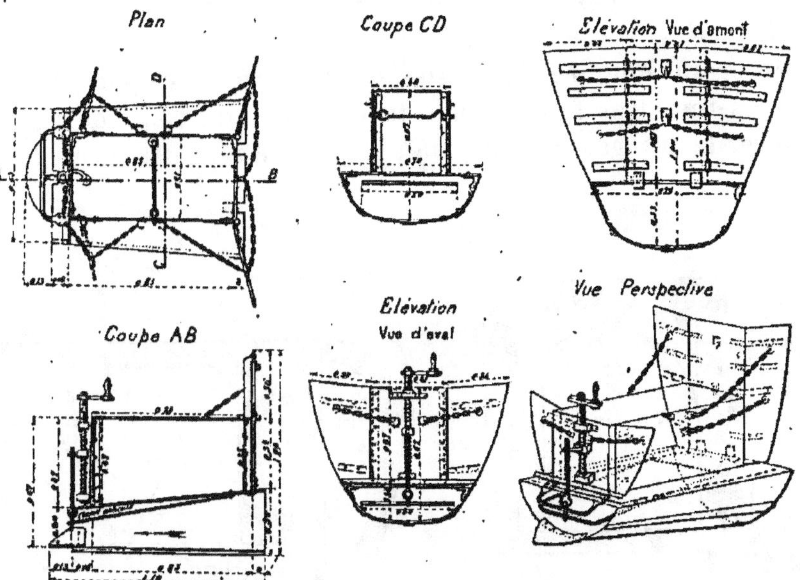

Fig. 382. — Type de mitrailleuse.

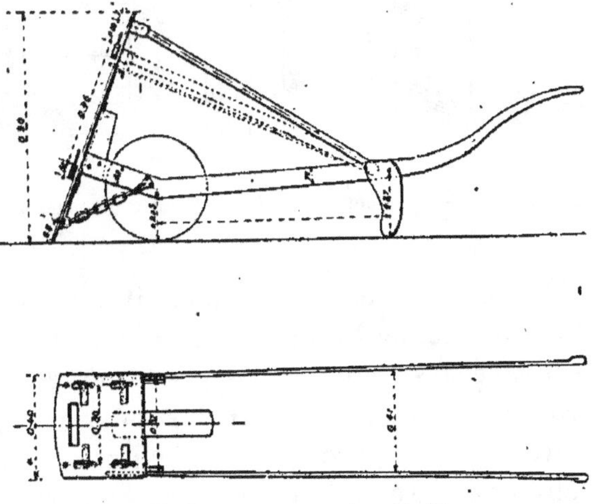

Fig. 383. — Autre type de mitrailleuse.

CHASSE D'EAU DANS LES ÉGOUTS. — RÉSERVOIRS DE CHASSE

Un grand nombre de petites galeries reçoivent par elles-mêmes une très faible quantité d'eau. Autrefois, pour en assurer le curage, on détournait les eaux d'un certain réseau

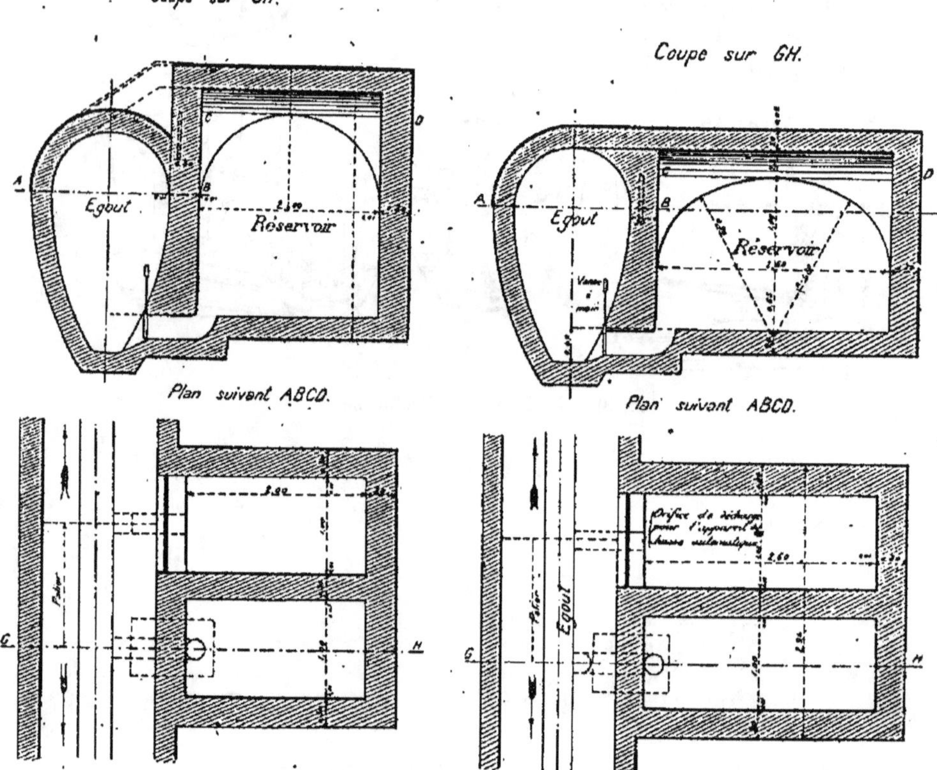

Fig. 384 et 385. — Anciens types de réservoirs de chasse.

d'égouts à l'aide de barrages et l'on constituait une réserve que l'on vidait brusquement à une heure déterminée, ce qui assurait le nettoyage des égouts suivis par les eaux.

Mais ce procédé, dangereux pour les ouvriers qui pouvaient se trouver sur le parcours des eaux, présentait le grave inconvénient d'arrêter le cours des eaux et de faire des réservoirs ainsi constitués de véritables foyers d'infection.

On a remplacé ce procédé barbare par une installation définitive établie aux points heurts des égouts élémentaires.

Cette installation consiste dans une bâche en maçonnerie dans laquelle on emmagasine, non plus de l'eau sale, mais de l'eau propre, et qu'on a appelée « réservoir de chasse ».

Les premiers réservoirs de chasse furent installés par M. Humblot, alors ingénieur en chef de l'assainissement.

Les figures 384 et 385 donnent, en plan et coupe, les divers types de bâches que l'on construisait alors.

L'eau emmagasinée dans la bâche était évacuée par une canalisation située à la partie inférieure et qui était obturée par une vanne d'un modèle spécial. Cette vanne, appelée couramment « vannette à main », est encore en usage aujourd'hui (*fig.* 386).

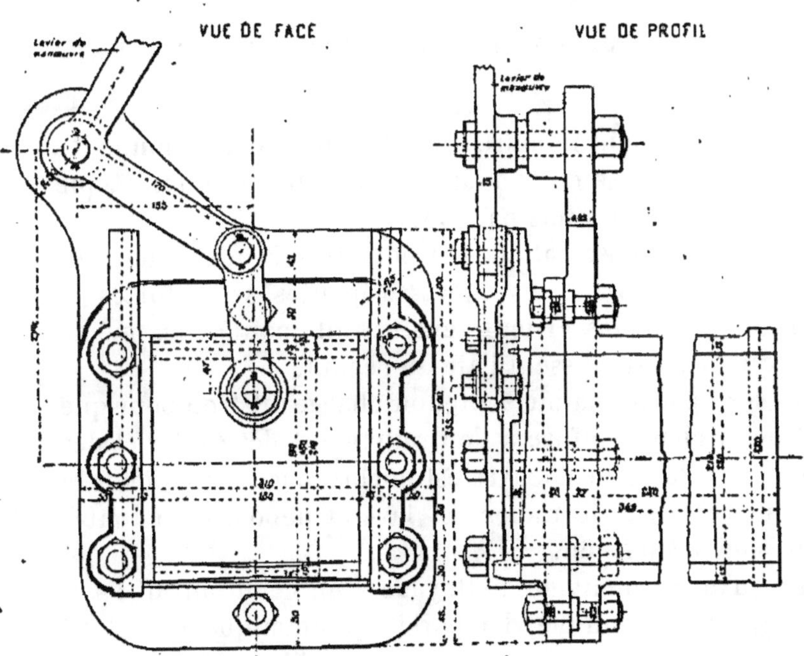

Fig. 386. — Vannette à main.

Depuis, on reconnut que l'eau qui s'échappait de l'orifice inférieur était projetée avec violence contre la paroi opposée de l'égout et que cette eau perdait de sa vitesse et, par suite, de son effet utile.

On se servit alors de l'égout lui-même, comme bâche, et l'on rétablit la communication ainsi interrompue, en construisant une galerie latérale, comme le représentent les figures 387 et 388. Avec cette disposition, la chasse se faisait dans l'axe de l'égout et dans une seule direction ou deux directions opposées, suivant la position du point heurt.

Depuis, ce type de réservoir a été abandonné, et on est revenu au réservoir situé sur le côté de l'égout; mais on lui donne la forme indiquée aux figures 389 et 390.

On a apporté une modification à la canalisation d'évacuation. Cette dernière est maintenant prolongée dans l'égout et noyée dans un massif de maçonnerie. Elle donne ainsi une chasse directe.

APPAREILS AUTOMATIQUES PLACÉS DANS LES RÉSERVOIRS

Depuis un certain nombre d'années, on a perfectionné les réservoirs de chasse en y adaptant un appareil automatique qui se vide plusieurs fois par jour.

Ces lâchures automatiques fréquentes rendent de très grands services. Dans les égouts à pentes assez fortes et chargeant peu, elles évitent tout travail manuel en même temps qu'elles assainissent l'air de l'égout.

Dans les égouts à faible pente, ou chargeant trop pour que l'effet de la chasse suffise à l'entraînement des sables et des immondices, la main-d'œuvre est encore nécessaire; mais le sable qui reste sur le radier est lavé et dépouillé de toutes matières en suspension.

Pour qu'au moment du nettoyage d'un égout on ait l'eau nécessaire à son curage, l'appareil automatique est placé dans le réservoir à une hauteur telle qu'il ne puisse vider qu'une lame d'eau déterminée; l'eau restant dans la bâche devant être évacuée, en cas de besoin, en faisant usage de la vannette à main.

On n'aura en effet qu'à lever cette vannette de la quantité suffisante pour avoir dans la cuvette la quantité d'eau propre nécessaire pendant le temps de son balayage.

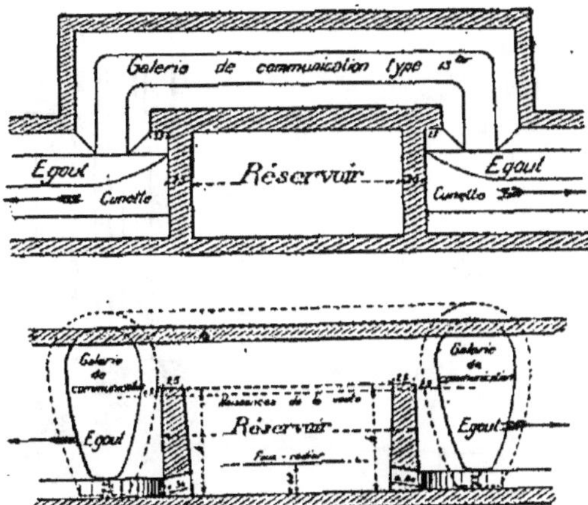

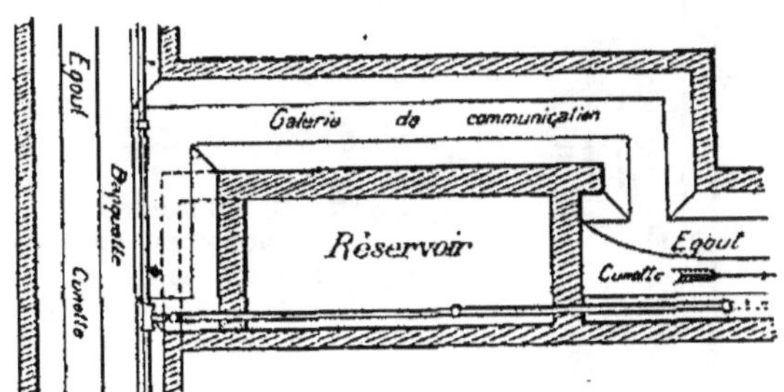

Fig. 387. — Plan et coupe d'un réservoir de chasse au point heurt situé sur le parcours d'un égout.

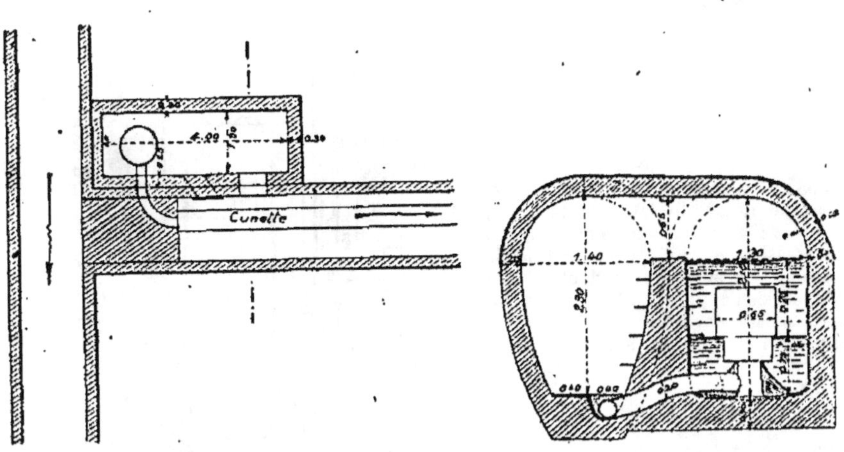

Fig. 388. — Réservoir de chasse à l'intersection de deux égouts.

Fig. 389 et 390. — Plan et coupe d'un réservoir de chasse sur le côté de l'égout.

Fig. 391. — Appareil posé dans le
réservoir.

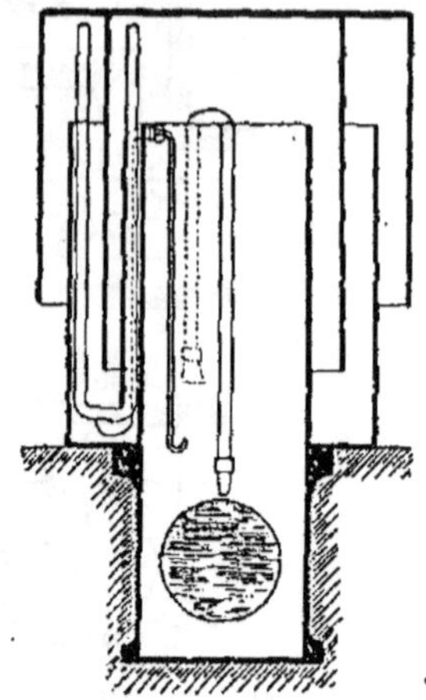

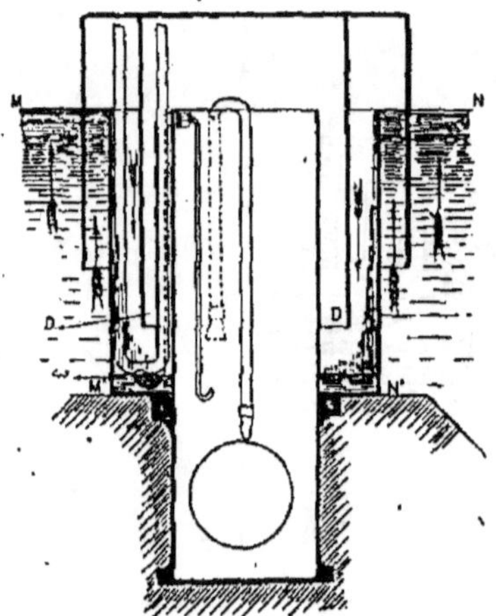

Fig. 392. — L'eau monte dans la chambre,
envahit le siphon ascendant de l'appareil
et déborde dans le siphon inférieur.

Fig. 393. — L'eau monte plus haut dans
la cloche et emplit le coude du siphon
inférieur ; à ce moment commence la
compression de l'air dans la branche
qui relie son siphon ascendant et celui
inférieur de l'appareil. L'eau monte également dans la branche en V de la
détente et elle a accès par un orifice ω.

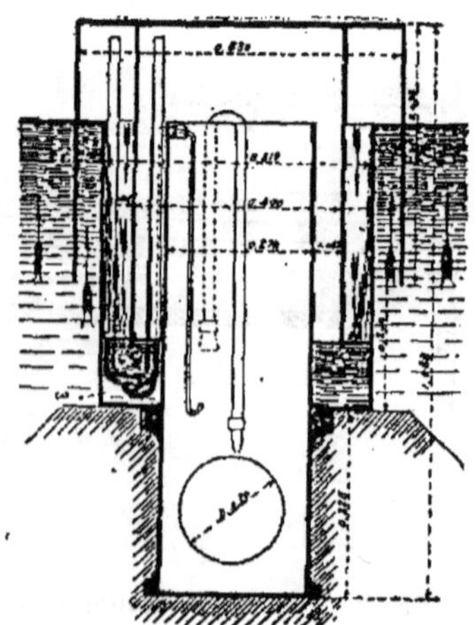

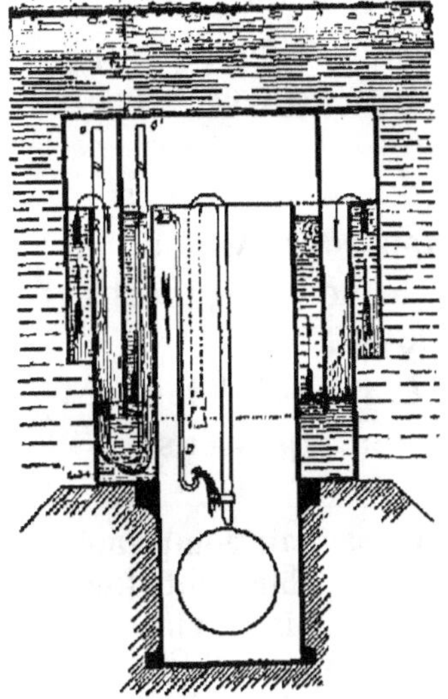

FIG. 394. — L'eau a monté dans le réservoir au point de recouvrir la cloche de l'appareil de 0ᵐ,20. Elle a atteint dans le siphon ascendant inférieur de l'appareil les niveaux indiqués, de même dans les tubes de détente. A ce moment l'eau déborde dans le tube aval D de la détente et amorce le siphon qui vide le tube en U de celle-ci. L'évacuation d'eau, bien supérieure à l'admission par l'orifice ω, produit le vide dans le tube en V de la détente, et l'air comprimé en O se détend par l'orifice O' qui débouche à air libre.

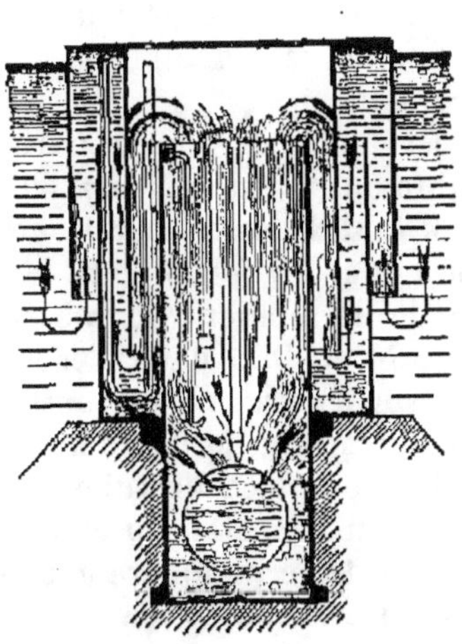

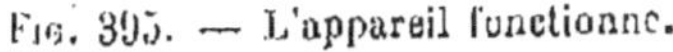

FIG. 395. — L'appareil fonctionne.

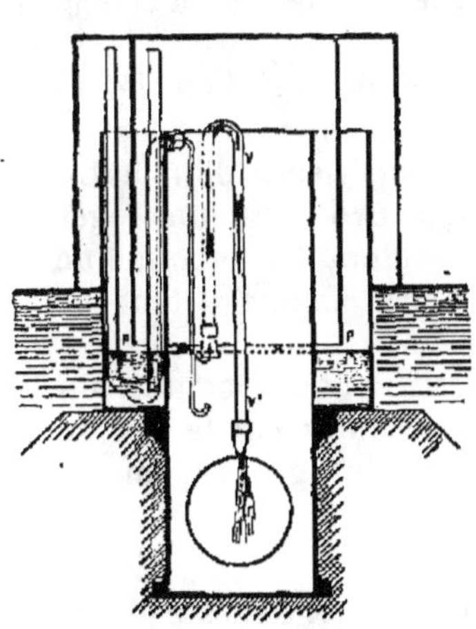

FIG. 396. — Le tube de vidange VV' a vidé l'eau du coude du siphon inférieur de l'appareil au-dessous de la plongée P.

.Le procédé employé, dans ce cas, est le même que celui adopté pour le nettoyage des caniveaux de la chaussée, qui sont balayés et lavés à l'aide de bouches de lavages placées à chaque heurt des trottoirs.

Les appareils automatiques en usage dans les égouts sont de plusieurs systèmes. Toutefois les appareils Aimond et Geneste-Herscher et Carette ont donné de bons résultats et ont été retenus comme devant être employés.

Les explications suivantes (*fig.* 391 à 396 et 397 à 401) donnent sommairement le fonctionnement de ces deux appareils.

Appareil Aimond. — Cet appareil fonctionne par l'air comprimé. Il est essentiellement constitué par deux cloches doubles emboîtées l'une dans l'autre, de telle sorte que, l'appareil une fois en place, en enlevant la cloche supérieure, on puisse toujours visiter l'intérieur de l'appareil sans avoir besoin de le déposer ni de dégrader quoi que ce soit.

Il est facile de comprendre que l'eau, étant arrivée dans la chambre au niveau MN (*fig.* 392), va s'écouler dans l'espace annulaire MN, M'N' formé par la double cloche inférieure, atteindre le diaphragme DD formé par la double cloche supérieure, et qu'à partir de ce moment la masse d'air, comprimé entre les plans d'eau MN et DD, dans l'espace annulaire formé par la double cloche supérieure, va permettre d'élever l'eau de la chambre au-dessus du niveau M d'une hauteur égale à MD.

Si donc on place un tube manométrique en forme de siphon en U, et qu'on le mette en communication par un trou ω avec le liquide, ce tube indiquera à chaque instant la pression à laquelle est soumise la masse d'air comprimé dans le sommet de la cloche supérieure.

Ce siphon manométrique sert en même temps de siphon détendeur d'air, car il arrivera un moment, figuré sur le dessin (*fig.* 394), où le niveau αα arrivera à la courbure supérieure d'un autre siphon communiquant avec le précédent, provoquera un léger écoulement dans ce siphon, l'amorcera et videra l'eau contenue dans le siphon manométrique, qui agira alors comme détendeur d'air.

Ce moment précis où l'air comprimé est siphonné comme du liquide permet à l'eau de la chambre de s'écouler par le siphon de fonte, et cela avec une vitesse d'autant plus grande, que la veine liquide est moins tourmentée.

Appareil Geneste-Herscher et Carette. — L'appareil Geneste-Herscher et Carette se compose d'un siphon à cloche dont la longue branche plonge d'une hauteur déterminée dans une retenue d'eau (*fig.* 397 à 401).

A l'extérieur de ladite branche, et en communication avec elle, se trouve le dispositif de détente que l'on appelle *détendeur pneumatique*, toûjours immergé et, par suite, toujours en état de fonctionnement.

L'ensemble de l'appareil s'inspire des principes de la fontaine de Héron; l'amorçage résulte de la combinaison appropriée des actions suivantes :

Compression de l'air enfermé dans le siphon ;

Transmission de la pression par l'intermédiaire du fluide emprisonné ;

Dénivellation dans les deux branches du siphon ;

Détente brusque de l'air comprimé qui s'échappe, et suppression de toute dénivellation.

Ces diverses actions sont répétées autant de fois qu'il est nécessaire, jusqu'au moment de la détente finale qui provoque l'amorçage instantané de l'appareil.

Les compressions et détentes successives ont pour but d'évite-les rentrées d'air dans le siphon pendant la chasse, tout en limitant à une hauteur voulue l'immersion de la longue branche de l'appareil.

Fonctionnement de l'appareil. — Pendant l'opération du remplissage du réservoir, lorsque le niveau de l'eau est arrivé à la hauteur de la communication latérale du tube régulateur avec la cloche du siphon, un volume d'air déterminé se trouve emprisonné et se comprime graduellement pendant que s'achève l'alimentation du réservoir.

Des dénivellations s'établissent et s'accentuent progressivement entre les niveaux du liquide, à l'intérieur des branches du siphon.

La surface du liquide à la partie inférieure du siphon finit par atteindre dans son mouvement de descente le niveau inférieur du tube plongeur dépendant du dispositif d'amorçage. A ce moment, l'air comprimé du siphon pénètre dans ce tube et s'échappe brusquement dans l'atmosphère en chassant la colonne d'eau, dont la hauteur sert précisément à limiter le maximum de la compression.

Par suite de cette détente de l'air comprimé, l'équilibre des pressions se trouve rompu, et la pression atmosphérique se rétablit subitement à l'intérieur. Le niveau de l'eau dans la cloche du siphon tend donc immédiatement à remonter à la hauteur du liquide dans le réservoir de chasse. Mais, comme le niveau de ce liquide est plus élevé que celui de la cloche, il en résulte que l'eau déborde à flots dans la branche du siphon et

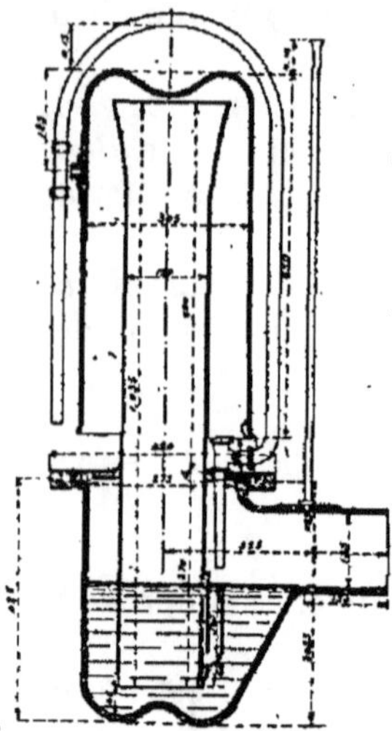

Fig. 397. — Le siphon, après avoir été posé, a été amorcé par le remplissage de la cuvette inférieure.

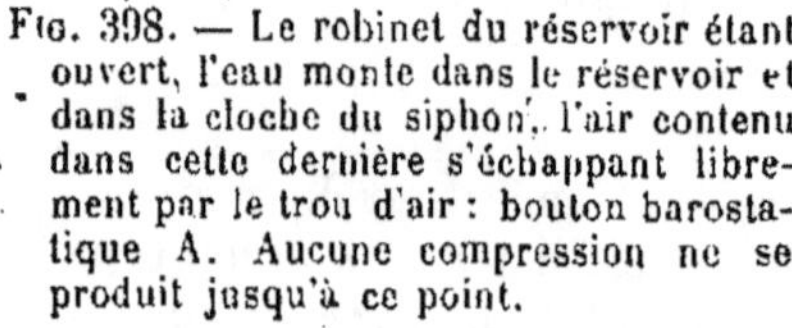

Fig. 398. — Le robinet du réservoir étant ouvert, l'eau monte dans le réservoir et dans la cloche du siphon, l'air contenu dans cette dernière s'échappant librement par le trou d'air : bouton barostatique A. Aucune compression ne se produit jusqu'à ce point.

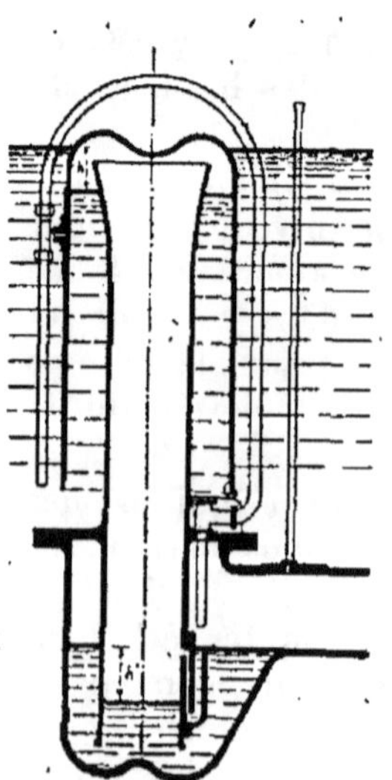

Fig. 399. — Le bouton barostatique étant immergé, la compression commence et se manifeste dans la cloche, le bas du tube central et dans la partie interne du détendeur.

forme une véritable cataracte en entraînant l'air contenu dans cette branche. L'amorçage se trouve ainsi déterminé d'une manière instantanée.

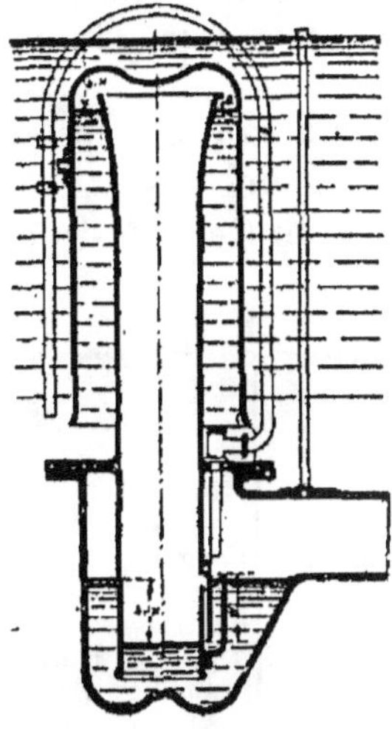

Fig. 400. — La compression continue jusqu'à ce que la différence du niveau *h* égale la retenue d'eau du détendeur H. A ce moment le niveau dans la cloche doit être à 0ᵐ,05 en contre-bas du tube central (garde du siphon B).

Pendant l'écoulement, l'air extérieur ne peut pas rentrer dans le siphon ; c'est le tube régulateur qui permet à la pression atmosphérique de se rétablir.

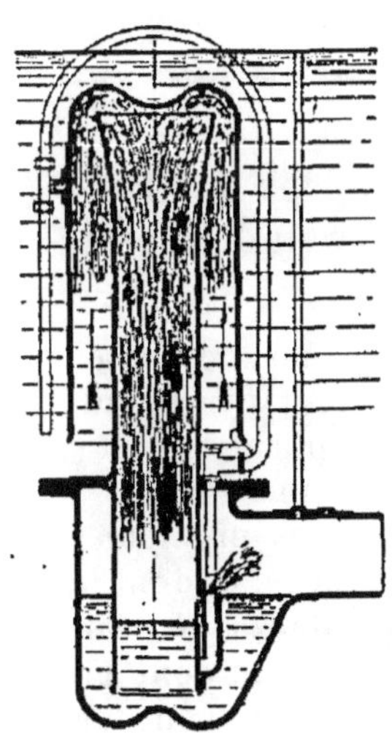

Fig. 401. — Le niveau montant toujours dans le réservoir, la retenue du détendeur est vaincue, l'eau y contenue s'échappe brusquement, laissant libre passage à l'air comprimé qui, revenant à la pression atmosphérique, laisse les niveaux s'établir ; l'eau sous la cloche, s'élevant pour regagner le niveau de l'eau du réservoir, tombe dans le tube central, chasse devant elle la colonne d'air à la pression atmosphérique, et le siphon est amorcé.

Aussi convient-il de donner à ce tube un diamètre assez grand pour que la pression se rétablisse très rapidement ; ce qui offre l'avantage de faire disparaître ainsi les chances d'engorgement.

Le tube régulateur a encore pour effet de maintenir très sensiblement constant le volume d'air emprisonné dans le siphon, lorsqu'il y a inondation à l'aval. L'appareil n'est donc jamais déréglé, et le fonctionnement naturel des chasses reprend de lui-même, dès que l'inondation a cessé.

Le tableau ci-dessous donne le résumé des principaux éléments des essais comparatifs faits sur les deux appareils Aimond et Geneste-Herscher et Carette.

		AIMOND	GENESTE-HERSCHER ET CARETTE
Dimensions :	Longueur	0,60	0,70
	Largeur...............	0,60	0,47
	Hauteur nécessaire(y compris la hauteur d'eau au-dessus de l'appareil s'il y a lieu)...:......	0,99	1,31
Chasses :	Cube évalué..........	$8^m3,000$	$9^m3,375$
	Hauteur d'eau au-dessus de l'orifice d'écoulement.	0,84	0,96
	Durée de la chasse	3'	4'5"
	Section d'écoulement....	$\dfrac{\pi \times \overline{0.20}^2}{4} = 0.0314$	$\dfrac{\pi \times \overline{0.19}^2}{4} = 0.0283$
	Débit. moyen..........	$44^l,4$	$38^l,2$
	Vitesse moyenne.......	$1^m,41$	$1^m,35$

Les figures 402 et 403 donnent deux types pour emplacement d'un appareil automatique dans un réservoir de chasse.

Système Parenty. — Parmi les autres appareils on doit citer l'appareil dû à l'invention de M. Parenty, ingénieur des manufactures, qui a reçu à Paris un certain nombre d'applications.

Dans cet appareil (*fig.* 404 et 405) on substitue aux siphons à amorçage automatique, usités dans la résolution des problèmes de chasse, un siphon de gros diamètre amorcé d'avance, et dont la branche d'aval plonge dans une cuve mobile suspendue à un fléau de balance ou à une poulie de renvoi. Suivant l'espace dont on dispose, cette poulie est équilibrée par un contrepoids pour un niveau déterminé du liquide qu'elle contient

Les variations de niveau dans le bief d'amont peuvent donc produire automatiquement, et par intervalles, la descente de la cuve et l'évacuation du liquide dans le bief d'aval par-dessus les bords de cette cuve.

Plan

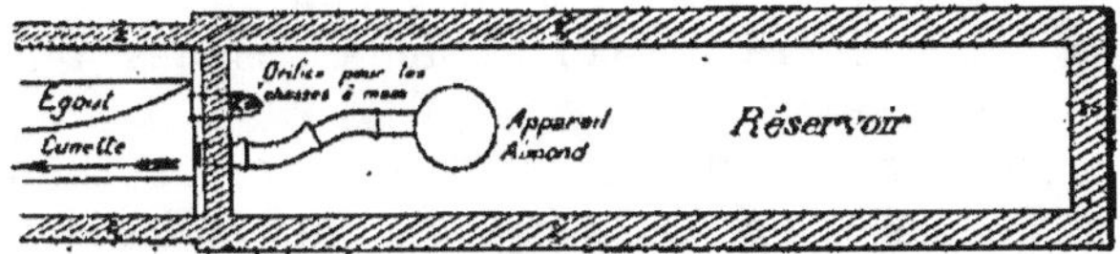

Coupe longitudinale.

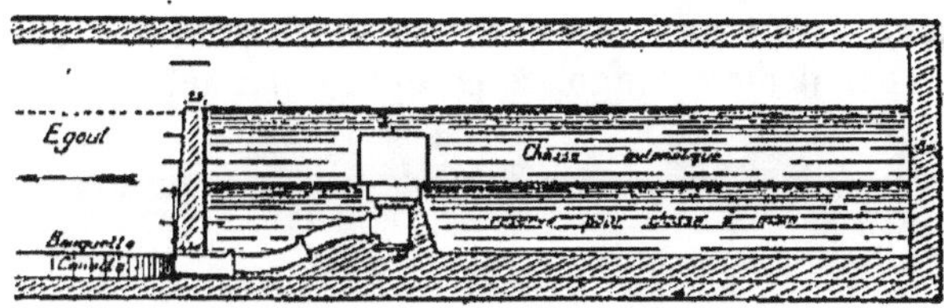

Fig. 402. — Réservoir de chasse au mur pignon d'un égout muni d'un appareil Aimond.

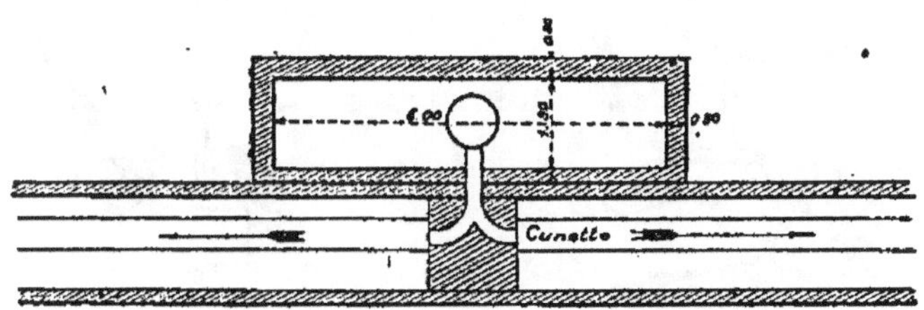

Fig. 403. — Réservoir latéral muni d'un appareil automatique.

Système Parenty.

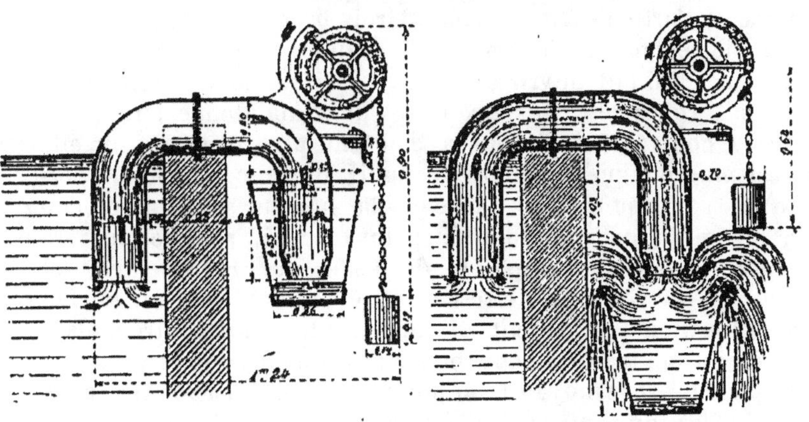

Fig. 404.
Au moment du remplissage de la bâche.

Fig. 405.
Au moment du fonctionnement.

L'usage de cet appareil n'a pas été répandu à Paris, parce que l'installation est difficile et coûteuse et que l'effet produit par la chasse est beaucoup moindre que celui obtenu avec les appareils munis de siphon à cloche.

De plus, l'appareil par lui-même est d'un prix beaucoup plus élevé que les siphons Aimond et Geneste-Herscher et Carette, et il est d'un entretien constant et coûteux, par suite du mécanisme compliqué qui le compose.

Appareil Colin. — Cet appareil que l'on place dans le réservoir, sur l'orifice du canal de vidange, se compose (*fig.* 406 et 407) d'une

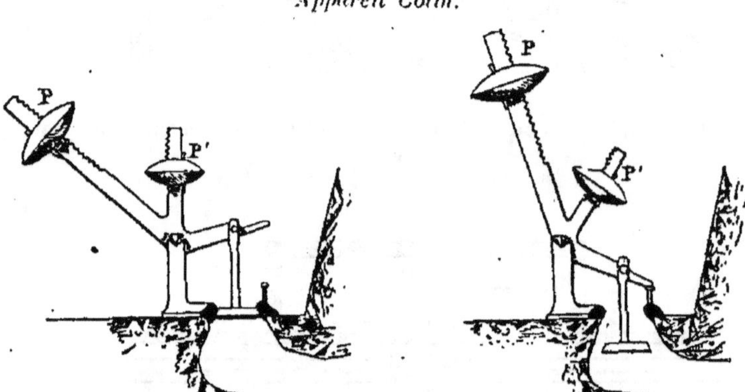

Fig. 406. — Pendant le remplissage de la bâche.

Fig. 407. — Au moment du fonctionnement.

soupape renversée dont le clapet s'ouvre en descendant. La tige de ce clapet s'articule à un levier à trois bras portant deux contrepoids de réglage. C'est le poids de l'eau ou sa pression directe sur le clapet qui fait ouvrir ce dernier, et c'est le contrepoids P qui le fait refermer. La soupape est donc maintenue fermée au moyen du contrepoids P, qui a d'autant plus d'action sur elle qu'il est plus éloigné du point d'appui; or ce contrepoids permet à la soupape de s'ouvrir sous la hauteur d'eau que l'on veut; si, on le met trop loin du point d'appui, son action sera plus grande que la pression de l'eau sur la soupape, et celle-ci ne s'ouvrira pas (le réservoir débordera). C'est un moyen d'arrêter tout fonctionnement. Si l'on place le même contrepoids P trop près du couteau, la soupape s'ouvrira avant que le réservoir ne soit plein (c'est le moyen de ne point perdre d'eau avec un réservoir qui a des fuites et ne peut être rempli).

Quand la soupape est fermée, le contrepoids P n'a aucune action sur elle, puisqu'il se trouve sur la verticale passant par le point d'appui. Quand elle est ouverte (tout le système occupant la position indiquée par la figure 407), le gros contrepoids P a perdu beaucoup de son action, puisqu'il s'est rapproché de la même verticale ; le petit contrepoids P', qui s'en est éloigné, peut alors faire plus ou moins équilibre au gros. Avec ce petit contrepoids seul, qu'on place à une distance plus ou moins grande du point d'appui, on peut maintenir la soupape ouverte, la faire fermer quand le réservoir est entièrement vide, ou lorsque l'eau est seulement descendue à un niveau désigné.

En résumé : avec un seul poids on fait ouvrir la soupape à la hauteur d'eau qu'on désire, et avec un second poids on fait fermer la même soupape, en conservant la hauteur d'eau déterminée ; c'est-à-dire : que plus on relève le gros contrepoids, plus le réservoir se remplit. Et plus on baisse le petit contrepoids, et plus il reste d'eau dans le même réservoir après la fermeture de la soupape.

A Paris, le système Colin a été essayé, mais n'a pas donné de très bons résultats. Son principal défaut est de fuir par le clapet, ce qui est un grand inconvénient, étant donné le faible débit d'alimentation des réservoirs.

Système Poirier. — M. Poirier, chef mécanicien attaché au service des égouts, a imaginé un appareil automatique pour la vidange des réservoirs de chasse, en se servant de la pression de l'eau des conduites d'alimentation.

L'appareil (*fig.* 408) est très ingénieux.

Il se compose : 1° d'un cylindre sans fond de $0^m,12$ de diamètre sur $0^m,12$ de hauteur, muni d'un piston ; 2° d'un flotteur en zinc de $0^m,40$ sur $0^m,15$ pesant 5 kilogrammes, et dont le vide représente une pression de 10 kilogrammes, ce qui, le flotteur étant immergé, donne une force ascensionnelle de $10 - 5 = 5$ kilogrammes.

3° D'une soupape en bronze de $0^m,25$ de diamètre, et $0^m,015$ d'épaisseur moyenne, actionnée par un balancier mû par le piston du cylindre.

Le flotteur est traversé par une tige cylindrique en cuivre creux de $0^m,015$ de diamètre extérieur et de $0^m,004$ d'épaisseur, qui se trouve en équilibre lorsqu'elle est immergée de moitié de sa longueur.

Cette tige communique à un levier, qui fait mouvoir une sorte de robinet communiquant la pression amenée par un tuyau de plomb de $0^m,015$ de diamètre sur le piston du cylindre ; ce robinet a deux ouvertures. Le flotteur arrivant en A, la première ouverture du robinet communique à l'ouverture correspondante du cylindre ; la pression agit sur toute la surface du piston qu'elle pousse de C en D, sur une longueur de course de $0^m,07$ à $0^m,08$, et la soupape s'ouvre d'autant, les bras du levier du balancier étant égaux.

Au contraire, quand le flotteur descend et exerce une pression sur la deuxième vis d'arrêt, la deuxième ouverture vient coïncider à l'ouverture correspondante du cylindre, et les eaux s'échappent par cette deuxième ouverture ; le piston remonte de D en C, et la soupape se referme.

Ces mouvements sont presque instantanés. En effet, le calcul donne 3/4 de seconde pour la sortie de l'eau du cylindre sous une pression de 1ᵐ,10 environ ou 54 kilogrammes.

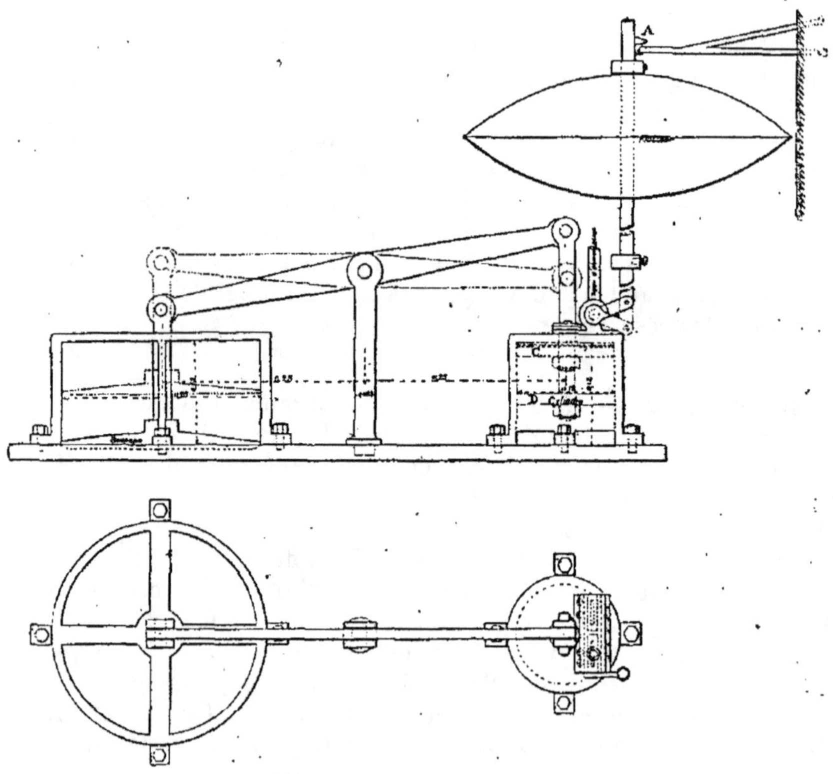

FIG. 408. — Appareil système Poirier.

Le fonctionnement de l'appareil a lieu comme suit :

Le flotteur, s'élevant au fur et à mesure du remplissage du réservoir, arrive à une vis d'arrêt de la tige A ; une pression s'exerce sur un galet disposé à l'extrémité d'une pièce de fer fixée dans la maçonnerie, et, à un moment donné cette pression, qui va toujours en augmentant, fait échapper brusquement le buttoir en inclinant légèrement la tige, et celle-ci, dans son mouvement ascensionnel, communique brusquement la charge d'eau sur le piston ; la soupape s'ouvre alors, et le réservoir se vide, jusqu'au moment où le flotteur arrive s'appuyer sur la deuxième vis d'arrêt disposée sur la tige, à une hauteur donnée par le niveau inférieur du réservoir.

La pression minima exercée sur le piston (en supposant celle des conduites de 0ᵐ,10) serait de 113 kilogrammes..   113ᵏ

La résistance à vaincre serait du poids de la soupape..   5ᵏ

et de la colonne d'eau de 1ᵐ,50.............................   73ᵏ
                                                                    ————
                                                                    78ᵏ

Il resterait donc, pour l'ouverture de la soupape, une force de...   35ᵏ

Système Berlier. — M. Berlier a imaginé un appareil très simple et qui rend de très bons services dans les égouts de petite longueur terminés par un mur pignon et ayant une pente assez forte.

Cet appareil, représenté par les figures 409 et 410, se compose d'une

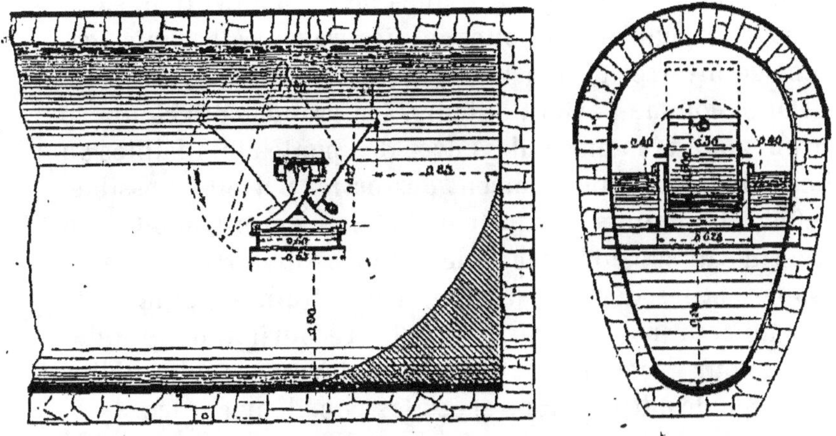

Fig. 409 et 410. — Appareil système Berlier.

simple caisse en tôle, articulée autour des tourillons A, B, qui bascule lorsque l'eau est arrivée à une certaine hauteur dans la caisse.

Le double jeu d'articulations permet à l'appareil, une fois renversé, de reprendre sa première position.

La contenance de la cuve est de 200 litres.

A Paris, le nombre des réservoirs de chasse existant au 1ᵉʳ janvier 1898 est de 3.126. Sur ce nombre, 1.531 sont pourvus de l'appareil automatique système Geneste-Herscher et Carette, et 1.317 de l'appareil Aimond.

On évalue encore à 1.300 environ le nombre de ceux restant à construire, ce qui place un réservoir de chasse tous les 250 mètres d'égout environ.

B. — CURAGE DES COLLECTEURS

La longueur des collecteurs est actuellement de 70.366^m,00. Le personnel ouvrier qui y est affecté comprend 264 hommes.

Les collecteurs se divisent, suivant la largeur de leur cunette, en collecteurs à bateaux et en collecteurs à wagons.

La longueur des premiers est de 20.579 mètres, et celle des seconds de 49.787 mètres environ.

Le matériel de curage comprend par conséquent : des bateaux-vannes, des wagons-vannes de plusieurs dimensions suivant la largeur des cunettes, et des wagons à bascule également de diverses dimensions.

A Paris, comme partout ailleurs, les grands collecteurs se trouvent généralement établis avec des pentes très faibles au milieu du réseau qu'ils doivent desservir. S'il était possible, en effet, de donner à une canalisation devant débiter un volume d'eau considérable, une pente assez forte pour que les sables et les dépôts puissent être entraînés par la seule action du courant, il serait inutile de recourir à de grandes sections pour l'écoulement des eaux et d'être, par suite, obligé d'employer des dispositions spéciales pour leur curage.

L'adoption des grandes sections est donc une conséquence naturelle de la nécessité d'écouler les eaux en tous temps avec de faibles pentes. Mais, si les eaux vannes peuvent s'écouler avec une vitesse suffisante pour être emmenées loin des centres habités avant d'entrer en fermentation, il n'en est pas de même des sables et des corps lourds qui sont fréquemment jetés dans les égouts, et qui finiraient par s'y accumuler et nuire à l'écoulement, si on ne prenait pas des dispositions particulières pour les évacuer.

A Paris, les eaux se réunissent en trois grands collecteurs; deux, ceux d'Asnières et de Marceau, sont curés mécaniquement à l'aide de bateaux-vannes; celui du Nord l'est à l'aide de wagons-vannes. Il en est de même, du reste, de tous les autres collecteurs dont la largeur de cunette varie de 1,20 à 0,50 et qui sont tous établis avec des pentes insuffisantes pour que les sables soient entraînés par la seule force du courant.

Le collecteur d'Asnières a une pente qui ne dépasse pas 0^m,30 par kilomètre, soit 0^m,0003 par mètre. Pour le collecteur Marceau, la dénivellation totale du radier est de 5^m,32 pour un parcours de 10.240 mètres. La pente se trouve tronçonnée : elle est de 0^m,30 sur la rive gauche et de 0^m,25 sur la rive droite.

Dans ces deux collecteurs, la vitesse à la surface, par seconde, varie entre 1^m,30 et 1^m,45 pour le collecteur d'Asnières, et 0^m,95 et 1 mètre pour le collecteur Marceau, suivant le débit. Le curage mécanique y est donc nécessaire, cette vitesse étant tout à fait insuffisante pour l'entraînement des matières lourdes.

BATEAUX-VANNES

Un bateau-vanne se compose essentiellement d'une grande barque en fer (tôle et cornières), à l'avant de laquelle est

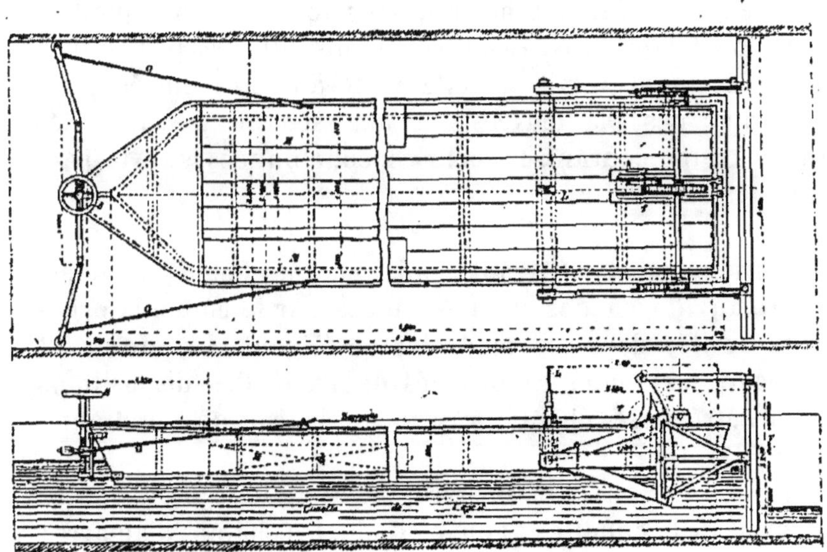

Fig. 411. — Plan et coupe du bateau-vanne. Élévation.

maintenue une vanne V (*fig.* 411-412), également en fer,

épousant presque exactement le profil transversal de la cunette du collecteur.

Un treuil T placé dans le bateau permet, au moyen d'une crémaillère en arc de cercle C, d'élever ou d'abaisser la vanne suivant le besoin des manœuvres.

La vanne V porte une vannette commandée par une vis qui permet d'ouvrir plus ou moins un orifice de même dimension que la vannette et de laisser seulement la quantité d'eau nécessaire pour maintenir, derrière la vanne abaissée, une différence de 0^m,30 de hauteur environ entre le niveau à l'amont et à l'aval de la vanne.

C'est par cet orifice que s'écoule, pendant le fonctionnement du bateau, le débit du collecteur avec une charge d'eau de 0^m,30 en moyenne.

Des guides G, munis de galets, sont fixés à l'arrière du bateau et permettent d'orienter celui-ci suivant l'axe du collecteur, et de former au besoin frein sur les parois verticales de la cunette pour régler l'avancement de l'appareil.

Les guides peuvent être élevés ou abaissés au moyen d'une vis S.

Deux caisses N pour le remisage des outils des ouvriers sont ménagées dans le bateau, sous forme de banquettes. Enfin une lampe L est installée sur un support permettant un déplacement vertical, celle-ci devant être élevée pour l'éclairage des manœuvres, et abaissée au passage des vannes coupe-courant ou écluses échelonnées sur le parcours des collecteurs.

Fonctionnement. — Avant la mise en marche, le bateau est amarré au moyen des chaînes situées sur le côté aux organeaux scellés dans les piédroits de l'égout. La vanne est relevée et les guides rapprochés de l'axe. Ces dispositions doivent être prises chaque fois que le bateau ne fonctionne pas (*fig.* 412).

En commençant la manœuvre, on serre les guides contre les parois de la cunette et l'on décroche les chaînes d'amarre ; on abaisse ensuite la vanne jusqu'à ce qu'elle touche le radier. Pendant cette opération, la vannette doit être ouverte entièrement.

Le niveau de l'eau en amont s'élève alors graduellement, et il se produit par la vannette une chasse sur le sable, qui se trouve projeté en aval.

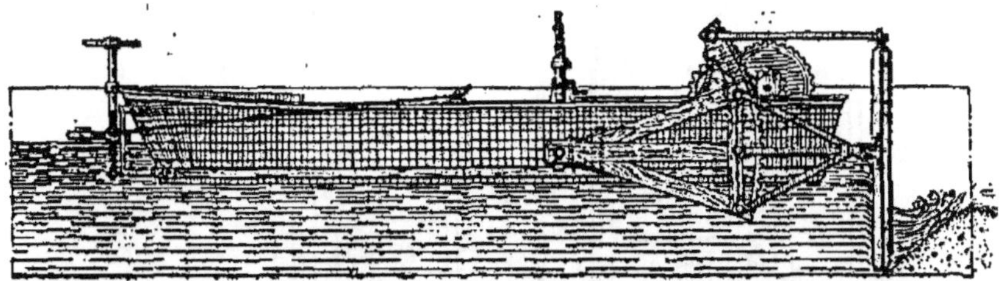

Si ces guides sont convenablement serrés, le bateau avance lentement, la vanne s'appuyant toujours sur le banc de sable qu'elle pousse devant elle.

C'est cette résistance du sable contre là vanne qui, jointe à l'action des guides sur les parois de la cunette, détermine la vitesse de marche du bateau.

Le plus ou moins d'ouverture de la vannette dépend de la quantité d'eau dont on dispose et du volume du banc de sable qui se trouve à l'aval de la vanne (ce volume peut atteindre jusqu'à 1.500 mètres cubes).

La manœuvre ci-dessus se fait, lorsqu'au point de départ du bateau la hauteur du sable ne dépasse pas 0^m,50. Pour une plus grande hauteur, à l'origine de la manœuvre, les ouvriers font ce qu'ils appellent une *traînée*. La traînée se fait en ne descendant la vanne qu'à une certaine distance du radier; on conduit ainsi une tranche horizontale de sable sur une certaine longueur, de façon à diminuer la hauteur du banc.

Le banc ainsi conduit à l'extrémité aval de la section du bateau est repris par un autre bateau, et ainsi de suite jusqu'au débouché.

Pour ramener un bateau à l'origine de sa section, on dispose au point terminus de celle-ci d'une vanne manœuvrée par un treuil, laquelle, venant se placer en travers de la cunette, coupe le courant, relève le plan d'eau et en diminue la vitesse. On remorque alors le bateau à bras d'hommes.

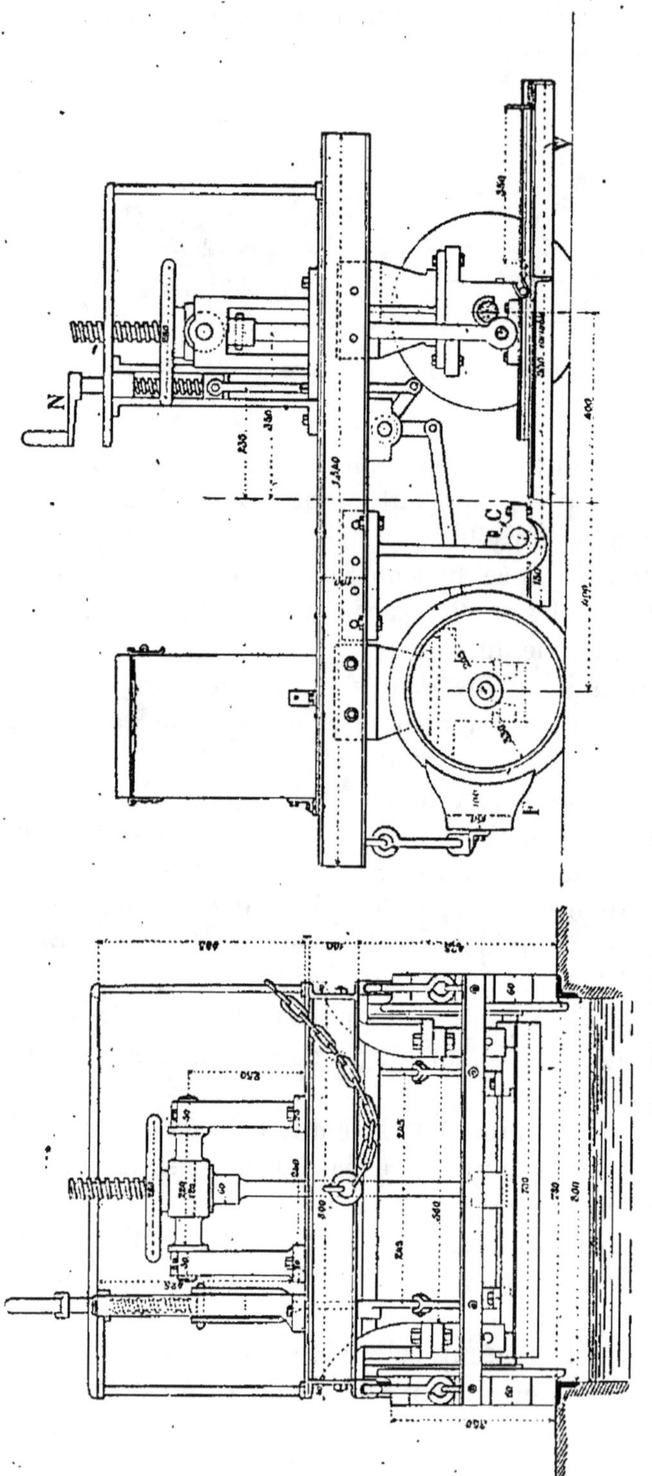

Fig. 413 et 414. — Profil et élévation d'un wagon-vanne à voie de 0^m,80.

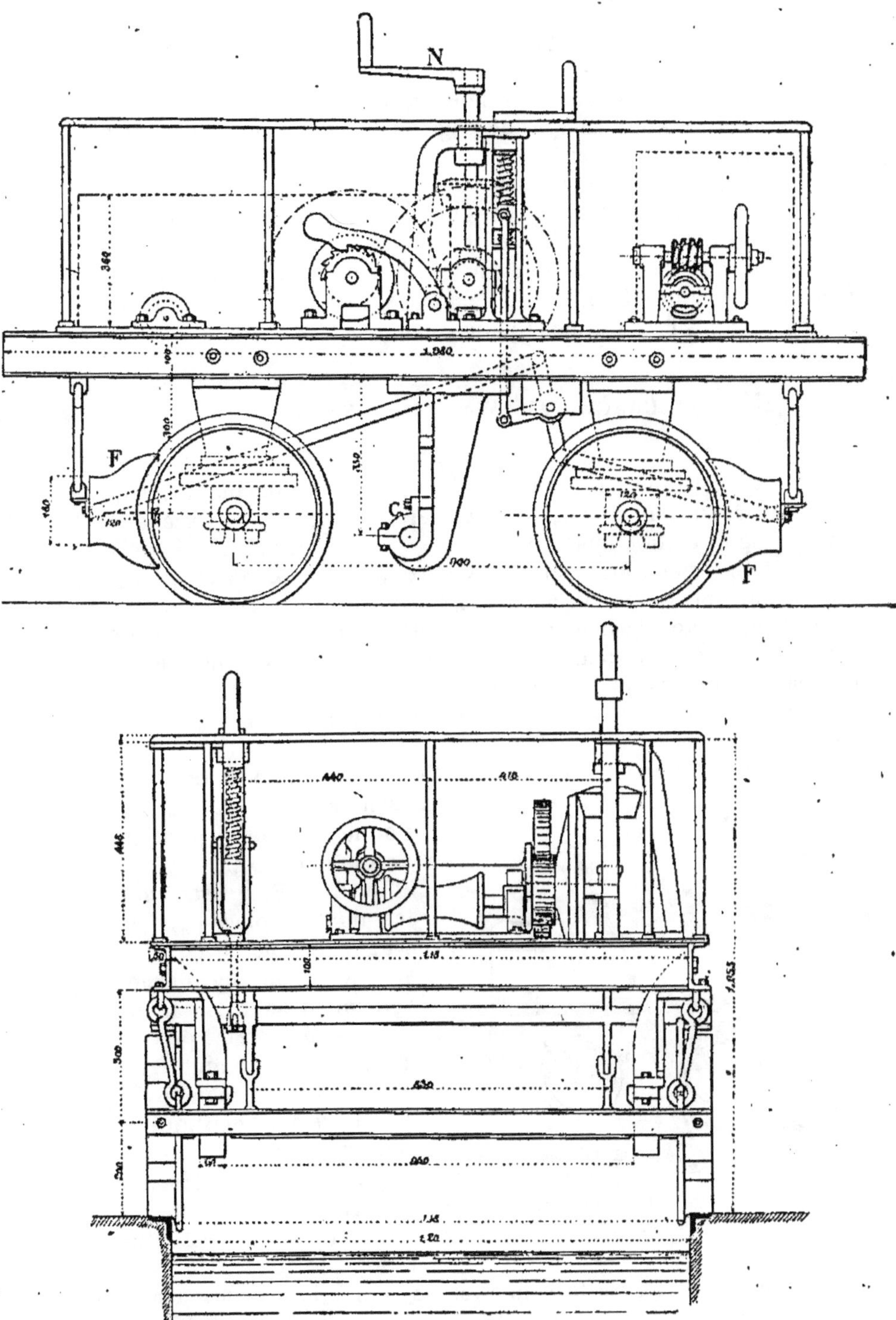

Fig. 415 et 416. — Élévation et profil d'un wagon-vanne à voie de 1ᵐ,20.

Personnel nécessaire à la manœuvre d'un bateau-vanne. — La manœuvre d'un bateau-vanne est confiée à une équipe de cinq ou six ouvriers, dont les fonctions sont les suivantes:

Deux ouvriers sont chargés de dégager la vanne en avant, pour aider la marche du bateau.

Un ou deux autres ouvriers sont occupés, en arrière de la manœuvre, au nettoyage des banquettes du collecteur, ainsi qu'à celui des bouches et branchements.

Enfin un ouvrier suit l'équipe sur le sol et ouvre les tampons successivement, afin d'être prêt à secourir ses camarades, en cas de besoin, et à les prévenir de la pluie.

CURAGE PAR WAGONS-VANNES

Un wagon-vanne se compose d'une plateforme montée sur roues qui se déplacent sur des cornières formant rails, scellées sur les angles de la cunette.

A la plate-forme sont suspendues deux chaînes (*fig.* 413 à 416), qui supportent une vanne V, analogue à une vanne de bateau. Cette vanne, qui porte elle-même une vannette centrale, manœuvrée au moyen d'une chaîne, peut être relevée sous les essieux du wagon ou abaissée au travers de la cunette.

La manœuvre de la vanne est faite au moyen de la vis sans fin N.

Par suite de la rigidité des articulations de manœuvre, on peut assurer à la vanne en fonctionnement une position absolument fixe.

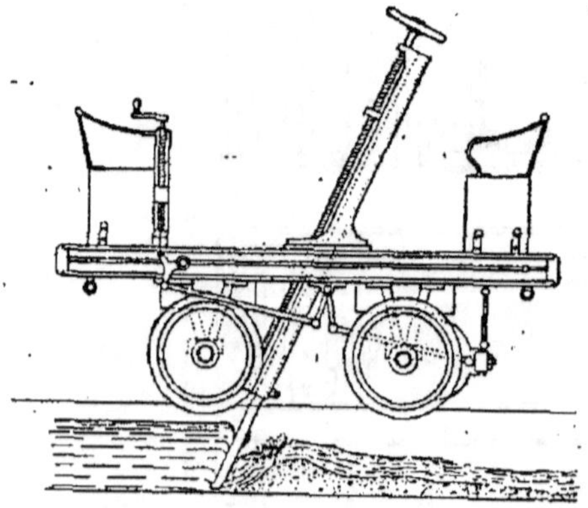

Un frein F, agissant sur les quatre roues pour le wagon à voie de $1^m,20$, et sur les roues de devant seulement, pour les wagons à voie de $0^m,80$, permet de régler la marche du wagon dont la manœuvre est, du reste, identique à celle du bateau.

Toutefois, pour ramener un wagon à l'origine de sa section, il n'est plus besoin de couper le courant, il suffit de relever la vanne et de rouler le wagon d'aval à l'amont (*fig.* 417).

FIG. 417. — Vue schématique d'un wagon-vanne en manœuvre.

Comme dans les bateaux, des caissons à outils M sont ménagés sur la plateforme, ainsi qu'une lampe, qui est alors fixe, puisque les wagons n'ont jamais à franchir d'écluses.

Personnel nécessaire à la manœuvre d'un wagon-vanne. — La manœuvre d'un wagon-vanne nécessite une équipe de cinq ouvriers, compris un chef et un homme de dessus, dont les fonctions sont les mêmes que celles des ouvriers affectés à la manœuvre d'un bateau-vanne ; seulement, pour dégager l'avant de la vanne, un homme suffit à cause de la faible largeur de la cunette.

Marche des bateaux et wagons-vannes. — La marche de ces engins de curage est très lente ; on peut voir qu'ils constituent néanmoins des appareils très puissants, si on se rend compte de la masse des sables qu'ils poussent devant eux (125 à 150 mètres cubes en moyenne).

Un bateau-vanne marche normalement, lorsqu'il a l'eau nécessaire à son fonctionnement, à raison de 25 mètres à l'heure, soit 250 mètres par journée de dix heures. Il est donc possible de lui faire parcourir en vingt-quatre heures, en suppléant la nuit, par des adductions d'eau, à la différence du débit de jour et de nuit :
$$25^m,00 \times 24^h,00 = 600 \text{ mètres.}$$

Un wagon-vanne, devant lequel se trouve généralement une dune moins importante, marche normalement à raison de 40 mètres à l'heure, soit 400 mètres par journée de dix heures et 960 mètres en vingt-quatre heures.

C. — NETTOYAGE DES SIPHONS

Le nettoyage des divers siphons existant à Paris se fait à l'aide d'une boule pleine en bois, pour les siphons composés de tuyaux de petits diamètres, et d'une boule creuse en fer recouverte de bois, pour le grand siphon de la Concorde.

Le diamètre des diverses boules employées est un peu inférieur à celui des siphons auxquels elles servent, savoir :

	DIAMÈTRE DU SIPHON	DIAMÈTRE DE LA BOULE
Siphon de la Concorde................	1ᵐ,82	1ᵐ,70
Siphon de l'Alma....................	1 ,00	0 ,90
Siphon de la Cité....................	0 ,50	0 ,40
Siphon Saint-Louis	0 ,40	0 ,30
Siphon Richard-Lenoir...............	0 ,60	0 ,45

La dénivellation existant entre les deux extrémités amont et aval des siphons donne à la boule introduite dans ces derniers une certaine charge à l'amont qui lui permet de franchir l'espace entre les deux têtes, tout en poussant devant elle les sables et matières lourdes qui s'y trouvent déposés.

Le principe de la marche de la boule dans le siphon est le même que celui de la marche des bateaux et des wagons-vannes.

A l'extrémité amont de chaque siphon, on a aménagé des bassins à sable et des grilles d'épuration pour empêcher l'engorgement des tubes par les matières, quelquefois volumineuses, roulées par les eaux d'égouts.

Au siphon de l'Alma, ces grilles sont nettoyées mécaniquement; partout ailleurs elles sont nettoyées à bras d'hommes à l'aide de rateaux ordinaires.

D. — EXPLOITATION DES BASSINS A SABLE

Ce paragraphe explique le fonctionnement de ces ouvrages, qui rendent de très grands services.

Fonctionnement des bassins. — En étudiant le schéma ci-contre (*fig.* 418), on voit que les eaux, arrivant dans le sens

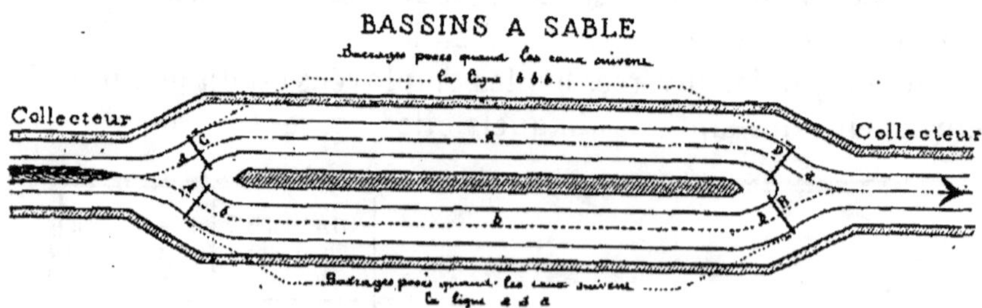

Fig. 418. — Schéma du fonctionnement.

de la flèche indiquée en plein viennent battre contre le barrage A et suivent le chemin *aaa* pour reprendre ensuite la route du collecteur.

La cunette du bassin étant établie en contre-bas de celle du collecteur, les sables s'y déposent, tandis que les matières légères continuent leur route.

Cependant, le radier des bassins étant établi en palier, l'eau, dans leur traversée, perd de sa vitesse, et par suite une certaine partie des matières en suspension qu'elle contient se dépose.

On a eu le soin, au préalable, de poser la vanne B.

Une fois le premier bassin rempli, c'est-à-dire une fois que la différence de niveau de la fosse et du radier du collecteur a été rachetée, on pose les barrages C et D, et on enlève ceux en A et B. Les eaux suivent alors le parcours *bbb* de la flèche ponctuée.

On procède alors à la vidange du premier bassin pendant le remplissage du second, et l'opération se renouvelle sans interruption.

Il importe donc, pour la bonne marche du service, que le cube des bassins soit calculé de manière à ce que le temps employé pour la vidange d'un sas corresponde au temps nécessaire pour le remplissage de l'autre.

Vidange des bassins. — Une fois un des sas rempli, on procède à l'extraction.

Jusqu'à présent la vidange des bassins s'est faite par les

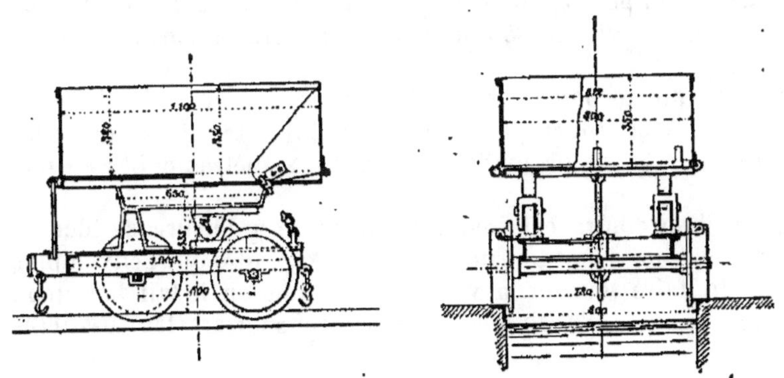

Fig. 419. — Wagon bascule.

moyens ordinaires. Des hommes descendent dans la cunette et rejettent à l'aide de la pelle les sables sur la banquette.

A cause de la profondeur de certaines cunettes, on opère quelquefois par relais successifs.

Ces sables sont ensuite relevés et chargés dans des wagons bascules (*fig.* 419) qui les conduisent, soit directement au fleuve où ils sont chargés en bateau, soit en certains points où ils sont repris ensuite et conduits en décharge.

Le Service des Égouts s'occupe actuellement de modifier le mode primitif employé pour le curage des bassins, en employant le mécanisme. Il est certain, en effet, que l'opération de la vidange des bassins est pénible et même dangereuse, en raison des matières qui y séjournent, surtout depuis l'application du « tout à l'égout ».

Expérience avec la vis sans fin. — Une première expérience a été faite à l'aide d'une vis sans fin. Elle a démontré que ce procédé était susceptible d'application, et la question va être étudiée à fond.

Cette vis se compose d'une hélice de $0^m,20$ de pas et de $0^m,30$ de diamètre actionnée par une dynamo transmettant le mouvement, par une courroie, à un pignon d'angle qui engrène sur une roue dentée calée sur l'arbre de la vis.

L'ensemble de l'appareil est monté sur un chariot à quatre roues, permettant de déplacer le tout dans le sens longitudinal de la cunette.

Lorsque le chariot est au repos, on peut faire monter ou descendre l'extrémité de la vis au moyen d'un treuil fixé sur le bâti du chariot ; on peut également, par l'intermédiaire d'une vis sans fin, déplacer la vis et son moteur transversalement à l'axe de l'égout.

Pour obtenir un bon rendement, la vitesse de la vis ne doit pas dépasser 40 à 50 tours par minute. Avec cette vitesse on peut extraire, à $2^m,50$ de profondeur, environ 2 mètres cubes en une heure.

L'effort à produire est insignifiant, grâce à l'heureuse idée du constructeur qui a fait tourner la vis et le cylindre qui l'enveloppe, au lieu de faire tourner la vis seule, comme on le fait lorsqu'on emploie la vis d'Archimède pour transporter les matières légères.

Extraction des sables dans les bassins ou directement dans la cunette des collecteurs à l'aide d'une benne dragueuse hydraulique. — Le Service des Égouts, poursuivant les essais, a fait fournir par la Compagnie des Transporteurs Temperley une dragueuse hydraulique actionnée par une grue à main pour l'extraction et la mise en wagon des sables et autres matériaux déposés dans les collecteurs ou dans les bassins.

DESCRIPTION DE L'APPAREIL. — Cet appareil dragueur, représenté par les figures 420 et 421, consiste en une grue à main d'une puis-

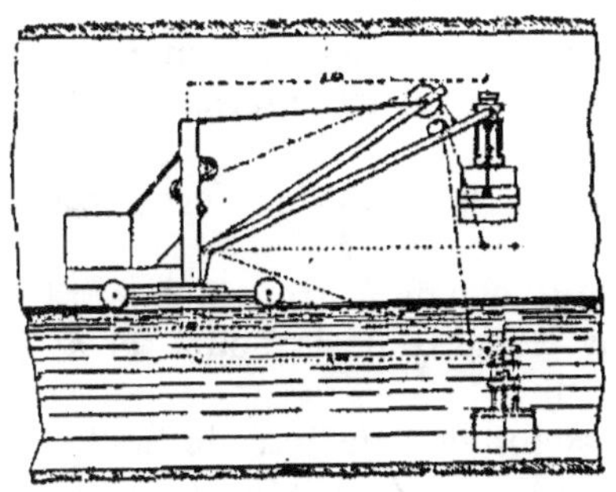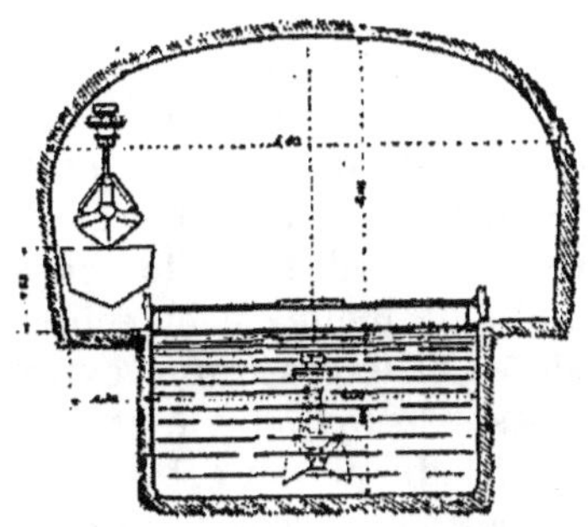

Fig. 420 et 421. — Appareil dragueur.

sance de 1.500 kilogrammes, montée sur une plateforme munie de deux essieux supportés par deux paires de roues en fonte roulant sur deux cornières fixées sur les arêtes des banquettes de l'égout. Cette grue a deux volées, l'une fixe et l'autre mobile, cette dernière oscillant autour d'un axe situé au pied de l'arbre vertical et portant à son extrémité une benne dragueuse dont l'ouverture et la fermeture s'effectuent par l'action de l'eau sous pression de 4 atmosphères.

Plate forme. — La plateforme mobile est composée de deux traverses de 0^m,22/0^m,075. Les deux traverses supportent la grue, et les extrémités des longerons sont assemblées avec des cornières.

Les essieux des roues sont fixés sur des longerons et sont formés de barres de fer à section carrée de 0^m,075 de côté, tournées à leurs extrémités et supportant des roues en fonte munies de coussinets en bronze.

Une robuste pièce en fonte, boulonnée au centre de la plateforme, reçoit le pivot de la grue, qui est en acier forgé et a un diamètre de 0^m,15.

Le bâti de la grue est formé de deux flasques horizontales et de deux autres verticales, assemblées à leur sommet et à leur base à des sommiers en fonte, l'ensemble étant disposé de façon à tourner librement sur le pivot en acier.

Les deux flasques horizontales portent une caisse destinée à recevoir un contrepoids et relié au sommet des flasques verticales.

Volée fixe. — Elle est formée d'une poutre en acier de 0^m,127 sur 0^m,065, aussi légère que possible et maintenue à son extrémité par un tirant en fer au sommet de l'axe vertical de la grue.

Volée mobile. — Elle se compose de deux barres d'acier d'une section en forme de simple **T**, entretoisées sur toute leur longueur par des fers en treillis, et est maintenue à son pied par un axe en acier.

Mécanisme. — Il est à deux vitesses et porte un levier et un frein pour la descente et la charge à la main.

Benne dragueuse. — Elle est très solidement construite en tôle d'acier et a une capacité de $0^{m3},115$. Les axes d'articulation sont en acier et munis de coussinets en bronze.

Les bielles d'ouverture et de fermeture sont en fer forgé et tournent dans des oreilles en acier fondu.

La tête de bielle est en fonte et se meut sur deux tiges formant glissières et fixées à une extrémité sur le cadre de la benne et à l'autre sur le cylindre moteur de la benne.

La tige du piston est en acier et assemblée à la tête de bielle au moyen d'un écrou avec goupille. Elle traverse un stuffing-box et un presse-étoupe.

Cylindre. — Le cylindre en fonte, d'épaisseur et de dimensions convenables, est suspendu à un anneau fixé à l'extrémité de la volée mobile et peut prendre une inclinaison variable en oscillant autour de deux axes dont la direction est perpendiculaire à celle des axes d'oscillation et de l'anneau ci-dessus.

Valve de distribution de l'eau sous pression. — Elle est en fonte avec garniture en bronze. Cette valve est manœuvrée par une tige dont la poignée est à portée du conducteur. L'eau sous pression est conduite depuis la valve jusqu'au cylindre, par un tuyau flexible en caoutchouc muni de raccords en bronze.

La benne dragueuse et la volée mobile sont élevées et abaissées par une chaîne de résistance convenable, s'enroulant autour du treuil à main.

Le bâti de la grue, dans son ensemble, est composé de pièces boulonnées et faciles à démonter et à remonter dans un autre emplacement, si cela est nécessaire.

Le plancher de la plateforme est en bois.

L'appareil est relié à la conduite d'eau sous pression par des tuyaux flexibles.

Le poids net de l'appareil est d'environ 4 tonnes.

RENDEMENT DE LA BENNE DRAGUEUSE. — La benne dragueuse peut extraire et mettre en wagon 23 mètres cubes de matières en dix heures. Deux hommes suffisent pour la manœuvrer. Le rendement ci-dessus n'est toutefois obtenu qu'à la condition que la hauteur des dépôts soit suffisante pour que la benne se remplisse complètement à chaque opération partielle, et qu'il y ait toujours un wagon vide prêt à recevoir le contenu de la benne.

Transport des sables provenant des égouts. — A Paris, le transport des sables provenant des égouts est fait par eau. Il est confié à un entrepreneur qui se charge également de l'extraction des sables des bassins.

Il est extrait annuellement des égouts environ 32 à 35.000 mètres cubes de sable.

La quantité provenant des bassins à sable est de 20 à 22.000 mètres cubes, et celle extraite directement dans les petites galeries de 12 à 15.000 mètres cubes.

La dépense résultant de ce chapitre ressort annuellement à environ 220.000 francs.

E. — MATÉRIEL DE CURAGE

On trouvera ci-après un aperçu du matériel de curage en usage dans les égouts ainsi que la consommation de matières et de petit matériel faite annuellement.

Matériel flottant :

    20 bateaux-vannes ;

    2 bateaux ;

    2 bachots ;

Matériel roulant :

    73 wagons-vannes ;

    4 locomotives électriques ;

    121 wagons-bascules ;

Matériel ordinaire :

    10 mitrailleuses ;

    8 boules pour les siphons ;

    389 rabots en bois ;

    1.020 en fer ;

    1.077 pelles ;

    990 lampes à main ;

    512 lampes carcel ;

    432 lanternes ;

    31 lampes à huile lourde.

Il sort annuellement du magasin environ 2.450 paires de bottes et 30 tonnes d'huile à brûler.

Atelier de réparations du matériel du curage. — En raison du matériel considérable en usage constamment dans les égouts et des essais faits pour améliorer ce matériel, il a été aménagé un atelier spécial de construction et de réparations placé sous les ordres d'un conducteur, et qui comprend trente-sept ouvriers, menuisiers, serruriers, tourneurs en fer, mécaniciens, employés aux écritures, etc.

Dépôt du matériel. — Le dépôt du matériel de rechange du Service des Égouts comprend un nombre considérable d'objets. Ce dépôt est géré par un gardemagasin, qui a la responsabilité du conducteur.

Tous les objets qui sont en magasin sont inventoriés et, quand ils'en sortent, ils font l'objet d'un échange d'écritures entre le magasin qui les quitte et l'atelier qui les reçoit. Chaque atelier de piqueur a un livre d'inventaire.

F. — VISITES PUBLIQUES DES ÉGOUTS

Pendant la saison estivale et deux fois par mois, il est fait une visite publique dite des Égouts de Paris.

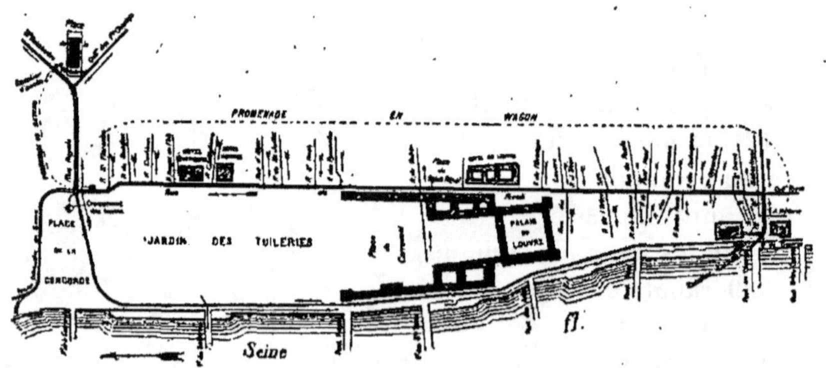

Fig. 422. — Plan indiquant le cours des promenades en égout.

Ces visites, très recherchées des étrangers de passage à Paris, sont, en même temps qu'instructives, très intéressantes.

Comme l'indique le plan (*fig.* 422), le parcours de ces

visites est relativement réduit. Il se compose de deux par
ties :

Promenade en wagon sous le boulevard Sébastopol et la
rue de Rivoli ; promenade en bateaux sous la rue Royale.

Promenade en wagon. — Pour la promenade en wagon, on
forme un véritable train composé de cinq voitures tirées par une
machine électrique.

Les wagons, dont le type est donné par les figures 423 et 424, ont
été construits pour la circonstance. Ils peuvent contenir douze
personnes, soit soixante par train.

Locomotive électrique (fig. 425-426-427). — Le type de la locomotive employée pour la traction du train (il y a trois locomotives semblables) est constitué par une batterie d'accumulateurs
de 28 éléments pesant chacun 25 kilogrammes, une dynamo
réceptrice en série fonctionnant avec un courant de 22 à 30 ampères
sous une force électromotrice de 50 à 60 volts, un arbre intermédiaire avec pignons et roues reliés entre eux par des chaînes
galles.

Un commutateur inverseur pour la marche avant ou arrière de la
machine.

Tout cet ensemble repose sur un truc en fer avec plateforme en
bois montée sur deux essieux indépendants portant chacun deux
roues.

Les vingt-huit éléments de la batterie d'accumulateurs sont
formés chacun de onze plaques ; six négatives et cinq positives.
Les éléments sont enfermés quatre par quatre dans sept boîtes en
chêne.

La capacité totale de cette batterie est de 100 ampères-heure avec
un débit moyen de 25 ampères sous une tension variable de 50 à
60 volts.

On peut donc obtenir avec ce régime une marche de quatre
heures.

La dynamo est d'un type très ramassé, approprié à son emploi,
sur un truc de dimensions restreintes.

Cette dynamo est à enroulement en série du type à induit en
tambour.

La vitesse de rotation de l'arbre est de 1.600 tours environ.
Pour transmettre son mouvement à l'essieu, on a calé sur l'arbre
un pignon qui, à son tour, actionne l'arbre de l'essieu par l'intermédiaire d'une chaîne galle.

La vitesse de l'arbre de l'essieu est de 80 tours environ. Les
roues calées sur cet essieu donnant à chaque tour un développement de 1m,25, la vitesse de la locomotive est donc de 100 mètres
par minute, soit 6 kilomètres à l'heure.

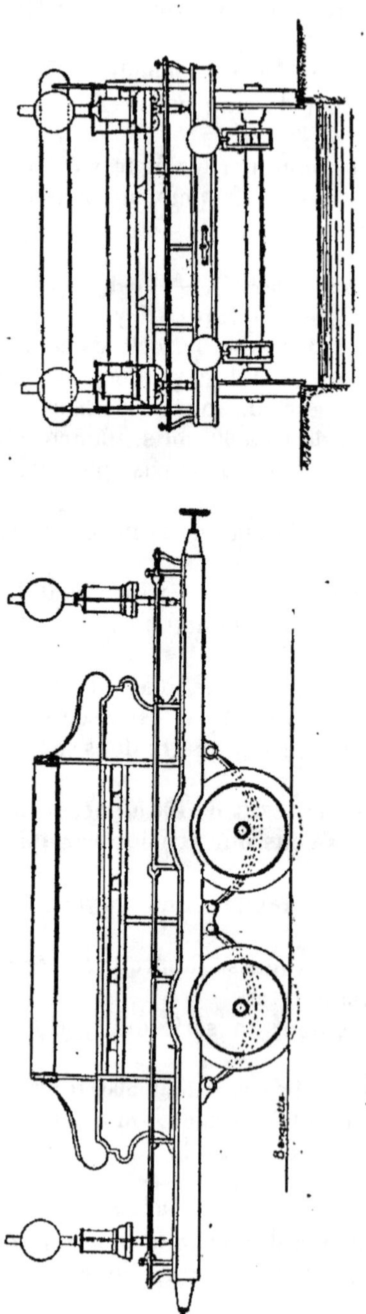

Fig. 423 et 424. — Élévation et profil d'un wagonnet de promenade.

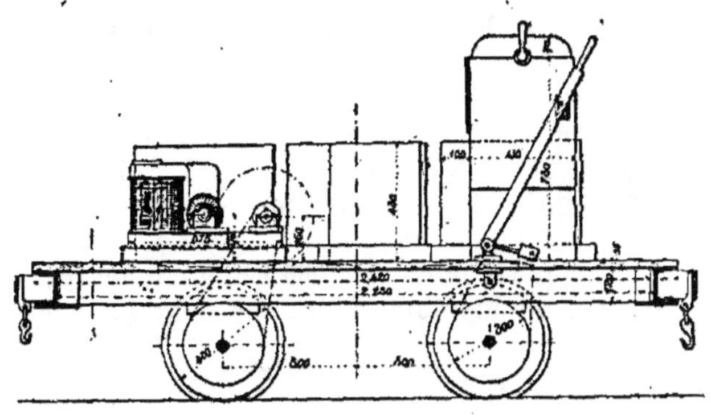

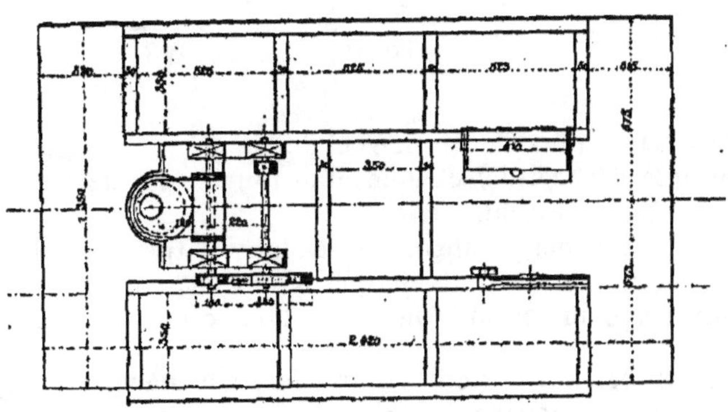

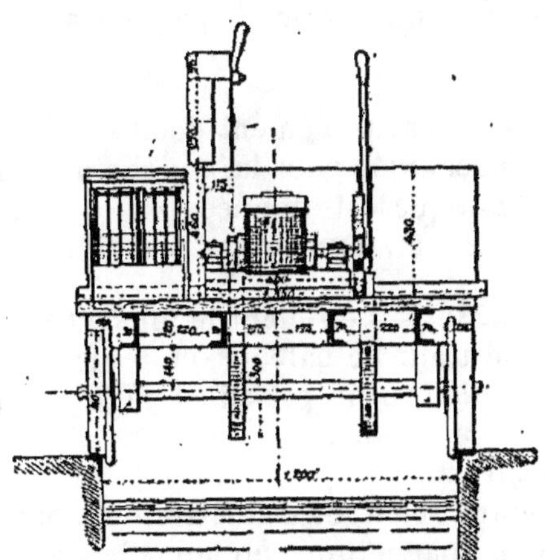

Fig. 425, 426 et 427. — Élévation, plan et vue de face d'une locomotive électrique.

Pour remorquer un train complet, soit soixante voyageurs, à cette vitesse, la dynamo prend en moyenne 25 ampères, sous une tension de 60 volts, soit 1.500 watts absorbés, soit environ 2 chevaux.

Pour le changement de marche de la machine, un commutateur à poignée placé dans le circuit des accumulateurs et de la dynamo permet de changer le sens du courant dans l'induit. Il suffit donc de manœuvrer la poignée du commutateur pour obtenir immédiatement un changement de marche.

Si l'on compte un poids moyen de 60 kilogrammes par voyageur, on obtient un poids total à traîner pour la machine de 7.600 kilogrammes.

	Kilogrammes
60 voyageurs à 60^{ks}	3.600
5 wagonnets à 500^{ks}	2.500
Poids de la locomotive.............	1.500
TOTAL..........	7.600

c'est-à-dire un peu plus de 7 tonnes et demie.

On a vu que l'énergie électrique était fournie par des accumulateurs portés par la machine elle-même.

Pour remplacer l'énergie absorbée pendant le travail de la machine, les accumulateurs sont chargés avant chaque visite. Pour cela, on fait usage du courant fourni par l'Usine municipale.

Promenade en bateau. — Comme pour la promenade en wagon, le matériel de la promenade en bateau est composé d'un train de six bateaux tirés par un toueur électrique.

Les bateaux servant aux visites sont ceux qui sont employés journellement pour les manœuvres et que l'on a disposés pour la circonstance.

Bateaux toueurs. — C'est seulement depuis 1896 que l'on s'est servi de la traction mécanique pour la marche de ces bateaux.

Cette traction mécanique est donnée par deux toueurs électriques du système de Bovet, d'une puissance différente.

Grand toueur (fig. 428). — Le toueur le plus puissant, ou toueur principal, remorque le train de bateaux en remontant le courant, et l'autre toueur ou petit toueur est affecté à la descente.

Le toueur principal renferme :

1° La source d'électricité ;

2° La dynamo réceptrice chargée de mettre en mouvement l'arbre principal avec sa poulie magnétique sur laquelle s'enroule la chaîne de halage ;

3° Les deux bobines produisant l'aimantation de la poulie magnétique ;

4° Le tableau de répartition du courant.

La source d'électricité se compose de soixante accumulateurs Ful-
men disposés dans le fond du bateau et reposant sur un faux
plancher.

Les accumulateurs peuvent donner un débit de 60 ampères pen

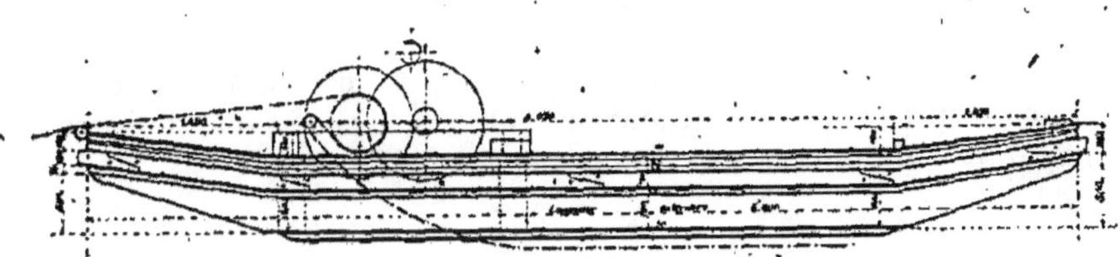

Fig. 428. — Grand toueur.

dant deux heures et demie sous une tension de 98 à 125 volts, soit
une capacité de 150 ampères-heure.

Ils sont divisés en deux batteries de trente éléments, chacune
pouvant être mise rapidement soit en quantité, soit en tension.

Dans le cas de mise en quantité, la force électro motrice disponible est abaissée à 65 volts environ ; mais la capacité est alors de
300 ampères-heure.

Ces accumulateurs étant reliés au tableau de répartition, il est
facile, au moyen des commutateurs et rhéostats portés par ce
tableau, d'envoyer le courant dans les différents organes électriques
du bateau et d'en régler l'intensité.

Des appareils de mesure convenablement disposés permettent de
faire constamment la lecture des intensités et force électromotrice
données.

Dès que le courant est envoyé dans la dynamo réceptrice, celle-
ci se met en mouvement et actionne l'arbre principal au moyen
d'engrenages et d'arbre intermédiaire.

Sur l'arbre de la dynamo est calé un pignon avec dents en cuir.
Cette disposition supprime le bruit qui résulterait de la grande
vitesse avec un pignon en fonte.

L'arbre mis en mouvement par la dynamo, la poulie magnétique
tourne. Si on met à ce moment le courant sur les deux bobines
d'aimantation, cette poulie s'aimante et fait adhérer fortement dans
sa gorge la chaîne de halage. Cette chaîne étant fixée à son extrémité, l'action de la poulie a pour résultat l'avancement du bateau.

L'effort à produire par cette poulie sur la chaîne, pour entraîner
tout le train, est de 700 kilogrammes.

La vitesse de marche du train est, en moyenne, de 88 mètres par
minute.

L'intensité absorbée par la dynamo en plein effort est de 60 ampères sous une tension de 65 à 68 volts, soit une énergie de 4.200 watts environ absorbée, c'est-à-dire environ 6 chevaux.

Pour éviter que la chaîne, après son passage sur la poulie magnétique, ne continue son enroulement, elle n'embrasse que les trois quarts de la circonférence de la poulie. Sur le dernier quart frotte un doigt en cuivre, c'est-à-dire non magnétique, fixé sur un levier spécial qui décolle la chaîne et la laisse retomber sur un galet, et de là dans la cunette de l'égout.

Petit toueur. — Le petit toueur (*fig.* 429) ne comprend qu'une dynamo réceptrice, l'arbre moteur, les bobines, la poulie magnétique et un tableau de répartition du courant.

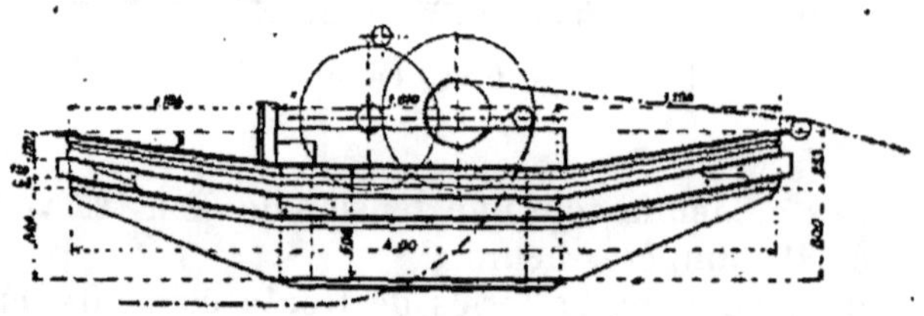

Fig. 429. — Petit toueur.

La manœuvre de ce petit toueur est exactement la même que celle du grand toueur.

Le courant lui est amené, au moyen d'une canalisation spéciale, des accumulateurs du grand toueur et par les commutateurs et rhéostats du tableau; le courant est envoyé dans les organes électriques de ses appareils dont la marche est la même.

L'énergie absorbée par le petit toueur est de 23 ampères sous une tension de 65 à 68 volts, soit 1.600 watts environ ou un peu plus de 2 chevaux.

La vitesse de marche du train est sensiblement la même qu'à la montée.

Pour amener le courant des accumulateurs au petit toueur, on a disposé une ligne spéciale qui comprend deux parties :

L'une fixe, composée de deux tubes conducteurs en cuivre placés sur le côté de chaque bateau ; l'autre mobile, composée de câbles souples terminés par des broches qui, s'introduisant dans les conducteurs fixes, établissent un contact continu entre le grand et le petit toueur.

Cette disposition, en partie fixe et en partie mobile, est exigée par la nécessité de rendre indépendant chaque bateau après les visites pour leur utilisation en différents points des égouts.

Ainsi qu'il est facile de s'en rendre compte par la figure 430, les conducteurs fixes de chaque bateau sont enfermés dans un tube isolant protégé par un tube en fer fixé sur le bateau et fileté à chacune de ses extrémités.

Lorsque ces bateaux sont séparés, ces parties filetées reçoivent des manchons fermés; le conducteur de cuivre intérieur est ainsi protégé contre l'introduction de l'eau ou de l'humidité.

Pendant les visites, ces bouchons sont remplacés par les

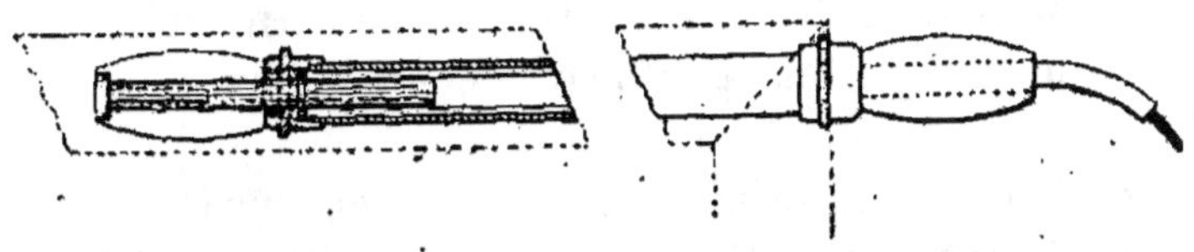

Fig. 430. — Dispositif pour relier le bateau toueur avant au bateau toueur arrière.

broches des câbles souples et introduites dans les tubes de cuivre. Un manchon mobile, placé sur chaque broche et isolé, est vissé à l'extrémité du tube en fer, et des rondelles de caoutchouc convenablement disposées aux joints assurent une sécurité d'isolement telle que cet ensemble peut être plongé dans l'eau sans qu'il y ait interruption de courant ou perte quelconque.

Le train, composé de six bateaux et de deux toueurs, soit huit bateaux amarrés ensemble, a une longueur de 90 mètres environ.

Éclairage des égouts lors des visites. — L'excursion souterraine est agrémentée d'effets lumineux d'un coup d'œil féerique, établis à certains points déterminés du parcours.

La lumière électrique et les lampes ordinaires à huile, munies de globes multicolores, se mélangent très agréablement.

Au point de départ de la promenade en wagon, place du Châtelet, l'éclairage électrique est fait au moyen de quatre foyers de 60 carcels et un foyer avec réflecteur de 250 carcels.

A la place de la Concorde, point où l'on quitte le wagon pour prendre le bateau, l'éclairage électrique est assuré par deux foyers de 80 carcels et 20 lampes à incandescence de 16 bougies chacune.

Enfin, au point terminus, place de la Madeleine, l'éclairag électrique est fait par deux foyers de 120 carcels et deux lampes à incandescence de 16 bougies chacune.

G. — DÉPENSES DE CURAGE

Curage proprement dit. — Le crédit alloué annuellement au service du curage des égouts se décompose en plusieurs parties.

a) Partie affectée aux salaires du personnel ouvrier;

b) Partie affectée aux matières, telles que huile pour l'éclairage des égouts, charbon des machines, graisse, etc.;

c) Partie affectée au matériel, tel que : bottes, outils et ustensiles, etc., réparation et renouvellement du matériel de l'entretien et du curage des égouts;

d) Partie affectée aux dépenses à l'entreprise, telles que: menus travaux d'égout, transport des sables par eau et par terre, etc.

Dans cette dernière partie est comprise une somme annuelle de 180.000 francs environ, réservée à l'exécution des menus travaux d'égout ou travaux d'entretien.

Le tableau et le diagramme ci-après (*fig.* 431) donnent les sommes affectées à ces diverses catégories depuis l'année 1886.

ANNÉES	CRÉDITS ANNUELS			
	SALAIRES	MATIÈRES	MATÉRIEL	ENTREPRISE
1886		1.574.200		365.000
1887	1.643.000	33.000	132.500	355.200
1888	1.642.608	34.000	121.000	344.900
1889	1.697.100	49.000	109.300	557.500
1890	1.644.100	49.000	94.600	532.200
1891	1.636.400	39.000	101.000	523.000
1892	1.662.800	55.300	96.000	583.700
1893	1.788.400	52.000	118.140	523.700
1894	1.888.000	60.000	110.000	496.100
1895	2.093.985	90.000	140.000	468.100
1896	2.122.100	90.000	140.000	406.850
1897	2.161.000	110.000	170.000	420.230

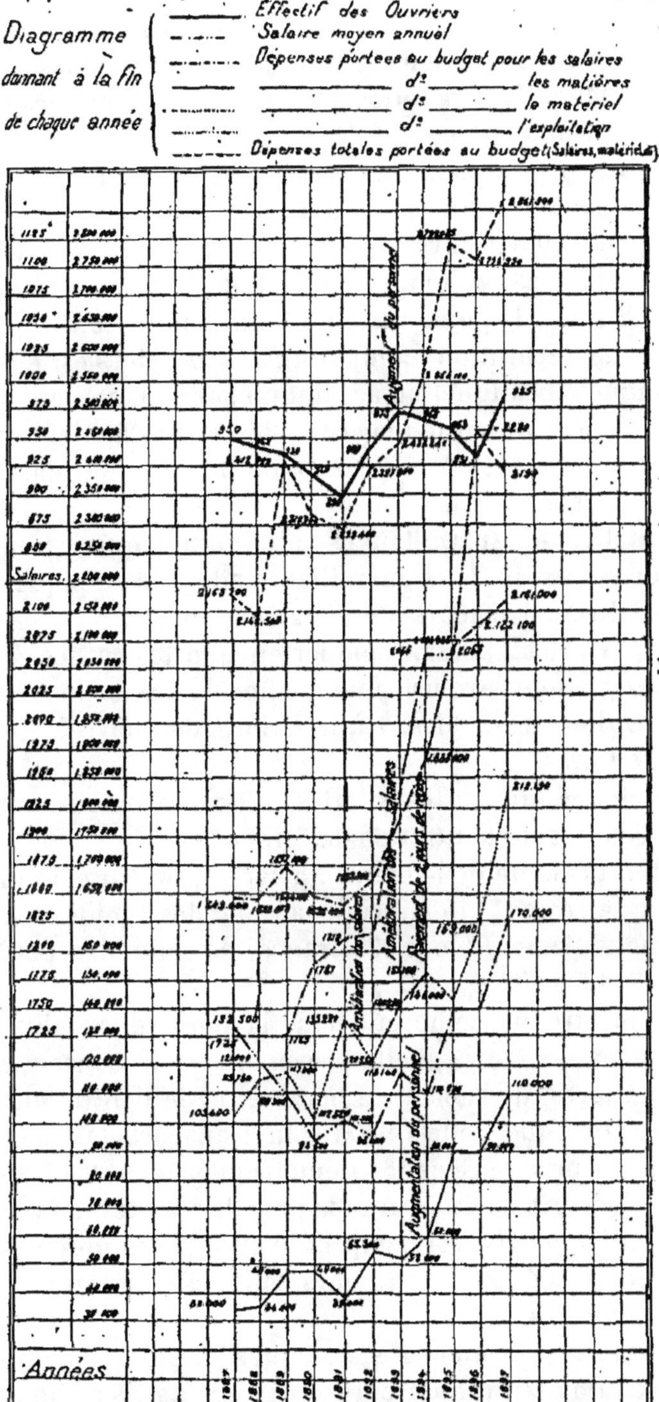

Diagramme
donnant à la fin
de chaque année
Effectif des Ouvriers
Salaire moyen annuel
Dépenses portées au budget pour les salaires
d° les matières
d° le matériel
d° l'exploitation
Dépenses totales portées au budget (Salaires, matériel)
Salaires
Années

Fig. 431.

Le personnel attaché à l'entretien des égouts parisiens est réparti en 7 circonscriptions, 35 ateliers et 129 cantons, en outre d'un atelier de réparation et d'un dépôt de matériel.

La circonscription comporte donc, en moyenne, 5 ateliers : au minimum 3, au maximum 7. L'atelier comporte, en moyenne, 4 cantons : au minimum 1, au maximum 8.

Le nombre total des ouvriers est de 940 donnant par atelier une moyenne de 25, y compris le chef et l'homme de dessus (gardien). En fait, l'atelier varie de 3 ouvriers à 50.

L'atelier de réparation comportant 33 ouvriers est dirigé par un conducteur auquel on adjoint un surveillant; le dépôt du matériel, par un garde-magasin ; les autres ateliers sont dirigés par des piqueurs, à l'exception de 3 qui ont chacun à leur tête un surveillant

Dans 6 ateliers un surveillant est adjoint au piqueur ; enfin un dernier comporte deux surveillants adjoints au piqueur ; ce dernier dirige d'ailleurs un deuxième atelier.

D'autre part, 20 ateliers ne comportent que des petites galeries ; 5 autres sont exclusivement affectés aux collecteurs, 3 à l'extraction des sables, 1 à la rivière de Bièvre, 2 aux usines élévatoires.

Enfin 2 ateliers de petites galeries et 2 de collecteurs sont, en outre, chargés de l'entretien des siphons.

Si l'on tient compte de la main-d'œuvre seule, on peut dire que le prix de revient kilométrique annuel des égouts collecteurs est actuellement de 8.336 francs, et celui des petites galeries 1.515 francs (*fig.* 432).

Si, au contraire, on comprend dans la dépense, en plus de celle de la main-d'œuvre, celle provenant de la consommation des matières, de l'achat du matériel et de l'entretien de ce dernier, ainsi que celle relative au transport des sables, on arrive à des prix de revient kilométriques de 11.036 francs pour les collecteurs et 2.004 francs pour les petites galeries.

Dans ces divers prix est compris le curage des nombreux branchements situés sur le parcours, tant des collecteurs que des petites galeries.

D'après les renseignements statistiques, on se rend compte que le prix kilométrique du curage des égouts a considérablement augmenté depuis dix ans, par suite de l'augmentation

Prix de revient du curage d'un Kilom.° de Collecteur
Matériel et matières et main-d'œuvre, etc.
d.° Main-d'œuvre
DIAGRAMME donnant à la fin de chaque année.
d.° de Petite Galerie
Matériel et matières et main-d'œuvre etc.
d.° Main-d'œuvre
d.° d'Égout public
Matériel et matières et main-d'œuvre, etc.
d.° Main-d'œuvre
Prix du curage d'un Kilom.° de Collect.° d'égout
Années
1887 1888 1889 1890 1891 1892 1893 1894 1895 1896 1897

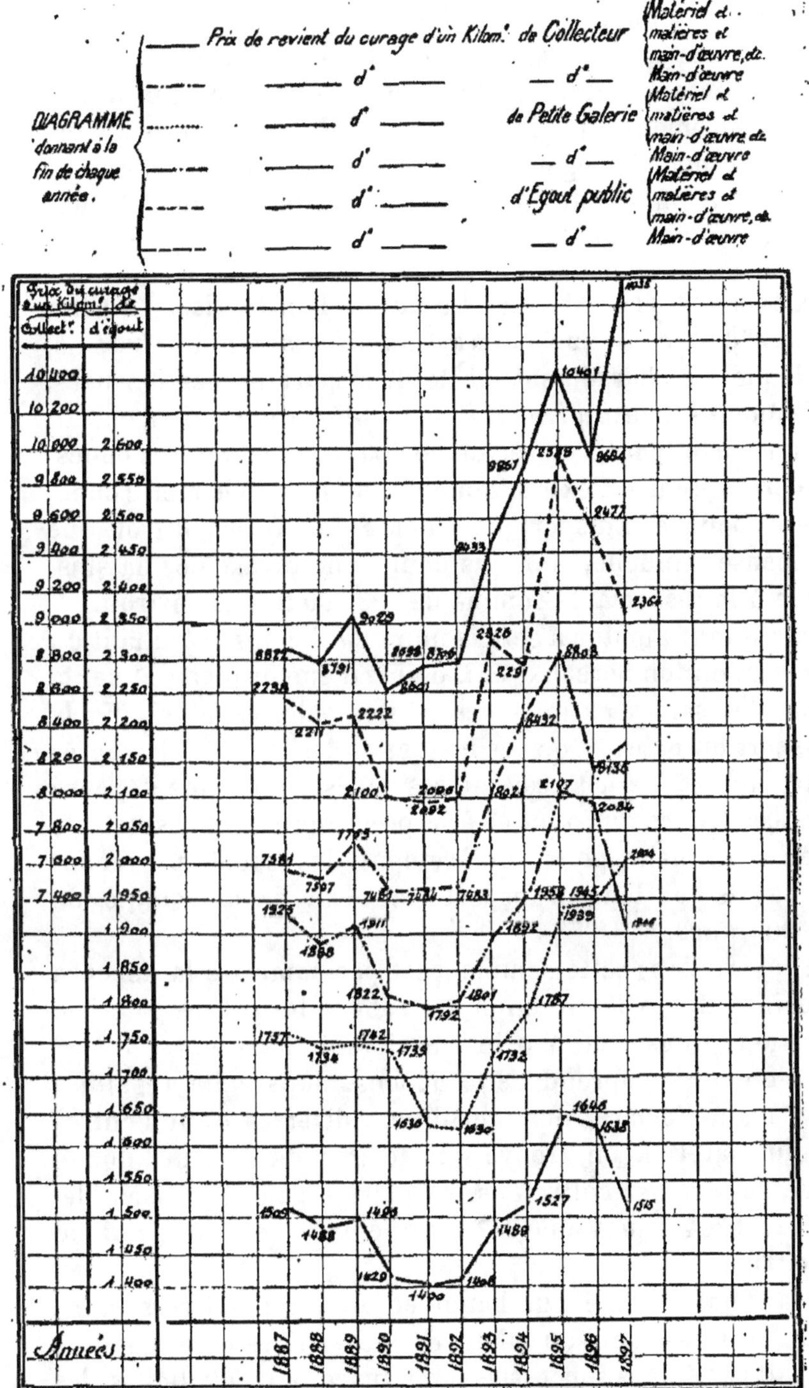

Fig. 432.

des salaires annuels (1.725 à 2.194 francs), mais que, si l'on considère les mêmes salaires pendant les mêmes années, ce prix a diminué d'une façon très notable, ce qui prouve péremptoirement que les améliorations nombreuses apportées au réseau des égouts ont permis, dans ce court espace de temps, d'obtenir un curage perfectionné avec une dépense relativement moindre.

Enlèvement des sables et fumiers à l'entreprise. — On a vu précédemment que l'extraction des sables des bassins, ainsi que le chargement et le transport de ces derniers, s'effectuent à l'entreprise et que le cube annuel, ainsi extrait et transporté, peut s'élever de 20.000 à 22.000 mètres cubes.

Le prix unitaire d'extraction étant de 1 fr. 40 le mètre cube, et celui pour le transport par bateaux de 4 fr. 60, on voit que la dépense annuelle, rien que pour le nettoyage des bassins, s'élève à la respectable somme de 133.000 francs environ.

Mais il faut ajouter à cette somme la dépense résultant du transport en tombereaux, aux points d'embarquement sur la Seine, des sables extraits des petites galeries, ainsi que le transport en bateaux de ces mêmes sables. Cet article représente, pour 12.000 à 15.000 mètres cubes par an, une dépense de 87.000 francs qui, ajoutée à la précédente, fait ressortir la dépense annuelle pour l'enlèvement des sables provenant des égouts et leur transport par eau à la somme de 230.000 francs.

Et encore dans cette somme n'est pas comprise la dépense de main-d'œuvre d'extraction des sables des petites galeries, opération qui est faite par les ouvriers de la ville.

Si donc on comprend cette dépense dans celle résultant de la main-d'œuvre, des fournitures diverses et de l'entretien du matériel, on trouve que le prix de revient kilométrique des égouts (collecteurs et petites galeries ensemble) a été de 2.364 francs en 1897, ce que montre le diagramme (*fig.* 431).

On a déjà constaté que l'augmentation qui en ressort est due à l'accroissement du salaire des ouvriers égoutiers, lequel s'est fait par étapes successives que marquent, d'ailleurs, les brisures ascensionnelles de la courbe.

II. — DÉPENSES D'ENTRETIEN DU RÉSEAU DES ÉGOUTS

En dehors de la dépense que nécessite le curage des égouts, il en est une autre obligatoire : c'est celle de l'entretien proprement dit des ouvrages.

Il a été dit qu'une somme de 180.000 francs environ est affectée, chaque année, à cet objet sur le crédit des travaux à l'entreprise.

Si à cette somme on ajoute celle de 200.000 francs généralement inscrite au budget communal pour grosses réparations d'égouts, on voit que les dépenses pour l'entretien des ouvrages s'élèvent annuellement à près de 400.000 francs, ce qui représente 393 francs par kilomètre.

Il faut remarquer ici que cette somme est insuffisante et qu'elle ne permet pas d'exécuter les réparations au fur et à mesure que le besoin s'en fait sentir.

I. — DANGERS DES ÉGOUTS
POUR LES OUVRIERS QUI Y TRAVAILLENT

Cette question, qui a fait l'objet de longues conférences et qui a donné lieu à tant de débordements d'encre dans les journaux, ne soutient pas la discussion.

Il suffira de dire que l'air des égouts n'est plus dangereux. Outre l'expérience, des analyses bactériologiques l'ont démontré ; et les articles pessimistes publiés autrefois n'auraient plus aujourd'hui aucune signification.

Les diagrammes (*fig.* 433 et 434) sont intéressants à consulter à ce sujet.

Le diagramme (*fig.* 433) indique une élévation brusque, en 1893, des frais de maladie ; cette augmentation provient de la libéralité du Conseil municipal, qui a décidé, à cette époque, que les ouvriers reconnus malades toucheraient intégralement leur salaire, alors qu'antérieurement l'indemnité était seulement du demi-salaire. Cette augmentation provient également du plus grand nombre de journées de maladies constatées.

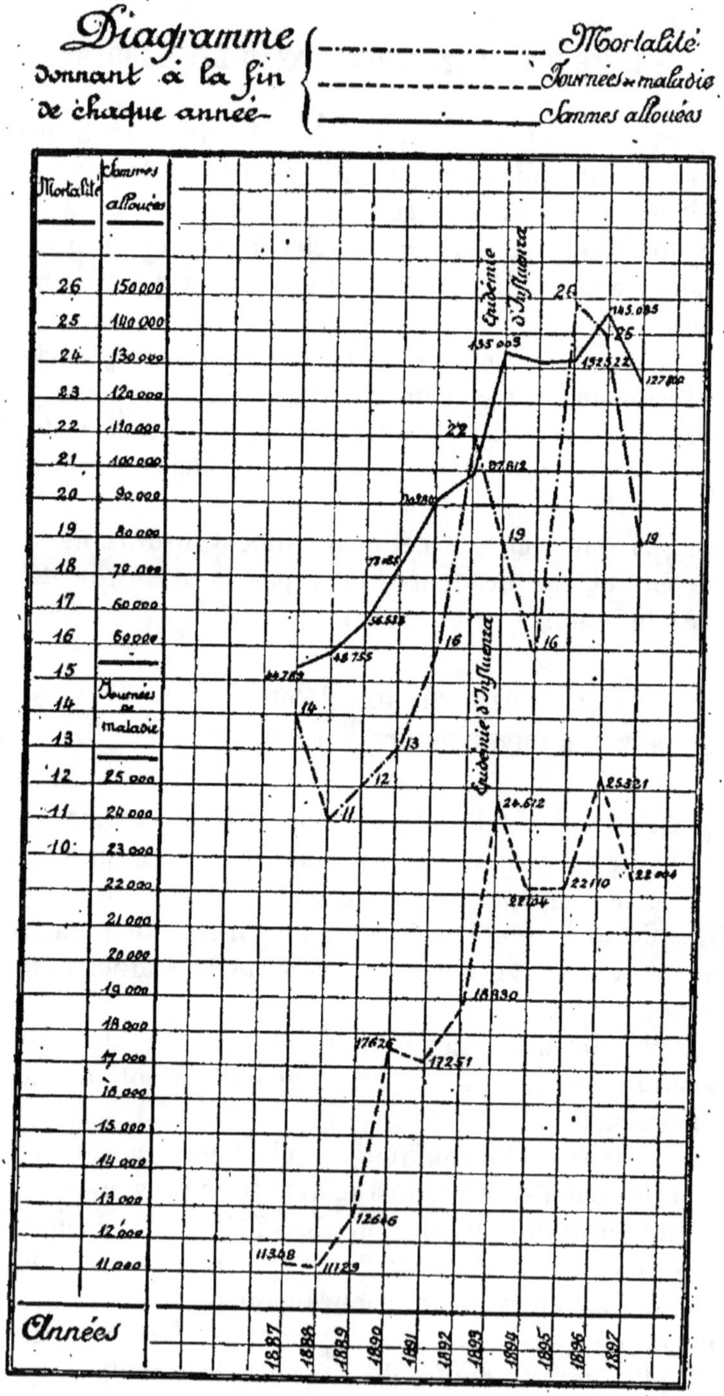
Diagramme donnant à la fin de chaque année
Mortalité
Journées de maladie
Sommes allouées
Mortalité
Sommes allouées
Journées de maladie
Épidémie d'Influenza
Épidémie d'Influenza
Années
1887
1888
1889
1890
1891
1892
1893
1894
1895
1896
1897

Fig. 433.

Courbe de la Mortalité et de la Morbidité_ Personnel ouvrier

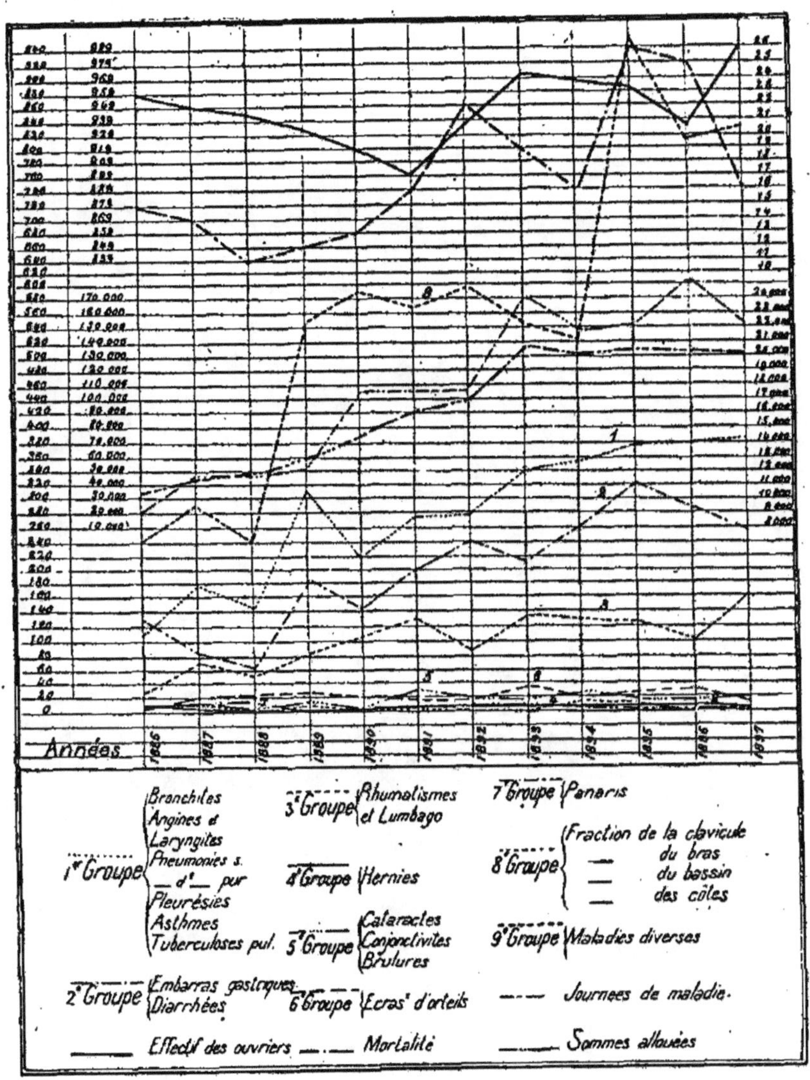

Fig. 434.

TABLE DES MATIÈRES

PREMIÈRE PARTIE

ASSAINISSEMENT DES VILLES

CHAPITRE I

ÉVACUATION DES EAUX

CHAPITRE II

RÉSERVOIRS DE VIDANGE

CHAPITRE III

CANALISATIONS SPÉCIALES

Projet d'assainissement d'une ville
avec l'emploi de la vidange pneumatique
(Système Berlier)

CHAPITRE IV

SYSTÈME FONCTIONNANT PAR SIMPLE GRAVITATION

CHAPITRE V

SYSTÈME DIT « TOUT A L'ÉGOUT »

CHAPITRE VI

PROJET D'ASSAINISSEMENT D'UNE VILLE
PAR LE SYSTÈME DU « TOUT A L'ÉGOUT »

ÉTUDE DU PROJET

CHAPITRE VII

ENTRETIEN DU RÉSEAU D'ÉGOUTS ET DE CANALISATIONS

CHAPITRE VIII

EXTENSION DU SERVICE DE LA DISTRIBUTION D'EAU

CHAPITRE IX

DE LA SALUBRITÉ DES VOIES PUBLIQUES

DEVIS ESTIMATIFS D'ASSAINISSEMENT DE MAISON

CHAPITRE XIII

DE L'ASSAINISSEMENT DANS CERTAINES VILLES DE FRANCE ET DE L'ÉTRANGER

CHAPITRE XIV

ASSAINISSEMENT DE LA SEINE

CHAPITRE XV

DEVIS ET CAHIER DES CHARGES, BORDEREAU DE L'ENTREPRISE DES TRAVAUX DE MAÇONNERIE, CHARPENTE, ETC., DU SERVICE D'ASSAINISSEMENT

DEUXIÈME PARTIE

LES ÉGOUTS DE PARIS

CHAPITRE XVI

HISTORIQUE DES ÉGOUTS DE PARIS

CHAPITRE XVII

DESCRIPTION DU RÉSEAU D'ÉGOUTS PARISIENS

CHAPITRE XVIII

COLLECTEUR DE CLICHY ET SIPHON DE LA CONCORDE

CHAPITRE XIX

PROFIL DES ÉGOUTS

CHAPITRE XX

OUVRAGES ACCESSOIRES DES ÉGOUTS

CHAPITRE XXI

DE L'EXPLOITATION DES ÉGOUTS

TOURS. — IMPRIMERIE DESLIS FRÈRES, 6, RUE GAMBETTA.

9 782013 427432